ICS 59.060.10
W 30

中华人民共和国国家标准

GB/T 16984—2008
代替 GB/T 16984—1997

大麻原麻

Raw hemp

2008-08-07 发布　　2008-12-01 实施

中华人民共和国国家质量监督检验检疫总局
中国国家标准化管理委员会　发布

前　言

本标准代替 GB/T 16984—1997《大麻原麻》。

本标准与 GB/T 16984—1997 相比主要变化如下：

a) 规范性引用文件增加了 GB 6529，相应增加了预调湿、调湿与试验用标准大气(第 7 章)；

b) 增加了鲜剥大麻(第 1 章和 3.5)术语，删去了线麻、魁麻，并在相应的有关章条(4.1.2、4.5.3 等)修改了相关内容，修改了斑疵英文术语(3.6)；

c) 增加了工业用大麻的说明(3.1)；

d) 修改和调整了分等规定(4.1.2)；

e) 增加了“5　仪器和工具”(第 5 章)；

f) 细化了抽样方法(第 6 章)；

g) 修改“断裂强力”指标为“束纤维断裂比强度”(4.1.2、8.3)；

h) 修改了公量计算方法，将回潮率和含杂率合并考虑计算公量(第 10 章)。

本标准由中国纤维检验局提出并归口。

本标准由中国人民解放军总后勤部军需装备研究所、西安工程大学、汉麻产业投资控股有限公司负责起草。

本标准主要起草人：张建春、来侃、张华、孙润军、郝新敏、梁高勇、陈美玉。

本标准于 1997 年首次发布，本次为第一次修订。

4.3 含杂率

4.3.1 大麻原麻公定含杂率为3%。

4.3.2 水沤大麻含杂率一等应不大于3%,二等应不大于4%,三等应不大于5%。

4.3.3 干剥大麻含杂率各等应不大于3%。

4.3.4 鲜剥大麻含杂率一等应不大于3%,二等应不大于4%,三等应不大于5%。

4.3.5 大麻原麻含杂率过高时,应先行除杂,符合要求后交售。

5 仪器和工具

5.1 天平:量程100 g,分度值1 mg;台秤:量程5 kg,分度值0.1 g;磅秤:量程100 kg,分度值0.1 kg。

5.2 烘箱:控温范围50 ℃~150 ℃,控温精度1 ℃;所附天平量程100 g,分度值10 mg。

5.3 束纤维强力仪:试样夹持有效距离200 mm,拉伸速度为200 mm/min,量程不小于900 N,分度值不大于1 N。

5.4 钢卷尺:量程3 m,分度值1 mm。

5.5 钢尺:量程300 mm,分度值0.5 mm。

6 抽样

6.1 大麻原麻检验取样按GB/T 12411规定的方法进行。每批原麻随机抽取6份样品,每份应不少于3 kg,其中3份用于感官特征检验。其余3份作为物理指标检验实验室样品。

6.2 从每份实验室样品中抽取2份共6份,作为回潮率试样,每份不少于50 g,密闭封装,并在24 h内称取试样质量。

6.3 从每份实验室样品中手工分离取出断裂比强度试验样品,从中段剪取300 mm±0.5 mm,整理成粗细均匀的麻束,分离调节称取每束1.00 g±0.01 g试样;每份实验室样品中取样不少于10个,每批试样不少于30个。

6.4 从每份实验室样品中抽取2份,共6份含杂率试样,每份不少于1 kg。

7 预调湿、调湿与试验用标准大气

7.1 断裂比强度试验按GB 6529温带二级标准大气条件规定进行。

7.2 试样回潮率超过标准回潮率时,应进行预调湿(温度不高于50 ℃,时间不少于30 min),再调湿。

8 试验步骤

8.1 感官特征检验

手感目测。

8.2 回潮率检验

按GB/T 12411规定的方法进行。

8.3 束纤维断裂比强度检验

按GB/T 12411规定的方法进行。

断裂比强度按式(1)计算:

$$P_t = k \times P_i \qquad \cdots\cdots(1)$$

式中:

P_i——试样平均拉伸断裂强力,单位为牛(N);

P_t——束纤维平均断裂比强度,单位为厘牛每分特克斯(cN/dtex);

k——单位换算系数,数值为0.003。

计算结果按GB/T 8170规定修约到小数点后两位。

8.4 麻束有效长度检验

从麻束基部量至梢部，以麻的总根数 80% 的长度为麻束有效长度。

8.5 含杂率检验

按 GB/T 12411 规定的方法进行。

9 评等

根据感官特征、麻束断裂比强度和麻束有效长度的检验结果按 4.1 定等。

10 公量计算

公量按式(2)计算：

$$G = G_0 \times \frac{100 + W_k}{100 + W} \times \frac{100 - F}{100 - F_k} \quad \cdots\cdots(2)$$

式中：

G——公定质量，单位为千克(kg)；

G_0——实测质量，单位为千克(kg)；

W_k——公定回潮率，12%；

W——实测回潮率，%；

F_k——公定含杂率，3%；

F——实测含杂率，%。

计算结果按 GB/T 8170 规定修约至一位小数。

11 包装、标志、运输和贮存

11.1 包装

按 GB/T 12945 的要求执行。

11.2 标志

11.2.1 麻批每件包装上应挂有吊牌，标明品名、产地、重量、等别、企业名称和生产日期。

11.2.2 吊牌应采用不同颜色表示品等：一等用红色、二等用绿色、三等用黄色。

11.2.3 吊牌应系在麻包两边。

11.3 运输

麻批运输中应注意防止混批、防火、防雨和防潮。

11.4 贮存

麻批应在干燥、通风的场所贮存，分批堆放，注意防火、防潮、防污染和防霉。

ICS 59.080.01
W 04

中华人民共和国国家标准

GB/T 16991—2008
代替 GB/T 16991—1997

纺织品 色牢度试验 高温耐人造光色牢度及抗老化性能:氙弧

Textiles—Test for colour fastness—Colour fastness and ageing to artificial light at high temperatures: Xenon arc

(ISO 105-B06:1998, Textiles—Tests for colour fastness—Part B06: Colour fastness and ageing to artificial light at high temperatures: Xenon arc fading lamp test, MOD)

2008-08-06 发布 2009-06-01 实施

中华人民共和国国家质量监督检验检疫总局
中国国家标准化管理委员会 发布

前　言

本标准采用重新起草法修改采用 ISO 105-B06:1998《纺织品　色牢度试验　高温耐人造光色牢度及抗老化性能:氙弧》及 ISO 105-B06 修改单 1:2002。本标准与 ISO 105-B06:1998 及 ISO 105-B06 修改单 1:2002 的主要变化是引用标准替换为与 ISO 标准对应的我国标准。

本标准代替 GB/T 16991—1997《纺织品　色牢度试验　高温耐光色牢度:氙弧》。本标准与 GB/T 16991—1997 相比主要变化如下:

——删除了 2 个引用标准 GB/T 8432—1987、GB/T 730—1986,增加了 1 个引用标准 GB/T 8431。

——原理中增加了耐光色牢度的仪器评级和老化测试。

——将术语"蓝色羊毛标准"改为"蓝色羊毛标样"。

——设备与材料中增加了对蓝色羊毛标样的说明和对仪器光源及滤光装置的要求;"辐照度监控计"改为"辐射计";增加黑板温度计,"黑色标准温度计"改为"黑标温度计";增加对遮光纸的描述;删除湿度控制标样;增加当采用仪器评级时,对仪器的描述;增加材料:涤纶非织造布,并描述其要求。

——修订曝晒卡和试样的准备(相对于 GB/T 16991—1997 的"6 试样");增加背衬及对其要求的描述;修订装样方式,保留 GB/T 16991—1997 中的图 2 所描述的装样法。

——将 GB/T 16991—1997 中的"5 曝晒试验条件"整合入"操作程序"中;删除原有的 3 种曝晒条件,增加 5 种曝晒条件(条件 6 增加自修改单 1:2002);修订原来的曝晒方法,增加 1 种曝晒方法。

——修改耐光色牢度的评定;根据新的曝晒条件和曝晒方法进行相应的评级。

——修改试验报告。

——增加附录 A、附录 B、附录 C 和附录 D。

本标准的附录 A、附录 B、附录 C 和附录 D 均为规范性附录。

本标准由中国纺织总会提出。

本标准由中国纺织总会标准化研究所归口。

本标准起草单位:上海市毛麻纺织科学技术研究所、上海市纺织工业技术监督所、国家纺织制品质量监督检验中心。

本标准主要起草人:鲍杰、祝章莹、陈小诚。

本标准于 1997 年首次发布,本次为第一次修订。

纺织品　色牢度试验　高温耐人造光色牢度及抗老化性能：氙弧

1 范围

本标准规定了一种测定各类纺织品的颜色耐人造光源代替天然日光作用以及同时耐热的作用的能力及抗老化的能力的方法。在5种不同的曝晒条件中（见6.1），4种使用D_{65}光源，1种使用更短的截止波长光源。本测试方法特别考虑到纺织品受到机动车内部产生的光和热的影响。

这5种不同的曝晒条件能提供相似但不一定是同样的试验结果。

2 规范性引用文件

下列文件中的条款通过本标准的引用而成为本标准的条款。凡是注日期的引用文件，其随后所有的修改单（不包括勘误的内容）或修订版均不适用于本标准，然而，鼓励根据本标准达成协议的各方研究是否可使用这些文件的最新版本。凡是不注日期的引用文件，其最新版本适用于本标准。

GB/T 250　纺织品　色牢度试验　评定变色用灰色样卡（GB/T 250—2008，ISO 105-A02：1993，IDT）

GB/T 6151　纺织品　色牢度试验　试验通则（GB/T 6151—1997，eqv ISO 105-A01：1994）

GB/T 8427　纺织品　色牢度试验　人造光色牢度：氙弧（GB/T 8427—2008，ISO 105-B02：1994，MOD）

GB/T 8431　纺织品　色牢度试验　光致变色的检验和评定（GB/T 8431—1998，eqv ISO 105-B05：1993）

FZ/T 01024　试样变色程度的仪器评定方法（FZ/T 01024—1993，neq ISO 105-A05：1992）

3 原理

3.1 耐光色牢度测试

将试样与蓝色羊毛标样在规定条件下置于人造光源下进行曝晒，在受到定量的光照能量后，通过对试样与蓝色羊毛标样或GB/T 250所指定的评定变色用灰色样卡进行比较，或者通过FZ/T 01024所指定的检测仪器进行评色，评定其耐光变色程度。

3.2 老化测试

试样应与6级蓝色羊毛标样（见GB/T 8427）一起，在规定条件下，置于人造光源下进行曝晒。将试样用GB/T 250中指定的评定变色用灰色样卡对其耐光变色程度进行评级，或者用FZ/T 01024中规定的颜色测试仪器对其耐光变色程度进行评级。另对老化特性，如物理性能等，也可进行评估。

注：宜严格按原理要求进行试验，并根据GB/T 6151对试验结果进行评级。

4 设备及材料

4.1 蓝色羊毛标样

可能会用到2组不同的蓝色羊毛标样，两者不可互换。

4.1.1 1至8级蓝色羊毛标样

欧洲所采用的蓝色羊毛标样采用数字1至8分别对该组内的8种羊毛标准进行命名。这些蓝色羊毛标样是由表1中所列出的染料染色的羊毛构成的。在这1至8个级别中，每后一位数字所代表的蓝色羊毛标样的耐光变色牢度约是前一位的2倍（见表1）。

表1　5至8级的蓝色羊毛标样

蓝色羊毛标样	染料(染料索引名称)[a]
5	CI 酸性蓝 47(CI Acid Blue 47)
6	CI 酸性蓝 23(CI Acid Blue 23)
7	CI 可溶性还原蓝 5(CI Solubilized Vat Blue 5)
8	CI 可溶性还原蓝 8(CI Solubilized Vat Blue 8)

注：1至4级的蓝色羊毛标样不适用于本测试。

[a] 摘自染料索引第三版由英国化学家和染色师协会(Society of Dyers and Colourists),P. O. Box 244,Perkin House,82 Grattan Road,Bradford BD1 2JB,West York,UK,以及美国化学家和染色师协会(AATCC),P. O. Box. 12215,Research triangle Park,NC 27709-2215,USA,共同发布。

4.1.2　L2和L4蓝色羊毛标样

美国研制和生产了2个蓝色羊毛标样,作为8个系列蓝色羊毛标样的部分,在其数字前加“L”作为代号。当采用条件5(见附录D第D.4章)进行测试时,可采用此蓝色羊毛标样来测量氙弧日晒仪是否在期望的范围内运转。

4.2　设备

4.2.1　日晒仪

日晒仪基本上由一个由耐腐蚀材料制成的耐气候试验仓,一个光学光源,一套滤光系统和放置试样的试样夹组成。

4.2.2　光源和滤光装置

光源可由一个或多个氙弧灯构成,并应根据高温耐光的试验条件对光进行过滤。因此要配置有滤光装置。滤光装置分为吸收滤光和吸收/反射滤光(见附录B和附录C)。无论采用何种类型的滤光方式,都应根据表2所列出的条件确定其照射在试样表面的波长范围。

表2　光谱辐射量

波长/nm	相对光含量[a]/%	
	曝晒条件	
	1、2、3和6	5
<290	0	<0.07
<300	<0.05	<0.25
280～320	<0.1	1.1±0.5
320～360	3.0±0.85	4.1±1.17
360～400	$5.7^{+2.0}_{-1.3}$	$6.4^{+2.3}_{-1.5}$
400～520	$32.2^{+3.0}_{-5.0}$	27.3±2.6
520～640	30.0±3.0	27.2±2.7
640～800	29.1±6.0	$33.8^{+3.4}_{-8.8}$
<800	100	100

[a] 以<800 nm为总量计算百分率。

光照强度应达到6.1所要求的程度。

试样和蓝色羊毛标样受照面上的辐照量差异不应偏离平均值的±10%。

注：由于氙弧灯管和滤光片在使用过程中受老化作用的影响会使辐射光的各波段能量比例及辐照量发生变化,因此应根据生产厂商的建议对氙弧灯管和滤光片进行更换以保证达到所要求的各波段能量比例及辐照量。提供可进行本标准试验的仪器的生产厂商应保证其产品符合4.2和6.1的要求。

4.2.3 可监控曝晒条件的辐射计

由于照射在试样表面的辐照量受灯亮度、灯的位置和试样架(灯到试样架的距离)的影响,因此需要通过监控辐射计检测试样架上某一点的辐照量水平(单位面积辐射量)来保证曝晒的重复性和再现性。

4.2.4 温度传感器

4.2.4.1 黑标温度计(BST)(适用于条件1至条件3)

应包括一块约为 70 mm×40 mm 不锈钢板,厚度约为 0.5 mm,用固定于背面具有优良导热性的热敏电阻测量温度。金属板用一块塑料板固定以隔热,并涂以黑色涂层,如此即使在红外区也能获得至少95%的吸收率。

4.2.4.2 黑板温度计(BPT)(适用于条件5和条件6)

应包括一块至少 70 mm×150 mm×1 mm 的金属板,并将热敏电阻的感应端安装在板的几何中心。整板应涂以泛红外吸收的黑色涂层,使之在红外区也能获得至少 95%的吸收率。板的背对光源的一面可不作绝热处理。

4.2.5 遮盖物

遮盖物应为低含硫量且未经过荧光增白处理的纸片,或其他薄的不透光材料制成,并部分遮盖于试样和蓝色羊毛标样表面。

4.2.6 评定变色用灰色样卡

应符合 GB/T 250 的要求。

4.2.7 评级灯

应符合 FZ/T 01024 的要求。

4.2.8 涤纶非织造布

至少有 5 mm 厚,单位面积质量为 100 g/m^2±5 g/m^2,用来垫于试样背后。

5 曝晒卡和试样的准备

5.1 试样可使用其自带的背衬或衬以涤纶非织造布(见 4.2.8)。除非经相关方同意,衬垫物的厚度应不少于 5 mm。应考虑 5.4 的规定。蓝色羊毛标样应置于未经荧光增白处理的白卡上。

5.2 截取至少 40 mm×20 mm 的待测物紧贴在未经荧光增白处理的白卡上,若有必要,也可将待测物紧密缠绕在未经荧光增白处理的白卡上。对于绒毛类织物、地毯或印花织物,应截取略大的面积。

对于纱线,应紧密卷绕于硬卡上,或平行排列固定于硬卡上。

对于松散纤维或网状纤维组织,应使之具有均一的厚度和表面,贴于白卡上。

为便于操作,可将试样和蓝色羊毛标样按图 1 置于一张或多张卡上。

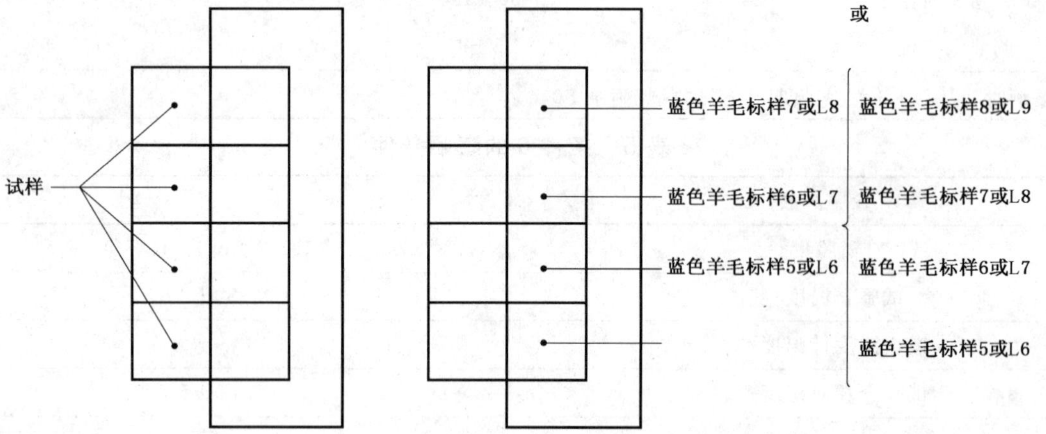

图 1 曝晒条件 2 装样图

5.3 试样和蓝色羊毛标样应当被剪裁至相同的尺寸以避免由于试样曝晒/非曝晒面积大于蓝色羊毛标样引起的对试样的颜色变化评级级数偏高的误差。(见 7.1)

5.4 对于厚重织物及有衬垫的试样，光源到试样及到蓝色羊毛标样和黑标温度计(BST)、黑板温度计(BPT)的距离误差不应超过 5 mm。

6 操作程序

6.1 曝晒条件

5 种曝晒条件在辐照量、黑标温度计温度和试验仓温度上有不同的要求(见附录 A)，试样和蓝色羊毛标样应当在表 3、4 和 5 中指定的温度和湿度下进行曝晒。

表 3 条件 1 至条件 3 的曝晒条件

条件	设定值		
	条件 3	条件 1	条件 2
IR 组分	普通	高	高
黑标温度计温度/℃	100±3	115±3	90^{+0}_{-5}
试验仓温度/℃	65±3	48±3	45^{+0}_{-5}
试验仓相对湿度/%	30±5[a]	20±10 未给湿	45±10
辐照量/(W/m²)	45～162[b] 1.1～3.6[c]	70～90[b]	

[a] 若相关方同意，可在测试中不启用给湿装置。

[b] 宽带波长测量范围在 300 nm～400 nm。

[c] 窄带波长测量范围在 420 nm。

注：在条件 1 进行测试时，可能会出现试样表面的温度远高于样品在实际使用时的表面温度。在这种情况下，条件 1 不适用。

表 4 条件 5 的曝晒周期

参数	光照期[a]	蔽光期
辐照量	0.55 W/m²±0.01 W/m²，于 340 nm	—
试验仓温度/℃	63±2	38±2
黑板温度计温度/℃	89±2	38±2
试验仓相对湿度/%	50±10	95±5
调节水水温/℃	63±4	40±4

[a] 曝晒时间从 3.8 h 的光照期开始计算(见附录 D)。

表 5 条件 6 的曝晒条件

参数	值
辐照量	162 W/m²(±10%[a])
试验仓温度/℃	50±3
黑板温度计温度/℃	89±2
试验仓相对湿度/%	50±5

[a] 以 300 nm～400 nm 作为测量范围。

6.1.1 将需要曝晒的试样固定在试样夹上，放入日晒仪中，试样架上的空档应由试样夹装满，且试样夹应装入部分由不透明遮光纸遮盖的白卡或日晒卡。

6.1.2 在条件1、3、5和6的条件下进行曝晒时，采用试样夹不翻转模式，在条件2下采用试样夹翻转模式。曝晒应连续进行，只有当需要检查时，才可将有关的试样夹从仪器中取出。

6.2 条件3的曝晒方法

应使用干净的氙弧灯和滤光片。光线测量装置应根据生产厂商的使用说明进行校准。

将附有6级蓝色羊毛标样(见4.1.1)的日晒卡用试样夹固定，置于仪器内。试样架上的空档应由装有部分由不透明遮光纸遮盖的白卡的试样夹装满。持续曝晒，并仅在检查蓝色羊毛标样是否到达变色终点时中断曝晒，直到6级蓝色羊毛标样的颜色变化达到评定变色用灰色样卡上的3级(见4.2.6)。根据经验，通常来说要达到上述要求，所需的照射量为420 nm处250 kJ/m^2～300 kJ/m^2，或300 nm～400 nm处11 MJ/m^2～13.2 MJ/m^2。

对6级蓝色羊毛标样的颜色变化的评级最好采用色度分光光度计来进行。评定变色用灰色样卡上3级的颜色变化相当于在D_{65}/10°的条件下4.3±0.4 DE* (CIELAB)的级数，且在评级之前，应将蓝色羊毛标样置于未经曝晒的卡片上。当在条件3的情况下进行多个循环周期的曝晒时，应在每个曝晒循环周期中检查标准试样，本循环周期内的标准试样的颜色变化与指定值间的偏差可以通过下个循环周期来补偿，以确保一系列循环周期的曝晒后总的颜色变化偏差在±0.4 DE* (CIELAB)内。可通过对曝晒时间或辐射量的调节对总曝晒量进行调节。若相关方同意，可以6级蓝色羊毛标样颜色的变化达到2级为曝晒终点，也就是说，需要约2倍的曝晒时间。

注：蓝色羊毛标样4.3±0.4 DE* 的级数相当于使用评定变色用灰色样卡3级色差值3.4±0.4 DE* 的级数。亦等同于评定变色用灰色样卡上3级的颜色变化。

6.3 曝晒方法

当试样和蓝色羊毛标样同时在指定条件下进行曝晒时，习惯性的做法是将试样同蓝色羊毛标样同时遮盖进行曝晒，并评定颜色变化。

6.3.1 曝晒方法1(以试样的颜色变化为试验终点)

本方法被认为是最精确的，当日晒级别存在争议时，应使用本方法。其基本特点是通过检查试样来控制曝晒周期，因此在试验中的每个试样都应配备一套蓝色羊毛标样。

注：这个曝晒方法不适用于汽车行业，因此在此标准中可以忽略。具体的操作可以按照GB/T 8427—2008的7.2.2。

6.3.2 曝晒方法2(以蓝色羊毛标样的颜色变化为终点)

将用不透光的遮光纸遮盖后的试样和蓝色羊毛标样按6.1中所指定的条件进行曝晒。检查蓝色羊毛标样的颜色变化以控制曝晒周期，持续曝晒直到6级蓝色羊毛标样的曝晒和未曝晒部分的颜色变化达到评定变色用灰色样卡上的3级或2级。评定变色用灰色样卡的3级相当于D_{65}/10°条件下3.4±0.4 DE* (CIELAB)的级数。

6.3.3 曝晒方法3(以3.2老化试验的标准为试验终点)

特别对于按6.1规定的条件3设定测试条件，按6.2的规定对样品进行多个循环周期的曝晒；每个周期都要采用新的蓝色标准羊毛，测试用的最小样品尺寸应根据随后的评级方法而定。

6.3.4 曝晒方法4(以曝晒的辐射量为终点)

当试样在条件3、5或6(见6.1)下曝晒时，确保试样在340 nm、420 nm或300 nm～400 nm波长下受到定量的辐射量。精确的辐射量应根据测试要求，并应和相关方达成一致。

7 耐光色牢度的评定

7.1 去除试样上的遮光纸，根据使用的曝晒方法的不同，应有一处或两处经过不同长度时间曝晒的区域及至少一处未经曝晒的区域。在曝晒结束后，应将试样在(20±2)℃的温度，(65±3)%的湿度的下至

少放置 24 h。对于每个方法得出的试后样，都应在适当照明条件下（见 ISO 105-A01：1994，第 14 章），比较试样的曝晒与未曝晒部分（或原样）相对于蓝色羊毛标样的颜色变化情况。

a） 曝晒方法 2 的耐光色牢度评定

在使用本方法时，通过比较试样相对于蓝色羊毛标样或评定变色用灰色样卡的颜色变化来进行评级，并应参照 7.2 的要求。

b） 方法 3 的耐光色牢度的评定

根据要求完成曝晒，并进行评级，如：

——表面评定（例：光泽度、表面龟裂或起泡）。

——色差评级；肉眼评级应使用 GB/T 250 评定变色用灰色样卡。仪器评级应使用 FZ/T 01024规定的仪器评级方法，FZ/T 01024 能提供和 GB/T 250 一样的评级结果。

——测试物理特性如拉伸性、耐磨性和强韧性。

c） 方法 4 的耐光色牢度评定

对任何颜色变化进行评级（见 7.5）。用评定变色用灰色样卡对试样的颜色变化进行肉眼比较。若试样有背衬，注意其背衬是否发生硬化现象。

7.2 在使用蓝色羊毛标样或评定变色用灰色样卡对试样进行评级时，可将试样用一近似变色灰色样卡，1 级到 2 级之间的中性灰色（约为 Munsell N5）的遮框围住，并用相同孔径的遮框依次盖在蓝色羊毛标样周围，这样便于对试样的变色和蓝色羊毛标样的变色进行对比。

7.3 为避免由光致变色引起的对耐光色牢度的错评，应在评级（见 GB/T 8431）前将试样置于室温条件下 24 h。若试样存在光致变色的可能，应根据 GB/T 8431 测定其光致变色，其曝晒条件可按 GB/T 8427 执行。

7.4 若试样具有光致变色性，应在耐光色牢度级数后加上一个括号，括号内写个“P”和光致变色的级数，如：6(P3-4)级（见 GB/T 8431）。

7.5 “变色”一词包括色相、饱和度、亮度上的变化或这些颜色特征的任何综合变化（见 GB/T 250）。

8 试验报告

试验报告应包括以下内容：

a） 本标准的编号，即：GB/T 16991—2008。

b） 对于曝晒方法 2：

1） 方法任选其一：

——耐光色牢度的数字级别（使用 1～8 级蓝色羊毛标样）

——颜色变化的数字级别（使用评定变色用灰色样卡）

2） 试验仪器；

3） 曝晒方法及条件；

4） 试样描述（例：背衬种类）；

5） 与本标准的偏离；

6） 试验日期。

c） 对于曝晒方法 3 和方法 4：

1） 评定变色用灰色样卡评定的颜色变化的数字等级，或物理特性的评估；

2） 日晒次数；

3） 检验仪器；

4） 曝晒方法及条件；

5） 试样描述（例：背衬种类）；

6） 与本标准的偏离；

7） 试验日期。

附 录 A
（规范性附录）
曝 晒 方 法

当试样采用6.1、表3或表4所描述的试验方法进行试验时，应使用以下几种测试仪器。若其他种类的滤光片能达到表2所要求的滤光效果则也可以使用。

设定条件	3				1和2	5	6
滤光装置	7IR	WG	BS/SL	RF320	4IR＋3WG	Q/BS	BS/SL
日晒机种类	B	B	C	B	B	C,D	C

注：
IR——红外滤光片；
WG——窗玻片；
BS——硼硅滤光片；
SL——钠钙滤光片；
RF320——滤去320 nm的光；
Q——石英滤光片；
B——空冷式氙弧灯；
C——水冷式氙弧灯；
D——条件5的试验要求。

附 录 B
（规范性附录）
测定耐光色牢度及老化用空冷式氙弧灯设备

B.1 使用条件及说明

B.1.1 试验设备采用一个或多个气冷氙弧灯作为光源，在不同型号和类型的仪器中，应使用不同大小及功率的氙弧灯。为保证放在试样夹中的试样的表面在适当的辐照量下曝晒，应根据仪器型号的不同，调节其试样架的直径、氙弧灯的类型及功率。

B.1.2 整个仪器应由一个或多个氙弧灯管、滤光装置和必要的配件组成，并应符合本标准要求。为保证照射在试样表面的光的波长符合表2的要求，应根据日晒仪型号的不同选用吸收滤光片或反射/吸收滤光片进行滤光。

B.1.2.1 氙弧灯外的滤光装置是由一个柱状的红外滤光片，或者红外/玻璃混合滤光排列结构，或者仅由窗玻片外加一特殊的紫外滤光片构成。

B.1.2.2 反射/吸收滤光装置可用于一个或多个氙弧灯结构的日晒仪中。根据日晒仪的种类是空冷式的或是水冷式的，应选用柱状的涂有特殊反射涂层的内石英滤光片并外加特殊的紫外滤光片的滤光装置，或者采用内胆为涂有红外反射涂层的石英滤光片，外层为包含3片窗玻片的柱状滤光结构，并在两层中间夹有水冷设施的滤光装置。

B.1.2.3 由于在使用过程中氙弧灯的亮度会发生下降，灯管应当在使用1 500 h后或者经过调节其发射光仍不能达到表3的要求时进行更换。在使用多个氙弧灯管的日晒仪中，应将灯管进行轮换。

由于红外滤光片及窗玻片在经过曝晒后，对光线的吸收量会发生改变，因此要在使用500 h后进行更换。

B.1.3 在滤光装置和氙弧灯间通过空气流通进行冷却，废气应排出室外。

B.2 温度与湿度的控制

B.2.1 由于某些织物对温度非常敏感，因此按程序要求精确控制试验温度尤为重要。温度通常用黑标温度计(BST)来测量，在一些型号的日晒仪中，也通过将黑标温度计置于旋转试样架上，使其与试样处于相同的相对位置和曝晒条件来控制仪器的温度。

B.2.2 由鼓风机产生的气流直接经试验仓到达试样表面。除一个例外以外，可通过将试验仓内循环的热空气与室内的冷空气混合，对温度进行调节。可通过调节并控制风扇转速来达到要求的黑标温度计温度及试验仓温度。

B.2.3 试样夹应装配在距垂直的氙弧灯合适距离的旋转试样架上，根据仪器型号的不同，试样夹可垂直或倾斜地插在试样架上，试样夹的转速应在0.033 s^{-1}到0.114 s^{-1}(2 r/min～7 r/min)之间。对应于曝晒条件2，除了样品架绕灯管旋转外，样品自身可绕其垂直中心轴旋转180°。

B.2.4 在本方法中，应控制仪器的曝晒时间长度，一些型号的日晒仪配备有计量辐射量的辐射计（测量波长在300 nm～400 nm)，因此能在到达预设的曝晒能量时自动关闭仪器。

B.3 辐射计

在本方法中，可通过装配在试样夹位置的辐射计来计量辐射量。辐射计应当具有宽带过滤器，可测量300 nm～400 nm间紫外光谱区的装置。滤光辐射计应具有随时间积累辐射量的功能。

辐射计的校正应由生产厂商按ISO 105相关使用部分在指定期限内检定。

附　录　C
（规范性附录）
测定耐光色牢度及老化用水冷式氙弧灯设备

C.1　使用条件及说明

C.1.1　此类仪器采用水冷式氙弧灯作为光源。虽然采用的所有氙弧灯都是相同类型的，但在不同型号的设备中，应使用不同大小和功率的氙弧灯。在各种型号的曝晒设备中，根据试样架的直径、氙弧灯的大小及功率，可使试样曝晒时，试样表面所受辐照是适当的。

C.1.2　此类型仪器由一氙弧灯、内层滤光片、外层滤光片和必要的配件组成。在进行曝晒测试时，通常使用“S”型号的硼硅内层滤光片和钠钙外层滤光片来过滤照射到试样表面的光线，使之达到表2（条件5，见附录D）所要求的条件。当采用其他类型也能达到表2所要求的条件的滤光片进行滤光时，应在报告中指出。根据生产厂商的建议更换灯管。由于穿透率的变化，外滤光片应当根据使用种类的不同，在使用1 000 h或2 000 h后予以更换，而内滤光片也应在使用400 h到1 000 h后予以更换。由于在使用过程中氙弧灯的亮度会发生下降，所以应在无法调节其亮度以达到表3或表4的要求时予以更换。

C.1.3　所有的氙弧灯曝晒设备应装有合适的起动器、电抗变压器及指示和控制装置，既可手动也可自动控制氙弧灯功率。手动控制操作时，应定期调节氙弧灯功率，以保证其辐照量符合表3、表4或表5的要求。

C.1.4　应使用生产厂商指定的蒸馏水或去离子水来循环冷却氙弧灯，并用安装在氙弧灯前部的混合床离子交换器使水净化。

C.2　温度和湿度的控制

C.2.1　由于某些织物对温度非常敏感，因此按程序要求精确控制试验温度尤为重要。温度是通过将黑标温度计（BST）或黑板温度计（BPT）置于旋转试样架上，使其与试样处于相同的相对位置和曝晒条件来控制的。

C.2.2　曝晒设备应封闭在一个绝热箱体内，以减少室温变化的影响。鼓风机提供的空气经试验仓吹拂在试样表面。通过将试验仓内循环的热空气与室内的冷空气混合来控制温度。应调节并控制风扇转速来达到要求的黑板温度计温度和试验仓温度。

C.2.3　氙弧灯安装在试样架的中心，试样夹安装在环状立式或倾斜式的托架上，并以0.016 s^{-1}（1 r/min）的速度绕氙弧灯旋转。每个试样夹到灯的距离应当相等。

C.2.4　本方法所用的设备装有控制曝晒时间的定时装置。有些仪器装有光照检测装置，当达到指定的辐射量后自动关闭。

C.3　检测/控制辐射计

可使用窄带干扰滤光片辐射计来测量紫外光谱。该辐射计包括一个使用光电探测器的传感器和中间波长容差不大于2 nm，半带宽不大于20 nm的干扰滤光片。

单/复式滤光片辐射计应能根据时间对辐射量进行测量、记录、控制和累计。使用有宽带滤光器来测量紫外光（300 nm～400 nm）的辐射计也是适用的。

自动保持辐照度恒定值的监测器，相同时间曝晒必须提供灯效的辐照。辐照量 Q 按下式计算：

$$Q = E \times 3.6 \times t$$

式中：

Q——辐照量，单位为千焦每平方米（kJ/m^2）；

E——辐照度，单位为瓦每平方米（W/m^2）；

t——时间，单位为时（h）；

3.6——转换常数。

带有可设定倒计数积分器的单过滤器辐射计，以 kJ/m^2 为单位，与曝晒设备一起使用，当试样达到预先设定的曝晒值时能终止试验。

当辐射计按所述方法使用时，应定期由生产厂商校正或由生产厂商提供的校正设备校正。

附　录　D
（规范性附录）
条件5的试验方法

D.1　仪器设置

根据生产厂商的建议，调整仪器以保证试验的准确性。

移除并遮盖试样喷雾给湿装置。虽然可以通过控制面板来关闭此装置，但最好应将此装置拆除并遮盖住导管以免意外喷雾在试样上。

关闭试样架给湿装置。在氙弧灯外安装石英内滤光片及S型高硼硅外滤光片。当采用其他类型也能达到表2所要求的条件的滤光片进行滤光时，应在报告中指出。

选择适当的程序或按以下流程和条件设定仪器。

功率调节	自动	
倒数计时开关	辐照	
灯状态	开	
固定气阀	关	
湿度调节器	开	
水供热	开	
气供热	开	
试样给湿	关	
试样架给湿	关	
循环光照	光照期	蔽光期
辐照量	340 nm处，0.55 W/m²	
黑板温度计温度	89 ℃	38 ℃
湿球温度计温度	13 ℃	0 ℃
冷却水水温	63 ℃	40 ℃
光照/蔽光时间	3.8 h	1 h

将氙弧灯冷却水的温度设定在60 ℃，并将过热保险断流设定在70 ℃。调节温度使氙弧灯充分冷却。但应注意防止在氙弧灯表面上形成冷凝水。

注：在必要条件下可调节风扇转速以达到要求的黑板温度计温度和湿球温度计温度。

每周一次检查湿球温度计芯（若用其来作湿度控制的话），当发现有污染或沉淀时予以更换。

D.2　试样架的可用位置

对于两列倾斜式放置的8位试样架，不要使用头、尾两个位置。

D.3　蓝色羊毛标样位置

将蓝色羊毛标样放在试样架中间，黑板温度计的任意侧。

D.4　用蓝色羊毛标样来统计过程控制

若日晒仪是连续使用的，则可将一L2蓝色羊毛标样在340 nm，37.6 kJ/m² 的条件下，从周一曝晒至周四。标样的颜色变化应相当于评定变色用灰色样卡的2级或1-2级，或相当于标准出版的蓝色羊

毛标样在 $D_{65}/10°$下进行仪器测试时相应的正确级数。若日晒机不是连续使用，则应在周五将 L4 蓝色羊毛标样置于 340 nm，1 128 kJ/m^2 的条件下，曝晒至周一。其颜色变化应相当于评定变色用灰色样卡的 2 级或相当于标准出版的蓝色羊毛标样在 $D_{65}/10°$下进行仪器测试时相应的正确级数。

确保所有的蓝色羊毛标样都是在蔽光期结束后放入日晒仪的。

如果曝晒结束后蓝色羊毛标样未达到要求的变色等级，应在找出原因并解决问题后再进行试验。

将一天一天的蓝色羊毛标样的颜色变化用图表进行记录，并用它来证明试验操作程序的正确性。

ICS 49.020
V 36

中华人民共和国国家标准

GB/T 16992—2008
代替 GB/T 16992—1997

飞机维护及其安全警告标志

Aircraft-Identification of servicing, maintenance, ground handling and safety/hazard points

(ISO 1950:1974, Aircraft-Identification of servicing, maintenance, ground handling and safety/hazard points, MOD)

2008-04-09 发布 2008-10-01 实施

中华人民共和国国家质量监督检验检疫总局
中国国家标准化管理委员会 发布

前　言

本标准修改采用 ISO 1950:1974《飞机维护、保养、地面搬运与安全/危险点标记》。在技术内容上与该标准无差异，为便于理解和实施，增加图样示例，并按我国标准编写规定编写。

本标准代替 GB/T 16992—1997《飞机维护及其安全警告标志》。

本标准与 GB/T 16992—1997 相比主要变化如下：

——调整引用标准；

——更正错误。

本标准实施中，出口飞机由合同双方约定，进口飞机按有关规定。

本标准的附录 A 是资料性附录。

本标准由中国航空工业第一集团公司提出。

本标准由中国航空工业第一集团公司归口。

本标准起草单位：中国航空综合技术研究所、中国航空工业第一集团公司第一飞机设计研究院和成都飞机设计研究所。

本标准主要起草人：王偕偕、王洪、银河。

本标准所代替标准的历次版本发布情况为：

——GB/T 16992—1997。

飞机维护及其安全警告标志

1 范围

本标准规定了飞机上使用的维护及其安全警告标志(不包括单纯的文字标志),适用于各种类型的民用飞机。由于飞机维护点的尺寸和分布不同,采用本标准时,可以灵活执行本标准的要求。

本标准规定的标志以国际通用和易于识别为原则,为飞机地面作业提供方便,并为保障维护安全提出警告。

2 规范性引用文件

下列文件中的条款通过本标准的引用而成为本标准的条款。凡是注日期的引用文件,其随后所有的修改单(不包括勘误的内容)或修订版均不适用于本标准,然而,鼓励根据本标准达成协议的各方研究是否可使用这些文件的最新版本。凡是不注日期的引用文件,其最新版本适用于本标准。

GB 2893 安全色

3 维护及其安全警告标志

3.1 标志名称、图形、颜色及说明

3.1.1 维护标志

维护标志按表1和表2规定。表1规定的标志颜色为白底黑标志或黑底白标志。表2规定的标志颜色,除标志说明中规定的颜色外,其余的颜色均为黄色。色样应符合GB 2893的规定。

3.1.2 安全警告标志

安全警告标志按表3和表4规定,颜色按标志方法规定。

3.2 标志位置

3.2.1 标志应置于相应的零件上,或紧靠其旁,或在维护口盖上。如果标志被遮挡,应采用一个箭头和一个相同的标志指示。

3.2.2 当一个口盖或盖板遮挡了几个维护点时,应采用相应的维护标志将其一一标出。其他标志不应替代或干扰维护标志。

3.2.3 被内饰板覆盖的维护点,应以合适的基本色和连续的线条将维护点所在区域的轮廓画出。

3.3 标志尺寸

3.3.1 标志尺寸大小应与观察距离相称,在观察点应能看清标志。标志图形绘制参见附录A。

3.3.2 爆炸触发装置的警告标志最大尺寸为每边230 mm。其他标志最长尺寸为100 mm。

3.3.3 除非另有规定,标志内的字体高度应为38 mm。

表 1　地面维护标志(一)

名　称	标　志	标志说明
气压系统	 (最大充气压力)　Pa	“×”形。 标志下面标明最大充气压力
空气起动	 (最大起动压力)　Pa	圆圈围的“×”形。 标志下面标明最大起动压力
空调	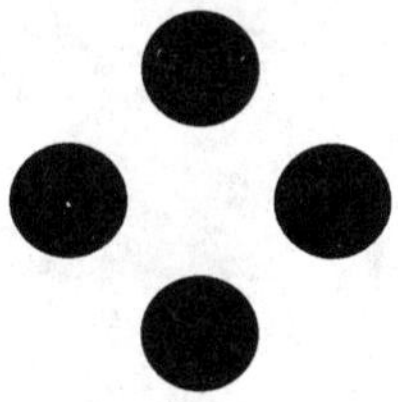	四圆点图形
氧 (呼吸用)	 气态:(最大充氧压力)　Pa 液态:(容积)　L	两平行长方形。 对于气态氧,在标志下面标明最大充氧压力; 对于液态氧,在标志下面标明容积
燃油	 (燃油牌号) (最大加油压力)　Pa	四角星。 标志下面标明燃油牌号和最大加油压力
润滑油	 (润滑油牌号)	正方形。 标志下面标明润滑油牌号

表 1（续）

名　称	标　志	标志说明
液压油	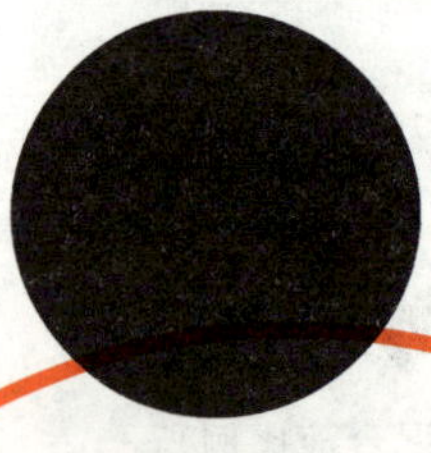 （液压油牌号） （最大加油压力）　Pa	圆形。 标志下面标明液压油牌号和最大加油压力
中性气体	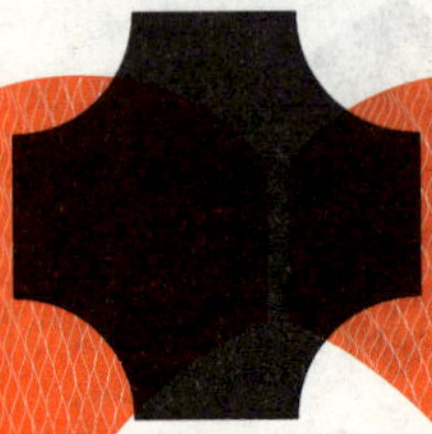 （气体牌号） （最大加注压力）　Pa	管子相交接头形。 标志下面标明气体牌号和最大加注压力
防冰液	 （防冰液牌号）	三角形。 标志下面标明防冰液牌号
冷却剂	 （冷却液牌号） （混合液百分比）	两条水平波浪线。 标志下面标明冷却液牌号和混合液百分比
制冷液	 （制冷剂牌号）	中心线呈水平、顶点对接的两个三角形。 标志下面标明制冷剂牌号

表 1（续）

名　称	标　志	标志说明
注水	 非纯水：(混合液比例)	内角小于90°的"V"字形。 对于非纯水，在标志下面标明混合液的比例
灭火剂	 (灭火剂牌号)	菱形。 标志下面标明灭火剂牌号
电接头 (外部)	 AC：V，Hz。 DC：V。	底部一横缩短的"E"字形。 标志下面标明电压和频率
接地插座		倒"T"形，底部加两条逐渐缩短的平行线
飞行参数记录仪	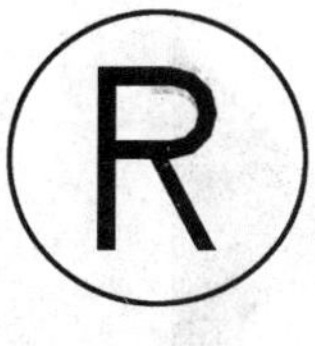	圆圈围的"R"字形

表 2　地面维护标志(二)

名　称	标　志	标志说明
蓄电池检查		闪电形
防冰线路检查		带黑色防冰液标志的圆
电子设备检查		横线上的单周正弦波
燃油滤检查		带黑色燃油标志的油滤轮廓
空速管/静压管接头检查		带一条纵向黑色曲折线的圆
座舱压力试验点		带黑色空调标志的管接头轮廓

表 2（续）

名　称	标　志	标志说明
液压系统试验点	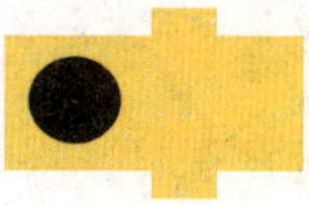	带黑色液压油标志的管接头轮廓
中性气体系统试验点		带黑色中性气体标志的管接头轮廓
通气增压系统放油（水）开关		带黑色气压系统标志的开关轮廓
燃油放沉淀开关		带黑色燃油标志的开关轮廓
排泄口		带黑色“T”字形的圆
饮水注口		带黑色“H_2O”字形的圆
氧接头		带黑色氧标志的阀门轮廓

表 2（续）

名　称	标　志	标志说明
发动机起动点火电嘴	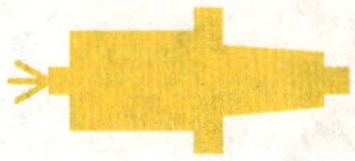	火花塞形
地面与座舱通话插座		电话话筒形
千斤顶顶点		带两条斜支腿的方形
尾支撑点		圆（围在支撑点上）
牵引点		圆环
悬挂或起吊点		倒置挂钩下面带一条水平线
系留或锚泊点		锚形

表 2（续）

名　称	标　志	标 志 说 明
禁止手动		在手印上叠加红色“×”形
禁止踩踏		在脚印上叠加红色“×”形
通道		带红色斜线的通道边线
救生艇舱		带主帆和前帆的船形
副油箱锁紧点		带红色燃油标志的圆

表 3　安全警告标志(一)

名　称	标　志	标志位置和方法
爆炸触发装置		标在邻近装置的飞机外部。 颜色： 外三角形边、内三角形和三边上的文字为红色； 底色为白色
发动机和辅助动力装置的进气和排气口		标在邻近进气和排气口的飞机外部。 颜色： 框边和四个箭头为红色； 框内两斜线为黑色； 底色为白色

表 4　安全警告标志(二)

名　称	标志位置	标志方法
起落架锁	支柱和撑杆	喷红色和白色,并挂红色小三角旗
控制锁位置	飞机支柱和撑杆位置	喷红色
空速管保护套	保护套	红色
发动机进、排气口	堵盖	红色
禁止接触	飞机薄弱部位	喷红色边框和斜叉
静压孔	孔塞	喷红色,并挂红色小三角旗

附 录 A
（资料性附录）
飞机维护及其安全警告标志图形示例

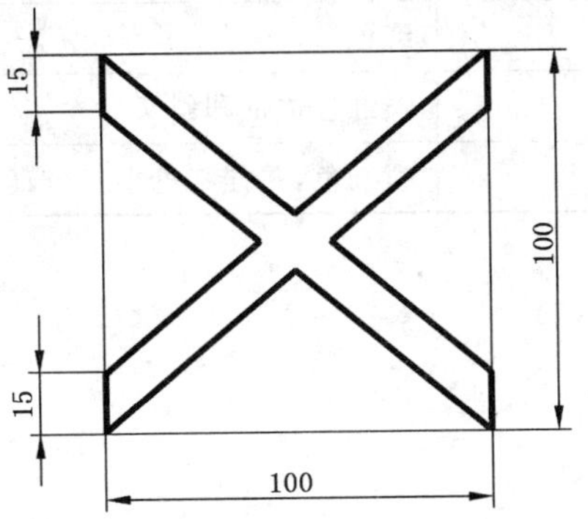

图 A.1 气压系统

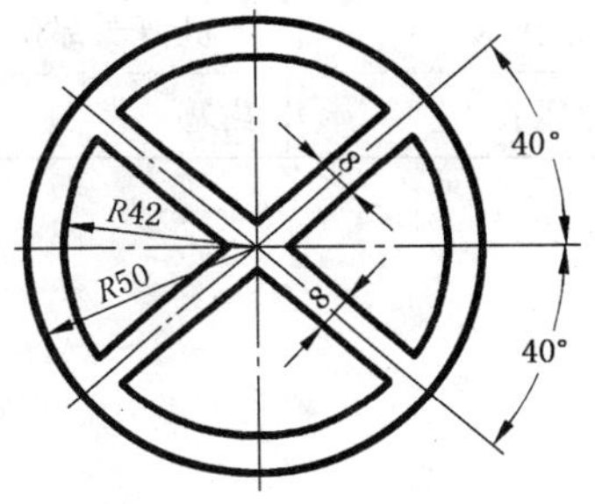

图 A.2 空气起动

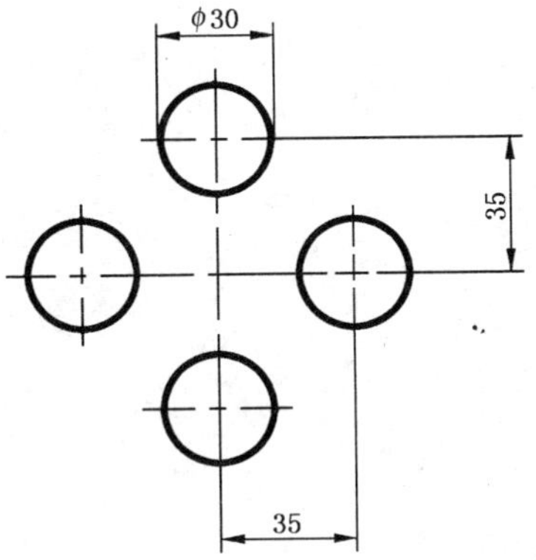

图 A.3 空调

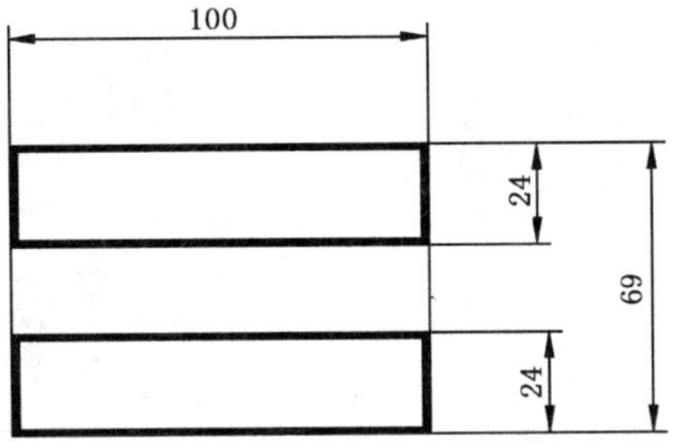

图 A.4 氧

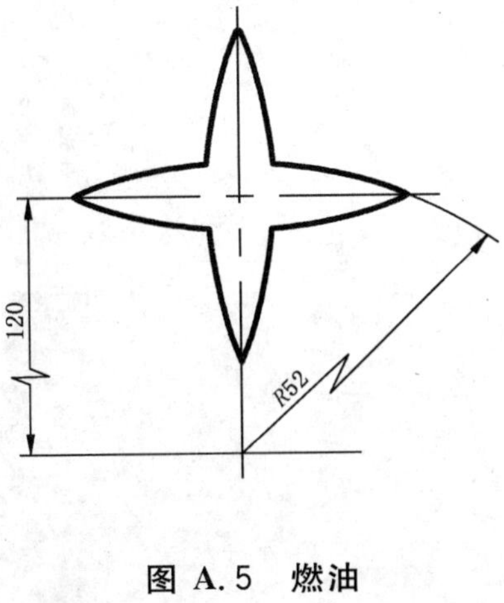

图 A.5 燃油

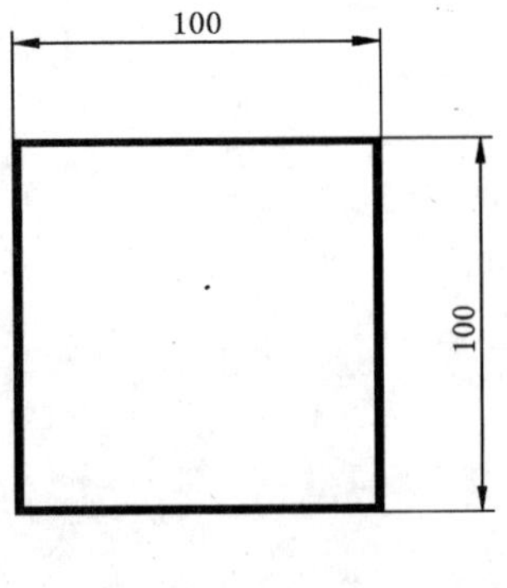

图 A.6 润滑油

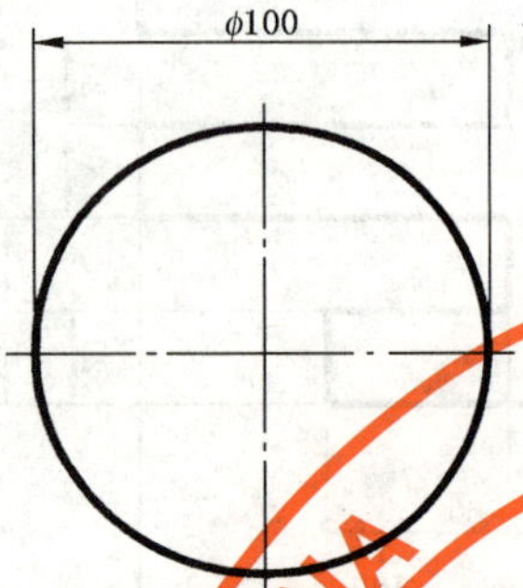

图 A.7　液压油

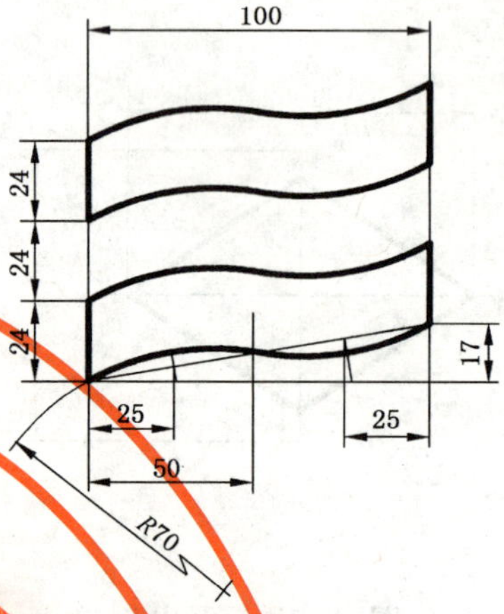

图 A.8　中性气体

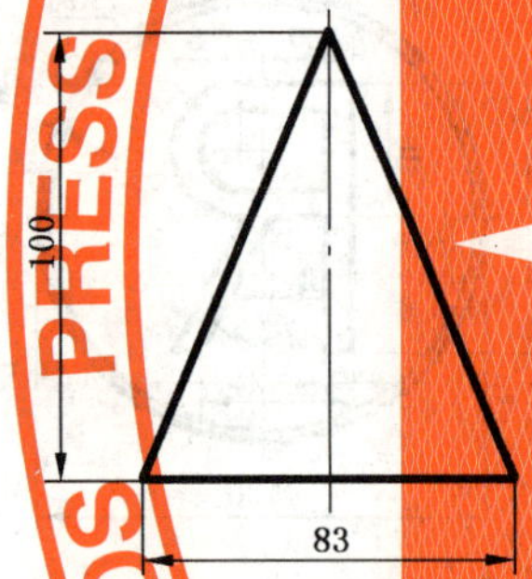

图 A.9　防冰液

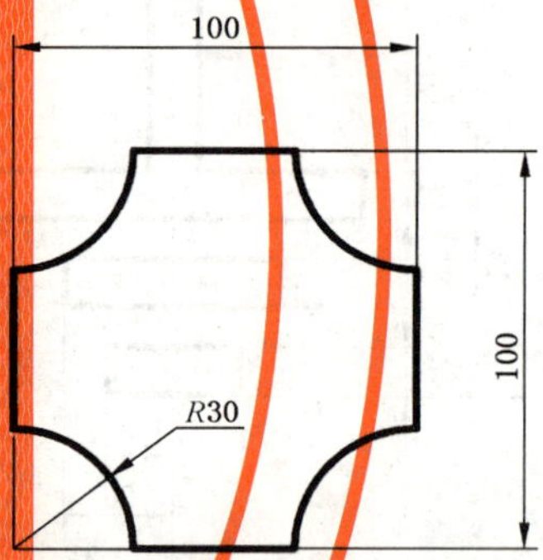

图 A.10　冷却液

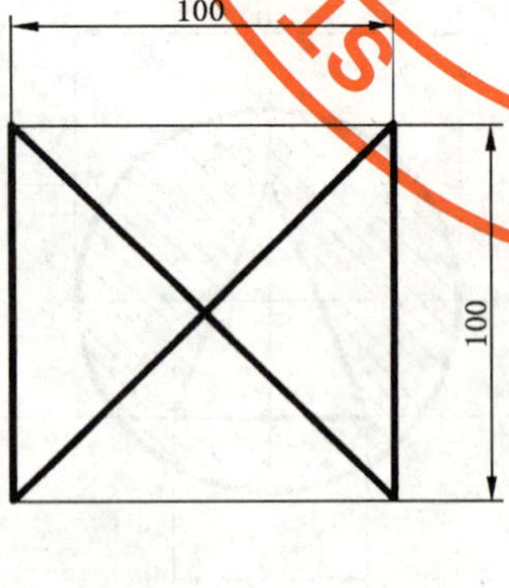

图 A.11　制冷液

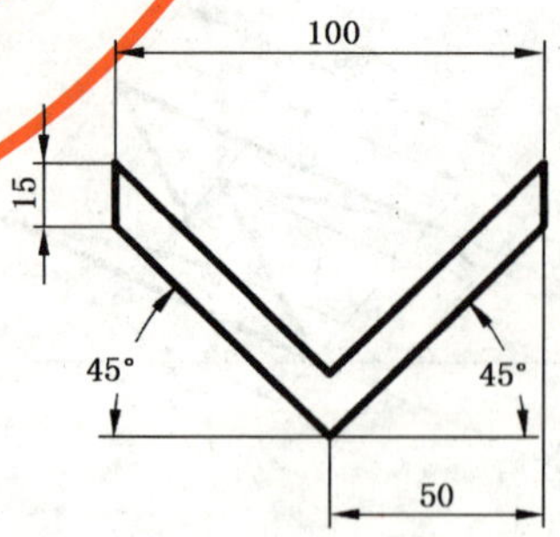

图 A.12　注水

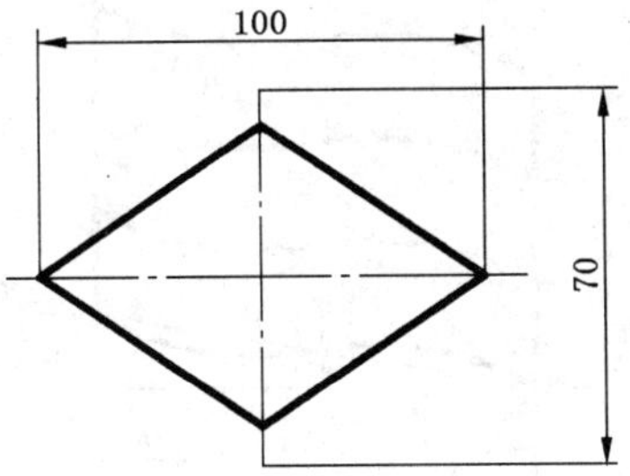

图 A.13　灭火剂

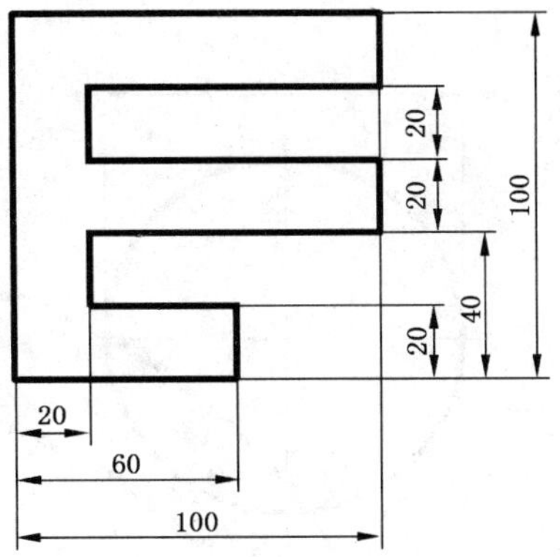

图 A.14　电接头

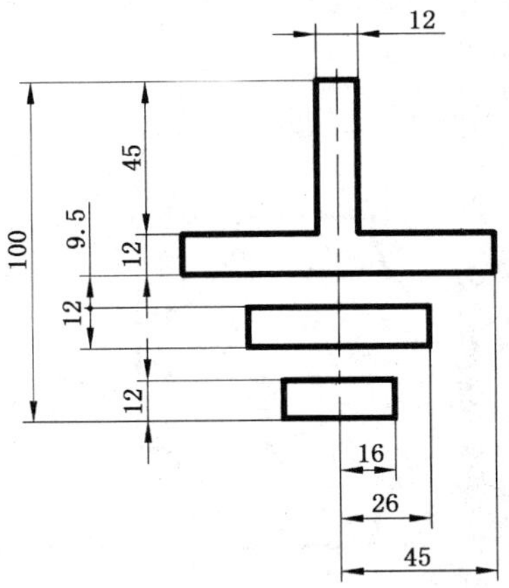

图 A.15　接地插座

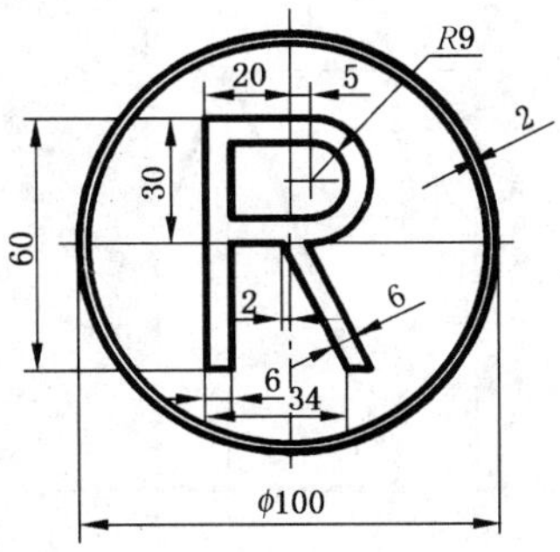

图 A.16　飞行参数记录仪

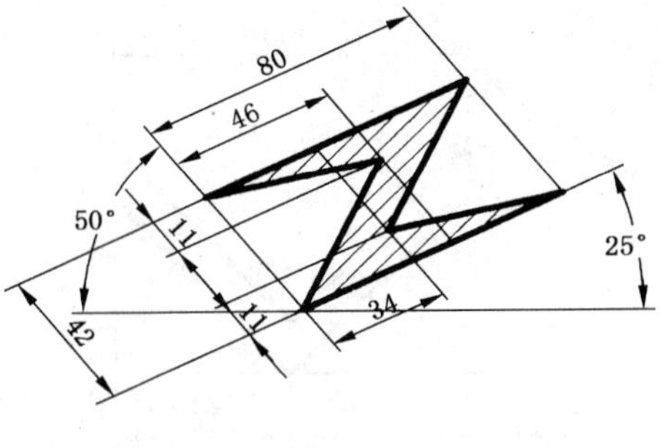

图 A.17　蓄电池检查

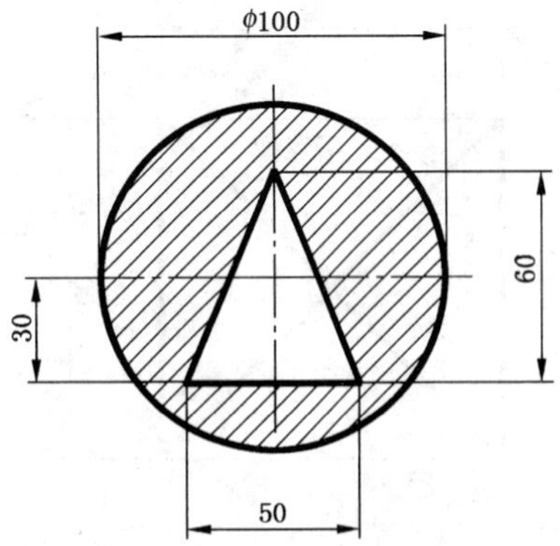

图 A.18　防冰线路检查

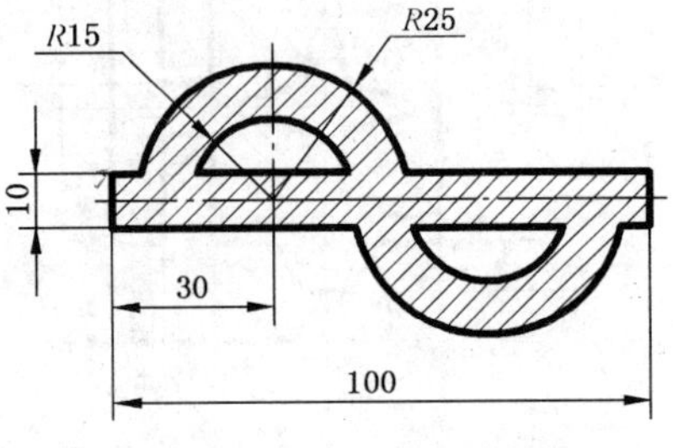

图 A.19 电子设备检查

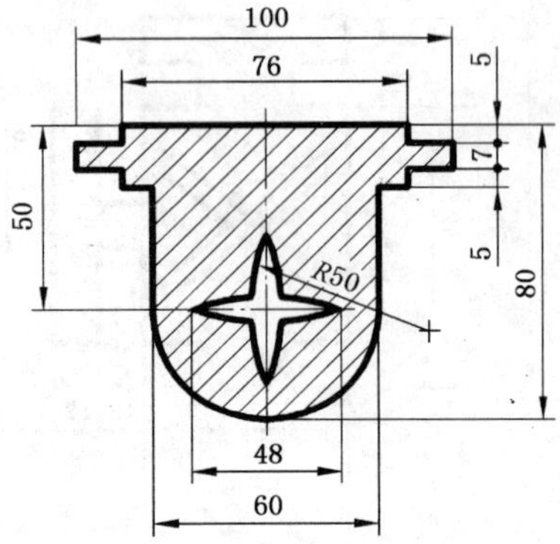

图 A.20 燃油滤检查

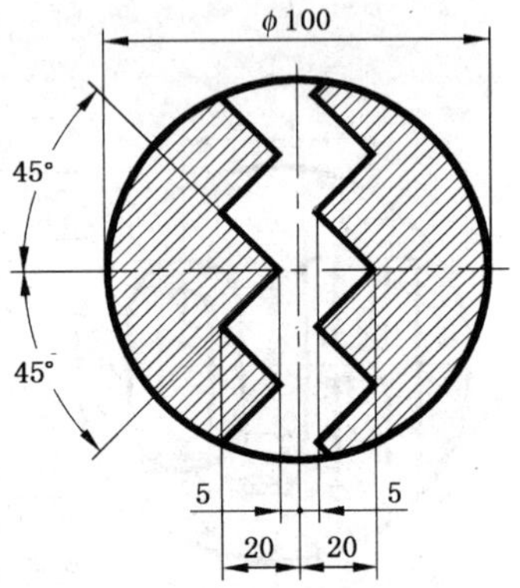

图 A.21 空速管/静压管接头检查

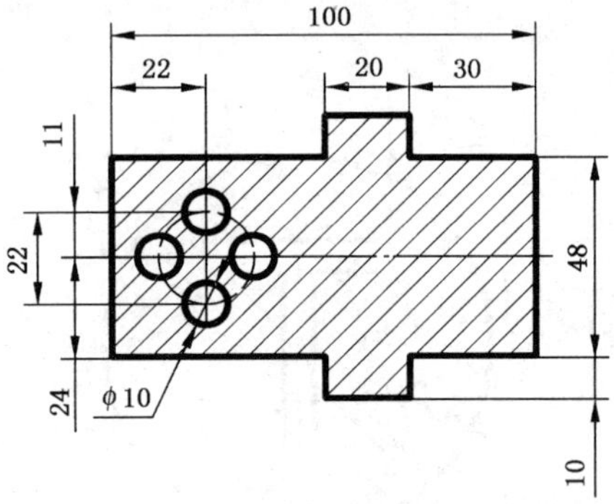

图 A.22 座舱压力试验点

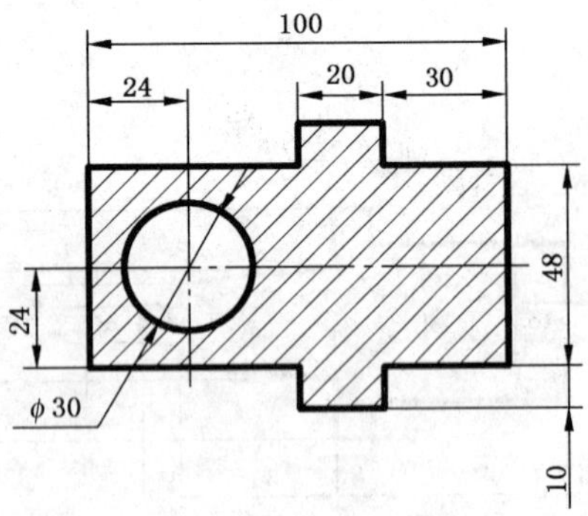

图 A.23 液压系统试验点

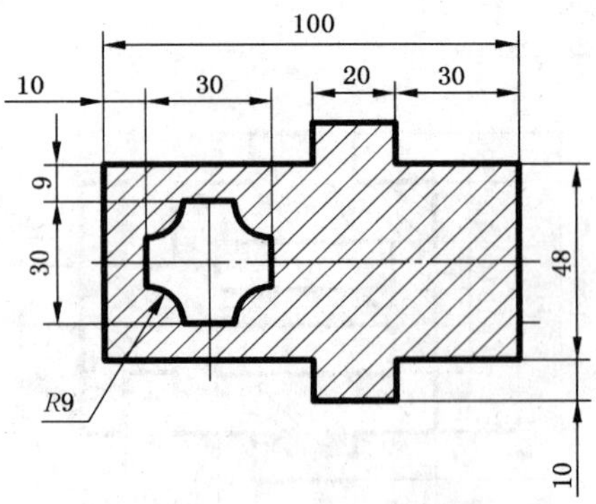

图 A.24 中性气体系统试验点

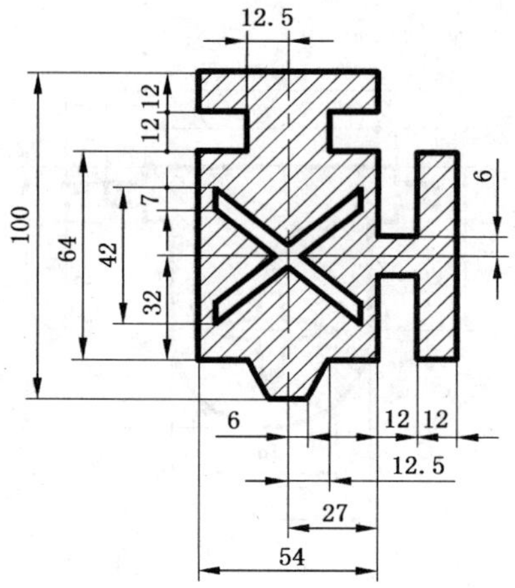

图 A.25　通气增压系统放油(水)开关

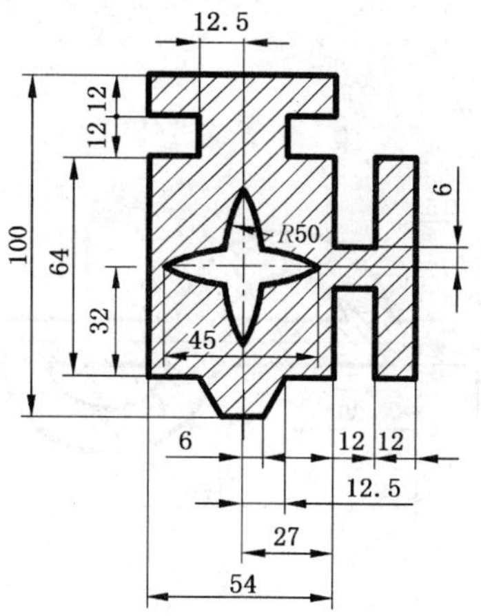

图 A.26　燃油放沉淀开关

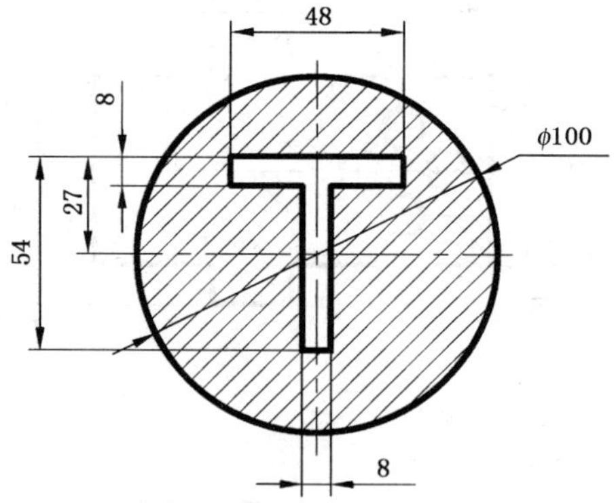

图 A.27　排泄口

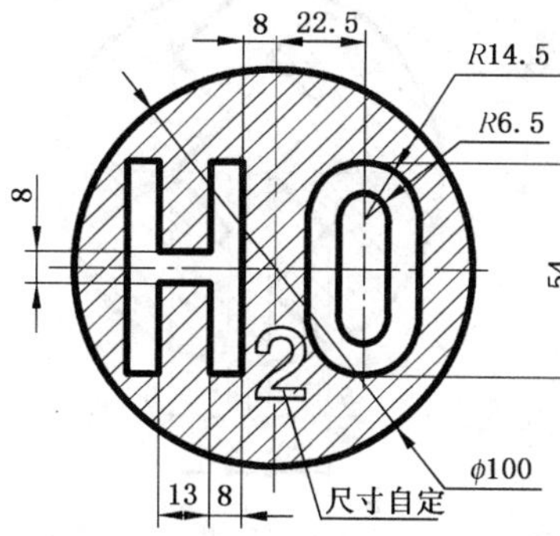

图 A.28　饮水注口

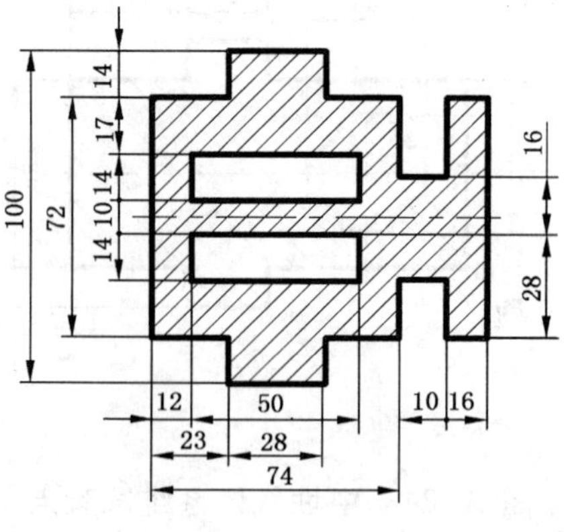

图 A.29　氧接头

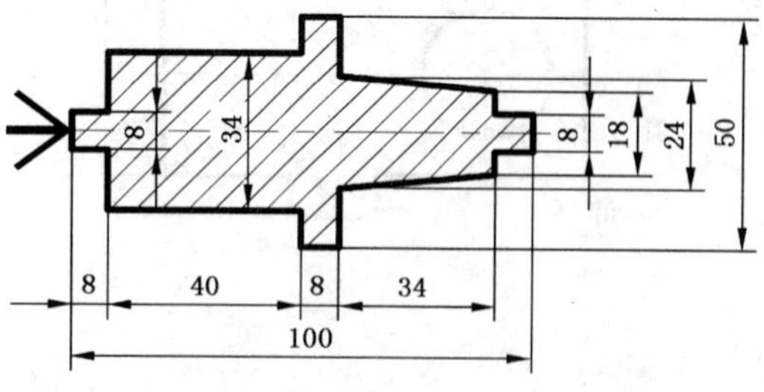

注：未注尺寸自定。

图 A.30　发动机起动点火电嘴

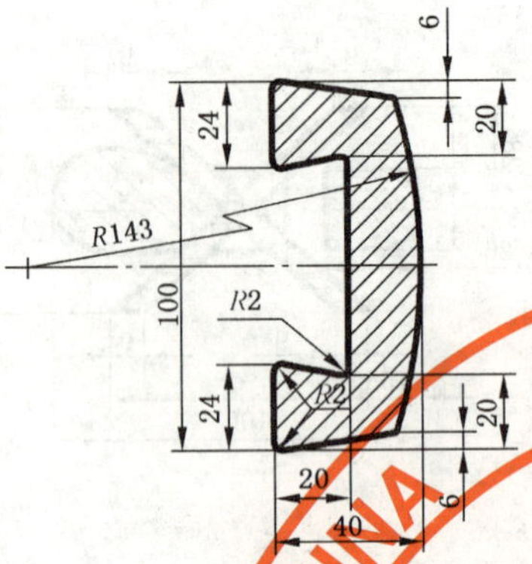

图 A.31　地面与座舱通话插座

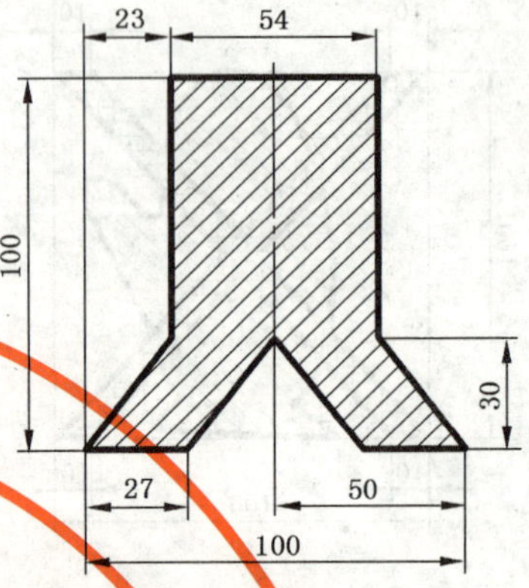

图 A.32　千斤顶点

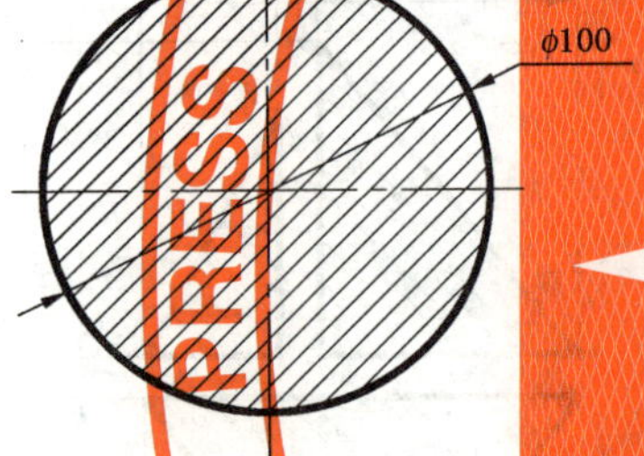

图 A.33　尾支撑点

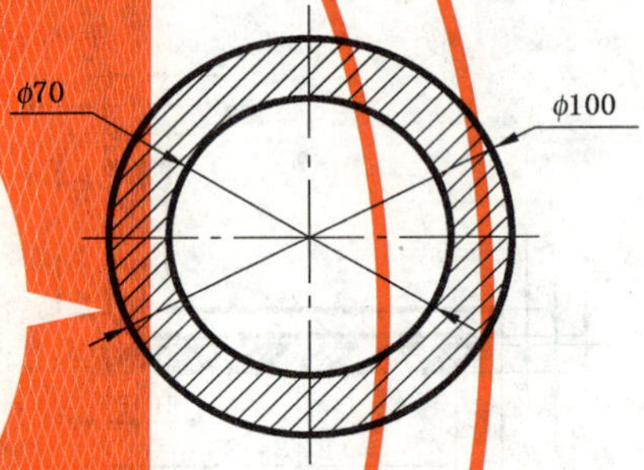

图 A.34　牵引点

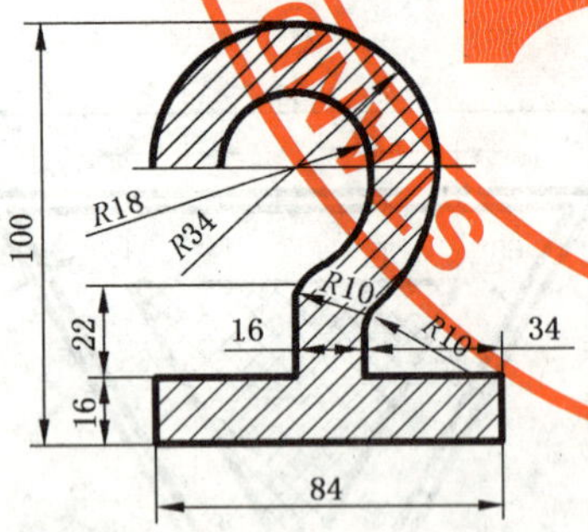

图 A.35　悬挂或起吊点

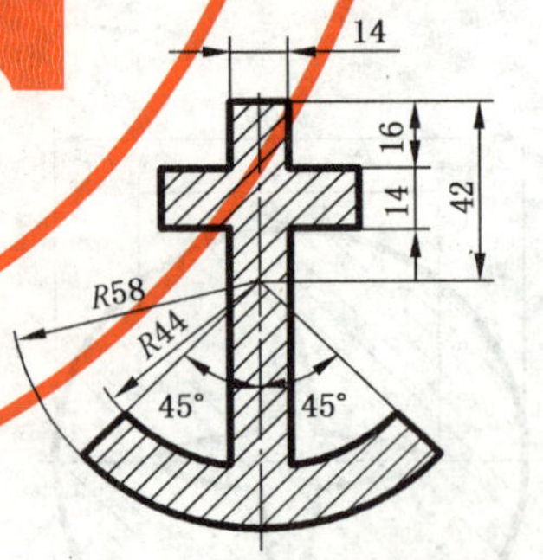

图 A.36　系留或锚泊点

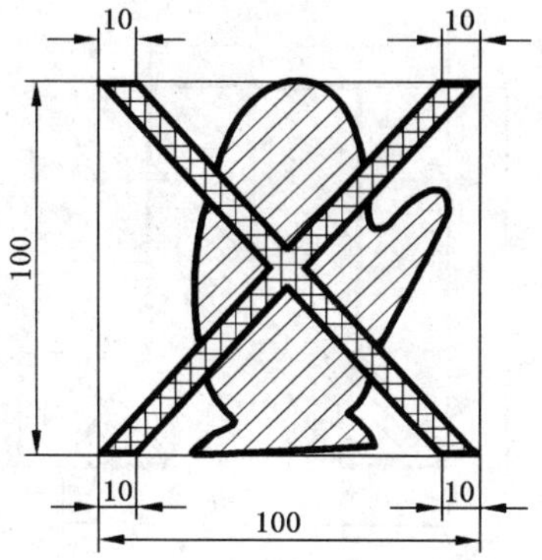

注：手形尺寸自定。

图 A.37　禁止手动

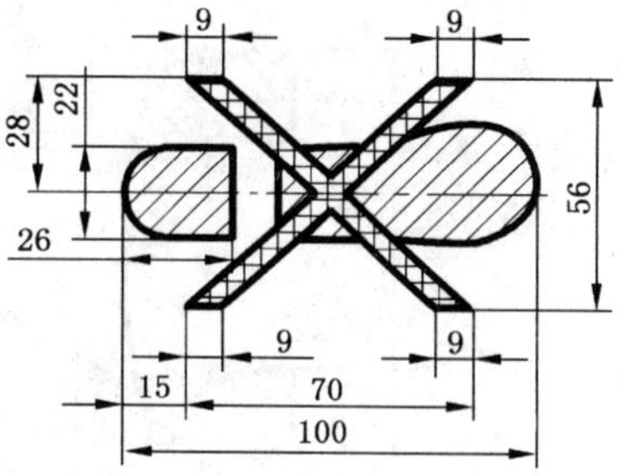

注：脚形(前部)尺寸自定。

图 A.38　禁止踩踏

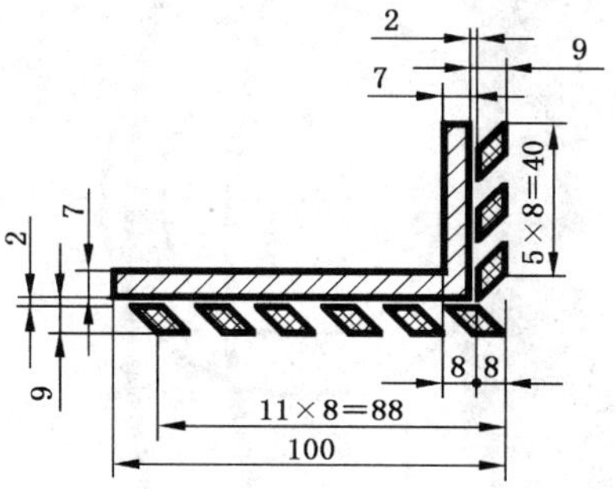

图 A.39　通道

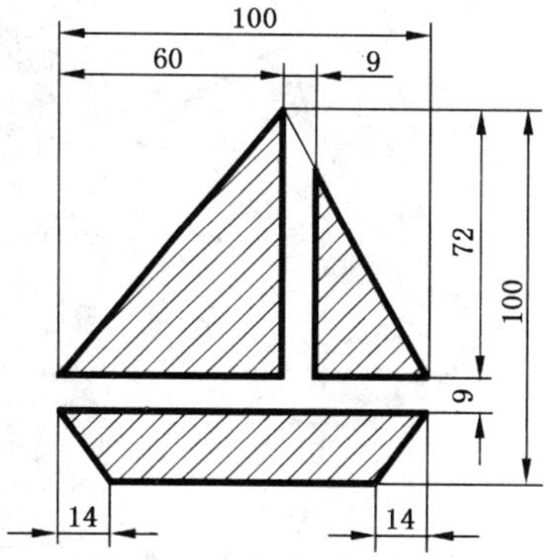

图 A.40　救生艇舱

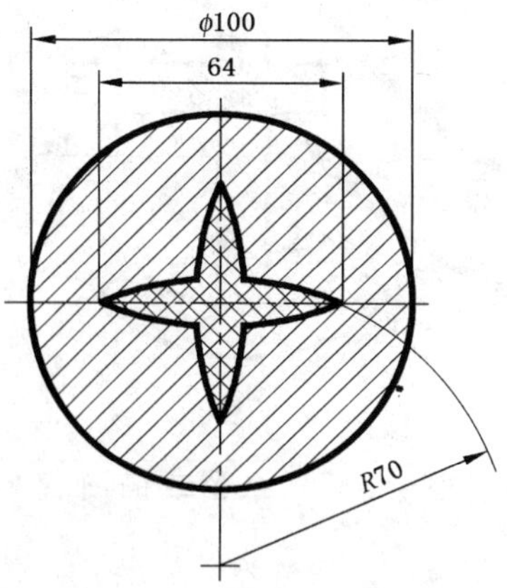

图 A.41　副油箱锁紧点

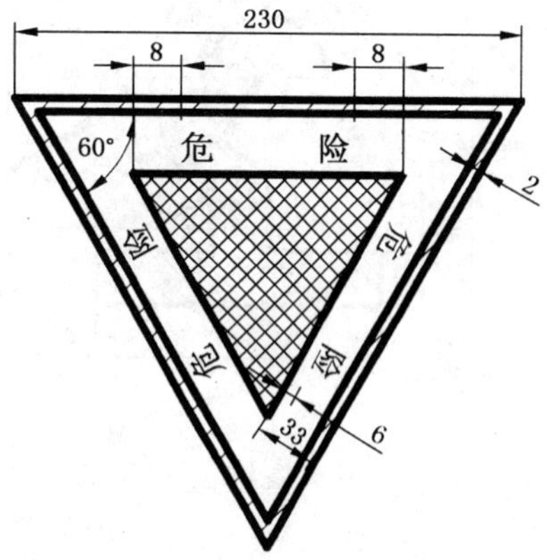

注：字高 20 mm。

图 A.42　爆炸触发装置

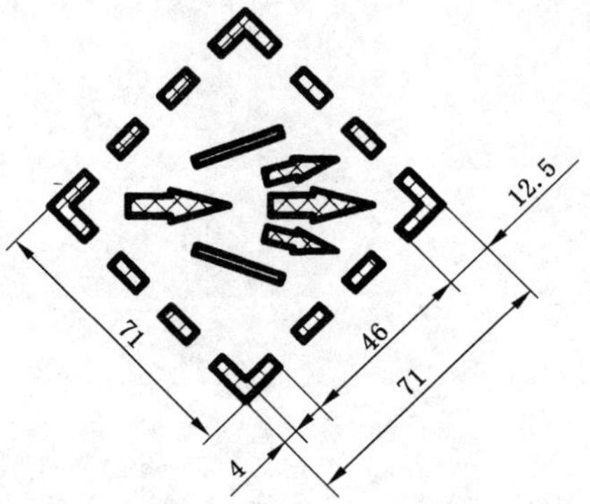

注：框内尺寸自定。

图 A.43　发动机和辅助动力装置的进气和排气口

注 1：图样按照图形最大方向的尺寸为 100 mm 绘制。

注 2：图样所示标志颜色如下列符号所示：

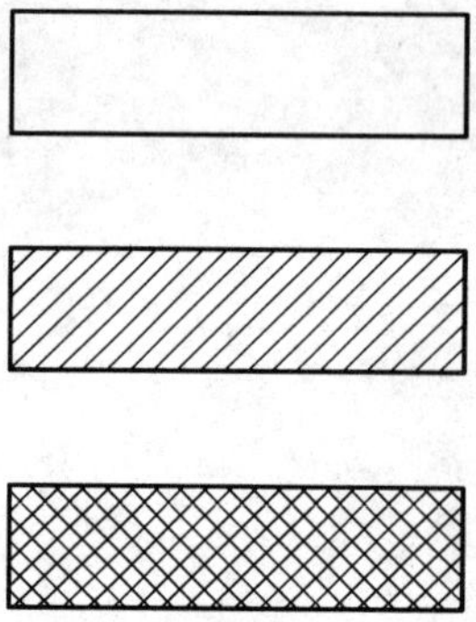

黑色或白色

黄色

红色

ICS 55.040
A 82

中华人民共和国国家标准

GB/T 17030—2008
代替 GB/T 17030—1997

食品包装用聚偏二氯乙烯(PVDC)片状肠衣膜

Polyvinylidene chloride (PVDC) flat-film for food-packaging

2008-06-25 发布　　2008-12-01 实施

中华人民共和国国家质量监督检验检疫总局
中国国家标准化管理委员会　发布

前　言

本标准代替 GB/T 17030—1997《食品包装用聚偏二氯乙烯(PVDC)片状肠衣膜》。

本标准与 GB/T 17030—1997 相比,主要变化如下:

——取消产品等级;

——技术要求中增加溶剂残留量;

——删除动摩擦系数(膜/膜)项目;

——对卫生指标的试验条件进行调整;

——水蒸气透过量的试验条件由条件 B 改为条件 A;

——氧气透过量试验方法由压差法改为库仑计检测法;

——增加产品保质期。

本标准由中国包装联合会提出。

本标准由全国包装标准化技术委员会归口。

本标准主要起草单位:河南省漯河市双汇实业集团有限责任公司、汕头市金丛包装材料有限公司、国家包装产品质量监督检验中心(济南)、中国包装联合会。

本标准主要起草人:张传国、陈明泉、王兴东、张如霞。

本标准所代替标准的历次版本发布情况为:

——GB/T 17030—1997。

食品包装用聚偏二氯乙烯(PVDC)片状肠衣膜

1 范围

本标准规定了食品包装用聚偏二氯乙烯(PVDC)片状肠衣膜的技术要求、试验方法、检验规则、标志、包装、运输和贮存。

本标准适用于聚偏二氯乙烯树脂采用吹塑法制成并分切的食品包装用聚偏二氯乙烯(PVDC)肠衣膜(以下简称肠衣膜),用于灌装肠类食品。

2 规范性引用文件

下列文件中的条款通过本标准的引用而成为本标准的条款。凡是注日期的引用文件,其随后所有的修改单(不包括勘误的内容)或修订版均不适用于本标准,然而,鼓励根据本标准达成协议的各方研究是否可使用这些文件的最新版本。凡是不注日期的引用文件,其最新版本适用于本标准。

GB/T 1037 塑料薄膜和片材透水蒸气性试验方法 杯式法(GB/T 1037—1987,neq ASTM E 96:1980)

GB/T 1040.3 塑料 拉伸性能的测定 第3部分:薄膜和薄片的试验条件(GB/T 1040.3—2006,ISO 527-3:1995,IDT)

GB/T 2828.1 计数抽样检验程序 第1部分:按接收质量限(AQL)检索的逐批检验抽样计划(GB/T 2828.1—2003,ISO 2859-1:1999,IDT)

GB/T 2918 塑料试样状态调节和试验的标准环境(GB/T 2918—1998,idt ISO 291:1977)

GB/T 5009.60 食品包装用聚乙烯、聚苯乙烯、聚丙烯成型品卫生标准的分析方法

GB/T 5009.122 食品容器、包装材料用聚氯乙烯树脂及成型品中残留1,1-二氯乙烷的测定

GB/T 6672 塑料薄膜和薄片厚度测定 机械测量法(GB/T 6672—2001,idt ISO 4593:1993)

GB/T 6673 塑料薄膜与片材长度和宽度的测定(GB/T 6673—2001,idt ISO 4592:1992)

GB 9685 食品容器、包装材料用助剂使用卫生标准

GB/T 11999 塑料薄膜和薄片耐撕裂性试验方法 埃莱门多夫法(GB/T 11999—1989,idt ISO 6383-2:1983)

GB/T 12027 塑料 薄膜和薄片 加热尺寸变化率试验方法(GB/T 12027—2004,ISO 11501:1995,IDT)

GB 15204 食品容器、包装材料用聚偏氯乙烯-氯乙烯共聚树脂卫生标准

GB/T 19789 包装材料 塑料薄膜和薄片氧气透过性试验 库仑计检测法(GB/T 19789—2005,ASTM D 3985:1995,MOD)

3 分类

肠衣膜分为印刷肠衣膜与非印刷肠衣膜,印刷肠衣膜分为里印复合肠衣膜与表印肠衣膜。

4 要求

4.1 外观

4.1.1 着色肠衣膜中颜料分散应均匀,不应有影响使用的色差、色斑、水纹和波浪状色纹。

4.1.2 肠衣膜无污染、碰伤、划伤、穿孔、叠边、折皱、僵块、气泡等。

4.1.3 肠衣膜不允许存在直径 1 mm 以上的杂质及碳化点，直径不大于 1 mm 的杂质及碳化点的数量应不大于 20 个/m^2。

4.1.4 接头处双面用与薄膜颜色有区别的胶带连接，接头平整，上、下胶带重叠。

4.1.5 肠衣膜卷表面应平整，允许有轻微的活褶，不应有明显的暴筋、翘边，端面应平整。膜卷张力适当，无脱卷现象。膜卷中心线和纸芯中心线之间的偏差不大于 4 mm。

4.1.6 每卷断头数量不应超过 2 个，每段长度不应小于 80 m。

4.2 印刷质量

4.2.1 印刷肠衣膜应整洁，无明显的赃污、残缺、刀丝；文字印刷清晰完整，5 号字以下不误字意；印刷边缘光洁；网纹清晰均匀，无明显变形和残缺。

4.2.2 印刷肠衣膜的套印误差应符合表 1 规定。

表 1 套印误差

单位为毫米

套印部位	极限偏差	
	实地印刷	网纹印刷
主要部位[a]	≤0.8	≤0.6
次要部位	≤1.0	≤0.8

a 主要部位指画面上反映主题的部分，如图案、文字、标志等。

4.3 规格尺寸

4.3.1 肠衣膜的公称厚度为 0.040 mm，特殊规格的厚度由供需双方商定。厚度偏差为±0.003 mm。

4.3.2 肠衣膜的宽度和长度由供需双方商定，宽度偏差见表 2，膜卷长度不允许有负偏差。

表 2 宽度偏差

单位为毫米

宽度	≤100	>100
允许偏差	±1.0	±2.0

4.4 物理机械性能

肠衣膜的物理机械性能应符合表 3 要求。

表 3 物理机械性能

项目		要求
拉伸强度/MPa	纵向	≥60
	横向	≥80
断裂伸长率/%	纵向	≥50
	横向	≥40
耐撕裂力/N	纵向	≥0.20
	横向	≥0.20
热收缩率/%	纵向	−15～−30
	横向	−15～−30
水蒸气透过量/[g/(m^2·24 h)]		≤5.0
氧气透过量/[cm^3/(m^2·24 h·0.1 MPa)]	里印复合肠衣膜	≤50.0
	表印肠衣膜	≤25.0
	非印刷肠衣膜	≤25.0

4.5 卫生指标

4.5.1 生产肠衣膜所用的助剂应符合 GB 9685 的规定。

4.5.2 肠衣膜的偏氯乙烯、氯乙烯含量应符合 GB 15204 规定。

4.5.3 肠衣膜的其他卫生指标应符合表 4 要求。

表 4 卫生指标

项目		要求
蒸发残渣/(mg/L)	蒸馏水(95 ℃,30 min)	≤30
	4%乙酸(95 ℃,30 min)	≤30
	20%乙醇(20 ℃,2 h)	≤30
	正己烷(20 ℃,2 h)	≤30
高锰酸钾消耗量(蒸馏水,95 ℃,30 min)/(mg/L)		≤10
重金属(以 Pb 计)(4%乙酸,95 ℃,30 min)/(mg/L)		≤1
脱色试验	浸泡液	阴性
注 1：本色肠衣膜不做脱色试验。 注 2：印刷肠衣膜的卫生指标仅做与食品接触层的卫生指标。		

4.6 溶剂残留量

印刷肠衣膜的溶剂残留量应符合表 5 要求。

表 5 溶剂残留量

单位为毫克每平方米

项目	要求
溶剂残留量	≤12.0
苯类残留量	≤1.0

5 试验方法

5.1 取样

从肠衣膜的膜卷上去掉表面 4 层，取 20 层作为检验试样，试样宽度应不小于 150 mm。

5.2 试样状态调节和试验标准环境

试样的状态调节和试验环境按 GB/T 2918 规定的标准环境和正常偏差范围进行，状态调节时间不小于 4 h，并在此环境下进行试验。

5.3 外观

5.3.1 在自然光线下目测肠衣膜外观质量。用最小分度值为 0.5 mm 的钢直尺测量膜卷中心线和纸芯中心线之间的偏差。用 10 倍刻度的放大镜，测量肠衣膜中杂质及碳化点的直径。在 40 W 的日光灯下，目测检验印刷质量。

5.3.2 在 40 W 的日光灯下，用精度为 0.01 mm 的 20 倍刻度显微镜，测量试样主要部位和次要部位任二色间的套印误差，各测三点。分别取其平均值，作为主要部位和次要部位的套印误差。

5.4 规格

5.4.1 厚度按 GB/T 6672 规定进行，用最大、最小厚度测试值计算厚度偏差。

5.4.2 长度和宽度按 GB/T 6673 规定进行。

5.5 物理机械性能

5.5.1 拉伸强度和断裂伸长率

按 GB/T 1040.3 的规定进行。采用 2 型试样，试样宽度为 15 mm±0.1 mm，长度大于等于 150 mm，试样的夹具间距为 100 mm±1 mm，试验速度(空载)250 mm/min±25 mm/min。结果取平均

值，保留整数。

5.5.2 耐撕裂力

按 GB/T 11999 规定进行。

5.5.3 热收缩率

按 GB/T 12027 规定进行。加热介质为空气，试验温度 120 ℃±2 ℃，试验时间 30 min。

5.5.4 水蒸气透过量

按 GB/T 1037 规定进行，采用条件 A，温度为 38 ℃±0.6 ℃，相对湿度为 90%±2%。

5.5.5 氧气透过量

按 GB/T 19789 规定进行，温度 23 ℃±2 ℃。

5.6 卫生指标

5.6.1 偏氯乙烯单体和氯乙烯单体残留量的测定按 GB/T 5009.122 规定进行。

5.6.2 蒸发残渣、高锰酸钾消耗量、重金属的测定按照 GB/T 5009.60 规定进行。

5.6.3 脱色试验按照 GB/T 5009.60 规定进行。20%乙醇的浸泡条件为 20 ℃，2 h；正己烷的浸泡条件为 20 ℃，2 h；4%乙酸的浸泡条件为 95 ℃，30 min；蒸馏水的浸泡条件为 95 ℃，30 min。试验后 4 种浸泡液不得染有颜色。

5.7 溶剂残留量

5.7.1 检验原理

以气-固平衡为基础，将一定面积的试样置于密封容器内，在一定温度下，试样中残留的有机溶剂受热挥发，经过一定的时间后，定量取出密封容器内顶部气体注入色谱仪中分析，以保留时间定性，峰面积(或峰高)定量。结果以毫克每平方米表示。

5.7.2 仪器

带氢火焰离子检测器的气相色谱仪，顶空自动进样器或烘箱。

5.7.3 色谱条件

5.7.3.1 色谱柱为 100%的二甲基聚硅氧烷毛细柱或 5%苯基-95%甲基聚硅氧烷色谱柱。或者能够分离甲醇、乙醇、异丙醇、丁酮、乙酸乙酯、甲苯、乙酸丁酯、二甲苯等的色谱柱。

5.7.3.2 载气为氮气，纯度为 99.999%

5.7.3.3 柱温为 50 ℃～150 ℃，根据情况选用恒温或程序升温。检测器温度为 150 ℃～300 ℃，进样口温度为 90 ℃～150 ℃。烘箱或自动进样器加热条件(80 ℃～100 ℃)±2 ℃，平衡 30 min。

5.7.4 试剂

试剂为分析纯或色谱纯。

5.7.5 试验样品制备

按试样表面积与玻璃容器体积之比为 3 cm^2/mL～5 cm^2/mL 的比例取样，将样品裁成 10 mm×30 mm 的碎片，置于适宜体积的玻璃容器内，密闭。

5.7.6 标准样品制备

精确取适量待测有机溶剂，用合适的溶剂溶解，并稀释至适宜的浓度。根据样品中待测溶剂的实际残留量确定标准样品用量，若样品中溶剂含量不在标准曲线范围内，应重新调整该溶剂标准曲线的范围。

5.7.7 测定方法

采用标准曲线法。取至少五个不同含量的有机溶剂标准样品，放入与试验样品体积相同的玻璃容器内，密封，置于烘箱或自动进样器中进行平衡(如平衡温度 100 ℃，平衡时间 30 min)，用预热至相同温度的注射器(一般取样量 1 mL 或根据仪器的灵敏度合理取样)或自动取样器取样，利用气相色谱仪得出峰面积(或峰高)，绘制峰面积(或峰高)与对应有机溶剂质量的标准曲线，要求线性相关系数大于 0.99%。

5.7.8 试验步骤

将装有试验样品的密封玻璃容器置于烘箱或自动进样器中，与标准样品平衡相同的温度和时间，用预热至相同温度的注射器或自动取样器取样，取样量与标准样品相同，根据试样中溶剂的峰面积(或峰高)，从标准曲线上求出样品中该溶剂的质量，按式(1)计算：

$$X = \frac{m}{W} \qquad \cdots\cdots(1)$$

式中：

X——样品中溶剂的残留量，单位为毫克每平方米(mg/m^2)；

m——待测溶剂的质量，单位为毫克(mg)；

W——样品的表面积，单位为平方米(m^2)。

6 检验规则

6.1 组批

肠衣膜的验收以批为单位，用同一企业生产的同一牌号、同一批次的树脂，在同一工艺条件生产的肠衣膜为一批。

6.2 抽样

6.2.1 肠衣膜的规格、外观的试样按照 GB/T 2828.1 中正常检验二次抽样方案，检验水平为Ⅱ、接收质量限(AQL)为 6.5，按照表 6 规定进行抽样检验。

表 6 规格及外观检验抽样及判定方案

单位为卷

批量 N	样本	样本量 n	累计样本量	接收数 Ac	拒收数 Re
≤25	第一	3	3	0	2
	第二	3	6	1	2
26～50	第一	5	5	0	2
	第二	5	10	1	2
51～90	第一	8	8	0	3
	第二	8	16	3	4
91～150	第一	13	13	1	3
	第二	13	26	4	5
151～280	第一	20	20	2	5
	第二	20	40	6	7
281～500	第一	32	32	3	6
	第二	32	64	9	10
501～1 200	第一	50	50	5	9
	第二	50	100	12	13
1 201～3 200	第一	80	80	7	11
	第二	80	160	18	19
3 201～10 000	第一	125	125	11	16
	第二	125	250	26	27

6.2.2 物理机械性能及卫生指标、溶剂残留量项目，从每批产品中任取一卷薄膜进行检验。

6.3 检验方案

6.3.1 出厂检验

肠衣膜出厂检验项目为 4.1、4.2、4.3。

6.3.2 型式检验

型式检验为第4章要求中的全部项目。有下列情况之一时，需进行型式检验：

a) 新产品或老产品转厂生产的试制定型鉴定；

b) 正常生产时，每年检验一次；

c) 配方、工艺有较大改变时；

d) 停产半年以上恢复生产时；

e) 出厂检验结果与上次型式检验有较大差异时；

f) 质量监督机构提出检验要求时。

6.4 判定规则

6.4.1 肠衣膜的外观及规格尺寸检验结果有一项不符合本标准规定，则判该卷产品不合格。合格批的判定按表6进行。

6.4.2 物理机械性能各项检测结果符合本标准规定，则判该批的物理机械性能合格；若有不合格项，经双倍取样复测仍不合格，则判该批产品不合格。

6.4.3 卫生指标、溶剂残留量检测结果若有不合格项，则判该批产品不合格。

7 标志、包装、运输及贮存

7.1 标志

产品应附合格证，在产品合格证或说明书上注明产品名称、类别、规格(长度、宽度、厚度)、保质期、生产厂家、厂址、生产日期、检验员章、批号、执行标准，并注明产品颜色。

7.2 包装

肠衣膜用瓦楞纸箱作外包装，内衬塑料袋。每卷肠衣膜按芯管竖立方向装入纸箱，将内衬袋口扎紧。纸箱用胶带封口。特殊包装，由供需双方商定。

7.3 运输

产品在运输过程中应轻拿轻放，防止机械碰撞和日晒雨淋，不应与有毒、有害物质共运。

7.4 贮存

产品应竖立贮存在整洁、阴凉、干燥、无阳光直射的库房内，库房温度10 ℃～30 ℃，不应使纸箱损伤，不应与有毒、有害物质共同贮存。产品自生产之日起，保质期为18个月，超过保质期的产品经检验合格后可以使用。

ICS 75.080
E 30

中华人民共和国国家标准

GB/T 17040—2008
代替 GB/T 17040—1997

石油和石油产品硫含量的测定 能量色散X射线荧光光谱法

Standard test method for sulfur in petroleum and petroleum products by energy dispersive X-ray fluorescence spectrometry

2008-08-25 发布 2009-02-01 实施

中华人民共和国国家质量监督检验检疫总局
中国国家标准化管理委员会 发布

前　言

本标准修改采用美国试验与材料协会标准 ASTM D4294:2003《石油和石油产品硫含量的标准测定方法(能量色散 X 射线荧光光谱法)》。

本标准根据 ASTM D4294:2003 重新起草。

为了适合我国国情,本标准在采用 ASTM D4294:2003 时进行了修改。本标准与 ASTM D4294:2003 的主要技术差异如下:

——规范性引用文件中引用了我国相应的国家标准和行业标准;

——重复性和再现性的文字表述按我国的习惯进行了修改。

本标准代替 GB/T 17040—1997《石油产品硫含量测定法(能量色散 X 射线光谱法)》,GB/T 17040—1997 是等效采用 ASTM D4294:1990(1995)$^{\varepsilon1}$ 制定的。

本标准与 GB/T 17040—1997 相比主要变化如下:

——标准名称进行了修改,在 GB/T 17040—1997 中标准名称为《石油产品硫含量测定法(能量色散 X 射线光谱法)》,而本标准的名称为《石油和石油产品硫含量的测定　能量色散 X 射线光谱法》;

——本标准扩大了适用范围,除了 GB/T 17040—1997 中所规定的适用范围,本标准还适用于原油及氧含量较高的石油产品中硫含量的测定;

——本标准扩大了硫含量的测定范围,在 GB/T 17040—1997 中,测定硫含量的下限是 0.05%(质量分数),而本标准将硫含量的测定范围降低到 0.015 0%(质量分数);

——本标准增加了一项引用标准 SH/T 0253,用来测定配制标样所用稀释剂中的硫含量;

——本标准提出如果使用与试样基质类似的物质作为稀释剂配制标准样品,测定硫含量的准确度会提高;

——本标准规定所用稀释剂的硫含量小于 2 mg/kg,在 GB/T 17040—1997 中规定所用稀释剂的硫含量小于 20 mg/kg;

——本标准中装样的最小深度为 4 mm,在 GB/T 17040—1997 中,装样的最小深度为 3 mm;

——本标准没对 X 射线光路提出明确的要求,在 GB/T 17040—1997 中,对 X 射线光路规定为空气;

——本标准提供了几种可用的窗口薄膜及使用指南;

——本标准使用两组标准样品,在 GB/T 17040—1997 中,使用三组标准样品;

——本标准提出使用标准检查样品来检查校准曲线的变化,用质量控制样品来验证仪器系统,取消了 GB/T 17040—1997 中用标准化试样校正仪器漂移;

——本标准中的精密度计算公式与 GB/T 17040—1997 中有所不同。

本标准由全国石油产品和润滑剂标准化技术委员会提出。

本标准由全国石油产品和润滑剂标准化技术委员会石油燃料和润滑剂分技术委员会归口。

本标准起草单位:中国石油化工股份有限公司石油化工科学研究院。

本标准主要起草人:高萍、何沛。

本标准所代替标准的历次版本发布情况为:

——GB/T 17040—1997。

石油和石油产品硫含量的测定
能量色散 X 射线荧光光谱法

1 范围

1.1 本标准规定了用能量色散 X 射线荧光光谱法测定石油和石油产品中的硫含量的试验方法。本标准适用于测定包括柴油、石脑油、煤油、渣油、润滑油基础油、液压油、喷气燃料、原油、车用汽油、和其他馏分油在内的碳氢化合物中的硫含量。另外，对于其他产品的硫含量，如 M85 和 M100，用本标准也可以进行分析。测定的硫含量范围(质量分数)从 0.015 0%到 5.00%。

1.2 本标准采用国际单位制(SI)单位。硫含量的质量分数以%表示。

1.3 本标准涉及某些有害的材料、操作和设备。但并未对与此有关的所有安全问题提出建议。因此，用户在使用本标准之前有必要建立适当的安全防范措施，并确定适当的管理制度。对于一些特殊的预防说明见第 7 章。

2 规范性引用文件

下列文件中的条款通过本标准的引用而成为本标准的条款。凡是注日期的引用文件，其随后所有的修改单(不包括勘误的内容)或修订版均不适用于本标准，然而，鼓励根据本标准达成协议的各方研究是否可使用这些文件的最新版本。凡是不注日期的引用文件，其最新版本适用于本标准。

GB/T 4076 密封放射源一般规定(GB/T 4076—1983，eqv ISO 1677：1977)

GB/T 4756 石油液体手工取样法(GB/T 4756—1998，eqv ISO 3170：1988)

SH/T 0253 轻质石油产品中总硫含量测定法(电量法)

3 方法概要

把样品置于从 X 射线源发射出来的射线束中，测量激发出来能量为 2.3 keV 的硫 K_{α} 特征 X 射线强度，并将累积计数与预先制备好的标准样品的计数进行对比，从而获得用质量分数表示的硫含量。

4 意义和用途

4.1 本标准可以快速、准确地测定石油产品中的硫含量，样品基本不需处理，一般一个样品的分析时间是 2 min～4 min。

4.2 许多石油产品的质量与其硫含量有关。了解硫含量对石油加工过程是很必要的。有关标准通过限制燃料中的硫含量，来防止或限制环境污染。

4.3 本标准为石油产品硫含量限值规定提供了检测手段。

4.4 如果用本标准测定的样品组成与本标准中规定使用的标准物质白油有显著差别的石油产品，就应该注意第 5 章中的提示，分析结果会受干扰。

5 干扰

5.1 当检测器不能分辨样品中的一些共存元素发射的 X 射线与硫元素发射的 X 射线时，测定结果会受到干扰，光谱峰互相重叠。当样品中含有水、烷基铅、硅、磷、钙、钾和卤化物时，如果含量超过硫含量的十分之一或含量超过几百毫克每千克，就会引起光谱干扰。

5.2 样品中共存元素的含量变化会产生基体效应，直接影响硫元素特征 X 射线的吸收，使其测量强度

发生变化。例如，汽油中增强性能的添加剂如含氧化合物可能影响硫的测定，这种影响在X射线荧光分析中总是存在的，与光谱干扰没有关系。

5.3 这两种类型的干扰可以通过现代仪器内置的软件来校正，建议经常校正这些干扰。不能直接使用制造商提供的校准曲线，必须用新的标准样品对其进行验证或重新建立校准曲线。

5.4 M85和M100分别是含有85%和100%甲醇的燃料，因此它们的氧含量较高，对硫的K_α辐射有吸收。但是通过使用与样品基体相匹配的标准样品，本标准也能用于分析这种燃料，只是灵敏度和精密度会有损失。本标准提供的重复性、再现性和偏差不包括这类样品。

5.5 如果石油产品的组成不同于9.1中的白油，那么用与石油产品的组成相同或类似的基础物质配制的标准样品也可以分析这些石油产品。将异辛烷和甲苯按一定比例混合，所得到的物质其芳烃含量与汽油相近。用这种类似汽油组成的物质配制标准样品来分析汽油，得到的结果的准确性要高于使用白油配制的标准样品。

注：对于含有悬浮水的石油产品，一定注意在测定前要除去水或者使样品完全均质化并立即测定。如果在透明膜上面有一层水，会降低硫的X射线强度，产生很大的干扰。除水的方法是在环境密封的条件下，离心分离样品，注意不要损坏样品。

6 设备

6.1 能量色散X射线荧光光谱仪：任何可用于本试验方法的能量色散X射线荧光光谱仪，至少要满足以下条件：

6.1.1 X射线激发源：X射线管的有效能量高于2.5 keV。

警告——如果使用放射性源，则应按照GB/T 4076要求把它屏蔽起来。注意把放射性源取出时，应由经过专门训练懂得防护技术的人员来完成。

注：在使用X射线管作为激发源的光谱仪时，要按照仪器厂家的安全说明书进行操作。

6.1.2 样品盒：用可更换的能被X射线穿透的聚酯薄膜作窗口，装样的最小深度是4 mm。

6.1.3 X射线探测器：对能量为2.3 keV的硫的K_α特征X射线有较高灵敏度，分辨率不超过800 eV。建议使用充气正比计数器。

6.1.4 过滤器：能把硫K_α谱线与其他X射线区别开来的装置。

6.1.5 信号调节和数据处理电子系统：具有X射线强度计数、背景X射线的扣除、谱线的平滑校正和将硫的X射线强度转换成百分含量浓度的功能。

6.1.6 显示器或打印机：能读出或打印硫含量的质量分数。

7 试剂和材料

7.1 二正丁基硫醚(DBS)：不低于优级纯，分子式为$(C_4H_9)_2S$。在本标准中用它作标准物质，其标有经过鉴定的准确硫含量，用此含量来计算配制的标准样品中的精确的硫含量(9.1.6)。

警告——正丁基硫化物是可燃和有毒化合物。

注：必须知道的是正丁基硫醚中硫的含量，而不仅仅是纯度，因为杂质中也可能含有硫。

7.2 白油：硫含量小于2 mg/kg。在本标准中作为配制标准样品的稀释剂(本标准中所用其他种类稀释剂中的硫含量均应小于2 mg/kg)。

7.3 可透过X射线的薄膜：任何一种能耐样品化学腐蚀、不含硫、能使X射线充分通过的薄膜都可以使用。比较适合的有聚酯膜、聚丙烯膜、聚碳酸酯膜和聚酰亚胺膜。

7.3.1 芳烃含量高的样品有可能溶解聚酯膜和聚碳酸酯膜。在这种情况下，可以选择其他材料的膜作为X射线窗口。聚酰亚胺膜是一种可选择的窗口薄膜材料，尽管聚酰亚胺膜吸收硫的X射线比其他膜多，但它仍是一个优先选择的材料，因为它耐芳烃腐蚀性强并且具有较大的机械强度。

7.4 样品盒：耐样品化学腐蚀并且满足X射线荧光光谱仪要求。

8 取样和样品准备

8.1 按照GB/T 4756规定的程序取样。样品倒入样品盒后应立即分析,并且要使由于搅动产生的气泡溢出。

8.2 如果使用的是重复使用的样品盒,那么在使用前要保证样品盒的清洁和干燥。一次性样品盒不要重复使用。每测定一个样品都要使用新的窗膜。避免接触样品盒的内部和暴露在X射线下的窗膜及仪器的窗口。当测定硫含量较低的样品时,手指上的油污能影响测定结果。窗膜上的褶皱也会影响硫的X射线强度。因此,为了确保得到可靠的测定结果,必须保证窗膜是紧绷的和干净的。

8.3 如果使用的窗膜种类和厚度发生变化,会影响低含量硫的测定,因此,在开始使用新膜时一定要重新校正仪器。

9 校准和标准化

9.1 标准样品的制备

9.1.1 尽管配制一种标准样品来分析各种石油产品中的硫含量是可以的,但建议如果可能,最好使用不同基质的材料配制不同的标准样品。例如,测定柴油用类似柴油组成的材料配制标准样品,特别是对低含量硫的分析。因此,稀释剂的基质应与被分析样品的基质尽可能的接近,如果只配制一种标准样品来分析各种石油产品中的硫,则采用白油(7.2)作为稀释剂是比较合适的。

9.1.2 分别制备硫含量(质量分数)为0.1%和5%的二个初始标准样品,用分别称量化合物的方法而不是用从一个浓度连续稀释的方法,每个标准样品的准确硫含量应该计算到小数后第四位。

9.1.3 按表1所示的配比,准确称取适量的稀释剂,于一个合适的细口颈容器中,然后准确称取适量的二正丁基硫醚于细口颈容器中,所有称量精确到0.1 mg,在室温下充分混合(可以使用包有聚四氟乙烯的磁力搅拌器)。

9.1.4 根据样品预期的硫含量配制标准样品,用稀释剂(9.1.1)和初始标准样品(9.1.2)制备出每一个校准范围的空白和已知浓度的标准样品。表2给出了一个实例:用相应的稀释剂稀释初始标准样品,制备出两个浓度范围的标准样品。

9.1.5 如果配制标准样品所用的稀释剂中含硫,则要把此含量值加到标准样品中硫的含量中(咨询供应商以得到准确的硫含量值,或者使用SH/T 0253或其他相当的硫的检测下限小于1 mg/kg的测定方法来测定稀释剂中的硫)。

9.1.6 准确称取推荐量的二正丁基硫醚(DBS)和稀释剂,精确到0.1 mg。计算出所配制标准样品的实际浓度并输入到仪器中进行校准。硫的实际含量可以通过式(1)计算出来:

$$S=[(m_{DBS}\times S_{DBS})+(m_{MO}\times S_{MO})]/(m_{DBS}+m_{MO}) \quad \cdots\cdots(1)$$

式中:

S——配制标准样品中硫的实际含量(质量分数),用%表示;

m_{DBS}——DBS的实际质量,单位为克(g);

S_{DBS}——DBS中硫的质量分数,一般为21.91%;

m_{MO}——白油的实际质量,单位为克(g);

S_{MO}——白油中硫的质量分数,用%表示。

表1 初始标准样品的组成

硫含量/%(质量分数)	稀释剂的质量/g	二正丁基硫醚的质量/g
5	48.6	14.4
0.1	43.6	0.200

表 2 标准样品的组成

标样	1	2
硫含量(质量分数)/%	0.002 0～0.1	0.1～5.0
标准样品 1	0.000	0.000
标准样品 2	0.002 0	0.100
标准样品 3	0.005 0	0.500
标准样品 4	0.010 0	1.00
标准样品 5	0.030 0	2.50
标准样品 6	0.060 0	5.00
标准样品 7	0.100	

9.2 经过检定的校准标准样品：被某些可靠的标准组织检定过的一些标准物质，当它们的基质与试样相同时，可用来部分或全部代替本标准中的标准样品。所使用的标准物质的含量范围应能覆盖表 2 规定的浓度范围。

9.3 标准检查样品：一些在建立校准曲线时没有使用的标准物质(标准检查样品)可以被用来检查校准曲线的变化。标准检查样品可以是按照 9.1 单独制备的标准样品，也可以是 9.2 中的标准物质。标准检查样品的浓度应该接近试样的预期浓度。

9.4 质量控制样品：能代表被测样品特性的稳定石油产品可用来作为质量控制(QC)样品。定期测定此样品，来验证系统是否在满意的状态下(第 14 章)。

9.5 标准样品和质量控制样品的存放：所有的标准样品在不用的时候都要存放在带有玻璃或其他惰性材料塞子的棕色或用不透明材料包裹的玻璃瓶中，放在黑暗和温度低的地方。发现标样有沉淀或浓度有变化，这个标准样品就要报废。

10 仪器的准备

按照仪器厂家提供的说明书安装仪器，只要有可能，仪器应该连续运转以保持最佳的稳定性。

11 试验步骤

11.1 尽管 X 射线穿透样品的距离很短，但来自样品盒和样品的散射却可能不同。因此，分析人员应确保装入的试样在规定的最低深度以上，装入的试样超过这个深度，计数率的变化就不明显了。通常，试样装入样品盒的四分之三就足够了。样品池上部要有足够的受热空间，样品盒上方应有一小孔，当测定挥发性的试样时防止 X 射线照射面的窗口膜变成弓形。

警告：避免将可燃性液体溢漏在分析仪内。

11.2 仪器校准：按照仪器说明书，在适当的范围内校正仪器。通常，校准过程包括调整仪器，使其能够记录硫的 X 射线净强度，然后是已知含量的标准样品测定。用表 3 中仪器推荐的计数时间，每个标准样品读取两个强度计数。在最短的时间间隔内，用新的样品盒和新取的标准样品重复这个步骤。每个标准样品测定两次，所有的标准样品都测完后，从获得的数据中计算出每个标准样品中硫的平均计数，然后绘制校准曲线。校准完成后，立即测定一个或多个标准检查样品的硫含量(9.3)，测量值与推荐值的相对误差(质量分数)不能超过 3%。如果超过了 3%，那么校准过程与校准曲线都是可疑的。调整测量条件，重新进行校准。计算校准曲线时，应考虑试样与标准样品的基质差别的程度。

11.3 试样的测定：按 11.1 条将试样装入样品盒中。如果是黏稠的试样，在将它倒入样品盒之前，应事先加热使其能很容易地倒入样品盒。保证在窗口和液体之间没有空气泡。测定每一个试样(见表 3，不同的含量范围使用相应的计数时间)。在最短的时间间隔内，用新的样品盒和新取的试样重复这个步骤。得到的两个连续测定结果的平均值即为试样的硫含量。如果此平均值不在校准曲线的含量范围

内，那么使用能包含此平均值的含量范围的校准曲线重新测定试样两次。

表3　测定硫含量的计数时间

硫含量（质量分数）范围/%	计数时间/s
0.000～0.100	200～300
0.100～5.00	100

12　计算

用每个试样的平均计数在校准曲线上自动计算出试样中的硫含量。

13　报告

将测定结果作为试样的总硫含量，以质量分数（%）的形式报告结果，修约至三位有效数字。

14　质量控制

14.1　在14.1.1中所述的质量控制（QC）过程有助于保持本标准的统计控制。

注：推荐通过使用QC样品和技术来检验系统控制，QC过程被认为是每个实验室的本职工作。

14.1.1　为了建立实验过程的统计控制状态，在进行了最新的有效校准后，将所选材料制备并妥善保存的9.3和9.4中的质量控制样品，当成是未知的生产试样进行定期测定。记录测定结果，立即用统计图表或其他相应的统计技术进行分析，以确定整个测试过程的统计控制状态。仔细研究任何超出控制范围的数据，以确定是否需要重新校准仪器。根据测量和验证了的质量临界状态以及实验过程的稳定性，决定质量控制样品的测定频率。在仪器正常使用情况下，可以每天一次或每周两次测定质量控制样品。建议至少选取一种能代表日常分析样品的质量控制样品进行测定。

15　精密度和偏差

15.1　精密度

按下述规定判断试验结果的可靠性（95%置信水平）。

15.1.1　重复性（r）：同一个操作者，在同一实验室，使用同一台仪器，在相同条件下对同一试样进行测定，得到的两个试验结果之差不应超过式（2）所得数值：

$$r = 0.028\,94(X + 0.169\,1) \qquad \cdots\cdots(2)$$

式中：

X——硫含量的两个实验结果的算术平均值，%（质量分数）。

15.1.2　再现性（R）：不同的操作者，在不同的实验室，使用不同仪器，对同一试样进行测定，得到的两个单一的、独立的实验结果之差不应超过式（3）所得数值：

$$R = 0.121\,5(X + 0.055\,55) \qquad \cdots\cdots(3)$$

式中：

X——硫含量的两个实验结果的算术平均值，%（质量分数）。

15.2　偏差：在一个实验室内用NIST标样测定本方法的再现性，表4给出了标准值和偏差。

表4　偏差

NIST标准物质	S/%（质量分数）	偏差	显著性
SRM 1616a	0.014 6	0.000 9	否
SRM 2724a	0.043 0	0.000 8	否
SRM 1617a	0.173	0.000 3	否

表 4（续）

NIST 标准物质	S/%（质量分数）	偏差	显著性
SRM 1623c	0.381	−0.011 9	是
SRM 1621e	0.948	−0.019 8	否
SRM 2717	3.02	0.007 2	否
注：NIST——美国国家标准技术研究院。			

16 关键词

分析；能量色散；石油；光谱测定法；硫；X 射线。

ICS 29.120.99
C 67

中华人民共和国国家标准

GB/T 17045—2008/IEC 61140:2001
代替 GB/T 17045—2006

电击防护 装置和设备的通用部分

Protection against electric shock—Common aspects for installation and equipment

(IEC 61140:2001,IDT)

2008-06-19 发布　　2009-04-01 实施

中华人民共和国国家质量监督检验检疫总局
中国国家标准化管理委员会　发布

前　言

本标准等同采用 IEC 61140:2001(第 3 版)《电击防护　装置和设备的通用部分》及其 2004 年第 1 号修改文件 IEC 61140A1:2004(均为英文版)。

本标准与 IEC 61140:2001 和 IEC 61140A1:2004 在技术内容上相同,但包含以下编辑性修改:

——用小数点符号“.”代替小数点符号“,”;

——用“本标准”代替“本国际标准”;

——删去了 IEC 标准的“前言”;

——删去了附录 C。

标准的章条编号与 IEC 61140:2001 和 IEC 61140A1:2004 完全一致。

本标准代替 GB/T 17045—2006《电击防护　装置和设备的通用部分》。

本标准与 GB/T 17045—2006 相比,增加了两项引用标准、两项定义 3.41 和 3.42 和 8.3。

本标准的附录 A,附录 B 为资料性附录。

本标准由全国建筑物电气装置标准化技术委员会(SAC/TC 205)提出并归口。

本标准负责起草单位:中机中电设计研究院。

本标准的主要起草人:贺湘琨、王增尧、黄宝生。

本标准所代替标准的历次版本发布情况为:

——GB/T 17045—1997、GB/T 17045—2006。

电击防护 装置和设备的通用部分

1 范围

本标准适用于人和动物对电击的防护。其目的在于给出电气装置、系统和设备所通用的,或它们之间在配合上所需要的基本的原则和要求。

本标准对于装置、系统和设备的电压没有限制。

注:在标准中,有些条款涉及到低压和高压系统、装置和设备。本标准的低压是指交流不超过1 000 V或直流不超过1 500 V的额定电压。高压是指交流超过1 000 V或直流超过1 500 V的额定电压。

本标准规定的要求,只适合于被编入或被引用到相关标准中的那些要求。本标准不是要作为一个独立的标准来使用。

2 规范性引用文件

下列文件中的条款通过本标准的引用而成为本标准的条款。凡是注日期的引用文件,其后的所有修改单(不包括勘误的内容)或修订版均不适用于本标准。然而,鼓励根据本标准达成协议的各方研究是否可使用这些文件的最新版本。凡是不注日期的引用文件,其最新版本适用于本标准。

GB/T 156—2007 标准电压(IEC 60038:2002,MOD)

GB 1985—2004 高压交流隔离开关和接地开关(IEC 62271-102:2002,MOD)

GB/T 3805—1993 特低电压(ELV)限值(eqv IEC 61201:1992)

GB 4208—1993 外壳防护等级(IP代码)(eqv IEC 60529:1989)

GB/T 5465.2 电气设备用的图形符号(GB/T 5465.2—1996,idt IEC 60417-2)

GB 9706.1—1995 医用电气设备 第1部分:安全通用要求(idt IEC 60601-1:1988)

GB 9706 医用电气设备(所有部分)(idt IEC 60601(所有部分))

GB 16895.12—2001 建筑物电气装置 第4部分:安全防护 第44章:过电压防护 第443节:大气过电压或开关操作过电压防护(idt IEC 60364-4-443:1995)

GB 16895.21—2004 建筑物电气装置 第4部分:安全防护 第41章:电击防护(IEC 60364-4-41:2001,IDT)

GB 16895.23—2005 建筑物电气装置 第6-61部分:检验——初检(IEC 60364-6-61:2001,IDT)

GB 16935.1—1997 低压系统中设备的绝缘配合 第1部分:原则,要求和试验(idt IEC 60664-1:1992)

IEC 60050(131) 国际电工词汇(IEV) 第131章:电路和磁路

IEC 60050(195):1998 国际电工词汇(IEV) 第195部分:接地与电击防护及其1号修订(2001)

IEC 60050(351):1998 国际电工词汇 第351部分:自动控制

IEC 60050(826):1982 国际电工词汇 第826章:建筑物电气装置及其2号修订(1995)

IEC 60071-1:1993 绝缘配合 第1部分:定义、原则和规则

IEC 60071-2:1996 绝缘配合 第2部分:应用导则

IEC 60446:1999 人机界面标志识别的基本和安全的原则 导体的颜色和数字标识

IEC 60479-1:1994 电流通过人体和家畜的效应 第1部分:常用部分

IEC 60721(所有部分) 环境条件的分类

IEC 60990:1999 接触电流和保护导体电流的测试方法

ISO/IEC 51 导则:1999 安全方面 标准中含有安全条款的准则

IEC 104 导则:1997 安全出版物的编制和基础安全出版物以及群组安全出版物的应用

3 定义

根据本标准的用途采用以下定义:

3.1

电击 electric shock

电流流经人或动物躯体而引起的生理效应。

[IEV 195-01-04]

3.1.1

基本防护 basic protection

无故障条件下的电击防护。

[IEV 195-06-01]

注:对于低压装置、系统和设备,其基本防护通常对应于 GB 16895.21—2001 的直接接触防护。

3.1.2

故障防护 fault protection

单一故障条件下的电击防护。

[IEV 195-06-02]

注:对低压装置、系统和设备而言,其故障防护通常对应于 GB 16895.21—2001 的间接接触防护,主要与基本绝缘损坏有关。

3.2

(电气)回路 (electrical) circuit

电流能流过设置的器件或传导介质。

[IEV 131-01-01]

注:也可见有关建筑物电气装置的 IEV 826-05-01

3.3

(电气)设备 (electrical) equipment

任何用于发电、变电、输电、蓄电、配电或利用电能的设备,例如电机、变压器、电器、检测仪器、保护器件、布线系统附件、用电器具。

注:改写 IEV 826-07-01。

3.4

带电部分 live part

预期在正常运行中带电的导体或可导电部分,包括中性导体,但按惯例不包括 PEN 导体、PEM 导体或 PEL 导体。

[IEV 195-02-19]

注 1:本概念不意味着有电击危险。

注 2:关于 PEM 和 PEL 的定义,见 IEV 195-02-13 和 195-02-14。

3.5

危险带电部分 hazardous-live-part

在某种条件下能造成伤害性电击的带电部分。

[IEV 195-06-05]

注:在高压情况下,在固体绝缘的表面有可能出现危险电压。在这种情况下的绝缘表面就被认为是危险的带电部分。

3.6

外露可导电部分　exposed-conductive-part

设备上能触及到的可导电部分，它在正常情况下不带电，但在基本绝缘损坏时带电。

[IEV 195-06-10]

注：电气设备的可导电部分仅在同已变成带电体的外露可导电部分接触时才能变成带电体时，该可导电部分不被认为是外露可导电部分。

3.7

外界可导电部分　extraneous-conductive-part

非电气装置的组成部分，且易于引入电位的可导电部分，该电位通常为局部地电位。

[IEV 195-06-11]

3.8

接触电压　touch voltage

3.8.1

(有效)接触电压　(effective) touch voltage

人或动物同时触及两个可导电部分之间的电压。

注：有效的接触电压值，可能受到与这些可导电部分发生电气接触的人或动物的阻抗明显的影响。

[IEV 195-05-11]

3.8.2

预期接触电压　prospective touch voltage

人或动物尚未触及可导电部分时，这些可能同时触及的可导电部分之间的电压。

[IEV 195-05-09]

3.9

接触电流　touch current

当人或动物触及电气装置或电气设备的一个或多个可触及部分时，通过其躯体的电流。

[IEV 195-05-21]

3.10

绝缘　insulation

注：绝缘有可能是固体、液体或气体(比如空气)或它们之间的任一组合。

3.10.1

基本绝缘　basic insulation

够提供基本防护的危险带电部分上能绝缘。

注：本概念不适用于专为功能性目的的绝缘。

[IEV 195-06-06]

3.10.2

附加绝缘　supplementary insulation

除了基本绝缘外，用于故障防护附加的单独绝缘。

[IEV 195-06-07]

3.10.3

双重绝缘　double insulation

既有基本绝缘又有附加绝缘构成的绝缘。

[IEV 195-06-08]

3.10.4

加强绝缘　reinforced insulation

危险带电部分上具有相当于双重绝缘的电击防护等级的绝缘。

注：加强绝缘可以由几个不能像基本绝缘或附加绝缘那样单独测试的绝缘层组成。

[IEV 195-06-09]

3.11

非导电环境　non-conducting environment

当人或动物触及到变成了危险带电的外露可导电部分时，依靠环境(如绝缘的墙或绝缘地板)的高阻抗和不存在接地的可导电部分的来进行保护的措施。

[IEV 195-06-21]

3.12

(电气)防护阻挡物　(electrically) protective obstacle

为防止无意地直接接触而提供的防护物，但不防止有意地直接接触。

[IEV 195-06-16]

注：直接接触的定义见 IEV 195-06-03。

3.13

(电气)保护遮栏　(electrically) protective barrier

为防止从任一通常接近方向直接接触而设置的防护物。

[IEV 195-06-15]

注：直接接触的定义见 IEV 195-06-03。

3.14

(电气)保护外壳　(electrically) protective enclosure

为防护从任何方向触及危险带电部分并围住设备内部部件的电气外壳。

[IEV 195-06-14]

注：外壳对内部或外部的影响还具有防护作用，例如，能防灰尘或水的进入，或防机械损坏。

3.15

伸臂范围　arm's reach

人从通常站立或活动的表面上的任一点延伸到人不借助任何手段，从任何方向能用达到的最大范围。

[IEV 195-06-12]

3.16

等电位联结　equipotential bonding

为达到等电位，多个导电部分间的电气连接。

[IEV 195-01-10]

注：等电位联结的有效性可能取决于在这种联结中的电流频率。

3.16.1

保护等电位联结　protective equipotential bonding

为了安全目的(例如电击防护)的等电位联结。

注1：修订 IEV 195-01-15。

注2：功能性的等电位联结的定义见 IEV 195-01-16。

3.16.2

等电位联结端子　equipotential bonding terminal

设备或器件上用来与等电位联结系统进行电气连接的端子。

[IEV 195-02-32]

3.16.3

保护联结端子　protective bonding terminal

用作保护等电位联结的端子。

3.16.4

保护导体　protective conductor

PE

为了安全目的，如电击防护中设置的导体。

[IEV 195-02-09]

3.16.5

PEN 导体　PEN conductor

兼有保护导体和中性导体功能的导体。

注：修订 IEV 195-02-12。

3.17

地　earth

注："地"这一概念的意思指地球及其所有自然物质。

3.17.1

参考地　reference earth；reference ground(US)

不受任何接地配置影响的，视为导电的大地的部分，其电位约定为零。

[IEV 195-01-01]

3.17.2

(局部)地　(local) earth；(local) ground(US)

大地与接地极有电接触的部分，其电位不一定等于零。

[IEV 195-01-03]

3.17.3

接地极　earth electrode；ground electrode(US)

埋入土壤或特定的导电介质(如混凝土或焦炭)中，与地有电气接触的可导电部分。

[IEV 195-02-01]

3.17.4

接地导体　earthing conductor；grounding conductor(US)

在系统、装置或设备中的给定点与接地极之间提供导电通路或部分导电通路的导体。

[IEV 195-02-03]

3.17.5

接地配置　earthing arrangement；grounding arrangement(US)

系统、装置和设备的接地所包含的所有电气连接和器件。

[IEV 195-02-20]

注：在高压侧，它可能是局部有限配置的相互连接的接地极。

3.17.6

保护接地　protective earthing；protective grounding(US)

为了电气安全目的，将一系统、装置或设备中的一点或多点接地。

[IEV 195-01-11]

3.17.7

功能接地　functional earthing；functional grounding(US)

为了电气安全之外的目的，将系统、装置或设备中的一点或多点接地。

[IEV 195-01-13]

3.18

自动切断电源 automatic disconnection of supply

故障时，保护器件自动将受影响的一根或多根线导体断开。

[IEV 195-04-10]

注：这里并不一定意味着需切断电源系统的所有导体。

3.19

加强的防护措施 enhanced protective provision

具有不少于两个独立的防护措施所提供的可靠的防护措施。

3.20

(可导电的)屏蔽体 (conductive) screen;(conductive) shield (US)

将电气回路和/或导体包围或隔开的可导电部件。

[IEV 195-02-38]

3.21

(电气)保护屏蔽体 (electrically) protective screen;(electrically) protective shield(US)

用于将电气回路和/或导体与危险的带电部分隔开的可导电屏蔽体。

[IEV 195-06-17]

3.22

(电气)保护屏蔽 (electrically) protective screening,(electrically) protective shielding(US)

用与保护等电位联结系统连接的电气保护屏蔽体将电气回路或/或导体与危险带电部分隔开，并提供电击防护。

[IEV 195-06-18]

3.23

简单分隔 simple separation

采用基本绝缘使回路之间或回路与地之间分隔。

3.24

(电气)防护分隔 (electrically) protective separation

借助于下列方法将一个电气回路与另一电气回路分隔：

——双重绝缘；或

——基本绝缘和电气保护屏蔽；或

——加强绝缘。

[IEV 195-06-19]

3.25

电气分隔 electrical separation

将危险带电部分与所有其他电气回路和电气部件绝缘以及与地绝缘，并防止一切接触的防护措施。

3.26

特低电压 extra-low-voltage

(ELV)

不超过 IEC 61201 所规定的相关电压限值的任一电压。

3.26.1

SELV 系统 SELV system

在下列情况下，电压不能超过特低电压的电气系统：

——在正常的情况下；和

——包括其他电气回路接地故障在内的单一故障情况下。

3.26.2

PELV 系统　PELV system

在下列情况下，电压不能超过特低电压的电气系统：

——在正常情况下，和

——在单一故障情况下，但其他电气回路发生接地故障时除外。

3.27

稳态接触电流和电荷的限制　Limitation of steady-state touch current and charge

对电击防护是通过电气回路或设备的设计，使正常和故障条件下的稳态接触电流和电荷都被限制在危险的水平之下。

[IEV 826-03-34]

3.28

限流源　limited-current-source

在电气回路中，用以提供电能的器件，它能：

——与危险的带电部分作保护分隔；和

——在正常的和故障的条件下，保证将稳态的接触电流和电荷限制在危险水平之下。

3.29

保护阻抗器　protective impedance device

其阻抗和结构能保证将稳态接触电流和电荷限制在危险水平之下的部件和部件组合。

3.30

熟练(电气)技术人员　(electrically) skilled person

具有相应的教育和经验，能察觉和避免由于电引起危害的人员。

[IEV 195-04-01]

3.31

受过培训的(电气)人员　(electrically) instructed person

由熟练电气技术人员充分指导或监督的，能察觉和避免由于电引起危害的人员。

[IEV 195-04-02]

3.32

一般人员　ordinary person

既不是熟练技术人员，也不是受过培训的人员。

[IEV 195-04-03]

3.33

跨步电压　step voltage

地面上彼此相距 1 m(人的步距)的两点之间的电压。

注：在我国有关跨步电压规范中，人的步距取 0.8 m。

[IEV 195-05-12]

3.34

电位均衡　potential grading

通过多个接地极控制地电位，特别是地表面电位。

3.35

危险区域　danger zone

在高电压情况下，受危险带电部分周围最小间距的限制而没有完善的直接接触防护的区域。

注：进入这种危险区域被认为是相当于触及到了危险的带电部分。

3.36

泄漏电流　leakage current

正常运行情况下，在不期望的可导电路径中流通的电流。

[IEV 195-05-15]

3.37

不易移动的设备　stationary equipment

——固定设备，或

——固定连接的设备，或

——由于其结构方面的特性，通常是不移动的，而且通常是插进同一个插座的设备。

3.38

保护导体电流　protective conductor current

在保护导体中流通的电流。

[见 IEV 60990 的 3.2]

3.39

系统　system

在规定的含义上看成是一个整体并与其环境分开的相互关联的元件的集合。

注 1：这种单元可以是实物的和概念性的，以及由此而产生的结果(例如，组织形式、计算方法、程序编制语言)。

注 2：系统可看成是用一个假想面将其与环境和其他外部系统分开，此假想面切断了该系统与它们之间的联系。

[IEV 351-11-01]

3.40

(电气)装置　(electrical) installation

相关电气设备的组合，具有为实现特定目的所需的相互协调的特性。

[IEV 826-01-01]

3.41

隔离　isolation

因为安全原因而将整个电气装置或其个别部分与每个电源彻底断开的功能。

[IEV 826-08-01]

3.42

耐冲击电压　impulse withstand voltage

在规定条件下，不能引起绝缘击穿的规定波形和极性的冲击电压的最高峰值。

4　电击防护的基本规则

在下列情况下，危险的带电部分不应是可触及的，而可触及的可导电部分不应是危险的带电部分：

——在正常条件下(工作在预定条件下，见 ISO/IEC 导则 51:1999 的 3.13，且没有故障)，或

——在单一故障条件下(也可见 IEC 导则 104:1997 的 2.8)。

注 1：对一般人员规定的可触及性规则，可与那些熟练的或受过培训的人员不同，而且还可随着产品和位置的不同而有所变化。

注 2：对高压装置、系统和设备，进入危险区域就被认为是相当于触及到了危险的带电部分。

正常条件(见 4.1)下的防护是由基本防护提供的，而在单一故障条件(见 4.2)下的防护是由故障防护提供的。

加强的防护措施(见 4.2.2)提供上述两种情况的防护。

4.1　正常条件

要满足基本规则中有关在正常条件下的电击防护要求，则采用本标准中所述的基本防护是必不可

少的。有关基本防护措施的要求，在5.1中给出。

注：对低压装置、系统和设备而言，其基本防护通常与GB 16895.21—2001中有关直接接触防护是相对应的。

4.2 单一故障条件

发生下列情况时，均认为是单一故障：

——可触及的非危险带电部分变成危险的带电部分(例如，由于限制稳态接触电流和电荷措施的失效)；或

——可触及的在正常条件下不带电的可导电部分变成危险的带电部分(例如，由于外露可导电部分基本绝缘的损坏)；或

——危险的带电部分变成可触及的(例如，由于外护物的机械损坏)。[1)]

要满足基本规则中有关在单一故障条件下电击防护的要求，采用本标准中所述的故障防护是必不可少的。这种防护可采用以下方法来实现：

——采用不依赖于基本防护的进一步的防护措施(见4.2.1)；或

——采用兼有基本防护和故障防护的两种功能的加强型防护措施(见4.2.2)，这时需考虑到所有相关影响。

关于对故障防护措施的要求，在5.2中给出。

注：低压装置、系统和设备的故障防护，尤其在基本绝缘损坏条件下的防护，与在GB 16895.21—2001中采用的间接接触防护是相对应的。

4.2.1 采用两个独立的防护措施[1)]

在相关技术委员会规定的条件下，两个独立的防护措施的设计，应当使每一个防护措施都不太可能失效。

两个独立的防护措施之间不应互有影响，以做到一个防护措施的失效不至于损害另一个防护措施。

两个独立的防护措施同时出现失效是不太可能的，因而通常不需要予以考虑。对此的信赖建立在其中一个防护措施仍然有效上。

4.2.2 采用加强的防护措施

加强的防护措施的性能应达到与利用两个独立的防护措施具有同样长期有效的防护效果。有关加强防护措施的要求，在5.3中给出。

4.3 特殊情况

如果在预期的应用中具有增大的内在危险性，例如一个人与地电位具有低阻抗接触的区域内，则技术委员会应考虑可能需规定附加防护。这种附加防护可以设置在装置、系统或设备内。

注：对低压装置和设备而言，采用额定剩余动作电流不超过30 mA的剩余电流电器被认为是在基本和/或故障防护失效或设备使用不当的情况下的一种附加的电击防护。

特殊情况下，须由技术委员会考虑并判定发生双重甚至多种故障的后果。

5 防护措施(防护措施的要素)

在按预期的使用和适当维护条件下，所有防护措施的设计和建造都应使装置、系统或设备在预期寿命期间内有效。

宜根据IEC 60721有关外界影响来考虑环境分类问题。尤其要注意的是周围的温度、气候条件、水的存在、机械应力、人的能力以及人或动物与地电位接触的区域。

技术委员会应考虑绝缘配合的要求。对低压装置、系统和设备的这些要求，可在IEC 60664-1中找到，其中对空气间隙和爬电距离以及固体绝缘也给出了定量的标准。关于高压装置、系统和设备，这些

---

1) 这种情况到目前为止仍未解决。可能需要对机械方面提些适当的要求和做些试验。不可能用规定的电气参数来替代它们。

要求可在 IEC 60071-1:1993 和 IEC 60071-2:1996 中查到。

5.1 基本防护措施

基本防护应由在正常条件能防止与危险带电部分接触的一个或多个措施组成。

注：通常情况下，单独的油漆、清漆、喷漆及类似物，不能认为对电击防护提供了适当的绝缘。

5.1.1～5.1.8 规定了一些独立的用作基本防护的措施。

5.1.1 基本绝缘

5.1.1.1 在采用固体基本绝缘的场合，该措施应能防止与危险的带电部分的接触。

注：对于高压装置和设备而言，在固体绝缘的表面可能存在电压，因而可能要采取进一步的预防措施。

5.1.1.2 如果是靠空气作为基本绝缘，则应按 5.1.2 和 5.1.3 的规定，应利用阻挡物、遮栏或外壳，防止人触及危险的带电部分或进入危险区域；或按在 5.1.4 中的规定，将危险的带电部分置于伸臂范围之外。

5.1.2 遮栏或外壳

5.1.2.1 遮栏或外壳的作用：

——对于低压装置和设备，采用 GB 4208—1993 规定的最低为 IPXXB(也可按 IP2X)的电击防护等级，以防止触及危险的带电部分；

——对于高压装置和设备，采用 GB 4208—1993 规定的最低为 IPXXB(也可按 IP2X)的防护等级，以防止进入危险区域。

5.1.2.2 考虑到来自环境和外壳内的所有的相关影响，遮栏或外壳应具有足够的机械强度、稳定性和耐久性，以保持所规定的防护等级。它们应被牢固而安全地固定在其位置上。

5.1.2.3 如果在设计或结构方面允许拆除遮栏、打开外壳或拆卸外壳的部件，从而导致触及危险的带电部分或进入危险区域，那末拆除、打开或拆卸应在具备下列条件时进行：

——使用钥匙或工具；或

——当危险的带电部分与电源隔离后，外壳不再起防护作用时，则只应在遮栏或外壳的部件复位或门关闭以后才能恢复供电；或

——插在中间的遮栏仍保持所要求的防护等级，而这样的遮栏是只有用钥匙或工具才能拆除的。

注：也可见第 8 章。

5.1.3 阻挡物

5.1.3.1 阻挡物用于保护熟练技术人员或受过培训的人员，但不用于保护一般人员。

5.1.3.2 装置、系统或设备运行时，在特殊的操作和维护条件下(见第 8 章)，其阻挡物的作用：

——对于低压装置和设备，应能防止同危险带电部分的无意接触，或

——对于高压装置和设备，应能防止无意地进入危险区域。

5.1.3.3 阻挡物可以是不用钥匙或工具就能挪动的，但应保证不太可能被无意识地挪动。

5.1.3.4 在可导电的阻挡物仅靠基本绝缘与危险的带电部分隔离的情况下，应视其为一个外露可导电部分，并应对它采取故障防护措施(见第 6 章)。

5.1.4 置于伸臂范围之外

5.1.4.1 在 5.1.1.1、5.1.2、5.1.3、5.1.5 和 5.1.6 所规定的措施都不能采用时，可采用置于伸臂范围之外的措施，其作用为：

——对低压装置和设备，用以防止无意识地同时触及可能存在危险电压的可导电部分；

——对高压装置和设备，用以防止无意识地进入危险区域。

具体的要求应由技术委员会规定。

注：对低压装置，距离大于 2.5 m 的部分，通常不认为会同时可触及的部分。如果仅限于对熟练技术人员或受过培训的人员而言，则规定的接近距离可减小。

5.1.4.2 如果由于人预期会使用或手持物件(例如工具或梯子)，从而使距离减小，则技术委员会应规

定相关的限制条件，或在可能存在危险电压的部分之间，规定相应的距离。

5.1.5 电压限制

在同时可触及部分之间的电压应限制到不超过 GB/T 3805—1993 规定的有关特低电压的限值。

注：这种基本防护，不属故障防护所需的措施，见 6.6 和 6.7。

5.1.6 稳态接触电流和电荷的限制

稳态接触电流和电荷的限制应能使人或动物避免遭受易于发生危险的或可感觉到的稳态接触电流和电荷值。

注：对于人而言，给出如下指导值（频率不大于 100 Hz 的交流值）：

——在同时可触及的可导电部分之间，流过 2 000 Ω 纯电阻的不超过感觉阈值的稳态电流，推荐值是交流 0.5 mA 或直流 2 mA；

——不超过痛苦阈值的可规定为交流 3.5 mA 或直流 10 mA；

——在同时可触及的可导电部分之间有效存储电荷的推荐值是不超过 0.5 μC（感觉阈值），并可规定为不超过 50 μC（痛苦阈值）；

——对于有刺激反应的特殊要求部分（例如电警戒栅栏），技术委员会可规定较高的存储电荷和稳态电流值。应注意勿超过心室纤颤阈值，见 IEC 60479-1。

——交流稳态电流的限值，是指频率为 15 Hz～100 Hz 之间的正弦电流值。其他频率、波形以及叠加在直流上的交流值，在考虑中；

——在 GB 9706 范围内的医用电气设备，需采用其他指标。

5.1.7 电位均衡

对于高压装置和设备，在正常条件下应设置均衡电位的接地极以防止人或动物免受危险的跨步电压和接触电压的伤害。

注：电位均衡的典型应用是在电气铁路系统中，这种场合出现的接地电流大。

5.1.8 其他措施

用于基本防护的任何其他措施都应遵守基本准则（见第 4 章）。

5.2 故障防护措施

故障防护应由附加于基本防护中的独立的一项或多项措施组成。

5.2.1～5.2.8 规定了用作故障防护的各种措施。

5.2.1 附加绝缘

附加绝缘应同样能承受所规定的基本绝缘所规定的电气强度。

5.2.2 保护等电位联结

保护等电位联结系统应由如下部分中的一个、两个或多个适当组合构成：

——用于在设备中保护等电位联结的方式，见第 7 章；

——装置中的接地的或不接地的保护等电位联结（见注）；

——保护（PE）导体；

——PEN 导体；

——防护屏蔽；

——电源的接地点或人工中性点；

——接地极（包括用作均衡电位的接地极）；

——接地导体。

注：在低压装置中，接地的保护等电位联结通常包括

——将下述部分连接在一起的总等电位联结：

- 保护干线导体；
- 接地干线导体或总接地端子；
- 建筑物内，用作诸如供燃气、水的金属管道；

● 金属结构件、集中供暖和空调系统，如果可用的话；

● 电缆的任何金属护套(对通信电缆而言，需取得其所有者或操作者的允许)；

——与可触及的可导电部分连接在一起的辅助等电位联结；

——在具有特殊环境的局部范围内，将可触及的可导电部分连接在一起的局部等电位联结。

对于高压装置和系统，因为有可能存在特殊的危险，如高的接触电压和跨步电压和由于放电而使外露的可导电部分变成带电体，故它们的等电位联结系统应与地连接。接地配置的对地阻抗值应规定为以不能出现危险的接触电压为准。故障情况下可能变成带电的外露可导电部分，应接到接地配置上。

5.2.2.1 基本防护一旦损坏可能带有危险接触电压的可触及的可导电部分，即外露可导电部分和任何的保护屏蔽体，都应与保护等电位联结系统连接。

注：电气设备的可导电部分只有通过与已变成带电体的外露可导电部分接触才能变成带电的，这种可导电部分不认为是外露可导电部分。

5.2.2.2 保护等电位联结系统的阻抗值应是足够低的，以避免在绝缘失效的情况下，部件之间出现危险的电位差，必要时，需与故障电流动作的保护器件配合使用，(见 5.2.4)。电位的最大差值及其持续时间，应以 IEC 60479-1:1994 为基准。

注 1：这里可能需要考虑保护等电位联结系统的不同组成部分的相应阻抗值。

注 2：在单一故障情况下，由于回路阻抗限制了稳态接触电流，因而在按 IEC 60990:1999 的规定计量时，当频率不大于 100 Hz 时的交流有效值不可能超过 3.5 mA，或直流不可能超过 10 mA 时，则这种情况的电位差不需要考虑。

注 3：在某些环境或状态下，例如医疗场所(见 GB 9706.1—1995 中规定的极限值)、高导电性场所、潮湿的区域以及类似区域，这种限值需取较低值。

5.2.2.3 对保护等电位联结的所有部分的截面尺寸选定应做到，在因基本绝缘失效或短路而产生的故障电流，从而可能出现热效应和动应力时，仍不能损害保护等电位联结的特性。

注：有些并不影响安全的局部损伤，例如，在由产品委员会给予特殊说明的地方，出现外壳的金属皮部分的这种损伤，是可以接受的。

5.2.2.4 保护等电位联结的所有部分都应能承受预期的内部和外部所有的影响(包括机械的、热的和腐蚀性的)。

5.2.2.5 可活动的导电连接，例如铰接和滑块，不应视为是保护等电位联结的一部分，但符合5.2.2.2、5.2.2.3 和 5.2.2.4 要求者除外。

5.2.2.6 如果装置、系统或设备的部件是预期要拆卸的，则在拆卸这些部件时，不应分断用于装置、系统或设备的任何其他部分的保护等电位联结，除非首先切断其他部分的电源。

5.2.2.7 除已在 5.2.2.8 中说明者外，保护等电位联结的所有组成部分都不应包含有预期会中断电气连续性或引进有明显阻抗的任何器件。

注：由于检验保护导体的连续性或测试保护导体电流，技术委员会可不执行这项要求。

5.2.2.8 如果保护等电位联结的组成部分有可能被与相关的同一供电导体用的连接器或插头插座器件分断，则保护等电位联结不应在供电导体切断之前被分断。保护等电位联结应在供电导体重新接通之前先恢复联结。设备仅在断电状态下才有可能分断和重新接通时，上述要求是不适用的。

在高压装置、系统和设备中，在主触头到达能承受设备额定冲击耐受电压的分断距离之前，保护等电位联结不应被断开。

5.2.2.9 保护等电位联结导体，不管是有绝缘的或是裸露的，其外形、位置、标志或颜色都应是易于辨别的，但不破坏就不能断开的那些导体除外，例如，绕线连接的和在电子设备中的类似布线以及在印刷电路板上的印制线。如果用颜色来识别，则应符合 IEC 60446:1999 的规定。

5.2.3 保护屏蔽

保护屏蔽应由插在装置、系统或设备中的危险带电部分和被保护的部分之间的导电屏蔽体组成。这种保护屏蔽体：

——应接到装置、系统或设备的保护等电位联结系统上，并且相互之间的连接应符合5.2.2的要求；而且

——其本身应符合有关保护等电位联结系统的组成部分的要求，见5.2.2.2、5.2.2.3和5.2.2.4。

5.2.4 高压装置和系统中的指示和分断

应设置指示故障的器件。依据中性点的接地方式，故障电流应当是用手动分断或自动分断(见5.2.5)的。由故障持续时间决定的允许的接触电压值，应由技术委员会按IEC 60479-1:1994确定。

5.2.5 电源的自动切断

对于电源的自动切断

——应设置保护等电位联结系统；而且

——在基本绝缘损坏时，故障电流动作保护器应能断开设备、系统或装置供电的一根或多根线导体。

5.2.5.1 保护电器应在由技术委员会依据IEC 60479-1:1994规定的时间内切断故障电流。低压装置内规定的时间，取决于在保护等电位联结导体上产生的预期接触电压。

注：对于电击防护而言，对于不必切断电源的稳态故障电流，可以规定一个约定接触电压限值。

5.2.5.2 保护电器可设在装置、系统或设备的任一适当的位置；而且其选用应考虑故障电流回路的特性。

5.2.6 简单分隔(回路之间)

一个回路与其他回路或地之间的简单分隔，藉其全部基本绝缘按出现的最高电压来选定而实现。

如果一个部件接在分隔回路之间，则该部件应能承受跨接其上的绝缘所规定的电气强度，而且其阻抗应能将通过该部件的预期电流限制到5.1.6中指定的稳态接触电流值。

5.2.7 非导电环境

这种环境应有一个对地阻抗，其值至少为：

——50 kΩ，如果标称系统电压不超过交流或直流500 V；

——100 kΩ，如果标称系统电压高于交流或直流500 V，但不超过交流1 000 V(频率不大于100 Hz的交流值)或直流1 500 V。

注1：绝缘地板和墙壁的电阻测试方法，见GB 16895.23—2005的附录A。

注2：更高电压的阻抗值，在考虑中。

5.2.8 电位均衡

电位均衡可通过设置附加的接地极，用以减小在故障情况下出现的接触电压和跨步电压。

注：接地极通常埋在设备或任一可导电部分前1 m、距地平面0.5 m深的地下，而且是接到接地配置上的。

5.2.9 其他措施

作为故障防护的任何其他的措施都应符合基本规则的规定(见第4章)。

5.3 加强的防护措施

加强的防护措施应具有基本防护和故障防护两者的功能。

5.3.1～5.3.5具体说明了这种加强的措施。

加强的防护措施的设置应使其防护功能不太可能变弱，从而不太可能出现单一故障。

5.3.1 加强绝缘

加强绝缘的设计应使其在承受电的、热的、机械的以及环境的作用时，具有与由双重绝缘(基本绝缘和附加绝缘，分别见3.10.1和3.10.2)同样的防护可靠性。

注1：这里所要求的设计和试验参数，比对基本绝缘规定的更严格。

注2：作为低压应用的一个例子，这里需引用一个过电压类别(见GB 16895.12—2001)的概念。加强绝缘的冲击电压的数值要符合这一过电压类别的要求，比基本绝缘的过电压类别高一级。

注3：加强绝缘主要是用于低压装置和设备，但也不排除在高压装置和设备中应用。

5.3.2 回路之间的防护分隔

一个回路与其他回路之间的防护分隔应采用以下方法来实现：

——基本绝缘和附加绝缘，各自都按出现的最高电压值确定的，即相当于双重绝缘；或

——按出现的最高电压的额定值确定的加强绝缘(5.3.1)；或

——以按相邻回路额定耐压(也可见6.6的最后一段)确定的回路基本绝缘，将每个相邻回路用保护屏蔽体隔开的保护屏蔽(5.2.3)；或

——以上措施的组合。

如果被分隔回路的导体是与其他回路的导体在一起，例如包含在多芯电缆或其他导体束中，它们应按出现的最高电压，单独的或整体的进行分隔，以便实现双重绝缘分隔。

连接在被分隔的回路之间的任一部件，应符合有关保护阻抗器的要求，见5.3.4。

5.3.3 限流源

限流源的设计，其接触电流不应超过5.1.6中规定的限值。

5.1.6的要求也适用于有限电流电源单个部件任何可能的损坏。[2)]

注：该限值要由相关的技术委员会确定。

5.3.4 保护阻抗器

保护阻抗器应能可靠地将接触电流限制到不超过5.1.6中规定的限值。

保护阻抗器应能承受跨接其两端的绝缘所规定的电气强度。

这些要求同样适用于保护阻抗器单个部件任何可能的损坏[2)]。

5.3.5 其他措施

任何同时适用于基本防护和故障防护的其他加强防护措施，都应符合基本规则的规定(见第4章)。

6 防护措施

本章对典型防护措施的结构给予说明，指出了哪些防护措施用于基本防护，哪些防护措施用于故障防护。

在同一装置、系统或设备内，可采用如下的一种以上的防护措施。

6.1 采用自动切断电源的防护

在这种防护措施中，

——基本防护是由在危险带电部分与外露可导电部分之间的基本绝缘提供的；而

——故障防护是由自动切断电源提供的。

注：根据5.2.5，自动切断电源需要根据5.2.2中规定保护等电位联结系统。

6.2 采用双重或加强绝缘的防护

在这种防护措施中，

——基本防护是由对危险带电部分的基本绝缘提供的；而

——故障防护是由附加绝缘提供的；或

——基本防护和故障防护都是由在危险的带电部分和可触及部分(可触及的可导电部分和绝缘材料的可触及表面)之间的加强绝缘提供的。

6.3 采用等电位联结的防护

在这种防护措施中，

——基本防护是由在危险的带电部分与外露可导电部分之间的基本绝缘提供的；而

——故障防护是由在同时可触及的外露的和外界的可导电部分之间的用于防止危险电压的保护等

---

2) 例如，如果部件的相关安全特性是按IEC关于电子元件的质量系统(IECQ)规定和控制时，正确使用经认证的部件是不太可能出现损坏的。

电位联结系统提供的。

6.4 采用电气分隔的防护

在这种防护措施中，

——基本防护是由被分隔回路的危险的带电部分与外露可导电部分之间的基本绝缘提供的；而

——故障防护是

- 被分隔的回路与其他回路及地之间采用简单的分隔；以及
- 如果一台以上设备由被分隔的回路供电，则被分隔的不同回路的外露可导电部分之间采用不接地的等电位联结互相连通。

这里，不允许有意地将外露可导电部分与保护导体或接地导体连接。

注 1：电气分隔主要是用在低压装置和设备中，但也不排除用于高压装置和设备。

注 2：在 GB 16895.21—2004 的 413.5 中给出的关于低压装置的电气分隔，含有更严格的要求。

6.5 采用非导电环境的防护(低压)

在这种防护措施中，

——基本防护是由在危险的带电部分与外露可导电部分之间的基本绝缘提供的，而

——故障防护是由非导电环境提供的。

6.6 采用 SELV 防护

在这种防护措施中采用下述方式提供防护：

——对(SELV 系统)回路中电压的限制；和

——对 SELV 系统与除 SELV 和 PELV 外的所有回路进行保护分隔；和

——对 SELV 系统与其他的 SELV 系统、PELV 系统和与地之间采用的简单的分隔。

这里，不允许将外露的可导电部分与保护导体或接地导体有意地连接。

在需采用 SELV 并按 5.3.2 规定采用保护屏蔽的特殊场所，保护屏蔽体应采用具有耐受预期出现的最高电压的基本绝缘，以与每个相邻回路分隔。

6.7 采用 PELV 防护

在这种防护措施中采用下述方式提供防护：

——限制可能接地的回路的电压和/或限制外露可导电部分可能接地(PELV 系统)的回路的电压；和

——对 PELV 系统与除 SELV 和 PELV 外的所有回路之间进行保护分隔。

如果 PELV 回路是接地的，并按 5.3.2 规定采用了保护屏蔽的，则在保护屏蔽体与 PELV 系统之间，没有必要再设置基本绝缘。

注 1：如果 PELV 系统的带电部分与在故障情况下可能呈现一次侧回路电位的可导电部分之间是同时可触及的，则电击防护有赖于所有这些的可导电部分之间的保护等电位联结。

注 2：除按 6.6 和 6.7 规定之外所采用的特低电压，都不能作为一种防护措施。

6.8 采用限制稳态接触电流和电荷的防护

在这种防护措施中采用下述方式提供防护：

——回路的供电

- 采用限流源；或
- 通过保护阻抗器；和

——回路与危险带电部分之间采用保护分隔。

6.9 采用其他措施的防护

其他的任何防护措施都应遵守基本规则(见第 4 章)，并能提供基本防护和故障防护。

7 电气装置内的电气设备及其防护措施的配合

防护是由有关设备和器件结构配置及安装方法综合实现的。技术委员会推荐采用第 6 章的防护

措施。

设备可以分类。不同类别的设备中采用的防护措施，将在7.1～7.4(也可见表1)中加以说明。

如果用这种分类方式对设备和器件不适用，则技术委员会应对该产品规定相应的安装方法。

对于某些设备，只有在安装以后才能划为属于某一类设备，例如安装后才能防止触及带电部分。在这种情况下，应由制造厂或负责的销售商提供适当的说明书。

7.1 0类设备[3)]

这类设备采用基本绝缘作为基本防护措施，而没有故障防护措施。

7.1.1 绝缘

凡没有用最低限度的基本绝缘与危险的带电部分隔开的所有可导电部分，都应按危险的带电部分来对待。

7.2 Ⅰ类设备

这种设备采用基本绝缘作为基本防护措施，采用保护联结作为故障防护措施。

7.2.1 绝缘

凡没有用最低限度的基本绝缘与危险的带电部分隔开的所有可导电部分，都应按危险的带电部分来对待。这一规定也适用于这样的可导电部分：该部分虽已用基本绝缘隔开，但通过一个未达到与基本绝缘相同的电气强度的部件又将其连接到危险的带电部分上。

7.2.2 保护等电位联结

设备的外露可导电部分应接到保护联结端子上。

注1：外露可导电部分包括仅涂有涂料、轻漆、喷漆及类似物的那些部分。

注2：能被触及的那些可导电部分，如果它们是用保护分隔与危险的带电部分隔开的，则它们不是外露可导电部分。

7.2.3 绝缘材料可触及的表面部分

如果设备没有完全用可导电部分覆盖，则下列要求适用于绝缘材料可触及的表面部分：

如果绝缘材料可触及的表面部分是：

——设计采用手抓握的；或

——易接触具有危险电位的可导电表面；或

——易与人体部分有相当大接触面的(面积大于50 mm×50 mm)；或

——该部分是用于高导电性污染的场所；

则上述部分与危险的带电部分的分隔应采用：

——双重或加强绝缘；或

——基本绝缘和保护屏蔽；或

——这些措施的组合。

绝缘材料的所有其他的可触及表面部分，至少都应用基本绝缘与危险的带电部分进行分隔。预期作为固定装置的一部分的设备，其基本绝缘或是由厂家提供的，或应在安装期间按厂家或负责的销售商提供的说明书的规定处理。

如果绝缘材料的可触及部分具备了符合规定的绝缘，则认为符合了上述要求。

注：对绝缘材料的某些可触及部分(例如，需要频繁接触的部分，像操作件)技术委员会可根据与人体的接触面积强行规定比基本绝缘更严格的要求。

7.2.4 保护导体的连接

7.2.4.1 除插头插座连接之外，其余连接件应采用GB/T 5465.2的5019号符号，或用字母PE，或采

---

3) 建议从国际标准中删去0类设备，然而，在这里仍包括了0类设备，因为这个类别仍被引用到少数的产品标准中。

用绿黄双色组合标志加以清晰识别。该标志不应是放置或固定在螺钉、垫片或在连接导体时可能被拆掉的其他零件上的。

7.2.4.2 对于用软线连接的设备，应采取预防措施使在张力释放机构出现损坏时，软线中的保护导体是最后被拉断的导体。

7.3 Ⅱ类设备

该设备采用

——基本绝缘作为基本防护措施；和

——附加绝缘作为故障防护措施；或

——能提供基本防护和故障防护功能的加强绝缘。

7.3.1 绝缘

7.3.1.1 可触及的可导电部分和绝缘材料的可触及表面部分应是：

——采用双重或加强绝缘与危险的带电部分隔离的；或

——其结构配置设计是具有等效防护功能的，例如，用保护阻抗器。

对预期作为固定装置一部分的设备，这种要求应在设备正确安装时予以满足。这就意味着如果适用，其绝缘（基本的、附加的或加强的）和保护阻抗，都应由制造厂提供，或应在安装期间按厂家或负责的销售商在其提供的说明书中加以规定。

注：等效的故障防护配置，可由技术委员会根据适宜该设备的性能及其应用的要求加以规定。

7.3.1.2 与危险带电部分只靠基本绝缘的分隔或由结构配置实现等效防护的所有可导电部分，都应采用附加绝缘或结构配置设计实现等效防护，以与可触及表面进行分隔。

没有按基本绝缘与危险的带电部分分隔的所有可导电部分，都应视为危险的带电部分加以处理，即它们都应按 7.3.1.1 的规定与可触及的表面进行分隔。

7.3.1.3 当绝缘螺钉或其他固定件在安装、维修时需要移开或可能移开，且当它们由金属螺钉或其他固定件取代而可能破坏所要求的绝缘时，则外壳中不应包含有这样的绝缘螺钉或其他绝缘固定件。

7.3.2 保护联结

可触及的可导电部分和中间部分都不应有意地连接到保护导体上。

7.3.2.1 如果设备具备保持保护等电位联结连续性的措施，但在所有其他方面都是按Ⅱ类设备构成的，则这样的措施应是：

——采用基本绝缘将设备的带电部分及可触及的可导电部分分隔；和

——按对Ⅰ类设备要求的那样作标志。

该设备不应采用 7.3.3 中引用的符号作标志。

7.3.2.2 Ⅱ类设备可以具备功能（区别于保护）目的的对地连接措施，但这只是在这种要求被相应的 IEC 标准认可的情况下才允许。这样的措施应利用双重或加强绝缘与带电部分分隔。

7.3.3 标志

Ⅱ类设备应采用 GB/T 5465.2 的 5172 号图形符号作标志。该标志应设置在电源数据牌附近，例如设置在额定值铭牌上。显然，该符号是技术数据的一部分，而且无论如何不能与厂家名称或其他的标识相混淆。

7.4 Ⅲ类设备

该设备将电压限制到特低电压值作为基本防护措施，而它不具有故障防护的措施。

7.4.1 电压

7.4.1.1 设备应按最高标称电压不超过交流 50 V 或直流（无纹波）120 V 设计。

注 1：无纹波一词习惯上被定义为纹波电压含量中的方均根值不大于直流分量的 10%。有关非正弦波交流电压的最大值，在考虑中。

注 2：根据 GB 16895.21—2004 的 411 条，Ⅲ类设备只允许用于与 SELV 和 PELV 系统连接。

注 3：技术委员会宜根据 GB/T 3805—1993 确定其产品所允许的最高额定电压和其使用条件。

7.4.1.2 内部电路可在不超过7.4.1.1规定限值的任一标称电压下工作。

7.4.1.3 在设备内部出现单一故障的情况下，可能出现或产生的稳态接触电压，不应超过7.4.1.1中规定的限值。

7.4.2 保护联结

Ⅲ类设备不应提供连接保护导体的措施。然而，如果相关的国家标准认可，这类设备可以提供用于功能(作为区别于保护)目的的接地连接措施。在任何情况下，在这类设备中都不应为带电部分提供接地连接的措施。

7.4.3 标志

设备应采用GB/T 5465.2的5180号图形符号作标志。当这类设备专门与特殊设计的SELV和PELV的电源相连接时，则上述要求不适用。

表1 低压装置中设备的应用

设备类别	设备标志或说明	设备与装置的连接条件
0类	——仅用于非导电环境；或 ——采用电气分隔防护	非导电环境
		对每一项设备单独地提供电气分隔
Ⅰ类	保护联结端子的标志采用GB/T 5465.2的5019号符号，或字母PE，或绿黄双色组合	将这个端子连接到装置的保护等电位联结上
Ⅱ类	采用GB/T 5465.2的5172号符号(双正方形)作标志	不依赖于装置的防护措施
Ⅲ类	采用GB/T 5465.2的5180号符号(在菱形内的罗马数字Ⅲ)作标志	仅接到SELV或PELV系统

7.5 接触电流，保护导体电流，泄漏电流

注1：7.5只适用于低压装置、系统和设备。

注2：在本标准中目前没有考虑泄漏电流的影响。

7.5.1 接触电流

应采取措施，使得在触及到可触及部分时，不至于产生IEC 60479系列中指出的那种危险。接触电流应按IEC 60990:1999的规定进行测量。故障情况下如果允许额外的接触电流，则产品委员会应在标准中明确其允许条件和允许的额外电流。

注：IEC 60990:1999的6.2.2所解决的是在保护导体失效情况下，Ⅰ类设备接触电流的测量方法。

7.5.2 保护导体电流

在装置和设备中，应采取措施，以防止因过量的保护导体电流而损害装置的安全或正常使用。应确保向该设备供电的和由该设备产生的所有频率的电流的兼容性。

7.5.2.1 防止用电设备保护导体电流过量的要求

对于在正常运行条件下产生流入保护导体电流的电气设备，应不影响其正常使用，且与其防护措施兼容。7.5的要求已计及设备预期由插头插座系统供电的、或者是采用固定连接的设备或者是固定设备的情况。

7.5.2.2 用电设备保护导体电流的最大交流限值

注：根据GB/T 13870.2规定的计及高频分量的保护导体电流的测量方法，正由TC 74在考虑中。

测量应在设备交付时进行。

下列限值适用于额定频率为50 Hz或60 Hz供电的设备：

a) 接自额定值不大于32 A的单相或多相插头插座系统的用电设备。限值是由附录B给出的。

b) 对于没有为保护导体设置专门措施的固定连接和不易移动的用电设备，或接自额定值大于32 A的单相或多相插头插座系统的用电设备。其限值由附录B给出。

c) 对于预期要与按7.5.2.4规定与加强型保护导体做固定连接的用电设备，产品委员会宜规定

保护导体电流的最大值。该值在任何情况下都不应超过每相额定输入电流的5%。

然而,产品委员会应考虑到,出于保护的理由,在装置中可能设置剩余电流保护器,在这种情况下,保护导体电流应与所提供的防护措施相适应。另一种替代方法是采用至少有简单分隔的带分隔绕组的变压器。

7.5.2.3 **直流保护导体电流**

在正常使用中,交流设备不应在保护导体中产生影响剩余电流保护器或其他设备正常功能的带直流分量的电流。

注:对于带直流分量的故障电流的要求,在考虑中。

7.5.2.4 **装置中保护导体电流超过10 mA的加强型保护导体回路**

用电设备中应提供:

——设计成至少能连接10 mm^2 铜材或16 mm^2 铝材保护导体的连接端子;或

——为连接其面积与正常的保护导体截面积相同的保护导体的第二个端子,以便将第二个保护导体连接到用电设备上。

7.5.2.5 **资料**

对于预期与加强型保护导体作为固定连接的设备,其保护导体的电流值应由生产厂家在其文件资料中给出,而且还要提供符合7.5.3.2的安装说明。

7.5.3 **其他要求**

7.5.3.1 **信号系统**

在建筑物电气装置中,不允许用使用任何带电流的导体与保护导体一起作为信号的返回通路。

7.5.3.2 **装置中保护导体电流超过10 mA的加强型保护导体回路**

对于预期固定连接而保护导体电流又大于10 mA的用电设备,应像GB 16895.3—2004的规定一样,提供安全而可靠地对地连接。

7.6 **高压装置的安全和最小间距以及警示标牌**

高压装置的设计应能限制对危险区域的接近。应考虑到关于熟练技术人员和受过培训的人员为操作和维护而必需的安全间距。对于安全距离无法满足的场合,应安装永久性的防护设施。

应由相应的技术委员会规定如下值:

——遮栏的间距;

——阻挡物的间距;

——外栅栏和进出门的尺寸;

——最低高度和与接近危险区域的距离;

——与建筑物的间距。

警示牌应明显地显示在所有的出入口的门、围墙、遮栏、架空线电杆以及铁塔等上面。

8 特殊操作和维护条件

注:应考虑有关电气装置操作的详细要求,如,

——带电工作;

——不带电工作;

——靠近带电部分工作。

都是由相应的技术委员会考虑的。

8.1 预期用手操作的器件和更换的部件

注1:为能恢复装置、系统或设备的功能,其例子包括:

——需要复位的器件(例如,断路器、过电流/过电压/欠电压器件);

——可更换的部件(例如,灯泡或熔断片管)。

8.1.1也适用于使用者维护时对接近带电部分的要求。

注2：本标准中的“用手”意指“使用手，使用或不使用工具”。

8.1.1 低压装置、系统和设备中预期由一般人员操作的器件或更换的部件

在操作器件或更换部件时，应有效防止对任何危险带电部分的接触。

注：人们已认识到，符合现行标准的一些灯座和熔断器座，在更换部件时不能满足这种要求。

8.1.1.1 在装置、系统或设备中包含有需要用手操作的器件或更换的部件时，这些器件和部件应装在没有可触及危险带电部分的地方。

8.1.1.2 在不具备8.1.1.1要求的场合，人员接近前应确保采取与电源隔离的措施以期提供防护。

8.1.2 预期由熟练技术人员或受过培训的人员操作的器件或更换的部件

对容易无意识地触及的危险带电部分或无意识地进入的危险区域，应按8.1.2.1和8.1.2.2的规定提供防护。这些规定适用的场合是：

——没有遮栏或外壳时；或

——需要拆去遮栏或外壳，让熟练技术人员或受过培训的人员用手操作器件或更换部件时。

注：技术委员会可以限制本条的应用或增补附加要求，并依据防护方法规定允许用手操作的种类。

8.1.2.1 器件和部件的位置

设备的设计和安装，应使操作人员可以接近和看见并且方便而又安全地操作或更换这些器件或部件。

注：由厂家提供的这类位置和相关资料，应符合相应的技术委员会的规定。

如果设备的安装位置可能影响可见度或妨碍对器件或部件的接近而导致危险，则应标明并能看到所需要的安装位置。

8.1.2.2 可接近性和操作

接近操作器件的路径和对其操作所需要的空间应依赖于为防止无意识地触及危险的带电部分，或进入危险的区域所留出的适当距离来实现。应由技术委员会规定这种距离。

或者，如果接近路径和空间小于对危险带电部分所需的适当距离，则应设置阻挡物。这种阻挡物应对无意识地接触提供防护。对于防止从接近操作器件或部件方向的接触，其防护等级不应低于GB 4208—1993的IPXXB(也可采用IP2X)。而对于防止从其他相应方向的接触，其防护等级不应低于GB 4208—1993的IPXXA(也可采用IP1X)。

8.2 隔离后的电气数据

如果依赖于将危险的带电部分与电源隔离(例如，打开外壳或拆去遮栏时)的防护，则电容器的电荷量应自动泄放，使在隔离5 s以后，电压不会超过在GB/T 3805—1993的6.5中所规定的限值。如果这样会干扰设备的正常功能，应设置明显易见的警告标志，标明放电到限值所需的时间。

注1：对于特殊的情况(例如，拨出插头)技术委员会可能不得不规定更短的时间。

注2：隔离后，尤其对于高压，下列情况应予考虑：

——电容器可能有大量的剩余电荷；

——电感，如变压器的绕组，经过一个相对长的时间段，可能有大量的聚集电荷。

8.3 隔离电器

8.3.1 概述

用于隔离的电器应能有效地将相关回路与所有带电导体隔离。

注1：关于低压隔离电器，还需参见8.3.2。

在隔离位置时，触头的位置或其他隔离措施，应在外观上是可见的，或具有明显和可靠的指示。

注2：该指示，可采用适当标识以分别指示隔离和接通的位置。

隔离电器设计和/或安装应能防止无意的或未经许可的开合。

注3：例如：撞击和震动可能引起这种开合。

8.3.2 低压隔离电器

用于隔离的电器，应能将相关回路与包括中性导体在内的所有带电导体有效地隔离。但是，在TN—S系统中，中性导体被认为是可靠地处于地电位时，则中性导体不必隔离。

隔离电器应符合下列两项条件：

a) 在新的、清洁的而且干燥的条件下，对处于隔离的位置的触头间，在电源和负荷端之间，能承受的耐冲击电压值，如表2所示。

表2 各级标称电压的隔离电器最低耐冲击电压值

供电系统的标称电压[a] V		最低耐冲击电压值[b] kV	
三相系统	有中间点的单相系统	过电压类别Ⅲ	过电压类别Ⅳ
	120～240	3	5
230/400,277/480		5	8
400/690		8	10
1 000		10	15

[a] 按GB/T 156规定。

[b] 过电压类别为Ⅰ类和Ⅱ类的设备不能用于隔离。

注1：关于过电压类别的说明，见GB/T 16935.1—1997的2.2.2.1.1。

注2：耐冲击电压值是对海拔高度2 000 m而言的。

b) 通过断开的开关触头两端的泄漏电流在任何情况下都不应超过：

——在新的、清洁的和干燥的条件下，每极0.5 mA，并且

——在电器通常约定使用寿命终了时，每极6 mA。

在进行上述测定时，如果电源的星形连接点或中间点是接地的，则施加在每极的两端子间的测试电压为110%的线导体和中性导体间设备额定电压。在其他所有情况下，此电压为供电系统的110%的线电压。

在用直流测试的情况下，直流电压值应等同于相应交流测试电压的方均根值。

注：用以检验这种要求的试验由相关的技术委员会规定。

8.3.3 高压隔离电器

8.3.3.1 概述

每个隔离电器都应适用于指定的目的。

所有的一般要求，例如，接地配置，以及如果需要，对场所的特殊要求，例如海拔，都应予以规定和考虑。

另外，装置的每一部分的带电导体在与装置的其他部分隔离时，都应被短路并接地。

选用的设备的技术参数，应考虑网络的结构、当地的特殊条件以及运行和维护的经验。

应当考虑到，预期的电动应力不仅是在正常运行时的应力，而且还有附加的应力，例如，在短路故障情况下的应力。

雷电过电压和操作过电压也应予以考虑。

属于安装现场外界影响的机械的、气候方面的以及其他的特殊应力，在设备的设计过程中都应予以考虑。

注1：除这些影响外，重要的是通过选用适当的开关电器以符合GB 311.1规定的绝缘配合要求。

为避免误操作，基于安全原因，隔离电器应能有效地锁定在“接通”和“断开”的位置。

注2：在隔离电器的结构设计和安装中，宜注意在电器开断时可能产生的电弧或热电离气体。因此，电器的设计和安装方式宜使开关开断时释放出的电离子气体不至于导致设备损坏或危及操作人员的后果。这对防止因电

离作用而形成的对非带电部分的二次飞弧的危害也是必要的。

8.3.3.2 隔离电器的特性

隔离距离之间的额定耐冲击电压水平，应高于线导体对线导体或线导体对地绝缘的额定耐冲击电压水平(见 GB 1985—2004)

基于安全原因，隔离电器的设计应使由一个触头到绝缘体另一侧端子可能流通的任何对地泄漏电流被限制在可接受的数值。如果用一特制的连接件将这种泄漏电流可靠地泄放到大地，这一安全要求即得到满足。

注 1：对于含有与大气压力下的空气电介质不同的电介质的隔离电器，这种电介质的条件可由用户与制造厂协商确定。

注 2：宜考虑对污染防护的有效性和关于泄漏电流的绝缘材料性能的验证试验。

注 3：关于高压的额定耐冲击电压，见 GB 311.1。

附　录　A
（资料性附录）
实现防护措施一览表

注：应指出，不是所有的防护措施对低压和高压两者都是适用的。

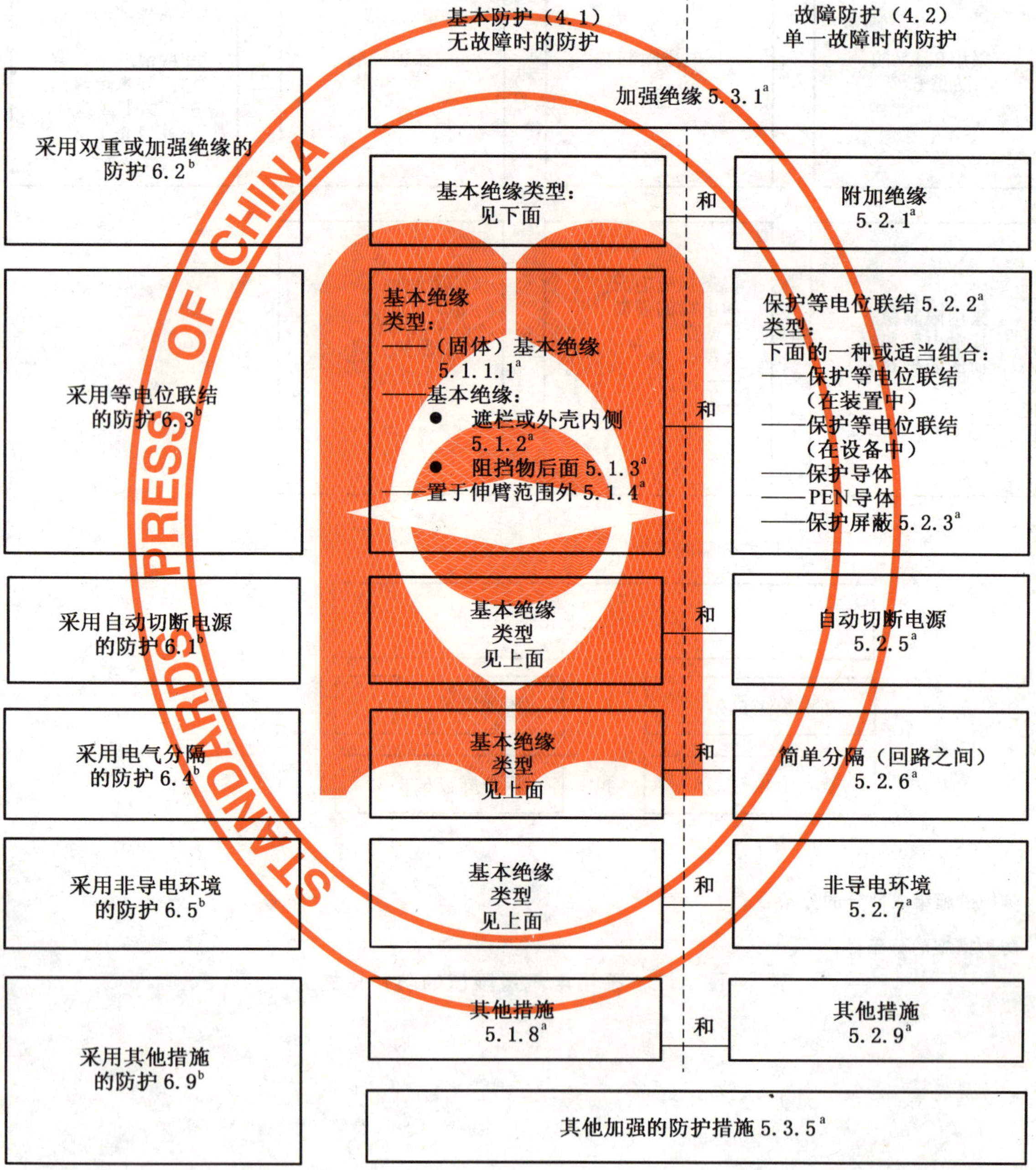

[a] 防护措施组成部分的分条号。

[b] 防护措施的分条号。

图 A.1　包括基本的和故障的防护措施

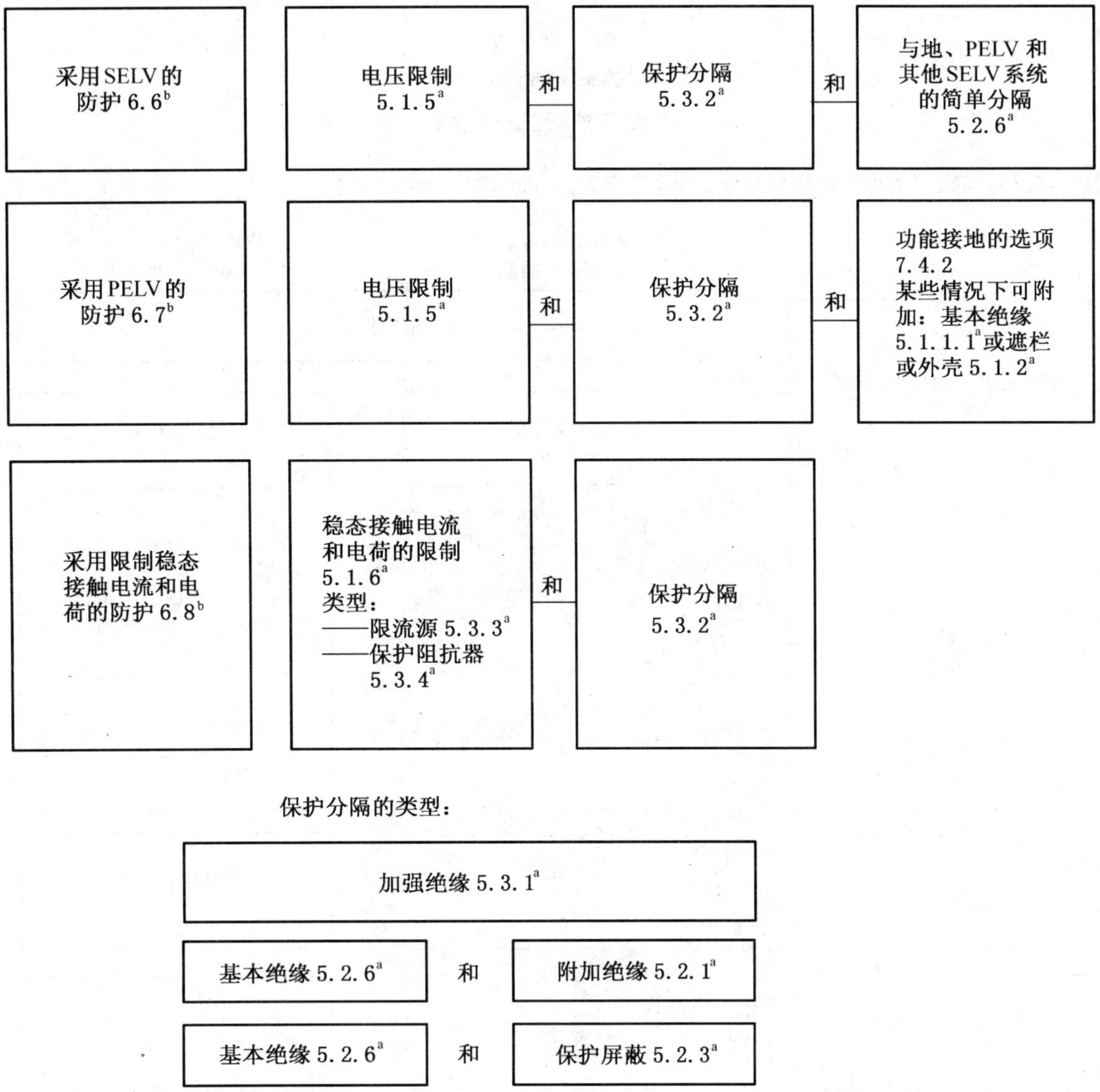

[a] 防护措施组成部分的分条号。

[b] 防护措施的分条号。

图 A.2 采用电气量限值的防护措施

附 录 B
（资料性附录）
7.5.2.2a)和7.5.2.2b)中的保护导体电流的最大交流限值

7.5.2.2a)和7.5.2.2b)中的保护导体电流的最大交流限值是由产品委员会考虑的，其目的是防止出现过量的保护导体电流，以实现电气装置内的电气设备及其防护措施的配合。

鼓励产品委员会采用保护导体电流限值的最低实用值。

产品技术委员会应意识到，多数情况下采用的电流限值不超过下列值时，可以避免使剩余电流保护器误动作。

关于7.5.2.2a)的值：

接自额定电流值不大于32 A的单相或多相插头和插座系统的用电设备：

设备的额定电流	最大保护导体电流
≤4 A	2 mA
>4 A但≤10 A	0.5 mA/A
>10 A	5 mA

关于7.5.2.2b)的值：

对于没有为保护导体设置专门措施的固定连接的和不易移动的用电设备，或接自额定电流值大于32 A的单相或多相插头和插座系统的用电设备：

设备的额定电流	最大保护导体电流
≤7 A	3.5 mA
>7 A但≤20 A	0.5 mA/A
>20 A	10 mA

ICS 01.040.91
P 95

中华人民共和国国家标准

GB/T 17047—2008
代替 GB/T 17047—1997

混凝土制品机械　术语

Concrete products machinery—Terminology

2008-07-27 发布　　2009-02-01 实施

中华人民共和国国家质量监督检验检疫总局
中国国家标准化管理委员会　发布

前言

本标准代替 GB/T 17047—1997《混凝土制品机械术语》。

本标准与 GB/T 17047—1997《混凝土制品机械术语》相比主要变化如下：

——取消了混凝土生产成套设备中的简易式砌块生产设备和混凝土砌块成型机分类中的叠层式成型机；

——将“混凝土砌块成型机”改为“小型砌块成型机”；

——在混凝土砌块成型机分类中增加了模振式砌块成型机和台振式砌块成型机；

——调整了其他部分术语的定义；

——修正了原标准部分英文定义。

本标准由中国机械工业联合会提出。

本标准由全国建筑施工机械与设备标准化技术委员会(SAC/TC 328)归口。

本标准负责起草单位:北京建筑机械化研究院。

本标准参加起草单位:西安银马实业发展有限公司、泉州市鸿益机械制造有限公司、泉州市群峰机械制造有限公司、天津银丰机床成套设备有限公司 、西安东方福星机械有限公司、四川绵竹太极机械有限公司、扬州威奥重工机械有限公司、廊坊凯博建设机械科技有限公司、中国工程机械工业协会混凝土制品机械分会。

本标准主要起草人:王平、姚金柯、曹映辉、李仰水、徐金山、赵胡生、赵向善、张吉富、边立军、安志芳、唐绮、孟竹。

本标准所代替标准的历次版本发布情况为：

——GB/T 17047—1997。

混凝土制品机械　术语

1　范围

本标准规定了混凝土小型砌块、混凝土空心板构件等成型工艺过程所采用的各种机械的术语。

本标准适用于混凝土制品机械。

2　规范性引用文件

下列文件中的条款通过本标准的引用而成为本标准的条款。凡是注日期的引用文件，其随后所有的修改单(不包括勘误的内容)或修订版均不适用于本标准，然而，鼓励根据本标准达成协议的各方研究是否可使用这些文件的最新版本。凡是不注日期的引用文件，其最新版本适用于本标准。

GB/T 7920.4—2005　混凝土机械术语

3　混凝土砌块生产成套设备

混凝土砌块生产成套设备　complete equipment for making concrete blocks

用于生产混凝土小型砌块的混凝土混合料制备、砌块成型、砌块及托板转运、养护、输送、码垛等装置的总成。

3.1　分类

3.1.1

全自动混凝土砌块生产成套设备　complete set of automatic equipment for block making

启动后不再需要人工干预即可自行控制砌块生产循环的成套设备。

3.1.2

半自动混凝土砌块生产成套设备　complete set of semiautomatic equipment for block making

启动后需要人工干预(手动操作)以控制砌块生产单个循环或多个循环的成套设备。

3.1.3

手动操作混凝土砌块生产成套设备　complete set of manual operating equipment for block making

采用手动操作控制砌块生产过程的成套设备。

3.1.4

带架养护混凝土砌块生产成套设备　complete set of rack-curing block making equipment

将砌块置入便于搬运的框架中整体进入养护窑养护的砌块生产成套设备。

3.1.5

无架养护混凝土砌块生产成套设备　complete set of non-rack-curing block making equipment

砌块不使用搬运框架进养护窑养护的砌块生产成套设备。

3.1.6

单板传送混凝土砌块生产成套设备　complete set of single-plate-conveying block making equipment

砌块以单板形式传送并养护的成套设备。

3.2　组成部分

3.2.1

升/降板机　pallet lifter

将砌块提升或下降以便多层叉式窑车装卸的机械装置。

3.2.2

装/卸板机 rack loader/unloader

将砌块提升或下降并装入或卸出养护架的机械装置。

3.2.3

窑车 kiln conveyer

子车和母车的总称。

3.2.3.1

子车 sub-conveyer

进出养护窑,用来转运砌块(或养护架)的机械装置。

3.2.3.2

母车 mother-conveyer

承载并运送子车的机械装置。

3.2.4

清扫器 cleaner

清除砌块表面飞边或托板表面碎渣的机械装置。

3.2.5

储料仓 storage bin

见 GB/T 7920.4—2005 的 2.1.2.4。

3.2.6

称量装置 batcher

见 GB/T 7920.4—2005 的 2.1.2.1。

3.2.6.1

累计式称量装置 cumulative batcher

见 GB/T 7920.4—2005 的 2.1.2.1.2。

3.2.6.2

单独式称量装置 single batcher

见 GB/T 7920.4—2005 的 2.1.2.1.1。

3.2.6.3

质量式称量装置 mass batcher

见 GB/T 7920.4—2005 的 2.1.2.1.3。

3.2.6.4

容积式称量装置 volumetric batcher

见 GB/T 7920.4—2005 的 2.1.2.1.4。

3.2.7

输送机 conveyer

输送物料的机械装置。

3.2.8

混凝土搅拌机 concrete mixer

见 GB/T 7920.4—2005 的 2.2.1.1。

3.2.9

分离机 separator

养护完成后将砌块与托板分离的机械装置。

3.2.10

排块机 block arranger

将砌块排列成方阵以便码垛的机械装置。

3.2.11

码垛机 piler

将砌块堆码成垛的机械装置。

3.2.12

翻板机 overturning device

将卸去砌块后的托板翻转180°的机械装置。

3.2.13

养护窑 curing kiln

用蒸汽来激发或养护等手段提高砌块早期强度的建筑设施。

3.3

成套设备生产能力 capacity of production

成套设备每小时生产砌块的体积(m^3/h)。

4 小型砌块成型机

小型砌块成型机 small block machine

将混凝土混合料经振动、压制成小型砌块的机械。

4.1 分类

4.1.1

移动式成型机 movable block machine

生产的砌块不移动而机器移动的成型机。

4.1.2

固定式成型机 stationary block machine

生产的砌块移动而机器不移动的成型机。

4.1.3

模振式砌块成型机 mould-vibrating block machine

使模框体或模芯振动将能量传递给混凝土混合料使其密实成型的砌块成型机。

4.1.4

台振式砌块成型机 table-vibrating block machine

使振动台振动将能量通过托板传递给混凝土混合料使其密实成型的砌块成型机。

4.1.5

分层布料式成型机 layered-filling block machine

能生产由两种不同混凝土混合料组成的砌块的成型机。

4.1.5.1

水平分层布料式成型机 horizontal layered-filling block machine

能生产由面层和底层两种不同混凝土混合料组成的砌块的成型机。

4.1.5.2

垂直分层布料式成型机 vertical layered-filling block machine

能生产两侧部分和中间部分由两种不同混凝土混合料组成的砌块的成型机。

4.2 组成部分

4.2.1

模具　mould

使混凝土混合料成型并达到规定形状和尺寸的胎具，由压头和模箱两部分组成。

4.2.1.1

压头　tamper

将模箱内的混凝土混合料压实成型的装置。

4.2.1.2

模箱　mould case

容纳混凝土混合料并与压头配合使其成型的装置。

4.2.2

储料斗　feed hopper

储存成型机生产砌块所需混凝土混合料的容器。

4.2.3

布料箱　drawing box

向模箱中填充混凝土混合料的箱体。

4.2.4

漏料导槽　guiding slot for leaking material

接收布料时溢出的混凝土混合料的导向溜槽。

4.2.5

加压梁　pressure beam

向压头传递压力并带动其运动的机械装置。

4.2.6

振动台　vibrating table

位于模箱下面，安装有振动器的平台。其振动通过托板传递到模箱以完成混合料的密实成型。

4.2.7

托板　pallet board

在砌块生产过程中承载砌块的板。

4.2.8

供料机构　filling mechanism

向模箱中供给混凝土混合料的装置。

4.3 技术性能

4.3.1

成型周期　casting cycle

生产一模合格砌块所需时间的总和。

4.3.2

公称块数　nominal blocks

模箱可成型主规格砌块(390 mm×190 mm×190 mm)(长×宽×高)的数量。

5 混凝土空心板挤压成型机

混凝土空心板挤压成型机(简称挤压机)　extruder for producing hollow concrete slabs

通过螺旋送料器和振动装置的联合作用使混凝土混合料挤压密实成型为空心板的机械。

5.1 分类

5.1.1

外振式挤压机　outer-vibrating extruder

振源在被成型构件外表面的挤压机。

5.1.2

内振式挤压机　inner-vibrating extruder

螺旋送料器内部装有振源的挤压机。

5.1.3

双块式挤压机　double-blocking extruder

同时生产出两排空心板的挤压机。

5.1.4

单块式挤压机　single-blocking extruder

每次生产一排空心板的挤压机。

5.2 组成部分

5.2.1

螺旋送料器　screw conveyer

将混凝土混合料向成型模腔输送,逐渐挤压密实,并制出所需孔型的零(部)件。

5.2.2

同步装置　synchronizing device

使空心板沿横断面同步密实的机械装置。

6 混凝土空心板推挤成型机

混凝土空心板推挤成型机(简称推挤机)　squeezer for producing hollow concrete slabs

通过滑块的运动以及振动装置的联合作用使混凝土混合料密实成型为空心板的机械。

6.1 分类

6.1.1

内振式推挤机　inner-vibrating squeezer

芯管内部装有振源的推挤机。

6.1.2

外振式推挤机　outer-vibrating squeezer

振源在被成型构件外表面的推挤机。

6.1.3

单块式推挤机　single-blocking squeezer

每次生产一排空心板的推挤机。

6.1.4

双块式推挤机　double-blocking squeezer

同时生产出两排空心板的推挤机。

6.2 组成部分

6.2.1

滑块　pusher

将混凝土混合料推入成型模腔并逐渐推压密实的零(部)件。

6.2.2

芯管　core pipe

将模腔内的混凝土混合料逐渐挤压密实并制出构件所需孔形的零(部)件。

6.2.3

连杆机构　linking mechanism

使滑块往复运动的机构。

7　混凝土空心板拉模机

混凝土空心板拉模机(简称拉模机)　mould dragger for producing hollow concrete slabs

模框内的混凝土混合料经振动密实后抽出模芯和模框而制成空心板的机械。

7.1　分类

7.1.1

自行式拉模机　self-moving mould dragger

自身带有行走装置的拉模机。

7.1.2

牵引式拉模机　tractive mould dragger

配有牵引装置的拉模机。

7.1.3

单块式拉模机　single-blocking mould dragger

每次成型一块空心板的拉模机。

7.1.4

多块式拉模机　multi-blocking mould dragger

每次成型多块空心板的拉模机。

7.1.5

内振式拉模机　inner-vibrating mould dragger

模芯内部装有振源的拉模机。

7.1.6

外振式拉模机　outer-vibrating mould dragger

振源装在被成型构件外表面的拉模机。

7.2　组成部分

7.2.1

模框　mould frame

组成模腔的框架。

7.2.2

模芯　mould core

制出构件所需孔形的零(部)件。

7.2.3

牵引装置　tractor

使模芯和模框分别脱离构件的机械装置。

8　挤压机、推挤机通用术语

8.1

料斗　hopper

向成型腔内供给混凝土混合料的装置。

8.2

振动底板　vibrating board

与成型中的构件表面接触、装有振源的板。

8.3

抹光板　finishing plate

工作时对空心板上表面起抹光作用的板。

8.4

侧模板　side forming board

置于成型腔两侧、控制制品侧面形状的板。

8.5

成型速度　casting speed

每分钟生产的合格产品的长度(m/min)。

参 考 文 献

[1] GB/T 18576—2001 建筑施工机械与设备 术语和定义.
[2] BS EN 12629-1:2001 混凝土和硅酸钙建筑制品生产设备 安全性 第1部分:通用要求.
[3] BS EN 12629-2:2001 混凝土和硅酸钙建筑制品生产设备 安全性 第2部分:砌块机.

中 文 索 引

B

半自动混凝土砌块生产成套设备 …………… 3.1.2
布料箱 …………………………………… 4.2.3

C

侧模板 …………………………………… 8.4
称量装置 ………………………………… 3.2.6
成套设备生产能力 ……………………… 3.3
成型速度 ………………………………… 8.5
成型周期 ………………………………… 4.3.1
储料仓 …………………………………… 3.2.5
储料斗 …………………………………… 4.2.2
垂直分层布料式成型机 ………………… 4.1.5.2

D

带架养护混凝土砌块生产成套设备 ……… 3.1.4
单板传送混凝土砌块生产成套设备 ……… 3.1.6
单独式称量装置 ………………………… 3.2.6.2
单块式挤压机 …………………………… 5.1.4
单块式拉模机 …………………………… 7.1.3
单块式推挤机 …………………………… 6.1.3
多块式拉模机 …………………………… 7.1.4

F

翻板机 …………………………………… 3.2.12
分层布料式成型机 ……………………… 4.1.5
分离机 …………………………………… 3.2.9

G

公称块数 ………………………………… 4.3.2
供料机构 ………………………………… 4.2.8
固定式成型机 …………………………… 4.1.2

H

滑块 ……………………………………… 6.2.1
混凝土搅拌机 …………………………… 3.2.8
混凝土空心板挤压成型机 ……………… 5
混凝土空心板拉模机 …………………… 7
混凝土空心板推挤成型机 ……………… 6
混凝土砌块生产成套设备 ……………… 3

J

加压梁 …………………………………… 4.2.5

L

累计式称量装置 ………………………… 3.2.6.1
连杆机构 ………………………………… 6.2.3
料斗 ……………………………………… 8.1
漏料导槽 ………………………………… 4.2.4
螺旋送料器 ……………………………… 5.2.1

M

码垛机 …………………………………… 3.2.11
抹光板 …………………………………… 8.3
模具 ……………………………………… 4.2.1
模框 ……………………………………… 7.2.1
模箱 ……………………………………… 4.2.1.2
模芯 ……………………………………… 7.2.2
模振式砌块成型机 ……………………… 4.1.3
母车 ……………………………………… 3.2.3.2

N

内振式挤压机 …………………………… 5.1.2
内振式拉模机 …………………………… 7.1.5
内振式推挤机 …………………………… 6.1.1

P

排块机 …………………………………… 3.2.10

Q

牵引式拉模机 …………………………… 7.1.2
牵引装置 ………………………………… 7.2.3
清扫器 …………………………………… 3.2.4
全自动混凝土砌块生产成套设备 ……… 3.1.1

R

容积式称量装置 ………………………… 3.2.6.4

S

升/降板机 ……………………………… 3.2.1

手动操作混凝土砌块生产成套设备 ········ 3.1.3
输送机 ································ 3.2.7
双块式挤压机 ·························· 5.1.3
双块式推挤机 ·························· 6.1.4
水平分层布料式成型机 ·················· 4.1.5.1

T

台振式砌块成型机 ······················ 4.1.4
同步装置 ······························ 5.2.2
托板 ·································· 4.2.7

W

外振式挤压机 ·························· 5.1.1
外振式拉模机 ·························· 7.1.6
外振式推挤机 ·························· 6.1.2
无架养护混凝土砌块生产成套设备 ········ 3.1.5

X

小型砌块成型机 ························ 4
芯管 ·································· 6.2.2

Y

压头 ·································· 4.2.1.1
养护窑 ································ 3.2.13
窑车 ·································· 3.2.3
移动式成型机 ·························· 4.1.1

Z

振动底板 ······························ 8.2
振动台 ································ 4.2.6
质量式称量装置 ························ 3.2.6.3
装/卸板机 ····························· 3.2.2
子车 ·································· 3.2.3.1
自行式拉模机 ·························· 7.1.1

英 文 索 引

B

batcher 3.2.6
block arranger 3.2.10

C

capacity of production 3.3
casting cycle 4.3.1
casting speed 8.5
cleaner 3.2.4
complete equipment for making concrete blocks 3
complete set of automatic equipment for block making 3.1.1
complete set of manual operating equipment for block making 3.1.3
complete set of non-rack-curing block making equipment 3.1.5
complete set of rack-curing block making equipment 3.1.4
complete set of semiautomatic equipment for block making 3.1.2
complete set of single-plate-conveying block making equipment 3.1.6
concrete mixer 3.2.8
conveyer 3.2.7
core pipe 6.2.2
cumulative batcher 3.2.6.1
curing kiln 3.2.13

D

double-blocking extruder 5.1.3
double-blocking squeezer 6.1.4
drawing box 4.2.3

E

extruder for producing hollow concrete slabs 5

F

feed hopper 4.2.2
filling mechanism 4.2.8
finishing plate 8.3

G

guiding slot for leaking material 4.2.4

H

hopper 8.1

horizontal layered-filling block machine ······ 4.1.5.1

I

inner-vibrating extruder ······ 5.1.2
inner-vibrating mould dragger ······ 7.1.5
inner-vibrating squeezer ······ 6.1.1

K

kiln conveyer ······ 3.2.3

L

layered-filling block machine ······ 4.1.5
linking mechanism ······ 6.2.3

M

mass batcher ······ 3.2.6.3
mother-conveyer ······ 3.2.3.2
mould ······ 4.2.1
mould case ······ 4.2.1.2
mould core ······ 7.2.2
mould dragger for producing hollow concrete slabs ······ 7
mould frame ······ 7.2.1
mould-vibrating block machine ······ 4.1.3
movable block machine ······ 4.1.1
multi-blocking mould dragger ······ 7.1.4

N

nominal blocks ······ 4.3.2

O

outer-vibrating extruder ······ 5.1.1
outer-vibrating mould dragger ······ 7.1.6
outer-vibrating squeezer ······ 6.1.2
overturning device ······ 3.2.12

P

pallet board ······ 4.2.7
pallet lifter ······ 3.2.1
piler ······ 3.2.11
pressure beam ······ 4.2.5
pusher ······ 6.2.1

R

rack loader /unloader ······ 3.2.2

S

screw conveyer ………… 5.2.1
self-moving mould dragger ………… 7.1.1
separator ………… 3.2.9
side forming board ………… 8.4
single batcher ………… 3.2.6.2
single-blocking extruder ………… 5.1.4
single-blocking mould dragger ………… 7.1.3
single-blocking squeezer ………… 6.1.3
small block machine ………… 4
squeezer for producing hollow concrete slabs ………… 6
stationary block machine ………… 4.1.2
storage bin ………… 3.2.5
sub-conveyer ………… 3.2.3.1
synchronizing device ………… 5.2.2

T

table-vibrating block machine ………… 4.1.4
tamper ………… 4.2.1.1
tractive mould dragger ………… 7.1.2
tractor ………… 7.2.3

V

vertical layered-filling block machine ………… 4.1.5.2
vibrating board ………… 8.2
vibrating table ………… 4.2.6
volumetric batcher ………… 3.2.6.4

ICS 77.140.65
H 49

中华人民共和国国家标准

GB/T 17101—2008
代替 GB/T 17101—1997

桥梁缆索用热镀锌钢丝

Hot-dip galvanized steel wires for bridge cables

2008-08-19 发布 2009-04-01 实施

中华人民共和国国家质量监督检验检疫总局
中国国家标准化管理委员会 发布

前　言

本标准修改采用 NF A 35-035:2001《热镀锌或锌-铝合金预应力圆钢丝和 7 丝钢绞线》(法文版)。

本标准是根据 NF A 35-035:2001 重新起草,本标准与 NF A 35-035:2001 的主要技术差异如下:

——取消了 7 丝钢绞线和 6 mm 钢丝;

——增加了无松弛要求和普通松弛要求的钢丝;

——增加了钢丝镦头性能的要求;

——增加了钢丝扭转性能的要求;

——增加了钢丝伸直性能的要求;

——用断后伸长率代替最大力下总伸长率;

——取消了 A、B 类钢丝的分类规定;

——增加了弹性模量要求。

本标准代替 GB/T 17101—1997《桥梁缆索用热镀锌钢丝》。

本标准与 GB/T 17101—1997 相比主要变化如下:

——增加了热镀锌钢丝的定义;

——调整了强度级别;

——提高了Ⅰ级松弛钢丝的松弛率指标;

——增加了Ⅰ级松弛钢丝和无松弛要求钢丝的扭转要求;

——提高了钢丝的规定非比例延伸强度。

本标准的附录 A 为规范性附录。

本标准由中国钢铁工业协会提出。

本标准由全国钢标准化技术委员会归口。

本标准起草单位:江阴华新钢缆有限公司、上海申佳金属制品有限公司、冶金工业信息标准研究院、宝钢集团上海二钢有限公司、奥盛(九江)钢线钢缆有限公司、天津冶金集团环钟钢丝有限公司。

本标准主要起草人:李一心、陈华青、张伟君、王玲君、孙金茂、戴石锋、周代义、游胜意、张建国、高飞。

本标准于 1997 年首次发布。

桥梁缆索用热镀锌钢丝

1 范围

本标准规定了桥梁缆索用热镀锌钢丝的定义、分类和标记、订货内容、尺寸、重量及允许偏差、技术要求、试验方法、检验规则、包装、标志和质量证明书等。

本标准适用于桥梁的缆(拉)索、锚固拉力构件、提升和固定用拉力构件的建筑物和土木工程中其他应用的热镀锌圆钢丝(以下简称钢丝)。

2 规范性引用文件

下列文件中的条款通过本标准的引用而成为本标准的条款。凡是注日期的引用文件,其随后所有的修改单(不包括勘误的内容)或修订版均不适用于本标准,然而,鼓励根据本标准达成协议的各方研究是否可使用这些文件的最新版本。凡是不注日期的引用文件,其最新版本适用于本标准。

GB/T 228 金属材料 室温拉伸试验方法(GB/T 228—2002, eqv ISO 6892:1998)

GB/T 238 金属材料 线材 反复弯曲试验方法(GB/T 238—2002,ISO 7801:1984,IDT)

GB/T 239 金属线材扭转试验方法(GB/T 239—1999,eqv ISO 7800:1984)

GB/T 2103—1988 钢丝验收、包装、标志及质量证明书的一般规定

GB/T 2972 镀锌钢丝锌层硫酸铜试验方法

GB/T 1839 钢产品镀锌层质量试验方法(GB/T 1839—2003,ISO 1460:1992,MOD)

GB/T 2976 金属材料 线材 缠绕试验方法(GB/T 2976—2004,ISO 7802:1983,IDT)

GB/T 8653 金属杨氏模量、弦线模量、切线模量和泊松比试验方法(静态法)

GB/T 10120 金属应力松弛试验方法

GB/T 470—1997 锌锭

GB/T 8170 数值修约规则

3 定义

热镀锌钢丝 hot-dip galvanized steel wires

通过锌熔池镀上锌镀层的钢丝。

4 分类和标记

4.1 分类

钢丝按松弛性能要求分两类:有松弛性能要求和无松弛性能要求。其中有松弛性能要求又分两级:Ⅰ级松弛(普通松弛)和Ⅱ级松弛(低松弛)。

4.2 标记

4.2.1 标记内容

按本标准交货的产品标记应包含下列内容:镀锌钢丝、公称直径、强度级别、松弛类别和标准号。

4.2.2 标记示例

示例 1:

公称直径为 5.00 mm,强度级别为 1 670 MPa,无松弛要求的镀锌钢丝其标记为:

镀锌钢丝 5.00-1670-无-GB/T 17101—2008

示例 2：

公称直径为 7.00 mm，强度级别为 1 770 MPa，Ⅱ级松弛的镀锌钢丝其标记为：

镀锌钢丝 7.00-1770-Ⅱ-GB/T 17101—2008

5 订货内容

按本标准订货的合同应包含以下主要内容：

a) 本标准号；

b) 产品名称；

c) 尺寸；

d) 强度级别；

e) 松弛级别；

f) 数量；

g) 用途；

h) 需方提出的其他要求。

6 尺寸、重量及允许偏差

6.1 钢丝的尺寸及允许偏差、公称截面积、每米参考重量应符合表 1 的规定。

表 1 尺寸及允许偏差、公称截面积、每米参考重量[a]

钢丝公称直径 d_n/mm	直径允许偏差/mm	不圆度/mm	公称截面积 S_n/mm^2	每米参考重量[b]/(g/m)
5.00	±0.06	≤0.06	19.6	153
7.00	±0.07	≤0.07	38.5	301

[a] 钢丝的公称直径、公称截面积、每米参考重量均应包含锌层在内。

[b] 每米参考重量不包括直径偏差引起的变化，计算时，镀锌钢丝的参考密度取 7.81 g/mm^3。

6.2 经供需双方协商，也可供应其他尺寸及允许偏差的钢丝。

7 技术要求

7.1 材料与制造

7.1.1 制造钢丝用盘条的牌号由生产厂选择，但硫、磷含量均不应超过 0.025％，铜含量不应超过 0.20％；应采用经索氏体化处理后的盘条。

7.1.2 锌锭应采用 GB/T 470—1997 中 Zn99.995 或 Zn99.99。

7.1.3 钢丝应在拉拔后进行热镀锌。

7.1.4 钢丝镀锌后应进行相应的后处理，以保证钢丝性能达到要求。

7.1.5 成品镀锌钢丝整卷长度内不应有任何形式的接头，在制造过程中的焊接头应在成品中切除。

7.2 力学性能

7.2.1 钢丝的力学性能应符合表 2 的规定。

7.2.2 按第 8.8 条的要求作缠绕试验后，钢丝不应断裂。

表 2 钢丝力学性能

公称直径 d_n/mm	强度级别[a] R_m/MPa	规定非比例延伸强度 $R_{p0.2}$/MPa		断后伸长率 (L_0=250 mm) A/% 不小于	应力松弛性能		
		无松弛或 Ⅰ级松弛要求 不小于	Ⅱ级松弛要求 不小于		初始载荷 (公称载荷)/ %	1 000 h 后应力松弛率 r/% 不大于	
					对所有钢丝	Ⅰ级松弛	Ⅱ级松弛
5.00	1 670 1 770 1 860	1 340 1 420 1 490	1 490 1 580 1 660	4.0	70	7.5	2.5
7.00	1 670 1 770	—	1 490 1 580	4.0	70	7.5	2.5

按钢丝公称面积确定其载荷值，公称面积应包括锌层厚度在内。

[a] 强度级别值为实际允许抗拉强度的最小值。

7.2.3 对无松弛要求和Ⅰ级松弛要求的 5 mm 系列钢丝，标距为 $100d_n$ 的扭转次数应不小于 8 次。

7.2.4 钢丝的弹性模量应为$(2.0\pm0.1)\times10^5$ MPa。

7.2.5 供方在保证 1 000 h 松弛性能合格的基础上可用不少于 120 h 的测试数据推算 1 000 h 的松弛值。

7.2.6 经供需双方协商，可供应其他力学性能要求的钢丝。

7.3 工艺性能

工艺性能是指反复弯曲性能、抗脉动拉伸疲劳的性能和镦头性能。

7.3.1 反复弯曲

钢丝按 8.3 的要求进行反复弯曲试验，弯曲次数 5 mm 系列钢丝应不小于 4 次，7 mm 系列钢丝应不小于 5 次。

7.3.2 抗脉动拉伸疲劳

钢丝应能承受 200 万次 $0.45F_m \sim (0.45\,F_m - 2\Delta F_a)$ 的载荷后而不断裂，其中

$$2\Delta F_a / S_n = 360 \text{ MPa}$$

式中：

F_m——钢丝公称极限拉力，单位为牛顿(N)，$F_m = R_m \times S_n$；

S_n——镀锌钢丝的公称面积，单位为平方毫米(mm^2)；

$2\Delta F_a$——脉动应力幅的载荷值，单位为牛顿(N)。

7.3.3 镦头性能

如需方要求，可做镦头试验，试验要求和方法由供需双方协商。

7.4 镀锌层的性能

7.4.1 单位面积锌层重量

钢丝单位面积的锌层重量应不小于 300 g/m^2；经供需双方协商，可供应其他锌层重量要求的钢丝。

7.4.2 锌层附着力

钢丝在经过 8.8 要求的缠绕试验后，螺旋圈的外侧锌层应没有剥落或用手指(避免采用指甲)摩擦不产生剥落。

7.4.3 锌层均匀性

钢丝试样应不少于 4 次(每次时间 60 s)硫酸铜溶液试验，按 8.9 进行并判定。

7.5 伸直性能

7.5.1 钢丝长度方向不应呈波浪形，不得存在弯折、扭曲等缺陷。

7.5.2 钢丝的自然矢高：取弦长 1 m 的钢丝，其弦与弧的最大自然矢高应不大于 30 mm。

7.5.3 钢丝的自由翘头高度：取 5 m 长的钢丝，自然地放置于光滑平整的地面上，一端接触地面，翘起的一端离地面的高度应不大于 150 mm。若供方制造有保证，可不作试验。

7.6 表面质量

钢丝应具有连续的镀锌层表面，不应有局部脱锌、露铁等缺陷，不应有超出钢丝直径偏差范围的锌瘤存在，但允许有不影响锌层质量的局部轻微划痕。

8 试验方法

8.1 拉伸试验

8.1.1 钢丝的拉伸试验应按 GB/T 228 的规定进行。

8.1.2 测定钢丝的断后伸长率时，应采用最小分度不大于 1 mm 的量具，试样的标距长度为 250 mm。

8.1.3 钢丝的规定非比例延伸强度是钢丝在非比例延伸率为 0.2%时的强度($R_{p0.2}$)(引伸仪标距为 250 mm)。供方在生产检验时，可以用规定总延伸率为 1%时的强度(R_{t1})来代替 $R_{p0.2}$，其值符合表 2 规定时可以交货，但仲裁时应测定 $R_{p0.2}$。测定 $R_{p0.2}$ 和 R_{t1} 时，预加负荷为公称非比例延伸负荷的 10%。

8.1.4 如试样在夹具内或距钳口 2 倍直径($2d_n$)范围内断裂而性能未达到本标准规定时，试验无效。

8.2 弹性模量试验

钢丝的弹性模量试验按 GB/T 8653 的规定进行(引伸仪标距为 250 mm)。计算弹性模量的截面积以公称截面积为准。

8.3 反复弯曲试验

8.3.1 钢丝的反复弯曲试验按 GB/T 238 的规定进行。

8.3.2 5 mm 系列的钢丝试验弯曲圆弧半径为 15 mm，7 mm 系列的钢丝试验弯曲圆弧半径为 20 mm。

8.4 扭转试验

钢丝扭转试验机夹头之间的长度为钢丝公称直径的 100 倍，每分钟最大扭转次数应不大于 30 次。为使试样平直，在试样上施加一个公称负荷 0.5%～2%的拉力负荷。其余按 GB/T 239 的规定进行。

8.5 松弛试验

8.5.1 试验期间，试样的温度应保持在 20 ℃±2 ℃。

8.5.2 松弛试验前，试样不应承受任何载荷，不得进行任何热处理和冷加工。试样的温度应与试验环境温度一致。

8.5.3 初始负荷应在(3～5) min 内均匀施加完毕，持荷 1 min 后开始记录松弛值。

8.5.4 加载过程中试样不允许过载。

8.5.5 试验的标距长度应不小于钢丝公称直径的 60 倍。

8.5.6 其余按 GB/T 10120 的规定进行。

8.6 脉动疲劳试验

脉动疲劳试验按本标准附录 A《脉动拉伸疲劳试验方法》的要求进行。

8.7 锌层重量

锌层重量试验按 GB/T 1839 的规定进行。

8.8 锌层附着力和缠绕试验

锌层附着力和缠绕试验按 GB/T 2976 的规定进行。各规格对应的缠绕芯棒直径见表 3。

表 3 锌层附着力和缠绕试验要求

钢丝公称直径/mm	缠绕芯棒直径/mm		缠绕圈数	
	附着力试验	缠绕试验	附着力试验	缠绕试验
5.00	5 d_n	3 d_n	8	8
7.00	5 d_n	3 d_n	8	8
供方检验时可以用相邻较小直径的芯棒进行试验，仲裁时按标准进行。				

8.9 锌层均匀性

锌层均匀性试验按 GB/T 2972 的规定进行。

8.10 尺寸测量

8.10.1 采用精度为 0.01 mm 的千分尺测量钢丝的直径。直径测量应在同一截面相互垂直的两个方向上测量，取平均值。

8.10.2 采用精度为 0.01 mm 的千分尺测量钢丝同一截面上直径的最大值和最小值，它们的差为不圆度。

8.10.3 采用最小分度值为 1 mm 的量具测量钢丝的伸直性能。

8.10.4 采用最小分度值为 1 cm 的量具测量钢丝的包装盘径。

8.11 表面质量

表面质量采用目测方法检查。

8.12 数值修约

数值修约按 GB/T 8170 进行。

9 检验规则

9.1 组批规则

钢丝一般由同一规格、同一炉号、同一生产工艺制造的钢丝组批验收，但松弛试验和疲劳试验按重量组批验收。

9.2 检验项目和取样数量

9.2.1 供方每批钢丝的检验项目及取样数量按表 4 规定。

表 4 供方出厂常规检验项目及取样数量

序号	检验项目	取样数量	取样部位
1	直径	逐盘	盘的任一端
2	不圆度	逐盘	盘的任一端
3	表面质量	逐盘	—
4	抗拉强度	每盘取一根	盘的任一端
5	规定非比例延伸强度	每 10 盘取一根	盘的任一端
6	断后伸长率	每盘取一根	盘的任一端
7	缠绕试验	每 10 盘取一根	盘的任一端
8	反复弯曲	每 10 盘取一根	盘的任一端
9	弹性模量	每 10 盘取一根	盘的任一端
10	扭转试验	每 10 盘取一根	盘的任一端
11	伸直性能	每 10 盘取一根	盘的任一端

表 4（续）

序号	检验项目	取样数量	取样部位
12	锌层重量	每 10 盘取一根	盘的任一端
13	锌层附着力		
14	锌层均匀性		
同一批中不足 10 盘的，按 10 盘取样。			

9.2.2 松弛试验每 300 t 取样 1 根，疲劳试验每 2 000 t 取样 1 根，交货不足取样数量时，供方提供 12 个月内同类产品的试验报告。

9.2.3 需方的进货检验每批按供方取样数量的 5％取样试验。

9.3 复验与判定规则

在检查中，如有某一项检查结果不符合本标准的要求，则该盘不允许交货。并从同一批未经试验的钢丝盘中取双倍数量的试样进行该不合格项目的复验（包括该项试验所要求的任一指标），复验结果即使有 1 个试样不合格，则不允许整批交货，但可以逐盘检验，合格者交货。供方可以对复验不合格钢丝进行分类加工后，重新提交验收。

10 包装、标志及质量证明书

10.1 一般供货钢丝 5 mm 系列采用最小内径 1 500 mm 的无轴包装；7 mm 系列采用最小内径 1 800 mm 的无轴包装。有其他包装尺寸要求的，可由供需双方商定。

10.2 钢丝的最小盘重为 400 kg，交货批中 800 kg 以上的比例应大于 95％。有定尺、倍尺和其他要求的，可由供需双方商定。

10.3 钢丝的其他包装、标志及质量证明书应符合 GB/T 2103—1988 的规定，一般按Ⅱc 类包装，特殊要求应在合同中注明。

附　录　A
（规范性附录）
脉动拉伸疲劳试验方法

A.1　试验原理

使试样承受两种负荷（预定的脉动拉伸最大负荷和最小负荷）之间的脉动拉伸应力至规定次数，考察试样的疲劳性能。

A.2　试样

A.2.1　形式

疲劳试验用试样是一段未经加工的钢丝。

A.2.2　尺寸

两个夹具之间的试样尺寸应尽可能地长，至少 140 mm。

A.3　试验条件

A.3.1　根据钢丝的分类、强度级别，确定加载时的最大应力载荷为 0.45 F_m，应力幅值为 360 MPa。

A.3.2　在试验的全过程中，脉动拉伸的最大负荷和最小负荷应保持恒定值。合适的方法是考虑采用能周期性检查负荷或能作记录的装置，负荷的控制精度至少为 1%。

A.3.3　试验期间负荷循环变化的频率应该是恒定的，此频率不应超过 120 Hz。所有应力都呈轴向传递给试样，既没有钳口影响，也没有缺口影响。应有一个相应的装置能限定夹头中试样的任何滑移。

A.4　判定

由于缺口影响或局部过热引起试样在夹头内和夹持区域内（3 倍的钢丝公称直径）断裂时，本次试验无效，可取样重试。如果实际负荷循环次数已达到或超过规定值，允许将试验结果视为有效。

ICS 81.080
Q 40

中华人民共和国国家标准

GB/T 17105—2008
代替 GB/T 17105—1997

铝硅系致密定形耐火制品分类

Classification of dense shaped refractory products—Alumina-silica

(ISO 10081-1:2003,Classification of dense shaped refractory products—Part 1:Alumina-silica,MOD)

2008-05-08 发布　　2008-11-01 实施

中华人民共和国国家质量监督检验检疫总局
中国国家标准化管理委员会　发布

前　言

本标准修改采用ISO 10081-1:2003《致密定形耐火制品分类　第1部分:铝硅系》(英文版)。

本标准与ISO 10081-2:2003相比,主要差异如下:

——增加了规范性引用文件;

——将3.6中陶瓷结合的定义与术语标准ISO 836:2001(即GB/T 18930—2002)相统一。

本标准代替GB/T 17105—1997《致密定形耐火制品分类》,与其相比变化如下:

——标准名称改为《铝硅系致密定形耐火制品分类》;

——范围中,对所有致密定形制品的分类修改为对铝硅系耐火制品的分类;

——分类中,删除了碱性耐火制品和特种耐火制品;

——增加了命名一章。

本标准由全国耐火材料标准化技术委员会提出并归口。

本标准起草单位:冶金工业信息标准研究院、中冶集团武汉冶建技术研究有限公司、武钢精鼎工业炉公司、中冶集团建筑研究总院、山西西小坪耐火材料公司。

本标准主要起草人:高建平、谢朝晖、蔡方正、梅鸣华、郝良军、方昌荣。

本标准所代替标准的历次版本发布情况为:

GB/T 17105—1997。

铝硅系致密定形耐火制品分类

1 范围

本标准规定了铝硅系致密定形耐火制品的分类和命名。

本标准不适用于以下制品的分类：

a) 除了氧化铝、氧化硅、氧化铁外，其他金属氧化物质量分数大于5%的制品；

b) 含碳、碳化物、氮化物、氮氧化物及其合成材料质量分数大于1%的制品。

2 规范性引用文件

下列文件中的条款通过本标准的引用而成为本标准的条款。凡是注日期的引用文件，其随后所有的修改单(不包括勘误的内容)或修订版均不适用于本标准，然而，鼓励根据本标准达成协议的各方研究是否可使用这些文件的最新版本。凡是不注日期的引用文件，其最新版本适用于本标准。

GB/T 6900 铝硅系耐火材料化学分析方法

GB/T 6901 硅质耐火材料化学分析方法

3 分类

3.1 分类依据

铝硅系致密定形耐火制品按以下五个条件分类：

a) 制品种类；

b) 按氧化铝或氧化硅的含量分组；

c) 主要原料；

d) 原料状态；

e) 结合形式(包括所有的后期处理)。

3.2 制品种类

铝硅系致密定形耐火制品的分类及符号表示：

a) 高铝质(HA)；

b) 粘土质(FC)；

c) 低铝粘土质、半硅质(LF)；

d) 硅质(SS)；

e) 硅石(SL)。

注：以上符号取自耐火制品英文名称的缩写。

制品种类按表1的化学成分分类。高铝质、粘土质、低铝粘土质(半硅质)耐火制品的化学成分分析按GB/T 6900进行，硅质和硅石耐火制品的化学成分分析按GB/T 6901进行。

3.3 分组

铝硅系致密定形耐火制品按氧化铝和/或氧化硅含量范围分组，见表1。

3.4 原料种类

按使用原料分类：

——一种主要原料[用量质量分数大于等于50%]；

——两种主要原料[每种用量质量分数小于50%]。

示例如下：

——刚玉；

——矾土；

——莫来石；

——硅线石及其同族矿物(红柱石、蓝晶石)；

——粘土；

——石英及其合成制品(石英砂、熔融石英)。

表 1 制品的种类和分组

制品种类	分组	化学成分(质量分数)/%	
		Al_2O_3	SiO_2
高铝质	HA98	$Al_2O_3\geqslant 98$	—
高铝质	HA95	$95\leqslant Al_2O_3<98$	—
高铝质	HA85	$85\leqslant Al_2O_3<95$	—
高铝质	HA75	$75\leqslant Al_2O_3<85$	—
高铝质	HA65	$65\leqslant Al_2O_3<75$	—
高铝质	HA55	$55\leqslant Al_2O_3<65$	—
高铝质	HA45	$45\leqslant Al_2O_3<55$	—
粘土质	FC40	$40\leqslant Al_2O_3<45$	—
粘土质	FC35	$35\leqslant Al_2O_3<40$	—
粘土质	FC30	$30\leqslant Al_2O_3<35$	—
低铝粘土质(半硅质)	LF10	$10\leqslant Al_2O_3<30$	$SiO_2<85$
硅质	SS85	—	$85\leqslant SiO_2<93$
硅石	SL93	—	$SiO_2\geqslant 93$

3.5 原料状态

按原料状态分类：

a) 天然料(生料或熟料)；

b) 烧结合成料；

c) 熔融料。

3.6 结合形式

按结合形式分类：

a) 陶瓷结合：在一定温度下，由于烧结或液相形成而产生的结合；

b) 无机化学结合：在室温或 800℃ 以下通过化学反应形成的结合；

c) 熔铸，制品经高温完全熔融后制成。

注 1：陶瓷结合烧成后可浸渍，也可不浸渍。

注 2：无机化学结合 800℃ 以下可处理，也可不处理。

4 命名

铝硅系致密定形耐火制品按第 3 章的分类依据命名。其排列次序：制品种类、分组、原料种类、原料

状态、结合形式。

示例 1:高铝质 HA98,烧结刚玉、陶瓷结合。

示例 2:高铝质 HA75,烧结矾土和天然硅线石、无机化学结合、后期处理。

示例 3:高铝质 HA75,电熔莫来石、陶瓷结合。

示例 4:粘土质 FC40,天然烧结粘土、陶瓷结合。

ICS 67.040
X 08

中华人民共和国国家标准

GB/T 17109—2008
代替 GB/T 17109—1997

粮食销售包装

Package of grain sells

2008-11-04 发布　　　　2009-01-20 实施

中华人民共和国国家质量监督检验检疫总局
中国国家标准化管理委员会 发布

前　言

本标准是对GB/T 17109—1997《粮食销售包装》的修订。

本标准与GB/T 17109—1997的主要技术差异为：

——修改了适用范围；

——修改了术语和定义；

——修改了对包装材料的要求；

——修改了包装规格的要求；

——取消了对内装物的要求。

本标准自发布之日起代替GB/T 17109—1997。

本标准由国家粮食局提出。

本标准由全国粮油标准化技术委员会归口。

本标准起草单位：河南工业大学、新乡面粉厂、杭州恒天面粉集团有限公司。

本标准主要起草人：吴存荣、刘继兴、孔金祥、唐怀建、闵国春、邬大江、陈志成、张娟。

本标准所代替标准的历次版本发布情况为：

——GB/T 17109—1997。

粮 食 销 售 包 装

1 范围

本标准规定了粮食销售包装的术语和定义、技术要求、检验方法、检验规则、标签标识和储存、运输的要求。

本标准适用于颗粒状和粉状粮食的销售包装。

2 规范性引用文件

下列文件中的条款通过本标准的引用而成为本标准的条款。凡是注日期的引用文件，其随后所有的修改单(不包括勘误的内容)或修订版均不适用于本标准，然而，鼓励根据本标准达成协议的各方研究是否可使用这些文件的最新版本。凡是不注日期的引用文件，其最新版本适用于本标准。

GB/T 191 包装储运图示图标

GB/T 4857.5 包装 运输包装件 跌落试验方法

GB 9683 复合食品包装袋卫生标准

GB 9685 食品容器、包装材料用助剂使用卫生标准

GB 9686 食品容器内壁聚酰胺环氧树脂涂料卫生标准

GB/T 17344 包装 包装容器 气密试验方法

3 术语和定义

下列术语和定义适用于本标准。

3.1

粮食销售包装 package of grain sells

以销售为目的，为保护粮食品质，方便储运，按一定的技术要求制作的包装容器及材料的总称。

3.2

包装材料 packaging container and material

直接接触或可能接触供直接销售粮食的材料。

3.3

包装容器 container

盛装粮食加工产品的器具的总称。

4 技术要求

4.1 基本要求

4.1.1 包装材料应清洁、卫生，不应与粮食发生化学作用而产生变化，符合国家有关食品卫生标准和管理办法的规定。

4.1.2 包装容器应便于消费者开启、使用、搬运、储存；应能保护食用粮食安全、卫生，符合相应包装容器的卫生标准。

4.1.3 包装容器的生产应取得食品包装卫生许可证。对于已纳入容器生产许可管理范围的，应通过相应机构认证并取得生产许可证。

4.2 包装材料要求

4.2.1 应按包装技术要求，合理选择安全、卫生、环保的包装材料。

4.2.2 包装材料不应与内装物发生任何物理和化学作用而损坏内装物。

4.2.3 与内装物直接接触的包装容器和材料应符合相应材质卫生标准及产品标准的要求。

4.2.4 辅助包装材料应符合 GB 9685 的要求，内壁涂料应符合 GB 9686 的要求。

4.2.5 采用气调、真空等包装技术的，气密性应符合相关标准的要求。

4.3 包装容器要求

4.3.1 各种包装容器应符合相应的产品标准，并符合 4.3.2～4.3.5 的要求。

4.3.2 包装产品规格尺寸的设计应给封口、气调或采用真空包装留有足够余量，规格尺寸应参照有关尺寸标准规定，并与运输包装尺寸相匹配。

4.3.3 包装规格系列应符合表 1 规定。

表 1 粮食销售包装规格系列

品名	规格系列/kg
颗粒状粮食	1,2,2.5,5,10,15,20,25,50
粉状粮食	0.5,1,1.5,2,2.5,5,10,25,40,50

4.3.4 包装容器的强度应符合 GB/T 4857.5 的要求。

4.3.5 复合包装袋应符合 GB 9683 的要求。

5 检验方法

5.1 质量检验：各类包装容器产品质量检验按相应产品标准中规定执行。

5.2 气密性检验：按 GB/T 17344 的规定执行。

5.3 包装强度检验：按 GB/T 4857.5 的规定执行。

6 检验规则

6.1 抽样：不同材质、不同形状的包装容器按相应的方法进行抽样。袋类的包装容器抽样件数按表 2 规定进行随机抽样。

6.2 销售包装质量要求按 4.3 的要求检验，有一项不合格时，即判定为不合格，不能作为粮食包装。

表 2 抽样件数

批量/件	抽样件数
≤10	全抽
10～250	≥10
>250	≥30

7 标签标识

7.1 采用陶瓷、玻璃、搪瓷等材料制造的包装上的标志应符合 GB/T 191 的规定。

7.2 包装容器表面装潢与印刷应符合商标法的规定。

8 运输和储存

8.1 陶瓷、玻璃、搪瓷容器以及桶状容器在运输中应避免碰撞和滚动，袋类容器应防止日晒、雨淋及污染。

8.2 包装件应存放在干燥、通风处，不应雨淋、日晒、受潮。

8.3 存放处应符合卫生要求，不应对内装物产生污染。

ICS 01.040.97
A 10

GB

中华人民共和国国家标准

GB/T 17110—2008
代替 GB/T 17110—1997

商店购物环境与营销设施的要求

Requirements for store's shopping environments and facilities

2008-12-30 发布　　2009-06-01 实施

中华人民共和国国家质量监督检验检疫总局
中国国家标准化管理委员会　发布

前　言

本标准代替 GB/T 17110—1997《商店购物环境与营销设施的要求》。

本标准与 GB/T 17110—1997 相比，主要做了以下修改：

——对原有标准条款进行了分类合并，进一步细化和调整；

——将原标准附录部分提炼凝缩归入 5.2；

——新增了“5.5　营销安全设施要求”；

——新标准对商店环境和营销设施提出了更高的要求，提高了标准的可操作性。

本标准由中华人民共和国商务部提出并归口。

本标准起草单位：中商商业发展规划院。

本标准主要起草人：申冬华、牛宜斌、毛红、郭亮、李亚琼、王凤宏、孙美玉、王艺璇、金辉。

本标准所代替标准的历次版本发布情况为：

——GB/T 17110—1997。

商店购物环境与营销设施的要求

1 范围

本标准规定了商店店面和店内营业场所购物环境的基本要求，营销设施配置、售货单元与营销设施布置、附属设施、消防安全设施、营销安全设施方面的基本要求。

本标准适用于各类大中型零售商店。

2 规范性引用文件

下列文件中的条款通过本标准的引用而成为本标准的条款。凡是注日期的引用文件，其随后所有的修改单(不包括勘误的内容)或修订版均不适用于本标准，然而，鼓励根据本标准达成协议的各方研究是否可使用这些文件的最新版本。凡是不注日期的引用文件，其最新版本适用于本标准。

GB 9670—1996 商场(店)、书店卫生标准

GB/T 10001.1 标志用公共信息图形符号 第1部分:通用符号

GB/T 17093 室内空气中细菌总数卫生标准

GB/T 18883 室内空气质量标准

GB 50034—2004 建筑照明设计标准

GB 50180—1993 城市居住区规划设计规范

GB 50222—1995 建筑内部装修设计防火规范

GBJ 16—1987 民用建筑设计防火规范

JGJ 48—1988 商店建筑设计规范

3 术语和定义

下列术语和定义适用于本标准。

3.1

商店购物环境 store's shopping environment

提供购物活动需要的营业场所及附属场所，与商品营销设施及相关设施构成的空间。

3.2

营销设施 marketing installation

用于商品陈列展示、标示导引、交易接待、包装捆扎、冷藏保鲜、收款、结算、计量、服务和其他与商店经营、商品销售相关的设施。

3.3

售货单元 shopping unit

在商品类别和布置方式上具有相对独立特点的售货区。

4 购物环境基本要求

4.1 店面要求

4.1.1 商店门窗、牌匾(招牌)、橱窗、广告、标志、店外照明和临街外墙装修应符合当地相关部门的要求。

4.1.2 店名牌匾(招牌)应醒目，牌匾、广告、标志用字应符合国家用字规范。

4.1.3 店外所有凸出牌匾(招牌)、广告、标志均应安全牢固。

4.1.4 与外部连通的门窗和橱窗，应有防盗安全设施。

4.1.5 具有条件的商店主要出入口前应留有适当集散场地。

4.1.6 橱窗应完好、整洁、明亮。

4.1.7 店面应符合环保、节能要求。

4.2 店内营业场所要求

4.2.1 顶棚、墙面、地面要求

顶棚、墙面、地面的设计与装饰、装修应与商店购物环境风格协调一致，并应符合突出商品和引导消费的原则。顶棚、墙面、地面装修装饰材料应符合节能环保、消防和购物安全的相关规定，装修材料宜使用环保建材。

4.2.2 通道要求

4.2.2.1 水平通道

门水平通道除应符合本标准5.2.1规定外，还应使流线通畅，避免死角，便于顾客浏览商店和选购商品。

商店各售货区之间的水平通道最小净宽度应符合JGJ 48—1988中3.2.3、3.2.8的规定。

4.2.2.2 垂直通道

多层商店的垂直通道和设施除应符合本标准5.2.1规定外，还应结构合理、分布均匀、起到引导购买和浏览营业厅的作用。

楼梯和坡道应符合JGJ 48—1988中3.1.6的规定。

多层商店应设客用电梯或自动扶梯。自动扶梯应符合JGJ 48—1988中3.1.8的规定。

客用电梯和货用电梯应分开设置。

4.2.2.3 安全出口要求

安全出口的疏散门应向疏散方向开启，商店应确保安全出口畅通，不得封闭、堵塞；出口处不得设置门槛，不得堆放、悬挂或者张贴影响疏散的物品。安全出口数目、安全疏散距离等疏散条件，应当符合国家有关标准。

4.2.2.4 无障碍通行设施

商店通道、电梯、楼梯、卫生间等处应实现无障碍通行。

4.2.3 照明要求

4.2.3.1 营业场所的灯光应遵循安全、适宜、节能的原则，在满足需要的同时，应采用节能灯具和其他节能设施。

4.2.3.2 为达到特定光色气氛，突出商品的质感、色彩，强调其真实性，应合理选择色温、照度及光色对比度，并应与商店购物环境设计统一考虑。

4.2.3.3 平面和空间的照度、亮度应配置恰当，使基本照明、重点照明和装饰照明能有机组合。

注1：基本照明的功能是保持营业场所内基本照度，满足购物行为的需求，形成营业场所内照明的基本气氛。

注2：重点照明的功能是提高商品及周围的亮度，增强对商品特征的显示。

注3：装饰照明的功能是对营业场所内环境或特定主题物表现装饰的艺术效果，表现商品的趣味和个性。

4.2.3.4 商店购物环境照明标准值应符合GB 50034—2004中5.2.3的规定。

4.2.3.5 商店营业场所内区域照明照度与营业场所平均照明照度比值，应符合表1的规定。

表1 商店营业场所照度比值表(lx/lx)

场　所	照度比值	场　所	照度比值
店面	1.5～2.0	橱窗	2.0～4.0
深处陈列	2.0～3.0	柜台	2.0～4.0
重点商品与重点陈列	3.0～5.0	一般陈列架、陈列台	1.5～2.0

4.2.3.6 光源色温和显色性应符合 JGJ 48—1988 中 5.3.7 的规定。

4.2.3.7 商店照明设计应符合 GB 50034—2004 中 6.1.3 的规定。

4.2.3.8 商店应急照明(包括疏散照明、安全照明和备用照明)应符合 JGJ 48—1988 中 5.3.10 的规定。

4.2.4 室内空气要求

4.2.4.1 商店室内空气要求参见《中华人民共和国传染病防治法》、《公共场所卫生管理条例》、《公共场所集中空调通风系统卫生管理办法》的相关规定,并应符合 GB/T 18883、GB/T 17093 和 GB 9670 的要求。

4.2.4.2 集中空调通风系统设备设施应符合相关标准要求,且与商店规模相适宜。

4.2.4.3 应指定部门或专人负责集中空调通风系统设备设施的维护和清理;定期对集中空调通风系统设备设施进行预防空气传播性疾病的卫生学评价并报经有关部门验收;保证集中空调通风系统设备设施安全、卫生、正常运行。

4.2.4.4 商店营业场所内应加强对室内空气质量的监控,根据顾客流量的变化,及时调整补充新风量。店内高温和有异味产生的区域要加大通风量。必要时进行全场换气。

4.2.4.5 商店宜在营业场所设置"公共场所空气品质监测系统",以电子显示屏的方式向顾客公示有关指标数据。

4.2.5 室内噪声要求

4.2.5.1 商店室内噪声要求参见《中华人民共和国环境噪声污染防治法》的规定,并应符合 GB 9670 的相关规定。

4.2.5.2 对于运营设备产生的噪声,应及时采取减震、隔音等技术措施,降低噪声;不应在经营及促销等活动中使用高音广播喇叭招揽顾客。

4.2.5.3 店内音乐应音量适中,内容健康。

4.2.6 卫生要求

4.2.6.1 商店卫生标准值应符合 GB 9670—1996 中 2.1 的规定。

4.2.6.2 商店卫生要求应符合 GB 9670—1996 中 2.2 的规定。

4.2.6.3 商店应设置垃圾分类处理设施。

4.2.6.4 商店的购物筐、购物车应定期消毒。

4.2.6.5 商店应设置卫生消毒用品专用间。

4.2.7 店内标识

4.2.7.1 导引标志应醒目、易懂,使顾客对商品布局、服务项目一目了然。

4.2.7.2 各种标志导引(图形符号)要符合 GB/T 10001.1 的规定,文字标识应采取中英文双语表达。

5 营销设施要求

5.1 营销设施配置基本要求

5.1.1 各类商店应根据所经营商品种类、经营规模、档次品位、购物环境风格、交易方式等因素配置足够的用于商品陈列、展示、保质、计量和便于顾客对商品的识别、浏览、选择、试用(穿戴)、结算、复核等方面需要的设施、设备。各类商店配置的营销设施应符合国家标准(或行业标准)的规定。

5.1.2 商店配置的长度、质量、容量、时间等计量器具与设施,应符合国家计量有关规定。

5.1.3 应根据商店规模、经营方式,合理布置收款台和配置收款机。收款台数量和布置方式以方便顾客、符合顾客购物习惯为原则。

5.1.4 商店应配置电子支付相关设备。

5.1.5 商店应设有总服务台，并在明显的区域作明显标识。

5.1.6 商店应设电话、问询和自助信息查询终端等方便顾客的服务项目。

5.2 售货单元与营销设施布置要求

5.2.1 售货单元与营销设施，应以方便顾客选购、便利营业员操作、充分发挥设施使用效能、提高营业面积使用率、美化购物环境、改善经营管理、提高服务质量为原则。

5.2.2 售货单元应根据商店规模、经营范围，按商品性质、用途的不同进行划分。划分时不宜将串味、污染和影响商品使用性质的商品毗邻布置。

5.2.3 服装售货单元应按照有关标准设置符合标准、数量充足、物品配备齐全的试衣间，试衣间内无电表、配电箱等设施。儿童服装区域的试衣间要配备适合儿童使用的物品。

5.2.4 鞋类售货单元应设试鞋椅(垫)。

5.2.5 生鲜熟食售货单元应有防蝇防尘和器具消毒设施，并有营业员更衣室(处)、洗手处。

5.2.6 食品果蔬售货单元的陈列、摆放应做到生熟分开，经营牛羊肉及制品柜台、摊位的设置应充分考虑民族习俗。

5.2.7 有保鲜要求的食品果蔬售货单元应配备冷藏、冷冻设备。

5.2.8 经营现场宰杀的活禽、水产品的售货单元应远离熟食品售货单元，其柜台、地面、墙裙等应采用易于冲洗的材料，上、下水的设置不应污染周围环境，并有垃圾处理设施。

5.3 附属设施要求

5.3.1 商店应配建自行车和机动车停车场地或停车库，停车场(库)应标识清晰，具体应符合 GB 50180 的规定。

5.3.2 商店应设有顾客休息室或场所，其面积应相当于营业面积的 1%～1.4%。休息室内应设置座椅、桌台和放挂物品的架、钩等。宜设有饮水设施。

5.3.3 商店应设有顾客使用的手机充电、公用电话、银行 ATM 机等附属服务设施。

5.3.4 设置与经营面积相应的卫生间，并应符合 JGJ 48—1988 中 3.2.13 的规定。卫生间上、下水道要通畅无异味。卫生间地面应干净、防滑。卫生间内应设置洗手池、整理镜、洗手液、烘干机、应急卫生用品等设施。有条件的商店卫生间宜设置婴儿整理床。

5.3.5 商店应在服务台、收银台、公用电话等设施处设低位装置，保障无障碍消费。

5.3.6 商店应设广播室，广播室应为顾客提供服务。广播室设备和商店扩声、音响广播系统应符合有关规定。

5.3.7 商店应设有治安办公室，负责商店保安防范任务，确保购物环境安全。

5.3.8 商店应在营业场所内配备顾客物品存放、保管设施。

5.3.9 商店应设客户服务热线。

5.3.10 有条件的商店应设顾客复称处。

5.4 消防安全设施要求

5.4.1 消防与疏散设施

商店消防与疏散设施要求应符合 JGJ 48—1988 中 4.1.1～4.2.6 的规定。

5.4.2 营业场所内装修材料

商店营业场所内装修材料应符合 GB 50222—1995 中 3.2.1～3.2.3 的规定。

5.4.3 消防设备、器材配备要求

5.4.3.1 消火栓

商店营业场所内消防栓应符合 GBJ 16—1987 中 8.5.1 和 8.5.2 的规定。

5.4.3.2 灭火器

商店营业场所灭火器配备应符合表 2 的规定。

表 2　灭火器配备要求

营业总面积/m^2	小型灭火器	大型灭火器
5 000 以上	1 个/120 m^2	3 个以上
2 000～5 000	1 个/100 m^2	2～3 个
500～2 000	1 个/80 m^2,不少于 10 个	1～2 个

5.4.3.3　自动报警或喷淋设备

商店和设有集中空调通风系统设备设施、室内停车场的商店按消防的有关规定应设自动报警或喷淋设备。

5.5　营销安全设施要求

5.5.1　商店应在收款台、电梯等客流量较大的区域安装监控探头和报警器,监控记录应至少保留 15 天～30 天。监控记录应以尊重个人隐私的原则对外保密。

5.5.2　商店应进行客流量监控,并在商店客流超过安全极限的时候予以提示。

5.5.3　商店应确保营业场所内公共区域无信号盲区,顾客通讯顺畅。

5.5.4　商店应使用合格的电源线及电源接口设备,确保用电安全。

5.5.5　商店柜台、货架等设施的设置应考虑消费者购物安全,形状选择不宜尖锐突起。

参 考 文 献

[1] 《中华人民共和国传染病防治法》 2004年修订
[2] 《公共场所卫生管理条例》 国发[1987]24号
[3] 《公共场所集中空调通风系统卫生管理办法》 卫监督发[2006]53号
[4] 《中华人民共和国环境噪声污染防治法》 1997年实施

ICS 25.100.01
J 41

中华人民共和国国家标准

GB/T 17111—2008
代替 GB/T 17111—1997

切削刀具　高速钢分组代号

Cutting tool—Designation of high-speed steel groups

(ISO 11054:2006, MOD)

2008-06-03 发布　　　　2009-01-01 实施

中华人民共和国国家质量监督检验检疫总局
中国国家标准化管理委员会　发布

前　言

本标准修改采用ISO 11054:2006《切削刀具　高速钢分组代号》(英文版)。

本标准根据ISO 11054:2006重新起草。

本标准与ISO 11054:2006相比有下列技术差异和编辑性修改:

——删除了国际标准前言,增加了本标准的前言;

——用“.”代替用作小数点的“,”;

——在常规高速钢中增加了低合金高速钢的代号HSS-L,规定了它与普通高速钢的区分方法,在示例中增加了HSS-L的示例;

——在高性能高速钢HSS-E的分组方法中,增加了含铝(Al)的分组方法;

——表1中增加了高速钢的名称;

——增加了附录A。

本标准代替GB/T 17111—1997《切削刀具 高速钢分组代号》。

本标准与GB/T 17111—1997相比有下列技术性差异:

——增加了术语和定义;

——表1中,增加了高速钢的名称,增加了粉末冶金高速钢的代号;

——表1中,在常规高速钢中增加了低合金高速钢的代号HSS-L,规定了它与普通高速钢的区分方法;

——在高性能高速钢HSS-E的分组方法中,增加了含铝(Al)的分组方法;

——增加了示例;

——增加了附录。

本标准的附录A为资料性附录。

本标准由中国机械工业联合会提出。

本标准由全国刀具标准化技术委员会(SAC/TC 91)归口。

本标准起草单位:成都工具研究所、上海工具厂有限公司、哈尔滨量具刃具集团有限责任公司、成都成量工具有限公司、哈尔滨第一工具制造有限公司、汉江工具有限责任公司、河冶科技股份有限公司。

本标准主要起草人:沈士昌、查国兵、祝新发、杨国光、徐启明、刘秀英、曹仁、励政伟、吴立志、沈壮行。

本标准所替代标准的历次版本发布情况为:

——GB/T 17111—1997。

切削刀具　高速钢分组代号

1　范围

本标准规定了用于制造切削刀具，如丝锥、钻头、立铣刀等的高速钢的分组代号。本标准不规定高速钢成分，它由 GB/T 9943 规定。

本标准适用于切削刀具用高速钢的分类。

2　术语和定义

下列术语和定义适用于本标准。

2.1

常规高速钢　conventional high-speed steel

通过传统的铸锭冶炼工艺生产的高速钢。

2.2

粉末冶金高速钢　powder metallurgy high-speed steel

通过粉末冶金工艺生产的高速钢。

3　代号

切削刀具用高速钢分组代号按表 1。

除标准代号之外，制造商可增加附加代号来进一步对其产品进行说明。

表 1　高速钢分组代号

生产工艺	名　　称	代　　号	分　组　方　法
常规高速钢	高性能高速钢	HSS-E	含钴量≥4.5%或含钒量≥2.6%或含铝量≥0.8%～1.2%的高速钢
	普通高速钢	HSS	含钴量<4.5%和含钒量<2.6%，且钨当量[W][a]≥11.75 的高速钢
	低合金高速钢	HSS-L	钨当量[W]<11.75，且≥6.5 的高速钢
粉末冶金高速钢	高性能粉末冶金高速钢	HSS-E-PM	含钴量≥4.5%或含钒量≥2.6%的粉末冶金高速钢
	普通粉末冶金高速钢	HSS-PM	含钴量<4.5%和含钒量<2.6%的粉末冶金高速钢
[a] 钨当量[W]的计算方法：[W]=W+1.8Mo，W：钨含量的最低值，Mo：钼含量的最低值。			

4　示例

示例 1：按照常规工艺生产，符合 GB/T 9943 的高速钢 W4Mo3Cr4VSi，钨当量[W]为 8，其代号为：

HSS-L

示例 2：按照常规工艺生产，符合 GB/T 9943 的高速钢 W6Mo5Cr4V2，含钴量为 0%，含钒量为 2%，钨当量[W]为 13.6，其代号为：

HSS

示例 3:按照常规工艺生产,符合 GB/T 9943 的高速钢 W6Mo5Cr4V2Co5,含钴量为 5%,含钒量为 2%,其代号为:

HSS-E

示例 4:按照粉末冶金工艺生产,符合 ISO 4957 的高速钢 HS6-5-2,含钴量为 0%,含钒量为 1.8%,其代号为:

HSS-PM

示例 5:按照粉末冶金工艺生产,符合 ISO 4957 的高速钢 HS6-5-3-8,含钴量为 8%,含钒量为 3%,其代号为:

HSS-E-PM

附 录 A
（资料性附录）
高速钢分组代号列举

A.1 列入国家标准的19种常用高速钢的代号列举于表A.1。

表 A.1

序号	高速钢牌号	依据的标准	代 号
1	W6Mo5Cr4V3	GB/T 9943	HSS-E
2	CW6Mo5Cr4V3		HSS-E
3	W6Mo5Cr4V4		HSS-E
4	W6Mo5Cr4V2Al		HSS-E
5	W12Cr4V5Co5		HSS-E
6	W6Mo5Cr4V2Co5		HSS-E
7	W6Mo5Cr4V3Co8		HSS-E
8	W7Mo4Cr4V2Co5		HSS-E
9	W2Mo9Cr4VCo8		HSS-E
10	W10Mo4Cr4V3Co8		HSS-E
11	W18Cr4V		HSS
12	W2Mo8Cr4V		HSS
13	W2Mo9Cr4V2		HSS
14	W6Mo5Cr4V2		HSS
15	CW6Mo5Cr4V2		HSS
16	W6Mo6Cr4V2		HSS
17	W9Mo3Cr4V		HSS
18	W4Mo3Cr4VSi		HSS-L
19	W3Mo3Cr4V2		HSS-L

ICS 33.050.10
M 40

中华人民共和国国家标准

GB/T 17113—2008
代替 GB/T 17113—1997

无绳电话机技术要求和测试方法

The technical requirements and test methods for cordless telephone sets

2008-10-07 发布　　2009-04-01 实施

中华人民共和国国家质量监督检验检疫总局
中国国家标准化管理委员会　发布

前　言

本标准代替 GB/T 17113—1997《无绳电话机进网技术要求和测试方法》。

本标准与 GB/T 17113—1997 相比主要变化如下：

——新增“座机”、“子机”、“测试模式”等术语的定义。删除了对“载波频率允差”、“有效辐射功率”和“标准测试调制”等术语的定义；

——新增缩略语一章；

——对基本功能一章的主要修订如下：

a） 删除了天线条款，纳入无线技术指标章节；

b） 在指示及提示音条款中新增“f)座机可有电源指示”条款；

c） 新增断电通话功能要求、子机和座机通话功能要求；

d） 修订了关于信道的指标要求，不允许采用单信道通信的工作方式；

——修订了发射机和接收机杂散发射要求，删除了接收机接收灵敏度、邻频道选择性、同频道抑制、杂散响应抑制、互调响应抑制等指标要求。无线技术指标的测量方法参考 YD/T 1349—2005《2.4GHz 数字无绳电话机技术要求和测试方法》标准中的内容做了修订；

——按照新版 GB/T 15279，修订了传输特性，发号特性、收铃特性等要求；

——电磁兼容性要求和测试方法直接引用 GB 19483 标准，删除了原版本中电磁兼容要求和测量方法的对应章节；

——安全要求和测试方法直接引用 YD/T 965 标准，防雷击要求和测试方法直接引用 YD/T 993 标准，删除了原版本中安全和防雷击要求和测量方法的对应章节；

——基本环境适应性和测试方法直接引用 GB/T 15279 标准；

——可靠性要求和测试方法直接引用 GB/T 15279 标准；

——修改了附录 A 的题目和测试要求；

——删除了附录 B，将工作频率的规定纳入无线技术指标章节中；

——删除了附录 C 和附录 D，其中关于测量设备和试验场地的要求纳入对应章节中。

本标准中的附录 A 为规范性附录。

本标准由中华人民共和国工业和信息化部提出。

本标准由中国通信标准化协会归口。

本标准起草单位：信息产业部电信研究院。

本标准主要起草人：张夏、安少赓、袁园、吴翔。

本标准于 1997 年 11 月首次发布。本次为第一次修订。

无绳电话机技术要求和测试方法

1 范围

本标准规定了接入公众电话网使用的工作频率为45/48 MHz的模拟无绳电话机(以下简称无绳电话机或话机)的使用环境、基本功能、接口特性、无线技术指标要求、电磁兼容性要求、供电要求、安全要求、防雷击要求、基本环境适应性、可靠性要求等技术要求和测试方法。

本标准适用于接入公众电话网使用的工作频率为45/48 MHz的模拟无绳电话机。

2 规范性引用文件

下列文件中的条款通过本标准的引用而成为本标准的条款。凡是注日期的引用文件,其随后所有的修改单(不包括勘误的内容)或修订版均不适用于本标准,然而,鼓励根据本标准达成协议的各方研究是否可使用这些文件的最新版本。凡是不注日期的引用文件,其最新版本适用于本标准。

GB/T 15279 自动电话机技术条件

GB 19483 无绳电话的电磁兼容性要求及测量方法

YD/T 965 电信终端设备的安全要求和试验方法

YD/T 993 电信终端设备防雷技术要求及试验方法

YD/T 1483—2006 无线电设备杂散发射技术要求和测量方法

3 术语和定义

下列术语和定义适用于本标准。

3.1

无绳电话机 cordless telephone set

无绳电话机由座机(或主机)和子机(或副机)组成,座机通过用户线与交换机相连,座机与子机之间采用无线通信方式,子机可随身携带,在有效的距离内收铃、拨号和通话。其座机通过模拟接口与电话网连接。

3.2

座机 base set

无绳电话机中与有线模拟用户接口直接连接的固定部分,该部分也可具有独立的有绳手柄和键盘。

3.3

子机 hand set

无绳电话机中通过无线方式与座机部分连接的可移动部分。

3.4

测试模式 test mode

为配合无线特性测试和电磁兼容特性测试,由产品制造商预先在无绳电话机的设计中保留的特定的工作状态。测试模式的进入可通过外部设备设定,也可以通过座机或子机的键盘操作进入。

3.5

等效全向辐射功率 equivalent isotropically radiated power

无线电发射机供给天线的功率与在给定方向上天线绝对增益的乘积。

3.6

邻道功率 adjacent channel power

对于有指定信道带宽的设备,邻道功率是所定义的调制条件下发射机总输出功率的一部分,是以邻

信道标称频率为中心的指定通带内的信号功率。邻道功率是调制产生的平均功率，发射机的哼声和噪声的总和。

4 缩略语

下列缩略语适用于本标准。

EUT Equipment Under Test 被测设备

5 技术要求

5.1 使用环境

环境温度：－10 ℃～40 ℃。

大气压力：86 kPa～106 kPa。

环境噪声：不大于 60 dB(A)。

电源电压：

——交流适配器电源电压为 220 V±22 V，频率为 50 Hz±1 Hz；

——座机输入电源电压不大于 24 V。

5.2 基本功能

5.2.1 指示及提示音

a) 子机充电时应有充电指示；

b) 在子机上应有电池低电量提示；

c) 座机和/或子机在占用外线或内部通话时，应有占用提示，表明无线电信道和/或外线已接通、正在保持或已断开；

d) 子机应有超距提示；

e) 在子机与座机内部通话时(如有此功能)，若外线来铃，应对用户有提示；

f) 座机可有电源指示。

5.2.2 断电通话功能

无绳电话机所用的外接交流电源中断时，具备有绳手柄的座机应仍维持振铃、拨号和通话等基本功能。

5.2.3 身份识别码

在子机和座机之间传输的摘、挂机及振铃信令应具有身份识别码，其变化组数不低于 10 000 组。

5.2.4 信道检测

a) 无绳电话机应具备信道检测功能，其作用是寻找可用空闲信道；

b) 在通话过程中，如果因异常情况座机与子机失去无线电联络持续时间超过 20 s，座机应释放占用的电话外线，子机和座机应自动恢复至待机状态。

5.2.5 信道建立时间

a) 座机收到外线送来的振铃信号时，处于待机状态的子机应在 3 s 内振铃；

b) 子机开机呼出时，应在 3 s 内找到空闲信道。否则，应发出不少于 3 s 的信道忙提示音。

5.2.6 信道

a) 无绳电话机不允许采用单信道通信的工作方式；

b) 无绳电话机，在其标称的所有信道均空闲时，应能扫描其标称的所有信道；

c) 无绳电话机，在有效通信范围内当存在至少一个空闲信道时，应能占用空闲信道，建立可靠通信。当全部信道均被占用时，应按信道忙处理。不应强行使用已被占用的信道或出现死机现象；

d) 无绳电话机，当目前占用的信道中出现干扰时，应能通过自动选频转到另一空闲信道继续通

信。当找不到空闲信道时，应能返回原信道或按信道忙处理。不应强行使用已被占用的信道或出现死机现象。

5.2.7 子机和座机通话功能

子机与座机间应具有呼叫或通话功能。对于多子机无绳电话机，子机与子机间可实现通话功能。

5.2.8 开机接通率

在正常使用条件下，子机开机接通率应不低于98%。

5.2.9 有效通信距离

座机与子机应能在无障碍直线距离50 m范围内保持正常通信。

5.2.10 测试模式

无绳电话机应具有测试模式，以便于各种无线技术指标和电磁兼容指标的测试。测试模式的具体要求见本标准附录A。

5.2.11 其他

无绳电话机可根据需要合理设置子机锁键盘、子机免提等功能。

无绳电话机如具有主叫号码显示和固定网短信息等功能，还应符合相应的标准要求。

5.3 电话机接口的一般特性要求

5.3.1 传输特性

无绳电话机的传输特性应符合GB/T 15279中的相关规定。

5.3.2 拨号特性

无绳电话机的拨号特性应符合GB/T 15279中的相关规定。

5.3.3 振铃特性

无绳电话机的振铃特性应符合GB/T 15279中的相关规定。

5.3.4 无绳电话机的叉簧特性

无绳电话机的叉簧特性应符合GB/T 15279中的相关规定。

5.3.5 话机绳和手柄绳特性

无绳电话机的话机绳和手柄绳特性应符合GB/T 15279中的相关规定。

5.3.6 “R”键

无绳电话机的“R”键特性应符合GB/T 15279中的相关规定。

5.3.7 外观、结构

无绳电话机的外观、结构特性应符合GB/T 15279中的相关规定。

5.4 无线技术指标要求

本节要求同时适用于座机和子机。

5.4.1 天线

无绳电话机的天线应为全向天线，天线与座机或子机的联接必须是永久固定式的，其长度不得大于1 m。

5.4.2 发射机

5.4.2.1 等效全向辐射功率

当EUT工作时，座机和子机发射的等效全向辐射功率不得大于20 mW。

5.4.2.2 工作频率

设备的工作频率应符合表1中的规定。

工作最大频偏为5 kHz。

占用带宽不大于16 kHz。

表 1　无绳电话工作频率表

信道序号	座机发射频率/MHz	子机发射频率/MHz
1	45.000	48.000
2	45.025	48.025
3	45.050	48.050
4	45.075	48.075
5	45.100	48.100
6	45.125	48.125
7	45.150	48.150
8	45.175	48.175
9	45.200	48.200
10	45.225	48.225
11	45.250	48.250
12	45.275	48.275
13	45.300	48.300
14	45.325	48.325
15	45.350	48.350
16	45.375	48.375
17	45.400	48.400
18	45.425	48.425
19	45.450	48.450
20	45.475	48.475

5.4.2.3　邻道功率

邻道功率不大于 0.5 mW。

5.4.2.4　杂散发射

杂散发射电平是指 EUT 在载频 $f_0 \pm 250\% \times$ 信道带宽以外 EUT 机壳(含天线)辐射出的有效辐射功率。

在相应频段发射机杂散发射电平不应超过表 2 的要求。

表 2　发射机杂散发射限值

频率范围	测试带宽	限　　值	检波方式
30 MHz～1 GHz 以下频段除外： 48.5 MHz～72.5 MHz，76 MHz～108 MHz， 167 MHz～223 MHz，470 MHz～566 MHz， 606 MHz～798 MHz	100 kHz	−36 dBm	峰值
48.5 MHz～72.5 MHz 76 MHz～108 MHz 167 MHz～223 MHz 470 MHz～566 MHz 606 MHz～798 MHz	100 kHz	−54 dBm	峰值

5.4.3 接收机

5.4.3.1 杂散发射

在对应频段接收机杂散发射电平不应超过表3的要求。

表3 接收机杂散发射限值

频率范围	测试带宽	限 值	检波方式
30 MHz～1 GHz 以下频段除外： 48.5 MHz～72.5 MHz，76 MHz～108 MHz， 167 MHz～223 MHz，470 MHz～566 MHz， 606 MHz～798 MHz	100 kHz	−47 dBm	峰值
48.5 MHz～72.5 MHz 76 MHz～108 MHz 167 MHz～223 MHz 470 MHz～566 MHz 606 MHz～798 MHz	100 kHz	−54 dBm	峰值

5.5 电磁兼容性要求

无绳电话机的电磁兼容性要求应符合GB 19483中的相关规定。

5.6 供电要求

无绳电话机所用的外加交流电应通过适配器转为安全电压后接入座机。

子机电池按使用说明书充满电的条件下，应满足：

a) 连续待机24 h以上，或者连续通话1 h以上；

b) 通话10 min，待机20 min，反复10周期以上。

5.7 安全要求

无绳电话机的安全要求应符合YD/T 965中的相关规定。

5.8 防雷击要求

无绳电话机的防雷击技术要求应符合YD/T 993中的相关规定。

5.9 基本环境适应性

无绳电话机的基本环境适应性应符合GB/T 15279中的相关规定。

5.10 可靠性要求

无绳电话机的可靠性要求应符合GB/T 15279中的相关规定。

6 测试方法

6.1 测试条件

除特殊规定外，所有测试均应在下列正常条件下进行：

a) 环境温度：15 ℃～35 ℃；

b) 相对湿度：20%～75%；

c) 大气压力：86 kPa～106 kPa；

d) 环境噪声：不大于60 dB(A)；

e) 电源：交流电源电压为(220±22)V，频率为(50±1)Hz。子机电池充满电后，应在1 h内完成测试。

6.2 基本功能测试

6.2.1 指示及提示音

a) 使子机处于充电模式,检查其充电指示;

b) 将欠压电池接入子机,检查低电压告警提示;

c) 使座机、子机处于摘机或挂机状态时,检查相应的提示;

d) 使子机处于通话模式下,通过移动子机使其超出通话范围时,检查子机是否发出超距提示音;

e) 使座机和子机处于内部通话模式(如有此功能),给座机注入外线来铃信号,检查是否有提示音或指示灯;

f) 将座机与外接交流电源接通,检查电源指示。

6.2.2 断电通话功能

将座机所用的外接交流电源中断,具备有绳手柄的座机应仍然可以收铃、拨号和通话。

6.2.3 身份识别码

取身份识别码相同的子机和座机,功能检查中来话、去话呼叫时应能应答;取身份识别码不同的子机和座机,来话、去话呼叫时应无应答。身份识别码的组数可通过检查说明书或话机技术文件来判断其是否合格。

6.2.4 信道检测

a) 可通过无绳电话机说明书或技术说明来判别其是否具备信道检测功能;

b) 在通话过程中,使座机与子机失掉无线电联络(如:断掉外加交流电),持续时间 20 s 后,检查座机是否已释放用户线路。

6.2.5 信道建立时间

a) 振铃信号发生器输出频率为 25 Hz,电压为 75 V(有效值)的振铃信号,通过用户线加至座机,子机置于待机状态,用秒表从振铃信号发出开始计时,检查子机是否在 3 s 内接收到信号并振铃;

b) 子机正常摘机呼出,用秒表从子机摘机时计起,检查子机听筒中听到用户线拨号音(或信道忙提示音)的时间是否在 3 s 内。

6.2.6 信道

a) 通过 EUT 说明书或技术说明检查其是否为多信道无绳电话机;

b) 通过 EUT 说明书或技术说明检查其是否能逐个扫描标称的信道;

c) 采用宽带射频信号发射装置和天线,调节该装置频率和电平,使其在本标准规定的多个信道上发射无线电干扰信号,干扰信号场强不小于 100 dBμV/m。当该环境仅存在一个空闲信道时,将 EUT 置于其中,判定子机与座机之间能否建立无线电通信连接。当该环境中全部信道均被干扰信号占用时,将 EUT 置于其中,并尝试建立子机与座机之间的无线电通信连接,判定 EUT 是否符合 5.2.6c)的要求;

d) 仍采用宽带射频信号发射装置和天线,按照 5.2.6d)的要求模拟信道干扰环境,判定 EUT 的操作和处理情况能否满足要求。

6.2.7 子机和座机通话功能

通过正常操作检查其功能。

6.2.8 开机接通率

测试可在屏蔽室进行,子机开机 50 次,开机不成功次数应不大于 1 次。

6.2.9 有效通信距离

在范围大于(60×30)m 的开阔场地测量 EUT 的有效通信距离,场地内不应有相对于地面高于 0.5 m 的遮挡物。在 EUT 工作频率范围内,场地电磁噪声应低于 30 dBμV/m。

EUT 的座机与子机能保持正常通话的直线距离应符合 5.2.9 的要求。

6.2.10 测试模式

根据被测设备说明书或工厂提供的技术说明，设置被测设备进入测试模式并工作在指定的信道下，使用频谱分析仪和天线测量其发射频率是否符合本标准规定的信道频率要求。

6.2.11 其他功能的测试

根据在 EUT 说明书中描述的其他功能，按说明书的要求进行操作来检验其是否具备并描述正确。对于具有主叫号码显示和固定网短信息等特殊功能(有单独的标准提出要求的功能)的 EUT，还应按照相应的标准进行检验。

6.3 电话机接口特性测试

6.3.1 传输特性测试

无绳电话机的传输特性测试应按照 GB/T 15279 中的相关规定进行。

6.3.2 拨号特性测试

无绳电话机的拨号特性测试应按照 GB/T 15279 中的相关规定进行。

6.3.3 振铃特性测试

无绳电话机的振铃特性测试应按照 GB/T 15279 中的相关规定进行。

6.3.4 无绳电话机的叉簧特性

无绳电话机的叉簧特性测试应按照 GB/T 15279 中的相关规定进行。

6.3.5 话机绳和手柄绳特性

无绳电话机的话机绳和手柄绳特性测试应按照 GB/T 15279 中的相关规定进行。

6.3.6 “R”键

无绳电话机的“R”键特性测试应按照 GB/T 15279 中的相关规定进行。

6.3.7 外观、结构

无绳电话机的外观、结构检验应按照 GB/T 15279 中的相关规定进行。

6.4 无线技术指标测试

6.4.1 发射机测试方法

6.4.1.1 等效全向辐射功率

测量时应将 EUT 设置在测试模式下，使 EUT 在某一固定工作频率上工作，并处于正常的调制方式下。应使用 YD/T 1483—2006 附录 B.3.3 描述的置换法测量等效全向辐射功率。测量场地应符合 YD/T 1483—2006 附录 B.3.3 的要求。

测量仪器应设置成峰值保持模式。

测量步骤如下：

a) 发射机处于最大输出功率下；

b) 在发射机工作频段内测量其等效全向辐射功率，并记录；

如果是用频谱分析仪测量杂散发射，则应按如下设置频谱分析仪：

分辨率带宽	100 kHz
视频带宽	同分辨率带宽
检波方式	峰值
频率跨度	应完全包含发射机工作的频率范围
幅度	设置在仪器量程的中间

6.4.1.2 工作频率测试

6.4.1.2.1 工作最大频偏

应将 EUT 设置在测试模式下，并放置在电波暗室中，通过连接在频谱仪上的测试天线接收发射机发射的射频信号。将频谱仪设置在发射机工作频率上，记录其频率。测得的频率与本标准规定信道的标称频率间的差值即工作最大频偏。

6.4.1.2.2 占用带宽

应将EUT设置在测试模式下，并放置在电波暗室中，通过连接在频谱仪上的测试天线接收发射机发射的射频信号。将频谱仪设置在发射机工作频率上，进行99%占用带宽的测试，测得的频率宽度即占用带宽。

6.4.1.3 邻道功率

将EUT设置在测试模式下，并放置在电波暗室中，通过连接在频谱仪上的测试天线接收发射机发射的射频信号。具体测量步骤如下：

a) 频谱分析仪的分辨率带宽应当设置为100 Hz；

b) 记录频谱分析仪测量到的发射机当前所使用的发射信道上的功率；

c) 再测量高于当前发射信道频率的下一信道的功率电平，即为邻道功率；

d) 重复上一步骤，测量低端一个信道的功率电平，即为邻道功率。

6.4.1.4 杂散发射测量方法

杂散发射测量的场地应符合YD/T 1483—2006附录B.3.3的要求，应使用YD/T 1483—2006附录B.3.3描述的置换法测量5.4.2.4所定义的杂散发射。

测量时应使EUT在某一固定工作频率上工作，并处于正常的调制方式下。

测量仪器应设置成峰值保持模式。

测量步骤如下：

a) 发射机处于最大输出功率下，如果EUT可以在多个功率级上工作，则应位于最小和最大输出功率下；

b) 在发射机工作频段外寻找超过5.4.2.4规定的限值和限值以下6 dB内的杂散发射信号，并记录。

还应在发射机处于待机模式时进行测量。

如果是用频谱分析仪测量杂散发射，则应按如下设置频谱分析仪：

分辨率带宽	见表2
视频带宽	同分辨率带宽
检波方式	峰值
频率跨度	见表2
幅度	设置在仪器量程的中间

6.4.2 接收机的杂散发射测量方法

杂散发射测量的场地应符合YD/T 1483—2006附录B.3.3的要求，应使用YD/T 1483—2006附录B.3.3描述的置换法测量5.4.3.1所定义的杂散发射。

EUT处于接收模式下，在相应频段上寻找超过5.4.3.1规定的限值和限值以下6 dB内的杂散发射信号。

如果是用频谱分析仪测量杂散发射，则应按如下设置频谱分析仪：

分辨率带宽	见表3
视频带宽	同分辨率带宽
检波方式	峰值
频率跨度	见表3
幅度	设置在仪器量程的中间

6.5 电磁兼容特性测试

无绳电话机的电磁兼容特性测试应按照GB 19483中的相关规定进行。

6.6 供电测试

按5.6的有关规定目测检查。

子机电池按照使用说明书充满电后，测试其通话时间和待机时间。

6.7 安全测试

无绳电话机的安全测试应按照 YD/T 965 中的相关规定进行。

6.8 防雷击测试

无绳电话机的防雷击测试应按照 YD/T 993 中的相关规定进行。

6.9 基本环境适应性测试

无绳电话机的基本环境适应性测试应按照 GB/T 15279 中的相关规定进行。

6.10 可靠性测试

无绳电话机的可靠性测试应按照 GB/T 15279 中的相关规定进行。

附 录 A
（规范性附录）
测 试 模 式

A.1 座机和子机应具有独立开启测试模式的功能。话机在测试模式工作时其无线指标应与在正常模式工作时一致。测试模式包括以下两种测试模式：

a） 发射模式：发射模式应可以控制发射机工作在其所支持的任意一个信道上，且在任意一个信道上工作时以最大功率发射。

b） 接收模式：接收模式应具有工作在接收状态的控制能力。

ICS 37.020
N 31

中华人民共和国国家标准

GB/T 17117—2008
代替 GB/T 17117—1997,GB/T 17118—1997

双目望远镜

Binoculars

2008-12-30 发布　　2009-08-01 实施

中华人民共和国国家质量监督检验检疫总局
中国国家标准化管理委员会　发布

前　言

本标准整合修订并代替 GB/T 17117—1997《棱镜式双目望远镜》、GB/T 17118—1997《伽利略式双目望远镜》。

本标准与 GB/T 17117—1997、GB/T 17118—1997 版本的主要差异为：

——将两个标准合二为一，对相同内容进行合并。

——标准名称改为《双目望远镜》。

——光学性能和结构性能指标的试验方法按 GB/T 18312—2001《双目望远镜检验规则》中规定的方法。

本标准由中国机械工业联合会提出。

本标准由全国光学和光子学标准化技术委员会(SAC/TC 103)归口。

本标准起草单位：上海理工大学、中国兵器工业标准化研究所。

本标准主要起草人：黄卫佳、胡钰、麦绿波。

本标准所代替标准的历次版本发布情况为：

——GB/T 17117—1997；

——GB/T 17118—1997。

双 目 望 远 镜

1 范围

本标准规定了双目望远镜的分类、要求、试验方法、检验规则、标志、包装及运输贮存。

本标准适用于双目望远镜的制造和验收，其他类型的望远镜也可参照使用。

2 规范性引用文件

下列文件中的条款通过本标准的引用而成为本标准的条款。凡是注日期的引用文件，其随后所有的修改单(不包括勘误的内容)或修订版均不适用于本标准，然而，鼓励根据本标准达成协议的各方研究是否可使用这些文件的最新版本。凡是不注日期的引用文件，其最新版本适用于本标准。

GB/T 1185 光学零件表面疵病(GB/T 1185—2006，ISO 10110-7:1996，NEQ)

GB/T 2828.1 计数抽样检验程序 第1部分：按接收质量限(AQL)检索的逐批检验抽样计划(GB/T 2828.1—2003，ISO 2859-1:1999，IDT)

GB/T 2829 周期检验计数抽样程序及表(适用于对过程稳定性的检验)

GB/T 18312—2001 双目望远镜检验规则

3 术语和定义

下列术语和定义适用于本标准。

3.1

出射光束平行度 parallelism of beams emergent from the eyepieces

平行光束通过左右支光学系统后，出射的两束光线的平行程度，分为水平方向(会聚或发散)和垂直方向，用角度表示。

3.2

左右目镜高度差 difference between ocular height in left and right

将左右目镜视度归零时，左右目镜眼罩上端面的高度差。

3.3

相对像倾斜 difference between image angles in left and right

左右支光学系统像倾斜之代数差的绝对值。用角度表示。

4 分类

双目望远镜(以下简称望远镜)分为棱镜式双目望远镜和伽利略式双目望远镜。其中棱镜式双目望远镜按性能要求分为Ⅰ类、Ⅱ类、Ⅲ类。Ⅰ类属较高精度，Ⅱ类次之，Ⅲ类为基本要求。

5 要求

5.1 光学性能

望远镜的光学性能指标允差按表1的规定。

表 1 望远镜的光学性能指标

序号	项目名称		允差			
			棱镜式双目望远镜			伽利略式双目望远镜
			Ⅰ类	Ⅱ类	Ⅲ类	
1	放大率		±5%	−5%[a]		±8%
2	左、右支光学系统放大率差		1.5%	2%		2%
3	视场		±5%	−5%[a]		±10%
4	出瞳直径		±5%	−10%[a]	−15%[a]	—
5	视度零位		±1 屈光度	±2 屈光度		±2 屈光度
6	像倾斜		≤1°	≤1°30′	≤2°	—
7	相对像倾斜		≤30′	≤40′		—
8	出射光束平行度	垂直方向	≤20′	≤30′	≤45′	≤40′
		水平发散	≤60′	≤100′	≤120′	≤120′
		水平会聚	≤20′	≤40′	≤60′	≤50′
9	视场中心分辨力		$\leqslant\frac{280''}{D^{\mathrm{b}}}$	$\leqslant\frac{350''}{D^{\mathrm{b}}}$	$\leqslant\frac{420''}{D^{\mathrm{b}}}$	$\leqslant\frac{420''}{D^{\mathrm{b}}}$

[a] 上偏差不限。

[b] D 表示入瞳直径。

5.2 结构性能

5.2.1 望远镜的结构性能指标允差按表 2 的规定。

表 2 望远镜的结构性能指标

序号	项目名称	允差			
		棱镜式双目望远镜			伽利略式双目望远镜
		Ⅰ类	Ⅱ类	Ⅲ类	
1	中轴视度调节范围 屈光度	不少于 −5～+10	不少于 −4～+6	不少于 −4～+2	不少于 −3～+3
2	目镜视度调节范围 （有中轴视度调节机构） 屈光度	不少于 −3～+3		不少于 −2～+2	不少于 −2～+2
3	左右目镜视度调节范围 （无中轴视度调节机构） 屈光度	不少于 −5～+5	不少于 −4～+4		不少于 −4～+4
4	目距调节范围/mm	56～74	58～70	60～70	52～70
5	左右目镜高度差/mm	≤1	≤1.5	≤2	≤2

5.2.2 望远镜各运动部位应平滑、无松动和卡滞现象，转动部位应能自如地停留在行程的任意位置上。

5.2.3 望远镜所有活动部位按 6.12 规定进行耐久性试验后应满足表 1 中出射光束平行度和 5.2.2 的要求。

5.2.4 具有密封性能要求的望远镜按 6.13 规定进行气密性试验，试验后压力下降值不大于 5 kPa。

5.3 环境适应性

5.3.1 望远镜按 6.14 规定进行振动试验，试验后应满足以下要求：

a) 各运动部位应符合 5.2.2 的规定，螺钉、螺母等紧固件应无松动、歪斜；

b) 像倾斜、相对像倾斜、出射光束平行度和视场中心分辨力应符合表 1 的规定；

c) 镜筒内的清洁度应符合 5.4.3 的规定。

5.3.2 望远镜按 6.15 规定进行高温试验，试验后应满足以下要求：

a) 在高温状态下，各运动部位应符合 5.2.2 的规定；

b) 恢复到常温下，不应出现脱胶现象；

c) 恢复到常温下，光学零件表面无润滑油流痕。

注：本要求不适用于伽利略式双目望远镜。

5.3.3 望远镜按 6.16 规定进行低温试验，试验后应满足以下要求：

a) 在低温状态下，各运动部位应能转动；

b) 恢复到常温下，不应出现脱胶现象；

c) 具有密封性能的望远镜恢复到常温下，内部光学零件表面应无水痕。

注：本要求不适用于伽利略式双目望远镜。

5.4 清洁度和光学零件表面质量

5.4.1 望远镜光学零件不应有明显的脱膜和脱胶现象。

5.4.2 光学零件倒边部位局部破边的大小应符合 GB/T 1185 的规定。从望远镜目镜和物镜方向观察时，不应发现因破边而引起的反光现象。

5.4.3 从望远镜目镜和物镜方向观察，光学零件不允许有明显的麻点、破点、气泡、擦痕及附着物；镜筒内不应有漆粒、金属屑、堆积的润滑脂和硅橡胶等。

5.5 外观

5.5.1 对同一具望远镜左、右镜筒相应光学零件的膜层颜色应基本一致。

5.5.2 零件表面不得有毛刺和飞边。

5.5.3 零件表面精饰应符合有关标准的规定，外表面的漆层、氧化层和镀层应牢固，各相同部位的颜色和光泽应基本一致。

5.5.4 螺钉、螺母等紧固件应无松动、歪斜、锈蚀；螺钉头部的起子槽和扳手孔不得有明显的损伤。

5.5.5 镜身、镜筒外表面的包皮应粘贴平整、牢固。连接处不允许有明显的缝隙。同一具望远镜左、右镜身的包皮花纹及色调应基本一致。

5.5.6 望远镜外表面不得有多余的油脂溢出；胶粘部位不得有残留胶层；精饰部位不得有明显的划痕、擦伤和损伤。

5.5.7 望远镜上标志的字迹与图案应清晰、完整、牢固。

5.6 其他要求

5.6.1 当要求望远镜目镜眼罩外翻时，外翻后不得自行回弹。

5.6.2 摇动望远镜时，内部不应有响声。

5.6.3 标有广角标志“WA”或“W”的广角望远镜，其视场角公称值与放大率公称值的乘积不得小于 65°。

6 试验方法

6.1 放大率及左、右支光学系统放大率差

6.1.1 试验工具

倍率计(或测量显微镜)、标准口径框或望远镜综合校正仪。要求按 GB/T 18312—2001 中 3.1 的规定。

6.1.2 试验程序

按 GB/T 18312—2001 中 3.2.1 规定的方法。

6.2 视场

6.2.1 试验工具

视场仪。要求按 GB/T 18312—2001 中 3.1 的规定。

6.2.2 试验程序

按 GB/T 18312—2001 中 3.2.2 规定的方法。

6.3 出瞳直径

6.3.1 试验工具

倍率计(或测量显微镜)。要求按 GB/T 18312—2001 中 3.1 的规定。

6.3.2 试验程序

按 GB/T 18312—2001 中 3.2.3 规定的方法。

6.4 视度零位

6.4.1 试验工具

平行光管、视度计或望远镜综合校正仪。要求按 GB/T 18312—2001 中 3.1 的规定。

6.4.2 试验程序

按 GB/T 18312—2001 中 3.2.4 规定的方法。

6.5 像倾斜和相对像倾斜

6.5.1 试验工具

像倾斜仪、铅垂线或望远镜综合校正仪。要求按 GB/T 18312—2001 中 3.1 的规定。

6.5.2 试验程序

按 GB/T 18312—2001 中 3.2.5 规定的方法。

6.6 出射光束平行度

6.6.1 试验工具

平行光管、双管前置镜或望远镜综合校正仪。要求按 GB/T 18312—2001 中 3.1 的规定。

6.6.2 试验程序

按 GB/T 18312—2001 中 3.2.6 规定的方法。

6.7 视场中心分辨力

6.7.1 试验工具

安装有分辨力板的平行光管。要求按 GB/T 18312—2001 中 3.1 的规定。

6.7.2 试验程序

按 GB/T 18312—2001 中 3.2.7 规定的方法。

6.8 视度调节范围

6.8.1 试验工具

平行光管、视度计。要求按 GB/T 18312—2001 中 3.1 的规定。

6.8.2 试验程序

按 GB/T 18312—2001 中 3.2.8 规定的方法。

6.9 目距调节范围

6.9.1 试验工具

卡尺。要求按 GB/T 18312—2001 中 3.1 的规定。

6.9.2 试验程序

按 GB/T 18312—2001 中 3.2.9 规定的方法。

6.10 左右目镜高度差

6.10.1 试验工具

卡尺。要求按 GB/T 18312—2001 中 3.1 的规定。

6.10.2 试验程序

按 GB/T 18312—2001 中 3.2.10 规定的方法。

6.11 运动部位的平滑性

按正常使用方法，对望远镜各运动部位在其运动范围内进行手感检查。

6.12 耐久性

6.12.1 试验工具和程序

将望远镜的各活动部位按正常使用方法(每分钟不得多于 30 次)进行往返耐久性试验，每个活动部位往返一次记为一次。试验次数：Ⅰ类望远镜试验 400 次，Ⅱ类望远镜试验 250 次，Ⅲ类望远镜试验 150 次，伽利略式双目望远镜试验 100 次。

6.13 气密性

6.13.1 试验工具和程序

在望远镜腔内加压 10 kPa±1 kPa 的条件下，经 3 min 后测量镜腔内压力下降值。

6.14 振动试验

6.14.1 试验工具和程序

望远镜在正常运输包装状态下，置于振幅为 8 mm～15 mm，频率为 120 次/min～150 次/min 的振动台上，Ⅰ类望远镜和Ⅱ类望远镜按图 1a)、b)中所示的两个方向各进行 7 min 的试验，Ⅲ类望远镜及伽利略式双目望远镜按图 1a)中所示的方向进行 7 min 的试验。也可用运输试验代替，其方法是在二级公路上，以车速不低于 30 km/h 的速度行驶 100 km。

a)

b)

图 1 望远镜振动方向

6.15 高温试验

6.15.1 试验工具和程序

将望远镜放入试验室(箱)内，升温至 40 ℃±2 ℃，保温 1 h。

6.16 低温试验

6.16.1 试验工具和程序

将望远镜放入试验室(箱)内，Ⅰ类望远镜降温至－25 ℃±3 ℃，保温 1 h；Ⅱ类、Ⅲ类望远镜降温至－10 ℃±3 ℃，保温 1 h。

6.17 清洁度和光学零件表面质量

6.17.1 试验工具和程序

镜身内部的清洁度、光学零件表面疵病及光学零件的脱膜、脱胶和破边等在 60 W 白炽灯或 8 W 荧光灯下，从目镜和物镜方向进行目视检查。

6.18 外观及其他要求

6.18.1 试验工具和程序

目视和手感检查。

7 检验规则

7.1 检验分类

产品的检验分为出厂检验和型式检验。

7.2 出厂检验

7.2.1 检验方式

a) 出厂检验应按表3规定的项目和表4规定的不合格类别的分类进行检验；

b) 当批量较小时应采用全数检验；

c) 当批量较大且连续性生产时，出厂检验的样品数按 GB/T 2828.1 的一般检验水平Ⅰ、正常检验一次抽样方案确定，通常从正常检验开始，根据检验结果，随时执行 GB/T 2828.1 规定的转移规则。

表3 检验项目

序号	项目名称	要　求	试验方法	出厂检验	型式检验
1	放大率	5.1	6.1		▲
2	左、右支光学系统放大率差	5.1	6.1		▲
3	视场	5.1	6.2		▲
4	出瞳直径	5.1	6.3		▲
5	视度零位	5.1	6.4	▲	▲
6	像倾斜、相对像倾斜	5.1	6.5	▲	▲
7	出射光束平行度	5.1	6.6	▲	▲
8	视场中心分辨力	5.1	6.7	▲	▲
9	视度调节范围	5.2.1	6.8	▲	▲
10	目距调节范围	5.2.1	6.9	▲	▲
11	左右目镜高度差	5.2.1	6.10	▲	▲
12	运动部位平滑性	5.2.2	6.11	▲	▲
13	耐久性	5.2.3	6.12		▲
14	气密性	5.2.4	6.13	▲	▲
15	振动试验	5.3.1	6.14		▲
16	高温试验	5.3.2	6.15		▲
17	低温试验	5.3.3	6.16		▲
18	清洁度和光学零件表面质量	5.4	6.17	▲	▲
19	外观	5.5	6.18	▲	▲
注：▲表示应检项目。					

表4 不合格类别的分类

序号	检验项目	不合格类别	
		B	C
1	放大率		○
2	左、右支光学系统放大率差		○
3	视场		○
4	出瞳直径		○

表 4（续）

序号	检验项目	不合格类别	
		B	C
5	视度零位		○
6	像倾斜		○
7	相对像倾斜	○	
8	出射光束平行度	○	
9	视场中心分辨力	○	
10	视度调节范围		○
11	目距调节范围		○
12	左右目镜高度差		○
13	运动部位平滑性		○
14	耐久性	○	
15	气密性	○	
16	清洁度和光学零件表面质量		○
17	外观		○

7.2.2 判定规则

正常生产的望远镜按规定检验方式进行检验后，对所出现的不合格品（批）应分别按下列情况判定和处置：

a) 采用全数检验时，对不合格品应剔出。

b) 采用 GB/T 2828.1 抽样方案检验时，按表 5 规定判定。不合格品数小于或等于合格判定数，则判该批为合格批。若不合格品数大于或等于不合格判定数，则判该批为不合格批。

表 5 合格质量水平值

不合格类别	AQL
B类	4
C类	10

7.2.3 供需双方对出厂检验另有约定时，可不按本标准规定的出厂检验规则。

7.3 型式检验

7.3.1 属下列情况之一者应进行型式检验：

a) 新产品的试制定型鉴定；

b) 正式生产后，望远镜结构、材料、工艺有较大改变，可能影响望远镜性能时；

c) 望远镜长期停产后，恢复生产时；

d) 出厂检验结果与上次型式检验有较大差异时；

e) 国家质量监督机构提出进行型式检验要求时。

7.3.2 检验方式

a) 型式检验应按表 3 规定的项目和表 4 规定的不合格类别的分类进行全面检验，其样品从检验合格的望远镜批中随机抽取；

b) 型式检验的抽样采用 GB/T 2829 中的一次抽样方案，各类不合格数以项目计。判别水平(DL)、不合格质量水平(RQL)、一次抽样方案按表 6 规定。

表 6　一次抽样方案

不合格类别	DL	RQL	n(Ac,Re)
B类	Ⅱ	100	5(3,4)
C类	Ⅰ	150	5(6,7)

7.3.3　**判定规则**

按表 3 给出的型式检验项目进行检验之后，若出现不合格项目，则按表 6 判定数组(Ac,Re)判定。不合格数小于或等于合格判定数 Ac，则判该批为合格批。若不合格数大于或等于不合格判定数 Re，则判该批为不合格批。

8　标志、包装、运输及贮存

8.1　标志

8.1.1　**产品标志**

产品标志应包括：

a)　生产厂名(或注册商标)；

b)　型号和规格。

8.1.2　**包装标志**

包装标志应包括：

a)　产品名称、型号和规格；

b)　数量、质量(毛质量、净质量)和外形尺寸；

c)　生产厂、商名和地址。

8.2　包装

8.2.1　将望远镜擦拭干净，连同袋装的干燥剂和擦镜布一并装入镜盒中。

8.2.2　望远镜盒中应装入使用说明书、合格证。

8.3　运输

a)　运输中严禁日晒、雨淋和剧烈振动；

b)　搬运和装卸时不得抛掷。

8.4　贮存

望远镜装箱后应贮存在温度 5 ℃～35 ℃，相对湿度不超过 70%，干燥通风和无腐蚀性物品的仓库内。

4 技术要求

4.1 分等规定

4.1.1 大麻原麻分为一等、二等、三等,达不到三等者为等外。

4.1.2 大麻原麻以感官特征、麻束断裂比强度和麻束有效长度为评等条件,并以其中最低一项定等。大麻原麻分等规定:水沤大麻见表1,干剥大麻见表2,鲜剥大麻见表3。

表1 水沤大麻分等规定

项目	一等	二等	三等
感官特征	麻束呈浅黄色,有光泽,脱胶适度、均匀,手感柔软,纤维通顺整齐,偶见斑疵	麻束呈浅黄色,稍有绿色,光泽稍差,脱胶中等,手感尚柔软,纤维通顺,略有斑疵	麻束呈棕褐色,光泽较差,脱胶较差,手感粗硬或疲软,斑疵较明显
麻束断裂比强度/(cN/dtex)	≥1.10	≥1.00	≥0.90
麻束有效长度/m	1.20~2.00	2.01~2.50	—

表2 干剥大麻分等规定

项目	一等	二等	三等
感官特征	麻片呈浅黄棕色,有光泽,剥制均匀,纤维通顺,偶见斑疵	麻片呈棕色,稍有绿色,光泽稍差,剥制较均匀,略有斑疵	麻片呈棕褐色或青灰色,光泽差,剥制较差,手感粗硬,斑疵较明显
麻束断裂比强度/(cN/dtex)	≥1.10	≥1.00	≥0.90
麻束有效长度/m	1.20~2.00	2.01~2.50	—

表3 鲜剥大麻分等规定

项目	一等	二等	三等
感官特征	麻束呈青绿色、暗绿色或黄绿色,剥制均匀,纤维通顺,基本无青皮及非正常夹杂物,偶见斑疵	麻束呈暗绿色或青灰色,剥制均匀,纤维基本通顺,略有青皮及斑疵	麻束呈棕褐色、灰黄色等,均匀度较差,纤维通顺度较差,有青皮及较明显斑疵
麻束断裂比强度/(cN/dtex)	≥1.10	≥1.00	≥0.90
麻束有效长度/m	1.20~2.00	2.01~2.50	—

4.2 回潮率

大麻原麻公定回潮率为12%,实际回潮率应不大于15%。麻批实测回潮率超过15%时应晾干后交售。

大 麻 原 麻

1 范围

本标准规定了大麻原麻的技术要求、试验方法、检验规则、包装、标志、运输和贮存。

本标准适用于经过剥制加工的大麻韧皮，包括水沤大麻、干剥大麻、鲜剥大麻等。

2 规范性引用文件

下列文件中的条款通过本标准的引用而成为本标准的条款。凡是注明日期的引用文件，其随后所有的修改单(不包括勘误的内容)或修订版均不适用于本标准。然而，鼓励根据本标准达成协议的各方研究是否可使用这些文件的最新版本。凡是不注日期的引用文件，其最新版本适用于本标准。

GB 6529 纺织品的调湿和试验用标准大气

GB/T 8170 数值修约规则

GB/T 12411 黄、红麻纤维试验方法

GB/T 12945 熟黄麻

3 术语和定义

下列术语和定义适用于本标准。

3.1

大麻 hemp

大麻科，大麻属，工业用大麻[1)]植物、大麻韧皮和大麻纤维的统称。

3.2

大麻原麻 raw hemp

用作纺织原料的工业用大麻韧皮，包括水沤大麻、干剥大麻、鲜剥大麻等。

3.3

水沤大麻 water retted hemp

工业用大麻麻茎经水沤、冲洗、剥制、干燥后的大麻韧皮。

3.4

干剥大麻 sunned hemp

工业用大麻麻茎经晾干、堆置、再曝晒后剥制的大麻韧皮。

3.5

鲜剥大麻 peeling hemp from green straw

工业用大麻收割后直接剥制的大麻韧皮。

3.6

斑疵 speck

工业用大麻原麻因病虫害、风害、霉变等原因，产生的影响纺织使用的疵点。

3.7

杂质 trash

工业用大麻原麻中的麻叶、麻屑、麻根和无加工价值的韧皮及其他混入物。

---

1) 工业用大麻指低毒大麻(四氢大麻酚含量在0.3%以下)和无毒大麻(四氢大麻酚含量在0.1%以下)品种的大麻。

10.6 去除掩模

根据10.3得到的掩模方案，用相应的掩模方式对得到的符号编码区进行XOR处理，恢复原始符号，这与在编码程序中采用的掩模处理过程的作用正好相反。

10.7 恢复数据码字

根据6.5.2所规定方式的逆过程从符号中提取数据码字。

10.8 纠错译码

根据6.3.2和附录C的规定，对得到的数据码字进行纠错译码处理，并恢复原始信息码字序列。

10.9 数据码字译码

对10.8中得到的信息码字序列采用每码字转化为8位二进制的方式将其还原为信息位流，应用6.2中规定方法的逆过程将信息位流还原为原始数据。

附　录　A
（规范性附录）
汉信码数据容量

汉信码各版本符号的数据容量见表 A.1。

表 A.1　汉信码各版本符号的数据容量

版本	纠错等级	每边模块数	数据码字数	数据位数	信息码字数	信息位数	版本	纠错等级	每边模块数	数据码字数	数据位数	信息码字数	信息位数
1	L1	23	25	200	21	168	8	L1	37	117	936	99	792
	L2				17	136		L2				81	648
	L3				13	104		L3				63	504
	L4				9	72		L4				47	376
2	L1	25	37	296	31	248	9	L1	39	136	1 088	114	912
	L2				25	200		L2				96	768
	L3				19	152		L3				74	592
	L4				15	120		L4				54	432
3	L1	27	50	400	42	336	10	L1	41	155	1 240	131	1048
	L2				34	272		L2				109	872
	L3				26	208		L3				83	664
	L4				20	160		L4				61	488
4	L1	29	54	432	46	368	11	L1	43	161	1 288	135	1 080
	L2				38	304		L2				113	904
	L3				30	240		L3				87	696
	L4				22	176		L4				65	520
5	L1	31	69	552	57	456	12	L1	45	181	1 448	153	1224
	L2				49	392		L2				127	1016
	L3				37	296		L3				97	776
	L4				27	216		L4				73	584
6	L1	33	84	672	70	560	13	L1	47	203	1 624	171	1368
	L2				58	464		L2				143	1144
	L3				46	368		L3				109	872
	L4				34	272		L4				81	648
7	L1	35	100	800	84	672	14	L1	49	225	1 800	189	1 512
	L2				70	560		L2				157	1 256
	L3				54	432		L3				121	968
	L4				40	320		L4				89	712

表 A.1(续)

版本	纠错等级	每边模块数	数据码字数	数据位数	信息码字数	信息位数	版本	纠错等级	每边模块数	数据码字数	数据位数	信息码字数	信息位数
15	L1	51	249	1 992	209	1 672	23	L1	67	453	3 624	381	3 048
	L2				175	1 400		L2				317	2 536
	L3				135	1 080		L3				245	1 960
	L4				99	792		L4				181	1 448
16	L1	53	273	2 184	229	1 832	24	L1	69	485	3 880	407	3 256
	L2				191	1 528		L2				339	2 712
	L3				147	1 176		L3				261	2 088
	L4				109	872		L4				195	1 560
17	L1	55	299	2 392	251	2 008	25	L1	71	518	4 144	436	3 488
	L2				209	1 672		L2				362	2 896
	L3				161	1 288		L3				280	2 240
	L4				119	952		L4				208	1 664
18	L1	57	325	2 600	273	2 184	26	L1	73	552	4 416	464	3 712
	L2				227	1 816		L2				386	3 088
	L3				175	1 400		L3				298	2 384
	L4				129	1 032		L4				220	1 760
19	L1	59	353	2 824	297	2 376	27	L1	75	587	4 696	493	3 944
	L2				247	1 976		L2				411	3 288
	L3				191	1 528		L3				317	2 536
	L4				141	1 128		L4				235	1 880
20	L1	61	381	3 048	321	2 568	28	L1	77	623	4 984	523	4 184
	L2				267	2 136		L2				437	3 496
	L3				205	1 640		L3				337	2 696
	L4				153	1 224		L4				251	2 008
21	L1	63	411	3 288	345	2 760	29	L1	79	660	5 280	554	4 432
	L2				287	2 296		L2				462	3 696
	L3				221	1 768		L3				358	2 864
	L4				165	1 320		L4				264	2 112
22	L1	65	422	3 376	354	2 832	30	L1	81	698	5 584	586	4 688
	L2				296	2 368		L2				488	3 904
	L3				228	1 824		L3				376	3 008
	L4				168	1 344		L4				280	2 240

表 A.1（续）

版本	纠错等级	每边模块数	数据码字数	数据位数	信息码字数	信息位数	版本	纠错等级	每边模块数	数据码字数	数据位数	信息码字数	信息位数
31	L1	83	737	5 896	619	4 952	39	L1	99	1 058	8 464	888	7 104
	L2				515	4 120		L2				740	5 920
	L3				397	3 176		L3				572	4 576
	L4				295	2 360		L4				424	3 392
32	L1	85	754	6 032	634	5 072	40	L1	101	1 105	8 840	929	7 432
	L2				528	4 224		L2				773	6 184
	L3				408	3 264		L3				597	4 776
	L4				302	2 416		L4				441	3 528
33	L1	87	794	6 352	666	5 328	41	L1	103	1 126	9 008	946	7 568
	L2				556	4 448		L2				788	6 304
	L3				428	3 424		L3				608	4 864
	L4				318	2 544		L4				450	3 600
34	L1	89	836	6 688	702	5 616	42	L1	105	1 175	9 400	987	7 896
	L2				586	4 688		L2				823	6 584
	L3				452	3 616		L3				635	5 080
	L4				334	2 672		L4				469	3 752
35	L1	91	878	7 024	738	5 904	43	L1	107	1 224	9 792	1 028	8 224
	L2				614	4 912		L2				856	6 848
	L3				474	3 792		L3				660	5 280
	L4				352	2 816		L4				490	3 920
36	L1	93	922	7 376	774	6 192	44	L1	109	1 275	10 200	1 071	8 568
	L2				646	5 168		L2				893	7 144
	L3				498	3 984		L3				689	5 512
	L4				368	2 944		L4				509	4 072
37	L1	95	966	7 728	812	6 496	45	L1	111	1 327	10 616	1 115	8 920
	L2				676	5 408		L2				929	7 432
	L3				522	4 176		L3				717	5 736
	L4				386	3 088		L4				531	4 248
38	L1	97	1 011	8 088	849	6 792	46	L1	113	1 380	11 040	1 160	9 280
	L2				707	5 656		L2				966	7 728
	L3				545	4 360		L3				746	5 968
	L4				405	3 240		L4				552	4 416

表 A.1（续）

版本	纠错等级	每边模块数	数据码字数	数据位数	信息码字数	信息位数	版本	纠错等级	每边模块数	数据码字数	数据位数	信息码字数	信息位数
47	L1	115	1 434	11 472	1 204	9 632	55	L1	131	1 867	14 936	1 569	12 552
	L2				1 004	8 032		L2				1 307	10 456
	L3				774	6 192		L3				1 009	8 072
	L4				574	4 592		L4				747	5 976
48	L1	117	1 489	11 912	1 251	10 008	56	L1	133	1 929	15 432	1 621	12 968
	L2				1 043	8 344		L2				1 351	10 808
	L3				805	6 440		L3				1 041	8 328
	L4				595	4 760		L4				771	6 168
49	L1	119	1 513	12 104	1 271	10 168	57	L1	135	1 992	15 936	1 674	13 392
	L2				1 059	8 472		L2				1 394	11 152
	L3				817	6 536		L3				1 076	8 608
	L4				605	4 840		L4				796	6 368
50	L1	121	1 569	12 552	1 317	10 536	58	L1	137	2 021	16 168	1 697	13 576
	L2				1 099	8 792		L2				1 415	11 320
	L3				847	6 776		L3				1 091	8 728
	L4				627	5 016		L4				809	6 472
51	L1	123	1 628	13 024	1 368	10 944	59	L1	139	2 086	16 688	1 752	14 016
	L2				1 140	9 120		L2				1 460	11 680
	L3				880	7 040		L3				1 126	9 008
	L4				652	5 216		L4				834	6 672
52	L1	125	1 686	13 488	1 416	11 328	60	L1	141	2 151	17 208	1 807	14 456
	L2				1 180	9 440		L2				1 505	12 040
	L3				910	7 280		L3				1 161	9 288
	L4				674	5 392		L4				861	6 888
53	L1	127	1 745	13 960	1 465	11 720	61	L1	143	2 218	17 744	1 864	14 912
	L2				1 221	9 768		L2				1 552	12 416
	L3				943	7 544		L3				1 198	9 584
	L4				697	5 576		L4				892	7 136
54	L1	129	1 805	14 440	1 517	12 136	62	L1	145	2 286	18 288	1 920	15 360
	L2				1 263	10 104		L2				1 600	12 800
	L3				975	7 800		L3				1 234	9 872
	L4				721	5 768		L4				914	7 312

表 A.1（续）

版本	纠错等级	每边模块数	数据码字数	数据位数	信息码字数	信息位数	版本	纠错等级	每边模块数	数据码字数	数据位数	信息码字数	信息位数
63	L1	147	2 355	18 840	1 979	15 832	71	L1	163	2 900	23 200	2 436	19 488
	L2				1 649	13 192		L2				2 030	16 240
	L3				1 271	10 168		L3				1 566	12 528
	L4				941	7 528		L4				1 160	9 280
64	L1	149	2 425	19 400	2 037	16 296	72	L1	165	2 977	23 816	2 501	20 008
	L2				1 697	13 576		L2				2 083	16 664
	L3				1 309	10 472		L3				1 607	12 856
	L4				969	7 752		L4				1 191	9 528
65	L1	151	2 496	19 968	2 096	16 768	73	L1	167	3 056	24 448	2 568	20 544
	L2				1 748	13 984		L2				2 140	17 120
	L3				1 348	10 784		L3				1 650	13 200
	L4				998	7 984		L4				1 222	9 776
66	L1	153	2 528	20 224	2 124	16 992	74	L1	169	3 135	25 080	2 633	21 064
	L2				1 770	14 160		L2				2 195	17 560
	L3				1 366	10 928		L3				1 693	13 544
	L4				1 012	8 096		L4				1 253	10 024
67	L1	155	2 600	20 800	2 184	17 472	75	L1	171	3 171	25 368	2 663	21 304
	L2				1 820	14 560		L2				2 219	17 752
	L3				1 404	11 232		L3				1 713	13 704
	L4				1 040	8 320		L4				1 269	10 152
68	L1	157	2 673	21 384	2 245	17 960	76	L1	173	3 252	26 016	2 732	21 856
	L2				1 871	14 968		L2				2 276	18 208
	L3				1 443	11 544		L3				1 756	14 048
	L4				1 069	8 552		L4				1 300	10 400
69	L1	159	2 749	21 992	2 309	18 472	77	L1	175	3 334	26 672	2 800	22 400
	L2				1 925	15 400		L2				2 334	18 672
	L3				1 485	11 880		L3				1 800	14 400
	L4				1 099	8 792		L4				1 334	10 672
70	L1	161	2 824	22 592	2 372	18 976	78	L1	177	3 416	27 328	2 870	22 960
	L2				1 976	15 808		L2				2 392	19 136
	L3				1 524	12 192		L3				1 844	14 752
	L4				1 130	9 040		L4				1 366	10 928

表 A.1(续)

版本	纠错等级	每边模块数	数据码字数	数据位数	信息码字数	信息位数	版本	纠错等级	每边模块数	数据码字数	数据位数	信息码字数	信息位数
79	L1	179	3 500	28 000	2 940	23 520	82	L1	185	3 758	30 064	3 156	25 248
	L2				2 450	19 600		L2				2 630	21 040
	L3				1 890	15 120		L3				2 030	16 240
	L4				1 400	11 200		L4				1 504	12 032
80	L1	181	3 585	28 680	3 011	24 088	83	L1	187	3 798	30 384	3 190	25 520
	L2				2 509	20 072		L2				2 658	21 264
	L3				1 935	15 480		L3				2 050	16 400
	L4				1 433	11 464		L4				1 520	12 160
81	L1	183	3 671	29 368	3 083	24 664	84	L1	189	3 886	31 088	3 264	26 112
	L2				2 569	20 552		L2				2 720	21 760
	L3				1 983	15 864		L3				2 098	16 784
	L4				1 469	11 752		L4				1 554	12 432

附　录　B
（规范性附录）
汉信码信息容量

汉信码各版本符号与各编码模式信息容量对应表见表B.1。

表B.1　汉信码各版本符号与各编码模式信息容量对应表

版本	纠错等级	数据容量						
		数字模式	Text模式	二进制字节模式	常用汉字1区模式	常用汉字2区模式	GB 18030双字节区模式	GB 18030四字节区模式
1	L1	45	26	18	12	12	9	6
	L2	36	21	14	10	10	7	5
	L3	27	15	10	7	7	5	4
	L4	15	10	6	4	4	3	2
2	L1	69	39	28	19	19	15	9
	L2	54	31	22	15	15	12	8
	L3	39	23	16	11	11	8	6
	L4	30	18	12	8	8	6	4
3	L1	96	54	39	26	26	21	13
	L2	75	43	31	21	21	16	10
	L3	57	33	23	16	16	12	8
	L4	42	25	17	12	12	9	6
4	L1	105	59	43	29	29	23	14
	L2	87	49	35	24	24	19	12
	L3	66	38	27	18	18	14	9
	L4	48	27	19	13	13	10	7
5	L1	132	74	54	36	36	29	18
	L2	111	63	46	31	31	24	15
	L3	84	47	34	23	23	18	11
	L4	60	34	24	16	16	13	8
6	L1	162	91	67	45	45	36	22
	L2	135	75	55	37	37	29	18
	L3	105	59	43	29	29	23	14
	L4	75	43	31	21	21	16	10
7	L1	195	110	81	54	54	43	26
	L2	162	91	67	45	45	36	22
	L3	123	70	51	34	34	27	17
	L4	90	51	37	25	25	20	12

表 B.1（续）

版本	纠错等级	数据容量						
		数字模式	Text 模式	二进制字节模式	常用汉字 1 区模式	常用汉字 2 区模式	GB 18030 双字节区模式	GB 18030 四字节区模式
8	L1	231	130	96	64	64	51	31
	L2	189	106	78	52	52	41	25
	L3	147	82	60	40	40	32	20
	L4	108	61	44	30	30	23	15
9	L1	267	150	111	74	74	59	36
	L2	225	126	93	62	62	49	30
	L3	171	97	71	48	48	38	23
	L4	123	70	51	34	34	27	17
10	L1	309	173	128	86	86	68	41
	L2	255	143	106	71	71	56	34
	L3	195	109	80	54	54	43	26
	L4	141	79	58	39	39	31	19
11	L1	318	178	132	88	88	70	43
	L2	267	149	110	74	74	59	36
	L3	204	114	84	56	56	45	27
	L4	150	85	62	42	42	33	20
12	L1	363	202	150	100	100	80	48
	L2	300	167	124	83	83	66	40
	L3	228	127	94	63	63	50	31
	L4	171	95	70	47	47	37	23
13	L1	405	226	168	112	112	89	54
	L2	339	189	140	94	94	75	45
	L3	255	143	106	71	71	56	34
	L4	189	106	78	52	52	41	25
14	L1	447	250	186	124	124	99	60
	L2	372	207	154	103	103	82	50
	L3	285	159	118	79	79	63	38
	L4	207	117	86	58	58	46	28
15	L1	495	277	206	138	138	110	66
	L2	414	231	172	115	115	92	56
	L3	318	178	132	88	88	70	43
	L4	231	130	96	64	64	51	31

表 B.1（续）

版本	纠错等级	数据容量						
		数字模式	Text 模式	二进制字节模式	常用汉字1区模式	常用汉字2区模式	GB 18030双字节区模式	GB 18030四字节区模式
16	L1	543	303	226	151	151	120	73
	L2	453	253	188	126	126	100	61
	L3	348	194	144	96	96	77	47
	L4	255	143	106	71	71	56	34
17	L1	597	333	248	166	166	132	80
	L2	495	277	206	138	138	110	66
	L3	381	213	158	106	106	84	51
	L4	279	157	116	78	78	62	38
18	L1	651	362	270	180	180	144	87
	L2	540	301	224	150	150	119	72
	L3	414	231	172	115	115	92	56
	L4	303	170	126	84	84	67	41
19	L1	708	394	294	196	196	157	95
	L2	588	327	244	163	163	130	79
	L3	453	253	188	126	126	100	61
	L4	333	186	138	92	92	73	45
20	L1	765	426	318	212	212	169	102
	L2	636	354	264	176	176	141	85
	L3	486	271	202	135	135	108	65
	L4	363	202	150	100	100	80	48
21	L1	822	458	342	228	228	182	110
	L2	684	381	284	190	190	151	91
	L3	525	293	218	146	146	116	70
	L4	390	218	162	108	108	86	52
22	L1	843	470	351	234	234	187	113
	L2	705	393	293	196	196	156	94
	L3	543	302	225	150	150	120	72
	L4	399	222	165	110	110	88	53
23	L1	909	506	378	252	252	201	121
	L2	756	421	314	210	210	167	101
	L3	582	325	242	162	162	129	78
	L4	429	239	178	119	119	95	57

表 B.1（续）

版本	纠错等级	数据容量						
		数字模式	Text 模式	二进制字节模式	常用汉字1区模式	常用汉字2区模式	GB 18030 双字节区模式	GB 18030 四字节区模式
24	L1	972	541	404	270	270	215	130
	L2	807	450	336	224	224	179	108
	L3	621	346	258	172	172	137	83
	L4	462	258	192	128	128	102	62
25	L1	1 041	579	433	289	289	231	139
	L2	864	481	359	240	240	191	115
	L3	666	371	277	185	185	148	89
	L4	495	275	205	137	137	109	66
26	L1	1 107	617	461	308	308	246	148
	L2	921	513	383	256	256	204	123
	L3	711	395	295	197	197	157	95
	L4	522	291	217	145	145	116	70
27	L1	1 179	655	490	327	327	261	157
	L2	981	546	408	272	272	217	131
	L3	756	421	314	210	210	167	101
	L4	558	311	232	155	155	124	75
28	L1	1 251	695	520	347	347	277	167
	L2	1 044	581	434	290	290	231	139
	L3	804	447	334	223	223	178	107
	L4	597	333	248	166	166	132	80
29	L1	1 323	737	551	368	368	294	177
	L2	1 104	614	459	306	306	245	147
	L3	855	475	355	237	237	189	114
	L4	627	350	261	174	174	139	84
30	L1	1 401	779	583	389	389	311	187
	L2	1 167	649	485	324	324	259	156
	L3	897	499	373	249	249	199	120
	L4	666	371	277	185	185	148	89
31	L1	1 479	823	616	411	411	328	198
	L2	1 230	685	512	342	342	273	164
	L3	948	527	394	263	263	210	127
	L4	702	391	292	195	195	156	94

表 B.1（续）

版本	纠错等级	数据容量						
		数字模式	Text 模式	二进制字节模式	常用汉字1区模式	常用汉字2区模式	GB 18030双字节区模式	GB 18030四字节区模式
32	L1	1 515	843	631	421	421	336	202
	L2	1 263	702	525	350	350	280	168
	L3	975	542	405	270	270	216	130
	L4	720	401	299	200	200	159	96
33	L1	1 593	886	663	442	442	353	213
	L2	1 329	739	553	369	369	295	177
	L3	1 023	569	425	284	284	227	136
	L4	759	422	315	210	210	168	101
34	L1	1 680	934	699	466	466	373	224
	L2	1 401	779	583	389	389	311	187
	L3	1 080	601	449	300	300	239	144
	L4	795	443	331	221	221	176	106
35	L1	1 767	982	735	490	490	392	236
	L2	1 467	817	611	408	408	326	196
	L3	1 131	630	471	314	314	251	151
	L4	840	467	349	233	233	186	112
36	L1	1 851	1 030	771	514	514	411	247
	L2	1 545	859	643	429	429	343	206
	L3	1 191	662	495	330	330	264	159
	L4	879	489	365	244	244	195	117
37	L1	1 944	1081	809	540	540	431	259
	L2	1 617	899	673	449	449	359	216
	L3	1 248	694	519	346	346	277	167
	L4	921	513	383	256	256	204	123
38	L1	2 031	1 130	846	564	564	451	271
	L2	1 692	941	704	470	470	375	226
	L3	1 302	725	542	362	362	289	174
	L4	966	538	402	268	268	214	129
39	L1	2 127	1 182	885	590	590	472	284
	L2	1 770	985	737	492	492	393	236
	L3	1 368	761	569	380	380	303	183
	L4	1 011	563	421	281	281	224	135

表 B.1（续）

版本	纠错等级	数据容量						
		数字模式	Text 模式	二进制字节模式	常用汉字1区模式	常用汉字2区模式	GB 18030双字节区模式	GB 18030四字节区模式
40	L1	2 223	1 237	926	618	618	494	297
	L2	1 851	1 029	770	514	514	411	247
	L3	1 428	794	594	396	396	317	191
	L4	1 053	586	438	292	292	233	141
41	L1	2 265	1 259	943	629	629	503	302
	L2	1 887	1 049	785	524	524	419	252
	L3	1 455	809	605	404	404	323	194
	L4	1 074	598	447	298	298	238	144
42	L1	2 364	1 314	984	656	656	525	315
	L2	1 971	1 095	820	547	547	437	263
	L3	1 518	845	632	422	422	337	203
	L4	1 119	623	466	311	311	248	150
43	L1	2463	1 369	1 025	684	684	547	328
	L2	2 049	1 139	853	569	569	455	273
	L3	1 578	878	657	438	438	350	211
	L4	1 170	651	487	325	325	260	156
44	L1	2 565	1 426	1 068	712	712	569	342
	L2	2 139	1 189	890	594	594	475	285
	L3	1 647	917	686	458	458	366	220
	L4	1 215	677	506	338	338	270	162
45	L1	2 670	1 485	1 112	742	742	593	356
	L2	2 223	1 237	926	618	618	494	297
	L3	1 716	954	714	476	476	381	229
	L4	1 269	706	528	352	352	281	169
46	L1	2 778	1 545	1 157	772	772	617	371
	L2	2 313	1 286	963	642	642	513	309
	L3	1 785	993	743	496	496	396	238
	L4	1 320	734	549	366	366	293	176
47	L1	2 883	1 603	1 201	801	801	640	385
	L2	2 403	1 337	1 001	668	668	534	321
	L3	1 851	1 030	771	514	514	411	247
	L4	1 371	763	571	381	381	304	183

表 B.1（续）

版本	纠错等级	数据容量						
		数字模式	Text 模式	二进制字节模式	常用汉字1区模式	常用汉字2区模式	GB 18030双字节区模式	GB 18030四字节区模式
48	L1	2 997	1 666	1 248	832	832	665	400
	L2	2 499	1 389	1 040	694	694	555	333
	L3	1 926	1 071	802	535	535	428	257
	L4	1 422	791	592	395	395	316	190
49	L1	3 045	1 693	1 268	846	846	676	406
	L2	2 535	1 410	1 056	704	704	563	338
	L3	1 956	1 087	814	543	543	434	261
	L4	1 446	805	602	402	402	321	193
50	L1	3 156	1 754	1 314	876	876	701	421
	L2	2 631	1 463	1 096	731	731	584	351
	L3	2 028	1 127	844	563	563	450	271
	L4	1 500	834	624	416	416	333	200
51	L1	3 279	1 822	1 365	910	910	728	437
	L2	2 730	1 518	1 137	758	758	606	364
	L3	2 106	1 171	877	585	585	468	281
	L4	1 560	867	649	433	433	346	208
52	L1	3 393	1 886	1 413	942	942	753	453
	L2	2 826	1 571	1 177	785	785	628	377
	L3	2 178	1 211	907	605	605	484	291
	L4	1 611	897	671	448	448	358	215
53	L1	3 510	1 951	1 462	975	975	780	468
	L2	2 925	1 626	1 218	812	812	649	390
	L3	2 259	1 255	940	627	627	501	301
	L4	1 668	927	694	463	463	370	223
54	L1	3 636	2 021	1 514	1 010	1 010	807	485
	L2	3 027	1 682	1 260	840	840	672	404
	L3	2 334	1 298	972	648	648	518	312
	L4	1 725	959	718	479	479	383	230
55	L1	3 759	2 090	1 566	1 044	1 044	835	502
	L2	3 132	1 741	1 304	870	870	695	418
	L3	2 415	1 343	1 006	671	671	536	322
	L4	1 788	994	744	496	496	397	239

表 B.1（续）

版本	纠错等级	数据容量						
		数字模式	Text 模式	二进制字节模式	常用汉字1区模式	常用汉字2区模式	GB 18030双字节区模式	GB 18030四字节区模式
56	L1	3 885	2 159	1 618	1 079	1 079	863	518
	L2	3 237	1 799	1 348	899	899	719	432
	L3	2 493	1 386	1 038	692	692	553	333
	L4	1 845	1 026	768	512	512	409	246
57	L1	4 011	2 230	1 671	1 114	1 114	891	535
	L2	3 339	1 857	1 391	928	928	742	446
	L3	2 577	1 433	1 073	716	716	572	344
	L4	1 905	1 059	793	529	529	423	254
58	L1	4 068	2 261	1 694	1 130	1 130	903	543
	L2	3 390	1 885	1 412	942	942	753	452
	L3	2 613	1 453	1 088	726	726	580	349
	L4	1 935	1 077	806	538	538	430	258
59	L1	4 200	2 334	1 749	1 166	1 166	933	560
	L2	3 498	1 945	1 457	972	972	777	467
	L3	2 697	1 499	1 123	749	749	599	360
	L4	1 995	1 110	831	554	554	443	266
60	L1	4 332	2 407	1 804	1 203	1 203	962	578
	L2	3 606	2 005	1 502	1 002	1 002	801	481
	L3	2 781	1 546	1 158	772	772	617	371
	L4	2 061	1 146	858	572	572	457	275
61	L1	4 467	2 483	1 861	1 241	1 241	992	596
	L2	3 720	2 067	1 549	1 033	1 033	826	496
	L3	2 871	1 595	1 195	797	797	637	383
	L4	2 136	1 187	889	593	593	474	285
62	L1	4 602	2 558	1 917	1 278	1 278	1 022	614
	L2	3 834	2 131	1 597	1 065	1 065	852	512
	L3	2 955	1 643	1 231	821	821	656	394
	L4	2 187	1 217	911	608	608	486	292
63	L1	4 743	2 637	1 976	1 318	1 318	1 054	633
	L2	3 951	2 197	1 646	1 098	1 098	878	527
	L3	3 045	1 693	1 268	846	846	676	406
	L4	2 253	1 253	938	626	626	500	301

表 B.1(续)

版本	纠错等级	数据容量						
		数字模式	Text 模式	二进制字节模式	常用汉字1区模式	常用汉字2区模式	GB 18030双字节区模式	GB 18030四字节区模式
64	L1	4 884	2 714	2 034	1 356	1 356	1 085	651
	L2	4 068	2 261	1 694	1 130	1 130	903	543
	L3	3 135	1 743	1 306	871	871	696	418
	L4	2 319	1290	966	644	644	515	310
65	L1	5 025	2 793	2 093	1 396	1 396	1 116	670
	L2	4 191	2 329	1 745	1 164	1 164	931	559
	L3	3 231	1 795	1 345	897	897	717	431
	L4	2 391	1 329	995	664	664	531	319
66	L1	5 091	2 830	2 121	1 414	1 414	1 131	679
	L2	4 242	2 358	1 767	1 178	1 178	942	566
	L3	3 273	1 819	1 363	909	909	727	437
	L4	2 424	1 347	1 009	673	673	538	323
67	L1	5 235	2 910	2 181	1 454	1 454	1 163	698
	L2	4 362	2 425	1 817	1 212	1 212	969	582
	L3	3 363	1 870	1 401	934	934	747	449
	L4	2 490	1 385	1 037	692	692	553	332
68	L1	5 382	2 991	2 242	1 495	1 495	1 196	718
	L2	4 485	2 493	1 868	1 246	1 246	996	598
	L3	3 459	1 922	1 440	960	960	768	461
	L4	2 559	1 423	1 066	711	711	568	342
69	L1	5 535	3 077	2 306	1 538	1 538	1 230	738
	L2	4 614	2 565	1 922	1 282	1 282	1 025	616
	L3	3 558	1 978	1 482	988	988	790	475
	L4	2 631	1 463	1 096	731	731	584	351
70	L1	5 688	3 161	2 369	1 580	1 580	1 263	759
	L2	4 737	2 633	1 973	1 316	1 316	1 052	632
	L3	3 651	2 030	1 521	1 014	1 014	811	487
	L4	2 706	1 505	1 127	752	752	601	361
71	L1	5 841	3 246	2 433	1 622	1 622	1 297	779
	L2	4 866	2 705	2 027	1 352	1 352	1 081	649
	L3	3 753	2 086	1 563	1 042	1 042	833	501
	L4	2 778	1 545	1 157	772	772	617	371

表 B.1（续）

版本	纠错等级	数据容量						
		数字模式	Text 模式	二进制字节模式	常用汉字1区模式	常用汉字2区模式	GB 18030 双字节区模式	GB 18030 四字节区模式
72	L1	5 997	3 333	2 498	1 666	1 666	1 332	800
	L2	4 995	2 775	2 080	1 387	1 387	1 109	666
	L3	3 852	2 141	1 604	1 070	1 070	855	514
	L4	2 853	1 586	1 188	792	792	633	381
73	L1	6 159	3 422	2 565	1 710	1 710	1 368	821
	L2	5 130	2 851	2 137	1 425	1 425	1 140	684
	L3	3 954	2 198	1 647	1 098	1 098	878	528
	L4	2 928	1 627	1 219	813	813	650	391
74	L1	6 315	3 509	2 630	1 754	1 754	1 403	842
	L2	5 262	2 925	2 192	1 462	1 462	1 169	702
	L3	4 059	2 255	1 690	1 127	1 127	901	541
	L4	3 003	1 669	1 250	834	834	667	400
75	L1	6 387	3 549	2 660	1 774	1 774	1 419	852
	L2	5 319	2 957	2 216	1 478	1 478	1 182	710
	L3	4 107	2 282	1 710	1 140	1 140	912	548
	L4	3 039	1 690	1 266	844	844	675	406
76	L1	6 552	3 641	2 729	1 820	1 820	1 455	874
	L2	5 457	3 033	2 273	1 516	1 516	1 212	728
	L3	4 209	2 339	1 753	1 169	1 169	935	561
	L4	3 114	1 731	1 297	865	865	692	416
77	L1	6 714	3 731	2 797	1 865	1 865	1 492	896
	L2	5 595	3 110	2 331	1 554	1 554	1 243	746
	L3	4 314	2 398	1 797	1 198	1 198	958	576
	L4	3 195	1 777	1 331	888	888	710	426
78	L1	6 882	3 825	2 867	1 912	1 912	1 529	918
	L2	5 736	3 187	2 389	1 593	1 593	1 274	765
	L3	4 419	2 457	1 841	1 228	1 228	982	590
	L4	3 273	1 819	1 363	909	909	727	437
79	L1	7 050	3 918	2 937	1 958	1 958	1 566	940
	L2	5 874	3 265	2 447	1 632	1 632	1 305	784
	L3	4 530	2 518	1 887	1 258	1 258	1 006	604
	L4	3 354	1 865	1 397	932	932	745	448

表 B.1（续）

版本	纠错等级	数据容量						
		数字模式	Text 模式	二进制字节模式	常用汉字1区模式	常用汉字2区模式	GB 18030双字节区模式	GB 18030四字节区模式
80	L1	7 221	4 013	3 008	2 006	2 006	1 604	963
	L2	6 015	3 343	2 506	1 671	1 671	1 336	802
	L3	4 638	2 578	1 932	1 288	1 288	1 030	619
	L4	3 435	1 909	1 430	954	954	763	458
81	L1	7 395	4 109	3 080	2 054	2 054	1 643	986
	L2	6 159	3 423	2 566	1 711	1 711	1 368	822
	L3	4 755	2 642	1 980	1 320	1 320	1 056	634
	L4	3 519	1 957	1 466	978	978	782	470
82	L1	7 569	4 206	3 153	2 102	2 102	1 681	1 009
	L2	6 306	3 505	2 627	1 752	1 752	1 401	841
	L3	4 866	2 705	2 027	1 352	1 352	1 081	649
	L4	3 603	2 003	1 501	1 001	1 001	800	481
83	L1	7 650	4 251	3 187	2 125	2 125	1 700	1 020
	L2	6 375	3 542	2 655	1 770	1 770	1 416	850
	L3	4 914	2 731	2 047	1 365	1 365	1 092	656
	L4	3 642	2 025	1 517	1 012	1 012	809	486
84	L1	7 827	4 350	3 261	2 174	2 174	1 739	1 044
	L2	6 522	3 625	2 717	1 812	1 812	1 449	870
	L3	5 031	2 795	2 095	1 397	1 397	1 117	671
	L4	3 723	2 070	1 551	1 034	1 034	827	497

附　录　C
（规范性附录）
纠错译码步骤

以域 GF(2^8)上的($n,k,2t$)RS 码为例。

假设符号解除掩模后的码字是 $R=(r_{n-1},r_{n-2},\cdots,r_1,r_0)$，即

$$R(x)=r_{n-1}x^{n-1}+r_{n-2}x^{n-2}+\cdots+r_1x+r_0$$

$r_i(i=0,\cdots,n-1)$是域 GF(2^8)上的元素。

(1)　计算伴随式

$$S_1=R(\alpha)=r_{n-1}\alpha^{n-1}+r_{n-2}\alpha^{n-2}+\cdots+r_1\alpha+r_0$$
$$S_2=R(\alpha^2)=r_{n-1}\alpha^{2(n-1)}+r_{n-2}\alpha^{2(n-2)}+\cdots+r_1\alpha^2+r_0$$
$$\cdots$$
$$S_{2t}=R(\alpha^{2t})=r_{n-1}\alpha^{2t(n-1)}+r_{n-2}\alpha^{2t(n-2)}+\cdots+r_1\alpha^{2t}+r_0$$

其中 α 是 GF(2^8)的生成元。

设错误位置为 $i_1,i_2,\cdots,i_v$，相应的错误多项式为

$$e(x)=e_{i_1}x^{i_1}+e_{i_2}x^{i_2}+\cdots+e_{i_v}x^{i_v}$$

定义 $X_l=\alpha^{i_l}$ 为错误位置数，则

$$S_1=e_{i_1}X_1+e_{i_2}X_2+\cdots+e_{i_v}X_v$$
$$S_2=e_{i_1}X_1^2+e_{i_2}X_2^2+\cdots+e_{i_v}X_v^2$$
$$\cdots$$
$$S_{2t}=e_{i_1}X_1^{2t}+e_{i_2}X_2^{2t}+\cdots+e_{i_v}X_v^{2t}$$

(2)　找出错误位置

定义错误位置多项式为

$$\sigma(x)=\prod_{l=1}^{v}(1-X_lx)=\sigma_vx^v+\sigma_{v-1}x^{v-1}+\cdots+\sigma_1x+1$$

求解方程组

$$S_1\sigma_t+S_2\sigma_{t-1}+\cdots+S_t\sigma_1+S_{t+1}=0$$
$$S_2\sigma_t+S_3\sigma_{t-1}+\cdots+S_{t+1}\sigma_1+S_{t+2}=0$$
$$\cdots$$
$$S_t\sigma_t+S_{t+1}\sigma_{t-1}+\cdots+S_{2t-1}\sigma_1+S_{2t}=0$$

得到 $\sigma_i(i=1,\cdots,t)$，带入位置多项式，用 Chien 搜索得到错误位置 X_l。

(3)　计算相应的错误值 e_{i_l}，纠正错误。

附 录 D
(规范性附录)
纠错码生成多项式

表 D.1 给出了汉信码所使用的全部纠错码生成多项式，其中 α 是在有限域 GF(2^8)上的生成元，每一生成多项式是一次多项式：$x-\alpha, x-\alpha^2, \cdots, x-\alpha^n$ 的乘积，其中 n 是生成多项式的次数。

表 D.1 纠错码的生成多项式

纠错码字数	生成多项式
2	$x^2+\alpha^{198}\mathrm{x}+\alpha^3$
4	$x^4+\alpha^{82}x^3+\alpha^{250}x^2+\alpha^{87}x+\alpha^{10}$
6	$x^6+\alpha^{159}x^5+\alpha^{88}x^4+\alpha^{64}x^3+\alpha^{95}x^2+\alpha^{173}x+\alpha^{21}$
8	$x^8+\alpha^{105}x^7+\alpha^{139}x^6+\alpha^{192}x^5+\alpha^{239}x^4+\alpha^{201}x^3+\alpha^{157}x^2+\alpha^{132}x+\alpha^{36}$
10	$x^{10}+\alpha^{191}x^9+\alpha^{74}x^8+\alpha^{73}x^7+\alpha^{225}x^6+\alpha^9x^5+\alpha^{236}x^4+\alpha^{95}x^3+\alpha^{107}x^2+\alpha^{235}x+\alpha^{55}$
12	$x^{12}+\alpha^4x^{11}+\alpha^{113}x^{10}+\alpha^{198}x^9+\alpha^{199}x^8+\alpha^{184}x^7+\alpha^6x^6+\alpha^{197}x^5+\alpha^{225}x^4+\alpha^{237}x^3+\alpha^{165}x^2$ $+\alpha^{69}x+\alpha^{78}$
14	$x^{14}+\alpha^{146}x^{13}+\alpha^{229}x^{12}+\alpha^{127}x^{11}+\alpha^{99}x^{10}+\alpha^{170}x^9+\alpha^{96}x^8+\alpha^{233}x^7+\alpha^{111}x^6+\alpha^{200}x^5+$ $\alpha^{144}x^4+\alpha^{187}x^3+\alpha^{49}x^2+\alpha^{236}x+\alpha^{105}$
16	$x^{16}+\alpha^{151}x^{15}+\alpha^{183}x^{14}+\alpha^{223}x^{13}+\alpha^{169}x^{12}+\alpha^{53}x^{11}+\alpha^{205}x^{10}+\alpha^{173}x^9+\alpha^{155}x^8+\alpha^{190}x^7+$ $\alpha^{239}x^6+\alpha^{104}x^5+\alpha^{237}x^4+\alpha^{53}x^3+\alpha^{30}x^2+\alpha^{15}x+\alpha^{136}$
18	$x^{18}+\alpha^{99}x^{17}+\alpha^{30}x^{16}+\alpha^{75}x^{15}+\alpha^{225}x^{14}+\alpha^{251}x^{13}+\alpha^{122}x^{12}+\alpha^{158}x^{11}+\alpha^{111}x^{10}+\alpha^{232}x^9+$ $\alpha^{130}x^8+\alpha^{196}x^7+\alpha^{179}x^6+\alpha^{72}x^5+\alpha^{65}x^4+\alpha^{189}x^3+\alpha^{163}x^2+\alpha^{251}x+\alpha^{171}$
20	$x^{20}+\alpha^{68}x^{19}+\alpha^{182}x^{18}+\alpha^{175}x^{17}+\alpha^{224}x^{16}+\alpha^{15}x^{15}+\alpha^{75}x^{14}+\alpha^{253}x^{13}+\alpha^{180}x^{12}+\alpha^{114}x^{11}$ $+\alpha^{238}x^{10}+\alpha^{135}x^9+\alpha^{222}x^8+\alpha^{61}x^7+\alpha^{159}x^6+\alpha^{105}x^5+\alpha^{95}x^4+\alpha^{67}x^3+\alpha^{95}x^2+\alpha^2x$ $+\alpha^{210}$
22	$x^{22}+\alpha^{41}x^{21}+\alpha^{118}x^{20}+\alpha^{80}x^{19}+\alpha^{57}x^{18}+\alpha^{36}x^{17}+\alpha^{10}x^{16}+\alpha^{193}x^{15}+\alpha^{69}x^{14}+\alpha^{145}x^{13}+$ $\alpha^{243}x^{12}+\alpha^{208}x^{11}+\alpha^{11}x^{10}+\alpha^{191}x^9+\alpha^{138}x^8+\alpha^{30}x^7+\alpha^{125}x^6+\alpha^{174}x^5+\alpha^{218}x^4+\alpha^9x^3+$ $\alpha^{70}x^2+\alpha^{16}x+\alpha^{253}$
24	$x^{24}+\alpha^{204}x^{23}+\alpha^{71}x^{22}+\alpha^6x^{21}+\alpha^{201}x^{20}+\alpha^{149}x^{19}+\alpha^{51}x^{18}+\alpha^{182}x^{17}+\alpha^{212}x^{16}+\alpha^{38}x^{15}+$ $\alpha^{85}x^{14}+\alpha^{192}x^{13}+\alpha^{224}x^{12}+\alpha^{217}x^{11}+\alpha^{135}x^{10}+\alpha^{113}x^9+\alpha^{57}x^8+\alpha^{52}x^7+\alpha^{201}x^6+\alpha^{69}x^5+$ $\alpha^{146}x^4+\alpha^{231}x^3+\alpha^{66}x^2+\alpha^{224}x+\alpha^{45}$
26	$x^{26}+\alpha^{244}x^{25}+\alpha^{236}x^{24}+\alpha^{79}x^{23}+\alpha^{64}x^{22}+\alpha^{240}x^{21}+\alpha^{105}x^{20}+\alpha^{205}x^{19}+\alpha^{163}x^{18}+\alpha^{192}x^{17}$ $+\alpha^{138}x^{16}+\alpha^{250}x^{15}+\alpha^{231}x^{14}+\alpha^{111}x^{13}+\alpha^3x^{12}+\alpha^{49}x^{11}+\alpha^{219}x^{10}+\alpha^{45}x^9+\alpha^{43}x^8+\alpha^{112}x^7$ $+\alpha^{39}x^6+\alpha^{201}x^5+\alpha^{52}x^4+\alpha^{94}x^3+\alpha^{23}x^2+\alpha^{58}x+\alpha^{96}$
28	$x^{28}+\alpha^{233}x^{27}+\alpha^{18}x^{26}+\alpha^{156}x^{25}+\alpha^{11}x^{24}+\alpha^{95}x^{23}+\alpha^5x^{22}+\alpha^{78}x^{21}+\alpha^{254}x^{20}+\alpha^{252}x^{19}+$ $\alpha^{126}x^{18}+\alpha^{186}x^{17}+\alpha^{66}x^{16}+\alpha^{206}x^{15}+\alpha^{47}x^{14}+\alpha^{235}x^{13}+\alpha^{124}x^{12}+\alpha^{18}x^{11}+\alpha^{242}x^{10}+\alpha^{142}x^9$ $+\alpha^{173}x^8+\alpha^{26}x^7+\alpha^{237}x^6+\alpha^{101}x^5+\alpha^{46}x^4+\alpha^{220}x^3+\alpha^{111}x^2+\alpha^{100}x+\alpha^{151}$

表 D.1（续）

纠错码字数	生成多项式
30	$x^{30}+\alpha^{142}x^{29}+\alpha^{162}x^{28}+\alpha^{34}x^{27}+\alpha^{192}x^{26}+\alpha^{61}x^{25}+\alpha^{96}x^{24}+\alpha^{77}x^{23}+\alpha^{43}x^{22}+\alpha^{14}x^{21}+\alpha^{106}x^{20}+\alpha^{135}x^{19}+\alpha^{198}x^{18}+\alpha^{31}x^{17}+\alpha^{26}x^{16}+\alpha^{219}x^{15}+\alpha^{57}x^{14}+\alpha^{93}x^{13}+\alpha^{36}x^{12}+\alpha^{4}x^{11}+\alpha^{6}x^{10}+\alpha^{200}x^{9}+\alpha^{5}x^{8}+\alpha^{70}x^{7}+\alpha^{120}x^{6}+\alpha^{116}x^{5}+\alpha^{23}x^{4}+\alpha^{151}x^{3}+\alpha^{55}x^{2}+\alpha^{66}x+\alpha^{210}$
32	$x^{32}+\alpha^{243}x^{31}+\alpha^{254}x^{30}+\alpha^{35}x^{29}+\alpha^{173}x^{28}+\alpha^{31}x^{27}+\alpha^{114}x^{26}+\alpha^{135}x^{25}+\alpha^{226}x^{24}+\alpha^{105}x^{23}+\alpha^{242}x^{22}+\alpha^{244}x^{21}+\alpha^{15}x^{20}+\alpha^{72}x^{19}+\alpha^{250}x^{18}+\alpha^{136}x^{17}+\alpha^{128}x^{16}+\alpha^{169}x^{15}+\alpha^{61}x^{14}+\alpha^{171}x^{13}+\alpha^{147}x^{12}+\alpha^{154}x^{11}+\alpha^{185}x^{10}+\alpha^{81}x^{9}+\alpha^{235}x^{8}+\alpha^{177}x^{7}+\alpha^{189}x^{6}+\alpha^{139}x^{5}+\alpha^{59}x^{4}+\alpha^{209}x^{3}+\alpha^{206}x^{2}+\alpha^{228}x+\alpha^{18}$

附 录 E
（规范性附录）
汉信码符号各版本的纠错特性

汉信码信息纠错分块与纠错代码表见表 E.1。

表 E.1 汉信码信息纠错分块与纠错代码表

版本	码字总数	纠错等级	纠错码字数	纠错块数	每一块的纠错代码$(n,k,2t)$[a]
1	25	L1	4	1	(25,21,4)
	25	L2	8	1	(25,17,8)
	25	L3	12	1	(25,13,12)
	25	L4	16	1	(25,9,16)
2	37	L1	6	1	(37,31,6)
	37	L2	12	1	(37,25,12)
	37	L3	18	1	(37,19,18)
	37	L4	22	1	(37,15,22)
3	50	L1	8	1	(50,42,8)
	50	L2	16	1	(50,34,16)
	50	L3	24	1	(50,26,24)
	50	L4	30	1	(50,20,30)
4	54	L1	8	1	(54,46,8)
	54	L2	16	1	(54,38,16)
	54	L3	24	1	(54,30,24)
	54	L4	32	1	(54,22,32)
5	69	L1	12	1	(69,57,12)
	69	L2	20	1	(69,49,20)
	69	L3	32	1	(69,37,32)
	69	L4	42	2	(34,14,20) (35,13,22)
6	84	L1	14	1	(84,70,14)
	84	L2	26	1	(84,58,26)
	84	L3	38	2	(44,24,20) (40,22,18)
	84	L4	50	2	(40,16,24) (44,18,26)
7	100	L1	16	1	(100,84,16)
	100	L2	30	1	(100,70,30)
	100	L3	46	2	(48,26,22) (52,28,24)
	100	L4	60	3	2(34,14,20) (32,12,20)

表 E.1（续）

版本	码字总数	纠错等级	纠错码字数	纠错块数	每一块的纠错代码$(n,k,2t)^a$
8	117	L1	18	1	(117,99,18)
	117	L2	36	2	(58,40,18) (59,41,18)
	117	L3	54	2	(57,31,26) (60,32,28)
	117	L4	70	3	2(40,16,24) (37,15,22)
9	136	L1	22	1	(136,114,22)
	136	L2	40	2	2(68,48,20)
	136	L3	62	3	2(44,24,20) (48,26,22)
	136	L4	82	3	2(46,18,28) (44,18,26)
10	155	L1	24	1	(155,131,24)
	155	L2	46	2	(74,52,22) (81,57,24)
	155	L3	72	3	2(51,27,24) (53,29,24)
	155	L4	94	3	2(53,21,32) (49,19,30)
11	161	L1	26	1	(161,135,26)
	161	L2	48	2	(80,56,24) (81,57,24)
	161	L3	74	3	2(52,28,24) (57,31,26)
	161	L4	96	3	2(54,22,32) (53,21,32)
12	181	L1	28	1	(181,153,28)
	181	L2	54	2	(88,62,26) (93,65,28)
	181	L3	84	3	2(60,32,28) (61,33,28)
	181	L4	108	4	3(43,17,26) (52,22,30)
13	203	L1	32	2	(102,86,16) (101,85,16)
	203	L2	60	2	(101,71,30) (102,72,30)
	203	L3	94	3	2(69,37,32) (65,35,30)
	203	L4	122	4	3(50,20,30) (53,21,32)
14	225	L1	36	2	(112,94,18) (113,95,18)
	225	L2	68	3	2(73,51,22) (79,55,24)
	225	L3	104	4	3(56,30,26) (57,31,26)
	225	L4	136	5	4(46,18,28) (41,17,24)
15	249	L1	40	2	(124,104,20) (125,105,20)
	249	L2	74	3	2(81,57,24) (87,61,26)
	249	L3	114	4	3(61,33,28) (66,36,30)
	249	L4	150	5	4(50,20,30) (49,19,30)

表 E.1（续）

版本	码字总数	纠错等级	纠错码字数	纠错块数	每一块的纠错代码$(n,k,2t)$[a]
16	273	L1	44	2	(137,115,22) (136,114,22)
	273	L2	82	3	2(93,65,28) (87,61,26)
	273	L3	126	4	3(70,38,32) (63,33,30)
	273	L4	164	6	5(47,19,28) (38,14,24)
17	299	L1	48	2	(150,126,24) (149,125,24)
	299	L2	90	3	2(100,70,30) (99,69,30)
	299	L3	138	5	4(61,33,28) (55,29,26)
	299	L4	180	6	5(50,20,30) (49,19,30)
18	325	L1	52	2	(162,136,26) (163,137,26)
	325	L2	98	4	3(80,56,24) (85,59,26)
	325	L3	150	5	5(65,35,30)
	325	L4	196	7	6(46,18,28) (49,21,28)
19	353	L1	56	2	(176,148,28) (177,149,28)
	353	L2	106	4	3(87,61,26) (92,64,28)
	353	L3	162	8	7(44,24,20) (45,23,22)
	353	L4	212	7	6(50,20,30) (53,21,32)
20	381	L1	60	3	3(127,107,20)
	381	L2	114	4	3(93,65,28) (102,72,30)
	381	L3	176	8	7(48,26,22) (45,23,22)
	381	L4	228	8	7(47,19,28) (52,20,32)
21	411	L1	66	3	3(137,115,22)
	411	L2	124	5	4(80,56,24) (91,63,28)
	411	L3	190	8	7(52,28,24) (47,25,22)
	411	L4	246	9	8(46,18,28) (43,21,22)
22	422	L1	68	3	2(138,116,22) (146,122,24)
	422	L2	126	5	4(80,56,24) (102,72,30)
	422	L3	194	8	7(52,28,24) (58,32,26)
	422	L4	254	9	8(46,18,28) (54,24,30)
23	453	L1	72	3	3(151,127,24)
	453	L2	136	6	5(73,51,22) (88,62,26)
	453	L3	208	8	7(56,30,26) (61,35,26)
	453	L4	272	9	8(50,20,30) (53,21,32)

表 E.1（续）

版本	码字总数	纠错等级	纠错码字数	纠错块数	每一块的纠错代码(n,k,$2t$)[a]
24	485	L1	78	3	2(161,135,26) (163,137,26)
	485	L2	146	6	5(80,56,24) (85,59,26)
	485	L3	224	8	7(61,33,28) (58,30,28)
	485	L4	290	12	11(40,16,24) (45,19,26)
25	518	L1	82	4	3(125,105,20) (143,121,22)
	518	L2	156	6	5(87,61,26) (83,57,26)
	518	L3	238	10	9(52,28,24) (50,28,22)
	518	L4	310	11	10(47,19,28) (48,18,30)
26	552	L1	88	3	2(187,157,30) (178,150,28)
	552	L2	166	6	5(93,65,28) (87,61,26)
	552	L3	254	9	8(61,33,28) (64,34,30)
	552	L4	332	12	10(47,19,28) 2(41,15,26)
27	587	L1	94	4	3(150,126,24) (137,115,22)
	587	L2	176	8	7(73,51,22) (76,54,22)
	587	L3	270	9	8(65,35,30) (67,37,30)
	587	L4	352	16	15(37,15,22) (32,10,22)
28	623	L1	100	5	4(125,105,20) (123,103,20)
	623	L2	186	8	7(80,56,24) (63,45,18)
	623	L3	286	11	10(57,31,26) (53,27,26)
	623	L4	372	14	10(43,17,26) 3(48,20,28) (49,21,28)
29	660	L1	106	4	3(165,139,26) (165,137,28)
	660	L2	198	7	6(94,66,28) (96,66,30)
	660	L3	302	10	9(66,36,30) (66,34,32)
	660	L4	396	14	13(47,19,28) (49,17,32)
30	698	L1	112	7	6(100,84,16) (98,82,16)
	698	L2	210	7	6(100,70,30) (98,68,30)
	698	L3	322	11	7(65,35,30) 3(61,33,28) (60,32,28)
	698	L4	418	14	13(50,20,30) (48,20,28)
31	737	L1	118	6	5(125,105,20) (112,94,18)
	737	L2	222	7	6(106,74,32) (101,71,30)
	737	L3	340	12	11(61,33,28) (66,34,32)
	737	L4	442	16	13(47,19,28) 3(42,16,26)

表 E.1（续）

版本	码字总数	纠错等级	纠错码字数	纠错块数	每一块的纠错代码$(n,k,2t)^a$
32	754	L1	120	5	4(151,127,24) (150,126,24)
	754	L2	226	8	7(94,66,28) (96,66,30)
	754	L3	346	14	12(54,30,24) (52,24,28) (54,24,30)
	754	L4	452	16	15(47,19,28) (49,17,32)
33	794	L1	128	8	7(100,84,16) (94,78,16)
	794	L2	238	8	7(100,70,30) (94,66,28)
	794	L3	366	13	12(61,33,28) (62,32,30)
	794	L4	476	15	14(53,21,32) (52,24,28)
34	836	L1	134	6	5(139,117,22) (141,117,24)
	836	L2	250	9	8(94,66,28) (84,58,26)
	836	L3	384	12	11(70,38,32) (66,34,32)
	836	L4	502	17	15(50,20,30) 2(43,17,26)
35	878	L1	140	5	4(176,148,28) (174,146,28)
	878	L2	264	9	8(98,68,30) (94,70,24)
	878	L3	404	13	10(68,36,32) 3(66,38,28)
	878	L4	526	19	16(47,19,28) 3(42,16,26)
36	922	L1	148	6	4(150,126,24) 2(161,135,26)
	922	L2	276	10	8(98,70,28) 2(69,43,26)
	922	L3	424	15	13(60,32,28) 2(71,41,30)
	922	L4	554	20	17(47,19,28) 3(41,15,26)
37	966	L1	154	6	5(162,136,26) (156,132,24)
	966	L2	290	10	5(97,67,30) 4(96,68,28) (97,69,28)
	966	L3	444	15	14(65,35,30) (56,32,24)
	966	L4	580	22	18(44,18,26) 3(44,16,28) (42,14,28)
38	1 011	L1	162	6	3(168,142,26) 3(169,141,28)
	1 011	L2	304	10	8(100,70,30) (105,73,32) (106,74,32)
	1 011	L3	466	16	12(64,34,30) 3(60,34,26) (63,35,28)
	1 011	L4	606	19	18(53,21,32) (57,27,30)
39	1 058	L1	170	8	5(138,116,22) 2(123,103,20) (122,102,20)
	1 058	L2	318	10	9(106,74,32) (104,74,30)
	1 058	L3	486	17	14(62,34,28) 2(64,32,32) (62,32,30)
	1 058	L4	634	20	19(53,21,32) (51,25,26)

表 E.1(续)

版本	码字总数	纠错等级	纠错码字数	纠错块数	每一块的纠错代码(*n*,*k*,2*t*)ª
40	1 105	L1	176	8	7(138,116,22) (139,117,22)
	1 105	L2	332	12	11(93,65,28) (82,58,24)
	1 105	L3	508	16	15(70,38,32) (55,27,28)
	1 105	L4	664	22	20(50,20,30) (52,20,32) (53,21,32)
41	1 126	L1	180	7	6(162,136,26) (154,130,24)
	1 126	L2	338	12	11(94,66,28) (92,62,30)
	1 126	L3	518	18	14(62,34,28) 3(66,34,32) (60,30,30)
	1 126	L4	676	23	18(50,20,30) 3(48,20,28) 2(41,15,26)
42	1 175	L1	188	9	5(125,105,20) 2(137,115,22) 2(138,116,22)
	1 175	L2	352	11	10(107,75,32) (105,73,32)
	1 175	L3	540	17	16(70,38,32) (55,27,28)
	1 175	L4	706	25	22(47,19,28) 2(46,16,30) (49,19,30)
43	1 224	L1	196	7	6(175,147,28) (174,146,28)
	1 224	L2	368	13	11(94,66,28) 2(95,65,30)
	1 224	L3	564	20	18(61,33,28) 2(63,33,30)
	1 224	L4	734	23	22(53,21,32) (58,28,30)
44	1 275	L1	204	9	6(138,116,22) 3(149,125,24)
	1 275	L2	382	12	11(107,75,32) (98,68,30)
	1 275	L3	586	20	13(63,35,28) 6(66,34,32) (60,30,30)
	1 275	L4	766	24	23(53,21,32) (56,26,30)
45	1 327	L1	212	11	7(125,105,20) 4(113,95,18)
	1 327	L2	398	14	12(95,67,28) (93,63,30) (94,62,32)
	1 327	L3	610	23	21(57,31,26) 2(65,33,32)
	1 327	L4	796	25	23(53,21,32) 2(54,24,30)
46	1 380	L1	220	10	10(138,116,22)
	1 380	L2	414	13	12(106,74,32) (108,78,30)
	1 380	L3	634	20	18(69,37,32) (69,39,30) (69,41,28)
	1 380	L4	828	26	25(53,21,32) (55,27,28)
47	1 434	L1	230	10	5(150,126,24) 4(137,115,22) (136,114,22)
	1 434	L2	430	15	12(95,67,28) 2(98,66,32) (98,68,30)
	1 434	L3	660	22	21(65,35,30) (69,39,30)
	1 434	L4	860	27	26(53,21,32) (56,28,28)

表 E.1（续）

版本	码字总数	纠错等级	纠错码字数	纠错块数	每一块的纠错代码(*n*,*k*,2*t*)ᵃ
48	1 489	L1	238	10	9(150,126,24) (139,117,22)
	1 489	L2	446	14	13(107,75,32) (98,68,30)
	1 489	L3	684	23	20(65,35,30) 3(63,35,28)
	1 489	L4	894	28	27(53,21,32) (58,28,30)
49	1 513	L1	242	10	9(150,126,24) (163,137,26)
	1 513	L2	454	15	13(101,71,30) 2(100,68,32)
	1 513	L3	696	22	20(69,37,32) (67,39,28) (66,38,28)
	1 513	L4	908	29	24(52,20,32) 5(53,25,28)
50	1 569	L1	252	9	8(175,147,28) (169,141,28)
	1 569	L2	470	15	10(105,73,32) 4(104,74,30) (103,73,30)
	1 569	L3	722	23	16(68,36,32) 6(69,39,30) (67,37,30)
	1 569	L4	942	30	27(53,21,32) 3(46,20,26)
51	1 628	L1	260	10	9(163,137,26) (161,135,26)
	1 628	L2	488	16	12(100,70,30) 4(107,75,32)
	1 628	L3	748	25	24(65,35,30) (68,40,28)
	1 628	L4	976	31	23(52,20,32) 8(54,24,30)
52	1 686	L1	270	15	14(113,95,18) (104,86,18)
	1 686	L2	506	16	13(105,73,32) 3(107,77,30)
	1 686	L3	776	26	24(65,35,30) 2(63,35,28)
	1 686	L4	1 012	32	26(53,21,32) 5(51,21,30) (53,23,30)
53	1 745	L1	280	10	9(175,147,28) (170,142,28)
	1 745	L2	524	17	10(103,73,30) 6(102,70,32) (103,71,32)
	1 745	L3	802	27	25(65,35,30) 2(60,34,26)
	1 745	L4	1 048	33	29(53,21,32) 4(52,22,30)
54	1 805	L1	288	12	11(150,126,24) (155,131,24)
	1 805	L2	542	17	16(106,74,32) (109,79,30)
	1 805	L3	830	26	25(70,38,32) (55,25,30)
	1 805	L4	1 084	34	33(53,21,32) (56,28,28)
55	1 867	L1	298	15	14(125,105,20) (117,99,18)
	1 867	L2	560	20	19(93,65,28) (100,72,28)
	1 867	L3	858	27	24(69,37,32) 2(70,40,30) (71,41,30)
	1 867	L4	1 120	35	31(53,21,32) 4(56,24,32)

表 E.1（续）

版本	码字总数	纠错等级	纠错码字数	纠错块数	每一块的纠错代码$(n,k,2t)$[a]
56	1 929	L1	308	11	10(175,147,28) (179,151,28)
	1 929	L2	578	19	15(101,71,30) 3(103,71,32) (105,73,32)
	1 929	L3	888	28	24(69,37,32) 3(68,38,30) (69,39,30)
	1 929	L4	1 158	39	36(49,19,30) 3(55,29,26)
57	1 992	L1	318	16	15(125,105,20) (117,99,18)
	1 992	L2	598	20	19(100,70,30) (92,64,28)
	1 992	L3	916	29	27(70,38,32) 2(51,25,26)
	1 992	L4	1 196	40	38(50,20,30) 2(46,18,28)
58	2 021	L1	324	16	14(125,105,20) (135,113,22) (136,114,22)
	2 021	L2	606	20	17(97,67,30) 3(124,92,32)
	2 021	L3	930	31	30(65,35,30) (71,41,30)
	2 021	L4	1 212	38	36(53,21,32) (56,26,30) (57,27,30)
59	2 086	L1	334	12	11(174,146,28) (172,146,26)
	2 086	L2	626	21	20(100,70,30) (86,60,26)
	2 086	L3	960	30	29(70,38,32) (56,24,32)
	2 086	L4	1 252	42	40(50,20,30) 2(43,17,26)
60	2 151	L1	344	14	3(163,137,26) (162,136,26) 10(150,126,24)
	2 151	L2	646	23	22(93,65,28) (105,75,30)
	2 151	L3	990	31	30(69,37,32) (81,51,30)
	2 151	L4	1 290	43	42(50,20,30) (51,21,30)
61	2 218	L1	354	15	12(150,126,24) 2(140,118,22) (138,116,22)
	2 218	L2	666	21	19(106,74,32) (104,74,30) (100,72,28)
	2 218	L3	1 020	32	30(70,38,32) 2(59,29,30)
	2 218	L4	1 326	42	39(52,20,32) 2(63,37,26) (64,38,26)
62	2 286	L1	366	15	12(150,126,24) 3(162,136,26)
	2 286	L2	686	23	21(100,70,30) 2(93,65,28)
	2 286	L3	1 052	35	34(65,35,30) (76,44,32)
	2 286	L4	1 372	46	42(50,20,30) 2(47,19,28) 2(46,18,28)
63	2 355	L1	376	16	12(150,126,24) 3(139,117,22) (138,116,22)
	2 355	L2	706	27	25(87,61,26) 2(90,62,28)
	2 355	L3	1 084	36	34(65,35,30) (72,40,32) (73,41,32)
	2 355	L4	1 414	47	45(50,20,30) (52,20,32) (53,21,32)

表 E.1(续)

版本	码字总数	纠错等级	纠错码字数	纠错块数	每一块的纠错代码(n,k,2t)[a]
64	2 425	L1	388	19	15(125,105,20) 2(137,115,22) 2(138,116,22)
	2 425	L2	728	26	25(93,65,28) (100,72,28)
	2 425	L3	1 116	36	18(65,35,30) 17(69,37,32) (82,50,32)
	2 425	L4	1 456	49	42(50,20,30) 6(47,19,28) (43,15,28)
65	2 496	L1	400	20	19(125,105,20) (121,101,20)
	2 496	L2	748	34	33(73,51,22) (87,65,22)
	2 496	L3	1 148	41	40(61,33,28) (56,28,28)
	2 496	L4	1 498	50	49(50,20,30) (46,18,28)
66	2 528	L1	404	20	18(125,105,20) 2(139,117,22)
	2 528	L2	758	27	26(93,65,28) (110,80,30)
	2 528	L3	1 162	39	35(65,35,30) 3(63,35,28) (64,36,28)
	2 528	L4	1 516	54	52(46,18,28) 2(68,38,30)
67	2 600	L1	416	26	26(100,84,16)
	2 600	L2	780	26	26(100,70,30)
	2 600	L3	1 196	46	45(57,31,26) (35,9,26)
	2 600	L4	1 560	52	52(50,20,30)
68	2 673	L1	428	18	16(150,126,24) (136,114,22) (137,115,22)
	2 673	L2	802	27	23(100,70,30) 3(93,65,28) (94,66,28)
	2 673	L3	1 230	41	40(65,35,30) (73,43,30)
	2 673	L4	1 604	54	46(50,20,30) 7(47,19,28) (44,16,28)
69	2 749	L1	440	20	19(138,116,22) (127,105,22)
	2 749	L2	824	28	20(100,70,30) 7(94,66,28) (91,63,28)
	2 749	L3	1 264	42	40(65,35,30) (74,42,32) (75,43,32)
	2 749	L4	1 650	55	54(50,20,30) (49,19,30)
70	2 824	L1	452	19	17(150,126,24) 2(137,115,22)
	2 824	L2	848	28	24(100,70,30) 4(106,74,32)
	2 824	L3	1 300	50	48(57,31,26) 2(44,18,26)
	2 824	L4	1 694	61	54(47,19,28) 6(41,15,26) (40,14,26)
71	2 900	L1	464	29	29(100,84,16)
	2 900	L2	870	29	29(100,70,30)
	2 900	L3	1 334	47	6(64,34,30) 3(66,36,30) 38(61,33,28)
	2 900	L4	1 740	58	58(50,20,30)

表 E.1（续）

版本	码字总数	纠错等级	纠错码字数	纠错块数	每一块的纠错代码(n,k,2t)*
72	2 977	L1	476	17	16(175,147,28) (177,149,28)
	2 977	L2	894	32	31(94,66,28) (63,37,26)
	2 977	L3	1 370	49	48(61,33,28) (49,23,26)
	2 977	L4	1 786	60	53(50,20,30) 6(47,19,28) (45,17,28)
73	3 056	L1	488	22	20(137,115,22) 2(158,134,24)
	3 056	L2	916	33	29(94,66,28) 2(82,56,26) 2(83,57,26)
	3 056	L3	1 406	47	45(66,36,30) 2(43,15,28)
	3 056	L4	1 834	61	59(50,20,30) 2(53,21,32)
74	3 135	L1	502	18	17(175,147,28) (160,134,26)
	3 135	L2	940	31	26(100,70,30) 5(107,75,32)
	3 135	L3	1 442	48	47(65,35,30) (80,48,32)
	3 135	L4	1 882	67	64(46,18,28) 2(63,33,30) (65,35,30)
75	3 171	L1	508	23	22(137,115,22) (157,133,24)
	3 171	L2	952	34	33(93,65,28) (102,74,28)
	3 171	L3	1 458	49	43(66,36,30) 5(55,27,28) (58,30,28)
	3 171	L4	1 902	63	57(50,20,30) 5(53,21,32) (56,24,32)
76	3 252	L1	520	20	18(162,136,26) 2(168,142,26)
	3 252	L2	976	35	33(94,66,28) 2(75,49,26)
	3 252	L3	1 496	50	48(65,35,30) 2(66,38,28)
	3 252	L4	1 952	65	64(50,20,30) (52,20,32)
77	3 334	L1	534	22	19(150,126,24) 2(161,135,26) (162,136,26)
	3 334	L2	1 000	36	32(94,66,28) 2(81,55,26) 2(82,56,26)
	3 334	L3	1 534	51	49(66,36,30) 2(50,18,32)
	3 334	L4	2 000	71	65(46,18,28) 5(57,27,30) (59,29,30)
78	3 416	L1	546	21	20(163,137,26) (156,130,26)
	3 416	L2	1 024	32	30(107,75,32) 2(103,71,32)
	3 416	L3	1 572	52	46(65,35,30) 6(71,39,32)
	3 416	L4	2 050	73	3(42,12,30) 70(47,19,28)
79	3 500	L1	560	20	20(175,147,28)
	3 500	L2	1 050	35	35(100,70,30)
	3 500	L3	1 610	54	49(65,35,30) 5(63,35,28)
	3 500	L4	2 100	70	70(50,20,30)

表 E.1（续）

版本	码字总数	纠错等级	纠错码字数	纠错块数	每一块的纠错代码(n,k,2t)*
80	3 585	L1	574	22	21(162,136,26) (183,155,28)
	3 585	L2	1 076	36	34(100,70,30) (92,64,28) (93,65,28)
	3 585	L3	1 650	55	54(65,35,30) (75,45,30)
	3 585	L4	2 152	72	68(50,20,30) 3(46,18,28) (47,19,28)
81	3 671	L1	588	25	19(150,126,24) 5(137,115,22) (136,114,22)
	3 671	L2	1 102	37	33(100,70,30) 3(93,65,28) (92,64,28)
	3 671	L3	1 688	56	52(65,35,30) 3(73,41,32) (72,40,32)
	3 671	L4	2 202	73	67(50,20,30) 5(53,21,32) (56,24,32)
82	3 758	L1	602	23	2(178,150,28) 21(162,136,26)
	3 758	L2	1 128	38	32(100,70,30) 6(93,65,28)
	3 758	L3	1 728	54	52(70,38,32) 2(59,27,32)
	3 758	L4	2 254	75	73(50,20,30) 2(54,22,32)
83	3 798	L1	608	25	21(150,126,24) 4(162,136,26)
	3 798	L2	1 140	36	30(106,74,32) 6(103,73,30)
	3 798	L3	1 748	58	54(65,35,30) 4(72,40,32)
	3 798	L4	2 278	76	75(50,20,30) (48,20,28)
84	3 886	L1	622	31	30(125,105,20) (136,114,22)
	3 886	L2	1 166	58	3(67,45,22) 55(67,47,20)
	3 886	L3	1 788	64	2(52,26,26) 62(61,33,28)
	3 886	L4	2 332	83	79(46,18,28) 4(63,33,30)

* 纠错代码前的数字代表该纠错代码重复的次数，纠错代码前没有数字代表该纠错代码只重复一次。

附 录 F
（规范性附录）
功能信息

功能信息是由8位版本、2位纠错等级、2位掩模组成12位的数据位，功能信息的纠错采用GF(2^4)上的RS纠错码。本附录详细介绍功能信息纠错位的计算方法和纠错译码过程。

$X_1 X_2 X_3 X_4 X_5 X_6 X_7 X_8$ $X_9 X_{10}$ $X_{11} X_{12}$

版本+20　纠错　掩模

图 F.1 功能信息构成结构

F.1 功能信息纠错编码

第一步：在12位功能信息分成3个码字（每个码字长度为4位）。

$$X_1 X_2 X_3 X_4 \quad X_5 X_6 X_7 X_8 \quad X_9 X_{10} X_{11} X_{12}$$

第二步：构造纠错代码(c, k, $2t$)，由第一步得$k=3$，选定t为2，则可求得$c=7$，即：纠错代码为(7，3，4)。

第三步：构造信息多项式：$m(x)=m_2x^2+m_1x+m_0$，其中多项式系数m_2、m_1、m_0分别是3个码字的值。

第四步：构造生成多项式：$g(x)=(x+\alpha)(x+\alpha^2)(x+\alpha^3)(x+\alpha^4)=x^4+\beta_3x^3+\beta_2x^2+\beta_1x+\beta_0$。其中，$\alpha$是GF($2^4$)上的生成元，且满足：$\alpha^4+\alpha+1=0$。

第五步：求纠错码字，纠错码字是信息多项式乘以x^{2t}后被生成多项式整除所得的余式。即：$r_3x^3+r_2x^2+r_1x+r_0$，所以纠错位是：(r_3，r_2，r_1，r_0)。(r_3，r_2，r_1，r_0都是长度为4位的码字)

最终的功能信息码字序列为：(m_2，m_1，m_0，r_3，r_2，r_1，r_0)。

例：某一码图符号的功能信息如下表：

功能信息类型	功能信息值	编码
版本信息	50＋20	01000110
纠错等级	L1(8%)	00
掩模方案	[(ij)mod 2＋(ij)mod 3]mod 2＝0	10

功能信息位流：010001100010；

构造信息多项式：$m(x)=4x^2+6x+2=\alpha^2x^2+\alpha^5x+\alpha$；

构造生成多项式：$g(x)=x^4+\alpha^6x^3+\alpha^6x^2+\alpha^3x+\alpha^3$

求纠错码字：$m(x)\cdot x^4=\alpha^2x^6+\alpha^5x^5+\alpha x^4$；

计算$(\alpha^2x^6+\alpha^5x^5+\alpha x^4)\bmod(x^4+\alpha^6x^3+\alpha^6x^2+\alpha^3x+\alpha^3)$

求得纠错码字为：1101 0011 0100 1110

最终功能信息位流为：0100 0110 0010 1101 0011 0100 1110

F.2 功能信息纠错译码

假设从符号的功能信息区读得下列代码：

$$R=(r_6, r_5, \cdots, r_1, r_0)$$

$$R(x)=r_6x^6+r_5x^5+\cdots+r_1x+r_0$$

r_i($i=0,\cdots,6$)是域GF(2^4)上的元素。

(1) 计算伴随多项式：

$$S_1 = R(\alpha) = r_6\alpha^6 + r_5\alpha^5 + \cdots + r_1\alpha + r_0$$
$$S_2 = R(\alpha^2) = r_6\alpha^{12} + r_5\alpha^{10} + \cdots + r_1\alpha^2 + r_0$$
$$S_3 = R(\alpha^3) = r_6\alpha^{18} + r_5\alpha^{15} + \cdots + r_1\alpha^3 + r_0$$
$$S_4 = R(\alpha^4) = r_6\alpha^{24} + r_5\alpha^{20} + \cdots + r_1\alpha^4 + r_0$$

其中 α 是 $GF(2^4)$的生成元。

设错误位置为 i_1、i_2，相应的错误多项式为：

$$e(x) = e_{i_1}x^{i_1} + e_{i_2}x^{i_2}$$

定义 $X_l = \alpha^{i_l}$ 为错误位置数，则：

$$S_1 = e_{i_1}X_1 + e_{i_2}X_2$$
$$S_2 = e_{i_1}X_1^2 + e_{i_2}X_2^2$$
$$S_3 = e_{i_1}X_1^3 + e_{i_2}X_2^3$$
$$S_4 = e_{i_1}X_1^4 + e_{i_2}X_2^4$$

(2) 找出错误位置

定义错误位置多项式为：

$$\sigma(x) = \prod_{l=1}^{2}(1 - X_l x) = \sigma_2 x^2 + \sigma_1 x + 1$$

求解方程组

$$S_1\sigma_2 + S_2\sigma_1 + S_3 = 0$$
$$S_2\sigma_2 + S_3\sigma_1 + S_4 = 0$$

得到 σ_1，σ_2，带入位置多项式，用 Chien 搜索得到错误位置 X_l。

(3) 计算相应的错误值 e_{i_l}，纠正错误。

附　录　G
（资料性附录）
汉信码符号印制与扫描的用户导则

G.1　总则

应将汉信码的应用看作整体系统的解决方案。组成一套系统的所有符号编码与解码译码部件（表面打标机或者打印机，标签、识读器）需要作为一个系统一起运作，在该系统链的任一环节出现问题，或各环节之间的错误匹配将损害影响整个系统的运行效果。

符合标准要求是保证整个系统成功的关键之一，同时其他因素也会影响系统的运行。以下导则是建议在确定或者实施采用条码或矩阵码时应记住考虑的一些因素。

a）　选择适当的印制密度，它的允许偏差是所使用的打标或印刷印制技术能达到的。保证模块尺寸是打印头点阵尺寸的整数倍（在平行和垂直于印刷方向的两个方向），也要保证印制增量增大（或减小）的调整，这种调整是通过在全部单个的或者毗连的深色模块组边缘改变等量的整数像素来实现的。虽然这样做对每个深色（或浅色）模块的位图表示的尺寸按照补偿的方向进行了调整，但模块中心的间距保持不变。

b）　识读器的分辨率应和符号密度以及打标或者印制技术产生的质量相适应。

c）　保证印制的条码符号的光学特性与扫描器光源或传感器的波长相适应。

d）　检查在最终标签或外包装上的条码符号是否合格。遮盖、透光、弯曲或不规则表面都能影响条码符号的识读性能。

必须考虑光滑的符号表面产生的镜面反射。扫描系统必须考虑在深色与浅色特性之间的漫反射的改变量。在某些扫描角度，反射光的镜面反射部分大大地超过希望的漫反射部分的量，从而改变了扫描特性。如果能改变材料或者部分表面或材料表面的某部分，那么，选择粗糙的、非光滑的表面有助于减小镜面效应。如果此法不可行，必须特别保证识读符号的照明使所希望的对比度达到最佳。

G.2　纠错等级的用户选择

用户应确定合适的纠错等级来满足应用需求。见表 E.1，从 L1～L4 四个不同级别等级所提供的纠错容量逐渐增加，其代价是已知数据长度的符号大小有某种程度的增加对表示给定长度数据的符号的尺寸逐步增加。例如，一个版本为 44，L4 纠错等级的符号能包含 509 个数据码字，但是如果一个较低的纠错等级可以接受的话，同样的数据也可用版本为 28，L1 的符号表示（准确的数据容量为 523 个码字）。

纠错等级的选择与下列因素相关：

——预计的符号质量水平：预计的符号质量级别等级越低，应用的纠错等级就应越高；

——首读率的重要性；

——在扫描识读失败后，再次扫描的机会；

——由于印刷符号的空间限制了使用较高的纠错等级的机会。

L1 纠错等级适用于高质量的符号或者要求表示给定数据的符号尽可能最小的情况。L2 等级是“标准”等级，并能在较小尺寸与增加可靠性之间提供一个好的折衷。L3 等级是具有“高可靠性的”等级，并适用于一些重要的或符号印刷质量差的应用场合。L4 等级提供可实现的最高的可靠性。

附　录　H
（规范性附录）
汉信码印制质量——码制特殊指标

本附录规定了应用 ISO/IEC 15415 对汉信码符号印制质量进行评估时，功能性图形污损和附加参数（功能信息污损）指标的分级方法。

H.1　功能性图形污损

H.1.1　测试区域

功能性图形污损测试的区域如图 H.1 所示：

a）位于汉信码符号四角的 11×11 模块的正方形区域，每个区域包括：

1）7×7 位置探测图形。

2）符号内围绕位置探测图形的 1 模块宽寻像图形分隔符。

3）符号外围绕位置探测图形的、最少为 3 模块宽的空白区。

b）在 4 版本以上汉信码符号中的校正图形与辅助校正图形。

以上测试区域分为 5 个区：

a）分别由 4 个位置探测图形以及其相邻的寻像图形分隔符、邻近空白区组成的 4 个测试区，定义为 A_1 区、A_2 区、A_3 区、A_4 区。

b）包括全部校正图形和辅助校正图形的区域，定义为 B 区。

以版本为 24 的汉信码符号（69×69 个模块）为例，A 区总共占据 484 个模块，B 区总共占据 546 个模块。

图 H.1 为版本为 24 的汉信码符号考察区域的位置。A_1、A_2、A_3、A_4 对应于 4 个包含位置探测图形的测试区，B 为由校正图形和辅助校正图形构成的测试区。

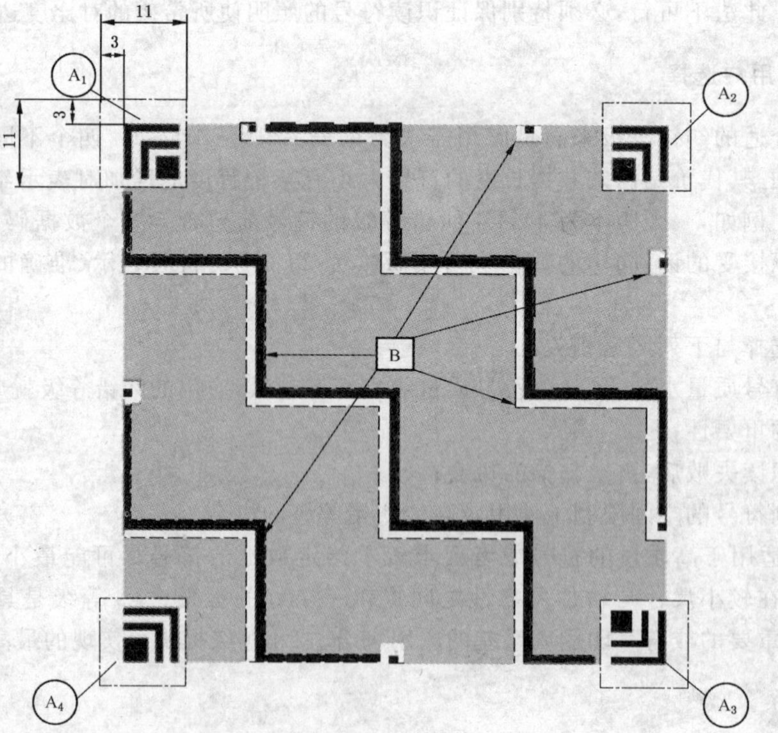

图 H.1　汉信码功能性图形

H.1.2 功能性图形污损的分级

对每一测试区域功能性图形污损的分级应基于组成它的单个模块的调制度。应分别对每一测试区域进行下面所述的过程：

1） 对于每一个模块，根据 ISO/IEC 15415 中的方法计算该模块调制度的级别。由于已知模块的设计深浅性质，对于任何模块，如果设计其为深，而其反射率高于整体阈值，或设计其为浅，而其反射率低于整体阈值，则该模块的调制度等级为 0。

2） 对于每一个调制度等级，假定所有低于这个等级的模块都是错的，基于表 H.1 所给出的等级的阈值导出一个假定的污损等级，取调制度等级和假定的污损等级之间的较低值。假定的污损等级通过以下方式确定：

a） 对于 A_1、A_2、A_3 和 A_4，分别对模块的错误进行计数。

b） 对于测试区域 B，计算含有模块错误的单条校正图形与辅助校正图形数目，将这一数值与符号中单条校正图形和辅助校正图形总数相比，结果以百分比的形式表示。

c） 基于表 H.1 中的等级阈值，将一个污损等级分配给每一个测试区域。

3） 测试区域中的功能性图形损毁等级应等于所有调制度等级中的最高值。

符号的功能性图形损毁等级应等于这 5 个测试区域等级的最低值。

表 H.1 汉信码功能性图形案损毁的等级阈值

A_1、A_2、A_3 和 A_4	B 图块	
模块的错误数目	含有模块错误的单条校正折线和辅助校正图形的百分比	等级
0	0%	4
1	≤10%	3
2	≤20%	2
3	≤30%	1
≥4	>30%	0

H.2 功能信息污损分级

汉信码符号功能信息区域由一组用于标识符号版本、纠错等级、掩模方案的模块组成，其中位于符号左上和右上角的区域为一组，位于符号左下和右下角的区域为另一组。在译码过程的初级阶段应可靠地获取该区域数据，如果它不能被译码，符号就不能译码。出于这一原因，功能信息污损等级被纳入整体符号等级的确定。

H.2.1 功能信息污损的分级

对于功能信息的每一个分组，如果功能信息不能被译码，那么该组功能信息污损等级为 0。如果功能信息能够译码，应根据以下方法确定分组的等级：

1） 对于每一个模块，根据 ISO/IEC 15415 中的方法计算该模块调制度的级别。由于已知模块的设计深浅性质，对于任何模块，如果设计其为深，而其反射率高于整体阈值，或设计其为浅，而其反射率低于整体阈值，则该模块的调制度等级为 0。

2） 对于每一个调制度等级：

a） 假定低于这个调制度等级所有的模块都是错的，然后根据表 H.2 导出一个假定的等级。

表 H.2 功能信息污损假定的分级

模块错误	等　　级
0	4
1	3
2	2
3	1
≥4	0

b) 在每一个调制度等级选择调制度等级和假定的等级两者之间的较低值作为该调制度下的导出等级，如表 H.3 所示。

c) 各调制度下的导出等级的最高值定义为该分组的功能图形污损等级，如表 H.3 所示。

表 H.3 功能信息块污损的分级实例

调制度等级	假定等级	导出等级
4	2	2
3	2	2
2	3	2
1	3	1
0	4	0
	功能信息污损等级	2

3) 功能信息污损等级应为两组功能信息污损等级的平均值，如果需要可以对该数值取整。

H.3 扫描分级

单次扫描分级应为 ISO/IEC 15415 中规定的标准译码、符号反差、调制度、轴向不一致性、网格不一致性、未使用纠错以及本附录中规定的功能性图形污损和功能信息污损 8 个指标中的最低值。

ICS 35.040
L 80

中华人民共和国国家标准

GB/T 21050—2007

信息安全技术 网络交换机安全技术要求（评估保证级3）

Information security techniques—Security requirements for network switch (EAL3)

2007-08-24 发布　　2008-01-01 实施

中华人民共和国国家质量监督检验检疫总局
中国国家标准化管理委员会　发布

前　言

本标准依据 GB/T 18336—2001《信息技术　安全技术　信息技术安全性评估准则》的要求，规定了网络交换机的安全技术要求。附录 A 和附录 B 是资料性附录，附录 A 对本标准的内在合理性进行了阐述，附录 B 是安全功能要求的应用注释。

本标准由全国信息安全标准化技术委员会提出并归口。

本标准起草单位：中国信息安全产品测评认证中心。

本标准主要起草人：李守鹏、徐长醒、付敏、王书毅、郭颖、刘楠、毕强、王迪、裘晓峰、闫石、王眉林、刘威鹏、李云雪、张展、苏智睿、王伟雄、王怡、万晓兰。

引　言

本标准定义了网络交换机应在生产商安全目标文档中包括的安全要求的最小集合。系统集成商和信息系统安全工程师可以利用本标准确认现有交换机的应用领域，以提供更为全面的安全方案。本标准规定了交换机应满足的用于信息保护的安全要求。

满足本标准的交换机，可以为组织提供自行处理的额外安全机制，以加强其对自身信息的保障。额外的安全机制包括但不限于以下几种：防火墙、网关、加密。另外，本标准适用于以下三种可能出现的管理情形，概括总结如下：

a) 购买者本人管理自己的设备。

b) 设备不是由购买者而是由网络供应商或商业组织管理。设备被安放在网络供应商或商业组织的场所。

c) 仅仅从提供商那里购买服务。

为正确执行交换机的管理功能，需要网络管理系统的支持。网络管理系统的连接参数是预先设置的，它是执行操作功能应有的一部分，但在本标准中不作为交换机的一部分。

本标准定义的要求适用于保护日常的私有敏感信息，此信息是与管理和控制相关的信息，不包括对通过交换机的用户数据的保护。本标准列出了交换机所需处理的假设、威胁和组织安全策略，并定义了交换机及其环境的独立的安全目的。最后，本标准提供了安全环境、安全目的和安全要求的对应关系。附录A描述了这些对应关系。

信息安全技术 网络交换机安全技术要求 （评估保证级3）

1 范围

本标准规定了网络交换机EAL3级的安全技术要求，主要包括网络交换机的安全假设、威胁和组织策略等安全环境，以及网络交换机EAL3级的安全目的、安全功能要求和安全保证要求。

本标准适用于网络交换机的研制、开发、测试、评估和采购。

本标准主要适用于信息系统安全工程师、产品生产商、安全产品评估者。

2 规范性引用文件

下列文件中的条款通过本标准的引用而成为本标准的条款。凡是注日期的引用文件，其随后所有的修改单(不包括勘误的内容)或修订版均不适用于本标准，然而，鼓励根据本标准达成协议的各方研究是否可使用这些文件的最新版本。凡是不注日期的引用文件，其最新版本适用于本标准。

GB/T 18336.1—2001 信息技术 安全技术 信息技术安全性评估准则 第1部分：简介和一般模型(idt ISO/IEC 15408-1：1999)

GB/T 18336.2—2001 信息技术 安全技术 信息技术安全性评估准则 第2部分：安全功能要求(idt ISO/IEC 15408-2：1999)

GB/T 18336.3—2001 信息技术 安全技术 信息技术安全性评估准则 第3部分：安全保证要求(idt ISO/IEC 15408-3：1999)

3 术语、定义、缩略语和约定

3.1 术语和定义

GB/T 18336—2001确立的以及下列术语和定义适用于本标准。

3.1.1

客户端 client

发起或接受数据传送的源。通过网络交换机的数据的源发者。

3.1.2

网络审计管理员 network audit management operator

仅具有查看权限，负责收集、分析和查看网络行为数据的网络管理角色。如：查看网络交换机配置和信息流策略等。

3.1.3

网络配置管理员 network management administrator

受到严格限制的具有部分网络管理能力的管理角色，可以执行网络交换机管理功能的子集，如：配置管理网络系统，利用权限解决网络故障等。该管理员同时具备网络审计管理员的能力。

3.1.4

网络安全管理员 network security administrator

具有所有管理级别的访问权限，可以访问网络交换机的各个区域，同时具备网络配置管理员和网络审计管理员的能力，如：创建、修改和存取访问控制列表、加载密钥、限制应用程序执行以及维护网络管理审计日志等能力的网络管理角色。

3.1.5

网络交换机　network switch

网络中连接各个节点或其他网络设备的设备，提供了开放式系统互联模型二层的逻辑路径，基于数据链路层信息转发数据包，能够基于目的地址过滤。

3.1.6

节点　node

计算机网络系统中可以对信息进行存储或转发的设备。

3.1.7

可信信道　trusted channel

一种在网络交换机之间执行特定功能的连接，用来传输信息的控制信令、标识和鉴别数据等。

3.1.8

可信路径　trusted path

一条网络管理连接，允许通过该路径传输控制信息。可信路径的一端是网络管理端，另一端是被管理的网络交换机。

3.1.9

可信源　trusted source

能够被标识和鉴别的源或节点，从该源或节点发出的信息的完整性能够被核实和验证。

3.2　缩略语

ATM	异步传输模式	(Asynchronous Transfer Mode)
BGP	边界网关协议	(Border Gateway Protocol)
CMIP	通用管理接口协议	(Common Management Interface Protocol)
EAL	评估保证级	(Evaluation Assurance Level)
HTTP	超文本传输协议	(Hyper Text Transfer Protocol)
IP	互联网协议	(Internet Protocol)
IT	信息技术	(Information Technology)
LDP	标签分发协议	(Label Distribution Protocol)
MD5	报文摘要算法	(Message Digest 5)
NNI	网络到网络的接口	(Network to Network Interface)
OSPF	开放式最短路径优先	(Open Shortest Path First)
PNNI	专用网络到网络的接口	(Private Network to Network Interface)
PSTN	公共电话交换网	(Public Switched Telephone Network)
QoS	服务质量	(Quality of Service)
Rlogin	远程登录	(Remote login)
Rsh	远程 shell 协议	(Remote shell protocol)
RSVP	资源预留协议	(Resource Reservation Protocol)
RMON	远距离监控	(Remote Monitoring)
SNMP	简单网络管理协议	(Simple Network Management Protocol)
UNI	用户与网络接口	(User to Network Interface)

3.3　约定

本标准第 7 章“安全要求”中使用的操作约定如下：

3.3.1

反复

反复操作以多个带有空行的段落表示。

3.3.2

选择

选择操作以*下划线斜体字*表示。

3.3.3

赋值

赋值操作以"【*下划线斜体字*】"表示。

3.3.4

细化

细化操作在安全要求中有相应的声明。

4 网络交换机概述

网络交换机是一种连接网络的设备。从技术角度看,网络交换机运行在 OSI 模型的数据链路层或网络层。虽然 ATM、IP、光交换有各自不同的特性,但是它们的处理和控制方式是相似的。可信路径建立在网络交换机和管理系统之间,可信信道建立在网络交换机之间,通过可信路径可进行管理信息的交换,通过可信信道可进行网络控制信息(如,许可动态连接建立和包路由选择信息)的交换,网络控制信息由特定的请求和指令组成,如目的地址、路由选择控制和信令信息等。在 ATM 环境下,控制信息可以包括 ATM UNI、NNI 信令和 PNNI 路由选择。在 IP 环境下,控制信息可以包括 OSPF 、BGP、RSVP 和 LDP。

异步传输模式是一种面向连接的传输方法,它将传送的信息分成固定的 53 个字节长度的信元。建立连接的信元传输允许有受控延迟,流量控制可以使用固定优先级或尽力传输方式。IP 路由选择是以无连接方式传输包含在变长包内的信息。在主机之间,数据传输通常使用尽力传输方式,但不保证一定传输到目的主机。由于在传输之前没有建立逻辑路径,因此每个 IP 包可能动态地通过多个不同的路径。网络交换机基于指定的路由选择协议和网络状态动态的决定最佳路径。光网络交换机可作为多种服务的聚集器,如提供多服务平台、多波段平台。

对于光流量,至少有两种分类传输方法。一种是将流量送入完全不同的通信信道,通过建立互不影响的信道,来提供光核心的高速管道带宽,如:一个信道分配给了高优先级流量,一个信道分配给了延迟敏感数据,另一个信道分配给了尽力传输数据,等等。另一种分类传输的方法是所有类型的流量共享一个通用的通信信道,这意味着,沿着流量路径,每一个在实现队列中的网络元素都必须快速地执行分类方法。比较典型的是设备接入层执行的流量分类过程,它使用一种标记指示服务传输层该如何处理该流量,使得处在网络边界位置的光交换机知道在碰撞发生时该如何排列和区分流量的优先级。使用这种方法,不需要定义每种类型分配多少带宽,带宽是共享的并且被动态地分配。

网络交换机一般包括接口卡、端口、软件,以及驻留在其上的数据等。与网络交换机相关的所有电路都属于网络交换机的一部分,其中包括管理链路。虽然网络管理系统是必需的部件,但是它不属于本标准的规范范围,而且连接到网络交换机的其他网络部件也不属于本标准的规范范围。例如,交叉连接的数字传送系统、光传送系统、加密装置等。然而,网络交换机可以支持加密或具有连接加密装置的接口,用于加密用户数据、管理和控制信息。网络交换机具有保护网络管理和进行网络控制的功能,允许通过网络可靠传递用户信息,并具有可靠的质量和及时性。因此,本标准规范的网络交换机涉及了网络控制和管理信息。

网络控制信息包括在网络交换机之间的路由选择和信令信息。控制信息沿着路由、路径和信道控制流量传输,流量控制依赖于服务质量和丢弃信元或包的优先次序。通常控制信息可能包含在 ATM 信元或 IP 包头内,也可能在 IP 包的尾部。

ATM 网络交换机使用的 UNI(3.0、3.1、4.0)、NNI 或 Q.2931 等信令标准在网络交换机之间传递建立连接的呼叫控制信息。配置信息包含业务量描述和下游节点的定址信息,例如 PNNI、OSPF、

BGP、RSVP 和 LDP 等协议可用于在节点之间交换建立服务或保留资源的信息。对于可靠操作，网络鉴别和控制信息的完整性是必需的，路由选择和信令信息可能造成网络拓扑和交通流量信息的泄漏，因此它们是敏感的，保持路由选择和信令信息的保密性是必要的。

网络控制信息的重点主要集中在配置方面，而网络管理信息的重点主要集中在性能、故障、失效和审计方面。网络交换机通过用于管理的链路连接到负责管理的设备上，且该管理链路应该是一个可信路径。节点的保护可以通过对节点的访问保护实现，由于有多种节点访问方式，因此需要保护包括网络管理数据和网络控制信息在内的信息和资产。

有多种不同的方法来管理节点，最常用的管理方法之一叫作“带内”管理，该管理方法使用与客户相同的通信链路，管理流量使用如同客户流量一样的端口。“带内”管理可以使用如下协议：SNMP、RMON、CMIP、HTTP、Telnet 和 Rlogin 等。管理节点的另一种方法称为“带外”管理，该方法使用客户端端口之外的端口。“带外”管理还可以细分为如下几种：一是通过局部端口管理节点，例如使用一台物理上毗连于节点的笔记本电脑或哑终端连接到节点的串行接口上，对其进行管理；其次，节点也可以通过连接公用电话交换网 PSTN 的远程笔记本电脑或终端进行远程访问管理；第三，通过连接网络交换机的独立以太网接口的管理站进行远程管理(可以使用 Telnet、rsh、HTTP 协议等)。

通常存在许多不同的管理角色，所有的管理角色都被赋予一定的信任度，甚至他们的管理操作并未受到监控。管理场所是授权的访问区域，只有网络管理职员才有访问权限。通常可以通过基于网络地址的方式限制对管理连接的访问，多数管理角色只被授予执行自己职权的操作权限。不同的角色权限可能重叠或仅具有部分特权，仅有极少数的角色具有管理节点的全局特权。如“网络审计管理员”只具有查看、收集和分析网络性能数据的权限；“网络配置管理员”除拥有网络审计管理员权限外，还被赋予了访问执行配置管理、预防措施、故障查找和监测功能的权限；“网络安全管理员”具有执行加载密钥、创建和修改访问控制列表、以及限制应用程序执行的功能程序，因此，“网络安全管理员”拥有“网络配置管理员”的权限。

另外，对于组织通过购买网络服务的形式组网的情形，他们可以自己监测通过供应商网络的流量性能，以确定供应商的服务是否符合协议要求。网络供应商能够控制网络管理活动，并向客户提供网络管理报表，通过网络浏览方式以只读的权限访问管理报表，也可以直接提交给授权的个体或被认可的个体主动去获取报表。流量性能统计数据通常包括捕获量、捕获数据、日期、时间、网络使用统计与服务质量的水平、发送流量、接收流量等。

5 安全环境

5.1 假设

5.1.1 审计信息的审查(A. Audit_Review)

应周期性地审查和分析审计信息，以符合网络安全策略。

5.1.2 健壮的密码算法(A. Cryptanalytic)

网络交换机环境使用的加密算法应能抵抗密码分析攻击，并具有足够的健壮性来保护敏感数据。

5.1.3 环境的保护(A. Environment)

所有设备应该遵从环境标准，例如：对抗自然灾害的标准和电力安全的标准。网络交换机应有备份电源，以确保服务的可用性或防止数据的丢失。

5.1.4 威胁代理(A. ExpAgent)

网络交换机应能对抗由了解网络交换机实现中使用的安全性原理的专业人员发起的攻击。

5.1.5 物理保护(A. Physical)

网络交换机应置于访问受控的设施内，以避免未授权者的物理访问。还应防止网络交换机被偶然接触(例如，偶然撞击缆线可能造成无意识的破坏)。

5.1.6 可靠的时间源(A. Time_Source)

网络资源应连接到可靠的时间源。该时间源用于同步传输、流量审计的可靠时间戳、性能审计、管理员活动审计等。另外,还要有备份的时间源。

5.1.7 人员培训(A. Train)

应该培训所有人员,使其能够正确地运用、安装、配置和维护网络交换机及其安全功能和网络组件,并且所有人员应该严格遵循文档化的程序和规程。

5.2 威胁

5.2.1 通信分析(T. Analysis)

攻击者可能收集源和目标地址、大量数据,以及发送数据的日期和时间。

5.2.2 未授权网络访问并获取数据(T. Capture)

攻击者可能偷听、接入传输线,或用其他方式获取通信信道上传输的数据。

5.2.3 节点泄漏(T. Compromised_Node)

修改网络交换机配置文件或路由表,导致网络交换机运行异常、安全功能失效,或流量可能被重路由到未授权的节点。

5.2.4 隐通道(T. Covert)

隐通道通常在隐蔽区域隐藏信息,其目的是传送信息而不受监控。

5.2.5 密码分析(T. Cryptanalytic)

攻击者为了复原信息的内容,尝试对已加密的数据进行密码分析。

5.2.6 拒绝服务(T. Denial)

攻击者通过执行指令、发送超限额的高优先级流量数据,或执行其他操作,在网络上造成不合理的负载,造成授权客户端得不到应有的系统资源,即导致拒绝服务。

5.2.7 部件或电源失效(T. Fail)

系统部件或电源的失效,可能造成重要系统功能的破坏和重要系统数据的丢失。

5.2.8 硬件、软件或固件的缺陷(T. Flaw)

硬件、软件或固件的缺陷导致网络交换机及其安全功能的脆弱性。

5.2.9 管理员网络授权的滥用(T. Hostile_Admin)

管理员有意滥用其权限,不适当地访问或修改数据信息,例如:配置数据、审计数据、口令文件或误处理其他的敏感数据文件。

5.2.10 管理错误(T. Mgmt_Error)

网络配置管理员可能无意地不恰当地访问、修改了数据信息,或误用资源。

5.2.11 修改协议(T. Modify)

攻击者未经授权而修改或操纵协议(例如:路由选择、信号等协议)。

5.2.12 网络探测(T. NtwkMap)

攻击者可能进行网络探测来获得节点地址、路由表信息和物理位置。

5.2.13 重放攻击(T. Replay_Attack)

攻击者通过记录和重放通信会话,伪装成已验证的客户来非法获得网络交换机的访问权。管理信息也可能被记录和重放,从而用于伪装成已验证的管理员来得到对网络管理资源的访问权。

5.2.14 配置数据泄漏(T. Sel_Pro)

攻击者可能读取、修改或破坏网络交换机的安全配置数据。

5.2.15 欺骗攻击(T. Spoof)

客户端通过获得的网络地址来伪装成已授权的用户,未授权节点可能使用有效的网络地址来尝试访问网络。

5.2.16 对管理端口的非授权访问(T. Unauth_Mgmt_Access)

攻击者或滥用特权的网络配置管理员可能通过 Telnet、RMON 或其他方式访问管理端口,从而重新配置网络、引起拒绝服务、监视流量、执行流量分析等。

5.3 组织安全策略

5.3.1 可核查性(P. Accountability)

使用网络交换机传送信息的组织、拥有网络配置管理员角色的人员和开发者应该对其行为负责。

5.3.2 审计管理人员的数据(P. Audit_Admin)

网络管理系统应该能产生和传送审计记录,审计记录应提供充足的信息,用来判断产生会话的管理人员、管理日期、管理时间和管理行为,应周期性的审阅审计记录。

5.3.3 操作员和节点的鉴别(P. Authentication)

网络交换机应能支持对网络审计管理员、网络配置管理员和网络安全管理员的鉴别,并且网络交换机也应支持对等节点的鉴别。

5.3.4 网络可用性(P. Availability)

对于授权客户端的任务需求和传送信息需求,应能保证网络资源的有效性。

5.3.5 信息的保密性(P. Confidentiality)

在实时和存储状态下,应保持统计数据、配置信息和连接信息的保密性。为了保持其保密性,网络交换机要能够支持健壮的加密基础设施。对于加密装置,网络交换机要具备加解密能力或接口支持能力。

5.3.6 默认配置(P. Default_Config)

网络交换机的默认设置应能防止其安全功能的削弱或失效。所有有助于网络交换机安全性的功能应是默认生效的。

5.3.7 安装和使用指南(P. Guidance)

指南文件应能提供网络交换机的安装、配置和维护的指导。

5.3.8 网络交换机信息更新(P. Information_Update)

验证接收到的网络交换机信息文件、异常通知、补丁程序、升级文件等信息的完整性,上述文件或信息必须有实时的分发机制。

5.3.9 内容的完整性(P. Integrity)

管理和控制信息在传输期间应保持其内容的完整性。同时,所有信息在存储状态下要保持其完整性。

5.3.10 互操作性(P. Interoperability)

网络交换机应能与其他厂商的网络交换机互连互通。在网络交换机中要实现标准化的、非专有的协议(如路由选择、信令协议等)。厂商可以选择实现一些专有协议,但为了达到互通的目的,厂商也应在网络交换机中实现标准协议。

5.3.11 故障通告(P. Notify)

网络交换机及其安全环境应具备(或在其他设备的配合下)提醒和报警能力,例如:通过 SNMP 第 3 版的陷门机制发送固件、硬件或软件的失效通知。

5.3.12 对等节点(P. Peer)

安全的节点应有接受来自信任节点和不信任节点的流量的能力。为了保护信息,将在信任和不信任的节点之间过滤流量。

5.3.13 信息管理规程(P. Procedures)

网络交换机安全环境的规程应限制无意地泄露、修改敏感信息以及不恰当地使用资源。例如:敏感信息可能包括但不局限于:文档化的操作规程材料、设备安装规程、审计文件、配置文件、网络图表、物理连接和网络测试结果的信息。

5.3.14 可靠传输(P. Reliable_Transport)

应实现可靠的传送和检错机制协议,以用于网络管理和控制。

5.3.15 网络可生存性与恢复(P. Survive)

网络资源应能够从故意的破坏尝试中恢复,同时应具有从传输错误中恢复的能力。网络必须能抵御硬件或软件失效,或具有在合理时间内复原的能力。应记录用于恢复的任何环境。

5.3.16 硬件、软件和固件的完整性(P. SysAssur)

应提供使完整性生效、初始化、软硬固件升级的功能和规程。应在初始安装和软件升级和固件交换时确保其完整性。

6 安全目的

6.1 网络交换机安全目的

6.1.1 网络访问控制(O. Access_Control)

网络交换机应实现访问控制策略,访问控制策略基于但不限于网络交换机的任务、网络交换机标识、源和目标地址、端口层次的过滤(如 Telnet、SNMP)等。

6.1.2 安全风险报警通知(O. Alarm)

网络交换机应有发现硬件、软件、固件的失败或错误的能力。网络交换机应提供安全相关事件、失败或错误提示的告警能力。

6.1.3 网络配置保密性(O. Cfg_Confidentiality)

网络交换机应保证配置和连接信息不会泄露。

6.1.4 配置完整性(O. Cfg_Integrity)

网络交换机应保证审计文件、配置、连接信息和其他信息的完整性。网络交换机不需负责存储这些信息。

6.1.5 管理配置数据(O. Cfg_Manage)

应有获取和保存网络交换机的配置和连接信息的能力,必须保证存储的完整性,能进行系统部件的鉴别与系统连接的鉴别。

6.1.6 控制数据的可信通道(O. Ctrl_Channel)

提供对等网络交换机之间传输控制数据的完整性和保密性;提供独立的可信信道。为了支持保密性,网络交换机必须支持加密基础设施。该加密基础设施要支持包括客户端注册、密钥管理和信道隔离在内的服务。

6.1.7 受控标识和鉴别(O. Ctrl_I&A)

只有在请求连接的目标地址、标识、鉴别和权限与控制策略一致时,才能连接到网络交换机。

6.1.8 检测非授权连接(O. Detect_Connection)

网络交换机应能检测并告警未经授权的连接。

6.1.9 故障发生时安全状态的保存(O. Fail_Secure)

网络交换机应能保存部件失效或停电事件时的系统安全状态。

6.1.10 生命周期安全(O. Lifecycle)

对网络交换机实行管理和维护,保证在其生命周期内,正确地实现和保护其安全功能。对硬件、软件或固件的升级,应保证不会影响其他的安全功能。

6.1.11 管理数据的可信路径(O. Mgmt_Path)

对于网络交换机和网络管理站之间传输的信息,应保证其完整性和保密性,应提供独立的可信信道。为了支持保密性,网络交换机必须支持加密基础设施。该加密基础设施要支持包括客户端注册、密钥管理和信道隔离在内的服务。

6.1.12 安全修复和补丁(O. Patches)

网络交换机应安装最新的补丁和安全修复。

6.1.13 业务优先级(O. Priority_of_Service)

即使使用尽力传输方式,网络交换机也应对所有的流量分配优先级。控制资源访问方式,防止低级别服务干扰或延迟高级别的服务。

6.1.14 地址保护(O. Protect_Addresses)

网络交换机应保护已授权组织的内部地址的保密性和完整性。在网络交换机收到数据后,应能正确地解析出经过授权的源地址和目的地址。

6.1.15 协议(O. Protocols)

在网络交换机中应实现能与其他厂商的网络交换机互操作的标准协议,并在网络交换机中实现可靠交付和错误检测的协议。

6.1.16 避免重放攻击(O. Replay_Prevent)

网络交换机应具有防止非授权用户伪装成已授权用户的能力,保护其自身免受重放攻击。

6.1.17 网络交换机的自身防护(O. Sel_Pro)

网络交换机必须做好自身防护,以对抗非授权用户对其安全功能的旁路、抑制或篡改。

6.1.18 网络交换机及其安全功能的测试(O. Test)

网络交换机及其安全功能的测试应严格遵照文档化的测试计划和规程。脆弱性测试应致力于寻找可能违反网络交换机安全策略的方法。所有的测试方法和结果都应有文档记录。

6.1.19 带标识的审计流量记录(O. Traf_Audit)

审计记录应包括日期、时间、发送速度、接受速度、节点标识符和负责传输数据的组织。网络交换机应验证审计记录的完整性,但网络交换机无需负责存储审计记录。

6.1.20 系统数据备份的完整性和保密性(O. Trust_Backup)

应确保网络交换机的系统文件和配置参数有冗余备份。备份文件的存储方式应符合网络安全策略,保证文件的完整性和保密性。另外,应能使用备份文件再生网络交换机的配置,在出现失效或泄密的情况下恢复网络交换机的功能;网络文件可自动的复制到其他的管理站。

6.1.21 可信的恢复(O. Trusted_Recovery)

应确保网络交换机在出现失效或错误后能够恢复到安全状态,应确保在更换失效的部件后,能够恢复系统状态,并且保证不会引发错误或造成其他的安全隐患。

6.1.22 未用区域(O. Unused_Fields)

网络交换机应保证恰当的设定了协议头内所有未使用域的数值。

6.1.23 软硬固件验证(O. Validation)

应通过合适的功能和规程,确保所有硬件、软件和固件的完整性,并保证所有硬件、软件和固件都可正确地安装和操作。

6.2 环境安全目的

6.2.1 带标识的审计记录(OE. Admin_Audit)

网络配置管理员和网络安全管理员的活动应被审计,审计记录的存储和维护应符合安全策略。

6.2.2 管理属性(OE. Attr_Mgt)

网络安全管理员应管理控制策略,只赋予授权的网络管理人员必需的权利。管理人员应在通过标识与鉴别后承担其特权角色。

6.2.3 审计记录查阅(OE. Audit_Review)

应定期的查阅所有审计记录,网络审计管理员应定期的查阅网络流量审计记录。

6.2.4 加密机制支持(OE. Cryptography)

为了支持保密性,网络交换机必须支持加密基础设施。该加密基础设施要支持包括客户端注册、密钥管理和信道隔离在内的服务。

6.2.5　**环境保护(OE. Environment)**

应提供对物理环境的保护,例如对抗火灾、地震、掉电等。

6.2.6　**指导性文档(OE. Guide_Docs)**

应提供安装、配置、操作和程序性指导文档,防止安装、配置和操作上的错误。指导文件也要用于网络交换机及其安全功能的维护。

6.2.7　**管理标识和鉴别(OE. Mgmt_I&A)**

管理人员应在通过标识与鉴别后才能承担其特权角色。

6.2.8　**可信人员(OE. Personnel)**

应使用可信赖的和有能力的员工。人员应经过基本培训,并进行经常性培训。

6.2.9　**物理保护(OE. Physical)**

应有物理保护措施,以避免恶意攻击、未经授权的修改、破坏和盗窃事件的发生。

6.2.10　**网络同步(OE. Synchronization)**

网络交换机应连接到可靠的时间源,以保证正确的网络资源同步。

7　安全要求

7.1　安全功能要求

表1列出了网络交换机信息技术安全功能要求组件,并对各组件给出了详细的说明。

表1　安全功能要求组件

安全功能要求类	安全功能要求组件	组件名称
安全审计(FAU类)	FAU_GEN. 1	审计数据产生
	FAU_GEN. 2	用户身份关联
	FAU_SAR. 1	审计查阅
	FAU_SEL. 1	选择性审计
用户数据保护(FDP类)	FDP_ACC. 1	子集访问控制
	FDP_ACF. 1	基于安全属性的访问控制
	FDP_ETC. 2	有安全属性的用户数据输出
	FDP_IFC. 1	子集信息流控制
	FDP_IFF. 1	简单安全属性
	FDP_ITC. 2	有安全属性的用户数据输入
	FDP_UIT. 1	数据交换完整性
	FDP_UIT. 2	原发端数据交换恢复
标识和鉴别(FIA类)	FIA_UAU. 2	任何行动前的用户鉴别
	FIA_UID. 2	任何行动前的用户标识
	FIA. AFL. 1	鉴别失败处理
安全管理(FMT类)	FMT_MOF. 1	安全功能行为的管理
	FMT_MSA. 1	安全属性的管理
	FMT_MSA. 3	静态属性初始化
	FMT_MTD. 1	安全功能数据的管理
	FMT_SMR. 2	安全角色限制

表 1(续)

安全功能要求类	安全功能要求组件	组件名称
安全功能保护(FPT 类)	FPT_AMT.1	抽象机测试
	FPT_FLS.1	带保存安全状态的失败
	FPT_ITC.1	传送过程中安全功能间的保密性
	FPT_ITI.1	安全功能间修改的检测
	FPT_PHP.1	物理攻击的被动检测
	FPT_RCV.3	无过度损失的自动恢复
	FPT_RCV.4	功能恢复
	FPT_RPL.1	重放检测
	FPT_STM.1	可靠的时间戳
	FPT_TDC.1	安全功能间基本安全功能数据的一致性
	FPT_TST.1	安全功能检测
资源利用(FRU 类)	FRU_FLT.1	低容错
	FRU_PRS.2	全部服务优先级
网络交换机访问(FTA 类)	FTA_TSE.1	网络交换机会话建立
可信路径/信道(FTP 类)	FTP_ITC.1	安全功能间可信信道
	FTP_TRP.1	可信路径

7.1.1 安全审计(FAU 类)

7.1.1.1 审计数据产生(FAU_GEN.1)

FAU_GEN.1.1 网络交换机的安全功能应能为下列可审计事件产生审计记录:

a) 审计功能的启动和关闭。

b) *基本级*审计的所有可审计事件。

c) 【*对网络审计管理员、网络配置管理员和网络安全管理员的审计:访问权限和能力的分配或撤销、任何由网络管理人员所做出的更改、进程运行期间的时间和日期、网络管理人员执行活动的时间和日期。*
对于网络流量的审计:能够记录主干网内的源和目的节点、传输和接收流量的大小、日期和时间。】

FAU_GEN.1.2 网络交换机的安全功能应在每个审计记录中至少记录如下信息:

a) 事件的日期和时间、事件类型、主体身份、事件的结果(成功或失败);

b) 对每种审计事件类型是基于保护轮廓或安全目标文档中安全功能要求组件的可审计事件进行定义的,其他相关审计事件包括:【*收到不可信源的流量、接受来自不可信源的流量、恢复安全性相关事件的响应行动、恢复一个与安全性相关事件花费的时间、被安全性相关事件影响的所有组件。*】。

依赖关系:FPT_STM 可靠的时间戳。

7.1.1.2 用户身份关联(FAU_GEN.2)

FAU_GEN.2.1 网络交换机的安全功能应能将每个可审计事件与引起该事件的用户身份相关联。用户的网络管理审计数据将关注网络管理角色涉及到的人员,而用户的流量统计数据将关注网络交换机的标识。

依赖关系:FAU_GEN.1 审计数据产生;

FIA_UID.1 适时标识。

7.1.1.3 审计查阅(FAU_SAR.1)

FAU_SAR.1.1 网络交换机的安全功能应为【*指定的网络安全管理员*】提供从审计记录中读取【*所有审计数据*】的能力。

FAU_SAR.1.2 网络交换机的安全功能应以便于用户理解的方式提供审计记录。

依赖关系：FAU_GEN.1 审计数据产生。

7.1.1.4 选择性审计(FAU_SEL.1)

FAU_SEL.1.1 网络交换机的安全功能根据以下属性包括或排除审计事件集中的可审计事件：*客体标识、用户标识、主体标识、主机标识、事件类型*。

依赖关系：FAU_GEN.1 审计数据产生；
FMT_MTD.1 安全功能数据的管理。

7.1.2 用户数据保护(FDP 类)

7.1.2.1 子集访问控制(FDP_ACC.1)

FDP_ACC.1.1 网络交换机的安全功能应对【*通信请求*】执行【*访问控制策略*】。

依赖关系：FDP_ACF.1 基于安全属性的访问控制。

7.1.2.2 基于安全性属性的访问控制(FDP_ACF.1)

FDP_ACF.1.1 网络交换机的安全功能应基于【*标识、鉴别和连接通信会话中另一个成员的节点的授权*】对客体强制执行【*访问控制策略*】。

FDP_ACF.1.2 网络交换机的安全功能应执行以下规则，以决定受控主体与受控客体间的操作是否被允许：【*源网络交换机的地址必须在目的网络交换机的访问控制列表中标识出来，授权必须发生在接收消息之前*】。

FDP_ACF.1.3 网络交换机的安全功能应基于以下附加规则决定主体对客体的访问授权：【*合法键值的拥有者、网络交换机的角色(处理仅从可信源来的流量，或配置成也可从不可信源接收流量)、时间和流量特征(如控制信息)*】。

FDP_ACF.1.4 网络交换机的安全功能应基于【*发送者的地址*】明确拒绝主体对客体的访问。

依赖关系：FDP_ACC.1 子集访问控制；
FMT_MSA.3 静态属性初始化。

7.1.2.3 有安全属性的用户数据输出(FDP_ETC.2)

FDP_ETC.2.1 网络交换机的安全功能在安全功能策略的控制下输出用户数据到安全功能的控制范围之外时，应执行【*安全属性的应用程序*】。

FDP_ETC.2.2 网络交换机的安全功能应输出带有相关安全属性的用户数据。

FDP_ETC.2.3 网络交换机的安全功能在安全属性输出到安全功能的控制范围之外时，应确保其与输出的数据确切关联。

FDP_ETC.2.4 网络交换机的安全功能在用户数据从安全功能的控制范围输出时，【*传输数据的网络交换机必须保证具有完整性保护*】。

依赖关系：FDP_ACC.1 子集访问控制或 FDP_IFC.1 子集信息流控制。

7.1.2.4 子集信息流控制(FDP_IFC.1)

FDP_IFC.1.1 网络交换机的安全功能应对【*从不可信源接收到的控制信息(信令和路由信息)*】执行【*信息流控制策略*】。

依赖关系：FDP_IFF.1 简单安全属性。

7.1.2.5 简单安全属性(FDP_IFF.1)

FDP_IFF.1.1 网络交换机的安全功能应基于下列类型的主体和信息安全属性：【*最小化的信息流控制策略，功能与访问控制策略相关联，可以识别控制信息的*

源，无论它是可信的或不可信的（可信源是可标识和可鉴别的，而且控制信息的完整性是可校验的），生成消息源的鉴别】，执行【信息流控制策略】。

FDP_IFF.1.2 如果有【消息的源头可以被接收方标识和鉴别，并且消息的完整性是可校验的】的规则，网络交换机的安全功能应允许受控主体和受控信息之间存在经由受控操作的信息流，即网络交换机的安全功能应允许在受控主体之间存在一个信息流。

FDP_IFF.1.3 网络交换机的安全功能应执行【信息流控制策略：当做出路由和重新路由的决定时，来自可信源的控制信息的优先级要高于从不可信源接收的控制信息，正如在网络失败的事件中】。

FDP_IFF.1.4 网络交换机的安全功能应提供下列功能：【配置网络交换机的安全功能实现对来自不可信源数据接收的策略决定；审计接收到的来自不可信源的数据；从不可信源接收数据】。

FDP_IFF.1.5 网络交换机的安全功能应根据【可信的预先建立的（静态）路由，通过可信路径到网络管理站的管理信息】的规则，明确授权信息流。

FDP_IFF.1.6 网络交换机的安全功能应基于【配置安全策略以拒绝接收来自不可信源的数据】的规则，明确拒绝信息流。

依赖关系：FDP_ACC.1 子集访问控制或 FDP_IFC.1 子集信息流控制；
FMT_MSA.3 静态属性初始化。

7.1.2.6 有安全属性的用户数据输入（FDP_ITC.2）

FDP_ITC.2.1 网络交换机的安全功能在安全功能策略的控制下从安全功能的控制范围之外输入用户数据时，应执行【基于访问控制列表的标识的使用、拥有合法密钥证据的校验、完整性检查的校验或源地址的识别】。

FDP_ITC.2.2 网络交换机的安全功能应使用与输入的数据相关的安全属性。

FDP_ITC.2.3 网络交换机的安全功能应确保使用的协议在安全属性和接收的用户数据之间提供了明确的联系。

FDP_ITC.2.4 网络交换机的安全功能应确保对输入的用户数据安全属性的解释与用户数据源的解释是一致的。

FDP_ITC.2.5 网络交换机的安全功能在安全功能策略的控制下从安全功能的控制范围之外输入用户数据时，应执行【赋值】。

依赖关系：FDP_ACC.1 子集访问控制或 FDP_IFC.1 子集信息流控制；
FTP_ITC.1 安全功能间可信信道或 FTP_TRP.1 可信路径；
FPT_TDC.1 安全功能间基本安全功能数据的一致性。

7.1.2.7 数据交换完整性（FDP_UIT.1）

FDP_UIT.1.1 网络交换机的安全功能应执行【信息控制策略】，使得能以某种方式传送、接收用户数据，保护数据避免出现篡改、删除、插入、重用错误。

FDP_UIT.1.2 网络交换机的安全功能应能根据收到的用户数据，判断是否出现了篡改、删除、插入、重用。

依赖关系：FDP_ACC.1 子集访问控制或 FDP_IFC.1 子集信息流控制；
FTP_ITC.1 安全功能间可信信道或 FTP_TRP.1 可信路径；
FTP_TRP.1 可信路径。

7.1.2.8 原发端数据交换恢复（FDP_UIT.2）

FDP_UIT.2.1 网络交换机的安全功能应执行【帧序列检查、循环冗余码校验、流量整形、抗重放、和完整复制所有网络管理数据文件给某一分离的备份源】，以便能在原发端可信 IT 产品的帮助下，从【*包的序列变化、重放包、不完整的数据传输、丢掉的包、网络拥塞和主要网络管理系统中的失败*】中恢复。

依赖关系：FDP_ACC.1 子集访问控制或 FDP_IFC.1 子集信息流控制；

FTP_ITC.1 安全功能间可信信道或 FTP_TRP.1 可信路径。

7.1.3 标识和鉴别(FIA 类)

7.1.3.1 任何行动前的用户鉴别(FIA_UAU.2)

FIA_UAU.2.1 在允许执行任何代表用户的其他安全功能促成的行动执行前，网络交换机的安全功能应要求该用户已被成功鉴别。

依赖关系：FIA_UID.1 适时标识。

7.1.3.2 任何行动前的用户标识(FIA_UID.2)

FIA_UID.2.1 在允许执行任何代表用户的其他安全功能促成的行动之前，网络交换机的安全功能应要求用户标识自己。

依赖关系：无依赖关系。

7.1.3.3 鉴别失败处理(FIA_AFL.1)

FIA_AFL.1.1 当与【*鉴别事件列表*】相关的【*数目*】次不成功鉴别尝试出现时，网络交换机的安全功能应加以检测。

FIA_AFL.1.2 当达到或超过所定义的不成功鉴别尝试的次数时，网络交换机的安全功能应【*行为列表*】。

依赖关系：FIA_UAU.1 适时鉴别。

7.1.4 安全管理(FMT 类)

7.1.4.1 安全功能行为的管理(FMT_MOF.1)

FMT_MOF.1.1 网络交换机的安全功能应仅限于【*网络安全管理员角色*】对【*网络交换机在安装时和贯穿整个生命周期的安全修复/补丁、选择可审计事件、管理用户账户、管理审计日志、管理访问控制策略、管理信息流控制策略、到可信时间源的网络交换机连接、包括网络交换机数据文件的备份和恢复的网络交换机资源的维护*】功能具有*确定其行为、禁止、允许、修改其行为*的能力。

网络交换机的安全功能应仅限于【*网络配置管理员负责建立和配置连接*】对【*网络交换机的配置和网络交换机资源的维护*】功能具有*确定其行为、禁止、允许、修改其行为*的能力。

依赖关系：FMT_SMR.1 安全角色。

7.1.4.2 安全属性的管理(FMT_MSA.1)

FMT_MSA.1.1 网络交换机的安全功能应执行【*访问控制列表*】，以仅限于【*网络安全管理员角色*】能够对【*选择可审计事件，管理审计日志，网络管理系统访问控制列表和账户，网络用户访问控制列表和账户*】安全属性*改变默认值、查询、修改、删除*。

网络交换机的安全功能应执行【*访问控制列表*】，以仅限于【*网络配置管理员角色*】能够对安全属性【*网络用户访问控制列表和账户*】进行*改变默认值、查询、修改、删除*。

网络交换机应执行【*访问控制列表*】，以仅限于【*网络审计管理员、网络配置管理员、网络安全管理员角色*】，能够执行【*监控和收集网络行为属性*】以及【*监控和分析流量行为*】安全属性的能力。

依赖关系：FDP_ACC.1 子集访问控制或 FDP_IFC.1 子集信息流控制；

FMT_MSR.1 安全角色。

7.1.4.3　静态属性初始化(FMT_MSA.3)

FMT_MSA.3.1　网络交换机的安全功能应执行【*访问控制策略*】,以便为用于执行安全功能策略的安全属性提供*受限的*默认值。

FMT_MSA.3.2　网络交换机的安全功能应允许【*负责建立和配置连接的网络配置管理员或网络安全管理员角色*】为生成的客体或信息指定替换性的初始值以代替原来的默认值。

依赖关系:FMT_MSA.1 安全属性的管理;
FMT_SMR.1 安全角色。

7.1.4.4　安全功能数据的管理(FMT_MTD.1)

FMT_MTD.1.1　网络交换机的安全功能应仅限于【*网络安全管理员*】能够对【*当前网络管理审计数据的指定区域和网络流量数据*】进行*改变默认值、查询*的操作。

网络交换机的安全功能应仅限于【*网络配置管理员*】能够对【*当前网络流量审计数据的指定区域*】进行*改变默认值、查询*的操作。

网络交换机的安全功能应仅限于【*网络审计管理员*】能够对【*当前网络流量审计数据的指定区域*】进行*查询*的操作。

依赖关系:FMT_SMR.1 安全角色。

7.1.4.5　安全角色限制(FMT_SMR.2)

FMT_SMR.2.1　网络交换机的安全功能应维护【*网络安全管理员*】角色。

FMT_SMR.2.2　网络交换机的安全功能应能够把管理员用户和角色关联起来。

FMT_SMR.2.3　网络交换机的安全功能应确保条件【*网络审计管理员或网络配置管理员不能假定为网络安全管理员角色*】得到满足。

依赖关系:FIA_UID.1 适时标识。

7.1.5　安全功能保护(FPT 类)

7.1.5.1　抽象机测试(FPT_AMT.1)

FPT _AMT.1.1　网络交换机的安全功能应在*初始化启动期间和*【*网络安全管理员或网络配置管理员*】*提出请求时*运行一组测试,以证明作为网络交换机安全功能基础的由抽象机提供的安全假定的正确执行。

依赖关系:无依赖关系。

7.1.5.2　带保存安全状态的失败(FPT_FLS.1)

FPT_FLS.1.1　网络交换机的安全功能在【*硬件组件失败、短期电源中断*】失败发生时应保存一个安全状态。

依赖关系:无依赖关系。

7.1.5.3　传送过程中安全功能间的保密性(FPT_ITC.1)

FPT_ITC.1.1　在网络交换机的安全功能数据从安全功能到远程可信 IT 产品的传送过程中,网络交换机的安全功能应保护所有的安全功能数据不被非授权泄漏。

依赖关系:无依赖关系。

7.1.5.4　安全功能间修改的检测(FPT_ITI.1)

FPT_ITI.1.1　网络交换机的安全功能应具备:检测网络交换机与远程可信 IT 产品间传送的所有安全功能数据是否被修改的能力,其强度必须【*等于或超出由 MD5 提供的完整性保护算法的强度*】。

FPT_ITI.1.2　网络交换机的安全功能应提供验证在安全功能与远程可信 IT 产品间传送的所有安全功能数据的完整性及执行如果检测到修改所采取的【*数据的再次传输和产生审计记录*】的能力。

依赖关系：无依赖关系。

7.1.5.5 **物理攻击的被动检测(FPT_PHP.1)**

FPT_PHP.1.1 网络交换机安全功能应对可能危及自身安全的物理篡改提供明确的检测。

FPT_PHP.1.2 网络交换机的安全功能应提供判断安全功能设备或安全功能元件是否已被物理篡改的能力。

依赖关系：FMT_MOF.1 安全功能行为的管理。

7.1.5.6 **无过度损失的自动恢复(FPT_RCV.3)**

FPT_RCV.3.1 当不能从失败或服务中断自动恢复时，网络交换机的安全功能应进入维护方式，该方式提供将网络交换机返回到一个安全状态的能力。

FPT_RCV.3.2 对【*备份电源供应、冗余处理器、网络管理系统错误或失败、组件(卡，端口)失败*】，网络交换机的安全功能应确保通过自动化过程使网络交换机返回到一个安全状态。

FPT_RCV.3.3 网络交换机的安全功能提供的从失败或服务中断状态恢复的功能，应确保安全功能控制范围内的安全功能数据或客体的损失在不超过【*赋值*】的情况下恢复到初始状态。

FPT_RCV.3.4 网络交换机的安全功能应提供决定客体能否被恢复的能力。

依赖关系：FPT_TST.1 安全功能检测；
AGD_ADM.1 管理员指南。

7.1.5.7 **功能恢复(FPT_RCV.4)**

FPT_RCV.4.1 网络交换机的安全功能应确保【*包括但不限于如下安全功能和故障情况：自动保护切换、冗余处理器的切换、备份电源供应的切换、信息传输连接的的保存、循环冗余校验、帧序列检查、抗重放等安全功能，和如硬件组件故障、停电、软件错误/故障、系统处理器故障、网络管理系统故障、电路失效或组件故障等故障情况*】有如下特性，即安全功能或者已成功完成，或者对指明的故障情况恢复到一致的安全状态。

依赖关系：无依赖关系。

7.1.5.8 **重放检测(FPT_RPL.1)**

FPT_RPL.1.1 网络交换机的安全功能应检测【*消息(如管理和控制)、安全协商消息、被封装为信元或包传输的特定的特征(时间戳、哈希值、密钥等)*】的重放。

FPT_RPL.1.2 检测到重放时，网络交换机的安全功能应执行【*审计、验证对于重放中来自合法的源的请求、阻挡来自源头的通信、发送陷阱以测试线路和扫描非授权的连接*】。

依赖关系：无依赖关系。

7.1.5.9 **可靠的时间戳(FPT_STM.1)**

FPT_STM.1.1 网络交换机的安全功能应能为自身的应用提供可靠的时间戳。

依赖关系：无依赖关系。

7.1.5.10 **安全功能间基本安全功能数据的一致性(FPT_TDC.1)**

FPT_TDC.1.1 当网络交换机的安全功能与其他可信 IT 产品共享其安全功能的数据时，网络交换机的安全功能应提供对*网络审计信息、控制信息和安全参数*一致性解释的能力。

FPT_TDC.1.2 当解释来自其他可信 IT 产品的安全功能数据时，网络交换机的安全功能应使用*开发者(在安全目标文档中)指定的已鉴别的协议*。

依赖关系：无依赖关系。

7.1.5.11 安全功能检测(FPT_TST.1)

FPT_TST.1.1 网络交换机的安全功能应在*初始化启动期间和*【*网络安全管理员或网络配置管理员*】*提出请求时*运行一组自检,以表明网络交换机安全功能操作的正确性。

FPT_TST.1.2 网络交换机的安全功能为授权用户提供对网络交换机安全功能的数据完整性的验证能力。

FPT_TST.1.3 网络交换机的安全功能为授权用户提供对存储的网络交换机的安全功能可执行代码完整性的验证能力。

依赖关系:FPT_AMT.1 抽象机测试。

7.1.6 资源利用(FRU 类)

7.1.6.1 低容错(FRU_FLT.1)

FRU_FLT.1.1 网络交换机的安全功能应确保【*硬件故障、软件错误、线路故障、路由控制和管理信息的恶意修改、缓冲区溢出、极端的网络拥塞、自然灾害(地震,洪水等),短暂的电源中断*】发生时,能够执行【*自动切换到备份组件或电源供应、安全信息传送、信息传送连接的保存、流量的正确路由、正确的信元/包的内部处理、流量整形、签署的服务质量/优先级的保存、当持续发生带有预攻击控制信息的特定网络操作时丢掉已被破坏的数据并对事件进行审计*】操作。

依赖关系:FPT_FLS.1 带保存安全状态的失败。

7.1.6.2 全部服务优先级(FRU_PRS.2)

FRU_PRS.2.1 网络交换机的安全功能应给在安全功能中的每个主体分配一种优先级。

FRU_PRS.2.2 网络交换机的安全功能应确保对所有可共享资源的每次访问都应基于分配给主体的优先级进行协调分配。

依赖关系:无依赖关系。

7.1.7 网络交换机访问(FTA 类)

7.1.7.1 网络交换机会话建立(FTA_TSE.1)

FTA_TSE.1.1 网络交换机的安全功能应能拒绝基于【*节点标识、接收到的鉴别数据、标识为不可信的数据源、角色、地址、时间(维护窗口,或当适当的监控程序没有就位时)、或基于安全状态*】的会话建立。

依赖关系:无依赖关系。

7.1.8 可信路径/信道(FTP 类)

7.1.8.1 安全功能间可信信道(FTP_ITC.1)

FTP_ITC.1.1 网络交换机的安全功能应在其自身和远程可信 IT 产品之间提供一条通信信道,此信道在逻辑上与其他通信信道截然不同,并且能够对其端节点提供确定的标识,以及保护信道中数据免遭修改和泄露。

FTP_ITC.1.2 网络交换机的安全功能应允许*安全功能,远程的可信 IT 产品*经可信信道发起通信。

FTP_ITC.1.3 对于【*控制信息的传输和安全属性的改变*】,网络交换机的安全功能应经可信信道发起通信。

依赖关系:无依赖关系。

7.1.8.2 可信路径(FTP_TRP.1)

FTP_TRP.1.1 网络交换机的安全功能应在它自身和*远程、本地*用户之间提供一条通信路径,此路径在逻辑上与其他通信路径截然不同,并且能够对其端节点提供确定的标识,以及保护通信数据免遭修改或泄露。

FTP_TRP.1.2 网络交换机的安全功能应允许*远程、本地*用户经可信路径发起通信。

FTP_TRP.1.3　对于*初始鉴别和*【*网络管理信息的传输*】，网络交换机的安全功能应要求使用可信路径。

依赖关系：无依赖关系。

7.2　安全保证要求

表2列出了网络交换机信息技术安全保证要求组件，并对各组件给出了详细的说明。

表2　安全保证要求组件

安全保证要求类	安全保证要求组件	组件名称
配置管理(ACM类)	ACM_CAP.3	授权控制
	ACM_SCP.1	网络交换机配置管理范围
交付及运行(ADO类)	ADO_DEL.1	交付过程
	ADO_IGS.1	安装、生成和启动过程
开发(ADV类)	ADV_FSP.1	非形式化功能规范
	ADV_HLD.2	安全加强的高层设计
	ADV_RCR.1	非形式化对应性论证
指导性文档(AGD类)	AGD_ADM.1	管理员指南
	AGD_USR.1	用户指南
生命周期支持(ALC类)	ALC_DVS.1	安全措施标识
测试(ATE类)	ATE_COV.2	范围分析
	ATE_DPT.1	测试：高层设计
	ATE_FUN.1	功能测试
	ATE_IND.2	独立性测试—抽样
脆弱性评定(AVA类)	AVA_MSU.1	指南审查
	AVA_SOF.1	网络交换机安全功能强度评估
	AVA_VLA.1	开发者脆弱性分析

7.2.1　配置管理(**ACM类**)

7.2.1.1　授权控制(**ACM_CAP.3**)

开发者行为元素：

ACM_CAP.3.1D 开发者应为网络交换机提供一个参照号。

ACM_CAP.3.2D 开发者应使用配置管理系统。

ACM_CAP.3.3D 开发者应提供配置管理文档。

证据的内容和形式元素：

ACM_CAP.3.1C 网络交换机的参照号对其每一个版本应是唯一的。

ACM_CAP.3.2C 应该给网络交换机标记上其参照号。

ACM_CAP.3.3C 配置管理文档应包括一个配置清单和一个配置管理计划。

ACM_CAP.3.4C 配置清单应描述组成网络交换机的配置项。

ACM_CAP.3.5C 配置管理文档应描述用以唯一标识配置项的方法。

ACM_CAP.3.6C 配置管理系统应唯一标识所有配置项。

ACM_CAP.3.7C 配置管理计划应描述配置管理系统是如何使用的。

ACM_CAP.3.8C 证据应该论证配置管理系统的运作与配置管理计划相一致。

ACM_CAP.3.9C 配置管理文档应提供证据以证明在配置管理系统下有效地维护了所有的配

置项。

ACM_CAP.3.10C 配置管理系统应提供措施使得对配置项只能进行授权修改。

评估者行为元素：

ACM_CAP.3.1E 评估者应确认所提供的信息满足证据的内容和形式的所有要求。

依赖关系：ACM_SCP.1 网络交换机 配置管理范围；

ALC_DVS.1 安全措施标识。

应用注释：术语“参考号”可能涉及到一个版本号、命名计划等。

7.2.1.2 **网络交换机配置管理范围（ACM_SCP.1）**

开发者行为元素：

ACM_SCP.1.1D 开发者应提供配置管理文档。

证据的内容和形式元素：

ACM_SCP.1.1C 配置管理文档应说明配置管理系统至少能跟踪以下几项：网络交换机实现表示，设计文档，测试文档，用户文档，管理员文档和配置管理文档。

ACM_SCP.1.2C 配置管理文档应描述配置管理系统是如何跟踪配置项的。

评估者行为元素：

ACM_SCP.1.1E 评估者应确认所提供的信息满足证据的内容和形式的所有要求。

依赖关系：ACM_CAP.3 授权控制。

7.2.2 **交付及运行（ADO 类）**

7.2.2.1 **交付过程（ADO_DEL.1）**

开发者行为元素：

ADO_DEL.1.1D 开发者应将把网络交换机及其部分交付给用户的程序文档化。

ADO_DEL.1.2D 开发者应使用交付程序。

证据的内容和形式元素：

ADO_DEL.1.1C 交付文档应描述给用户方分配网络交换机的版本时为维护安全所必需的所有程序。

评估者行为元素：

ADO_DEL.1.1E 评估者应确认所提供的信息都满足证据的内容和形式的所有要求。

依赖关系：无依赖关系。

7.2.2.2 **安装、生成和启动过程（ADO_IGS.1）**

开发者行为元素：

ADO_IGS.1.1D 开发者应将网络交换机安全地安装、生成和启动所必要的程序文档化。

证据的内容和形式元素：

ADO_IGS.1.1C 文档应描述网络交换机安全地安装、生成和启动所必要的步骤。

评估者行为元素：

ADO_IGS.1.1E 评估者应确认所提供的信息都满足证据的内容和形式的所有要求。

ADO_IGS.1.2E 评估者应决定安装、生成和启动程序最终产生了安全的配置。

依赖关系：AGD_ADM.1 管理员指南。

7.2.3 **开发（ADV 类）**

7.2.3.1 **非形式化功能规范（ADV_FSP.1）**

开发者行为元素：

ADV_FSP.1.1D 开发者应当提供功能规范。

证据的内容和形式元素：

ADV_FSP.1.1C 功能规范应当使用非形式化风格来描述网络交换机安全功能及其外部接口。

ADV_FSP. 1. 2C 功能规范应是内在统一的。

ADV_FSP. 1. 3C 功能规范应当描述所有外部网络交换机安全功能接口的用途与使用方法，适当的时候，要提供影响、例外情况和错误信息的细节。

ADV_FSP. 1. 4C 功能规范应当完备地表示网络交换机安全功能。

评估者行为元素：

ADV_FSP. 1. 1E 评估者应确认所提供的信息满足证据的内容和形式的所有要求。

ADV_FSP. 1. 2E 评估者应决定功能规范是网络交换机安全功能要求的一个精确且完备的实例化。

依赖关系：ADV_RCR. 1 非形式化对应性论证。

7.2.3.2 安全加强的高层设计(ADV_HLD. 2)

开发者行为元素：

ADV_HLD. 2. 1D 开发者应当提供安全功能的高层设计。

证据的内容和形式元素：

ADV_HLD. 2. 1C 高层设计的表示应当是非形式化的。

ADV_HLD. 2. 2C 高层设计应当是内在一致的。

ADV_HLD. 2. 3C 高层设计应当按子系统来描述安全功能的结构。

ADV_HLD. 2. 4C 高层设计应当描述安全功能的每一个子系统所提供的安全功能。

ADV_HLD. 2. 5C 高层设计应当标识安全功能所要求的任何基础性的硬件、固件或软件，和在这些硬件、固件或软件中实现的支持性保护机制提供的功能表示。

ADV_HLD. 2. 6C 高层设计应当标识安全功能子系统的所有接口。

ADV_HLD. 2. 7C 高层设计应当标识安全功能子系统的哪些接口是外部可见的。

ADV_HLD. 2. 8C 高层设计应当描述安全功能子系统所有接口的用途与使用方法，并适当提供影响、例外情况和错误消息的细节。

ADV_HLD. 2. 9C 高层设计应当描述把网络交换机分成网络交换机安全策略实施子系统和其他子系统的这种分离。

评估者行为元素：

ADV_HLD. 2. 1E 评估者应当确认所提供的信息满足证据的内容和形式的所有要求。

ADV_HLD. 2. 2E 评估者应当决定功能规范是网络交换机安全功能要求的一个精确且完备的实例化。

依赖关系：ADV_FSP. 1 非形式化功能规范；
ADV_RCR. 1 非形式化对应性论证。

7.2.3.3 非形式化对应性论证(ADV_RCR. 1)

开发者行为元素：

ADV_RCR. 1. 1D 开发者应当在所提供的安全功能表示的所有相邻对之间提供其对应性分析。

证据的内容和形式元素：

ADV_RCR. 1. 1C 对于所提供的安全功能表示的每个相邻对，应论证：较为抽象的安全功能表示的所有相关安全功能都在较不抽象的安全功能表示中得到正确且完备的细化。

评估者行为元素：

ADV_RCR. 1. 1E 评估者应当确认所提供的信息满足证据的内容和形式的所有要求。

依赖关系：无依赖关系。

7.2.4 指导性文件(AGD 类)

7.2.4.1 管理员指南(AGD_ADM. 1)

开发者行为元素：

AGD_ADM. 1. 1D 开发者应当提供针对系统管理员的管理员指南。

证据的内容和形式元素：

AGD_ADM.1.1C 管理员指南应当描述网络交换机管理员可使用的管理功能和接口。

AGD_ADM.1.2C 管理员指南应当描述如何以安全的方式管理网络交换机。

AGD_ADM.1.3C 管理员指南应当包含在安全处理环境中必须进行控制的功能和权限的警告。

AGD_ADM.1.4C 管理员指南应当描述所有与网络交换机的安全运行有关的用户行为的假设。

AGD_ADM.1.5C 管理员指南应当描述所有受管理员控制的安全参数，合适时，应指明安全值。

AGD_ADM.1.6C 管理员指南应当描述每一种与需要执行的管理功能有关的安全相关事件，包括改变安全功能所控制的实体的安全特性。

AGD_ADM.1.7C 管理员指南应当与为评估而提供的其他所有文档保持一致。

AGD_ADM.1.8C 管理员指南应当描述与管理员有关的IT环境的所有安全要求。

评估行为元素：

AGD_ADM.1.1E 评估者应确认所提供的信息满足证据的内容和形式的所有要求。

依赖关系：ADV_FSP.1 非形式化功能规范。

7.2.4.2 用户指南(AGD_USR.1)

开发者行为元素：

AGD_USR.1.1D 开发者应当提供用户指南。

证据的内容和形式元素：

AGD_USR.1.1C 用户指南应该描述网络交换机的非管理员用户可用的功能和接口。

AGD_USR.1.2C 用户指南应该描述网络交换机提供的用户可访问的安全功能的用法。

AGD_USR.1.3C 用户指南应该包含受安全处理环境中所控制的用户可访问的功能和权限的警告。

AGD_USR.1.4C 用户指南应该清晰地阐述网络交换机安全运行中用户所必须负的职责，包括有关在网络交换机安全环境阐述中找得到的用户行为的假设。

AGD_USR.1.5C 用户指南应该与为评估而提供的其他所有文档保持一致。

AGD_USR.1.6C 用户指南应该描述与用户有关的IT环境的所有安全要求。

评估者行为元素：

AGD_USR.1.1E 评估者应确认所提供的信息满足证据的内容和形式的所有要求。

依赖关系：ADV_FSP.1 非形式化功能规范。

应用注释：在本要求中，“用户”不是指产生原发流量的实体，而是指具备设备操作权限子集的网络配置管理员角色。

7.2.5 生命周期支持(ALC类)

7.2.5.1 安全措施标识(ALC_DVS.1)

开发者行为元素：

ALC_DVS.1.1D 开发者应提供开发安全文档。

证据的内容和形式元素：

ALC_DVS.1.1C 开发安全文档应描述在网络交换机的开发环境中，用以保护网络交换机设计和实现的保密性和完整性在物理、程序、人员以及其他方面必要的安全措施。

ALC_DVS.1.2C 开发安全文档应提供在网络交换机的开发和维护过程中执行安全措施的证据。

评估者行为元素：

ALC_DVS.1.1E 评估者应确认所提供的信息满足证据的内容和形式的所有要求。

ALC_DVS.1.2E 评估者应确认应用了安全措施。

依赖关系：无依赖关系。

7.2.6 测试(ATE 类)

7.2.6.1 范围分析(ATE_COV.2)

开发者行为元素:

ATE_COV.2.1D 开发者将提供测试覆盖范围的分析。

证据的内容和形式元素:

ATE_COV.2.1C 测试范围的分析应当论证在测试文档中标识的测试和功能规范中描述的网络交换机安全功能间的对应。

ATE_COV.2.2C 测试覆盖范围的分析应当论证功能规范中所描述安全功能和测试文档所标识的测试之间的对应性是完备的。

评估者行为元素:

ATE_COV.2.1E 评估者应当确认提供的信息满足证据的内容和形式的要求。

依赖关系:ADV_FSP.1 非形式化功能规范;

ATE_FUN.1 功能测试。

7.2.6.2 测试:高层设计(ATE_DPT.1)

开发者行为元素:

ATE_DPT.1.1D 开发者应当提供测试深度的分析。

证据的内容和形式元素:

ATE_DPT.1.1C 深度分析应当论证测试文档中所标识的测试足以论证该安全功能运行是和高层设计一致的。

评估者行为元素:

ATE_DPT.1.1E 评估者应当确认提供的信息满足证据的内容和形式的要求。

依赖关系:ADV_HLD.2 安全加强的高层设计;

ATE_FUN.1 功能测试。

应用注释:本要求依赖 ADV_HLD.1,本标准选择 ADV_HLD.2 作为 EAL3 级的保证级别要求。

7.2.6.3 功能测试 (ATE_FUN.1)

开发者行为元素:

ATE_FUN.1.1D 开发者应当测试网络交换机安全功能,并文档化结果。

ATE_FUN.1.2D 开发者应提供测试文档。

证据的内容和形式元素:

ATE_FUN.1.1C 测试文档应当包括测试计划、测试程序描述,预期的测试结果和实际的测试结果。

ATE_FUN.1.2C 测试计划应当标识要测试的安全功能,描述要执行的测试目标。

ATE_FUN.1.3C 测试过程描述应当标识要执行的测试,并描述每个安全功能的测试概况,这些概况包括对于其他测试结果的顺序依赖性。

ATE_FUN.1.4C 预期的测试结果应当表明成功测试运行后的预期输出。

ATE_FUN.1.5C 开发者执行测试的结果应当论证每个被测试的安全性功能已按照规定运行了。

评估者行为元素:

ATE_FUN.1.1E 评估者应当确认所提供的信息满足证据的内容和形式的所有要求。

依赖关系:无依赖关系。

7.2.6.4 独立性测试—抽样 (ATE_IND.2)

开发者行为元素:

ATE_IND.2.1D 开发者应当提供用于测试的网络交换机。

证据的内容和形式元素:

ATE_IND.2.1C 网络交换机应与测试相适应。

ATE_IND.2.2C 开发者应提供一个与开发者的安全功能测试中使用的资源相当的集合。

评估者行为元素：

ATE_IND.2.1E 评估者应当确认所提供的信息满足证据的内容和形式的所有要求。

ATE_IND.2.2E 评估者应当适当测试一个安全功能子集，以确认网络交换机按照相应的规范运行了。

ATE_IND.2.3E 评估者应抽样执行测试文档里的测试样本，以验证开发者测试的结果。

依赖关系：ADV_FSP.1 非形式化功能规范；

AGD_ADM.1 管理员指南；

AGD_USR.1 用户指南；

ATE_FUN.1 功能测试。

7.2.7 脆弱性评定(AVA 类)

7.2.7.1 指南审查(AVA_MSU.1)

开发者行为元素：

AVA_MSU.1.1D 开发者应当提供指导性文档。

证据的内容和形式元素：

AVA_MSU.1.1C 指导性文档应当确定对网络交换机的所有可能的运行方式(包括失败和操作失误后的运行)，这些运行方式的后果以及对于保持安全运行的意义。

AVA_MSU.1.2C 指导性文档应当是完备的、清晰的、一致的、合理的。

AVA_MSU.1.3C 指导性文档应当列出所有预期环境的假设。

AVA_MSU.1.4C 指导性文档应当列出所有外部安全措施(包括外部程序的、物理的或人员的控制)的要求。

评估者行为元素：

AVA_MSU.1.1E 评估者应当确认所提供的信息满足证据的内容和形式的所有要求。

AVA_MSU.1.2E 评估者应当重复所有配置与安装程序，以确认只使用所提供的指导性文档就可以让网络交换机安全配置和使用。

AVA_MSU.1.3E 评估者应当决定指导性文档的使用能检测到所有不安全状态。

依赖关系：ADO_IGS.1 安装、生成和启动过程；

ADV_FSP.1 非形式化功能规范；

AGD_ADM.1 管理员指南；

AGD_USR.1 用户指南。

7.2.7.2 网络交换机安全功能强度评估(AVA_SOF.1)

开发者行为元素：

AVA_SOF.1.1D 开发者应对安全目标文档中标识的每个具有网络交换机安全功能强度声明的安全机制进行安全功能强度分析。

证据的内容和形式元素：

AVA_SOF.1.1C 对于具有网络交换机安全功能强度声明的每个安全机制，安全功能强度分析应说明该机制达到或超过本标准或安全目标文档定义的最低强度。

AVA_SOF.1.2C 对于具有特定网络交换机安全功能强度声明的每个安全机制，安全功能强度分析应说明该机制达到或超过本标准或安全目标文档定义的特定功能强度。

评估者行为元素：

AVA_SOF.1.1E 评估者应确认所提供的信息满足证据的内容和形式的所有要求。

AVA_SOF.1.2E 评估者应确认强度声明是正确的。

依赖关系：ADV_FSP.1 非形式化功能规范；

ADV_HLD.2 安全加强的高层设计。

7.2.7.3 开发者脆弱性分析（AVA_VLA.1）

开发者行为元素：

AVA_VLA.1.1D 开发者应当分析网络交换机可交付材料，以寻找用户违反网络交换机安全策略的明显途径，并将分析结果文档化。

AVA_VLA.1.2D 开发者应当文档化明显的脆弱性分布。

证据的内容和形式元素：

AVA_VLA.1.1C 对所有已标识的脆弱性，文档应当能说明在所期望的网络交换机环境中无法利用这些脆弱性。

评估者行为元素：

AVA_VLA.1.1E 评估者应当确认提供的信息满足证据的内容和形式的所有要求。

AVA_VLA.1.2E 评估者应当在开发者脆弱性分析的基础上实施穿透性测试，确保已经表述了明显的脆弱性。

依赖关系：ADV_FSP.1 非形式化功能规范；

ADV_HLD.2 安全加强的高层设计；

AGD_ADM.1 管理员指南；

AGD_USR.1 用户指南。

附 录 A
（资料性附录）
安全环境、安全目的及安全要求间的关系合理性说明

A.1 概述

本附录介绍了本标准中安全环境、安全目的和安全要求之间的对应关系。目的是证明本标准是一个完整的内在一致的安全要求，并且为网络交换机在安全环境中提供有效的策略集合。

本附录主要给出了安全目的和安全要求的合理性，汇总了假设、安全目的覆盖的策略和威胁，以及安全目的覆盖的安全要求；并概述了本标准选择的安全保证要求(EAL3)。

A.2 安全目的合理性

下面的表 A.1、表 A.2 说明了网络交换机的安全目的能应对所有可能的威胁、假设和组织安全策略，即每一种威胁、假设和组织安全策略都至少有一个或一个以上安全目的与其对应，因此是完备的。没有一个安全目的没有相应的威胁、假设和组织安全策略与之对应，这证明每个安全目的都是必要的；没有多余的安全目的不对应威胁、假设和组织安全策略，因此说明了安全目的是充分的。

表 A.1 安全环境与安全目的对应关系

安全环境	安全目的
A. ExpAgent	O. Access_Control，O. Ctrl_Channel， O. Ctrl_I&A，O. Detect_Connection， O. Mgmt_Path，O. Protect_Addresses， O. Replay_Prevent，O. Traf_Audit
A. ExpAgent	O. Unused_Fields， O. Trust_Backup
A. Time_Source	O. Traf_Audit
P. Accountability	O. Ctrl_I&A，O. Lifecycle， O. Traf_Audit
P. Authentication	O. Access_Control， O. Ctrl_I&A
P. Availability	O. Access_Control，O. Alarm， O. Priority_Of_Service，O. Fail_Secure， O. Replay_Prevent
P. Confidentiality	O. Cfg_Confidentiality，O. Ctrl_Channel， O. Mgmt_Path，O. Trust_Backup
P. Default_Config	O. Trusted_Recovery
P. Information_Update	O. Patches，O. Validation
P. Integrity	O. Cfg_Integrity，O. Cfg_Manage， O. Mgmt_Path，O. Ctrl_Channel
P. Interoperability	O. Protocols

表 A.1(续)

安全环境	安全目的
P. Notify	O. Alarm
P. Peer	O. Access_Control, O. Ctrl_Channel, O. Ctrl_I&A, O. Protect_Addresses
P. Procedures	O. Cfg_Confidentiality, O. Cfg_Manage, O. Mgmt_Path, O. Patches, O. Traf_Audit, O. Trust_Backup
P. Reliable_Transport	O. Ctrl_Channe, O. Priority_of_Service, O. Protocols, O. Replay_Prevent O. Traf_Audit
P. Survive	O. Alarm, O. Cfg_Manage, O. Fail_Secure, O. Lifecycle, O. Test, O. Trust_Backup, O. Trusted_Recovery, O. Validation
P. SysAssur	O. Lifecycle, O. Test, O. Validation
T. Analysis	O. Ctrl_Channel, O. Detect_Connection, O. Mgmt_Path, O. Protect_Addresses
T. Capture	O. Ctrl_Channel, O. Detect_Connection, O. Mgmt_Path
T. Compromised_Node	O. Priority_Of_Service, O. Protect_Addresses, O. Traf_Audit, O. Trusted_Recovery
T. Covert	O. Unused_Fields
T. Cryptanalytic	O. Ctrl_Channel, O. Mgmt_Path
T. Denial	O. Ctrl_Channel, O. Priority_Of_Service, O. Replay_Prevent, O. Traf_Audit
T. Fail	O. Fail_Secure, O. Alarm, O. Trust_Backup, O. Trusted_Recovery, O. Validation
T. Flaw	O. Lifecycle, O. Patches, O. Test, O. Validation
T. Hostile_Admin	O. Trust_Backup, O. Trusted_Recovery
T. Mgmt_Error	O. Cfg_Manage, O. Trust_Backup, O. Trust_Backup, O. Trusted_Recovery
T. Modify	O. Ctrl_Channel, O. Trusted_Recovery, O. Validation

表 A.1(续)

安全环境	安全目的
T. Ntwk_Map	O. Ctrl_Channel,O. Detect_Connection, O. Protect_Addresses,O. Mgmt_Path
T. Replay_Attack	O. Access_Control,O. Ctrl_Channel, O. Ctrl_I&A,O. Detect_Connection, O. Mgmt_I&A,O. Replay_Prevent
T. Sel_Pro	O. Sel_Pro
T. Spoof	O. Ctrl_I&A, O. Detect_Connection, O. Protect_Addresses
T. Unauth_Mgmt_Access	O. Access_Control,O. Detect_Connection, O. Trust_Backup,O. Trusted_Recovery
A. Audit_Review	OE. Admin_Audit,OE. Audit_Review
A. Cryptanalytic	OE. Cryptography
A. Environmental	OE. Environment
A. ExpAgent	OE. Admin_Audit,OE. Attr_Mgt, OE. Audit_Review,OE. Cryptography, OE. Mgmt_I&A,OE. Personnel, OE. Physical
A. Physical	OE. Environment, OE. Physical
A. Time_Source	OE. Admin_Audit, OE. Synchronization
A. Train	OE. Guide_Docs, OE. Personnel
P. Accountability	OE. Admin_Audit

表 A.2 安全目的与安全环境的对应关系

安全目的	安全环境
O. Access_Control	A. ExpAgent, P. Authentication, P. Availability, P. Peer, T. Replay_Attack, T. Unauth_Mgmt_Access
O. Alarm	P. Availability, P. Notify, P. Survive, T. Fail
O. Cfg_Confidentiality	P. Confidentiality, P. Procedures

表 A.2(续)

安全目的	安全环境
O. Cfg_Integrity	P. Integrity
O. Cfg_Manage	P. Integrity, P. Procedures, P. Survive, T. Mgmt_Error
O. Ctrl_Channel	A. ExpAgent, P. Confidentiality, P. Integrity, P. Peer, P. Reliable_Transport, T. Analysis, T. Capture, T. Cryptanalytic, T. Denial, T. Modify, T. Ntwk_Map
O. Ctrl_Channel	T. Replay_Attack
O. Ctrl_I&A	A. ExpAgent, P. Accountability, P. Authentication, P. Peer, T. Replay_Attack, T. Spoof
O. Detect_Connection	A. ExpAgent, T. Analysis, T. Capture, T. Ntwk_Map, T. Replay_Attack, T. Spoof, T. Unauth_Mgmt_Access
O. Fail_Secure	P. Availability, P. Survive, T. Fail, T. Trans_Error
O. Lifecycle	P. Accountability, P. Survive, P. SysAssur, T. Flaw
O. Mgmt_Path	A. ExpAgent, P. Confidentiality, P. Integrity, P. Procedures, T. Analysis, T. Capture, T. Cryptanalytic, T. Ntwk_Map
O. Patches	P. Informaiton_Update, P. Procedures, T. Flaw
O. Priority_Of_Service	P. Reliable_Transport, T. Compromised_Node, T. Denial
O. Protect_Addresses	A. ExpAgent, P. Peer, T. Analysis, T. Compromised_Node, T. Ntwk_Map
O. Protect_Addresses	T. Spoof
O. Protocols	P. Interoperability, P. Reliable_Transport
O. Replay_Prevent	A. ExpAgent, P. Availabiltiy, P. Reliable_Transport, T. Denial, T. Replay_Attack
O. Protocols, P. Interoperability	P. Reliable_Transport
O. Replay_Prevent	A. ExpAgent, P. Availabiltiy, P. Reliable_Transport, T. Denial, T. Replay_Attack

表 A.2(续)

安全目的	安全环境
O. Sel_Pro	T. Sel_Pro
O. Test	P. Survive, P. SysAssur, T. Flaw
O. Traf_Audit	A. ExpAgent, A. Time_Source, P. Accountability, P. Procedures, P. Reliable_Transport, T. Compromised_Node, T. Denial
O. Trust_Backup	A. ExpAgent, P. Confidentiality
O. Trust_Backup	T. Unauth_Mgmt_Access, P. Procedures, P. Survive, T. Fail, T. Hostile_Admin, T. Mgmt_Error
O. Trusted_Recovery	P. Default_Config, P. Survive, T. Compromised_Node, T. Fail, T. Hostile_Admin, T. Mgmt_Error, T. Unauth_Mgmt_Access
O. Unused_Fields	A. ExpAgent, T. Covert
O. Validation	P. Information_Update, P. Survive
O. Validation	P. Information_Update, P. Survive, P. SysAssur, T. Fail, T. Flaw, T. Modify
O. Validation	P. Information_Update, P. Survive, P. SysAssur, T. Fail, T. Flaw, T. Modify
OE. Admin_Audit	Audit_Review, A. ExpAgent, A. Time_Source, P. Accountability, P. Audit_Admin, P. Authentication, P. Procedures, T. Hostile_Admin, T. Mgmt_Error, T. Unauth_Mgmt_Access
OE. Attr_Mgt	A. ExpAgent, T. Modify
OE. Audit_Review	A. Audit_Review, A. ExpAgent, P. Audit_Admin
OE. Cryptography	A. Cryptanalytic, A. ExpAgent
OE. Environment	A. Environmental, A. Physical, T. Fail

表 A.2(续)

安全目的	安全环境
OE. Guide_Docs	A. Train, P. Accountability, P. Guidance, P. Information_Update, P. Procedures, P. SysAssur
OE. Personnel	A. ExpAgent, A. Train, T. Hostile_Admin, T. Mgmt_Error, T. Modify, T. Unauth_Mgmt_Access
OE. Physical	A. ExpAgent, A. Physical, T. Fail, T. Ntwk_Map, T. Unauth_Mgmt_Access
OE. Synchronization	A. Time_Source

A.2.1 组织安全策略

A.2.1.1 可核查性(P. Accountability)

使用网络交换机传送信息的组织、拥有网络配置管理员角色的人员和开发者应该对其行为活动负责。

基本原理:

OE. Admin_Audit:带标识的审计记录

OE. Admin_Audit 对 P. Accountability 的支持,是通过确保具有网络管理角色的人能够对他们在网络管理系统中的行为负责。审计记录至少要报告网络管理人员的身份、网络管理人员在系统中执行的行为、行为产生的时间和日期。

O. Ctrl_I&A:受控标识和鉴别

O. Ctrl_I&A 对 P. Accountability 的支持,是通过与访问控制策略相一致的标识和鉴别来确保组织对他们的行为负责。

OE. Guide_Docs:指导性文档

OE. Guide_Docs 对 P. Accountability 的支持,是要求开发者对其所提供的指导性文档负责。

O. Lifecycle:生命周期安全

O. Lifecycle 对 P. Accountability 的支持,是要求开发者在硬件、软件或固件升级时应保持或增加安全特性。

OE. Mgmt_I&A:管理标识和鉴别

OE. Mgmt_I&A 对 P. Accountability 的支持,是通过对管理人员的标识和鉴别,来保证他们能够对其行为活动负责。

O. Traf_Audit:带标识的审计流量记录

O. Traf_Audit 对 P. Accountability 的支持,是依据流量记录的产生和分析,保证客户能够对其行为活动负责。流量记录至少应该标识与数据传输、流量大小、传输的时间和日期有关的节点。例如,当发送大于允许值的流量而超过带宽,并导致网络拒绝为其他客户服务的时候,流量审计能定位这种组织责任。

A.2.1.2 审计管理人员的数据(P. Audit_Admin)

网络管理系统应该能产生和传送审计记录,审计记录应提供充足的信息,用来断定在会话发生时管理员、管理日期、管理时间和管理行为,应该周期性的审阅审计记录。

基本原理:

OE. Admin_Audit:带标识的审计记录

OE. Admin_Audit 对 P. Audit_Admin 的支持,是通过确保具有网络管理角色的人能够对他们在网络管理系统中的行为负责。审计记录至少要报告网络管理人员的标识、网络管理人员在系统中的行为活动、行为产生的时间和日期。

OE. Audit_Review：审计记录查阅

OE. Audit_Review 对 P. Audit_Admin 的支持，是通过保证审计记录的周期性审阅。

OE. Mgmt_I&A：管理标识和鉴别

OE. Mgmt_I&A 对 P. Audit_Admin 的支持，是通过在会话建立前先标识和鉴别网络管理人员的角色。

A.2.1.3 操作员和节点的鉴别(P. Authentication)

网络交换机应能支持对网络审计管理员、网络配置管理员和网络安全管理员的鉴别，并且网络交换机也应支持对等节点的鉴别。

基本原理：

O. Access_Control：网络访问控制

O. Access_Control 对 P. Authentication 的支持，在于必须在访问控制策略有效的情况下实施鉴别。

OE. Admin_Audit：带标识的审计记录

OE. Admin_Audit 对 P. Authentication 的支持，为网络配置管理员或者网络安全管理员在获得其设定的角色前必须进行鉴别以产生审计记录。

O. Ctrl_I&A：受控标识和鉴别

O. Ctrl_I&A 对 P. Authentication 的支持，是通过只有在标识和鉴别之后才允许连接。

OE. Mgmt_I&A：管理标识和鉴别

OE. Mgmt_I&A 对 P. Authentication 的支持，在于设定角色之前必须进行鉴别。

A.2.1.4 网络可用性(P. Availability)

为保证满足客户端的任务需求以及信息传输应保证网络资源的可用性。

基本原理：

O. Access_Control：网络访问控制

O. Access_Control 对 P. Availability 的支持，是通过只允许对网络的授权使用。阻止所有未授权的访问，预防网络交换机和网络的过度负担。

O. Alarm：安全风险报警通知

O. Alarm 对 P. Availability 的支持，是通过检测和报警与失败、错误或与安全相关的事件，来保证网络对客户的有效性。警告对于纠正问题具有迅速的响应，并且让网络正确的运行而持续对客户有效。

O. Fail_Secure：故障发生时安全状态的保存

O. Fail_Secure 对 P. Availability 的支持，是通过保存系统在停止期间的安全状态，来保证网络的有效性。

O. Priority_of_Service：提供服务优先级

O. Priority_of_Service 对 P. Availability 的支持，是通过保证客户不能消耗多于分配给他们的处理时间和宽带，避免网络资源对其他客户无效。

O. Replay_Prevent：避免重放攻击

O. Replay_Prevent 对 P. Availability 的支持，是通过拒绝旧的或复制的信息包，避免过度地利用网络资源。

A.2.1.5 信息的保密性(P. Confidentiality)

在实时和存储状态下，应保持统计数据、配置信息和连接信息的保密性。为了保持其保密性，网络交换机必须能够支持一个健壮的加密基础设施。对于加密装置，网络交换机要具备加解密能力或接口支持能力。

基本原理：

O. Cfg_Confidentiality：网络配置保密性

O. Cfg_Confidentiality 对 P. Confidentiality 的支持，是通过保证配置和连接信息的保密性。

O. Ctrl_Channel：控制数据的可信通道

O. Ctrl_Channel 对 P. Confidentiality 的直接支持，是通过保证传输控制信息的保密性。

O. Mgmt_Path：管理数据的可信路径

O. Mgmt_Path 对 P. Confidentiality 的直接支持，是通过保证网络管理数据的保密性。

O. Trust_Backup：系统数据备份的完整性和保密性

O. Trust_Backup 对 P. Confidentiality 的直接支持，是通过保证存储网络文件和配置参数的保密性。

A. 2. 1. 6　默认配置(P. Default_Config)

网络交换机的默认设置应能防止其安全功能的削弱或失效。所有有助于网络交换机安全性的功能应是默认生效的。

基本原理：

O. Trusted_Recovery：可信的恢复

O. Trusted_Recovery 对 P. Default_Config 的支持，是通过保证失败时对安全状态的恢复。如果恢复为默认的设置，那么要保持网络的安全性。

A. 2. 1. 7　安装和使用指南(P. Guidance)

指南文件应能提供网络交换机安全安装、配置和维护的指导。

基本原理：

OE. Guide_Docs：指导性文档

OE. Guide_Docs 保证文档将提供网络交换机的安装、配置和维护的指导。

A. 2. 1. 8　网络交换机信息更新(P. Information_Update)

验证已接收的网络交换机信息文件、异常通知、补丁程序、升级文件等信息的完整性，上述文件或信息必须有实时的分发机制。

基本原理：

OE. Guide_Docs：指导性文档

OE. Guide_Docs 对 P. Information_Update 的支持，是通过保证指导性文档提供实时的分发机制。

O. Patches：安全修复和补丁

O. Patches 对 P. Information_Update 的直接支持，是通过在网络上分发或安装最新的补丁程序。

O. Validation：软硬固件验证

O. Validation 对 P. Information_Update 的直接支持，是通过保证所有软硬固件补丁和升级程序的完整性。

A. 2. 1. 9　内容的完整性(P. Integrity)

管理和控制信息在传输期间应保持其内容的完整性，同时要保持所有信息在存储状态下的完整性。

基本原理：

O. Cfg_Integrity：配置完整性

O. Cfg_Integrity 对 P. Integrity 的支持，是通过保证信息在存储状态下的完整性。

O. Cfg_Manage：管理配置数据

O. Cfg_Manage 对 P. Integrity 的支持，是通过保证网络管理信息在存储状态下的完整性。

O. Ctrl_Channel：控制数据的可信通道

O. Ctrl_Channel 对 P. Integrity 的支持，是通过保证控制信息在对等网络交换机之间传输的完整性。

O. Mgmt_Path：管理数据的可信路径

O. Mgmt_Path 对 P. Integrity 的支持，是通过保证网络管理信息在网络交换机和网络管理站之间传输的完整性。

A.2.1.10 互操作性(P. Interoperability)

网络交换机应能与其他厂商的网络交换机互连互通。在网络交换机中要实现标准化的、非专有的协议(如路由选择、信令协议等)。厂商可以选择性的实现一些专有协议,但为了达到互通的目的,厂商也应在网络交换机中实现标准协议。

基本原理:

O. Protocols:协议

O. Protocols 对 P. Interoperability 的支持,是通过保证在网络交换机中执行协议,以达到互操作的目的。

A.2.1.11 故障通告(P. Notify)

网络交换机及其安全环境应具备(或在其他设备配合下)提醒和报警能力,例如:通过 SNMP 第 3 版的陷门机制发送部件、固件、硬件或软件的失效通知。

基本原理:

O. Alarm:安全风险报警通知

O. Alarm 对 P. Notify 的支持,是通过保证对于任何组件的失败或错误,都具备检测和报警的能力。

A.2.1.12 对等节点(P. Peer)

安全的节点应有接受来自信任的和不信任节点的流量的能力。为了保护信息,将会在信任的和不信任的节点之间过滤流量。

基本原理:

O. Access_Control:网络访问控制

O. Access_Control 对 P. Peer 的支持,是通过保证只有授权人员才能够访问安全节点。

O. Ctrl_Channel:控制数据的可信通道

O. Ctrl_Channel 对 P. Peer 的支持,是通过保证所有在对等网络交换机之间传输的控制数据的完整性和保密性。

O. Ctrl_I&A:受控标识和鉴别

O. Ctrl_I&A 与 O. Access_Control 联合支持 P. Peer。O. Ctrl_I&A 保证只对授权实体提供连通性,并且与访问控制策略保持一致,要求正确的标识和鉴别实体。

O. Protect_Addresses:地址保护

O. Protect_Addresses 通过提供发送和接收授权实体地址的保密性和完整性,以保证在信任的和不信任的网络交换机之间传递流量。

A.2.1.13 信息管理规程(P. Procedures)

网络交换机安全环境中的规程应限制无意的泄露、敏感信息的修改以及资源的不恰当使用。例如:敏感信息可能包括但不限于文档化的操作规程材料、设备安装规程、审计文件、配置文件、网络图表、物理连接和网络测试结果的信息。

基本原理:

OE. Admin_Audit:带标识的审计记录

OE. Admin_Audit 对 P. Procedures 的支持,是通过保证使用适当的程序来存储和保护网络管理人员的审计记录。

OE. Audit_Review:审计记录查阅

OE. Audit_Review 对 P. Procedures 的支持,是通过保证周期性的查阅审计记录。查阅审计记录能够发现对资源的不正确利用。

O. Cfg_Confidentiality:网络配置保密性

O. Cfg_Confidentiality 对 P. Procedures 的支持，是通过保证使用适当的程序来保持配置和连接信息的保密性。

O. Cfg_Manage：管理配置数据

O. Cfg_Manage 对 P. Procedures 的支持，是通过保证使用适当的程序来记录和保持配置和连接信息，并且确保存储的完整性。

OE. Guide_Docs：指导性文档

OE. Guide_Docs 对 P. Procedures 的支持，是通过保证具有详细的程序，以提供正确的安装、维护、配置和利用网络交换机及其安全功能。

O. Mgmt_Path：管理数据的可信路径

O. Mgmt_Path 对 P. Procedures 的支持，是通过保证所有在网络交换机和网络管理站之间传输的管理数据的完整性和保密性。

O. Patches：安全修复和补丁

O. Patches 对 P. Procedures 的支持，是通过保证使用适当的程序，以通知、分发和安装最新的补丁，保持对网络资源的正确操作和利用。正确的使用无缺陷的软件，将减少信息泄露的风险。

O. Traf_Audit：带标识的审计流量记录

O. Traf_Audit 对 P. Procedures 的支持，是通过保证使用适当的程序，来产生和维持流量审计记录的完整性。

O. Trust_Backup：系统数据备份的完整性和保密性

O. Trust_Backup 对 P. Procedures 的支持，是通过保证使用适当的程序，来维持网络信息的一致和正确存储，避免信息的泄露或修改。

A. 2. 1. 14　可靠传输（P. Reliable_Transport）

应实现特定的可靠传输和检错机制协议以用于网络管理和控制。

基本原理：

O. Ctrl_Channel：控制数据的可信通道

O. Ctrl_Channel 对 P. Reliable_Transport 的支持，是通过验证收到的控制数据的完整性。

O. Priority_of_Service：提供服务优先级

O. Priority_of_Service 对 P. Reliable_Transport 的支持，是通过保证依据设备提供的服务优先级来传输信息。

O. Protocols：协议

O. Protocols 对 P. Reliable_Transport 的支持，是通过保证在网络交换机中执行标准协议，从而保证可信的传输流量。

O. Replay_Prevent：避免重放攻击

O. Replay_Prevent 对 P. Reliable_Transport 的支持，是通过保证能够检测和拒绝旧的和复制的数据包，避免这些数据包干涉其他的通信。

O. Traf_Audit：带标识的审计流量记录

O. Traf_Audit 对 P. Reliable_Transport 的支持，是通过记录和分析网络流量，来保证流量通信的可靠性。

A. 2. 1. 15　网络可生存性与恢复（P. Survive）

网络资源应能够从敌意的破坏尝试中恢复，同时必须具有从传输期间的错误中恢复的能力。网络必须能抵御硬件或软件失效，或具有在合理时间内复原的能力。用于恢复的任何环境都应被记录下来。

基本原理：

O. Alarm：安全风险报警通知

O. Alarm 对 P. Survive 的支持，是通过网络交换机对安全相关事件和失败或错误提供的报警能力，并且要求对纠正问题、恢复网络交换机以及将网络交换机的安全功能恢复到操作的正常状态,从而保证网络交换机和网络交换机安全功能的可生存性。

O. Cfg_Manage:管理配置数据

O. Cfg_Manage 对 P. Survive 的支持,是通过保证配置和连接信息的持续性和信息的存储完整性。在这种方式下,能够迅速的重建必需的网络配置。

O. Fail_Secure:故障发生时安全状态的保存

O. Fail_Secure 对 P. Survive 的支持,是通过在组件或电力失败的事件中保持系统的安全状态,来提供弹性和可生存性。

O. Lifecycle:生命周期安全

O. Lifecycle 对 P. Survive 的支持,是通过保证贯穿网络交换机整个生命周期的安全功能被保护,以便资源能够保持从抵抗错误或逆着安全的尝试进行恢复的能力。

O. Test:网络交换机及其安全功能的测试

O. Test 对 P. Survive 的支持,是通过保证网络将有能力生存或从失败中恢复。

O. Trust_Backup:系统数据备份的完整性和保密性

O. Trust_Backup 对 P. Survive 的支持,是通过所有网络交换机和网络文件的复制,包括配置参数的复制,将确保从破坏尝试的事件中或者与网络交换机、主要管理系统相关的失败操作得到迅速恢复。

O. Trusted_Recovery:可信的恢复

O. Trusted_Recovery 对 P. Survive 的支持,是通过保证网络交换机有能力从失败状态中恢复。

O. Validation:软硬固件验证

O. Validation 对 P. Survive 的支持,是通过保证所有的硬件、软件和固件被正确的安装和使用,从而确保网络将有能力抵抗、恢复或幸免于失败、错误或危及安全的尝试。

A. 2. 1. 16 硬件、软件和固件的完整性(P. SysAssur)

应提供使完整性生效、初始化、软硬固件升级的功能和规程。应在初始安装和软件升级和固件交换时确保其完整性。

基本原理:

OE. Guide_Docs:指导性文档

OE. Guide_Docs 对 P. SysAssur 的支持,是通过解释网络交换机及其安全功能的特征、程序和预期的行为。

O. Lifecycle:生命周期安全

O. Lifecycle 对 P. SysAssur 的支持,是通过保证特征和程序的完整性,以正确执行网络交换机及其安全功能。

O. Test:网络交换机及其安全功能的测试

O. Test 对 P. SysAssur 的支持,是通过保证正确的执行网络交换机及其安全功能。

O. Validation:软硬固件验证

O. Validation 对 P. SysAssur 的支持,是通过保证所有硬件、软件和固件的完整性,从而使其正确的执行。

A. 2. 2 威胁

A. 2. 2. 1 通信分析(T. Analysis)

攻击者可能收集源和目标地址、大量数据和发送数据的日期、时间。

基本原理:

O. Ctrl_Channel:控制数据的可信通道

O. Ctrl_Channel 减轻 T. Analysis 的威胁,是通过保持控制信息的保密性以及支持加密机制。

O. Detect_Connection:检测非授权连接

O. Detect_Connection 抵抗 T. Analysis 的威胁，是通过网络交换机所具备的检测和警报未授权连接的能力。

O. Mgmt_Path：管理数据的可信路径

O. Mgmt_Path 抵抗 T. Analysis 的威胁，是通过保证所有管理数据的完整性和保密性。

O. Protect_Addresses：地址保护

O. Protect_Addresse 抵抗 T. Analysis 的威胁，是通过保护资源和接受的授权地址的保密性和完整性，从而防止攻击者发现真实地址。

A.2.2.2 未授权网络访问并获取数据（T. Capture）

攻击者可能偷听、接入传输线或用其他方式获取通信信道上传输的数据。

基本原理：

O. Ctrl_Channel：控制数据的可信通道

O. Ctrl_Channel 抵抗 T. Capture 的威胁，是通过保证控制平面信息的保密性和完整的持续力。

O. Detect_Connection：检测非授权连接

O. Detect_Connection 抵抗 T. Capture 的威胁，是通过具备对任何未授权连接的检测能力。

O. Mgmt_Path：管理数据的可信路径

O. Mgmt_Path 抵抗 T. Analysis 的威胁，是通过为管理数据通讯提供一个可信路径，以防止攻击者试图捕获网络管理数据。

A.2.2.3 节点泄漏（T. Compromised_Node）

节点成为不安全的，可以使得网络交换机配置文件或路由表被修改，导致网络交换机异常运行，网络交换机安全功能失效，或流量可能被重路由经过未授权的节点。

基本原理：

OE. Audit_Review：审计记录查阅

OE. Audit_Review 抵抗 T. Compromised_Node 的威胁，是通过审阅和分析流量的审计记录，从而发现异常的网络流量模式。

O. Priority_of_Service：提供服务优先级

O. Priority_of_Service 抵抗 T. Compromised_Node 的威胁，是通过对提供服务优先级的控制和执行，从而防止仅对一个指定的优先级的传输流量的节点进行操作的尝试。

O. Protect_Addresses：地址保护

O. Protect_Addresse 抵抗 T. Compromised_Node 的威胁，是通过保证地址的保密性和完整性。

O. Traf_Audit：带标识的审计流量记录

O. Traf_Audit 与 OE. Audit_Review 联合抵抗 T. Compromised_Node 的威胁，是通过流量记录的产生而体现的获取持续的异常行为的能力。

O. Trusted_Recovery：可信的恢复

O. Trusted_Recovery 减轻 T. Compromised_Node 的威胁，是通过保证在除了危及网络交换机安全的情况下，并且在破坏或中断操作之后，网络交换机能够恢复到一个安全状态。

A.2.2.4 隐通道（T. Covert）

隐通道通常在隐蔽区域中隐藏信息，其目的是用于不被监控地传送信息。

基本原理：

O. Unused_Fields ：未用区域

O. Unused_Fields 对 T. Covert 威胁的直接抵抗，在于阻塞或适当使用任何未用区域，不会使其用于隐藏和传输信息。

A.2.2.5 密码分析（T. Cryptanalytic）

攻击者为了复原信息内容而去尝试进行已加密数据的密码分析。

基本原理：

O. Ctrl_Channel：控制数据的可信通道

O. Ctrl_Channel 抵抗 T. Cryptanalytic 的威胁，是通过加密机制的支持和可控信息完整性的持续力，从而保证控制信息的保密性。

O. Mgmt_Path：管理数据的可信路径

O. Mgmt_Path 抵抗 T. Cryptanalytic 的威胁，是通过加密机制的支持和管理数据完整性的持续力，从而保证管理数据的保密性。

A. 2. 2. 6　拒绝服务(T. Denial)

攻击者通过执行指令、发送超限额的高优先级流量数据或执行其他操作，在网络上造成不合理的负载，造成授权客户端得不到应有的系统资源，即导致拒绝服务。

基本原理：

O. Ctrl_Channel：控制数据的可信通道

O. Ctrl_Channel 抵抗 T. Denial 的威胁，是通过保证控制信息的完整性，从而能够正确运行，避免资源对于其他客户的失效。

O. Priority_of_Service：提供服务优先级

O. Priority_of_Service 抵抗 T. Denial 的威胁，是通过控制和加强服务预定的优先级，从而确保一个流量的优先级将不会过度干涉或延迟服务提供的不同优先级的流量。

O. Replay_Prevent：避免重放攻击

O. Replay_Prevent 抵抗 T. Denial 的威胁，是通过阻止消耗网络资源的重放信息。因此，网络交换机阻止重放信息的能力将有助于保证网络资源对于授权客户的有效性。

O. Traf_Audit 减少 T. Denial 的威胁，是通过获取流量统计，来鉴别独占网络资源的网络交换机。

A. 2. 2. 7　部件或电源失效(T. Fail)

一个或多个系统部件或电源失效可能造成重要系统功能破坏和重要系统数据的丢失。

基本原理：

O. Alarm：安全风险报警通知

O. Alarm 减少 T. Fail 的威胁，是通过允许对纠正错误或失败具有迅速的响应。

OE. Environment：环境保护

OE. Environment 减少 T. Fail 的威胁，是通过使网络交换机发展，以便能够保护它自己并且抵抗环境的威胁，例如失火、动力、储运损耗等等。

O. Fail_Secure：故障发生时安全状态的保存

O. Fail_Secure 有助于抵抗 T. Fail 的威胁，是通过保证网络交换机及其安全功能能够恢复到安全状态。

OE. Physical：物理保护

OE. Physical 减少 T. Fail 的威胁，是通过对资源的物理保护，来帮助防止恶意的或无意的然而又是有害的物理攻击。

O. Trust_Backup：系统数据备份的完整性和保密性

O. Trust_Backup 减少 T. Fail 的威胁，是通过产生网络数据的复制版本，从而快速地使网络交换机及其安全功能恢复到正确的操作。

O. Trusted_Recovery：可信的恢复

O. Trusted_Recovery 减少 T. Fail 的威胁，是通过保证除了在危及网络交换机安全的情况下，并且在操作中断之后，网络交换机能够恢复到一个安全状态。O. Trusted_Recovery 也保证在使系统重新一体化的时候，取代失败的组件，这样将恢复为不会引起错误或造成对网络的其他部分的安全破坏。

O. Validation：软硬固件验证

O. Validation 抵抗 T. Fail 的威胁，是通过保证所有组件被正确的安装和使用。

A.2.2.8 硬件、软件或固件的缺陷(T. Flaw)

硬件、软件或固件的缺陷导致网络交换机及其安全功能的脆弱性。

基本原理：

O. Lifecycle：生命周期安全

O. Lifecycle 减少 T. Flaw 的威胁，是通过保存贯穿网络交换机整个可操作的生命周期中的网络交换机安全功能的正确操作。

O. Patches：安全修复和补丁

O. Patches 减少 T. Flaw 的威胁，是通过保证大多数最新的修复和补丁被安装，从而确保能够抵抗存在于网络交换机及其安全功能的缺陷。

O. Test：网络交换机及其安全功能的测试

O. Test 减少 T. Flaw 的威胁，是通过发现隐藏操作或危及网络交换机及其安全功能的缺陷。

O. Validation：软硬固件验证

O. Validation 减少 T. Flaw 的威胁，是通过验证完整性、正确的安装和所有软硬固件的使用，从而有助于鉴别那些可以引起网络交换及其安全功能的缺陷。

A.2.2.9 管理员网络授权的滥用(T. Hostile_Admin)

网络配置管理员或网络安全管理员有意滥用权限，不适当地访问或修改了数据信息，例如：配置数据、审计数据、口令文件或误处理其他的敏感数据文件。

基本原理：

OE. Admin_Audit：带标识的审计记录

OE. Admin_Audit 抵抗 T. Hostile_Admin 的威胁，监控和记录各个行为和身份，那么滥用特权的威胁就会减少。

OE. Audit_Review：审计记录查阅

OE. Audit_Review 减少 T. Hostile_Admin 的威胁，是通过周期性的监控和审阅行为。

OE. Mgmt_I&A：管理标识和鉴别

OE. Mgmt_I&A 减少 T. Hostile_Admin 的威胁，是通过在审计记录中获取网络管理人员的标识。

OE. Personnel：可信人员

OE. Personnel 抵抗 T. Hostile_Admin 的威胁，是通过雇用可信赖的和有能力的人员。

O. Trust_Backup：系统数据备份的完整性和保密性

O. Trust_Backup 减少 T. Hostile_Admin 的威胁，是通过确保产生网络数据的复制版本。如果主系统失效，那么从系统能够快速进入运行状态，从而保证操作的连续性。另外，如果网络文件没有存储在从管理站，而是在另一个存储设备上，那么网络参数依然能够得到保护。

O. Trusted_Recovery：可信的恢复

O. Trusted_Recovery 减少 T. Hostile_Admin 的威胁，是在运行中断时，在不危及安全的情况下，网络能够恢复到一个安全状态。

A.2.2.10 管理错误(T. Mgmt_Error)

拥有网络配置管理员角色的人员可能无意的不恰当访问或修改了数据信息，或误用资源。

基本原理：

OE. Admin_Audit：带标识的审计记录

OE. Admin_Audit 通过对错误的验证使得各种行为及其影响能够得到纠正，从而降低了 T. Mgmt_Error 的威胁。

O. Cfg_Manage：管理配置数据

O. Cfg_Manage 通过对与网络交换机及网络信息的恢复有关的配置和连接信息的捕捉和保持，降低了 T. Mgmt_Error 的威胁。

OE. Personnel：可信人员

OE. Personnel 通过雇佣和培养一批可信的有能力的人员降低了 T. Mgmt_Error 的威胁。

O. Trust_Backup：系统数据备份的完整性和保密性

当有严重错误发生时，O. Trust_Backup 能够在首选系统恢复过程时通过第二系统继续操作，从而降低 T. Mgmt_Error 的威胁。

O. Trusted_Recovery：可信的恢复

O. Trusted_Recovery 通过确保在一系列中断操作发生时，在没有安全泄漏的情况下恢复到安全状态，从而降低了 T. Mgmt_Error 的威胁。

A. 2. 2. 11　修改协议(T. Modify)

攻击者未经授权的修改或操纵协议(例如：路由选择、信号等协议)。

基本原理：

OE. Attr_Mgt：管理属性

OE. Attr_Mgt 减轻了 T. Modify 的威胁。网络操作管理者和网络安全管理者有特权以至于恶意的网络操作人员可以相对容易进行修改操作。然而，当网络操作人员的标识被捕捉并审计后此种威胁可以有效地降低。

O. Ctrl_Channel：控制数据的可信通道

O. Ctrl_Channel 通过确保控制信息以及信号化的信息的保密性和完整性来减弱 T. Modify 的威胁。

OE. Personnel：可信人员

通过雇佣可信赖的员工，这些人不会滥用他们的权利做未授权的修改或者对使用中的配置和协议做特殊处理来减弱 T. Modify 的威胁。

O. Trusted_Recovery：可信的恢复

当 T. Modify 威胁引起了操作中的不连续，O. Trusted_Recovery 能确保网络交换机和网络能够返回到安全状态，从而减轻 T. Modify 的威胁。

O. Validation：软硬固件验证

O. Validation 通过确保在网络交换机和网络中使用各种软件、硬件、固件的完整性和操作的正确性，来减弱 T. Modify 的威胁。

A. 2. 2. 12　网络探测(T. NtwkMap)

攻击者可能进行网络探测来获得节点地址、路由表信息和物理位置。

基本原理：

O. Ctrl_Channel：控制数据的可信通道

通过确保控制信息的保密性及完整性 O. Ctrl_Channel 来减弱 T. Ntwk_Map 的威胁。

O. Detect_Connection：检测非授权连接

通过对未授权连接的检测，O. Detect_Connection 来减弱 T. Ntwk_Map 的威胁。

OE. Physical：物理保护

OE. Physical 通过对网络交换机资源的物理保护可降低攻击者企图通过未授权的连接捕捉网络信息的威胁，从而减弱 T. Ntwk_Map 的威胁。

O. Protect_Addresses：地址保护

O. Protect_Addresses 通过确保传送和接收地址的保密性和完整性来减弱 T. Ntwk_Map 的威胁。

O. Mgmt_Path：管理数据的可信路径

通过为所有管理数据确保可信路径，O. Mgmt_Path 减弱了 T. Ntwk_Map 的威胁。可信路径保护了数据，同时给攻击者为分析和发现网络信息，获得管理数据增加了困难。

A.2.2.13 重放攻击(T.Replay_Attack)

攻击者通过记录通信会话,并重放它们伪装成已验证的客户端非法获取网络交换机的访问权。管理信息也可能被记录和重放,从而用于伪装成已验证的网络配置管理员或网络安全管理员来得到对网络管理资源的访问权。

基本原理:

O.Access_Control:访问控制机制

通过强制执行访问控制机制,为攻击者获得网络交换机和网络的访问权增加了难度,从而降低了T.Replay_Attack 的威胁。

O.Ctrl_Channel:控制数据的可信通道

由于网络交换机支持加密基础设施,因此它能确保控制信息的完整性和保密性,从而降低了T.Replay_Attack的威胁。

O.Ctrl_I&A:受控标识和鉴别

O.Ctrl_I&A 通过要求标识和鉴别,增加了攻击者获得网络交换机访问权的难度,从而降低了T.Replay_Attack的威胁。

O.Detect_Connection:检测非授权连接

O.Detect_Connection 确保了对非授权连接的检测,消除了通过记录和重放信息以获得网络交换机和网络资源访问权的可能,从而降低了 T.Replay_Attack 的威胁。

OE.Mgmt_I&A:管理标识和鉴别

OE.Mgmt_I&A 通过要求标识和鉴别,增加了攻击者获得网络管理资源的难度,从而降低了T.Replay_Attack的威胁。

O.Replay_Prevent:避免重放攻击

O.Replay_Prevent 直接对抗了 T.Replay_Attack 的威胁。

O.Replay_Prevent 确保了网络交换机能够拒绝旧的和复制的信息包,以保证其自身免受重放攻击的威胁。

A.2.2.14 配置数据泄漏(T.Sel_Pro)

攻击者可能读、修改或破坏重要的网络交换机的安全配置数据。

基本原理:

O.Sel_Pro:自身安全配置泄露直接对抗了 T.Sel_Pro。

A.2.2.15 欺骗攻击(T.Spoof)

客户端企图得到网络交换机资源,通过获得的网络地址来伪装成已授权的用户。未授权节点可能使用有效的网络地址来尝试访问网络。

基本原理:

O.Ctrl_I&A:受控标识和鉴别

O.Ctrl_I&A 通过强制执行标识和鉴别增加了攻击者获取网络交换机访问权的困难,从而增加了设法执行欺骗的困难,因此对抗了欺骗攻击的威胁。

O.Detect_Connection:检测非授权连接

O.Detect_Connection 通过对未授权连接的检测阻止了攻击者企图获取网络地址的可能,从而对抗了欺骗攻击的威胁。

OE.Mgmt_I&A:管理标识和鉴别

OE.Mgmt_I&A 通过强制执行标识和鉴别增加了攻击者获取网络交换机访问权的困难,从而增加了执行欺骗操作的困难,因此对抗了欺骗攻击的威胁。

O.Protect_Addresses:地址保护

O.Protect_Addresses 通过确保传输和接收地址的保密性和完整性,阻止了攻击者企图获得合法的网络地址的可能,从而对抗了欺骗攻击的威胁。

A.2.2.16 对管理端口的非授权访问(T. Unauth_Mgmt_Access)

攻击者或滥用特权的网络配置管理员可能通过 Telnet、RMON 或其他方式访问管理端口,从而重新配置网络、引起拒绝服务、监视流量、执行流量分析等。

基本原理:

O. Access_Control:网络访问控制

O. Access_Control 通过执行网络访问控制机制对特权进行了限制,从而对抗了 T. Unauth_Mgmt_Access 的威胁。

OE. Admin_Audit:带标识的审计记录

OE. Admin_Audit 通过对负有责任的网络管理人员的行为的审计减弱了 T. Unauth_Mgmt_Access 的威胁。

OE. Audit_Review:审计记录查阅

OE. Audit_Review 通过定期的审计和查阅所有的行为,从而减弱了 T. Unauth_Mgmt_Access 的威胁。

O. Detect_Connection:检测非授权连接

O. Detect_Connection 确保对非授权连接的检测,有助于发现对管理数据的非授权的访问,从而减弱了 T. Unauth_Mgmt_Access 的威胁。

OE. Mgmt_I&A:管理标识和鉴别

OE. Mgmt_I&A 通过要求对网络管理人员进行标识和鉴别,审计这些人员并且与他们的行为相联系,减弱了 T. Unauth_Mgmt_Access 的威胁。

OE. Personnel:可信人员

OE. Personnel 通过雇佣和培养可信赖的网络管理人员降低了滥用特权的威胁。

OE. Physical:物理保护

OE. Physical 通过对资源的物理保护避免了恶意攻击和未授权修改,从而降低了 T. Unauth_Mgmt_Access 的威胁。

O. Trust_Backup:系统数据备份的完整性和保密性

O. Trust_Backup 通过确保网络交换机数据文件存储的保密性和完整性,降低了 T. Unauth_Mgmt_Access 的威胁。当未授权访问管理数据或者伪造网络参数时,O. Trust_Backup 要求能较快的恢复。

O. Trusted_Recovery:可信的恢复

O. Trusted_Recovery 确保当出现中断操作时网络交换机能够返回安全状态,从而减弱了 T. Unauth_Mgmt_Access 的威胁。

A.3 安全要求合理性

表 A.3 和表 A.4 说明了安全目的覆盖范围的全面性,即安全目的应涉及已确定安全环境的所有方面。首先,表 A.3 列出了每一个安全目的所覆盖的安全要求,之后对每一个安全目的的覆盖的个体做了论述。

表 A.3 安全要求与安全目的对应关系

安全目的	安全要求
O. Access_Control	FDP_ACC.1,FDP_ACF.1,FDP_IFC.1, FDP_IFF.1,FIA_UAU.2,FIA_UID.2, FTA_TSE.1

表 A.3(续)

安全目的	安全要求
OE. Admin_Audit	FAU_GEN. 1,FAU_GEN. 2,FAU_SEL. 1, FMT_MSA. 1,FMT_MSA. 3,FMT_MTD. 1 FPT_STM. 1,FPT_TDC. 1
O. Alarm	FPT_AMT. 1,FPT_TST. 1
OE. Attr_Mgt	FAU_SAR. 1,FMT_MSA. 1, FMT_MTD. 1,FMT_SMR. 2
OE. Audit_Review	FAU_SAR. 1,FPT_TDC. 1
O. Cfg_Confidentiality	FTP_ITC. 1,FTP_TRP. 1
O. Cfg_Integrity	FPT_ITI. 1,FPT_TST. 1, FTP_ITC. 1,FTP_TRP. 1
O. Cfg_Manage	FTP_TRP. 1
OE. Cryptography	FTP_ITC. 1,FTP_TRP. 1
O. Ctrl_Channel	FDP_UIT. 1,FTP_ITC. 1, FPT_ITI. 1,FDP_IFF. 1
O. Ctrl_I&A	FDP_ACC. 1,FDP_ACF. 1, FDP_IFC. 1,FDP_IFF. 1, FIA_UAU. 2,FIA_UID. 2, FTA_TSE. 1
O. Detect_Connection	FPT_ITI. 1,FPT_RPL. 1
OE. Environment	FPT_FLS. 1,FPT_RCV. 3, FPT-RCV. 4,FRU_FLT. 1
O. Fail_Secure	FPT_FLS. 1,FPT_RCV. 3, FPT_RCV. 4,FRU_FLT. 1
OE. Guide_Docs	ADV_FSP. 1,ALC_DVS. 1, AGD_ADM. 1,AGD_USR. 1, AVA_MSU. 1,AVA_VLA. 1
O. Lifecycle	FPT_AMT. 1,FPT_TDC. 1, FPT_TST. 1
O. Mgmt_Path	FDP_IFF. 1,FDP_ITC. 2, FDP_ETC. 2,FDP_UIT. 1, FPT_ITI. 1,FTP_TRP. 1
O. Patches	FMT_MOF. 1
OE. Personnel	AGD_ADM. 1,AGD_USR. 1, FMT_MOF. 1,FMT_MSA. 1, FMT_MSA. 3
OE. Physical	FPT_PHP. 1
O. Priority_Of_Service	FDP_IFF. 1,FRU_PRS. 2, FRU_FLT. 1

表 A.3(续)

安全目的	安全要求
O. Protect_Addresses	FDP_ITC. 2,FDP_ETC. 2,FPT_ITC. 1, FTP_ITC. 1,FTP_TRP. 1
O. Protocols	FDP_ETC. 2,FDP_ITC. 2,FDP_UIT. 1, FPT_FLS. 1,FPT_ITI. 1
O. Replay_Prevent	FDP_ETC. 2,FDP_ITC. 2, FDP_UIT. 2,FPT_ITI. 1, FPT_RPL. 1
O. Sel_Pro	FIA_AFL. 1
OE. Synchronization	FMT_MOF. 1,FPT_STM. 1
O. Test	ATE_COV. 2,ATE_FUN. 1, ATE_IND. 2,AVA_SOF. 1, AVA_VLA. 1,FPT_AMT. 1, FPT_TST. 1
O. Traf_Audit	FAU_GEN. 1,FAU_GEN. 2, FAU_SAR. 1,FAU_SEL. 1, FDP_IFF. 1,FPT_STM. 1、FPT_TDC. 1
O. Trust_Backup	FDP_UIT. 2
O. Trusted_Recovery	FPT_RCV. 3,FPT_RCV. 4, FPT_FLS. 1
O. Unused_Fields	FPT_ITI. 1
O. Validation	FPT_AMT. 1,FPT_TST. 1
OE. Mgmt_I&A	FIA_UAU. 2,FIA_UID. 2

表 A.4 安全目的与安全要求的对应关系

安全要求	安全目的
ACM_CAP. 3	EAL3 的要求
ACM_SCP. 1	EAL3 的要求
ADO_DEL. 1	EAL3 的要求
ADO_IGS. 1	EAL3 的要求
ADV_HLD. 2	EAL3 的要求
ADV_RCR. 1	EAL3 的要求
AGD_ADM. 1	EAL3 的要求,OE. Guide_Docs,OE. Personnel
AGD_USR. 1	EAL3 的要求,OE. Guide_Docs,OE. Personnel
ALC_DVS. 1	EAL3 的要求,OE_Guide_Docs
ATE_COV. 2	EAL3 的要求,O. Test
ATE_DPT. 1	EAL3 的要求
ATE_FUN. 1	EAL3 的要求,O. Test

表 A.4(续)

安全要求	安全目的
ATE_IND.2	EAL3 的要求,O.Test
AVA_MSU.1	EAL3 的要求,OE.Guide_Docs,
AVA_SOF.1	EAL3 的要求
AVA_VLA.1	EAL3 的要求,OE.Guide_Docs,O.Test
FAU_GEN.1	OE.Admin_Audit,O.Traf_Audit
FAU_GEN.2	OE.Admin_Audit,O.Traf_Audit
FAU_SAR.1	OE.Admin_Audit,OE.Attr_Mgt, OE.Audit_Review,O.Traf_Audit
FAU_SEL.1	OE.Admin_Audit,
FAU_SEL.1	O.Traf_Audit,
FDP_ACC.1	O.Access_Control,O.Ctrl_I&A
FDP_ACF.1	O.Access_Control,O.Ctrl_I&A,
FDP_ETC.2	O.Mgmt_Path,O.Protect_Addresses, O.Protocols,O.Replay_Prevent
FDP_IFC.1	O.Access_Control,O.Ctrl_I&A
FDP_IFF.1	O.Access_Control,O.Ctrl_I&A, O.Ctrl_Channel,O.Mgmt_Path, O.Priority_Of_Service,O.Traf_Audit
FDP_ITC.2	O.Mgmt_Path,O.Protect_Addresses, O.Protocols,O.Replay_Prevent
FDP_UIT.1	O.Ctrl_Channel,O.Mgmt_Path,O.Protocols
FDP_UIT.2	O.Replay_Prevent,O.Trust_Backup
FIA_UAU.2	O.Access_Control,OE.Mgmt_I&A,.Ctrl_I&A
FIA_UID.2	O.Access_Control,OE.Mgmt_I&A, O.Ctrl_I&A
FIA_AFL.1	O.Sel_Pro
FMT_MOF.1	O.Patches,OE.Personnel,OE.Synchronization
FMT_MSA.1	OE.Admin_Audit,OE.Attr_Mgt, OE.Personnel
FMT_MSA.3	OE.Admin_Audit,OE.Personnel
FMT_MTD.1	OE.Admin_Audit,OE.Attr_Mgt
FMT_SMR.2	OE.Attr_Mgt
FPT_AMT.1	O.Alarm,O.Lifecycle,O.Test,O.Validation
FPT_FLS.1	OE.Environment,O.Fail_Secure, O.Protocols,O.Trusted_Recovery
FPT_ITC.1	O.Ctrl_Channel,

表 A.4(续)

安全要求	安全目的
FPT_ITI.1	O. Protect_Addresses,O. Cfg_Integrity, O. Ctrl_Channel,O. Detect_Connection,
FPT_ITI.1	O. Mgmt_Path,. Protocols,. Replay_Prevent, O. Unused_Fields
FPT_PHP.1	OE. Physical
FPT_RCV.3	OE. Environment,O. Fail_Secure, O. Trusted_Recovery
FPT_RCV.4	OE. Environment,O. Fail_Secure, O. Trusted_Recovery,
FPT_RPL.1	O. Detect_Connection,O. Replay_Prevent
FPT_STM.1	OE. Admin_Audit,OE. Synchronization, O. Traf_Audit
FPT_TDC.1	OE. Admin_Audit,OE. Audit_Review,. Lifecycle, O. Traf_Audit
FPT_TST.1	O. Alarm,O. Cfg_Integrity,
FPT_TST.1	O. Lifecycle,O. Test,O. Validation
FRU_FLT.1	OE. Environment,O. Fail_Secure, O. Priority_Of_Service
FRU_PRS.2	O. Priority_Of_Service
FTA_TSE.1	O. Access_Control,O. Ctrl_I&A
FTP_ITC.1	O. Cfg_Confidentiality,O. Cfg_Integrity, O. Ctrl_Channel,
FTP_TRP.1	OE. Cryptography,O. Protect_Addresses O. Cfg_Confidentiality,O. Cfg_Integrity, O. Cfg_Manage,OE. Cryptography,
FTP_TRP.1	O. Mgmt_Path,O. Protect_Addresses

A.3.1 网络访问控制(O. Access_Control)

网络交换机应实现访问控制策略,访问控制策略基于但不限于网络交换机的任务(只处理可信的或不可信的,或者处理混合流量)、网络交换机的标识(由一个机构、网络提供者所有,同时也支持许多机构或客户端所有)、源和目标地址、端口层次的过滤(如 Telnet、SNMP)等。

O. Access_Control 在网络交换机中的实现是依靠 FDP_ACC.1:子集访问控制;FDP_ACF.1:基于安全属性的访问控制——对期望通讯的网络交换机强制执行访问控制机制;FIA_UAU.2:任何行动前的用户鉴别;FIA_UID.2:任何行动前的用户标识,要求与访问控制机制相关联的标识和鉴别。此外,O. Access_Control 也是以下三个安全功能要求组件所实现:FTA_TSE.1:网络交换机会话建立,此功能可拒绝与网络交换机的会话建立;FDP_IFF.1:简单安全属性和 FDP_IFC.1:子集信息流控制,该功能要求针对接收到的信息执行与访问控制机制相关的信息流控制机制。

A.3.2 带标识的审计记录(OE. Admin_Audit)

网络配置管理员和网络安全管理员的活动应被审计,审计记录的存储和维护应符合安全策略。

OE. Admin_Audit 的实现通过以下几个安全功能要求组件:在网络交换机的环境方面是 FPT_TDC. 1:安全功能间基本安全功能数据的一致性,它确保审计记录能够被解释;FMT_MTD. 1:安全功能数据的管理;FAU_SEL. 1 选择性审计;FMT_MSA. 1:安全属性的管理;FMT_MSA. 3:静态属性初始化,该功能赋予网络安全管理员配置审计日志的特权;FAU_GEN. 1 和 FAU_GEN. 2 通过生成审计日志和与引起该事件的网络管理角色相关联的审计数据可直接实现此安全目标。生成审计日志的一个重要的方面是获取行为的时间,因此 FPT_STM. 1:可靠的时间戳是用来支持 OE. Admin_Audit 的一个适当的要求。

A. 3. 3 安全风险报警通知(O. Alarm)

网络交换机应有发现元件、硬件、软件或固件失败或错误的能力。网络交换机应提供安全相关事件和失败或错误提示的告警能力。

O. Alarm 在网络交换机中的实现通过 FPT_AMT. 1:抽象机测试和 FPT_TST. 1:安全功能检测,它要求对安全功能侦错的测试。

A. 3. 4 管理属性(OE. Attr_Mgt)

网络安全管理员应管理控制策略,只赋予经授权的网络管理人员以必需的权利。管理人员应在通过标识与鉴别后承担其特权角色。

OE. Attr_Mgt 的实现通过 FAU_SAR. 1:审计查阅,它使得网络安全管理员有权查阅所有的审计记录;FMT_MSA. 1:安全属性的管理;FMT_MTD. 1:安全功能数据的管理;和 FMT_SMR. 2:安全角色限制,它通过不同的角色限制网络管理系统的某些特权来实现 OE. Attr_Mgt。

A. 3. 5 审计记录查阅(OE. Audit_Review)

所有的审计记录都应定期的被查阅,网络审计管理员应定期的查阅网络流量审计记录。

OE. Audit_Review 的实现通过 FPT_TDC. 1:安全功能间基本安全功能数据的一致性,它确保了审计记录能够被解释;FAU_SAR. 1:审计查阅,它通过要求对审计记录的查阅实现了 OE. Audit_Review。

A. 3. 6 网络配置保密性(O. Cfg_Confidentiality)

网络交换机应保证配置和连接信息不会泄露。

O. Cfg_Confidentiality 的实现通过 FPT_ITC. 1:传送过程中安全功能间的保密性;FTP_TRP. 1:可信路径,它要求一条可以保护控制信息免遭泄漏的可信信道和针对管理信息的可信路径。

A. 3. 7 配置完整性(O. Cfg_Integrity)

网络交换机应保证审计文件、配置、连接信息和属于网络交换机的其他信息的完整性。网络交换机不需负责存储这些信息。

O. Cfg_Integrity 在网络交换机中的实现是通过 FPT_ITI. 1:安全功能间修改的检测;FPT_TST. 1:安全功能检测;FTP_TRP. 1:可信路径;FTP_ITC. 1:安全功能间可信信道,它要求安全功能数据在传输中受到保护免遭修改,对修改行为进行检测和对安全功能数据完整性的验证。

A. 3. 8 管理配置数据(O. Cfg_Manage)

应有获取和保存每个网络交换机的配置和连接信息的计划,该计划必须保证存储的完整性,能进行系统部件的鉴别与系统连接的鉴别。

O. Cfg_Manage 的实现依靠 FTP_TRP. 1:可信路径,为网络交换机的配置和连接信息提供可靠的传输路径。

A. 3. 9 加密机制支持(OE. Cryptography)

为了支持保密性,网络交换机必须支持加密基础设施。该加密基础设施要支持包括客户端注册、密钥管理和信道隔离在内的服务。

OE. Cryptography 的实现依靠 FTP_ITC. 1:安全功能间可信信道和 FTP_TRP. 1:可信路径,它考虑了保护数据免遭泄漏的选项。

A.3.10 控制数据的可信通道(O.Ctrl_Channel)

提供对等网络交换机之间传输控制数据的完整性和保密性；提供独立的可信信道。为了支持保密性，网络交换机必须支持加密基础设施。该加密基础设施要支持包括客户端注册、密钥管理和信道隔离在内的服务。

O.Ctrl_Channel 是通过可信信道的实现来实现的，FTP_ITC.1：安全功能间可信信道；FDP_UIT.1：数据交换完整性，FPT_ITC.1：传送过程中安全功能间的保密性，FPT_ITI.1：安全功能间修改的检测，以保护信息免受泄漏和修改。O.Ctrl_Channel 的实现也依靠 FDP_IFF.1：简单安全属性，它要求为信息流提供一个可信信道。

A.3.11 受控标识和鉴别(O.Ctrl_I&A)

只有在请求连接的目标地址、标识、鉴别和权限与控制策略一致时，才能连接到网络交换机。

O.Ctrl_I&A 在网络交换机中的实现依靠 FDP_ACC.1：子集访问控制，FDP_IFF.1：简单安全属性，FDP_ACF.1：基于安全性属性的访问控制，用于强制执行访问控制机制、认证和鉴权。O.Ctrl_I&A 的实现也依靠于 FTA_TSE.1：网络交换机会话建立，FDP_IFC.1：子集信息流控制，FIA_UAU.2：任何行动前的用户鉴别，FIA_UID.2：任何行动前的用户标识，该安全功能要求组件用于通信会话的确立和验证信息是否来自可信源。

A.3.12 检测非授权连接(O.Detect_Connection)

网络交换机应能检测并告警未经授权的连接。

O.Detect_Connection 在网络交换机中的实现依靠 FPT_ITI.1：安全功能间修改的检测，FPT_RPL.1：重放检测，这些要求扫描端口，旨在发现未经授权的连接。

A.3.13 环境保护(OE.Environment)

应提供对物理环境的保护，例如对抗火灾、地震、掉电等。

OE.Environment 的实现依靠 FPT_FLS.1：带保存安全状态的失败，FPT_RCV.3：无过度损失的自动恢复，FPT_RCV.4：功能恢复，FRU_FLT.1：低容错，通过在自然灾害或电源中断时保障网络交换机的正常操作实现了 OE.Environment。

A.3.14 故障发生时安全状态的保存(O.Fail_Secure)

网络交换机应能保存部件失效或停电事件时的系统安全状态。

O.Fail_Secure 在网络交换机中的实现依靠 FPT_FLS.1：带保存安全状态的失败，FPT_RCV.3：无过度损失的自动恢复，FPT_RCV.4：功能恢复，FRU_FLT.1：低容错，这些保证了网络交换机能够返回安全状态。

A.3.15 指导性文档(OE.Guide_Docs)

应提供安装、配置、操作和程序性指导文档，从而防止安装、配置和操作上的错误。指导文件也要用于网络交换机及其安全功能的维护。

对网络交换机来说 OE.Guide_Docs 是由以下几项来确保的，AGD_ADM.1：管理员指南，AGD_USR.1：用户指南，ALC_DVS.1：安全措施标识。同时，OE.Guide_Docs 也是由以下几项来确保的，ADV_FSP.1：非形式化功能规范，AVA_MSU.1：指南审查，AVA_VLA.1：开发者脆弱性分析，这些要求指导性文档确定各种模式的操作和脆弱性。

A.3.16 生命周期安全(O.Lifecycle)

对网络交换机实行管理和维护，保证其安全功能在其生命周期中被正确的实现和受到保护。对硬件、软件或固件的升级应保证其不影响任何其他的安全功能。

O.Lifecycle 在网络交换机中的实现是依靠 FPT_AMT.1：抽象机测试，FPT_TST.1：安全功能检测，它要求自测以确保对安全功能的正确操作。O.Lifecycle 的实现也依靠 FPT_TDC.1：安全功能间基本安全功能数据的一致性，它要求解释安全功能数据一致性的能力。

A. 3. 17 管理数据的可信路径(O. Mgmt_Path)

应保证网络交换机和网络管理站之间传输信息的完整性和保密性,应提供独立的可信信道。网络交换机必须支持加密基础设施。该加密基础设施要支持包括客户端注册、密钥管理和信道隔离在内的服务。

O. Mgmt_Path 在网络交换机中的实现是依靠 FTP_TRP. 1:可信路径,FPT_ITI. 1:安全功能间修改的检测,FDP_ITC. 2:有安全属性的用户数据输入,FDP_UIT. 1:数据交换完整性,FDP_ETC. 2:有安全属性的用户数据输出,它为管理数据在传输过程中提供了完整性和保密性。O. Mgmt_Path 的实现也依靠 FDP_IFF. 1:简单安全属性,它为管理信息提供一条可信路径。

A. 3. 18 安全修复和补丁(O. Patches)

网络交换机应安装最新的补丁和安全修复。

O. Patches 在网络交换机中的实现是依靠 FMT_MOF. 1:安全功能行为的管理,它要求网络安全管理员对网络交换机安装补丁和安全修复负责。

A. 3. 19 可信人员(OE. Personnel)

应雇佣和使用可信赖和有能力的员工。人员应经过基本培训和其后的经常性培训。

对网络交换机来说 OE. Personne 的确保是依靠 AGD_ADM. 1:管理员指南,AGD_USR. 1:用户指南,它要求对在作为网络管理角色时对网络交换机的安全操作的行为进行描述。OE. Personnel 的实现也依靠 FMT_MOF. 1:安全功能行为的管理,FMT_MSA. 1:安全属性的管理,FMT_MSA. 3:静态属性初始化,所有这些都为网络安全管理者、网络管理者和网络属性管理行为者分配了可信的职责。

A. 3. 20 物理保护(OE. Physical)

应有物理保护措施以避免恶意攻击、未经授权的修改、破坏和盗窃事件的发生。

OE. Physical 的实现依靠 FPT_PHP. 1:物理攻击的被动检测,它要求网络交换机能够识别物理攻击。

A. 3. 21 提供服务优先级(O. Priority_of_Service)

即使使用尽力传输方式,网络交换机也应对所有的流量分配优先级。控制资源访问方式,防止低级别服务干扰或延迟高级别的服务。

O. Priority_Of_Service 在网络交换机中的实现依靠 FRU_PRS. 2:全部服务优先级,它要求对优先级进行分配,FRU_FLT. 1:低容错,它确保在错误发生时保存服务的优先级。O. Priority_Of_Service 的实现也依靠 FDP_IFF. 1:简单安全属性,它要求优先级只能分配给接收到的来自可信服务的信息。

A. 3. 22 地址保护(O. Protect_Addresses)

网络交换机应保护已授权组织内部地址的保密性和完整性。在网络交换机收到数据后,应能正确地解析出经过授权的源地址和目的地址。

O. Protect_Addresses 在网络交换机中的实现依靠 FTP_TRP. 1:可信路径,FTP_ITC. 1:安全功能间可信信道,FDP_ITC. 2:有安全属性的用户数据输入,FDP_ETC. 2:有安全属性的用户数据输出,FPT_ITC. 1:传送过程中安全功能间的保密性,它强制执行网络交换机安全功能,通过防止数据的泄漏、修改、重新获得、丢失来保护地址。

A. 3. 23 协议(O. Protocols)

在网络交换机中应实现能与其他厂商的网络交换机互操作的标准协议,并在网络交换机中实现可靠交付和错误检测的协议。

O. Protocols 在网络交换机中的实现依靠 FDP_ETC. 2:有安全属性的用户数据输出,它要求网络交换机确保完整性,FDP_ITC. 2:有安全属性的用户数据输入,用于确保数据的完整性和协议能够清晰的把数据与安全属性联系在一起。O. Protocols 的实现也依靠 FDP_UIT. 1:数据交换完整性,FPT_FLS. 1:带保存安全状态的失败,FPT_ITI. 1:安全功能间修改的检测,FPT_ITI. 1:安全功能间修改的检测,用于检测在数据传输过程中的错误和修改。

A. 3. 24　避免重放攻击(O. Replay_Prevent)

网络交换机应具有防止未经授权的代理伪装成经过授权的代理能力，保护其自身免受重放攻击。

O. Replay_Prevent 在网络交换机中的实现依靠 FDP_ITC. 2：有安全属性的用户数据输入，FDP_ETC. 2：有安全属性的用户数据输出，FPT_ITI. 1：安全功能间修改的检测，FDP_UIT. 2：原发端数据交换恢复，FPT_RPL. 1：重放检测，它要求对重放的信息进行检测同时强制执行反重放。

A. 3. 25　网络交换机的自身防护(O. Sel_Pro)

网络交换机必须做好自身防护，以对抗非授权用户对网络交换机安全功能的旁路、抑制或篡改的尝试。

O. Sel_Pro 的实现依靠 FMT_AFL. 1 鉴别失败处理，它要求设置在一定次数失败尝试后锁定登录机制，以抵抗旁路或篡改的尝试。

A. 3. 26　网络同步(OE. Synchronization)

网络交换机应被连接到一个可靠的时间源，以保证正确的网络资源同步。

OE. Synchronization 的实现依靠 FMT_MOF. 1：安全功能行为的管理，FPT_STM. 1：可靠的时间戳，它要求与时间源建立一个可靠的连接。

A. 3. 27　网络交换机及其安全功能的测试(O. Test)

网络交换机及其安全功能的测试应严格遵照文档化的测试计划和规程。脆弱性测试应致力于寻找可能违反网络交换机安全性策略的方法。所有的测试方法和结果都应有文档记录。

O. Test 的实现依靠 FPT_TST. 1：安全功能检测，FPT_AMT. 1：抽象机测试，它通过测试要求确保对网络交换机和安全功能的正确操作。O. Test 也由以下几项确保：ATE_COV. 2：范围分析，ATE_FUN. 1：功能测试，ATE_IND. 2：独立性测试，AVA_SOF. 1：网络交换机安全功能强度评估，AVA_VLA. 1：开发者脆弱性分析，所有这些都要求对网络交换机的属性、功能或者脆弱性进行分析和测试。

A. 3. 28　带标识的审计流量记录(O. Traf_Audit)

审计记录应包括日期、时间、发送速度、接受速度、节点标识符和负责传输数据的组织。网络交换机应验证所有的审计记录的完整性，但网络交换机无须负责存储审计记录。

O. Traf_Audit 的实现依靠 FAU_GEN. 1：审计数据产生，FPT_TDC. 1：安全功能间基本安全功能数据的一致性，FAU_SAR. 1：审计查阅，FAU_SEL. 1：选择性审计，它要求生成的数据有容易解析的格式和可自定义可审计事件的能力。O. Traf_Audit 的实现也依靠 FAU_GEN. 2：用户身份关联，它要求把审计事件与引起该事件的人员相联系的能力和洞察力，FPT_STM. 1：可靠的时间戳，它要求捕捉到与审计事件相关联的准确时间，FDP_IFF. 1：简单安全属性，它要求对来自于不可信源的接收进行审计的能力。

A. 3. 29　系统数据备份的完整性和保密性(O. Trust_Backup)

应确保网络交换机的网络文件和配置参数有冗余备份。备份文件应以符合网络安全策略的方式存储，以便保证文件的完整性和保密性，另外，应能由备份文件充分地再生网络交换机的配置，以用于在出现失败事件或安全泄密的情况下恢复网络交换机的功能；网络文件可自动地复制备份到另外的管理站。

O. Trust_Backup 的实现依靠 FDP_UIT. 2：原发端数据交换恢复，它要求备份管理数据以确保对网络交换机的连续操作。

A. 3. 30　可信的恢复(O. Trusted_Recovery)

应确保网络交换机在失效或错误后恢复到没有安全泄密的安全状态，应确保失效部件更替后，系统的状态恢复，并且保证不会引发错误或造成其他安全缺陷。

O. Trusted_Recovery 在网络交换机中的实现依靠 FPT_RCV. 3：无过度损失的自动恢复，FPT_RCV. 4：功能恢复，它要求在中断操作之后能够恢复到安全状态，FPT_FLS. 1：带保存安全状态的失败，此外，该安全目标也可通过在错误发生时对安全状态的保存以达到恢复到安全状态的目的。

A.3.31　未用区域(O. Unused_Fields)

网络交换机应保证协议头内所有未被使用域的数值都被恰当地设定。

O. Unused_Fields 在网络交换机中的实现依靠 FPT_ITI.1:安全功能间修改的检测,要求安全功能可以检测到传输过程中安全功能数据的任何修改。在协议头中的数据应被作为安全功能数据的一部分。

A.3.32　软硬固件验证(O. Validation)

应通过合适的功能和规程,确保所有硬件、软件和固件的完整性,并保证所有硬件、软件和固件都可正确地安装和操作。

O. Validation 在网络交换机中的实现依靠 FPT_AMT.1:抽象机测试,FPT_TST.1:安全功能检测,通过测试有助于验证网络交换机及其各个部分的正确的操作和功能。

A.3.33　管理标识和鉴别(OE. Mgmt_I&A)

管理人员应在通过标识与鉴别后才能承担其特权角色。

OE. Mgmt_I&A 的实现依靠 FIA_UAU.2:任何行动前的用户鉴别和 FID_UID.2:任何行动前的用户标识,它要求任何网络交换机安全功能执行前用户必须首先标识自己的身份并提供正确的鉴别数据。

A.4　依赖关系的基本原理

在选取安全功能要求组件和安全保证要求组件时,必须满足所选组件之间的相互依赖关系,表 A.5 列出了所选安全功能要求组件的依赖关系,表 A.6 列出了所选安全保证要求组件的依赖关系。

表 A.5　安全功能要求组件依赖关系

安全功能要求	依赖关系
FAU_GEN.1	FPT_STM.1
FAU_GEN.2	FAU_GEN.1FIA_UID.1
FAU_SAR.1	FAU_GEN.1
FAU_SEL.1	FAU_GEN.1,FMT_MTD.1
FDP_ACC.1	FDP_ACF.1
FDP_ACF.1	FDP_ACC.1,FMT_MSA.3
FDP_ETC.2	FDP_ACC.1
FDP_IFC.1	FDP_IFF.1
FDP_IFF.1	FDP_ACC.1 或者 FDP_IFC.1, FMT_MSA.3
FDP_ITC.2	FDP_ACC.1,FTP_ITC.1, FTP_TRP.1,FPT_TDC.1
FDP_UIT.1	FDP_ACC.1 或者 FDP_IFC.1, FTP_ITC.1 或者 FTP_TRP.1, FTP_TRP.1
FDP_UIT.2	FDP_ACC.1,FTP_ITC.1
FIA_UAU.2	FIA_UID.1
FIA_UID.2	—
FIA_AFL.1	FIA_UAU.1

表 A.5(续)

安全功能要求	依赖关系
FMT_MOF.1	FMT_SMR.1
FMT_MSA.1	FDP_ACC.1 或者 FDP_IFC.1, FMT_SMR.1
FMT_MSA.3	FMT_MSA.1, FMT_SMR.1
FMT_MTD.1	FMT_SMR.1
FMT_SMR.2	FIA_UID.1
FPT_AMT.1	—
FPT_FLS.1	—
FPT_ITC.1	—
FPT_ITI.1	—
FPT_PHP.1	FMT_MOF.1
FPT_RCV.3	FPT_TST.1,AGD_ADM.1
FPT_RCV.4	—
FPT_RPL.1	—
FPT_STM.1	—
FPT_TDC.1	—
FPT_TST.1	FPT_AMT.1
FRU_FLT.1	FPT_FLS.1
FRU_PRS.2	—
FTA_TSE.1	—
FTP_ITC.1	—
FTP_TRP.1	—

表 A.6 安全保证要求组件依赖关系

安全保证要求	依赖关系
ACM_CAP.3	ACM_SCP.1,ALC_DVS.2
ACM_SCP.1	ACM_CAP.3
ADO_DEL.1	—
ADO_IGS.1	AGD_ADM.1
ADV_FSP.1	ADV_RCR.1
ADV_HLD.2	ADV_FSP.1,ADV_RCR.1
ADV_RCR.1	—
AGD_ADM.1	ADV_FSP.1
AGD_USR.1	ADV_FSP.1
ALC_DVS.1	—

表 A.6(续)

安全保证要求	依赖关系
ATE_COV.2	ADV_FSP.1,ATE_FUN.1
ATE_DPT.1	ADV_HLD.1,ATE_FUN.1
ATE_FUN.1	—
ATE_IND.3	ADV_FSP.1, AGD_ADM.1, AGD_USR.1, ATE_FUN.1
AVA_MSU.1	ADO_IGS.1, ADV_FSP.1, AGD_ADM.1, AGD_USR.1
AVA_SOF.1	ADV_FSP.1, ADV_HLD.1
AVA_VLA.1	ADV_FSP.1, ADV_HLD.1, AGD_ADM.1, AGD_USR.1

A.5 功能强度基本原理

符合本标准要求的网络交换机具备基本安全功能强度。在对抗5.2描述的威胁时,具有基本安全功能强度的网络交换机能够保护潜在的高价值信息。基本安全功能强度能够抵抗的攻击潜力,等同于攻击者具有基本级别的专业技术、资源和动机。这个功能强度与第6章中描述的安全目的一致,并且被安全功能要求所支持。

附 录 B
（资料性附录）
安全功能要求的应用注释

B.1 审计数据产生(FAU_GEN.1)

FAU_GEN.1.2 有指派审计从不可信源接受流量事件的能力。拒绝或接受来自不可信源流量的能力应该是一个符合局部安全策略配置的可选择项。

B.2 数据交换完整性(FDP_UIT.1)

就本标准而言，FDP_UIT.1 中的术语——用户数据，可被定义为控制信息或管理信息。

B.3 原发端数据交换恢复(FDP_UIT.2)

本标准陈述了可信 IT 产品要对数据交换恢复有所帮助。这个要求是精炼的，以便适应其他类型的网络交换机。

B.4 任何行动前的用户鉴别(FIA_UAU.2)

对于这一需求，术语"用户"指传输信息的源。如果信息的源来自不可信源，那么网络交换机的配置选择项连同信息流控制策略和使用控制策略将允许或不允许接收信息。

B.5 任何行动前的用户标识(FIA_UID.2)

对于这一需求，术语"用户"指传输信息的源。如果信息的源来自不可信源，那么网络交换机的配置选择项连同信息流控制策略和使用控制策略将允许或不允许接收信息。

B.6 安全功能行为的管理(FMT_MOF.1)

FMT_MOF.1 依赖于 FMT_SMR.1，选择 FMT_SMR.2 是因其叙述了控制网络安全管理员、网络审计管理员和网络配置管理员角色之间关系的规则。

B.7 安全属性的管理(FMT_MSA.1)

FMT_MSA.1 依赖于 FMT_SMR.1，选择 FMT_SMR.2 是因其叙述了控制网络安全管理员、网络审计管理员和网络配置管理员角色之间关系的规则。

B.8 安全功能数据的管理(FMT_MTD.1)

FMT_MTD.1 依赖于 FMT_SMR.1，选择 FMT_SMR.2 是因其叙述控制网络安全管理员、网络审计管理员和网络配置管理员角色之间关系的规则。

B.9 安全角色限制(FMT_SMR.2)

FMT_SMR.2 依赖于 FIA_UID.1，选择 FIA_UID.2 的原因是要求在网络配置管理员或网络安全管理员被标识之前，任何网络交换机的安全功能都不能被执行。

B.10 抽象机测试(FPT_AMT.1)

抽象机指的是任何网络交换机执行的与网络管理功能相关的硬件、固件和/或软件。

B.11 全部服务优先级(FRU_PRS.2)

本标准中,“主体”指的是一个连接的性能特征的集合。性能特征能够按照传输速率、错误比率、延时和其他特征进行测量。

B.12 安全功能间可信信道(FTP_ITC.1)

1) 远程可信 IT 产品指交换机。
2) 对于客户端,可信信道提供了从交换机到交换机之间功能执行的安全连接。可信信道被用来传输消息的控制信息以及预期的客户端行为,例如:标识和鉴别。可信信道是路由选择信道、信令信道或者远程用户连接(例如:telnet、Rlogin 等等),同时也指控制信道。

B.13 可信路径(FTP_TRP.1)

可信路径是一条通信路径,在其上的数据交换可由信道任意一端初始化,并且路径的两端都是可以标识的。可信路径包含了已标识过的网络交换机安全功能的数据和指令的子集。对本标准来说,可信路径就是一条网络管理连接。因此,路径的一端是网络管理站,另一端是被管理的网络交换机。

参 考 文 献

[1] GB/T 18336.1～18336.3—2001《信息技术　安全技术　信息技术安全性评估准则》
[2] GB/T 18018《信息安全技术　路由器安全技术要求》
[3] Protection Profile for Switches and Routers. Draft Version 2.1, February 22, 2001
[4] Telecommunications Switch Protection Profile. Draft Version, NIST
[5] A Goal VPN Protection Profile For Protecting Sensitive Information. July 10, 2000

ICS 13.180
A 25

中华人民共和国国家标准

GB/T 21051—2007/ISO/TR 16982:2002

人-系统交互工效学　支持以人为中心设计的可用性方法

Ergonomics of human-system interaction—Usability methods supporting human-centred design

(ISO/TR 16982:2002,IDT)

2007-08-23 发布　　2007-12-01 实施

中华人民共和国国家质量监督检验检疫总局
中国国家标准化管理委员会　发布

前 言

本标准等同采用ISO/TR 16982:2002《人-系统交互工效学　支持以人为中心设计的可用性方法》（英文版），并根据ISO/TR 16982:2002翻译起草。

本标准的附录A、附录B、附录C为资料性附录。

本标准由中国标准化研究院提出。

本标准由全国人类工效学标准化技术委员会归口。

本标准起草单位：中国标准化研究院、联想集团、中国科学院心理研究所、大连海事大学、北京伊飒尔用户界面设计有限公司、空军航空医学研究所、清华大学。

本标准主要起草人：冉令华、杨万丽、刘太杰、陈柏鸿、张欣、傅小兰、刘正捷、袁小伟、郭小朝、李志忠、王珩。

本标准首次发布。

引　言

作为以计算机为基础的系统开发中的一个基本要素,“以人为中心的设计”日益受到重视。GB/T 18978.11—2004 和 GB/T 18976—2003 中提供了“可用性指南”和“以人为中心的交互系统设计过程”。GB/T 18976—2003 中提供了“以人为中心”进行产品设计(硬件和软件)的通用指南以及四种主要情况,但未阐述特定的方法。

本标准旨在帮助项目管理人员(在人类工效学专家的支持下)在选择可用性方法时做出知情决策,以支持 GB/T 18976—2003 中所阐述的以人为中心的设计,而并非要使项目管理人员成为人类工效学专家。

本标准对现有的可用性方法进行了综述,这些方法既可单独用于设计和评估,也可组合使用。对每种方法都给出了其优缺点以及与其选择和使用相关的其他因素,其中包括在生命周期中,项目所处阶段对可用性方法选择的影响。

鉴于每种可用性方法是否合适均取决于所进行的设计活动,因此,应将可用性方法与设计过程相结合。GB/T 8566 提供了评估这些方法适宜性的基本框架。

附录 A 为专业人员提供了一个模板,附录 B 给出了这个模板的应用实例,附录 C 详细描述了其他方法和技术。

人-系统交互工效学　支持以人为中心设计的可用性方法

1　范围

本标准给出了可用于设计和评估的以人为中心的可用性方法，并详细阐述了每种可用性方法应用时的优点、不足以及与应用相关的其他因素。

本标准阐明了生命周期阶段及个别项目的特征对可用性方法选择的影响，并提供了具体情景中可用性方法应用的实例。

由于本标准的主要用户是项目管理人员，因此，本标准仅以必要的深度阐述技术层面的人类工效学问题，以便管理人员能从整体上理解其在设计过程中的相关性和重要性。

作为本标准的补充，GB/T 18978 中对这些问题给予了更为充分的阐述。GB/T 18978 的主要用户是系统开发者、规范制定者和系统购买者。尽管如此，包括系统终端用户在内的以人为中心的系统开发中所涉及的所有各方，均宜在本标准中获得相应的指导。

通过采用将所交付产品的使用背景进行特征化描述的问题列表，本标准中的指南可根据各种具体的设计情形进行剪裁。选择合适的可用性方法时也宜考虑到相应的生命周期过程。

本标准仅阐述可用性专家和项目管理人员广泛使用的方法。

本标准中未明确说明如何实施或执行所阐述的可用性方法的细节。

注：大多数方法需要人类工效学专家的参与。缺乏相应技能和知识的人可能不宜使用这些方法。

2　规范性引用文件

下列文件中的条款通过本标准的引用而成为本标准的条款。凡是注日期的引用文件，其随后所有的修改单(不包括勘误的内容)或修订版均不适用于本标准，然而，鼓励根据本标准达成协议的各方研究是否可使用这些文件的最新版本。凡是不注日期的引用文件，其最新版本适用于本标准。

GB/T 8566　信息技术　软件生存周期过程(GB/T 8566—2001，idt ISO/IEC 12207:1995)

GB/T 18905(所有部分)　软件工程　产品评价(ISO/IEC 14598，IDT)

GB/T 18976—2003　以人为中心的交互系统设计过程(ISO 13407:1999，IDT)

GB/T 18978(所有部分)　使用视觉显示终端(VDTs)办公的人类工效学要求(ISO 9241，IDT)

3　术语和定义

下列术语和定义适用于本标准。

3.1

原型　prototype

某种产品或系统的整体性代表或部分性代表，尽管在某些方面代表性有局限，但能够用于评价。

[GB/T 18976—2003]

3.2

用户　user

与系统交互的个体。

[GB/T 18978.10—2004]

3.3

可用性　usability

以有效性、效率和满意度为指标，产品在特定使用背景下为了特定的目标可为特定用户使用的程度。

[GB/T 18978.11—2004]

3.4

可用性方法　usability method

以提高产品或系统的可用性为目的，支持以人为中心设计的方法。

4　可用性方法的适当部署

4.1　概述

可用性方法有助于确保所开发的系统达到以人为中心设计过程的可用性目标（详细内容见GB/T 18976—2003）。

采用以人为中心的设计方法所产生的收益包括增加用户满意度、提高生产效率和工作质量、降低技术支持和培训成本、改善用户的健康状况和舒适度。本标准中阐述的可用性方法可支持这些目标的实现。

在选择合适的可用性方法时，可用性方法的基础知识是必不可少的，其中包括对各种方法主要差异的理解以及方法应用的基本原则。

可用性方法为已部署或即将部署的系统提供了一条途径，以提高上述目标的实现几率。

4.2　GB/T 18976—2003 中提出的基本原则

GB/T 18976—2003 中确认了如下四项基本原则：

a)　基于对人能力的评估和任务要求，在用户和系统之间适当分配功能；

b)　需要用户的积极参与，以增强新系统及其可接受性；

c)　根据用户使用早期设计的系统时的反馈信息，迭代设计系统；

d)　多学科设计小组的通力协作，各小组均积极参与并共享其知识和专业技能。

应用这些原则能够识别四项重要的以人为中心的设计活动，这些活动宜将可用性需求融入到产品开发过程中，且这些活动是迭代进行的，直至达到既定的可用性目标。以人为中心的设计活动包括：

——了解并明确使用背景。此类信息可通过多种方法采集，本标准旨在帮助用户对这些方法做出适当的选择；

——明确用户和组织要求；

——产生设计和原型；

——实施用户评估。

4.3　方法及其应用

4.3.1　方法和方法学

本标准中所阐述的可用性方法是独立的，即可以根据各种不同的目的（例如，用户需求分析、需求建立、设计和规范以及评估）对方法进行选择和应用，大部分方法在以人为中心设计方法学的更大框架内，可以同时使用或顺序使用。本标准中没有涵盖此类方法学。方法学可以来自同一设计过程中对几种方法的特定选择，或者来自人类工效学文献中常用的或所描述的方法学。此类方法学的实例包括：将访谈、用户观察、问卷，甚至是实验组合起来使用的行为和任务分析方法学；将各种评估方法、专家和非专家评估、创造性方法组合起来使用的走查预排和平行设计方法学。已发表的方法学文献见参考文献。

4.3.2　设计和评估的角度

一般来说，本章所阐述的可用性方法既可用于设计，也可用于评估。可用性方法的具体选择（或挑选）取决于其所处的设计阶段，第6章中对此有详细的阐述。

在可用性方法的使用上，设计和评估的主要差异在于侧重点的不同：

——设计的侧重点在于确认用户相对于产品或系统设计任务的知识、能力和局限性。尤其要注意可使系统和产品设计者能更好地理解用户任务和任务词汇、用户生理能力等信息的方式。此类信息可用于指导系统或产品的设计，以使其可用性达到最佳。设计的这种侧重经常会导致发现用户以何种非预期方式看待产品或系统的运行或使用。这些侧重点中可能包含对竞争设计的比较，以确定哪种设计更为有用。

——评估的侧重点在于根据用户的绩效或喜好，采用某些测量和数据收集工具(例如，问卷、错误记录和时间标记)，在某个特定的方面(例如，界面特征、建议和标准)或针对某个模型(例如，用户模型、预期任务完成时间和预期使用模式)，来对一个设计进行评估。

了解了上述侧重点方面的差异，就可以应用不同的可用性方法来诊断问题或更便于进行设计和再设计。

——在第一种情况下，可用性方法常被称为数据收集技术。尽管也可以用于评估，但它们通常用于以不同的精度对工作、任务和用户进行描述和建模的项目阶段。

——在第二种情况下，尽管可用性方法也可用于设计，但其常被称为评估方法。

这些方法关注的对象可以是被评估的真实系统或原型，甚至也可以是一种尚未引入计算机系统中的现有情形(例如，设计一个全新的应用软件时)。

总之，本章阐述的所有可用性方法均是对使用情形和背景有更好把握的以人为中心的方法，因此，可以用于评估是否达到了以人为中心的目标(进行评估)，或者为将来会被迭代评估的、正在设计的系统(模型、场景、原型或整个系统)提供要求、限制或建议。

4.3.3 多种方法的使用

第5章分别对各种可用性方法进行了阐述，但在实际应用中，可以同时使用多种方法。例如，同时使用访谈法和观察法。而且，不同的方法可用于处理项目生命周期中的不同问题。

使用多种方法可以避免局限于先前已选定的某种方法。为了达到可用性目标，采用的方法越多，效果就会越好。

多种可用性方法可以联合使用(例如，联合使用检查和用户测试、创造性方法和形式化方法、关键事件分析和专家评估、问卷和访谈)，采用多种方法可以增加结果的覆盖面。

多种可用性方法使用情形的实例见附录B。

4.4 用户作为关键因素直接参与

在以人为中心的设计过程中，用户的积极参与是关键的原则之一。本标准中所阐述的很多可用性方法均提供了获得用户积极参与的途径。此外，也有很多可用性方法由于可以从其他信息源获取有关用户问题而无需用户的直接参与，这些方法宜作为用户积极参与方法的补充。

4.5 可用的方法

本标准中所提出的是最常用的一些可用性方法，各种方法参见表1。这些方法的变体用其他的名称表示，其中为大家所周知的一些变体名(书中或网上的)见参考文献。

可用性方法可以分成两个大类(见表1，第2列)：

——有用户直接参与的方法(Y＝是)；

——无用户直接参与的方法(N＝否)，用于无法通过与用户沟通收集可用数据时，或者这些方法可提供补充数据和信息时。

表1 所介绍的方法的简要描述

方法名称	用户是否直接参与	方法简要描述
用户观察	Y	用户活动期间，在特定任务的情形中，精确地、系统地收集有关用户行为和绩效的信息
与绩效相关的测量	Y	收集可量化的绩效测量信息，以了解可用性问题的影响

表 1(续)

方法名称	用户是否直接参与	方法简要描述
关键事件分析	Y	系统地收集特定的事件(正面的或负面的)
问卷	Y	用预先编制的问卷收集用户对用户界面看法的间接评估方法
访谈	Y	与问卷类似,但具有更大的灵活性,与访谈对象有面对面的互动
出声思维	Y	用户在使用被测试的系统时,不断地说出他们的想法、信念、期望、疑惑和发现等
协同设计和评估	Y	不同类型的参与者(用户、产品开发人员和人类工效学专家等)协同进行系统评估或设计的方法
创造性方法	Y/N	受新产品和系统特征启发的方法,通常来自于小组成员之间的互动。在以人为中心的方法背景中,小组内的成员常常是用户
基于文档的方法	N	可用性专家分析现有的文档,以对系统做出专业的判断
基于模型的方法	N	使用抽象的代表被评估的产品的模型,预测用户的绩效
专家评估	N	基于可用性专家的人类工效学知识、专业技能和实践经验的评估
自动评估	N	侧重于可用性准则或使用人类工效学知识库系统的算法,用于诊断产品相对于预定准则的缺陷

4.6 可用性方法(UM)的选择

4.6.1 影响方法选择的因素

影响方法选择的因素有:

a) 生命周期阶段;

b) 用户特征;

c) 拟执行任务的特征;

d) 产品或系统自身;

e) 影响项目的约束条件;

f) 开发或评估团队所具有的人类工效学专业知识的水平。

4.6.2 方法的适宜性

根据所识别的问题,基于以下五个等级对可用性方法进行评估:

——推荐的(++);

——合适的(+);

——中性的(表格单元为空);

——不推荐的(-);

——不合适的(NA)。

有多种备选的可用性方法可用于收集所需的信息,其中一些方法由于不能在特定的背景中使用而可以被排除。例如,没有当前用户时,也就不可能对用户进行访谈,因此访谈是不合适的(NA);另一方面,如果有当前用户,但他们不能完全代表潜在用户的特征,这时访谈是合适的(+),但也建议使用分析法。考虑到低劣的设计会导致错误或低满意度,宜确定是否要联合使用多种方法以及所需方法的精细程度。

以上等级均基于典型的使用情形,宜根据特定的项目背景进行评定。

5 可用性方法

5.1 有用户直接参与的方法

5.1.1 概述

本类方法用于能直接收集用户信息或可以接触用户的情况。

5.1.2 用户观察

本方法用于在真实的生活环境或实验室中，观察用户执行特定任务时的活动，并精确、系统地收集用户的行为和绩效信息。这种观察是结构化的，并基于预定义的用户行为类型。

大部分观察法基于对用户行为的详细记录以及随后的数据分析。

本方法的优点和不足如下：

优点

——本方法能在“真实环境”背景中应用；

——记录了真实的活动。

不足(局限)

——数据分析耗费时间；

——正确解释数据需要专业的知识；

——无法直接洞察用户的心理过程。

以下是可被记录并可以定量和定性描述的信息类型实例：

——实现任务目标的各种行为：包括身体活动在内的与计算机的交互，与其他工具或其他人的交互；

——完成任务所尝试的次数；

——成功或失败的原因。

5.1.3 与绩效相关的测量

与绩效相关的测量也称为与任务相关的测量。

常用的可量化的且涉及有效性和效率的绩效测量信息包括：

——完成任务所用的时间；

——在预定的时间内可完成的任务数；

——出错次数；

——从出错中恢复的时间；

——在用户指南中查找和解释信息所需的时间；

——执行的命令数；

——可记起的系统特征数；

——支持材料(文档、帮助系统等)使用的频率；

——放弃用户任务的次数；

——偏离主题的次数；

——空闲时间长度(需辨别系统造成的延迟、用户思考的时间以及由外部因素引起的延迟)；

——重要突发事件的次数。

与绩效相关的测量常用于整个系统或局部系统。

本方法的优点和不足如下：

优点

——收集可量化的数据；

——结果易于比较。

不足(局限)

——未必能够揭示问题的成因;

——需要系统或产品的某种工作版本。

其他的方法见附录C。

5.1.4 关键事件分析

关键事件分析包括系统地收集用户绩效中的突出事件。这些事件以简短报告的形式来记述,报告中叙述了与事件有关的事实。可以通过用户访谈以及对交互行为的客观观察来收集数据,之后,再对这些事件进行分组和分类。

与绩效相关的测量侧重于当前任务和现有情形,而关键事件分析则是研究在过去或某段时期内可能发生过的正面的或负面的重大事件。

本方法的优点和不足如下:

优点

——收集问题的成因;

——侧重于对用户要求高的事件;

——记录了真实的活动。

不足(局限)

——可能需要较长的时间来完成;

——不完备的事件记录影响分析的有效性。

5.1.5 问卷

在开发期间的某些时候,使用问卷条目来收集用户信息是有帮助的。问卷条目既可以是开放陈述式的,也可以是列表式或封闭式的条目和量表;前者的优点在于人们可以给出详细的回答,但是当所收集的仅仅是难以解释、含义模糊的陈述时就会存在风险。因此,封闭型问卷条目的形式常为首选。

标准化的问卷也可用于系统化的比较,例如,在设计特征之间或竞争设计之间进行比较。

问卷所收集的数据类型包括针对系统、特征、用户帮助、偏好、易用性等方面的用户量化信息、建议、观点和评级。定性的方法通常是间接的,因为它们研究的不是用户交互,而是用户对用户界面的看法。

问卷的一致性检查也是必要的。例如,可以用不同的问题形式表述同一问题项。因此,封闭式问题常为首选。

本方法的优点和不足如下:

优点

——揭示主观偏好;

——易于管理;

——实施快捷。

不足(局限)

——用自评估来进行绩效评测会缺乏可靠性;

——问卷条目的问题和答案容易产生偏向。

5.1.6 访谈

访谈与问卷类似,但由于与访谈对象有面对面的互动,因此,具有更大的灵活性。

访谈包括从高度结构化的到完全自由式的多种不同形式。对用户逐个进行访谈比处理一份问卷需要更多的工作时间。

然而,访谈的优点是更为灵活,即当用户对问题不清楚时,访谈者可以更加深入地向用户解释复杂的问题,或者以其他的形式来提问。对于需要用户进一步详述的回答,或者出现访谈设计时未预见到的新见地的回答,访谈者还可以进行追问。

本方法的优点和不足如下:

优点

——能够快捷地收集用户观点的整体情况；

——灵活，可以调查每个用户的反应。

不足(局限)

——详细地分析需要耗费时间；

——问题和答案容易产生偏向；

——正确解释数据需要专业的知识。

5.1.7 出声思维

出声思维指用户在使用系统进行活动期间，不断地用言语表达出自己的想法、信念、期望、疑惑和发现等。出声思维的规则为理解用户执行某些行为的动机提供了有价值的资料，这些资料对于通过观察、绩效测量、数据记录或视频所获得的用户行为客观数据是一个重要的补充。

开始之前必须提示用户可以进行出声思维，并在此期间不断重复提示。

言语表达的方法既可以是同时性的(例如，用户在操作系统的同时发表看法)，也可以是回顾性的(用户在完成任务后发表观点，可以选择观看或不观看行为视频记录)。实验人员一般优先采用同时性的言语表达方式，因为这样可以避免用户在回忆当中做选择性处理或事后对其合理化处理的可能性。

本方法的优点和不足如下：

优点

——实施快捷；

——收集的信息可洞察用户的心理过程；

——灵活，可以调查每个用户的反应。

不足(局限)

——对某些用户来说可能感觉不自在；

——详细地分析需要耗费时间；

——使用本方法时无法收集任务绩效数据。

更多细节参见附录 C。

5.1.8 协同设计和评估

协同方法指不同类型的参与人员(用户、产品开发人员和人类工效学专家等)在系统评估或设计时进行协作。

由于对设计者和开发人员而言，使用情形和(或)用户任务可能会难以理解，或者在开发过程中，用户在表达其真实的要求或需求时可能存在困难，因此，协同方法强调用户在设计和评估中发挥积极作用的重要性。

在协同方法中，用户和开发人员的参与是同等重要的。协同方法侧重于组织的问题和用户的工作惯例，并使用用户所熟知的开发工具，例如，使用原型而非形式化模型。协同方法既重视质量也重视工作效率。未来的工作情形能够通过在真实环境中的仿真来展示，例如，采用角色扮演的方法。

本方法的优点和不足如下：

优点

——实施快捷；

——在项目的早期阶段即可使用；

——促进用户、可用性专家、设计人员以及开发人员之间的交流和学习。

不足(局限)

——可能会暴露各参与方之间的矛盾；

——使用本方法时无法收集任务绩效数据。

5.1.9 创造性方法

本类方法旨在通过小组成员之间的互动，获得有关新产品和系统特征的启发。在以人为中心的方法的背景下，小组内的成员常常是用户。

创造性方法适用于很多领域，通过转变视角和考虑可选项，可以产生一系列创新产品和(或)解决问题的想法。

本类方法并不是人类工效学特有的方法，但能用于以人(用户)为中心的设计方法的背景中。

本类方法在有用户参与时会更为有效，但没有用户时也能使用。本类方法尤其适用于设计过程中的概念阶段，可被用于项目的早期阶段。

本类方法有助于创造和定义新产品的功能和界面。

本方法的优点和不足如下：

优点

——需要各种技能，但与其他更为特定的人类工效学方法相比，这些技能会更容易掌握；

——尤其适用于项目的早期阶段。

不足(局限)

——详细地分析需要耗费时间；

——容易产生偏向。

5.2 无用户直接参与的方法

5.2.1 概述

当已建立可用的知识体时，或者由于缺少与用户的接触而不可能直接收集数据时，或者在设计的最早期阶段进行评估时，均可以使用这些方法。

新产品或系统的规格可以基于或者对照“符合人类工效学原理的界面”中所要求的特征或品质。

5.2.2 基于文档的方法

在使用基于文档的方法(也称为基于文档的分析)时，可用性专家除了依靠个人判断力外，还使用现有的清单或其他文档。专家应具有足够的经验，以便采用与使用背景相适合的方式使用这些文档，并高效地实施设计或评估。

这些文档基于公认的规则或实验证实过的实例，可以从多种途径(例如，科技文献、标准和风格指南)获取。

本方法的优点和不足如下：

优点

——专业知识并非总是必要，但是可以增进效果；

——促进用户、开发人员和可用性专家之间的沟通，提高一致性；

——可基于最新的知识。

不足(局限)

——不能涵盖用户与系统交互的所有方面；

——执行彻底需要耗费大量时间。

典型的文档包括：

——风格指南，可以来自于软件提供方或由使用产品的公司对其进行定义(定制)，可能需要人类工效学专家的帮助。

——手册，即建议指南，通常比风格指南的范围更广，一般基于最新的人类工效学知识。

——标准，可以是企业标准、国家标准或国际标准，其中所包含的建议可能会随着这些标准被接受程度的逐步提高而越来越重要。例如，ISO 9241-13 到 ISO 9241-17 系列标准。

——评估表格，为适宜的人类工效学界面提供属性列表(尽可能完整)。每个属性通过在一定取值范围内添加标注来进行评估。这些属性可能来自于公认的人类工效学规则(通常组织成维度、原则和准则等形式)或最佳实践的其他信息源。

——认知过程走查,此过程包括在考虑到用户的目标、知识和使用背景时,“走查”用户应执行的系统任务,目的是避免由于设计或评估人员个人观点存在偏见所带来的风险。

基于文档的方法可由计算机或其他工具在不同程度上混合使用来进行支持(例如,简单或动态地访问文档、知识库系统、记录工具)。这些工具将可获取的信息包含在文档(风格指南、指导、手册)、数据库、超文本、专家系统和设计环境中,以便实现良好的人-系统界面设计。信息包含在文档中时,产品规则可以从文献(用于交互式目标的选取)中获取。

5.2.3 基于模型的方法

5.2.3.1 概述

本节阐述了以下两类基于模型的方法:

a) 可对用户行为和数据建模的用户界面规范和设计方法;

b) 基于用户和任务模型的形式化方法,可对用户绩效进行预测。

本方法的优点和不足如下:

优点

——可广泛获得;

——能够使对比标准化,并能够预测用户绩效;

——可较早地整合到工程方法之中。

不足(局限)

——费时;

——容易产生偏向;

——需要专业知识来建立和解释模型。

5.2.3.2 可用性规范和设计方法

本类规范和设计方法可以通过改编 UML(Unified Modeling Language,统一建模语言)标记语言来拓展软件工程方法,或用于规范和设计阶段中的用户界面设计(例如,MUSE:Method for Usability Engineering,可用性工程方法)。

本类方法使用流程图、UML 类图建立用户概念模型,使用交互图表和状态图表来描述任务。

也可以使用其他更为通用的方法来定义进程,例如,Petri’s 网络方法。

5.2.3.3 形式化方法

形式化方法可对用户行为或界面行为进行抽象。本类方法可以在设计过程的早期阶段用于规范和设计用户界面,或者在设计后期用于评估已有的纸质或软件原型。在选择方法时,众多问题和因素均宜考虑在内。

如果结果能够重现,则使用形式化方法可以获得较高的内在效度。但由于这些方法没有考虑真实的使用背景,因此其生态学效度很低。本类方法大多源于认知科学,与软件工程学的形式化方法无关。

本类方法的实例如下:

——击键水平模型(KLM:Keystroke Level Model);

——目标、算子、方法和选择规则(GOMS:Goals,Operations,Methods,Selection rules);

——描述分析方法(MAD:Méthode Analytique de Description)。

5.2.4 专家评估

专家评估基于专家的背景和知识。在本类评估中,专家通过参考其所熟知的最优人机界面模型,识别最为常见的问题。

专家评估能快速地识别出潜在的问题,也可以用于排除问题的成因。

专家评估提供识别已知类型的可用性问题的方法,可以用于产品生命周期的早期。但本类方法受限于可用性专家的技能,无法识别出真实用户才会遇到的、不可预知的问题。

不同的专家,诊断可用性问题的差异会很大,可以采用合适的基于文档的方法和多个评估者评估来减少这些差异。

本方法的优点和不足如下:

优点

——实施快捷;

——适用于项目的早期阶段;

——可以识别出特定的问题,并推荐解决方案。

不足(局限)

——需要较高的人类工效学技能;

——可能遗漏重要问题。

5.2.5 自动评估

自动评估基于侧重于可用性准则或使用人类工效学知识库系统的算法,通过与预定准则进行对比,来诊断系统的缺陷。由于本类方法中未提及使用背景,因此,还需要采用其他的方法作为补充。

本方法的优点和不足如下:

优点

——跨项目评估具有一致性。

不足(局限)

——可能遗漏重要问题;

——需要原型的工作版本。

本方法的应用实例如下:

a) 知识库

知识库系统(KBS:knowledge-based system)有助于评估和自动改进图形视角,它根据存储于数据库中的人类工效学规则提出指导建议。

b) 自动分析感知屏的复杂性

屏幕由使用统一规则(整体密度、局部密度、字符组数目、组媒体大小、条款数目和呈现的复杂性等)的程序进行分析。

c) 自动分析呈现质量

进行自动分析的目的是评估表现能力,以便解释指定的信息集的逻辑结构。所提出的模型建立了结构的抽象表现与呈现的抽象方法之间的关系。

信息集实体之间的结构关系可在与其技术实现无关的语义网络中进行形式化。

6 一般情况下的可用性方法选择

6.1 概述

由于本标准中阐述的很多方法都具有灵活性,因此,可以跨系统和开发阶段来使用。然而,本标准仍可以提供各种方法应用范围的概括性说明,以便能更精确地识别出特定的方法在各种情形下是否合适。

一般而言,在对设计方案进行重大投入之前,以人为中心的设计活动在产品生命周期中实施的愈早就愈为有效。某个指定的可用性方法的成本和收益并不是固定的,即早期配置可用性方法可以在开发后期以相对较低的成本获得较多的收益,这是由于在开发后期解决问题的费用通常会更高。

实施以人为中心的设计活动及相应的可用性方法的计划,宜作为总体开发计划的一部分。

在开发的早期阶段,可用性方法可以提供关于使用背景的信息。例如,在一项计划中,可以使用观察和访谈来收集使用背景信息,使用协同设计活动来支持规范过程,在产生设计方案时使用创造性方法,评估设计需求时使用专家评估和用户测试。所计划的这些特定活动将取决于生命周期、制约因素、用户和任务特征、产品的特性以及可采用的技能。

在设计阶段，与指南、标准、专家评估和早期原型相关的方法通常都是合适的。

在生命周期的后期阶段，当主要关注的是实施和测试时，通常采用有用户参与的测试、绩效测量和用户评估的方法。

专家评估和有用户参与的方法在发现可用性问题上效益相当，收益和成本之间的平衡以及最终选择结果取决于所处的生命周期阶段以及用户和专家的可获得性。专家和用户参与的方法相结合并迭代使用，可以更好地预测、发现和解决问题。

6.2 基于生命周期过程选择可用性方法

6.2.1 概述

软件生命周期过程的通用框架已在 GB/T 8566 中给出。

GB/T 8566 可作为参考，用于阐述在以下过程中何时使用可用性方法会使设计受益：

——GB/T 8566 中称为主生命周期过程的生命周期阶段；

——GB/T 8566 中称为生命周期支持过程的支持活动(例如，质量保证)；

——GB/T 8566 中称为生命周期组织过程的管理活动。

虽然 GB/T 8566 仅限于软件方面的应用，但这并不表示本标准的应用范围会有任何限制。

GB/T 18976—2003 中四个主要的以人为中心的设计活动与 GB/T 8566 中主生命周期过程的对照关系如下所示：

表 2 GB/T 18976—2003 和 GB/T 8566 的对照

		GB/T 8566 主生命周期				
		获取和供应	开发			运行和维护
			需求分析	结构设计	合格性测试	
GB/T 18976—2003	了解并规定使用背景			NA	NA	NA
	规定用户和组织要求			NA	NA	NA
	产生设计方案				NA	NA
	根据需求评估设计					
NA：不合适的。						

6.2.2 主生命周期过程中的可用性方法选择

在设计生命周期中所处的阶段是确定单个可用性方法合适与否的重要决定性因素。例如，针对现有系统进行的与任务相关的绩效测量，对于识别与新版本设计需求阶段有关的可用性问题而言，成本效益是非常高的。在新版本的全尺寸原型中使用相同的与任务相关的测量方法在识别问题时可能同样有效，但做出修正需要耗费更多的资源。

6.2.2.1 获取和供应过程

当获取一个产品或系统时，可能会从评估的角度使用可用性方法，这表示用于识别用户需求的可用性方法，与判断是否达到标准要求的方法相结合，也可用于识别产品选择所依据的标准。

在已有产品中做出选择后，可用性方法的整体应用范围既可基于有用户直接参与的方法，也可基于无用户直接参与的方法。

大部分可用性方法可用于本阶段。所使用的可用性方法的特性随所供应产品背景的不同而有所不同，所供应的产品既可以是“现货产品”，也可以是根据给定的规格生产出来的，或者这两种情况都存在。但尤其推荐使用诸如用户观察和基于文档的方法。

需方对所交付的产品进行包括基于可用性方法检验在内的接收测试。产品满足全部接收要求时，需方将接受供方的交付。

供方方面可能会同意在合同中将人类工效学方面的要求定为关键问题。有必要确保供方所交付的产品能够满足这些要求。

根据合同条款，验证产品是否满足要求的证明可能涉及到产品的开发、运行和(或)维护，证明可由供方或第三方提供。

6.2.2.2 开发过程

a) 需求分析(系统和软件)

需求分析中，在较高层面(系统)和软件层面均需考虑“人类工效学”、“软件项目实施的环境条件”和“人-机规范”(见 GB/T 8566)。

早期确定任务和用户的需求是非常重要的。

在需求分析的初始阶段，用户可以以相对有效的方式参与用户观察和访谈。

b) 结构设计(系统和软件)

在设计阶段(同样也包括精细程度不同的系统和软件)，可用性方法可以用于确认、修正和优化前期的发现。

本阶段存在可由多种方法评估的、可证实的原型或系统，有用户参与的方法会比较有效。

c) 合格性测试(系统和软件)

合格性测试是应用可用性方法来测试产品与需求是否相符。可用性方法依照人类工效学原则验证所交付的“产品”。

所有方法均适用于最终产品，但有用户参与的方法是最佳的。

6.2.2.3 运行和维护过程

维护与运行相关联(因为它们实施的对象均是现有的产品或系统)，但它们在本质上仍是开发性质的活动(对产品进行修正需要与新开发相同类型的项目管理方法)。事实上，大多数开发工作中都包括改进活动。在本阶段中，不宜忽略人类工效学方法的应用，因为这些方法有助于收集可用的真实数据。

类似的可用性方法可以像用于开发一样用于维护，其差异在于：

——维护阶段总是有已存在的用户群；

——可用投入的规模可能限制人类工效学研究的实施范围；

——具备已有特征的已存在的应用程序会对系统变更所做的选择产生额外的限制。

维护过程期间，可以采用用户观察、与绩效相关的测量或关键事件分析的方法进行评估。评估的目的是获知现有软件中存在的缺陷，以便对其进行修正或改进。

任何有助于监督使用行为的方法都是有益的方法。

表 3 给出了与主生命周期过程相关的方法。

表 3 与主生命周期过程相关的方法

生命周期过程	方法											
	用户观察	与绩效相关的测量	关键事件分析	问卷	访谈	出声思维	协同设计和评估	创造性方法	基于文档的方法	基于模型的方法	专家评估	自动评估
获取—供应	++	+	+	+	+		+		++		+	
开发—需求分析	++	+	+	++	++	++	+	+	+	+	+	
开发—结构设计	+	++		+	+	++	+	++	++	+	+	+
开发—合格性测试	+	++	+	++	++	+	+		+	+	+	+
维护—运行	+	+	++	+	+		+				+	

表 3(续)

生命周期过程	方法											
	用户观察	与绩效相关的测量	关键事件分析	问卷	访谈	出声思维	协同设计和评估	创造性方法	基于文档的方法	基于模型的方法	专家评估	自动评估
其中： ++ 推荐的 + 合适的 表格单元为空 中性的 — 不推荐的 NA 不合适的												

6.2.3 **与生命周期支持过程相关的可用性方法**

可用性方法可以用于 GB/T 8566 中确定的以下支持过程中，原因在于它们可以：

——从用户的角度出发，用于确保产品质量(质量保证过程)；

——从人类工效学角度考虑，帮助确定需求以及最终的系统或软件产品是否满足特定的预期用途(确认过程)；

——用于联合评审过程中。

6.2.4 **与生命周期组织过程相关的可用性方法**

可用性方法可以用于 GB/T 8566 中确定的四个组织过程中，原因在于它们：

——必须要加以管理(管理过程)；

——可能需要设备、工具和技术(基础设施过程)；

——有助于评估和改进软件生命周期过程(改进过程)；

——使用培训材料作为输入或者将其充分完善(培训过程)。

6.3 项目环境的约束

6.3.1 非常紧的时间限制

当有时间限制时，相对来说耗时较少的方法有：专家评估、基于文档的评估方法或可用的自动评估。虽然访谈和创造性方法也能在较短的时间内完成，但大多数其他的方法都需要更多的时间(但有时会得到更好的结果)。但是，即使时间紧迫，也要正确地选择可用性方法，否则会带来导致产品失败的极大风险。

6.3.2 成本(价格)控制(是否采用昂贵的方法)

很明显，可用性方法的成本在一定程度上与其实施所需的时间有关，但这两个概念不宜等同。例如，由多名可用性专家实施有用户参与的方法，虽然成本较高，但实施起来不会对延期有显著影响。购买自动评估的专门技术能够加速评估，但可能是昂贵的。另一方面，基于文档的方法可能成本更低(此方法的局限性在于其并不一定适合探查复杂的可用性问题)。总之，可用性方法使用得少可能会导致次佳的结果。

避免此项约束的方法之一是考虑收益率。可以根据对所产生的收益(例如，具有更高的用户接受度和绩效水平)高于成本(例如，用户直接参与的成本)的期望做出知情决策(专门针对项目)。

6.3.3 强调所交付的产品具有高质量

当目标是要达到非常高的质量水平时，则使用的方法越多，效果就越好，尤其是有用户直接参与的方法。

6.3.4 需要早期的信息(反馈或诊断)

当必须在开发过程早期获得诊断结果时，推荐使用所有允许用户直接反馈的方法，尤其是访谈。

6.3.5 频繁变更的规格

如果一个项目的规格频繁变更，原型就会尤其有用。原型可以与有用户参与的方法联合使用，以便根据用户的需求来固化所要交付的功能内容。

表 4 给出了与主生命周期过程相关的方法。

表 4 项目环境的约束

项目特征	方法											
	用户观察	与绩效相关的测量	关键事件分析	问卷	访谈	出声思维	协同设计和评估	创造性方法	基于文档的方法	基于模型的方法	专家评估	自动评估
非常紧的时间限制		—	—	—		—	—		+	—	++	+
成本（价格）控制		—	—		—	—		—	++	—	+	
强调所交付的产品具有高质量	++	++	+	++	++	+	+	+	+	+	+	+
需要早期的信息（反馈或诊断）	+			+	++		+	+			+	
频繁变更的规格	+	+	+	+	+	+	++	+				

其中：

++	推荐的
+	合适的
表格单元为空	中性的
—	不推荐的
NA	不合适的

6.4 用户特征

6.4.1 无法参与（接触）

如果用户不可能参与，则主要依赖于无用户直接参与的方法，例如，基于文档的方法、基于模型的方法、专家评估和自动评估。然而，在实施设计时，宜尽力通过某些用户参与的形式来收集信息，以验证从间接途径获取的结果。

6.4.2 可以参与（接触）

有用户参与是最佳的，但需要了解产品用户群体的特征，以便与用户接触（如果必要时，需征得用户管理人员的同意），并使其同意参与。

当用户群体在技能、知识、经验、文化和语言背景、年龄等方面有很大差异时，仍可以使用用户参与的方法，但方法的有效性取决于样本的规模以及他们对整个用户群体的代表性。目标人群的多样性不妨碍任何方法的使用。如果对产品或系统的用户群没有限制，则因大规模调查的成本而对抽样加以约束一般是不允许的。但基于用户群体子集的专家评估和使用模型的方法仍然是可用的。

6.4.3 有明显残疾

用户有严重残疾时，很难获知他们确切的能力，其残疾情况的个体差异也相当大，此时不能使用“通用”指南。因此，特别推荐使用用户与分析人员之间关系紧密的方法（例如，观察、访谈和协同设计）。

表5给出了与用户特征相关的方法。

表5 与用户特征相关的方法

用户特征	方法											
	用户观察	与绩效相关的测量	关键事件分析	问卷	访谈	出声思维	协同设计和评估	创造性方法	基于文档的方法	基于模型的方法	专家评估	自动评估
无法参与(接触)	NA	NA	NA	NA	NA	NA	NA	NA	+	+	+	+
可以参与(接触)	++	++	+	++	++	+	++	+	+	+	+	+
有明显残疾	++	+	+	+	++	+	++	+	+	−	+	−

其中：

++	推荐的
+	合适的
表格单元为空	中性的
−	不推荐的
NA	不合适的

6.5 所执行任务的特征

6.5.1 任务具有高度复杂性

当任务具有高度复杂性时，具有完整可靠的任务模型是尤其重要的。因此，推荐使用所有致力于此目标的方法(尤其是关键事件分析、访谈和出声思维)。

对于具有高度复杂性的任务，既需要人类工效学技能，也需要多种方法的使用。

6.5.2 错误会导致严重后果

当错误会导致严重后果时(例如，安全关键系统)，则收集具体情形的详细数据就非常重要。例如，此时可以使用用户观察、与绩效相关的测量以及基于模型的方法。而当安全性是基本要求时，则使用的方法越多就越好。

6.5.3 任务对用户是全新的

当任务是全新时，有必要与用户协作，以便确定合适的规范。建议使用协同设计和评估以及创造性方法。

此外，用户观察(当原型可用时)以及基于现有人类工效学知识的方法也是有帮助的。

6.5.4 具有广泛的任务范围

当任务的范围很广时，即功能上变化很大时，所有的方法均可用。然而，此时采用应用范围广泛的"标准化"的方法会更为便利，例如，问卷、基于文档的方法和自动评估。

6.5.5 组织(工作或技术)方面具有显著变化

在这种情况下，大部分有用户参与的方法均是有用的，尤其是那些还涉及到高层面变化(社会的和组织的变迁)的方法，例如，创造性方法和协同设计。基于模型的方法和自动评估不针对这类变化。

做小规模的试点评估可能也是有帮助的。

6.5.6 对交互的时间和准确性有较高要求

在这种情况下，即有时间压力、紧凑的日程、高负荷和高准确率要求时，建议使用能评估用户输出绩效的方法，例如，使用与绩效相关的测量或基于模型评估进行评价，或使用关键事件分析跟踪既往偏差。

表 6 给出了与所执行的任务相关的方法。

表 6 所执行任务的特征

任务特征	方法											
	用户观察	与绩效相关的测量	关键事件分析	问卷	访谈	出声思维	协同设计和评估	创造性方法	基于文档的方法	基于模型的方法	专家评估	自动评估
任务具有高度复杂性	+	+	++	+	++	++	+	+		+		
错误会导致严重后果	++	++	++	+	+	+	+		+	++	+	
任务对用户是全新的	+		NA				++	++	+	+	+	
具有广泛的任务范围	+	+	+	++	+	+	+	+	++	+	+	++
组织(工作或技术)方面具有显著变化	+	+	+	+	+	+	++	++	+	—	+	—
对交互的时间和准确性有较高要求	+	++	++			—	—	—	—	+	—	—

其中:

++ 推荐的

\+ 合适的

表格单元为空 中性的

— 不推荐的

NA 不合适的

6.6 所使用的产品

6.6.1 已有系统(产品)的调整

此时,大多数方法是合适的,其中包括用户直接参与的方法,也包括基于现有人类工效学知识或专业技能的方法。后者适用于先前系统已从人类工效学的角度进行了广泛评估的情况。

6.6.2 功能有限且用户熟知的产品

在这种情况下,即产品简单且产品特征不是特别新颖时,可以应用"标准化"的人类工效学知识(例如,基于文档的方法和专家评估),也可以通过结构化问卷对用户的观点和感受进行有限的调查。

6.6.3 适应性强的产品(可定制的产品)

当产品可以根据其被使用的特定环境进行定制时,则可称其适应性强。尤其是当产品已被参数化时以及用户剪裁允许产品进行调整时。

在这种情况下,为了能够精细地调整剪裁,有用户参与的方法是首选。

表 7 给出了与所使用的产品相关的方法。

表 7　所使用的产品

产品特征	方法											
	用户观察	与绩效相关的测量	关键事件分析	问卷	访谈	出声思维	协同设计和评估	创造性方法	基于文档的方法	基于模型的方法	专家评估	自动评估
已有系统(产品)的调整	+	++	++	++	+	+	+		++	++	+	+
功能有限且用户熟知的产品	+	+		++	+		+		++		++	
适应性强的产品(可定制的产品)	+	+	+	+	++	+	++	+				

其中：

++	推荐的
+	合适的
表格单元为空	中性的
—	不推荐的
NA	不合适的

6.7　设计者(评估者)所需的能力

6.7.1　设计者(评估者)可以获得广泛的人类工效学知识和技能

当人类工效学专业技能可以随时从企业内部和外部获取时，则所有的方法均可用，包括需要高水平技能的方法。当然，这样的专业技能必须与应用领域相关联，而且可有任务领域内专家的参与。

6.7.2　设计者(评估者)无法获得广泛的人类工效学知识和技能

在这种情况下，获取最新的方法受到限制，但可以应用某些无需广泛专业技能的方法，例如，协同设计和创造性方法(但可能只能获得次佳的结果)。当自动评估仅与现有的、完善的且文档化的记录一起谨慎使用时，人类工效学知识也可以通过基于文档的方法和标准化问卷来获取。此外，观察法总是有用的。

表 8 给出了与专业技能相关的方法。

表 8　设计者(评估者)所需的能力

技能问题	方法											
	用户观察	与绩效相关的测量	关键事件分析	问卷	访谈	出声思维	协同设计和评估	创造性方法	基于文档的方法	基于模型的方法	专家评估	自动评估
设计者(评估者)可以获得广泛的人类工效学知识和技能	++	++	++	++	++	++	++	++	++	++	++	++
设计者(评估者)无法获得广泛的人类工效学知识和技能	+	—	—	+	—	—	+	+	+	—	NA	+

其中：

++	推荐的
+	合适的
表格单元为空	中性的
—	不推荐的
NA	不合适的

附　录　A
（资料性附录）
针对特定项目确定适当可用性方法的推荐性模板

A.1　如何开始

第一步：基于项目特征进行初步评审（生命周期过程阶段和环境约束）

由于可用性方法的选择在很大程度上取决于项目所处的阶段，因此，第一步（见表 A.1）要根据项目在生命周期中的阶段位置来确定合适的可用性方法。

另一种可选的做法是将项目的环境约束也作为考虑因素。

接下来回答列表上的每个问题，并将选择限定在推荐的（＋＋）和合适的（＋）方法上，而排除不推荐的（—）或是不合适的（NA）方法。

A.2　如何优化选择

第二步：基于项目特性的补充选择

以下四个重要问题会影响到方法的选择（细节见第 6 章）：

a）用户特征；

b）任务特征；

c）产品特征；

d）技能问题。

以上方面引申出可对可用性方法的选择进行优化的细节问题（见表 A.2）。

考虑这些问题的先后顺序主要取决于使用情形。

项目内部缺乏人类工效学专业技能并不能认为是一种约束，由于专业技能可以从外界引入（从外界购买），因此，最终必须将其考虑在内。

在填完表格之后，如果发现初步的选择会导致不相容性，则为了得到最终的选择，必须将检查的项目数量和指定的优先权考虑在内。也可以根据特定项目的背景精细地调整符号。

采用的方法越多，就越可能获得以人为中心的结果。

表 A.1　第一步：基于项目特征的初步评审（生命周期过程阶段和环境约束）

项目特征	方　法　分　类											
	用户观察	与绩效相关的测量	关键事件分析	问卷	访谈	出声思维	协同设计和评估	创造性方法	基于文档的方法	基于模型的方法	专家评估	自动评估
生命周期过程												
获取—供应	＋＋	＋	＋	＋	＋		＋		＋＋		＋	
开发—需求分析	＋＋	＋	＋	＋＋	＋＋	＋＋	＋	＋	＋	＋	＋	
开发—结构设计	＋	＋＋		＋	＋	＋＋	＋	＋＋	＋＋	＋	＋	＋
开发—合格性测试	＋	＋＋	＋	＋＋	＋＋	＋	＋		＋	＋	＋	＋
维护—运行	＋	＋	＋＋	＋	＋		＋				＋	

表 A.1(续)

项目特征	方法分类											
	用户观察	与绩效相关的测量	关键事件分析	问卷	访谈	出声思维	协同设计和评估	创造性方法	基于文档的方法	基于模型的方法	专家评估	自动评估
项目环境的约束												
非常紧的时间限制		—	—	—		—	—		+	—	++	+
成本(价格)控制		—	—		—	—		—	++	—	+	
强调所交付的产品具有高质量	++	++	+	++	++	+	+	+	+	+	+	+
需要早期的信息(反馈或诊断)	+			+	++		+	+			+	
频繁变更的规格	+	+	+	+	+	+	++	+				

其中:

++	推荐的
+	合适的
表格单元为空	中性的
—	不推荐的
NA	不合适的

表 A.2 第二步:基于项目特性的补充选择

特征	方法											
	用户观察	与绩效相关的测量	关键事件分析	问卷	访谈	出声思维	协同设计和评估	创造性方法	基于文档的方法	基于模型的方法	专家评估	自动评估
用户特征												
无法参与(接触)	NA	NA	NA	NA	NA	NA	NA	NA	+	+	+	+
可以参与(接触)	++	++	+	++	++	+	++	+	+	+	+	+
有明显残疾	++	+	+	+	++	+	++	+	+	—	+	—
任务特征												
任务具有高度复杂性	+	+	++	+	++	++	+	+		+		
错误会导致严重后果	++	++	++	+	+	+	+		+	++	+	
任务对用户是全新的	+		NA				++	++	+	+	+	
具有广泛的任务范围	+	+	+	++	+	+	+	+	++	+	+	++

表 A.2(续)

特征	方法											
	用户观察	与绩效相关的测量	关键事件分析	问卷	访谈	出声思维	协同设计和评估	创造性方法	基于文档的方法	基于模型的方法	专家评估	自动评估
组织(工作或技术)方面具有显著变化	+	+	+	+	+	+	++	++	+	−	+	−
对交互的时间和准确性有较高要求	+	++	++			−	−	−	−	+	−	−
产品特征												
已有系统(产品)的调整	+	++	++	++	+	+	+		++	++	+	+
功能有限且用户熟知的产品	+	+		++	+		+		++		++	
适应性强的产品(可定制的产品)	+	+	+	+	++	+	++	+				
技能问题												
设计者(评估者)可以获得广泛的人类工效学知识和技能	++	++	++	++	++	++	++	++	++	++	++	++
设计者(评估者)无法获得广泛的人类工效学知识和技能	+	−	−	+	−	−	+	+	+	−	NA	+

其中:

++	推荐的
+	合适的
表格单元为空	中性的
−	不推荐的
NA	不合适的

附 录 B
（资料性附录）
场景应用实例

B.1 实例1：汽车故障诊断

客户是一家汽车制造公司。

这家公司（公司的售后服务管理部门）携带软件的核心部分和程序库到软件编辑和咨询社，要求依照他们的特定需求进行定制。

这家公司目标系统的用途是帮助汽车维护技术人员根据车的特征诊断车的故障。

培训期间，在对原软件的测试版本进行演示时，所有技术人员都拒绝使用这个新系统。其主要原因是软件的标识使用得极为不当，使得这个系统很难使用。

迫于这种紧急状况，可用性方法介入的目的是尽快修改界面，但不能影响数据模型。

介入发生在过程的后期（开发—合格性测试阶段）。这时软件已经完成，可供改动的余地很小。

暑假前开始承接这个项目，所有工作限于假期前完成，咨询持续一周时间（非常紧的时间限制）。

软件用户是公司遍布全球的技术人员，他们的主要工作之一就是进行汽车维护，包括诊断和修理。

软件支持的诊断工具，作为已有工具（已有系统或产品的调整）的一项新功能添加进来，用于改进用户的任务（这些是组织、工作或技术的显著变化）。该系统的用户遍布全球。此外，在工作现场，技术人员无法使用纸质的帮助支持，这极大地限制了人-机界面"即时可得"的直接可用性（对交互精度有较高的要求）。

所提供的服务是人类工效学专家对目标人-机界面进行评估以及对新界面原型进行设计（评估者需要有广泛的人类工效学专业技能）。相关的工作量是5人天。

人类工效学专家可以对培训人员进行访谈，培训人员是位技能熟练的技术人员，他的解释是：

——存在终端用户无法掌握汽车仪表板新特征的事实。

——存在任务限制（软件在车外面的工作站上，而故障发生在汽车的仪表板上）。

培训人员出示了照片和文档资料。之后，专家得以进行原型设计。客户对原型进行确认后，将其在软件中予以实现。

选用的方法如下：

——对目标系统进行专家评估。

——对售后服务管理部门的维护技术人员进行访谈，对客户和公司间交流中使用的文档进行分析。

——借助照片分析汽车控制板。

——使用图形用户界面（GUI）工具协同设计实体模型，并实施提案。

没有选用的方法及原因：

——用户观察：问题非常明显和简单，没有必要对用户执行任务的过程进行观察；

——与绩效相关的测量：尚未应用此软件，不可能进行绩效测量。而且，时间上的紧迫也不允许实施这种测量；

——关键事件分析：之前没有对关键事件的记录；

——问卷：没有足够的人员可以实施问卷或调查的方法；

——出声思维：问题清晰简单，不必使用这种方法；

——创造性方法：解决方案很普通，不需要创造性方法；

——基于模型的方法：基于模型的方法无法在短时间内实施；

——自动评估：不可能对本软件使用自动评估的方法（没有对象）。

与本标准的对应关系(见表 B.1)

为了使表达简洁明了,只保留了实例中能用到的问题。选定的可用性方法在表格中以灰色背景显示。

表 B.1 本标准表格:汽车故障诊断

特征	方法											
	用户观察	与绩效相关的测量	关键事件分析	问卷	访谈	出声思维	协同设计和评估	创造性方法	基于文档的方法	基于模型的方法	专家评估	自动评估
开发—合格性测试	+	++	+	++	++	+	+		+	+	+	+
非常紧的时间限制		−	−	−		−	−		+	−	++	+
用户可以参与(接触)	++	++	+	++	++	+	++	+	+	+	+	+
组织(工作或技术)方面具有明显变化	+	+	+	+	+	+	++	++	+	−	+	−
对交互的时间和准确性有较高要求	+	++	++			−	−	−	−	+	−	−
已有系统(产品)的调整	+	++	++	++	+	+	+		++	++	+	+
设计者(评估者)可以获得广泛的人类工效学知识和技能	++	++	++	++	++	++	++	++	++	++	++	++

其中:

++	推荐的
+	合适的
表格单元为空	中性的
−	不推荐的
NA	不合适的

B.2 实例 2:会计学软件

客户是一家提供管理和财会服务的公司,服务的对象是特殊行业的人员(例如,医生、公证人等)。

公司主要提供会计流程服务。迄今为止,客户通过手写账目或软件来完成工作,使用的工具之一是由公司的计算机部门开发的一个内部软件包。

公司计划开发一个新的会计学工具包(开发—需求分析),以保证从因特网媒体的数据进入、转移和处理方面的收益。

支持方是公司的计算机部门。可用性方法的介入出现在规范前和规范过程中,前后持续三个月,总工作量是 30 人天。

用户是会计专业人员和公司的客户。

由于用户对计算机不熟悉，他们对数据处理的应用以及获取和传输账目数据的网络并不感兴趣。因此，确保工具满足用户的需求是非常重要的(组织、工作或技术有显著变化，但在现实应用中可以获得用户的需求信息)。

咨询服务包括进行初期分析(需要早期的信息、反馈或诊断)，以便参与制定新产品的规格。

选用的方法如下：

——对会计任务情形中的用户活动和任务进行分析(观察、访谈)；

——文档分析(交接财会文档、客户和公司间交换的多种文档等)；

——初期工具分析：纸质的和软件；

——对工具进行关键事件分析(热线电话、对公司会计师进行访谈)；

——对已投入使用的软件进行随意观察。

与本标准的对应关系(见表 B.2)

为了使表达简洁明了，只保留了实例中能用到的问题。选定的可用性方法在表格中以灰色背景显示。

虽然本例在任务交互上有很大的限制，但仍使用了基于文档的分析和专家评估方法。事实上，为了策划整个人类工效学过程，当可获取专业技能时，这些方法可以用在人类工效学任务的早期阶段。例如，可以帮助建立对用户观察和访谈的记录。

由于介入的持续时间不允许而没有使用与绩效相关的测量。与绩效相关的测量方法准备起来耗费时间，且应在得到某些任务信息之后才能进行(通过访谈和观察)。所以，主要选择了有效的访谈和观察法。

表 B.2 本标准表格：会计学软件

特征	方法											
	用户观察	与绩效相关的测量	关键事件分析	问卷	访谈	出声思维	协同设计和评估	创造性方法	基于文档的方法	基于模型的方法	专家评估	自动评估
开发—需求分析	++	+	+	++	++	++	+	+	+	+	+	
需要早期的信息(反馈或诊断)	+			+	++		+				+	
用户可以参与(接触)	++	++	+	++	++	+	++	+	+	+	+	+
组织(工作或技术)方面具有显著变化	+	+	+	+	+	+	++	++	+	—	+	—
对交互的时间和准确性有较高要求	+	++	++			—	—	—	—	+	—	—
已有系统(产品)的调整	+	++	++	++	+	+	+		++	++	+	+
功能有限且用户熟知的产品	+	+		++	+		+		++		++	

表 B.2(续)

特征	方法											
	用户观察	与绩效相关的测量	关键事件分析	问卷	访谈	出声思维	协同设计和评估	创造性方法	基于文档的方法	基于模型的方法	专家评估	自动评估
设计者(评估者)可以获得广泛的人类工效学知识和技能	++	++	++	++	++	++	++	++	++	++	++	++
其中: ++ 推荐的 + 合适的 表格单元为空 中性的 − 不推荐的 NA 不合适的												

B.3 实例 3:工业废弃物处理软件

客户是一家小型工业废弃物处理咨询公司,支持方是公司经理。公司正在开发与其自身能力相关的软件(开发—结构设计),目标是开发出即使是不习惯使用计算机的人仍可以使用的工具。

公司意识到了开发任务的复杂性,认为确保软件的可用性是有一定难度的工作。

可用性方法的介入是在原型开发阶段,局限在于公司不能承担太高数额的咨询预算(成本或价格控制)。

用户是公司中负责工业废弃物处理的各类人员(主管、产品主管等),他们不熟悉计算机,可能一个月才使用一次软件。

提案中的服务是 5 人天,其中包括对部分功能和人机界面的评估。

由于与用户没有接触(用户无法参与或接触),而且还有预算限制,可用性方法的选择仅限于:

——基于文档的方法;

——专家评估。

与本标准的对应关系(见表 B.3)

为了使表达简洁明了,只保留了与实例相关的问题。选定的可用性方法在表格中以灰色背景显示。

表 B.3 本标准表格:工业废弃物处理软件

特征	方法											
	用户观察	与绩效相关的测量	关键事件分析	问卷	访谈	出声思维	协同设计和评估	创造性方法	基于文档的方法	基于模型的方法	专家评估	自动评估
开发—结构设计	+	++		+	+	++	+	++	++	+	+	+
成本(价格)控制		−	−		−	−		−	++	−	+	
频繁变更的规格	+	+	+	+	+	+	++	+				

表 B.3(续)

特征	方法											
	用户观察	与绩效相关的测量	关键事件分析	问卷	访谈	出声思维	协同设计和评估	创造性方法	基于文档的方法	基于模型的方法	专家评估	自动评估
用户无法参与(接触)	NA	NA	NA	NA	NA	NA	NA	NA	+	+	+	+
组织(工作或技术)方面具有显著变化	+	+	+	+	+	+	++	++	+	−	+	−
设计者(评估者)可以获得广泛的人类工效学知识或技能	++	++	++	++	++	++	++	++	++	++	++	++

其中：

++	推荐的
+	合适的
表格单元为空	中性的
−	不推荐的
NA	不合适的

B.4 实例4:电话通讯软件

客户是一家电信公司,它已经开发了一个服务于小型企业的电话通讯软件。公司要在软件投放市场之前对其进行评估(开发—合格性测试),支持方是市场服务部门。

可用性方法在产品的最终版本开发期间介入,即产品商品化之前的几个月。此时可以对软件作一些改进,但不能进行影响到软件构架的较大改动。

产品是为小企业设计的,这些小企业无法负担建立电话标准的费用。产品的用户是这些小企业中的各类成员,他们独立管理其各自的通讯。

假定用户可以使用计算机,并能够通过这个软件(提供不同的功能,对通讯进行控制和存档)来管理所有的通讯方式(电话、传真、电子邮件、小电子信息等)。

咨询工作共70人天,通过以下方法提供软件评估和在线帮助：

——用户测试；

——专家评估。

与本标准的对应关系(见表B.4)

为了使表达简洁明了,只保留了与实例相关的问题。选定的可用性方法在表格中以灰色背景显示。

与绩效相关的测量是本例中的主要方法。但是为了准备用户测试,使用文档通过专家评估做前期的分析也是非常必要的。

表 B.4 本标准表格:电话通讯软件

特 征	方 法											
	用户观察	与绩效相关的测量	关键事件分析	问卷	访谈	出声思维	协同设计和评估	创造性方法	基于文档的方法	基于模型的方法	专家评估	自动评估
开发—合格性测试	+	++	+	++	++	+	+		+	+	+	+
用户可以参与(接触)	++	++	+	++	++	+	++	+	+	+	+	+
任务具有高度复杂性	+	+	++	+	++	++	+	+		+		
错误会导致严重后果	++	++	++	+	+	+	+		+	++	+	
任务对用户是全新的	+		NA				++	++	+	+	+	
组织(工作或技术)方面具有显著变化	+	+	+	+	+	+	++	++	+	—	+	—
设计者(评估者)可以获得广泛的人类工效学知识和技能	++	++	++	++	++	++	++	++	++	++	++	++

其中:

++	推荐的
+	合适的
表格单元为空	中性的
—	不推荐的
NA	不合适的

B.5 实例5:文档中心和图书馆的网站

客户是一家协会,其目标是推进一批文档中心和图书馆站点的建设,以提供这些文档中心的信息以及查阅图书目录的机会。

支持方是管理网站的团队(网络技术人员、文档专业人员)。

咨询的目标是评估网站以便对其进行改进(维护—运行),尤其是使其更易于使用,更贴近用户的需求(用户能易于参与)。

网站有两类用户人群:文档专业人员、文档中心和图书馆的用户。因此,网站的难点在于同时满足这两类用户群体的要求。尤其是目录查询,对于非专业的广大公众也必须容易进入。

所提供的服务(评估和改进的建议)在60人天内完成。

选用的方法如下:

——专家评估;

——观察、访谈、问卷;

——用户测试。

与本标准的对应关系(见表 B.5)

为了使表达简洁明了,只保留了与实例相关的问题。选定的可用性方法在表格中以灰色背景显示。

在本例中,几种可能使用的方法之间有一定的跨越。所选择的方法是在初期的专家评估(文档化)后,通过各种方法咨询用户,例如,采用观察、与绩效相关的测量、访谈和问卷等。

尽管该项目处于维护阶段,但仍采用了基于文档的分析和专家评估。事实上,当专家执行人类工效学任务时,这些相关的方法可用于人类工效学任务的早期阶段,以便策划整个人类工效学的过程,这有助于建立对用户进行观察和访谈的记录。

表 B.5 本标准表格:文档中心和图书馆站点

特征	方法											
	用户观察	表现评估	关键事件分析	问卷	访谈	出声思维	协同设计和评估	创造性方法	基于文档的方法	基于模型的方法	专家评估	自动评估
维护—运行	+	+	++	+	+		+				+	
频繁变更的规格	+	+	+	+	+	+	++	+				
用户可以参与(接触)	++	++	+	++	++	+	++	+	+	+	+	+
任务具有高度复杂性	+	+	++	+	++	++	+	+		+		
具有广泛的任务范围	+	+	+	++	+	+	+	+	++	+	+	++
设计者(评估者)可以获得广泛的人类工效学知识和技能	++	++	++	++	++	++	++	++	++	++	++	++

其中:

++	推荐的
+	合适的
表格单元为空	中性的
—	不推荐的
NA	不合适的

附 录 C
（资料性附录）
其他的方法和技术

本附录中阐述的方法参见表C.1。对于现有的方法或前文中已介绍过的方法的子方法，在此均有详细的阐述。

表C.1 其他的方法和技术与前面介绍过的方法的对应关系

方法名称	其他的方法和技术
用户观察	日志文件，视频捕获，扫描转换器
问卷	电子调查
协同设计和评估	平行设计
创造性方法	焦点小组和头脑风暴

C.1 日志文件

日志文件与用户观察、与绩效相关的测量和关键事件分析相关联，与其说它是一种子方法，不如说它是一项技术。

通常，人们愿意使用计算机来自动收集用户在整个任务阶段的详细历史信息。有时可能需要对日志软件做出修改，例如，只将当前最关注的内容记录下来，而避免收集层次较低的交互信息。

当理解用户某些行为的动机非常重要时，就有必要将日志与其他一些方法结合起来使用，例如，出声思维或者回顾性访谈。

优点

——不打扰用户即可获取数据；

——数据精确度高；

——记录了用户交互的整个过程。

不足(局限)

——需要分析的数据量较大；

——在评估用户绩效时，原始数据使用率低；

——记录的事件层次较低(只记录事务性的事件)。

C.2 视频捕获

视频捕获与用户观察和出声思维相关联，与其说它是一种子方法，不如说它是一项技术。

用户与系统交互时的视频记录在很多方面都是必不可少的。由于简单地捕获用户与视频的交互并不能告诉我们需要修改什么特征以及如何修改，因此，在提出有用的建议之前，专家对数据进行分析是非常必要的。

优点

——记录了用户交互的整个过程；

——可呈现给开发人员，来阐明用户遇到的问题；

——对实时观察提供有用的支持。

不足(局限)

——可能产生庞大数量的需要分析的数据；

——在评估用户绩效时，原始数据使用率低；

——视频记录会使某些用户产生反感。

C.3 扫描转换器

扫描转换器与用户观察和与绩效相关的测量相关联，与其说它是一种子方法，不如说它是一项技术。

与用户和计算机进行交互不同的是，当获取尽可能清晰的屏幕图像非常重要时，使用扫描转换器可能比使用视频摄像机更可取。转换器可以将电脑屏幕上的数据直接存储在胶片上。如果使用录像，某些用户可能会感觉不舒服，但使用扫描转换器能使他们放松。

C.4 电子调查

电子调查与问卷调查相关联，类似于纸面调查。对同样的问卷进行纸面调查和在线调查，所获得的反馈答案没有太大的差异。但问卷发放的时机非常关键，因为相比几天前使用过系统的用户而言，刚刚使用过系统的用户可以提供更多有用的信息。

C.5 平行设计

平行设计与协同设计和评估相关联，它用于在确定一个继续进行的方案之前开发和评估不同的系统设想。在以人为中心的设计方法中，平行设计可以包含不同的设计者和用户群体，用于测试和比较各种解决方案和(或)以人为中心的方法。

C.6 焦点小组

焦点小组与创造性方法相关联，通常包括在一位主持人引导下的小组讨论，其目的是获得关于用户观点、感知、态度和喜好的信息。焦点小组的成功取决于对所问问题的精心设计，以及熟知会议目的、有技巧的主持人。主持人要能鼓励用户流畅地表达他们的想法，但要确保讨论不偏离主题。

焦点小组不能给用户提供如何与产品或系统进行交互的信息。

除了提供设计思想外，焦点小组也可用在评估的角度。

C.7 头脑风暴

头脑风暴与创造性方法相关联，是有设计者和(或)用户参与的团队活动。

头脑风暴的原则是汇集团队成员的想法。团队成员自由表达他们的想法(不管听上去多么不切合实际)，并由一个成员进行记录和注释。其中一个团队成员作为主持人，主持人的作用就是调动团队的积极性，并确保讨论不偏离主题。

本方法常在多媒体应用软件中用于决定界面隐喻或风格。

本附录中详细阐述的方法均与表1中列举的方法相关联。对于现有的方法或是前文中已介绍过的方法的子方法，在此均有详细的阐述。

参 考 文 献

第一部分:关于方法和方法学的通用参考文献
(调查、方法分类、方法比较、手册、与人类工效学相关的图书段落及方法等)

[1] BASTIEN J M C,SCAPIN D L,LEULIER C. The ergonomic criteria and the ISO/DIS 9241-10 dialogue principles:A pilot comparison in an evaluation task. Interacting with Computers. 11.
[2] BIAS R G,MAYHEW D J. Cost-Justifying Usability:Academic Press,1994.
[3] BRIDGER R S. Introduction to Ergonomics,McGraw Hill,1995.
[4] CARROLL J M. Designing interaction,Psychology at the Human-Computer Interface:Cambridge University Press,1991.
[5] COUTAZ J. Interfaces Homme-Ordinateur:conception et realisation. Paris. France:Dunod informatique,1990,ISBN:2040196358.
[6] DE SOUZA F,BEVAN N. The use of guidelines in menu interface design:Evaluation of a draft standard. In D. Diaper,D. Gilmore,G. Cockton and B. Shackel(Eds.),Human-computer interaction:Interact. Amsterdam:Elsevier Science Publishers,1990:435-440.
[7] DESURVIRE H,LAWRENCE D,Atwood,M. Empiricism versus judgement:Comparing user interface evaluation methods on a new telephone-based interface. SIGCHI Bulletin,1991:58-59.
[8] DIX A,FINLAY J,ABOWD D,etal. Human-Computer Interaction(second edition)London,UK:Prentice Hall Europe,ISBN:0132398648,1998.
[9] DIX A,FINLAY J,ABOWDG. etal. Human computer interaction:Prentice Hall,1993.
[10] GRUDIN J. Utility and usability:research issues and development contexts. In Interacting with Computers,1992,4(2):209-217.
[11] HELANDER M G,LANDAUER T K,PRABHU P V. Handbook of Human-Computer Interaction,Elsevier Science Publishers,B. V. (North Holland),1997.
[12] HIX D,HARTSON D R. Developing User Interfaces:Ensuring Usability Through Product & Process. New York(NY),USA:Wiley,ISBN:0471578134,1993.
[13] HOLTZBLATT K,BEYER H R. Making Customer Centered Design Work for Teams,Communications of the ACM,1993,36(10):93-103.
[14] HOLTZBLATT K,BEYER H R. The Human Requirements Gathering,Communications of the ACM,1995,38(5):31-32.
[15] HUGH R,BEYER H R,HOLTZBLATT K. Apprenticing with the Customer. CACM,1995,38 (5):45-52.
[16] JEFFRIES R,MILLER J R,WHARTON C,etal. User interface evaluation in the real world:a comparison of four techniques. Proceedings of CHI New Orleans,LA,USA,1991,April 27-May 2.
[17] KARAT C M,CAMPBELL R,FIEGEL T. Comparison of empirical testing and walkthrough methods in user interface evaluation. Proceedings of CHI,Monterey,CA,USA,1992,May 3-7.
[18] KOLSKI C. Interfaces homme-machine Application aux systemes industriels complexes,Hermes,Paris,1997.
[19] LANDAUER T K. The trouble with Computers:Usefulness,Usability,and Productivity.

MIT Press,1993.

[20] LAUREL B. The art of human computer interface design:Addison Wesley,1990.

[21] LIM K Y,LONG J. The MUSE method for usability engineering,New York:Cambridge University Press,1994.

[22] MACLEOD M,BOWDEN R,BEVAN N,etal. The MUSiC performance measurement method. Behaviour & Information Technology,1997,16:279-293.

[23] MAYHEW D J. Principles and guidelines in software user interface design. Englewood Cliffs:Prentice Hall,1992.

[24] MEINADIER J P. L'interface utilisateur. Pour une informatique plus conviviale:Dunod,France,1991.

[25] NIELSEN J. Usability engineering:Academic Press,1993.

[26] NORMAN D A. The Design of Everyday Things. Reissue edition New York(NY),USA:Currency/Doubleday. ISBN:0385267746,1990.

[27] OLSON G,MORAN T. Experimental comparisons of usability evaluation methods. Special Issue of Human-Computer Interaction,1998.

[28] POLLIER A. Evaluation d'une interface par des ergonomes-Diagnostics et strategies. Le Travail Humain,France. 1992,55(1):71-96.

[29] POMIAN J L,PRADERE T,GAILLARD I. Ingenierie et ergonomie,Cepadues Editions,France,1997.

[30] PREECE J. Human Computer Interaction,Addison-Wesley,1994.

[31] PULAT B M,ALEXANDER D C. Industrial Ergonomics:Case Studies,Industrial Engineering and Management Press,Norcross,G. A,1991.

[32] PULAT B M. Fundamentals of Industrial Ergonomics,Prentice-Hall,Inc,1997.

[33] REITERER H. The Development of Design Aid Tools for Human Factor Based User Interface Design,in Proceedings of IEEE International Conference on System,Man and Cybernetics,1993,4:361-366.

[34] RUBIN J. Handbook of usability testing. How to plan,design,and conduct effective tests. New York,NY:Wiley & Sons,1994.

[35] SCAPIN D L. Situation et perspectives en ergonomie du logiciel. In J.-C. Sperandio(Eds.),L'ergonomie dans la conception des projets informatiques,Octares,France,1993:7-68.

[36] SCAPIN D L,BERNS T,BIT. Special Issue on evaluation methods,1997,(6).

[37] TRUDEL C I. Experimentation methods. INRIA Report-Deliverable WP 5,European Project 22287,Commerce & Interactions,November,1996.

第二部分:有用户直接参与的方法

[38] ALRECK P L,SETTLE R B. The Survey Research Handbook,Irwing Professional Publishing,Chicago II,1994.

[39] CARROLL J M,KOENEMANN-BELLIVEAU J,Rosson M. B.,etal. Critical Incidents and Critical Themes in Empirical Usability Evaluation. Proceedings of the HCI Conference on People and Computers Ⅷ,1993:279-292.

[40] CASTILLO J C,HARTSON H R,HIX D. Remote Usability Evaluation:Can Users Report Their Own Critical Incidents? Late Breaking Results:Ubiquitous Usability Engineering. Proceedings of ACM CHI 1998 Conference on Human-factors in Computing Systems(Summary),V. 2:253-254.

[41] FATH J L, MANN T L, HOLZMAN T G. A practical guide to using software usability labs: lessons learned at IBM. Behavior and Information Technology: Special Issue on Usability Laboratories, 1994, 13(1-2): 94-105.

[42] FODDY W. Constructing Questions for Interviews and Questionnaires: Theory and Practice in Social Research, Cambridge University Press, 1994.

[43] HACKOS J T, REDISH J C. User and Task Analysis for Interface Design: John Wiley & Sons, 1998.

[44] HOLTZBLATT K, JONES S. Contextual inquiry: a participatory technique for systems design in Schuler, D. and Namioka, A. Participatory design: Principles and practices, Erlbaum, 1991.

[45] KIRWAN B, AINSWORTH L K. A guide to task analysis: Taylor & Francis, 1992.

[46] KOENEMANN-BELLIVEAU J, CARROLL J M, ROSSON M B, etal. Comparative Usability Evaluation: Critical Incidents and Critical Threads. Proceedings of ACM CHI 1994 Conference on Human-factors in Computing Systems, V. 1: 245-251.

[47] MACKAY W E. Ethics, lies and videotape... In Proceedings of the CHI'95 Conference, Denver, Colorado, May 7th-11th. ACM Press, 1995: 138-145.

[48] NIELSEN J. Special Issue on Usability laboratories, Behaviour and Information Technology, 1994, 13-2.

[49] OPPENHEIM A N. Questionnaire Design, Interviewing and Attitude Measurement, Printer Pub. Ltd, 1992.

[50] PERLMAN G. Electronic surveys. Behavior Research: Methods, Instruments and Computers, 1985, 17(2): 203-205.

[51] RUBIN J. Handbook of Usability Testing: How to Plan, Design & Conduct Effective Tests, John Wiley & Sons, 1994.

[52] SALANT P, DILLMAN D A. How to Conduct Your Own Survey, John Wiley & Sons, 1994.

[53] SEBILLOTTE S. Decrire des taches selon les objectifs des operateurs: de I'interview a la formalisation. Le travail humain, 1991, 54(3), Puf, Paris.

[54] WIXON D R, WILLIGES B H, WILLIGES R C, etal. An Evaluation of Critical Incidents for Software Documentation Design Computer Potpourri. In Human-factors Perspectives on Human-Computer Interaction: Selections from the Human-factors & Ergonomics Society Annual Meetings 1983—1994/Gary Perlman/Georgia K. Green/Michael S. Wogalter, 1995: 38-42. Santa Monica, California Human-factors and Ergonomics Society.

第三部分：无用户直接参与的方法

基于文档的方法

[55] BIAS R. The pluralistic usabilty walkthrough: coordinated empathies in Nielsen, J. and Mack, R. Usability inspection methods: 63-76, John Wiley & Sons Inc, 1994.

[56] DUMAS J S., REDISH J. A Practical Guide to Usability Testing, Ablex, Norwood, 1993.

[57] DUMAS J S., REDISH J C. A practical guide to usability testing. Ablex Publishing Coorporation Norwood, New Jersey, 1994.

[58] GEDIGA G, HAMBORG K, DUNTSCH I. The IsoMetrics usability inventory: An operationalisation of ISO 9241-10. Behaviour and Information Technology, 1999.

[59] GORNY P. EXPOSE, HCI-Counseling for User Interface Design, In: Proceedings of INTER-

ACT'95, K. Norbly, P. H. Helmersen, D. J. Gimore, S. A. Arnesen, (eds) Chapman & Hall, 1995.

[60] GREENBAUM F J, KYNG M. Design at Work: Cooperative Design of Computer Systems. Hillsdale, NJ: Lawrence Erlbaum Associates, 1991.

[61] IANELLA R. HyperSAM, a Management Tool for Large User Guidelines Sets, CHI'94 Special Interest Group Trip Report in SIGCHI, 1995, 27(2), ISSN 0736-6906: 48-49.

[62] LEULIER C. Ergonomic guidelines for the design and evaluation of Web sites, Inslitut national de recherche en informatique et en automatique, Rocquencourt, France, 1997.

[63] LINDGAARD G. Usability Testing and System Evaluation: A Guide for Designing Useful Computer Systems, Chapman and Hall, London, 1994.

[64] LOWGREN J, NORDQVIST T. Knowledge-Based evaluation as Design Support for Graphical User Interfaces, in Proceedings of CHI, Human-factors in Computing Systems, 1992: 181-188.

[65] MACLEAN A, YOUNG R M, BELLOTI V, etal. Questions, Options and Criteria: Elements of Design Space Analysis. In: Thomas P. Moran and John M. Carroll(Eds.) Design Rationale: Concepts, Techniques, and Use. Hillsdale, NJ: Lawrence Erlbaum Associates, 1996.

[66] MAYHEW D J. Principles and recommendations in software user interface design. Englewood Cliffs: Prentice Hall, 1992.

[67] NENDJO ELLA A, KOLSKI C, WAWAK F, etal. An approach of computer-aided choice of UI evaluation criteria and methods. In: Computer-Aided Design of User interfaces II, CADUI, J. Vanderdonckt and A. Puerta(Eds.), Kluwer Academic Publishers, The Netherlands, 1999: 319-329.

[68] NIELSEN J, MACK R L. Usability Inspection Methods. John Wiley & Sons, Inc, 1994.

[69] POLSON P G, LEWIS CH, RIEMAN J, etal. Cognitive walkthroughs: a method for theory-based evaluation of use interfaces. International Journal of Man-Machine Studies, 1992(36): 741-773.

[70] PRUMPER P Test it: ISONORM 9241/10. In: Bullinger, H.-J. and Ziegler, J. (eds), Proceedings of HCI International, Munich, 22-27. Lawrence Erlbaum, Mahwah, NJ, USA, 1999.

[71] RAVDEN S J, JOHNSON G I. Evaluating usability of human-computer interfaces: A practical method. Chichester, England: John Wiley & Sons, 1989.

[72] RIVLIN C, LEWIS R, DAVIES-COOPER R. Guidelines for screen design: Blackwell Scientific Publications, 1990.

[73] ROWLEY D E, RHOADES D G. The Cognitive Jogthrough: A Fast-Paced User Interface Evaluation Procedure, CHI'92 Proceedings, 1992(May 3-7): 389-395.

[74] SCAPIN D L, BASTIEN J M C. Ergonomic criteria for evaluating the ergonomic quality of interactive systems. Behaviour & Information Technology, 1997, 16: 220-231.

[75] SIOCHI A C, HIX D. A study of computer-supported user interface evaluation using maximal repeating pattern analysis. Proceedings of the CHI'91 Conference on Human-Computer Interaction, ACM Press, New Orleans, 1991, 5: 301-305.

[76] THOMAS B. "Quick and dirty" usability tests. In: Usability evaluation in industry, P. W. Jordan et al. (Eds.), Taylor & Francis, London, 1996: 107-114.

[77] VANDERDONCKT J. Guide ergonomique des interfaces homme-machine, Presses Universitaires de Namur, Belgique, 1995.

[78] WHARTON C,etal. The Cognitive Walkthrough Method:A Pratictioner's Guide. In:Nielsen,J. and Mack,R. (Eds)Usability Inspection Methods,John Wiley & Sons,1994.

基于模型的方法

[79] BODART F,HENNEBERT A-M,etal. Towards a systematic building of software architecture:the TRIDENT methodological guide. In:Palanque,P. & Bastide,R. (Eds.),Proceedings of the Eurographics Workshop on Design,Specification and Verification of Interactive Systems DSV-IS,1995(7-9 June):262-278.

[80] BULLINGER H-J,FAHNRICH K-P,etal. GENIUS:Generating Software-ergonomic User Interfaces. International Journal of Human-Computer Interaction,1996,8(2):115-144.

[81] GAMBOA-RODRIGUEZ F,SCAPIN D L. Editing MAD* task descriptions for specifying user interfaces,at both semantic and presentation levels. In:Design,Specification,and Verification of Interactive Systems,Springer-Computer Science/Wien New York,1997:193-208.

[82] HARRISON M,THIMBLEBY H. (Eds.). Formal methods in human-computer interaction:Cambridge University Press,1990.

[83] JOHNSON P,WILSON S,etal. ADEPT-Advanced Environment for Prototyping with Task Models. In:Proceedings of ACM INTERCHI Conference on Human-factors in Computing Systems,1993:56.

[84] MARKOPOULOS P,JOHNSON P,etal. Formal aspects of task based design. In:Harrison,M. D. &Torres,J. C. (Eds.),Design,Specification and Verification of Interactive Systems. 1997(June 4-6):209-224. Granada,Spain:SpringerComputerScience.

[85] MORAN T P,CARROLL J M. Design Rationale. Concepts,techniques,and Use. Mahwah,New Jersey:Lawrence Erlbaum Associates,1996.

[86] SCAPIN D L,PIERRET C. Towards a method for task description. In:Working with Display Units,D. Berthelette(Ed.),Elsevier,1990.

[87] SZEKELY P. Restropective and Challenges for Model-Based Development. In:Bodart,F. &Vanderdonckt,J. (Eds.),Eurographic Workshop,Design,Specification and Verification of Interactive Systems,1996(5-7 June):1-27.

[88] TAUBER M. ETAG:Extended Task Action Grammar-A language for the description of the user's task language. Human-Computer Interaction,INTERACT. D. Diaper et al. (Eds.) North Holland,1990:163-168.

ICS 35.040
L 80

中华人民共和国国家标准

GB/T 21052—2007

信息安全技术
信息系统物理安全技术要求

**Information security technology—
Physical security technical requirement for information system**

2007-08-23 发布　　2008-01-01 实施

中华人民共和国国家质量监督检验检疫总局
中国国家标准化管理委员会　发布

前　言

本标准的附录A是资料性附录。

本标准由全国信息安全标准化技术委员会提出并归口。

本标准起草单位:公安部第一研究所、公安部安全与警用电子产品质量检测中心。

本标准主要起草人:严明、滕旭、郭立、卢玉华、胡志昂、任常青、郑征、刘军。

引　言

信息系统的物理安全涉及到整个系统的配套部件、设备和设施的安全性能、所处的环境安全以及整个系统可靠运行等方面，是信息系统安全运行的基本保障。

本标准提出的技术要求包括三方面：1）信息系统的配套部件、设备安全技术要求；2）信息系统所处物理环境的安全技术要求；3）保障信息系统可靠运行的物理安全技术要求。设备物理安全、环境物理安全及系统物理安全的安全等级技术要求，确定了为保护信息系统安全运行所必须满足的基本的物理技术要求。

本标准以 GB 17859—1999 对于五个安全等级的划分为基础，依据 GB/T 20271—2006 五个安全等级中对于物理安全技术的不同要求，结合当前我国计算机、网络和信息安全技术发展的具体情况，根据适度保护的原则，将物理安全技术等级分为五个不同级别，并对信息系统安全提出了物理安全技术方面的要求。不同安全等级的物理安全平台为相对应安全等级的信息系统提供应有的物理安全保护能力。第一级物理安全平台为第一级用户自主保护级提供基本的物理安全保护，第二级物理安全平台为第二级系统审计保护级提供适当的物理安全保护，第三级物理安全平台为第三级安全标记保护级提供较高程度的物理安全保护，第四级物理安全平台为第四级结构化保护级提供更高程度的物理安全保护，第五级物理安全平台为第五级访问验证保护级提供最高程度的物理安全保护。随着物理安全等级的依次提高，信息系统物理安全的可信度也随之增加，信息系统所面对的物理安全风险也逐渐减少。

本标准按照 GB 17859—1999 的五个安全等级的划分，对每一级物理安全技术要求做详细的描述。因第五级物理安全技术要求涉及最高程度物理安全技术，本标准略去相关内容。附录 A 对物理安全相关概念进行了描述，并对物理安全技术等级划分进行了说明。为清晰表示每一个安全等级比较低一级安全等级的物理安全技术要求的增加和增强，每一级的新增部分用“**宋体加粗字**”表示。

信息安全技术
信息系统物理安全技术要求

1 范围

本标准规定了信息系统物理安全的分等级技术要求。

本标准适用于按GB 17859—1999的安全保护等级要求所进行的等级化的信息系统物理安全的设计和实现，对按GB 17859—1999的安全保护等级的要求对信息系统物理安全进行的测试、管理可参照使用。

2 规范性引用文件

下列文件中的条款通过本标准的引用而成为本标准的条款。凡是注日期的引用文件，其随后所有的修改单(不包括勘误的内容)或修订版均不适用于本标准，然而，鼓励根据本标准达成协议的各方研究是否可使用这些文件的最新版本。凡是不注日期的引用文件，其最新版本适用于本标准。

GB/T 2887—2000 电子计算机场地通用规范

GB 4943—2001 信息技术设备的安全(idt IEC 60950:1999)

GB 8702—1988 电磁辐射防护规定

GB 9175—1988 环境电磁波卫生标准

GB 9254—1998 信息技术设备的无线电骚扰限值和测量方法(idt CISPR 22:1997)

GB/T 9361—1988 计算机场地安全要求

GB/T 17626.2—2006 电磁兼容 试验和测量技术 静电放电抗扰度试验(IEC 61000-4-2:2001, IDT)

GB/T 17626.3—2006 电磁兼容 试验和测量技术 射频电磁场辐射抗扰度试验(IEC 61000-4-3:2002,IDT)

GB/T 17626.4—1998 电磁兼容 试验和测量技术 电快速瞬变脉冲群抗扰度试验(idt IEC 61000-4-4:1995)

GB/T 17626.5—1998 电磁兼容 试验和测量技术 浪涌(冲击)抗扰度试验(idt IEC 61000-4-5:1995)

GB/T 17626.6—1998 电磁兼容 试验和测量技术 射频场感应的传导骚扰抗扰度(idt IEC 61000-4-6:1995)

GB/T 17626.8—2006 电磁兼容 试验和测量技术 工频磁场抗扰度试验(IEC 61000-4-8:2001, IDT)

GB/T 17626.9—1998 电磁兼容 试验和测量技术 脉冲磁场抗扰度试验(idt IEC 61000-4-9:1995)

GB/T 17626.11—1998 电磁兼容 试验和测量技术 电压暂降、短时中断和电压变化的抗扰度试验(idt IEC 61000-4-11:1995)

GB 17859—1999 计算机信息系统 安全保护等级划分准则

GB/T 20271—2006 信息安全技术 信息系统通用安全技术要求

GB 50057—1994 建筑物防雷设计规范(2000年版)

GB 50174—1993 电子计算机机房设计规范

GB 50311—2000 建筑与建筑群综合布线系统工程设计规范

GBJ 16—1987 建筑设计防火规范(2001 年版)

GA 267—2000 计算机信息系统雷电电磁脉冲安全防护规范

SJ/T 16796—2001 静电活动地板通用规范

3 术语和定义

下列术语和标准适用于本标准。

3.1

信息系统 information system

信息系统由计算机及其相关的配套部件、设备和设施构成,按照一定的应用目的和规则对信息进行采集、加工、存储、传输、检索等的人机系统。

3.2

信息系统物理安全 physical security for information system

为了保证信息系统安全可靠运行,确保信息系统在对信息进行采集、处理、传输、存储过程中,不致受到人为或自然因素的危害,而使信息丢失、泄露或破坏,对计算机设备、设施(包括机房建筑、供电、空调等)、环境人员、系统等采取适当的安全措施。

3.3

设备物理安全 facility physical security

为保证信息系统的安全可靠运行,降低或阻止人为或自然因素对硬件设备安全可靠运行带来的安全风险,对硬件设备及部件所采取的适当安全措施。

3.4

环境物理安全 environment physical security

为保证信息系统的安全可靠运行所提供的安全运行环境,使信息系统得到物理上的严密保护,从而降低或避免各种安全风险。

3.5

系统物理安全 system physical security

为保证信息系统的安全可靠运行,降低或阻止人为或自然因素从物理层面对信息系统保密性、完整性、可用性带来的安全威胁,从系统的角度采取的适当安全措施。

3.6

完整性 integrity

保证信息与信息系统不会被有意地或无意地更改或破坏的特性。

3.7

可用性 availability

保证信息与信息系统可被授权者所正常使用。

3.8

保密性 confidentiality

保证信息与信息系统的不可被非授权者利用。

3.9

浪涌保护器 surge protective devices;SPD

用于对雷电电流、操作过电压等进行保护的器件。

3.10

电磁骚扰 electromagnetic disturbance

任何可能引起装置、设备或系统性能降低或对有生命或无生命物质产生损害作用的电磁现象。

3.11

电磁干扰　electromagnetic interference

电磁骚扰引起的设备、传输通道或系统性能的下降。

3.12

抗扰度　immunity

装置、设备或系统面临电磁骚扰不降低运行性能的能力。

3.13

不间断供电系统　uninterruptible power supply;UPS

确保计算机不停止工作的供电系统。

3.14

安全隔离设备　security isolation components

包括安全隔离计算机、安全隔离卡和安全隔离线路选择器等设备。

3.15

抗扰度限值　immunity limit

规定的最小抗扰度电平。

3.16

非燃材料　no-burning material

材料在受燃烧或高温作用时，不起火、不微燃、难炭化的材料。

3.17

难燃材料　hard-burning material

材料在受到燃烧或高温作用时，难起火、难微燃、难炭化的材料。

3.18

标志　sign

用来表明设备或部件的生产信息。

3.19

标记　marker

用来识别、区分设备、部件或人员等级的表示符号。

4　第一级物理安全技术要求

4.1　设备物理安全技术要求

4.1.1　标志

组成此保护级的系统设备和部件应有明显清晰的标志，应包括：型号或规定的代号、制造厂商的名称或商标，或国家规定的 3C 认证标志。

4.1.2　标记和外观

系统设备和部件应有明显的无法擦去的标记。

4.1.3　静电放电抗扰度

系统中所应用的设备和部件对来自静电放电的电磁干扰应有一定的抗扰度。试验方法应按照 GB/T 17626.2—2006 中给出的试验方法，试验等级采用 2 级，试验评判结果至少应满足 GB/T 17626.2—2006 中的性能判据分类 C 的要求。

4.1.4　电磁辐射抗扰度

系统中所应用的设备和部件对来自电磁辐射的电磁干扰应有一定的抗扰度。试验方法应按照 GB/T 17626.3—2006 中给出的试验方法，试验等级采用 1 级，试验评判结果至少应满足 GB/T 17626.3—2006 中的性能判据分类 C 的要求。

4.1.5 电快速瞬变脉冲群抗扰度

系统中所应用的设备和部件对来自电源端口的电快速瞬变脉冲群的电磁干扰应有一定的抗扰度。试验方法应按照 GB/T 17626.4—1998 中给出的试验方法，试验等级采用 2 级，试验评判结果至少应满足 GB/T 17626.4—1998 中的性能判据分类 C 的要求。

4.1.6 抗电强度

系统设备的电源插头或电源引入端与设备外壳裸露金属部件之间应能承受幅度 1.5 kV、频率 45 Hz～65 Hz 的抗电强度试验，历时 1 min 应无击穿和飞弧现象。

4.1.7 泄漏电流

系统设备工作时对保护接地端的漏泄电流值不应超过 5 mA。

4.1.8 绝缘电阻

系统设备的电源插头或电源引入端与设备外壳裸露金属部件之间的绝缘电阻应不小于 5 MΩ。

4.2 环境物理安全技术要求

4.2.1 场地选择

应按照能够保障本级信息系统正常运行的条件选择场地。

4.2.2 防火要求

4.2.2.1 设置必备的灭火设备，并对灭火设备的效率、毒性、用量和损害性有一定的要求。

4.2.2.2 房间内的装修材料应符合 GB/T 9361—1988 中规定的难燃材料和非燃材料的要求。

4.2.3 防雷电

4.2.3.1 设置必备的雷电保护器，所用的信息设备应在雷电保护器的保护范围之内。

4.2.3.2 其余的防雷技术应符合 GB 50057—1994(2000 年版)中“第三类防雷建筑物的防雷措施”要求。

4.3 系统物理安全技术要求

4.3.1 灾难备份与恢复

4.3.1.1 备份介质

将业务应用所需要的所有相关数据进行完整的备份，并将备份介质存放在中心机房以外的专门场所。

4.3.1.2 系统手工恢复

在灾难故障发生时，针对故障发生原因，利用备份介质中的业务相关数据，采取各种措施恢复应用系统运行。

4.3.2 设备管理

4.3.2.1 配置管理

4.3.2.1.1 资源管理

应对信息系统网络环境中的下列资源信息进行管理：

——设备信息：包括终端、服务器、交换机、路由器等；

——软件信息：系统软件和应用软件。

5 第二级物理安全技术要求

5.1 设备物理安全技术要求

5.1.1 标志

组成此保护级的系统设备和部件应有明显清晰的标志，应包括：产品名称、型号或规定的代号、制造厂商的名称或商标，或国家规定的 3C 认证标志。

5.1.2 标记和外观

5.1.2.1 系统设备和部件应有明显的无法擦去的标记。

5.1.2.2　系统设备表面不应有明显的凹痕、裂缝、变形和污染等。表面涂度层应均匀、不应起泡、龟裂、脱落和磨损。金属部件不应有锈蚀及其他机械损伤。

5.1.2.3　系统设备的各部件应紧固无松动，安装可抽换部件的接插件应能可靠连接，键盘、开关按钮和其他控制部件的控制应灵活可靠，布局应方便使用。

5.1.3　静电放电抗扰度

系统中应用的设备和部件对来自静电放电的电磁干扰应有一定的抗扰度。试验方法应按照 GB/T 17626.2—2006 中给出的试验方法，试验等级采用 3 级，试验评判结果至少应满足 GB/T 17626.2—2006 中的性能判据分类 C 的要求。

5.1.4　电磁辐射骚扰

对系统中应用的设备和部件产生的电磁辐射骚扰应有一定的限制。试验方法应按照 GB 9254—1998 中给出的试验方法，试验评判结果至少应满足 GB 9254—1998 中 ITE 分级的 A 级骚扰限值要求。

5.1.5　电磁辐射抗扰度

系统中所应用的设备和部件对来自射电磁辐射的电磁干扰应有一定的抗扰度。试验方法应按照 GB/T 17626.3—2006 中给出的试验方法，试验等级采用 2 级，试验评判结果至少应满足 GB/T 17626.3—2006 中的性能判据分类 C 的要求。

5.1.6　浪涌(冲击)抗扰度

系统中所应用的设备和部件对来自电源端口的浪涌(冲击)的电磁干扰应有一定的抗扰度。试验方法应按照 GB/T 17626.5—1998 中给出的试验方法，试验等级采用 2 级，试验评判结果至少应满足 GB/T 17626.5—1998 中的性能判据分类 C 的要求。

5.1.7　电快速瞬变脉冲群抗扰度

系统中所应用的设备和部件对来自电源端口的电快速瞬变脉冲群的电磁干扰应有一定的抗扰度。试验方法应按照 GB/T 17626.4—1998 中给出的试验方法，试验等级采用 2 级，试验评判结果至少应满足 GB/T 17626.4—1998 中的性能判据分类 C 的要求。

5.1.8　电源适应能力

5.1.8.1　对于交流供电的系统设备，应能在额定电压±10%的范围内正常工作。

5.1.8.2　对于直流供电的系统设备，应能在直流电压标称值±10%的范围内正常工作。标称值在产品标准中规定。对电源有特殊要求的单元，应在产品标准中加以说明。

5.1.9　抗电强度

应符合 GB 4943—2001 中 5.2 的要求。

5.1.10　泄漏电流

系统设备工作时对保护接地端的漏泄电流值不应超过 5 mA。

5.1.11　电源线

对于交流供电的系统设备的电源线，应使用三芯电源线，其中地线应与设备的保护接地端连接牢固。

5.1.12　绝缘电阻

系统设备的电源插头或电源引入端与设备外壳裸露金属部件之间的绝缘电阻应不小于 5 MΩ。

5.2　环境物理安全技术要求

5.2.1　场地选择

按一般建筑物要求进行机房场地选址。应避开强电场、强磁场、易发生火灾、潮湿、易遭受雷击和重度环境污染的地区。

5.2.2　机房防火

5.2.2.1　机房和记录介质存放间，其建筑材料的耐火等级，应符合 GBJ 16—1987(2001 年版)中规定的二级耐火等级；机房相关的其余基本工作房间和辅助房，其建筑材料的耐火等级应不低于 GBJ 16—

1987(2001 年版)中规定的三级耐火等级。

5.2.2.2 要求配备适宜的灭火设备,除纸介质等易燃物质外,禁止使用水、干粉或泡沫等容易产生二次破坏的灭火剂。

5.2.3 供电系统

5.2.3.1 机房供电电源设备的容量应具有一定的余量。

5.2.3.2 机房供电系统应将信息系统设备供电线路与其他供电线路分开,应配备应急照明装置。

5.2.3.3 应配置线路稳压滤波装置,保证机房供电电源质量符合 GB 50174—1993 中规定的 C 级要求。

5.2.3.4 应配置电源保护装置,加装浪涌保护器。

5.2.3.5 应配置抵抗供电电压不足的设备。当供电电压不足或中断时,应保证系统至少正常工作 30 分钟。

5.2.3.6 机房内活动地板下部的低压配电线路宜采用铜芯屏蔽导线或铜芯屏蔽电缆。

5.2.3.7 活动地板下部的电源线应尽可能远离系统信号线路,并避免并排敷设。当不能避免时,应采取相应的屏蔽措施。

5.2.3.8 机房电源系统的所有接点均应镀锡处理,并且冷压连接。

5.2.4 静电防护

防静电地线不得接在电源零线上,应单独接在地线汇集点。

5.2.5 防雷电

5.2.5.1 系统电源线应设置电源浪涌保护器(SPD),其冲击通流容量及限制电压应按 GA 267—2000 中表 5 选取。

5.2.5.2 不得在建筑物屋顶上敷设电源或信号线路。必须敷设时,应穿金属管进行屏蔽防护,金属管应进行等电位连接。

5.2.6 接地

5.2.6.1 机房应设等电位连接网络。机房内设备的金属外壳、机柜、机架、金属管、槽、屏蔽线缆外层、防静电接地、安全保护接地、浪涌保护器接地端等匀应以最短的距离与等电位连接网络的接地端子连接,连接线应采用多股铜质金属线,其截面积不小于 16 mm^2。

5.2.6.2 等电位连接网络宜采用铜排或铜带,其截面积不应小于 35 mm^2。

5.2.6.3 接地电阻不应大于 4 Ω。当土壤电阻率大于 2 000 Ω·M 时,系统接地电阻不得大于 20 Ω。直流工作接地,接地电阻应按计算机系统具体要求确定。

5.2.7 温湿度控制

应有必要的空调设备,使机房温度达到所需的要求。

5.2.8 防水

5.2.8.1 水管安装不得穿过屋顶和活动地板,穿过墙壁和楼板的水管应使用套管,并采取可靠的密封措施。

5.2.8.2 应有有效的防止给水、排水、雨水通过屋顶和墙壁漫溢和渗漏的措施。

5.2.9 防虫鼠害

5.2.9.1 在易受虫鼠害的场所,机房内的线缆上应涂敷驱虫、鼠药剂。

5.2.9.2 在易受鼠害的场所,机房内应设置捕鼠和驱鼠装置。

5.2.10 防盗防毁

机房应装防护窗、防盗门或有人 24 小时职守,以防物品被盗被毁。

5.2.11 出入口控制

5.2.11.1 机房应设单独出入口,另设多个紧急疏散出口,标明疏散线路和方向,应设置疏散照明和安全出口标志灯。机房出入口应有专人负责,未经允许的人员不准进入机房。

5.2.11.2 危险物品及可燃物品不准带入机房。

5.2.12 记录介质安全

5.2.12.1 对有用数据的记录介质应采取一定措施防止被盗、被毁和受损，对于磁性介质应该有防止介质被磁化措施。

5.2.12.2 对于应该删除和销毁的有用数据，在没有被删除和销毁之前应该有一定的防止被非法拷贝的措施。

5.2.13 人员要求

应建立正式的安全管理组织机构，委任并授权安全管理机构负责人负责安全管理的权力，负责安全管理工作的组织和实施。

5.2.14 机房综合布线要求

机房内部综合布线的配置应满足实际的需要。综合布线区内的电磁干扰场强值大于 3 V/m 时，应采取防护措施。若采用屏蔽线缆时，布线电缆的屏蔽层应保持连续性，并且与地进行可靠的连接。综合布线电缆与附近可能产生电磁泄漏设备(包括电缆线路)的最小平行距离应大于 1 m 以上。电气防护与防火应符合 GB 50311—2000 中的要求。

5.2.15 通信线路安全

通信线路应远离强电磁场辐射源。

5.3 系统物理安全技术要求

5.3.1 灾难备份与恢复

5.3.1.1 备份介质

将业务应用所需要的所有相关数据进行完整的备份，并将备份介质按照 5.2.12 的要求存放在中心机房以外符合介质存放要求的专门场所。

5.3.1.2 设备备份

对于灾难故障发生时易受到损坏的计算机和网络设备应有一定的备份，确保发生灾难性故障时，能在规定的时间间隔内，通过替换计算机和网络设备恢复系统运行。

5.3.1.3 系统手工恢复

在灾难故障发生时，通过备用设备及备用介质，在规定的时间范围内根据预先定义的流程，恢复业务应用系统运行。

5.3.2 设备管理

5.3.2.1 配置管理

5.3.2.1.1 资源管理

应对信息系统网络环境中的下列资源信息进行管理：

——设备信息：包括终端、服务器、交换机、路由器等；

——网络信息：包括局域网、城域网、广域网等；

——软件信息：系统软件和应用软件；

——地址信息：设备所在地址信息。

5.3.2.2 性能管理

5.3.2.2.1 网络性能监测

应提供对接收字节数、发送字节数等网络性能数据的连续采集，实现吞吐率、利用率等面向网络效率的指标的网络性能监测功能。

5.3.2.2.2 设备运行状态监视

应提供设备管理接口，通过该接口及相关协议收集设备的运行状态，如 CPU 利用率、内存利用率等，支持设备运行状态的远程监视，当所监测数值超过预先设定的故障阈值时，提供报警。

5.3.2.3 故障管理

5.3.2.3.1 告警监测功能

应设置告警策略，定义告警事件指标，并收集设备、网络运行过程中的告警信息，生成告警日志。

5.3.2.4 管理信息保护

应采取措施保障管理信息的存储、传输安全。对于远程管理，应通过加密来保护远程管理对话。

6 第三级物理安全技术要求

6.1 设备物理安全技术要求

6.1.1 标志

组成此保护级的系统设备和部件应有明显清晰的标志，应包括：产品名称、型号或规定的代号、制造厂商的名称或商标、安全符号，或国家规定的3C认证标志。

6.1.2 标记和外观

6.1.2.1 系统设备和部件应有明显的无法擦去的标记。

6.1.2.2 系统设备表面不应有明显的凹痕、裂缝、变形和污染等。表面涂度层应均匀、不应起泡、龟裂、脱落和磨损。金属部件不应有锈蚀及其他机械损伤。

6.1.2.3 系统设备的各部件应紧固无松动，安装可抽换部件的接插件应能可靠连接，键盘、开关按钮和其他控制部件的控制应灵活可靠，布局应方便使用。

6.1.3 静电放电抗扰度

系统中应用的设备和部件对来自静电放电的电磁干扰应有一定的抗扰度。试验方法应按照GB/T 17626.2—2006中给出的试验方法，试验等级采用4级，试验评判结果至少应满足GB/T 17626.2—2006中的性能判据分类B的要求。

6.1.4 电磁辐射骚扰

对系统中应用的设备和部件产生的电磁辐射骚扰应有一定的限制，系统中应尽可能地应用低电磁辐射发射的设备和部件。试验方法应按照GB 9254—1998中给出的试验方法，试验评判结果至少应满足GB 9254—1998中ITE分级的B级骚扰限值要求。

6.1.5 电磁传导骚扰

6.1.5.1 对系统中应用的设备和部件在电源端口产生的电磁传导骚扰应有一定的限制，系统中应尽可的应用低电磁传导发射的设备和部件。试验方法应按照GB 9254—1998中给出的试验方法，试验评判结果至少应满足GB 9254—1998中ITE分级的B级骚扰限值要求。

6.1.5.2 对系统中应用的设备和部件在信号端口产生的电磁传导骚扰应有一定的限制，系统中应尽可的应用低电磁传导发射的设备和部件。试验方法应按照GB 9254—1998中给出的试验方法，试验评判结果至少应满足GB 9254—1998中ITE分级的B级骚扰限值要求。

6.1.6 电磁辐射抗扰度

系统中所应用的设备和部件对来自电磁辐射的电磁干扰应有一定的抗扰度。试验方法应按照GB/T 17626.3—2006中给出的试验方法，试验等级采用3级，试验评判结果至少应满足GB/T 17626.3—2006中的性能判据分类B的要求。

6.1.7 电磁传导抗扰度

6.1.7.1 系统中所应用的设备和部件对来自电源端口的感应传导的电磁干扰应有一定的抗扰度。试验方法应按照GB/T 17626.6—1998中给出的试验方法，试验等级采用2级，试验评判结果至少应满足GB/T 17626.6—1998中的性能判据分类B的要求。

6.1.7.2 系统中所应用的设备和部件之间的互连信号线超过1.5 m时，对来自感应传导的电磁干扰应有一定的抗扰度。试验方法应按照GB/T 17626.6—1998中给出的试验方法，试验等级采用2级，试验评判结果至少应满足GB/T 17626.6—1998中的性能判据分类B的要求。

6.1.8 浪涌(冲击)抗扰度

6.1.8.1 系统中所应用的设备和部件对来自电源端口的浪涌(冲击)的电磁干扰应有一定的抗扰度。试验方法应按照 GB/T 17626.5—1998 中给出的试验方法,试验等级采用 3 级,试验评判结果至少应满足 GB/T 17626.5—1998 中的性能判据分类 B 的要求。

6.1.8.2 系统中所应用的设备和部件之间的互连信号线超过 1.5 m 时,对来自浪涌(冲击)的电磁干扰应有一定的抗扰度。试验方法应按照 GB/T 17626.5—1998 中给出的试验方法,试验等级采用 3 级,试验评判结果至少应满足 GB/T 17626.5—1998 中的性能判据分类 B 的要求。

6.1.9 电源电快速瞬变脉冲群抗扰度

6.1.9.1 系统中所应用的设备和部件对来自电源端口的电快速瞬变脉冲群的电磁干扰应有一定的抗扰度。试验方法应按照 GB/T 17626.4—1998 中给出的试验方法,试验等级采用 3 级,试验评判结果至少应满足 GB/T 17626.4—1998 中的性能判据分类 B 的要求。

6.1.9.2 系统中所应用的设备和部件之间的互连信号线超过 1.5 m 时,对来自电快速瞬变脉冲群的电磁干扰应有一定的抗扰度。试验方法应按照 GB/T 17626.4—1998 中给出的试验方法,试验等级采用3 级,试验评判结果至少应满足 GB/T 17626.4—1998 中的性能判据分类 B 的要求。

6.1.10 电压暂降、短时中断、电压变化抗扰度

6.1.10.1 系统中所使用的设备和部件对来自电源端口的电源电压暂降和短时中断产生的干扰应有一定的抗扰度。试验方法应按照 GB/T 17626.11—1998 中给出的试验方法,试验等级采用 70%U_T,试验评判结果至少应满足 GB/T 17626.11—1998 中的性能判据分类 B 的要求。

6.1.10.2 系统中所使用的设备和部件对来自电源端口的电源电压变化产生的干扰应有一定的抗扰度,试验方法应按照 GB/T 17626.11—1998 中给出的试验方法,试验等级采用 60%U_T,试验评判结果至少应满足 GB/T 17626.11—1998 中的性能判据分类 B 的要求。

6.1.11 电源适应能力

6.1.11.1 对于交流供电的系统设备,应能在 $220^{+10\%}_{-15\%}$ 条件下正常工作。

6.1.11.2 对于直流供电的系统设备,应能在直流电压标称值变化±10%的条件下正常工作。标称值在产品标准中规定。对电源有特殊要求的单元,应在产品标准中加以说明。

6.1.12 抗电强度

应符合 GB 4943—2001 中 5.2 的要求。

6.1.13 泄漏电流

系统设备工作时对保护接地端的漏泄电流值不应超过 5 mA。

6.1.14 电源线

对于交流供电的系统设备的电源线,应使用三芯电源线,其中地线应与设备的保护接地端连接牢固。

6.1.15 绝缘电阻

系统设备的电源插头或电源引入端与设备外壳裸露金属部件之间的绝缘电阻应不小于 5 MΩ。

6.1.16 防过热

操作人员接触区的零部件应符合 GB 4943—2001 中 4.5.1 条表 4A 温升限值第 2 部分的要求。

6.1.17 温度、湿度适应性

对于工作中的系统设备,应能在温度+10℃~+35℃、湿度 35%~80%的条件下正常工作。对于结构一体化产品中装入的某些设备,当其环境适应性达不到本标准要求时,应在产品标准中作特殊说明。

6.1.18 振动适应性

系统设备振动适应性,应符合表 1 的要求。对于结构一体化产品中装入的某些设备,当其环境适应性达不到本标准要求时,应在产品标准中作特殊说明。

表 1 振动适应性

项目	初始和最后振动试验			定频耐久试验		扫频耐久试验			
内容	频率范围/Hz	扫频速度/(oct/min)	振幅/mm	振幅/mm	持续时间/min	频率范围/Hz	振幅/mm	扫频速度/(oct/min)	循环次数
要求	10～55	≤1	0.15	0.75 (10 Hz～25 Hz) 0.15 (25 Hz～58 Hz)	30±1.0	10～55～10	0.15	≤1	5

6.1.19 冲击适应性

系统设备冲击适应性，应符合表 2 的要求。对于结构一体化产品中装入的某些设备，当其环境适应性达不到本标准要求时，应在产品标准中作特殊说明。

表 2 冲击适应性

峰值加速度/(m/s^2)	脉冲持续时间/ms	冲击波形
150	11	正弦波或后峰锯齿或梯形波

6.1.20 碰撞适应性

系统设备碰撞适应性，应符合表 3 的要求。对于结构一体化产品中装入的某些设备，当其环境适应性达不到本标准要求时，应在产品标准中作特殊说明。

表 3 碰撞适应性

峰值加速度/(m/s^2)	脉冲持续时间/ms	碰撞次数	碰撞波形
100	16	1000	半正弦波

6.1.21 可靠性

采用平均无故障时间衡量系统设备的可靠性水平。系统中硬件设备的平均无故障时间不得低于 4 000 h。

6.2 环境物理安全技术要求

6.2.1 场地选择

6.2.1.1 应避开易发生火灾危险程度高的区域。

6.2.1.2 应避开有害气体来源以及存放腐蚀、易燃、易爆物品的地方。

6.2.1.3 应避开强振动源和强噪声源。

6.2.1.4 应避开强电磁场的干扰。

6.2.1.5 当上面各条款无法满足时，应采取相应措施。

6.2.1.6 机房所在的建筑物防雷措施应符合 GB 50057—1994(2000 年版)中的“第二类防雷建筑物的防雷措施”的技术要求。

6.2.2 机房防火

6.2.2.1 机房和重要的记录介质存放间，其建筑材料的耐火等级，应符合 GBJ 16—1987(2001 年版)中规定的二级耐火等级；机房相关的其余基本工作房间和辅助房，其建筑材料的耐火等级应不低于 GBJ 16—1987(2001 年版)中规定的二级耐火等级。

6.2.2.2 设置火灾自动报警系统，包括火灾自动探测器、区域报警器、集中报警器和控制器等，能对火灾发生的部位以声、光或电的形式发出报警信号，并启动自动灭火设备，切断电源、关闭空调设备等。

6.2.2.3 要求机房布局要将脆弱区和危险区进行隔离，防止外部火灾进入机房，特别是重要设备地区，安装防火门、使用阻燃材料装修等。

6.2.2.4　机房装修材料应符合 GB/T 9361—1988 中规定的难燃材料和非燃材料，应能防潮、吸音、不起尘、抗静电等。

6.2.2.5　机房的活动地板应是难燃材料或非燃材料，活动地板应有稳定的抗静电性能和承载能力，同时耐油、耐腐蚀、柔光、不起尘等。具体要求应符合 SJ/T 16796—2001。

6.2.3　**电磁辐射卫生防护**

机房内的电磁辐射防护限值应达到 GB 8702—1988 和 GB 9175—1988 中的要求。在工作期间，机房内工作人员经常出入的部位（工作室、值班室、休息室），电磁辐射电场强度在任意连续 6 min 内的平均值不应超出表 4 的给出的参考值。

表 4　职业照射导出限值

频率范围/MHz	0.1～3.0	3.0～30	30～3 000	3 000～15 000	15 000～30 000
电场强度/(V/m)	87	$150/\sqrt{f}$	28	$0.5\sqrt{f}$	61

6.2.4　**机房屏蔽**

6.2.4.1　机房采取屏蔽措施，防止外部电磁场对计算机及设备的干扰，同时也抑制电磁信息的泄漏。

6.2.4.2　应采用屏蔽效能良好的屏蔽电缆作为机房的引入线（包括电源线、信号线）。屏蔽电缆应经过质量确认后方可使用。

6.2.4.3　机房的信号电缆线（输入/输出）端口和电源线的进、出端口应适当加装滤波器。电缆连接处应采取屏蔽措施，抑制电磁噪声干扰与电磁信息泄漏。

6.2.4.4　机房内无线电干扰场强，应满足 GB/T 2887—2000 中 4.3.5.1 的要求。

6.2.4.5　机房内磁场干扰场强，应满足 GB/T 2887—2000 中 4.3.5.2 的要求。

6.2.5　**供电系统**

6.2.5.1　机房供电电源设备的容量应具有一定的余量。

6.2.5.2　机房供电系统应将信息系统设备供电线路与其他供电线路分开，应配备应急照明装置。

6.2.5.3　应配置线路稳压滤波装置，保证机房供电电源质量符合 GB 50174—1993 中规定的 B 级要求。

6.2.5.4　应配置电源保护装置，加装浪涌保护器。

6.2.5.5　机房应建立交流不间断供电系统，保证机房内信息系统设备 24 小时运行。

6.2.5.6　机房内活动地板下部的低压配电线路宜采用铜芯屏蔽导线或铜芯屏蔽电缆。

6.2.5.7　活动地板下部的电源线应尽可能远离系统信号线路，并避免并排敷设。当不能避免时，应采取相应的屏蔽措施。

6.2.5.8　机房电源系统的所有接点均应镀锡处理，并且冷压连接。

6.2.6　**静电防护**

6.2.6.1　主机房内绝缘体的静电电位不应大于 1 kV。

6.2.6.2　主机房内的导体应与大地作可靠的连接，不应有对地绝缘的孤立导体。

6.2.6.3　当铺设防静电地面时，防静电地面可用导电橡胶与建筑物地面粘牢，防静电地面的体积电阻率均匀，应为$(1.0\times10^{7}\sim1.0\times10^{10})\Omega\cdot cm$，其导电性能应长期稳定，且不易发尘。

6.2.6.4　主机房内的工作台面及座椅垫套材料应是防静电的，其体积电阻率应为$(1.0\times10^{7}\sim1.0\times10^{10})\Omega\cdot cm$。

6.2.7　**防雷电**

6.2.7.1　系统所在建筑物的防雷技术要求应符合 GB 50057—1994(2000 年版)中"第二类防雷建筑物的防雷措施"要求。

6.2.7.2　系统中所有的设备和部件应安装在有防雷保护的范围内。

6.2.7.3　系统电源线应设置电源浪涌保护器(SPD)，其冲击通流容量及限制电压应按 GA 267—2000

中表 3 选取。

6.2.7.4 系统信号输入/输出线应设置信号浪涌保护器(SPD),其冲击通流容量和限制电压应按 GA 267—2000 中表 4 选取。

6.2.7.5 不得在建筑物屋顶上敷设电源或信号线路。必须敷设时,应穿金属管进行屏蔽防护,金属管应进行等电位连接。

6.2.7.6 系统电源及系统输入/输出信号线,应分不同层次,采用多级雷电防护措施,涉及的内容包括:系统电源线和信号线引入处、前端供电设备和信号线分线箱、计算机电源接口和信号线接口。

6.2.8 接地

6.2.8.1 机房应采用四种接地方式:

a) 交流工作接地,接地电阻不应大于 4 Ω;

b) 安全保护接地,接地电阻不应大于 4 Ω;

c) 直流工作接地,接地电阻应按计算机系统具体要求确定;

d) 防雷接地,应按 GB 50057—1994(2000 年版)执行。

6.2.8.2 交流工作接地、安全保护接地、直流工作接地和防雷接地四种接地宜共用一组接地装置,其接地电阻按其中最小值确定。若防雷接地单独设置接地装置时,其余三种接地应共用一组接地装置,其接地电阻不应大于其中最小值,并应按 GB 50057—1994(2000 年版)的要求采取防止反击措施。

6.2.8.3 机房内设备的金属外壳、机柜、机架、金属管、槽、屏蔽线缆外层、防静电接地、浪涌保护器接地端等均应以最短的距离与等电位连接网络的接地端子连接,连接线应采用多股铜质金属线,其截面积不小于 16 mm^2。

6.2.8.4 等电位连接网络宜采用铜排或铜带,其截面积不应小于 50 mm^2。

6.2.8.5 对直流工作接地有特殊要求需单独设置接地装置的系统,接地电阻值及其他接地体之间的距离,应按照计算机系统及有关规范的要求确定。

6.2.9 温湿度控制

6.2.9.1 应有较完备的空调系统,保证机房温度的变化在计算机运行所允许的范围。

6.2.9.2 对设备布置密度大、设备发热量大的主机房宜采用活动地板下送上回方式。

6.2.9.3 当机房采用专用空调设备并与其他系统共享时,应保证空调效果和采取防火措施。

6.2.9.4 机房空气调节控制装置应满足计算机系统对温度、湿度以及防尘的要求。

6.2.9.5 空调系统应向安全防范中心提供接口,反映系统工作状况。

6.2.10 防水

6.2.10.1 水管安装不得穿过屋顶和活动地板,穿过墙壁和楼板的水管应使用套管,并采取可靠的密封措施;

6.2.10.2 应有有效的防止给水、排水、雨水通过屋顶和墙壁漫溢和渗漏的措施;

6.2.10.3 机房应安装漏水检测系统,并有报警装置。

6.2.11 防虫鼠害

6.2.11.1 在易受虫鼠害的场所,机房内的线缆上应涂敷驱虫、鼠药剂。

6.2.11.2 在易受鼠害的场所,机房内应设置捕鼠和驱鼠装置。

6.2.12 防盗防毁

6.2.12.1 机房应装防护窗、防盗门,门窗及重要部位应装防盗报警装置,进行本地和异地报警。

6.2.12.2 机房应装设视频监控系统或有人 24 小时职守,对通道等重要部位进行监视。

6.2.12.3 报警设备应能与视频监控系统及出入口控制设备联动,实现对监控点进行有效的监视。

6.2.13 出入口控制

6.2.13.1 机房应设单独出入口,另设多个紧急疏散出口,标明疏散线路和方向,应设置疏散照明和安全出口标志灯。机房出入口应有专人负责,未经允许的人员不准进入机房。

6.2.13.2 携带物品进出机房时，应持有携物证。对可疑人员应检查其携带物品的内容，危险物品及可燃物品不准带入机房。

6.2.13.3 应对出入口通道进行视频监控。

6.2.13.4 机房出入口配置电子门禁系统，鉴别进入的人员身份并登记在案。

6.2.14 安全防范中心

6.2.14.1 应设置安全防范中心，建立安全防范管理系统。通过安全防范管理系统实现监控中心对视频监控系统、出入口控制系统等各子系统的联动管理与控制。

6.2.14.2 应能对视频监控系统、出入口控制系统等各子系统的运行状态进行监测，应能对系统运行状况和报警信息数据等进行记录和显示。

6.2.14.3 安全防范管理系统的故障应不影响各子系统的运行；某一子系统的故障应不影响其他子系统的运行。

6.2.15 记录介质安全

6.2.15.1 设置记录介质库，对出入介质库的人员实施登记。

6.2.15.2 对有用数据、重要数据、使用价值高的数据和秘密程度很高的数据以及对系统运行和应用起关键作用的数据记录介质实施分类标记、登记并保存。

6.2.15.3 记录介质库应具备防盗、防火功能，对于磁性介质应该有防止介质被磁化措施。

6.2.15.4 记录介质的借用应规定审批权限，对于系统中有很高使用价值或很高秘密程度的数据，应采用加密等方法进行保护。

6.2.15.5 对于应该删除和销毁的重要数据，要有严格的管理和审批手续，并采取有效措施，防止被非法拷贝。

6.2.16 人员与职责要求

在满足第二级要求的基础上，要求对信息系统物理安全风险控制、管理过程的安全事务明确分工责任。对系统物理安全风险分析与评估、安全策略的制定、安全技术和管理的实施、安全意识培养与教育、安全事件和事故响应等工作应制定管理负责人，制定明确的职责和权力范围。编制工作岗位和职责的正式文件，明确各个岗位的职责和技能要求。对不同岗位制定和实施不同的安全培训计划，并对安全培训计划进行定期修改。

对信息系统的工作人员、资源实施等级标记管理制度。对安全区域实施分级标记管理，对出入安全区域的工作人员应验证标记，安全标记不相符的人员不得入内。对安全区域内的活动进行监视和记录，所有物理设施应设置安全标记。

6.2.17 机房综合布线要求

机房内部综合布线的配置应满足实际的需要，若采用屏蔽线缆时，布线电缆的屏蔽层应保持连续性，并且与地进行可靠的连接。综合布线区内的电磁干扰场强值大于 3 V/m 时，建筑物内、建筑物群之间或机房对外界的信息传输信道应采用光纤信道。机房内综合布线电缆与附近可能产生电磁泄漏设备(包括电缆线路)的最小平行距离应大于 1.5 m，若不能满足最小平行距离要求时，宜采用金属管线进行屏蔽。电气防护与防火应符合 GB 50311—2000 中的要求。

6.2.18 通信线路安全

6.2.18.1 通信线路应远离强电磁场辐射源。

6.2.18.2 系统应具有防止通信线路被截获及外界对系统通信线路的干扰功能，至少应提供以下一种功能。

a) 预防线路截获，使线路截获设备无法正常工作；

b) 探测线路截获，发现线路截获并报警；

c) 定位线路截获，发现线路截获设备工作的位置；

d) 对抗线路截获，阻止线路截获设备的有效使用。

6.2.19　信息传输、交换与共享范围要求

6.2.19.1　计算机信息系统联网应当采取系统访问控制、数据保护和系统安全保密监控管理等技术措施。

6.2.19.2　计算机信息系统的访问应当按照权限控制，不得进行越权操作。未采取技术安全保密措施的系统不得联网。

6.2.19.3　信息传输、信息交换与信息共享仅应在采取保护措施的系统内网进行，系统若与外网留有接口，需使用安全隔离设备。

6.3　系统物理安全技术要求

6.3.1　灾难备份与恢复

6.3.1.1　灾难备份中心

在独立的建筑物内建立数据处理系统的备份中心，以便在灾难故障发生时能在规定的时间范围内通过将数据处理系统转移到备份中心，使业务系统继续运行。

6.3.1.2　网络设备备份

对于灾难故障发生时易受到损坏的网络设备应有充分的备份，确保网络的某些部位发生灾难性故障时，能在规定的时间间隔内，通过替换网络设备恢复网络的通信功能。

6.3.1.3　完全数据备份

将业务应用所需要的所有相关数据进行完整的备份，并将备份数据通过专用网络传送到备份中心保存；备份数据的间隔时间确定，应确保在系统恢复后，在允许的数据丢失范围内，支持业务应用系统继续运行。

6.3.1.4　系统手工转移

在灾难故障发生时，在规定的时间范围内根据预先定义的流程，将业务应用系统手工转移至备份中心。

6.3.2　物理设备访问

6.3.2.1　设备标识与鉴别

6.3.2.1.1　设备标识

应按 GB/T 20271—2006 中 4.3.1.4.1 接入前标识和标识信息管理的要求，设计和实现设备标识功能。一般以设备名和设备标识符来标识一个设备。

6.3.2.1.2　设备鉴别

应按 GB/T 20271—2006 中 4.3.1.4.2 接入前鉴别、不可伪造鉴别和鉴别信息管理的要求，设计和实现标识设备的鉴别功能，并按 GB/T 20271—2006 中 4.3.1.4.3 的要求进行鉴别失败的处理。鉴别应确保设备身份的真实性。本安全保护等级要求在设备接入时，采用由密码系统支持的鉴别信息，对接入设备身份的真实性进行鉴别。鉴别信息应是不可见的，并在存储和传输时按 GB/T 20271—2006 中 4.3.10 密码支持的要求进行保护。

6.3.2.2　访问控制策略

物理设备访问控制范围，包括策略控制下的主体、客体，及由策略覆盖的被控制的主体与客体间的操作。客体应包括物理设备。应控制的操作包括：物理设备的配置、启动、关机、故障恢复（重启、冗余切换）等。访问控制功能举例见表 5。

表 5　访问控制功能举例

客体	主体				
	系统操作员	系统管理员	系统安全员	普通用户	…
物理设备	配置	启动、关机	故障恢复	登录	
…	…	…	…	…	…

6.3.3 边界保护

6.3.3.1 防止非法设备接入

6.3.3.1.1 非法接入探测

设备接入网络前应按 6.3.2.1 的要求，对物理设备进行鉴别。发现非法接入事件应进行报警。

6.3.3.2 防止设备非法外联

6.3.3.2.1 非法外联探测

应对设备联网状态进行探测，发现非法外联事件应进行报警。

6.3.4 设备管理

6.3.4.1 配置管理

6.3.4.1.1 资源管理

应对信息系统网络环境中的下列资源信息进行管理：

——设备信息：包括终端、服务器、交换机、路由器、边界设备、安全设备等；

——器材信息：设备之间的直达物理连接线路，包括中继线、用户线等；

——电路信息：端点设备之间的逻辑连接线路，可能包含多条物理线路；

——网络信息：包括局域网、城域网、广域网等；

——软件信息：系统软件和应用软件；

——地址信息：设备所在地址信息。

6.3.4.1.2 网络拓扑服务管理

应支持网络拓扑发现技术，提供网络拓扑结构显示功能，实现网络的物理布局、逻辑布局及电气布局的网络布局显示。

6.3.4.2 性能管理

6.3.4.2.1 网络性能监测

应提供对接收字节数、发送字节数等网络性能数据的连续采集，实现对有效性、响应时间、差错率等面向服务质量的指标和吞吐率、利用率等面向网络效率的指标的网络性能监测功能。

6.3.4.2.2 设备运行状态监视

应提供设备管理接口，通过该接口及相关协议收集设备的运行状态，如 CPU 利用率、内存利用率等，支持设备运行状态的远程监视，当所监测数值超过预先设定的故障阈值时，提供报警。

6.3.4.2.3 设备部件状态监视

核心设备的关键硬件，包括电源、风扇、机箱、磁盘控制等应具备可管理接口，通过该接口及相关协议收集硬件的运行状态，如处理器工作温度、风扇转速、系统核心电压等，并对其进行实时监控，当所监测数值超过预先设定的故障阈值时，提供报警。

6.3.4.3 故障管理

6.3.4.3.1 告警监测功能

应设置告警策略，定义告警事件指标，并收集设备、部件及网络运行过程中的告警信息，生成告警日志，定期产生告警报告。

6.3.4.3.2 故障定位功能

应设置故障定位策略，明确故障定位范围，并结合来自性能监控、告警监控等各方面产生的相关故障信息，对线路故障、设备故障进行自动定位。

6.3.4.4 管理信息保护

应采取措施保障管理信息的存储、传输安全。对于远程管理，应通过加密来保护远程管理对话。

6.3.4.5 安全管理角色

通过设置安全管理角色减少因用户超越职责滥用授权而导致破坏的可能性。

应只允许授权管理员和可信主机承担安全管理职责。应能把授权执行管理功能的授权管理员和可信主机与使用物理设备的所有其他个人或系统分开。

6.3.4.6 设备监控中心

结合安全监控中心的建设，设置设备监控中心，对收集到的各类配置数据、性能数据、故障告警数据，根据安全策略进行分析，并做报告、事件记录和报警等处理。设备监控中心应具备必要的远程管理能力，如配置参数远程设置、远程软件升级、远程启动等。

6.3.5 设备保护

6.3.5.1 设备物理保护

6.3.5.1.1 物理攻击的被动检测

应按 GB/T 20271—2006 中 5.1.1.1 中物理攻击被动检测的要求，实现对信息系统的物理安全保护。

6.3.5.2 可信时间戳

应按 GB/T 20271—2006 中 5.1.2.7 的要求，提供可靠的时间戳支持。

6.3.5.3 设备自检

应提供对物理设备正确操作的自测试能力。这些测试可在启动时进行，或周期性地进行，或在授权用户要求时进行，或当某种条件满足时进行。

6.3.6 资源利用

6.3.6.1 故障容错

应通过一定措施防止由于物理设备失效引起的资源能力的不可用，确保即使出现故障情况，系统也能正常运行。故障容错机制有主动和被动两种。主动机制下，特定的功能在故障发生时将会被激活；在被动机制下，物理设备被设计为能自动处理故障。

本级采用降级故障容错，要求在确定的故障情况下，设备能继续正确运行指定的功能。这是一种强制性的安全功能策略，要求在出错情况下设备能继续规定的正确操作，因而要求信息系统必须在故障发生后通过降低能力保持一个安全的状态。

6.3.6.2 服务优先级

应通过控制用户和主体对控制范围内资源的使用，使得高优先级任务的完成总是不受低优先级任务的干扰和影响，这些资源包括处理类资源和通信类资源。

本级应实现有限服务优先级，将服务优先级的控制范围限定在控制范围内的某个资源子集，要求设备安全功能对与该资源子集有关的主体定义优先级，并指出对何种资源使用该优先级。

6.3.6.3 资源分配

应通过控制用户和客体对资源的占用，使得不因不恰当地占有资源而出现拒绝服务情况。资源分配规则允许通过建立配额或其他方式，来定义代表某个特定用户或主体进行分配的资源空间大小或时间长短的限制。

本级资源分配采用最大限额的控制方法，应确保用户和主体不会超过某一数量或独占某种受控资源。

7 第四级物理安全技术要求

7.1 设备物理安全技术要求

7.1.1 标志

组成此保护级的系统设备和部件应有明显清晰的标志，应包括：产品名称、型号或规定的代号、制造厂商的名称或商标、安全符号，或国家规定的 3C 认证标志。

7.1.2 标记和外观

7.1.2.1 系统设备和部件应有明显的无法擦去的标记。

7.1.2.2 系统设备表面不应有明显的凹痕、裂缝、变形和污染等。表面涂度层应均匀、不应起泡、龟裂、脱落和磨损。金属部件不应有锈蚀及其他机械损伤。

7.1.2.3 系统设备的各部件应紧固无松动,安装可抽换部件的接插件应能可靠连接,键盘、开关按钮和其他控制部件的控制应灵活可靠,布局应方便使用。

7.1.3 **静电放电抗扰度**

系统中应用的设备和部件对来自静电放电的电磁干扰应有一定的抗扰度。试验方法应按照GB/T 17626.2—2006中给出的试验方法,试验等级采用4级,试验评判结果至少应满足GB/T 17626.2—2006中的性能判据分类A的要求。

7.1.4 **电磁辐射骚扰**

对系统中应用的设备和部件产生的电磁辐射骚扰应有一定的限制,系统中应尽可能的应用低电磁辐射发射的设备和部件。试验方法应按照GB 9254—1998中给出的试验方法,试验评判结果至少应满足GB 9254—1998中ITE分级的B级骚扰限值要求。

7.1.5 **电磁传导骚扰**

7.1.5.1 对系统中应用的设备和部件在电源端口产生的电磁传导骚扰应有一定的限制,系统中应尽可能的应用低电磁传导发射的设备和部件。试验方法应按照GB 9254—1998中给出的试验方法,试验评判结果至少应满足GB 9254—1998中ITE分级的B级骚扰限值要求。

7.1.5.2 对系统中应用的设备和部件在信号端口产生的电磁传导骚扰应有一定的限制,系统中应尽可能的应用低电磁传导发射的设备和部件。试验方法应按照GB 9254—1998中给出的试验方法,试验评判结果至少应满足GB 9254—1998中ITE分级的B级骚扰限值要求。

7.1.6 **电磁辐射抗扰度**

系统中所应用的设备和部件对来自射电磁辐射的电磁干扰应有一定的抗扰度。试验方法应按照GB/T 17626.3—2006中给出的试验方法,试验等级采用3级,试验评判结果至少应满足GB/T 17626.3—2006中的性能判据分类A的要求。

7.1.7 **电磁传导抗扰度**

7.1.7.1 系统中所应用的设备和部件对来自电源端口的感应传导的电磁干扰应有一定的抗扰度。试验方法应按照GB/T 17626.6—1998中给出的试验方法,试验等级采用3级,试验评判结果至少应满足GB/T 17626.3—2006中的性能判据分类A的要求。

7.1.7.2 系统中所应用的设备和部件之间的互连信号线超过1.5 m时,对来自感应传导的电磁干扰应有一定的抗扰度。试验方法应按照GB/T 17626.6—1998中给出的试验方法,试验等级采用3级,试验评判结果至少应满足GB/T 17626.3—2006中的性能判据分类A的要求。

7.1.8 **浪涌(冲击)抗扰度**

7.1.8.1 系统中所应用的设备和部件对来自电源端口的浪涌(冲击)的电磁干扰应有一定的抗扰度。试验方法应按照GB/T 17626.5—1998中给出的试验方法,试验等级采用4级,试验评判结果至少应满足GB/T 17626.5—1998中的性能判据分类A的要求。

7.1.8.2 系统中所应用的设备和部件之间的互连信号线超过1.5 m时,对来自浪涌(冲击)的电磁干扰应有一定的抗扰度。试验方法应按照GB/T 17626.5—1998中给出的试验方法,试验等级采用4级,试验评判结果至少应满足GB/T 17626.5—1998中的性能判据分类A的要求。

7.1.9 **电源电快速瞬变脉冲群抗扰度**

7.1.9.1 系统中所应用的设备和部件对来自电源端口的电快速瞬变脉冲群的电磁干扰应有一定的抗扰度。试验方法应按照GB/T 17626.4—1998中给出的试验方法,试验等级采用4级,试验评判结果至少应满足GB/T 17626.4—1998中的性能判据分类A的要求。

7.1.9.2 系统中所应用的设备和部件之间的互连信号线超过1.5 m时,对来自电快速瞬变脉冲群的电磁干扰应有一定的抗扰度。试验方法应按照 GB/T 17626.4—1998 中给出的试验方法，试验等级采用4 级，试验评判结果至少应满足 GB/T 17626.4—1998 中的性能判据分类 A 的要求。

7.1.10 电压暂降、短时中断、电压变化抗扰度

7.1.10.1 系统中所使用的设备和部件对来自电源端口的电源电压暂降和短时中断产生的干扰应有一定的抗扰度。试验方法应按照 GB/T 17626.11—1998 中给出的试验方法，试验等级采用 70%U_T，试验评判结果至少应满足 GB/T 17626.11—1998 中的性能判据分类 A 的要求。

7.1.10.2 系统中所使用的设备和部件对来自电源端口的电源电压变化产生的干扰应有一定的抗扰度，试验方法应按照 GB/T 17626.11—1998 中给出的试验方法，试验等级采用 60%U_T，试验评判结果至少应满足 GB/T 17626.11—1998 中的性能判据分类 A 的要求。

7.1.11 工频磁场抗扰度

系统中所使用的设备和部件(电子射束敏感装置)对来自工频磁场的电磁干扰应有一定的抗扰度。试验方法应按照 GB/T 17626.8—2006 中给出的试验方法，试验等级采用 2 级，试验评判结果至少应满足 GB/T 17626.8—2006 中的性能判据分类 A 的要求。

7.1.12 脉冲磁场抗扰度

系统中所使用的设备和部件(电子射束敏感装置)对来自脉冲磁场的电磁干扰应有一定的抗扰度。试验方法应按照 GB/T 17626.9—1998 中给出的试验方法，试验等级采用 3 级，试验评判结果至少应满足 GB/T 17626.9—1998 中的性能判据分类 A 的要求。

7.1.13 电源适应能力

7.1.13.1 对于交流供电的系统设备，应能在 $220^{+10\%}_{-15\%}$ 条件下正常工作。

7.1.13.2 对于直流供电的系统设备，应能在直流电压标称值变化±10%的条件下正常工作。标称值在产品标准中规定。

7.1.14 抗电强度

应符合 GB 4943—2001 中 5.2 的要求。

7.1.15 泄漏电流

系统设备工作时对保护接地端的漏泄电流值不应超过 5 mA。

7.1.16 电源线

对于交流供电的系统设备的电源线，应使用三芯电源线，其中地线应与设备的保护接地端连接牢固。

7.1.17 绝缘电阻

系统设备的电源插头或电源引入端与设备外壳裸露金属部件之间的绝缘电阻应不小于 5 MΩ。

7.1.18 防过热

操作人员接触区的零部件应符合 GB 4943—2001 中 4.5.1 条表 4A 温升限值第 2 部分的要求。

7.1.19 防火

应符合 GB 4943—2001 中 4.7 条的要求。

7.1.20 防爆裂

因过热或过负荷容易引起内爆或爆裂的部件(如监视器等)，本身应有防止内爆和抗机械冲击的安全措施。

7.1.21 温度、湿度适应性

对于工作中的系统设备，应能在温度 0℃～40℃、湿度 30%～90%的条件下正常工作。对于结构一体化产品中装入的某些设备，当其环境适应性达不到本标准要求时，应在产品标准中作特殊说明。

7.1.22 振动适应性

系统设备振动适应性，应符合表 6 的要求。

表 6 振动适应性

项目	初始和最后振动试验			定频耐久试验		扫频耐久试验			
内容	频率范围/Hz	扫频速度/(oct/min)	振幅/mm	振幅/mm	持续时间/min	频率范围/Hz	振幅/mm	扫频速度/(oct/min)	循环次数
要求	10～55	≤1	0.15	0.75 (10 Hz～25 Hz) 0.15 (25 Hz～58 Hz)	30±1.0	10～58～10	0.15	≤1	5

7.1.23 冲击适应性

系统设备冲击适应性，应符合表 7 的要求。

表 7 冲击适应性

峰值加速度/(m/s^2)	脉冲持续时间/ms	冲击波形
300	11	正弦波或后峰锯齿或梯形波

7.1.24 碰撞适应性

系统设备碰撞适应性，应符合表 8 的要求。

表 8 碰撞适应性

峰值加速度/(m/s^2)	脉冲持续时间/ms	碰撞次数	碰撞波形
150	16	1 000	半正弦波

7.1.25 可靠性

采用平均无故障时间衡量系统设备的可靠性水平。系统中硬件设备的平均无故障时间不得低于 4 000 h。

7.2 环境物理安全技术要求

7.2.1 场地选择

7.2.1.1 避开易发生火灾危险程度高的区域。

7.2.1.2 应避开有害气体来源以及存放腐蚀、易燃、易爆物品的地方。

7.2.1.3 应避开低洼、潮湿、落雷区域和地震频繁的地方。

7.2.1.4 应避开强振动源和强噪声源。

7.2.1.5 应避开强电磁场的干扰。

7.2.1.6 应避免设在建筑物的高层或地下室，以及用水设备的下层或隔壁。

7.2.1.7 机房所在的建筑物防雷措施应符合 GB 50057—2000 中的“第二类防雷建筑物的防雷措施”的技术要求。

7.2.2 机房防火

7.2.2.1 机房和重要的记录介质存放间，其建筑材料的耐火等级，应符合 GBJ 16—1987(2001 年版)中规定的一级耐火等级；机房相关的其余基本工作房间和辅助房，其建筑材料的耐火等级应不低于 GBJ 16—1987(2001 年版)中规定的二级耐火等级。

7.2.2.2 设置火灾自动消防系统，能自动检测火情、自动报警，并自动切断电源和其他应急开关，自动启动事先固定安装好的灭火设备进行自动灭火。

7.2.2.3 机房布局要将脆弱区和危险区进行隔离，防止外部火灾进入机房，特别是重要设备地区，安装防火门、使用阻燃材料装修等。

7.2.2.4 机房装修材料应符合 GB 9361—1988 中规定的难燃材料和非燃材料，应能防潮、吸音、不起尘、抗静电等。

7.2.2.5 机房的活动地板应是难燃材料或非燃材料,活动地板应有稳定的抗静电性能和承载能力,同时耐油、耐腐蚀、柔光、不起尘等。具体要求应符合 SJ/T 16796—2001。

7.2.3 电磁辐射卫生防护

机房内的电磁辐射防护限值应达到 GB 8702—1988 和 GB 9175—1988 中的要求。在工作期间,机房内工作人员经常出入的部位(工作室、值班室、休息室),电磁辐射电场强度和磁场强度,在任意连续 6 分钟内的平均值不应超出表 9 的给出的限值。

表 9 职业照射导出限值

频率范围/MHz	0.1～3.0	3.0～30	30～3 000	3 000～15 000	15 000～30 000
电场强度/(V/m)	87	$150/\sqrt{f}$	28	$0.5\sqrt{f}$	61
磁场强度/(A/m)	0.25	$0.4/\sqrt{f}$	0.075	$0.0015\sqrt{f}$	0.16

7.2.4 机房屏蔽

7.2.4.1 机房采取屏蔽措施,防止外部电磁场对计算机及设备的干扰,同时也抑制电磁信息的泄漏。

7.2.4.2 应采用屏蔽效能良好的屏蔽电缆作为机房的引入线(包括电源线、信号线)。屏蔽电缆应经过质量确认后方可使用。

7.2.4.3 机房的信号电缆线(输入/输出)端口和电源线的进、出端口应加装滤波器。电缆连接处应采取屏蔽措施,抑制电磁噪声干扰与电磁信息泄漏。

7.2.4.4 机房内无线电干扰场强,应满足 GB/T 2887—2000 中 4.3.5.1 的要求。

7.2.4.5 机房内磁场干扰场强,应满足 GB/T 2887—2000 中 4.3.5.2 的要求

7.2.5 供电系统

7.2.5.1 机房供电电源设备的容量应具有一定的余量。

7.2.5.2 机房供电系统应将信息系统设备供电线路与其他供电线路分开,应配备应急照明装置。

7.2.5.3 应配置线路稳压滤波装置,保证机房供电电源质量符合 GB 50174—1993 中规定的 A 级要求。

7.2.5.4 应配置电源保护装置,加装浪涌保护器。

7.2.5.5 机房应建立交流不间断供电系统,保证机房内信息系统设备 24 小时运行。

7.2.5.6 机房内活动地板下部的低压配电线路宜采用铜芯屏蔽导线或铜芯屏蔽电缆。

7.2.5.7 活动地板下部的电源线应尽可能远离系统信号线路,并避免并排敷设。当不能避免时,应采取相应的屏蔽措施。

7.2.5.8 机房电源系统的所有接点均应镀锡处理,并且冷压连接。

7.2.6 静电防护

7.2.6.1 电接地的连接线应有足够的机械强度和化学稳定性。防静电地面应采用导电橡胶与接地导体粘接,接触面积不应小于 10 cm^2。

7.2.6.2 防静电地线不得接在电源零线上,应单独接在地线汇集点。

7.2.6.3 防静电工作区的环境相对湿度应控制在于 40%～70%范围内为宜。

7.2.6.4 人员服装采用不易产生静电的衣料,工作鞋选用低阻值材料制作。

7.2.6.5 静电接地的连接线应有足够的机械强度和化学稳定性。接地母线截面积应不小于 25 mm^2;支线截面积应不小于 16 mm^2;设备和工作台的接地线应采用截面积不小于 10 mm^2 的多股铜质导线。

7.2.6.6 主机房内绝缘体的静电电位不应大于 1 kV。

7.2.6.7 主机房内的导体应与大地作可靠的连接,不应有对地绝缘的孤立导体。

7.2.6.8 当铺设防静电地面时,防静电地面可用导电橡胶与建筑物地面粘牢,防静电地面的体积电阻率均匀,应为(1.0×10^7～1.0×10^{10})Ω·cm,其导电性能应长期稳定,且不易发尘。

7.2.6.9 主机房内的工作台面及座椅垫套材料应是防静电的,其体积电阻率应为(1.0×10^7～$1.0\times$

10^{10})Ω·cm。

7.2.6.10 机房内的防静电地面、活动地板、工作台面合座椅垫套应进行静电接地。

7.2.7 **防雷电**

7.2.7.1 系统所在建筑物的防雷技术要求应符合 GB 50057—1994(2000 年版)中“第二类防雷建筑物的防雷措施”要求。

7.2.7.2 系统中所有的设备和部件应安装在有防雷保护的范围内。

7.2.7.3 系统电源线应设置电源浪涌保护器(SPD),其冲击通流容量及限制电压应按 GA 267—2000 中表 1 选取。

7.2.7.4 系统信号输入/输出线应设置信号浪涌保护器(SPD),其冲击通流容量和限制电压应按 GA 267—2000 中表 2 选取。

7.2.7.5 **防雷保护地的接地电阻不应大于 1.5 Ω。当土壤电阻率大于 2 000 MΩ 时,系统接地电阻不得大于 8 Ω。**

7.2.7.6 不得在建筑物屋顶上敷设电源或信号线路。必须敷设时,应穿金属管进行屏蔽防护,金属管应进行等电位连接。

7.2.7.7 系统电源及系统输入/输出信号线,应分不同层次,采用多级雷电防护措施,涉及的内容包括:系统电源线和信号线引入处、前端供电设备和信号线分线箱、计算机电源接口和信号线接口。

7.2.7.8 **机房内应装设等电位汇集环,室内的金属装置(包括金属门窗、机柜箱金属外壳等)就近进行等电位连接。**

7.2.8 **接地**

7.2.8.1 主机房应采用四种接地方式:

a) 交流工作接地,接地电阻不应大于 4 Ω;
b) 安全保护接地,接地电阻不应大于 4 Ω;
c) 直流工作接地,接地电阻应按计算机系统具体要求确定;
d) 防雷接地,应按 GB 50057—1994(2000 年版)执行。

7.2.8.2 交流工作接地、安全保护接地、直流工作接地和防雷接地四种接地应共用一组接地装置,其接地电阻按其中最小值确定。若防雷接地单独设置接地装置时,其余三种接地应共用一组接地装置,其接地电阻不应大于其中最小值,并应按 GB 50057—1994(2000 年版)要求采取防止反击措施。

7.2.8.3 机房内设备的金属外壳、机柜、机架、金属管、槽、屏蔽线缆外层、防静电接地、浪涌保护器接地端等匀应以最短的距离与等电位连接网络的接地端子连接,连接线应采用多股铜质金属线,其截面积不小于 16 mm^2。

7.2.8.4 等电位连接网络宜采用铜排或铜带,其截面积不应小于 50 mm^2。

7.2.8.5 对直流工作接地有特殊要求需单独设置接地装置的系统,接地电阻值及其他接地体之间的距离,应按照计算机系统及有关规范的要求确定。

7.2.9 **温湿度控制**

7.2.9.1 应有完备的中央空调系统,保证机房各个区域的温度变化能满足计算机运行、人员活动和其他辅助设备的要求。

7.2.9.2 对设备布置密度大、设备发热量大的主机房宜采用活动地板下送上回方式。

7.2.9.3 机房空气调节控制装置应满足计算机系统对温度、湿度以及防尘的要求。

7.2.9.4 空调系统的制冷能力,应留有 15%~20%的余量。

7.2.9.5 **空调系统应向安全防范中心提供接口,反映系统工作状况,并支持远程控制。**

7.2.10 **防水**

7.2.10.1 水管安装不得穿过屋顶和活动地板,穿过墙壁和楼板的水管应使用套管,并采取可靠的密封措施。

7.2.10.2 应有有效的防止给水、排水、雨水通过屋顶和墙壁漫溢和渗漏的措施。

7.2.10.3 机房应安装漏水检测装置，并有报警装置。

7.2.10.4 漏水检测系统应向安全防范中心提供接口，反映系统工作、报警状况。

7.2.11 防虫鼠害

7.2.11.1 在易受虫鼠害的场所，机房内的线缆上应涂敷驱虫、鼠药剂。

7.2.11.2 在易受鼠害的场所，机房内应设置捕鼠和驱鼠装置。

7.2.12 防盗防毁

7.2.12.1 机房应装防护窗、防盗门，门窗及重要部位应装防盗报警装置，进行本地和异地报警。

7.2.12.2 机房应装设视频监控系统，对通道、核心设备等重要部位进行监视。

7.2.12.3 报警设备应能与视频监控系统及出入口控制设备联动，实现对机房出入人员、重要部位进行有效的监视并记录。

7.2.13 出入口控制

7.2.13.1 机房应设单独出入口，另设多个紧急疏散出口，标明疏散线路和方向，应设置疏散照明和安全出口标志灯。机房出入口应有专人负责，未经允许的人员不准进入机房。

7.2.13.2 携带物品进出机房时，应持有携物证。对可疑人员应检查其携带物品的内容，危险物品及可燃物品不准带入机房。

7.2.13.3 应对出入口通道进行视频监控。

7.2.13.4 机房出入口配置电子门禁系统，鉴别进入的人员身份并登记在案。

7.2.13.5 应对重要区域配置第二道电子门禁系统，控制、鉴别和记录进入的人员身份并监控其活动。

7.2.14 安全防范中心

7.2.14.1 应设置安全防范中心，建立完善的安全防范管理系统。通过安全防范管理系统实现监控中心对视频监控系统、出入口控制系统等各子系统的自动化管理与监控。

7.2.14.2 应能对视频监控系统、出入口控制系统等各子系统的运行状态进行监测和控制，应能对系统运行状况和报警信息数据等进行记录和显示。

7.2.14.3 安全管理系统的故障应不影响各子系统的运行；某一子系统的故障应不影响其他子系统的运行。

7.2.15 记录介质安全

7.2.15.1 设置记录介质库，对出入介质库的人员实施记录，无关人员不得入内。

7.2.15.2 对有用数据、重要数据、使用价值高的数据和秘密程度很高的数据以及对系统运行和应用起关键作用的数据记录介质实施分类标记、登记并保存。

7.2.15.3 记录介质库应具备防盗、防火功能，对于磁性介质应该有防止介质被磁化措施。

7.2.15.4 记录介质的借用应规定审批权限，对于系统中有很高使用价值或很高秘密程度的数据，应采用加密等方法进行保护。

7.2.15.5 对于应该删除和销毁的重要数据，要有严格的管理和审批手续，并采取有效措施，防止被非法拷贝。

7.2.16 人员与职责要求

在满足第三级要求的基础上，要求安全管理渗透到计算机信息系统各级应用部门，对物理安全管理活动实施质量控制，建立质量管理体系文件。要求独立的评估机构对使用的安全管理职责体系、计算机信息系统物理安全风险控制、管理过程的有效性进行评审，保证安全管理工作的有效性。

对不同安全区域实施隔离，建立出入审查、登记管理制度，保证出入的人员得到明确受权。对标记安全区域内的活动进行不间断实时监视记录。建立出入安全检查制度，保证出入人员没有携带危及信息系统物理安全的物品。

7.2.17 **机房综合布线要求**

机房内部综合布线的配置应满足实际的需要，若采用屏蔽线缆时，布线电缆的屏蔽层应保持连续性，并且与地进行可靠的连接。综合布线区内的电磁干扰场强值大于1 V/m时，建筑物内、建筑物群之间或机房对外界的信息传输信道应采用光纤信道。机房内综合布线电缆与附近可能产生电磁泄漏设备（包括电缆线路）的最小平行距离应大于2 m以上。若最小平行距离不能满足要求时，应采用金属管线进行屏蔽。电气防护与防火应符合GB 50311—2000中的要求。

7.2.18 **通信线路安全**

7.2.18.1 通信线路应远离强电磁场辐射源，应埋于地下或采用金属套管。

7.2.18.2 通信线路应铺设或租用专线。

7.2.18.3 系统应具有防止通信线路被截获及外界对系统通信线路的干扰功能，至少应提供以下一种功能：

a) 预防线路截获，使线路截获设备无法正常工作；

b) 探测线路截获，发现线路截获并报警；

c) 定位线路截获，发现线路截获设备工作的位置；

d) 对抗线路截获，阻止线路截获设备的有效使用。

7.2.19 **信息传输、交换与共享范围要求**

7.2.19.1 计算机信息系统联网应当采取系统访问控制、数据保护和系统安全保密监控管理等技术措施。

7.2.19.2 计算机信息系统的访问应当按照权限控制，不得进行越权操作。未采取技术安全保密措施的系统不得联网。

7.2.19.3 信息传输、信息交换与信息共享仅应在采取保护措施的系统内网进行，不得留有与外界传输信息的通道与接口，当信息安全受到威胁时，应暂停系统的运行。

7.3 **系统物理安全技术要求**

7.3.1 **灾难备份与恢复**

7.3.1.1 **灾难备份中心**

建立数据处理系统的异地备份中心，以便在灾难故障发生时能在规定的时间范围内通过将数据处理系统转移到异地备份中心，使业务系统继续运行。

7.3.1.2 **网络路经备份**

通过对网络路经的备份，确保网络的某些部位发生灾难性故障时，能在规定的时间间隔内，恢复网络的通信功能。

7.3.1.3 **完全数据备份**

将业务应用所需要的所有相关数据进行完整的备份，并将备份数据通过专用网络传送到异地备份中心保存；备份数据的间隔时间确定，应确保在系统恢复后，在允许的数据丢失范围内，支持业务应用系统继续运行。

7.3.1.4 **系统手工转移**

在灾难故障发生时，在规定的时间范围内根据预先定义的流程，将业务应用系统手工转移至异地备份中心。

7.3.2 **物理设备访问**

7.3.2.1 **设备标识与鉴别**

7.3.2.1.1 **设备标识**

应按GB/T 20271—2006中4.3.1.4.1接入前标识和标识信息管理的要求，设计和实现设备标识功能。一般以设备名和设备标识符来标识一个设备。

7.3.2.1.2　设备鉴别

应按 GB/T 20271—2006 中 4.3.1.4.2 接入前鉴别、不可伪造鉴别和鉴别信息管理的要求，设计和实现标识设备的鉴别功能，并按 GB/T 20271—2006 中 4.3.1.4.3 的要求进行鉴别失败的处理。鉴别应确保设备身份的真实性。本安全保护等级要求在设备接入时，采用由密码系统支持的鉴别信息，对接入设备身份的真实性进行鉴别。鉴别信息应是不可见的，并在存储和传输时按 GB/T 20271—2006 中 4.3.10 密码支持的要求进行保护。

7.3.2.2　访问控制策略

物理设备访问控制范围，包括策略控制下的主体、客体，及由策略覆盖的被控制的主体与客体间的操作。客体应包括物理设备及设备物理端口。应控制的操作包括：物理设备的配置、启动、关机、故障恢复(重启、冗余切换)等。访问控制功能举例见表 10。

表 10　访问控制功能举例

客体	主体				
	系统操作员	系统管理员	系统安全员	普通用户	…
物理设备	配置	启动、关机	故障恢复(重启、冗余切换)	登录	
设备物理端口	配置	读、写	读、写	读、写	
…	…	…	…	…	…

7.3.3　边界保护

7.3.3.1　防止非法设备接入

7.3.3.1.1　非法接入探测

设备接入网络前应按 7.3.2.1 的要求，对物理设备进行鉴别。发现非法接入事件应进行报警。

7.3.3.1.2　非法接入阻断

发现非法接入事件后应阻断非法接入端口，并进行报警。

7.3.3.2　防止设备非法外联

7.3.3.2.1　非法外联探测

应对设备联网状态进行探测，发现非法外联事件应进行报警。

7.3.3.2.2　非法外联阻断

发现非法外联事件后应阻断非法外联端口，并进行报警。

7.3.4　设备管理

7.3.4.1　配置管理

7.3.4.1.1　资源管理

应对信息系统网络环境中的下列资源信息进行管理：

——设备信息：包括终端、服务器、交换机、路由器、边界设备、安全设备等；

——器材信息：设备之间的直达物理连接线路。包括中继线、用户线等；

——电路信息：端点设备之间的逻辑连接线路，可能包含多条物理线路；

——网络信息：包括局域网、城域网、广域网等；

——软件信息：系统软件和应用软件；

——地址信息：设备所在地址信息。

7.3.4.1.2　网络拓扑服务管理

应支持网络拓扑发现技术，提供网络拓扑结构显示功能，实现网络的物理布局、逻辑布局及电气布局的网络布局显示。

7.3.4.2 性能管理

7.3.4.2.1 网络性能监测

应提供对网络性能数据的连续采集,实现对有效性、响应时间、差错率等面向服务质量的指标和吞吐率、利用率等面向网络效率的指标的网络性能监测功能。

7.3.4.2.2 设备运行状态监视

应提供设备管理接口,通过该接口及相关协议收集设备的运行状态,如 CPU 利用率、内存利用率等,支持设备运行状态的远程监视,当所监测数值超过预先设定的故障阈值时,提供报警。

7.3.4.2.3 设备部件状态监视

核心设备的关键硬件,包括电源、风扇、机箱、磁盘控制等应具备可管理接口,通过该接口及相关协议收集硬件的运行状态,如处理器工作温度、风扇转速、系统核心电压等,并对其进行实时监控,当所监测数值超过预先设定的故障阈值时,提供报警。

7.3.4.2.4 性能分析

应设置性能分析策略,对收集到的性能数据进行分析,形成网络、设备、部件性能特征报告,系统运行异常报告。

7.3.4.3 故障管理

7.3.4.3.1 告警监测功能

应设置告警策略,定义告警事件指标、优先级,并收集设备、部件及网络运行过程中的告警信息,生成告警日志,定期产生告警报告。

7.3.4.3.2 故障定位功能

应设置故障定位策略,明确故障定位范围,并结合来自性能监控、告警监控等各方面产生的相关故障信息,对系统故障进行自动定位。

7.3.4.3.3 故障自动恢复

在故障发生时,按照预先设定的故障恢复方案,用热备份单元自动替代故障单元,实现故障的自动恢复。

7.3.4.4 管理信息保护

应采取措施保障管理信息的存储、传输安全。对于远程管理,应通过加密来保护远程管理对话。

7.3.4.5 安全管理角色

通过设置安全管理角色减少因用户超越职责滥用授权而导致破坏的可能性。

应只允许授权管理员和可信主机承担安全管理职责。应能把授权执行管理功能的授权管理员和可信主机与使用物理设备的所有其他个人或系统分开。

7.3.4.6 设备监控中心

宜根据实际网络环境,结合安全监控中心的建设,建立多层次的分级设备监控中心。在网络中建立集中设备监控中心及多个区域设备监控中心,通过区域监控中心对区域内的设备进行管理,全网性的集中监控中心通过各个区域监控中心对全网实施管理。

7.3.5 设备保护

7.3.5.1 设备物理保护

7.3.5.1.1 物理攻击的被动检测

应按 GB/T 20271—2006 中 5.1.1.1 中物理攻击被动检测的要求,实现对信息系统的物理安全保护。

7.3.5.1.2 物理攻击的自动报告

应按 GB/T 20271—2006 中 5.1.1.2 中物理攻击自动报告的要求,实现对信息系统的物理安全保护。

7.3.5.2 可信时间戳

按 GB/T 20271—2006 中 5.1.2.7 的要求，提供可靠的时间戳支持。

7.3.5.3 设备自检

应提供对物理设备正确操作的自测试能力。这些测试可在启动时进行，或周期性地进行，或在授权用户要求时进行，或当某种条件满足时进行。

7.3.6 资源利用

7.3.6.1 故障容错

本级采用受限故障容错。对标识的故障事件，设备能继续正确运行原有功能。要求系统采取有效措施来对抗指定的故障。

7.3.6.2 服务优先级

本级应实现全部服务优先级，服务优先级的控制范围应包括控制范围内的全部资源，要求控制范围内的所有资源都服从服务优先机制，并对相关的主体定义优先级。

7.3.6.3 资源分配

本级资源分配采用最小和最大限额的控制方法，应确保用户和主体不会超过某一数量或独占某种受控资源，还应确保用户和主体至少获得最小规定的资源。

8 第五级物理安全技术要求

本标准不对第五级信息系统物理安全技术进行描述，相关技术要求另行制定标准。

9 技术要求各等级项目表

设备安全技术要求各级别项目见表 11，环境安全技术要求各级别项目见表 12，系统物理安全技术要求各级别项目见表 13。

表 11 设备安全技术要求各级别项目

内容	级别			
	第一级	第二级	第三级	第四级
标志	标志明显清晰	同第一级	同第二级	同第三级
标记和外观	标记明显、无法擦去	增加对表面外观的要求	同第二级	同第三级
静电放电抗扰度	2 级，判据分类 C	3 级，判据分类 C	4 级，判据分类 B	4 级，判据分类 A
电磁辐射骚扰		A 级	B 级	同第三级
电源端口电磁传导骚扰			B 级	同第三级
信号端口电磁传导骚扰			B 级	同第三级
电磁辐射抗扰度	1 级，判据分类 C	2 级，判据分类 C	3 级，判据分类 B	3 级，判据分类 A
电源端口电磁传导抗扰度			2 级，判据分类 B	3 级，判据分类 A
信号端口电磁传导抗扰度			2 级，判据分类 B	3 级，判据分类 A
电源线浪涌（冲击）抗扰度		2 级，判据分类 C	3 级，判据分类 B	4 级，判据分类 A
信号线浪涌（冲击）抗扰度			3 级，判据分类 B	4 级，判据分类 A

表 11(续)

内　　容	级　　别			
	第一级	第二级	第三级	第四级
电源端口电快速瞬变脉冲群抗扰度	2 级,判据分类 C	2 级,判据分类 C	3 级,判据分类 B	4 级,判据分类 A
信号端口电快速瞬变脉冲群抗扰度			3 级,判据分类 B	4 级,判据分类 A
电压暂降抗扰度			70%U_T,判据分类 B	70%U_T,判据分类 A
电压短时中断抗扰度			60%U_T,判据分类 B	70%U_T,判据分类 A
工频磁场抗扰度				2 级,判据分类 A
脉冲磁场抗扰度				3 级,判据分类 A
电源适应能力		±10%(AC、DC)	+10%/−15%(AC)	同第三级
抗电强度	GB 4943 中 5.2	同第一级	同第二级	同第三级
泄漏电流	不超过 5 mA	同第一级	同第二级	同第三级
电源线		三芯电源	同第二级	同第三级
绝缘电阻	不小于 5 MΩ	同第一级	同第二级	同第三级
防过热			操作人员接触区的零部件	操作人员接触区的零部件
阻燃				对设备的防火提出要求
防爆裂				对设备的防爆裂提出要求
温度、湿度适应性			温、湿度范围 温度 10℃～35℃、湿度 35%～80%(40℃)	温、湿度范围 温度 0℃～40℃、湿度 30%～90%(40℃)
振动适应性			对设备的振动适应性提出要求	在三级的基础上增大振动的频率范围和振幅
冲击适应性			对设备的冲击适应性提出要求	在三级的基础上增大冲击的峰值加速度
碰撞适应性			对设备的碰撞适应性提出要求	在三级的基础上增大碰撞的峰值加速度
可靠性			对设备的可靠性提出要求	同第三级

表 12 环境安全技术要求各级别项目

内容	级别			
	第一级	第二级	第三级	第四级
场地选择	保障系统正常运行	按一般建筑物要求选址	第二类建筑物防雷	避免设在建筑物的高层或地下室，其他同第三级
机房防火	灭火设备，装修材料	1) 机房二级耐火、辅助间三级耐火 2) 灭火设备	1) 机房、辅助间二级耐火 2) 火灾自动报警系统	自动火灾消防系统，其他同第三级
电磁辐射卫生防护			电磁辐射电场强度达到要求	同第三级
机房屏蔽			机房采取屏蔽措施	同第三级
供电系统		机房电源质量 C 级，备电 30 min	机房电源质量 B 级，备电 24 h	机房电源质量 A 级，备电 24 h
静电防护		单独接地线汇集点	静电电位≤1kV	接地母线截面积
防雷电	三类防雷	电源浪涌保护器表 5	二类防雷 电源浪涌保护器表 3、I/O 线涌保护器表 4	二类防雷 电源浪涌保护器表 1、I/O 线涌保护器表 2
接地		等电位连接网，截面积≥35 mm^2	等电位连接网，截面积≥50 mm^2	同第三级
温湿度控制		空调设备	完备空调系统	完备中央空调系统
防水		水管安装、防渗漏措施	应有漏水检测报警装置	同第三级
防虫鼠害		机房设捕鼠或驱鼠装置，线缆敷驱虫、鼠药	同第二级	同第二级
防盗防毁		机房门窗装防护窗、防盗门或 24 小时值守	增加防盗报警、监控装置	增加对机房出入人员、重要部位监视
出入口控制		设单独出入口专人负责	增加电子门禁系统	增加第二道电子门禁
安全防范中心			建立安全防范管理系统	建立完善的安全防范管理系统
记录介质安全		防止盗、毁、损和非法拷贝	增加出入登记，防火、借用审批	增加无关人员不得入内
人员与职责要求		建安全管理机构，授权并管理	增加岗位责任制，定期培训，限制不同区域人员进入	建立质量管理体系，非本区人员进入登记
机房综合布线要求		最小平行距离大于 1 m以上	最小平行距离大于 1.5 m 以上	最小平行距离大于 1.5 m 以上

表 12(续)

内　容	级　别			
	第一级	第二级	第三级	第四级
通信线路安全		远离强电磁场辐射源	具有防止被截获及抗干扰功能	应埋于地下或采用金属套管;应铺设或租用专线
信息传输、交换与共享范围要求			系统访问控制;数据保护和系统安全保密监控管理;访问权限控制;系统与外网需使用物理隔离部件。	不得留有与外界传输的通道与接口,当信息安全受到威胁时,暂停系统运行。

表 13　系统物理安全技术要求各级别项目

内　容	级　别			
	第一级	第二级	第三级	第四级
灾难备份与恢复	备份介质、系统手工恢复	增加设备备份	增加灾难备份中心、网络设备备份	增加异地灾备中心、网络路径备份
物理设备访问			增加设备标识与鉴别、访问控制策略	增加端口访问控制
边界保护			非法接入探测、非法外联探测	增加非法接入阻断,非法外联阻断离
设备管理				
资源管理	设备信息、软件信息	增加网络信息、地址信息	增加器材信息、电路信息,增加网络拓扑服务管理	同第三级
性能管理		网络性能监控、设备运行状态监视	增加设备部件状态监视	增加性能分析
故障管理		故障告警监测	增加故障定位	增加故障自动恢复
管理信息保护		采取措施保障管理信息的存储、传输安全	同第二级	同第三级
安全管理角色			设置安全管理角色	同第三级
设备监控中心			设置设备监控中心	多层次的分级设备监控中心
设备保护			物理攻击被动检测、可信时间戳、设备自检	增加物理攻击自动报告
资源利用			降级故障容错、有限服务优先级、最大限额资源分配	受限故障容错、全部服务优先级、最小和最大限额资源分配

附　录　A
（资料性附录）
物理安全说明

A.1　信息系统与信息系统物理安全

信息系统是指基于计算机和计算机网络，按照一定的应用目标和规则对信息进行采集、加工、存储、传输、检索等处理的人机系统。

信息系统可以看作是承载信息的各种硬件设备、信息系统所处的物理环境以及由软件、硬件构建而成的信息系统这三者相互作用形成的有机结合体。由此，信息系统的物理安全涉及到整个系统的配套部件、设备和设施的安全性能、所处的环境安全以及整个系统可靠运行等三方面，是信息系统安全运行的基本保障。

硬件设备的安全性能直接决定了信息系统的保密性、完整性、可用性，如设备的抗电磁干扰能力、防电磁信息泄露能力、电源保护能力以及设备振动、碰撞、冲击适应性等。信息系统所处物理环境的优劣直接影响了信息系统的可靠性，如机房防火、防水、防雷、防静电、防盗防毁能力，供电能力，通信线路安全等。系统自身的物理安全问题也会对信息系统的保密性、完整性、可用性带来安全威胁，如灾难备份与恢复能力、物理访问控制能力、边界保护能力、设备管理能力等。

信息系统物理安全（简称物理安全）是指为了保证信息系统安全可靠运行，确保信息系统在对信息进行采集、处理、传输、存储过程中，不致受到人为或自然因素的危害，而使信息丢失、泄露或破坏，对计算机设备、设施（包括机房建筑、供电、空调等）、环境人员、系统等采取适当的安全措施。

A.2　信息系统物理资产要素

物理资产：指信息系统中的各种硬件、软件和物理设施。例如：系统的各种网络设备和软件资产。下面仅列出在信息系统中所包含的部分物理资产示例，作为参考：

a）　物理设施

物理设施包括场地、机房、电力供给（负荷量及冗余、备份、净化）、灾难应急（防水、防火、地震、雷击等）、文档及介质存储。

b）　硬件资产

硬件资产包括：

1）　计算机：包括大、中、小型计算机和个人计算机；
2）　网络设备：包括交换机、集线器、网关设备或路由器、中继器、桥接设备、调制解调器/Modem池、配线架；
3）　中间件设备：作为交易中间件使用的后台转换机、柜台处理机、委托成交转换机、单向卫星接受机、双向卫星接收机、报盘机以及行情处理等专用微机或工作站；
4）　传输介质及转换器：包括同轴电缆（粗/细）、双绞线、光缆、光端机、卫星信道（收/发转换装置）、微波信道（收/发转换装置）；
5）　输入/输出设备：包括键盘、电话机、传真机、扫描仪、打印机（激光、针式、喷墨）、显示器、终端（数据/图像）；
6）　存储介质：包括纸介质、磁盘、磁光盘、光盘（只读、一次写入、多次擦写……）、磁带、录音/录像带；
7）　监控设备：包括摄像机、监视器、电视机、报警装置。

c）　软件资产

软件资产包括：

1） 计算机操作系统：包括 Unix、Windows NT/2000、HP-UX、其他计算机操作系统；

2） 网络操作系统：包括 IOS、Novell Netware、SNA、其他专用网络操作系统；

3） 通用应用软件：包括 Notes/MS Word、E-mail、Web 服务/发布与浏览软件、其他服务软件；

4） 网络管理软件：包括 SNMP、HP Openview、Netview、其他网络管理软件；

5） 数据库管理软件：包括 Oracle、Sybase、SQL Server、其他数据库管理软件；

6） 业务应用软件。

A.3 物理安全威胁

信息系统物理安全面临多种威胁，可能面临自然、环境和技术故障等非人为因素的威胁，也可能面临人员失误和恶意攻击等人为因素的威胁，这些威胁通过破坏信息系统的保密性（如电磁泄露类威胁）、完整性（如各种自然灾难类威胁）、可用性（如技术故障类威胁）进而威胁信息的安全。造成威胁的因素可分为人为因素和环境因素。根据威胁的动机，人为因素又可分为恶意和非恶意两种。环境因素包括自然界不可抗的因素和其他物理因素。

表 A.1 对物理安全威胁种类进行了描述。

表 A.1 物理安全威胁分类表

种类	描述
自然灾害	鼠蚁虫害、洪灾、火灾、地震等。
电、磁环境影响	断电、电压波动、静电、电磁干扰等。
物理环境影响	灰尘、潮湿、温度等。
软硬件故障	由于设备硬件故障、通讯链路中断、系统本身或软件缺陷造成对信息系统安全可用的影响。
物理攻击	物理接触、物理破坏、盗窃。
无作为或操作失误	由于应该执行而没有执行相应的操作，或无意地执行了错误的操作，对信息系统造成的影响。
管理不到位	物理安全管理无法落实，不到位，造成物理安全管理不规范，或者管理混乱，从而破坏信息系统正常有序运行。
恶意代码和病毒	改变物理设备的配置、甚至破坏设备硬件电路，致使物理设备失效或损坏。
网络攻击	利用工具和技术，如拒绝服务等手段，非法占用系统资源，降低信息系统可用性。
越权或滥用	通过采用一些措施，超越自己的权限访问了本来无权访问的资源，或者滥用自己的职权，做出破坏信息系统的行为。如：非法设备接入、设备非法外联。
设计、配置缺陷	设计阶段存在明显的系统可用性漏洞，系统未能正确有效配置。系统扩容和调整引起的错误。

A.4 物理安全脆弱性

脆弱性是信息系统本身存在的，威胁总是要利用信息系统的脆弱性造成危害。物理设备安全的脆弱性可以从以下方面进行识别：防电磁信息泄露、抗电磁干扰、电源保护以及设备振动、碰撞、冲击适应性等；物理环境安全的脆弱性可以从以下方面进行识别：机房场地选择、机房屏蔽、防火、防水、防雷、防鼠、防盗防毁、供配电系统、空调系统、综合布线、区域防护等；系统自身物理安全的脆弱性可以从以下方面进行识别：灾难备份与恢复、边界保护、设备管理、资源利用等。

A.5 物理安全概念示图

传统意义的物理安全包括设备安全、环境安全/设施安全以及介质安全。

设备安全的安全技术要素包括设备的标志和标记、防止电磁信息泄露、抗电磁干扰、电源保护以及设备振动、碰撞、冲击适应性等方面。

环境安全的安全技术要素包括机房场地选择、机房屏蔽、防火、防水、防雷、防鼠、防盗防毁、供配电系统、空调系统、综合布线、区域防护等方面。

介质安全的安全技术要素包括介质自身安全以及介质数据的安全。

上述物理安全涉及到的安全技术解决了由于设备/设施/介质的硬件条件所引发的信息系统物理安全威胁问题，从系统的角度看，这一层面的物理安全是狭义的物理安全，是物理安全的最基本内容。

广义的物理安全还应包括由软件、硬件、操作人员组成的整体信息系统的物理安全，即包括系统物理安全。信息系统安全体现在信息系统的保密性、完整性、可用性三方面，从物理层面出发，系统物理安全技术应确保信息系统的保密性、可用性、完整性，如：通过边界保护、配置管理、设备管理等措施保护信息系统的保密性，通过容错、故障恢复、系统灾难备份等措施确保信息系统可用性，通过设备访问控制、边界保护、设备及网络资源管理等措施确保信息系统的完整性。

图 A.1 说明了物理安全的概念示图。

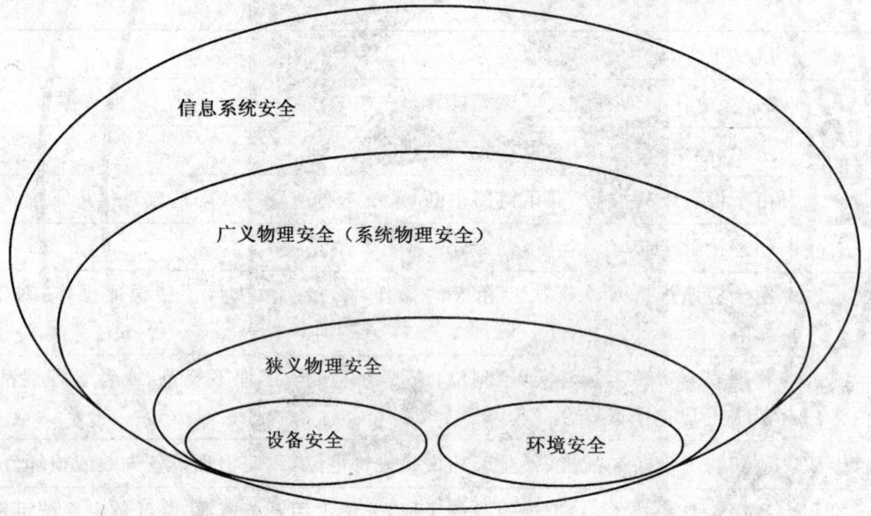

图 A.1　物理安全概念示图

A.6 关于物理安全保证功能

本标准涉及的物理安全保证功能包括以设备保护、资源利用为主的 SSOIS(信息系统的安全子系统)自身安全保护功能以及以设备管理为主的 SSOIS 安全管理功能。

设备保护包括物理攻击的主动检测、被动检测及物理攻击的抵抗为内容的设备物理保护功能，可信时间戳，设备可信恢复功能，设备自检功能等方面。

资源利用包括故障容错功能、服务优先级功能、资源分配功能等方面。

设备管理包括资源管理、性能管理、故障管理、管理信息保护功能、安全管理角色功能等方面。

SSOIS 设计和实现保证功能应按照 GB/T 20271—2006 相关章条对信息系统的配置管理、分发和操作、开发、指导性文档、生命周期支持、测试、脆弱性评定等保证要素的要求进行实现，以降低与 SSOIS 设计和实现保证功能相关的物理安全威胁带来的风险，此方面内容本标准不提出要求。

A.7 物理安全等级划分说明

信息系统物理安全是信息系统安全的基础。本标准以 GB 17859—1999 对于五个安全等级的划分为基础，依据 GB/T 20271—2006 五个安全等级中对于物理安全技术的不同要求，结合当前我国计算机、网络和信息安全技术发展的具体情况，根据适度保护的原则，将物理安全技术等级分为五个不同级别，并对信息系统安全提出了物理安全技术方面的要求。每一级别中又分为设备物理安全、环境物理安全和系统物理安全。不同安全等级的物理安全平台为相对应安全等级的信息系统提供应有的物理安全保护能力。随着物理安全等级的依次提高，信息系统物理安全的可信度也随之增加，信息系统所面对的物理安全风险也逐渐减少。

第一级物理安全平台为第一级用户自主保护级提供基本的物理安全保护。在设备物理安全方面，为保证设备的基本运行，对设备提出了抗电强度、泄露电流、绝缘电阻等要求，并要求对来自静电放电、电磁辐射、电快速瞬变脉冲群等的初级强度电磁干扰有基本的抗扰能力。在环境物理安全方面，为保证信息系统支撑环境的基本运行，提出了对场地选择、防火、防雷电的基本要求。在系统物理安全方面，为保证系统整体的基本运行，对灾难备份与恢复、设备管理提出了基本要求，系统应利用备份介质以降低灾难带来的安全威胁，对设备信息、软件信息等资源信息进行管理。

第二级物理安全平台为第二级系统审计保护级提供适当的物理安全保护。在设备物理安全方面，为支持设备的正常运行，本级在第一级物理安全技术要求的基础上，增加了设备对电源适应能力要求，增加了对来自电磁辐射、浪涌(冲击)的电磁干扰具有基本的抗扰能力要求，以及对设备及部件产生的电磁辐射骚扰具有基本的限制能力要求。在环境物理安全方面，为保证信息系统支撑环境的正常运行，本级在第一级物理安全技术要求的基础上，增加了机房建设、记录介质、人员要求、机房综合布线、通信线路的适当要求，机房应具备一定的防火、防雷、防水、防盗防毁、防静电、电磁防护能力、温湿度控制能力、一定的应急供配电能力。在系统物理安全方面，为保证系统整体的正常运行，本级在第一级物理安全技术要求的基础上，增加了设备备份、网络性能监测、设备运行状态监测、告警监测的要求，系统应对易受到损坏的计算机和网络设备应有一定的备份，对网络环境进行监测以具备网络、设备告警的能力。

第三级物理安全平台为第三级安全标记保护级提供较高程度的物理安全保护。在设备物理安全方面，为支持设备的稳定运行，本级在第二级物理安全技术要求的基础上，增加了对来自感应传导、电压变化产生的电磁干扰具有一定的抗扰能力要求，以及对设备及部件产生的电磁传导骚扰具有一定的限制能力要求，并增加了设备防过热能力、温湿度、振动、冲击、碰撞适应性能力的要求。在环境物理安全方面，为保证信息系统支撑环境的稳定运行，本级在第二级物理安全技术要求的基础上，增加了出入口电子门禁、机房屏蔽、监控报警的要求，机房应具备较高的防火、防雷、防水、防盗防毁、防静电、电磁防护能力、温湿度控制能力、较强的应急供配电能力，提出了对安全防范中心的要求。在系统物理安全方面，为保证系统整体的稳定运行，本级在第二级物理安全技术要求的基础上，对灾难备份与恢复增加了灾难备份中心、网络设备备份的要求，对设备管理增加了网络拓扑、设备部件状态、故障定位、设备监控中心的要求，并对设备物理访问、网络边界保护、设备保护、资源利用提出了基本要求。

第四级物理安全平台为第四级结构化保护级提供更高程度的物理安全保护。在设备物理安全方面，为支持设备的可靠运行，本级在第三级物理安全技术要求的基础上，增加了对来自工频磁场、脉冲磁场的电磁干扰具有一定的抗扰能力要求，并要求应对各种电磁干扰具有较强的抗扰能力，增加了设备对防爆裂的能力要求。在环境物理安全方面，为保证信息系统支撑环境的可靠运行，本级在第三级物理安全技术要求的基础上，要求机房应具备更高的防火、防雷、防水、防盗防毁、防静电、电磁防护能力、温湿度控制能力、更强的应急供配电能力，并建立完善的安全防范管理系统。在系统物理安全方面，为保证系统整体的可靠运行，本级在第三级物理安全技术要求的基础上，对灾难备份与恢复增加了异地灾难备份中心、网络路径备份的要求，对设备管理增加了性能分析、故障自动恢复以及建立多层次分级设备监控中心的要求，并对设备物理访问、网络边界保护、设备保护、资源利用提出了较高要求。

参 考 文 献

[1] GB/T 20279—2006 信息安全技术 网络和终端设备隔离部件安全技术要求

[2] GB/T 18336—2000 信息技术 安全技术 信息技术安全性评估准则(idt ISO/IEC 15408:1999)

[3] GB/T 9813—2000 微型计算机通用规范

[4] GB/T 4365—2003 电工术语 电磁兼容(IEC 60050(161):1990,IDT)

[5] YD/T 5098—2001 通信局(站)雷电过电压保护工程设计规范

[6] GA 163—1997 计算机信息系统安全专用产品分类原则

[7] 电磁兼容标准实施指南.北京:中国标准出版社,1999年1月

ICS 35.040
L 80

GB

中华人民共和国国家标准

GB/T 21053—2007

信息安全技术 公钥基础设施 PKI 系统安全等级保护技术要求

Information security techniques—Public key infrastructure—Technology requirement for security classification protection of PKI system

2007-08-23 发布　　2008-01-01 实施

中华人民共和国国家质量监督检验检疫总局
中国国家标准化管理委员会　发布

前 言

本标准的附录 A 为规范性附录。

本标准由全国信息安全标准化技术委员会提出并归口。

本标准起草单位：中国科学院软件研究所、中国电子技术标准化研究所。

本标准主要起草人：张凡、冯登国、张立武、路晓明、庄涌、王延鸣。

引　言

公开密钥基础设施(PKI)是集机构、系统(硬件和软件)、人员、程序、策略和协议为一体,利用公钥概念和技术来实施和提供安全服务的、具有普适性的安全基础设施。PKI 系统是通过颁发与管理公钥证书的方式为终端用户提供服务的系统,包括 CA、RA、资料库等基本逻辑部件和 OCSP 等可选服务部件以及所依赖的运行环境。

《PKI 系统安全等级保护技术要求》按五级划分的原则,制定 PKI 系统安全等级保护技术要求,详细说明了为实现 GB/T 21054—2007 所提出的 PKI 系统五个安全保护等级应采取的安全技术要求,为确保这些安全技术所实现的安全功能能够达到其应具有的安全性而采取的保证措施,以及各安全技术要求在不同安全级中具体实现上的差异。第一级为最低级别,第五级为最高级别,随着等级的提高,PKI 系统安全等级保护的要求也随之递增。正文中字体为黑体加粗的内容为本级新增部分的要求。

信息安全技术　公钥基础设施
PKI系统安全等级保护技术要求

1　范围

本标准依据GB/T 21054—2007的五个安全保护等级的划分，规定了不同等级PKI系统所需要的安全技术要求。

本标准适用于PKI系统的设计和实现，对于PKI系统安全功能的研制、开发、测试和产品采购亦可参照使用。

2　规范性引用文件

下列文件中的条款通过本标准的引用而成为本标准的条款。凡是注日期的引用文件，其随后所有的修改单(不包括勘误的内容)或修订版均不适用于本标准，然而，鼓励根据本标准达成协议的各方研究是否可使用这些文件的最新版本。凡是不注日期的引用文件，其最新版本适用于本标准。

GB/T 19713—2005　信息安全技术　公钥基础设施　在线证书状态协议

GB/T 20271—2006　信息安全技术　信息系统通用安全技术要求

GB/T 20518—2006　信息安全技术　公钥基础设施　数字证书格式

GB/T 21054—2007　信息安全技术　公钥基础设施　PKI系统安全等级保护评估准则

GB/T 21052—2007　信息安全技术　信息系统物理安全技术要求

GB/T 20984—2007　信息安全技术　信息安全风险评估规范

3　术语和定义

下列术语和定义适用于本标准。

3.1

公开密钥基础设施　public key infrastructure；PKI

支持公钥管理体制的基础设施，提供鉴别、加密、完整性和不可否认性服务。

3.2

PKI系统　PKI system

通过颁发与管理公钥证书的方式为终端用户提供服务的系统，包括CA、RA、资料库等基本逻辑部件和OCSP等可选服务部件以及所依赖的运行环境。

3.3

安全策略　security policy

一系列安全规则的准确规定，包括从本标准中派生出的规则和供应商添加的规则。

3.4

分割知识　split knowledge

两个或两个以上实体分别保存密钥的一部分，密钥的每个部分都不应泄露密钥的明文有效信息，而当这些部分在加密模块中合在一起时可以得到密钥的全部信息，这种方法就叫分割知识。

3.5

分割知识程序　split knowledge procedure

用来实现分割知识的程序。

3.6

保护轮廓　protection profile

一系列满足特定用户需求的、为一类评估对象独立实现的安全要求。

3.7

关键性扩展　critical extension

证书或 CRL 中一定能够被识别的扩展项，若不能识别，该证书或 CRL 就无法被使用。

3.8

审计踪迹　audit trail

记录一系列审计信息和事件的日志。

3.9

系统用户　system user

对 PKI 系统进行管理、操作、审计、备份、恢复的工作人员，系统用户一般在 PKI 系统中被赋予了指定的角色。

3.10

终端用户　terminate user

使用 PKI 系统所提供服务的远程普通用户。

4　缩略语

以下缩略语适用于本标准：

CA	认证机构 Certification Authority
CPS	认证惯例陈述 Certification Practice Statement
CRL	证书撤销列表 Certificate Revocation List
OCSP	在线证书状态协议 Online Certificate Status Protocol
PP	保护轮廓 Protection Profile
RA	注册机构 Registration Authority
TOE	评估对象 Target Of Evaluation
TSF	TOE 安全功能 TOE Security Function

5　安全等级保护技术要求

5.1　第一级

5.1.1　概述

第一级的 PKI 系统，由用户自主保护，所保护的资产价值很低，面临的安全威胁很小，适用于安全要求非常低的企业级 PKI 系统。PKI 系统面临的风险，应按照 GB/T 20984—2007 进行评估。结构设计上，PKI 系统的 CA、RA、证书资料库可不进行明确的分化，所有功能软件模块可全部安装在同一台计算机系统上。第一级 PKI 系统的安全要素要求列表见附录 A。

5.1.2　物理安全

进行 PKI 系统硬件设备、相关环境和系统安全的设计时，应按照 GB/T 21052—2007 第 4 章所描述的要求。

5.1.3　角色与责任

开发者应提供 PKI 系统管理员和操作员的角色定义。

管理员角色负责：安装、配置、维护系统；建立和管理用户账户；配置轮廓；生成部件密钥。

操作员角色负责：签发和撤销证书。

角色的安全功能管理应按表 1 中的配置对授权的角色修改安全功能的能力进行限制。

表1 授权的角色对于安全功能的管理

功　　能	授权角色
证书注册	验证证书字段或扩展字段内容正确性的权限应授权给操作员； 若使用自动过程验证证书字段和扩展字段，那么，配置自动过程的权限应授权给操作员。
数据输入和输出	私钥输出应由管理员执行。
证书状态变更的许可	只有操作员可以配置用于撤销证书的自动过程和相关信息； 只有操作员可以配置用于证书挂起的自动过程和相关信息。
PKI系统配置	对于PKI系统功能的任何配置权应仅授予管理员。（除了在本标准中其他地方所定义的分配给其他角色的TSF功能，这一要求应用于所有的配置变量。）
证书轮廓管理	更改证书轮廓的权限应仅授予管理员。
撤销轮廓管理	更改撤销轮廓的权限应仅授予管理员。
证书撤销列表轮廓管理	更改证书撤销列表轮廓的权限应仅授予管理员。
在线证书状态查询轮廓管理	更改在线证书状态查询轮廓的权限应仅授予管理员。

5.1.4 访问控制

5.1.4.1 系统用户访问控制

PKI系统文档中，应有访问控制的相关文档，访问控制文档中的访问控制策略应包含如下几个方面：

a) 角色及其相应的访问权限

角色及其相应的访问权限的分配见表2。

表2 角色及其相应的访问权限

功　　能	事　　件
证书请求数据的远程和本地输入	证书请求数据的输入操作应仅由操作员和申请证书的主体所完成。
证书撤销请求数据的远程和本地输入	证书撤销请求数据的输入操作应仅由操作员和申请撤销证书的主体所完成。
数据输出	仅系统用户可以请求导出关键和安全相关数据。
密钥生成	仅管理员可以请求生成部件密钥（在多次连接或消息中用于保护数据）。
私钥载入	仅管理员可以请求向加密模块载入部件私钥。
私钥存储	仅操作员可以提出对证书私钥解密的请求； PKI系统安全功能不应提供解密证书私钥以用来进行数字签名的能力。
可信公钥的输入、删除和存储	仅管理员有权更改（增加、修改、删除）信任公钥。
对称密钥存储	仅管理员有权产生将PKI系统对称密钥载入加密模块请求。
私钥和对称密钥销毁	仅管理员有权将PKI系统的私钥和对称密钥销毁。
私钥和对称密钥的输出	仅管理员有权输出部件私钥； 仅操作员有权输出证书私钥。
证书状态更改许可	仅操作员和证书主体有权申请使证书进入挂起状态； 仅操作员有权解除证书的挂起状态； 仅操作员有权批准证书进入挂起状态； 仅操作员和证书主体有权申请撤销证书； 仅操作员有权批准撤销证书和所有被撤销信息。

b） 标识与鉴别系统用户的过程

应符合 5.1.5 的要求。

c） 角色的职能分割

应符合 5.1.3 的要求。

5.1.4.2 网络访问控制

进行远程访问时，PKI 系统应提供访问控制。远程用户只有被认证通过后，PKI 系统才允许访问，并只对授权用户提供被授权使用的服务。远程计算机系统与 PKI 系统的连接应被认证，认证方法包括计算机地址、访问时间、拥有的密钥等。PKI 系统应定义网络访问控制策略。

5.1.5 标识与鉴别

标识与鉴别包括建立每一个用户所声称的身份，和验证每一个用户确实是他所声称的用户。确保用户与正确的安全属性相关联。

5.1.5.1 用户属性定义

PKI 系统应维护每个用户的安全属性。

安全属性包括但不限于身份、组、角色、许可、安全和完整性等级。

5.1.5.2 用户鉴别

PKI 系统的安全功能应预先设定 PKI 系统代表用户执行的、与安全功能无关的动作，在用户身份被鉴别之前，允许 PKI 系统执行这些预设动作，包括：

a） 响应查询公开信息（如：在线证书状态查询等）；

b） 接收用户发来的数据，但直到系统用户批准之后才处理。

管理员应对鉴别数据进行管理。

PKI 系统应定义所支持的用户鉴别机制的类型。

5.1.5.3 用户标识

PKI 系统的安全功能应预先设定 PKI 系统代表用户执行的、与安全功能无关的动作，在标识用户身份之前，允许 PKI 系统执行这些预设动作，包括：

a） 响应查询公开信息（如：在线证书状态查询等）；

b） 接收用户发来的数据，但直到系统用户批准之后才处理。

5.1.5.4 用户主体绑定

在 PKI 系统安全功能控制范围之内，对一个已标识与鉴别的用户，为了完成某个任务，需要激活另一个主体，这时，应通过用户主体绑定将该用户与该主体相关联，从而将用户的身份与该用户的所有可审计行为相关联，使用户对自己的行为负责。

5.1.6 数据输入输出

5.1.6.1 TSF 间用户数据传送的保密性

当用户数据通过外部信道在 PKI 系统之间或 PKI 系统用户之间传递时，PKI 系统应执行访问控制策略，使得能以某种防止未授权泄露的方式传送用户数据。

5.1.6.2 输出 TSF 数据的保密性

在 TSF 数据从 TSF 到远程可信 IT 产品的传送过程中，应保护机密数据不被未授权泄露。

这些机密数据可以是 TSF 的关键数据，如口令、密钥、审计数据或 TSF 的可执行代码。

5.1.7 密钥管理

5.1.7.1 密钥生成

5.1.7.1.1 PKI 系统密钥生成

系统用户密钥生成应由相应级别的 CA 或 RA 等机构进行，可用软件方法产生，生成算法和密钥长度等应符合国家密码行政管理部门的规定。在进行密钥生成时，PKI 系统应限制非授权人员的参与。

CA 签名公私钥对应采用国家密码行政管理部门认可的方法生成，可用软件方法或硬件密码设备产生。在密钥生成时应检查用户角色，并设置为只有管理员才能启动 CA 密钥生成过程。

5.1.7.1.2 终端用户密钥生成

终端用户的密钥可由用户自己生成，也可委托 CA、RA 等 PKI 系统的服务机构生成。

终端用户密钥可用软件方法产生，生成算法和密钥长度等应符合国家密码行政管理部门的规定。

5.1.7.2 密钥传送与分发

5.1.7.2.1 PKI 系统密钥传送与分发

系统用户密钥的传送与分发应以加密形式直接发送到系统用户证书载体中，加密算法等应符合国家密码行政管理部门的规定。

CA 公钥分发方法应适当、切实可行，如提供根证书和 CA 证书下载、或与终端用户证书一起下载等，应符合国家密码行政管理部门对密钥分发的相关规定。

5.1.7.2.2 终端用户密钥传送与分发

如果终端用户自己生成密钥对，把公钥传送给 CA 是证书注册过程的一部分。终端用户应将公钥安全地提交给 CA，如使用证书载体等方法进行面对面传送。

如果终端用户委托 CA 生成密钥对，则不需要签发前的终端用户公钥传送。CA 向用户传送与分发私钥应以加密形式进行，加密算法等应符合国家密码行政管理部门的规定。

5.1.7.3 密钥存储

系统用户密钥可用软件加密的形式存储，加密算法应符合国家密码行政管理部门的规定。

CA 签名私钥应存储于国家密码行政管理部门规定的密码模块中或由硬件密码设备加密后存储。

终端用户密钥由用户自行存储。

5.1.8 轮廓管理

5.1.8.1 证书轮廓管理

证书轮廓定义证书中的字段和扩展可能的值，这些字段和扩展应与 GB/T 20518—2006 相一致。证书轮廓包括的信息有：

a) 与密钥绑定的用户的标识符；
b) 主体的公私密钥对可使用的加密算法；
c) 证书发布者的标识符；
d) 证书有效时间的限定；
e) 证书包括的附加信息；
f) 证书的主体是否是 CA；
g) 与证书相对应的私钥可执行的操作；
h) 证书发布所使用的策略。

PKI 系统应具备证书轮廓，并保证发布的证书与证书轮廓中的描述一致。PKI 系统管理员应为以下字段和扩展指定可能的值：

a) 密钥所有者的标识符；
b) 公私密钥对主体的算法标识符；
c) 证书发布者的标识符；
d) 证书的有效期。

5.1.8.2 证书撤销列表轮廓管理

证书撤销列表轮廓用于定义 CRL 中字段和扩展中可接受的值，这些字段和扩展应与 GB/T 20518—2006 相一致。CRL 轮廓可能要定义的值包括：

a) CRL 可能或者必须包括的扩展和每一扩展的可能的值；
b) CRL 的发布者；
c) CRL 的下次更新日期。

若 PKI 系统发布 CRL,则应具备证书撤销列表轮廓,并保证发布的 CRL 与该轮廓中的规定相一致。PKI 系统管理员应规定以下字段和扩展的可能的取值:

a) issuer;

b) issuerAltName。

5.1.8.3 在线证书状态协议轮廓管理

在线证书状态协议轮廓用于定义一系列在 OCSP 响应中可接受的值。OCSP 轮廓应规定 PKI 系统可能产生的 OCSP 响应的类型和这些类型可接受的值。

a) 若 PKI 系统发布 OCSP 响应,PKI 系统应具备 OCSP 轮廓并保证 OCSP 响应与轮廓一致;

b) 若 PKI 系统发布 OCSP 响应,PKI 系统应要求管理员为 responseType 字段指定可接受的值;

c) 若 PKI 系统允许使用基本响应类型(basic response type)的 OCSP 响应,则 PKI 系统管理员应为 ResponderID 指定可接受的值。

5.1.9 证书管理

5.1.9.1 证书注册

PKI 系统所签发的公钥证书应与 GB/T 20518—2006 相一致。任何证书所包含的字段或扩展应被 PKI 系统根据 GB/T 20518—2006 生成或经由颁发机构验证以保证其与标准的一致性。

输入证书字段和扩展中的数据应被批准。证书字段或扩展的值可有以下 4 种方式获得批准:

a) 数据被操作员手工批准;

b) 自动过程检查和批准数据;

c) 字段或扩展的值由 PKI 系统自动生成;

d) 字段或扩展的值从证书轮廓中获得。

进行证书生成时:

a) 应仅产生与 GB/T 20518—2006 中规定的证书格式相同的证书;

b) 应仅生成与现行证书轮廓中定义相符的证书;

c) PKI 系统应验证预期的证书主体拥有与证书中包含的公钥相对应的私钥,除非公私密钥对是由 PKI 系统所产生的;

d) PKI 系统应保证:

   1) version 字段应为 0,1,2;

   2) 若包含 issuerUniqueID 或 subjectUniqueID 字段,则 version 字段应为 1 或 2;

   3) 若证书包含 extensions,那么 version 字段应为 2;

   4) serialNumber 字段对 CA 应是唯一的;

   5) validity 字段应说明不早于当时时间的 notBefore 值和不早于 notBefore 时间的 notAfter 值;

   6) 若 issuer 字段为空,证书应包括一个 issuerAltName 的关键性扩展;

   7) 若 subject 字段为空,证书应包括一个 subjectAltName 的关键性扩展;

   8) subjectPublicKeyInfo 字段中的 signature 字段和 algorithm 字段应包含国家密码行政管理部门许可的或推荐的算法的 OID。

5.1.9.2 证书撤销

5.1.9.2.1 证书撤销列表审核

发布 CRL 的 PKI 系统应验证所有强制性字段的值符合 GB/T 20518—2006。至少以下字段应被审核:

a) 若包含 version 字段,应为 1;

b) 若 CRL 包含关键性的扩展,version 字段应出现且为 1;

c) 若 issuer 字段为空,CRL 应包含一个 issuerAltName 的关键性扩展;

d) signature 和 signatureAlgorithm 字段应为许可的数字签名算法的 OID;

e） **thisUpdate** 应包含本次 **CRL** 的发布时间；

f） **nextUpdate** 字段的时间不应早于 **thisUpdate** 字段的时间。

5.1.9.2.2 **OCSP** 基本响应的审核

发布 **OCSP** 响应的 **PKI** 系统应验证所有强制性字段的值符合 **GB/T** 19713—2005。至少应审核以下字段：

a） **version** 字段应为 0；

b） 若 **issuer** 字段为空，响应中应包含一个 **issuerAltName** 的关键性扩展；

c） **signatureAlgorithm** 字段应为许可的数字签名算法的 **OID**；

d） **thisUpdate** 字段应指出证书状态正确的时间；

e） **producedAt** 字段应指出 **OCSP** 响应者发出响应的时间；

f） **nextUpdate** 字段的时间不应早于 **thisUpdate** 字段的时间。

5.1.10 配置管理

应按 **GB/T** 20271—2006 中 6.1.5.1 的要求，在配置管理能力方面实现对版本号等方面的要求。

5.1.11 分发和操作

应按 **GB/T** 20271—2006 中 6.1.5.2 的要求，从以下方面实现 **PKI** 系统的分发和操作：

a） 以文档形式提供对 **PKI** 系统安全地进行分发的过程，并对安装、生成和启动的过程进行说明，最终生成安全的配置。文档中所描述的内容应包括：

   1） 提供分发的过程；

   2） 安全启动和操作的过程。

b） 对系统的未授权修改的风险，应在交付时控制到最低限度。在包装及安全分送和安装过程中，这种控制应采取软件控制系统的方式，确认安全性会由最终用户考虑，所有安全机制都应以功能状态交付。

c） 所有软件应提供安全安装默认值，在客户不做选择时，默认值应使安全机制有效地发挥作用。

d） 随同系统交付的全部默认用户标识码，应在交付时处于非激活状态，并在使用前由管理员激活。

e） 指导性文档应同交付的系统软件一起包装，并应有一套规程确保当前送给用户的系统软件是严格按最新的系统版本来制作的。

5.1.12 开发

应按 **GB/T** 20271—2006 中 6.1.5.3 的要求，从以下方面进行 **PKI** 系统的开发：

a） 按非形式化功能说明、描述性高层设计、**TSF** 子集实现、**TSF** 内部结构模块化、描述性低层设计和非形式化对应性说明的要求，进行 **PKI** 系统的开发；

b） 系统的设计和开发应保护数据的完整性，例如，检查数据更新的规则，返回状态的检查，中间结果的检查，合理值输入检查等；

c） 在内部代码检查时，应解决潜在的安全缺陷，关闭或取消所有的后门；

d） 所有交付的软件和文档，应进行关于安全缺陷的定期的和书面的检查，并将检查结果告知客户；

e） 系统控制数据，如口令和密钥，不应在未受保护的程序或文档中以明文形式储存，并以书面形式向客户提供关于软件所有权法律保护的指南。

5.1.13 指导性文档

应按 **GB/T** 20271—2006 中 6.1.5.4 的要求，从以下方面编制 **PKI** 系统的指导性文档：

a） 终端用户文档应提供关于不同用户的可见的安全机制以及如何利用它们的信息，描述没有明示用户的保护结构，并解释它们的用途和提供有关它们使用的指南；

b） 系统用户文档应提供有关如何设置、维护和分析系统安全的详细指导，包括当运行一个安全设备时，需要控制的有关功能和特权的警告，以及与安全有关的管理员功能的详细描述，包括增加和删除一个用户、改变用户的安全特征等；

c) 文档中不应提供任何一旦泄露将会危及系统安全的信息。有关安全的指令和文档应划分等级分别提供给终端用户和系统用户。这些文档应为独立的文档，或作为独立的章节插入到终端用户指南和系统用户指南中。文档也可为硬拷贝、电子文档或联机文档。如果是联机文档，应控制对其的访问。

5.1.14 生命周期支持

应按 **GB/T** 20271—2006 中 6.1.5.5 的要求，从以下方面实现 **PKI** 系统的生命周期支持：

a) 按开发者定义生命周期模型进行开发；

b) 操作文档应详细阐述安全启动和操作的过程，详细说明安全功能在启动、正常操作维护时是否能被撤销或修改，说明在故障或系统出错时如何恢复系统至安全状态。

5.1.15 测试

应按 **GB/T** 20271—2006 中 6.1.5.6 的要求，从以下方面对 **PKI** 系统进行测试：

a) 应通过一般功能测试和相符性独立测试，确认 **PKI** 系统的功能与所要求的功能相一致。

b) 所有系统的安全特性，应被全面测试。所有发现的漏洞应被改正、消除或使其无效，并在消除漏洞后重新测试，以证实它们已被消除，且没有引出新的漏洞。

c) 应提供测试文档，详细描述测试计划、测试过程、测试结果。

5.2 第二级

5.2.1 概述

第二级的 **PKI** 系统，应提供审计能力，所保护的资产价值低，面临的安全威胁小，适用于安全要求较高的企业级 **PKI** 系统。**PKI** 系统面临的风险，应按照 **GB/T** 20984—2007 进行评估。结构设计上，**PKI** 系统的 **CA**、**RA** 可不进行明确的分化，但证书资料库应独立设计。**RA** 可全部由 **CA** 托管，软件功能模块可安装在同一台计算机系统上，而数据库系统应有独立的计算环境。第二级 **PKI** 系统的安全要素要求列表见附录 **A**。

5.2.2 物理安全

进行 PKI 系统硬件设备、相关环境和系统安全的设计时，应按照 **GB/T** 21052—2007 第 5 章所描述的要求。

5.2.3 角色与责任

开发者应提供 PKI 系统管理员和操作员的角色定义。

管理员：安装、配置、维护系统；建立和管理用户账户；配置轮廓和审计参数；生成部件密钥；查看和维护审计日志；执行系统的备份和恢复。本级的 **PKI** 系统要求提供审计和系统备份功能，管理员的职责也相应地多分配审计和系统备份权限。

操作员：签发和撤销证书。

系统应具备使主体与角色相关联的能力，并保证一个身份不应同时具备多个角色的权限。一个人不应同时拥有多个角色，开发者应在系统设计时对角色的管理进行相关限制。

角色的安全功能管理应按表 3 中的配置对授权的角色修改安全功能的能力进行限制。

表 3 授权的角色对于安全功能的管理

功　能	授权角色
安全审计	配置审计参数的权限应仅授予管理员； 变更审计日志签名时间间隔的权限应仅授予管理员。
备份与恢复	配置备份参数的权限应仅授予管理员； 初始化备份或恢复功能的权限应仅授予管理员。

表 3(续)

功　　能	授权角色
证书注册	验证证书字段或扩展字段内容正确性的权限应授权给操作员。 若使用自动过程验证证书字段和扩展字段,那么,配置自动过程的权限应授权给操作员。
数据输入和输出	私钥输出应由管理员执行。
证书状态变更的许可	只有操作员可配置用于撤销证书的自动过程和相关信息; 只有操作员可配置用于证书挂起的自动过程和相关信息。
PKI 系统配置	对于 PKI 系统功能的任何配置权应仅授予管理员。(除了在本标准中其他地方所定义的分配给其他角色的 TSF 功能,这一要求应用于所有的配置变量。)
证书轮廓管理	更改证书轮廓的权限应仅授予管理员。
撤销轮廓管理	更改撤销轮廓的权限应仅授予管理员。
证书撤销列表轮廓管理	更改证书撤销列表轮廓的权限应仅授予管理员。
在线证书状态查询轮廓管理	更改在线证书状态查询轮廓的权限应仅授予管理员。

5.2.4　访问控制

5.2.4.1　系统用户访问控制

注册和注销能够访问 PKI 系统信息和服务的用户应按正规的程序执行。分配或者使用系统特权时,应进行严格的限制和控制。进行口令分配时,应通过正规的程序控制。选取和使用口令时系统用户应按已定义的策略和程序进行。系统用户账号和终端用户账号应严格分类管理。

PKI 系统文档中,应有访问控制的相关文档,访问控制文档中的访问控制策略应包含如下几个方面:

a)　角色及其相应的访问权限

角色及其相应的访问权限的分配见表 4。

表 4　角色及其相应的访问权限

功　　能	事　　件
证书请求数据的远程和本地输入	证书请求数据的输入操作应仅由操作员和申请证书的主体所完成。
证书撤销请求数据的远程和本地输入	证书撤销请求数据的输入操作应仅由操作员和申请撤销证书的主体所完成。
数据输出	仅系统用户可以请求导出关键和安全相关数据。
密钥生成	仅管理员可以请求生成部件密钥(在多次连接或消息中用于保护数据)。
私钥载入	仅管理员可以请求向加密模块载入部件私钥。
私钥存储	仅操作员可以提出对证书私钥解密的请求; PKI 系统安全功能不应提供解密证书私钥以用来进行数字签名的能力。
可信公钥的输入、删除和存储	仅管理员有权更改(增加、修改、删除)信任公钥。
对称密钥存储	仅管理员有权产生将 PKI 系统对称密钥载入加密模块请求。
私钥和对称密钥销毁	仅管理员有权将 PKI 系统的私钥和对称密钥销毁。
私钥和对称密钥的输出	仅管理员有权输出部件私钥; 仅操作员有权输出证书私钥。

表 4(续)

功　能	事　件
证书状态更改许可	仅操作员和证书主体有权申请使证书进入挂起状态； 仅操作员有权解除证书的挂起状态； 仅操作员有权批准证书进入挂起状态； 仅操作员和证书主体有权申请撤销证书； 仅操作员有权批准撤销证书和所有被撤销信息。

b) 标志和鉴别系统用户过程

应符合 5.2.5 的要求。

c) 角色的职能分割

应符合 5.2.3 的要求。

5.2.4.2 网络访问控制

进行远程访问时,PKI 系统应提供访问控制。远程用户只有被认证通过后,PKI 系统才允许访问,并只对授权用户提供被授权使用的服务。**系统开发者应提供对远程用户终端到 PKI 系统服务的路径进行控制的方法,并采取防火墙、入侵检测等安全保护措施。**对远程计算机系统与 PKI 系统的连接应被认证,认证方法包括计算机地址、访问时间、拥有的密钥等。PKI 系统应定义网络访问控制策略。**PKI 系统的诊断分析端口是重要的受控访问端口,开发者应对其访问进行严格的安全控制,能够检测并记录对这些端口的访问请求。**

5.2.4.3 操作系统访问控制

每个用户只有唯一的 ID,以便在 PKI 系统的操作能够被记录追踪。

当系统用户正在访问 PKI 服务系统,中途长期离开用户终端时,PKI 系统应能检测出这些终端经过了指定时间的不活动状态,并自动进入保护状态,采取锁屏、断开连接等措施,防止未授权用户访问。对高风险的应用应限制连接次数以提供额外的保护,对短时间内超过限制次数以上的连接应进行可配置的操作并记录。

5.2.5 标识与鉴别

标识与鉴别包括建立每一个用户所声称的身份,和验证每一个用户确实是他所声称的用户。确保用户与正确的安全属性相关联。

5.2.5.1 用户属性定义

PKI 系统应维护每个用户的安全属性。

安全属性包括但不限于身份、组、角色、许可、安全和完整性等级。

5.2.5.2 用户鉴别

PKI 系统的安全功能应预先设定 PKI 系统代表用户执行的、与安全功能无关的动作,在用户身份被鉴别之前,允许 PKI 系统执行这些预设动作,包括:

a) 响应查询公开信息(如:在线证书状态查询等);

b) 接收用户发来的数据,但直到系统用户批准之后才处理。

管理员应对鉴别数据进行管理。

PKI 系统应定义所支持的用户鉴别机制的类型。

5.2.5.3 用户标识

PKI 系统的安全功能应预先设定 PKI 系统代表用户执行的、与安全功能无关的动作,在用户被标识之前,允许 PKI 系统执行这些预设动作,包括:

a) 响应查询公开信息(如:在线证书状态查询等);

b) 接收用户发来的数据,但直到系统用户批准之后才处理。

5.2.5.4 用户主体绑定

在PKI系统安全功能控制范围之内，对一个已标识与鉴别的用户，为了完成某个任务，需要激活另一个主体，这时，应通过用户主体绑定将该用户与该主体相关联，从而将用户的身份与该用户的所有可审计行为相关联，使用户对自己的行为负责。

5.2.5.5 鉴别失败处理

当用户自从上次鉴别成功以来不成功的鉴别尝试的次数达到或超过了定义的界限时，PKI系统的安全功能应能检测到。这个界限是管理员可配置的。管理员可配置的参数包括但不限于，失败的鉴别次数和时间门限值。

鉴别不成功尝试的次数不必连续，但应与鉴别事件相关。

5.2.6 审计

5.2.6.1 审计数据产生

审计功能部件应对下列事件产生审计记录：

a) 审计功能的启动和结束；

b) 表5中的事件。

表5 可审计事件

功能	事件	附加信息
安全审计	所有对审计变量(如：时间间隔、审计事件的类型)的改变	
	所有删除审计记录的企图	
	对审计日志签名	审计日志记录中应保存数字签名、Hash结果或认证码。
本地数据输入	所有的安全相关数据输入系统	若输入的数据与其他数据相关，应验证用户访问相关数据的权限。
远程数据输入	所有被系统所接受的安全相关信息	
数据输出	所有对关键的或安全相关的信息进行输出的请求	
密钥生成	PKI系统生成密钥的要求(用作一次性会话密钥的对称密钥生成除外)	审计日志记录中应保存非对称密钥对的公钥部分。
私钥载入	部件私钥的载入	
私钥的存储	对为密钥恢复而保存的证书主体私钥的读取	
可信公钥的输入、删除和存储	所有对于可信公钥的改变(如：添加、删除)	审计日志记录中应包括公钥和与公钥相关的信息。
私钥和对称密钥的输出	私钥和对称密钥(包括一次性会话密钥)的输出	
证书注册	所有的证书请求	若成功，保存证书的拷贝在日志中； 若拒绝，保存原因在日志中。
证书状态变更的审批	所有更改证书状态的请求	在日志中保存请求结果(成功或失败)。
PKI系统部件的配置	所有的与安全相关的对于PKI系统安全功能的配置	
证书轮廓管理	所有的对于证书轮廓的更改	在日志记录中保存对轮廓更改的内容。

表 5(续)

功　能	事　　件	附加信息
撤销轮廓管理	所有的对于撤销轮廓的更改	在日志记录中保存对轮廓更改的内容。
证书撤销列表轮廓管理	所有的对于证书撤销列表轮廓的更改	在日志记录中保存对轮廓更改的内容。
在线证书状态协议轮廓管理	所有的对于 OCSP 轮廓的更改	在日志记录中保存对轮廓更改的内容。

对于每一个事件，其审计记录应包括：事件的日期和时间、用户、事件类型、事件是否成功，以及表 5 中附加信息栏中要求的内容。

日志记录中不应出现明文形式的私钥、对称密钥和其他安全相关的参数。

审计功能部件应能将可审计事件与发起该事件的用户身份相关联。

5.2.6.2　审计查阅

审计功能部件应为管理员提供查看日志所有信息的能力。

审计功能部件应以适于阅读和解释的方式向阅读者提供日志信息。

5.2.6.3　选择性审计

审计功能部件应可根据下列属性选择或排除审计事件集中的可审计事件：

用户标识、事件类型、主体标识、客体标识等。

5.2.6.4　审计事件存储

审计功能部件应具有以下能力：

a)　受保护的审计踪迹存储，能防止对审计记录的非授权修改，并可检测对审计记录的修改；

b)　防止审计数据丢失，要求当审计踪迹存储已满时，审计功能部件应能够阻止除由管理员发起的以外的所有审计事件的发生。

5.2.7　数据输入输出

5.2.7.1　TOE 内部用户数据传送

在 PKI 系统的物理分隔部件间传递用户数据时，PKI 系统应执行访问控制策略，以防止对安全相关的用户数据的篡改。

在 PKI 系统的物理分隔部件间传递用户数据时，PKI 系统应执行访问控制策略，以防止机密性用户数据的泄露。

5.2.7.2　TSF 间用户数据传送的保密性

当用户数据通过外部信道在 PKI 系统之间或 PKI 系统用户之间传递时，PKI 系统应执行访问控制策略，使得能以某种防止未授权泄露的方式传送用户数据。

5.2.7.3　输出 TSF 数据的保密性

在 TSF 数据从 TSF 到远程可信 IT 产品的传送过程中，应保护机密数据不被未授权泄露。

这些机密数据可以是 TSF 的关键数据，如口令、密钥、审计数据或 TSF 的可执行代码。

5.2.7.4　TOE 内 TSF 数据的传送

PKI 系统应保护安全相关的 TSF 数据在分离的 PKI 部件间传送时不被篡改；

PKI 系统应保护机密性 TSF 数据在分离的 PKI 部件间传送时不被泄露。

5.2.8　备份与恢复

PKI 系统应具有备份和恢复功能，并可在需要时调用备份功能，使在系统失败或者其他严重错误的情况下能够重建系统。执行备份的频率取决于系统或者应用的重要性。在系统备份数据中应保存足够的信息使系统能够重建备份时的系统状态。

5.2.9　密钥管理

5.2.9.1　密钥生成

5.2.9.1.1 PKI 系统密钥生成

PKI 系统部件密钥和系统用户密钥生成应由相应级别的 CA 或 RA 等机构进行，可用软件方法产生，生成算法和密钥长度等应符合国家密码行政管理部门的规定。在进行密钥生成时，PKI 系统应限制非授权人员的参与。

CA 签名公私钥对应采用国家密码行政管理部门认可的方法生成，可用软件方法或硬件密码设备产生。在密钥生成时应检查用户角色，并设置为只有管理员才能启动 CA 密钥生成过程。

5.2.9.1.2 终端用户密钥生成

终端用户的密钥可由用户自己生成，也可委托 CA、RA 等 PKI 系统的服务机构生成。

终端用户密钥可用软件方法产生，生成算法和密钥长度等应符合国家密码行政管理部门的规定。

5.2.9.2 密钥传送与分发

5.2.9.2.1 PKI 系统密钥传送与分发

PKI 系统部件密钥的传送与分发应以加密形式直接发送到 PKI 系统部件中，加密算法等应符合国家密码行政管理部门的规定。

系统用户密钥的传送与分发应以加密形式直接发送到系统用户证书载体中，加密算法等应符合国家密码行政管理部门的规定。

CA 公钥分发方法应适当、切实可行，如提供根证书和 CA 证书下载、或与终端用户证书一起下载等，应符合国家密码行政管理部门对密钥分发的相关规定。CA 公钥分发还应保证 CA 公钥的完整性，可通过嵌入应用软件、SSL、手工等方法分发。

5.2.9.2.2 终端用户密钥传送与分发

如果终端用户自己生成密钥对，把公钥传送给 CA 是证书注册过程的一部分。终端用户应将公钥安全地提交给 CA，如使用证书载体等方法进行面对面传送。

如果终端用户委托 CA 生成密钥对，则不需要签发前的终端用户公钥传送。CA 向用户传送与分发私钥应以加密形式进行，加密算法等应符合国家密码行政管理部门的规定。

5.2.9.3 密钥存储

系统部件密钥和系统用户密钥可用软件加密的形式存储，加密算法应符合国家密码行政管理部门的规定。

CA 签名私钥应存储于国家密码行政管理部门规定的密码模块中或由硬件密码设备加密后存储。

终端用户密钥由用户自行存储。

5.2.9.4 密钥导入导出

密钥被导出到 PKI 系统之外可能基于以下的原因：密钥备份、复制，以及将 PKI 系统部件产生的密钥传送到用户手中。

密钥导入或导出 PKI 系统时，应采用国家密码行政管理部门认可的加密算法或加密设备。

私钥不应以明文形式导入导出 PKI 系统，PKI 系统用户密钥、系统部件密钥、终端用户密钥可使用软件加密，CA 签名私钥应使用软件方法或硬件密码设备进行加密。

PKI 系统应提供合适的方法把导入或导出 PKI 系统的对称密钥、私有密钥或公有密钥与正确实体相关联，并赋予相应的权限，其中实体可能是一个人、一个组或一个过程。

5.2.9.5 密钥销毁

PKI 系统应提供销毁对称密钥和私有密钥的适当方法，PKI 系统文档中应规定这些密钥销毁方法，保证销毁过程应是不可逆的，密钥销毁方法应符合国家密码行政管理部门规定。

5.2.10 轮廓管理

5.2.10.1 证书轮廓管理

证书轮廓定义证书中的字段和扩展可能的值，这些字段和扩展应与 GB/T 20518—2006 相一致。证书轮廓包括的信息有：

a) 与密钥绑定的用户的标识符；

b) 主体的公私密钥对可使用的加密算法；

c) 证书发布者的标识符；

d) 证书有效时间的限定；

e) 证书包括的附加信息；

f) 证书的主体；

g) 与证书相对应的私钥可执行的操作；

h) 证书发布所使用的策略。

PKI 系统应具备证书轮廓，并保证发布的证书与证书轮廓中的描述一致。PKI 系统管理员应为以下字段和扩展指定可能的值：

a) 密钥所有者的标识符；

b) 公私密钥对主体的算法标识符；

c) 证书发布者的标识符；

d) 证书的有效期。

PKI 系统管理员还应为以下的字段和扩展指定可能的取值：

a) **keyUsage；**

b) **basicConstraints；**

c) **certificatePolicies。**

管理员还应为证书扩展指定可能的值。

5.2.10.2 证书撤销列表轮廓管理

证书撤销列表轮廓用于定义 CRL 中字段和扩展中可接受的值，这些字段和扩展应与 GB/T 20518—2006 相一致。CRL 轮廓可能要定义的值包括：

a) CRL 可能或者必须包括的扩展和每一扩展的可能的值；

b) CRL 的发布者；

c) CRL 的下次更新日期。

若 PKI 系统发布 CRL，则应具备证书撤销列表轮廓，并保证发布的 CRL 与该轮廓中的规定相一致。PKI 系统管理员应规定以下字段和扩展的可能的取值：

a) issuer；

b) issuerAltName；

c) **NextUpdate。**

若 PKI 系统发布 CRL，管理员还应指定 CRL 和 CRL 扩展可接受的值。

5.2.10.3 在线证书状态协议轮廓管理

在线证书状态协议轮廓用于定义一系列在 OCSP 响应中可接受的值。OCSP 轮廓应规定 PKI 系统可能产生的 OCSP 响应的类型和这些类型可接受的值。

a) 若 PKI 系统发布 OCSP 响应，PKI 系统应具备 OCSP 轮廓并保证 OCSP 响应与轮廓一致；

b) 若 PKI 系统发布 OCSP 响应，PKI 系统应要求管理员为 responseType 字段指定可接受的值；

c) 若 PKI 系统允许使用基本响应类型(basic response type)的 OCSP 响应，则 PKI 系统管理员应为 ResponderID 指定可接受的值。

5.2.11 证书管理

5.2.11.1 证书注册

PKI 系统所签发的公钥证书应与 GB/T 20518—2006 相一致。任何证书所包含的字段或扩展应被 PKI 系统根据 GB/T 20518—2006 生成或经由颁发机构验证以保证其与标准的一致性。

输入证书字段和扩展中的数据应被批准。证书字段或扩展的值可有以下 4 种方式获得批准：

a） 数据被操作员手工批准；

b） 自动过程检查和批准数据；

c） 字段或扩展的值由 PKI 系统自动生成；

d） 字段或扩展的值从证书轮廓中获得。

进行证书生成时，

a） 应仅产生与 GB/T 20518—2006 中规定的证书格式相同的证书；

b） 应仅生成与现行证书轮廓中定义相符的证书；

c） PKI 系统应验证预期的证书主体拥有与证书中包含的公钥相对应的私钥，除非公私密钥对是由 PKI 系统所产生的；

d） PKI 系统应保证：

1） version 字段应为 0，1，2；

2） 若包含 issuerUniqueID 或 subjectUniqueID 字段，则 version 字段应为 1 或 2；

3） 若证书包含 extensions，那么 version 字段应为 2；

4） serialNumber 字段对 CA 应是唯一的；

5） validity 字段应说明不早于当时时间的 notBefore 值和不早于 notBefore 时间的 notAfter 值；

6） 若 issuer 字段为空，证书应包括一个 issuerAltName 的关键性扩展；

7） 若 subject 字段为空，证书应包括一个 subjectAltName 的关键性扩展；

8） subjectPublicKeyInfo 字段中的 signature 字段和 algorithm 字段应包含国家密码行政管理部门许可的或推荐的算法的 OID。

5.2.11.2 证书撤销

5.2.11.2.1 证书撤销列表审核

发布 CRL 的 PKI 系统应验证所有强制性字段的值符合 GB/T 20518—2006。至少以下字段应被审核：

a） 若包含 version 字段，应为 1；

b） 若 CRL 包含关键性的扩展，version 字段应出现且为 1；

c） 若 issuer 字段为空，CRL 应包含一个 issuerAltName 的关键性扩展；

d） signature 和 signatureAlgorithm 字段应为许可的数字签名算法的 OID；

e） thisUpdate 应包含本次 CRL 的发布时间；

f） nextUpdate 字段的时间不应早于 thisUpdate 字段的时间。

5.2.11.2.2 OCSP 基本响应的审核

发布 OCSP 响应的 PKI 系统应验证所有强制性字段的值符合 GB/T 19713—2005。至少应审核以下字段：

a） version 字段应为 0；

b） 若 issuer 字段为空，响应中应包含一个 issuerAltName 的关键性扩展；

c） signatureAlgorithm 字段应为许可的数字签名算法的 OID；

d） thisUpdate 字段应指出证书状态正确的时间；

e） producedAt 字段应指出 OCSP 响应者发出响应的时间；

f） nextUpdate 字段的时间不应早于 thisUpdate 字段的时间。

5.2.12 配置管理

应按 GB/T 20271—2006 中 6.2.5.1 的要求，从以下方面实现 PKI 系统的配置管理：

a） 在配置管理能力方面应实现对版本号等方面的要求；

b） 在 PKI 系统的配置管理范围方面，应将 PKI 系统的实现表示、设计文档、测试文档、用户文档、

管理员文档以及配置管理文档等置于配置管理之下；

c) **在系统的整个生存期，即在它的开发、测试和维护期间，应有一个软件配置管理系统处于保持对改变源码和文件的控制状态。只有被授权的代码和代码修改才允许被加进已交付的源码的基本部分。所有改变应被记载和检查，以确保未危及系统的安全。在软件配置管理系统中，应包含从源码产生出系统新版本、鉴定新生成的系统版本和保护源码免遭未授权修改的工具和规程。通过技术、物理和保安规章三方面的结合，可充分保护生成系统所用到的源码免遭未授权的修改和毁坏。**

5.2.13 分发和操作

应按 **GB/T** 20271—2006 **中** 6.2.5.2 的要求，从以下方面实现 PKI 系统的分发和操作：

a) 以文档形式提供对 PKI 系统安全地进行分发的过程，并对安装、生成和启动的过程进行说明，最终生成安全的配置。文档中所描述的内容应包括：

1) 提供分发的过程；

2) 安全启动和操作的过程；

3) **建立日志的过程。**

b) 对系统的未授权修改的风险，应在交付时控制到最低限度。在包装及安全分送和安装过程中，这种控制应采取软件控制系统的方式，确认安全性会由最终用户考虑，所有安全机制都应以功能状态交付。

c) 所有软件应提供安全安装默认值，在客户不做选择时，默认值应使安全机制有效地发挥作用。

d) 随同系统交付的全部默认用户标识码，应在交付时处于非激活状态，并在使用前由管理员激活。

e) 指导性文档应同交付的系统软件一起包装，并应有一套规程确保当前送给用户的系统软件是严格按最新的系统版本来制作的。

5.2.14 开发

应按 **GB/T** 20271—2006 **中** 6.2.5.3 的要求，从以下方面进行 PKI 系统的开发：

a) **按非形式化安全策略模型、完全定义的外部接口**、描述性高层设计、TSF 子集实现、**TSF 内部结构层次化**、描述性低层设计和非形式化对应性说明的要求，进行 PKI 系统的开发；

b) 系统的设计和开发应保护数据的完整性，例如，检查数据更新的规则，返回状态的检查，中间结果的检查，合理值输入检查等；

c) 在内部代码检查时，应解决潜在的安全缺陷，关闭或取消所有的后门；

d) 所有交付的软件和文档，应进行关于安全缺陷的定期的和书面的检查，并将检查结果告知客户；

e) 系统控制数据，如口令和密钥，不应在未受保护的程序或文档中以明文形式储存，并以书面形式向客户提供关于软件所有权法律保护的指南。

5.2.15 指导性文档

应按 **GB/T** 20271—2006 **中** 6.2.5.4 的要求，从以下方面编制 PKI 系统的指导性文档：

a) 终端用户文档应提供关于不同用户的可见的安全机制以及如何利用它们的信息，描述没有明示用户的保护结构，并解释它们的用途和提供有关它们使用的指南。

b) 系统用户文档应提供有关如何设置、维护和分析系统安全的详细指导，包括当运行一个安全设备时，需要控制的有关功能和特权的警告，以及与安全有关的管理员功能的详细描述，包括增加和删除一个用户、改变用户的安全特征等。

c) 文档中不应提供任何一旦泄露将会危及系统安全的信息。有关安全的指令和文档应划分等级分别提供给终端用户和系统用户。这些文档应为独立的文档，或作为独立的章节插入到终端用户指南和系统用户指南中。文档也可为硬拷贝、电子文档或联机文档。如果是联机文档，应控制对其的访问。

d) 应提供关于所有审计工具的文档，包括为检查和保持审计文件所推荐的过程、针对每种审计事件的详细审计记录文件、为周期性备份和删除审计记录所推荐的过程等。

e) 应提供如何进行系统自我评估的章节（带有网络管理、口令要求、意外事故计划的安全报告）和为灾害恢复计划所做的建议，以及描述普通侵入技术和其他威胁，并查出和阻止入侵的方法。

5.2.16 生命周期支持

应按 GB/T 20271—2006 中 6.2.5.5 的要求，从以下方面实现 PKI 系统的生命周期支持：

a) 按开发者定义生命周期模型和明确定义开发工具的要求进行开发，并提供开发过程中的安全措施说明；

b) 操作文档应详细阐述安全启动和操作的过程，详细说明安全功能在启动、正常操作维护时是否能被撤销或修改，说明在故障或系统出错时如何恢复系统至安全状态；

c) 如果系统含有加强安全性的硬件，那么管理员、其他用户或自动的诊断测试，应能在各自的操作环境中运行它并详细说明操作过程。

5.2.17 测试

应按 GB/T 20271—2006 中 6.2.5.6 的要求，从以下方面对 PKI 系统进行测试：

a) 应通过测试范围的证据、测试的范围分析、高层设计的测试、相符性独立测试，确认 PKI 系统的功能与所要求的功能相一致。

b) 所有系统的安全特性，应被全面测试，包括查找漏洞，如违反系统访问控制要求、违反资源访问控制要求、拒绝服务、对审计或验证数据进行未授权访问等。所有发现的漏洞应被改正、消除或使其无效，并在消除漏洞后重新测试，以证实它们已被消除，且没有引出新的漏洞。

c) 应提供测试文档，详细描述测试计划、测试过程、测试结果。

5.2.18 脆弱性评定

应按 GB/T 20271—2006 中 6.2.5.7 的要求，从以下方面对所开发的 PKI 系统进行脆弱性评定：

a) 指南检查；

b) PKI 系统安全功能强度评估；

c) 开发者脆弱性分析。

5.3 第三级

5.3.1 概述

第三级的 PKI 系统，所保护的资产价值较高，面临的安全威胁较大，应提供全面的安全保护，适用于运营级的 PKI 系统或者安全要求极高的企业级 PKI 系统。PKI 系统面临的风险，应按照 GB/T 20984—2007 进行评估。结构设计上，PKI 系统的 CA、RA 和证书资料库都应独立设计，并采用终端用户证书分为签名证书和加密证书的双证书机制，建设包括证书认证中心和密钥管理中心的双中心系统。证书认证中心和密钥管理中心的基本功能要求、建设要求和运行管理要求等相关安全技术要求应符合国家相关标准的规定。第三级 PKI 系统的安全要素要求列表见附录 A。

5.3.2 物理安全

5.3.2.1 核心部件物理安全

进行 PKI 系统硬件设备、相关环境和系统安全的设计时，应按照 GB/T 21052—2007 第 6 章所描述的要求。

5.3.2.2 RA 物理安全

RA 可全部托管在 CA 系统，也可部分托管在 CA 系统，部分建在远端。

RA 应设置专门的区域来接待日常业务，只有被授权者才能接触 RA 工作站和相关敏感数据、设备。

RA 应妥善保管私钥，在 RA 设备不使用时应锁存私钥。

RA 设备应有安全人员和电子监控设备保护防盗。

所有的活动都应被授权人员或安全人员监控。

RA 对外服务的时间应被严格限制在指定的时间。

维修和服务人员在工作区域应受监控。

5.3.3 角色与责任

开发者应提供 PKI 系统管理员、操作员和**审计员**的角色定义。

管理员：安装、配置、维护系统；建立和管理用户账户；配置轮廓和审计参数；生成部件密钥；执行系统的备份和恢复。本级 PKI 系统新增审计员角色，与审计相关的权限只应分配给审计员。

操作员：签发和撤销证书。

审计员：查看和维护审计日志。

系统应具备使主体与角色相关联的能力，并保证一个身份不应同时具备多个角色的权限。一个人不应同时拥有多个角色，开发者应在系统设计时对角色的管理进行相关限制。

角色的安全功能管理应按表 6 中的配置对授权的角色修改安全功能的能力进行限制。

表 6 授权的角色对于安全功能的管理

功　　能	授权角色
安全审计	配置审计参数的权限应仅授予管理员； 变更审计日志签名时间间隔的权限应仅授予管理员。
备份与恢复	配置备份参数的权限应仅授予管理员； 初始化备份或恢复功能的权限应仅授予管理员。
证书注册	验证证书字段或扩展字段内容正确性的权限应授权给操作员； 若使用自动过程验证证书字段和扩展字段，那么，配置自动过程的权限应授权给操作员。
数据输入和输出	私钥输出应由管理员执行。
证书状态变更的许可	只有操作员可以配置用于撤销证书的自动过程和相关信息； 只有操作员可以配置用于证书挂起的自动过程和相关信息。
PKI 系统配置	对于 PKI 系统功能的任何配置权应仅授予管理员。（除了在本标准中其他地方所定义的分配给其他角色的 TSF 功能，这一要求应用于所有的配置变量。）
证书轮廓管理	更改证书轮廓的权限应仅授予管理员。
撤销轮廓管理	更改撤销轮廓的权限应仅授予管理员。
证书撤销列表轮廓管理	更改证书撤销列表轮廓的权限应仅授予管理员。
在线证书状态查询轮廓管理	更改在线证书状态查询轮廓的权限应仅授予管理员。

5.3.4 访问控制

5.3.4.1 系统用户访问控制

注册和注销能够访问 PKI 系统信息和服务的用户应按正规的程序执行。分配或者使用系统特权时，应进行严格的限制和控制。进行口令分配时，应通过正规的程序控制。**应定期审核系统用户的访问权限，检查不应有的权限分配。**选取和使用口令时系统用户应按已定义的策略和程序进行。系统用户账号和终端用户账号应严格分类管理。**对无人值守的设备应有适当的保护措施，用户登录时应严格控制和记录。**

PKI 系统文档中，应有访问控制的相关文档，访问控制文档中的访问控制策略应包含如下几个方面：

a) 角色及其相应的访问权限

角色及其相应的访问权限的分配见表 7。

表 7　角色及其相应的访问权限

功　能	事　件
证书请求数据的远程和本地输入	证书请求数据的输入操作应仅由操作员和申请证书的主体所完成。
证书撤销请求数据的远程和本地输入	证书撤销请求数据的输入操作应仅由操作员和申请撤销证书的主体所完成。
数据输出	仅系统用户可以请求导出关键和安全相关数据。
密钥生成	仅管理员可以请求生成部件密钥(在多次连接或消息中用于保护数据)。
私钥载入	仅管理员可以请求向加密模块载入部件私钥。
私钥存储	仅操作员可以提出对证书私钥的请求； PKI 系统安全功能不应提供解密证书私钥以用来进行数字签名的能力； **至少应有两个人才可请求解密证书私钥,这两个人中一个是操作员,另一个是操作员、管理员、审计员中的一人。**
可信公钥的输入、删除和存储	仅管理员有权更改(增加、修改、删除)信任公钥。
对称密钥存储	仅管理员有权产生将 PKI 系统对称密钥载入加密模块的请求。
私钥和对称密钥销毁	仅管理员、**审计员、操作员**有权将 PKI 系统的私钥和对称密钥销毁。
私钥和对称密钥的输出	仅管理员有权输出部件私钥； 仅操作员有权输出证书私钥； **输出证书私钥至少应获得两个人的同意,这两个人中一个是操作员,另一个是操作员、管理员、审计员中的一人。**
证书状态更改许可	仅操作员和证书主体有权申请使证书进入挂起状态； 仅操作员有权解除证书的挂起状态； 仅操作员有权批准证书进入挂起状态； 仅操作员和证书主体有权申请撤销证书； 仅操作员有权批准撤销证书和所有被撤销信息。

b)　标识与鉴别系统用户的过程

应符合 5.3.5 的要求。

c)　角色的职能分割

应符合 5.3.3 的要求。

d)　**进行 PKI 系统的特定操作时需要的最小系统用户人数最少应满足以下要求：**

CA 私钥和关键部件密钥的生成、备份、更新、导入导出、密钥恢复、密钥销毁等操作要求有多个系统用户同时在场,并符合表 7 的要求。

5.3.4.2　网络访问控制

进行远程访问时,PKI 系统应提供访问控制。远程用户只有被认证通过后,PKI 系统才允许访问,并只对授权用户提供被授权使用的服务。**系统开发者应提供对远程用户终端到 PKI 系统服务的路径进行控制的方法,并采取防火墙、入侵检测等安全保护措施。**对远程计算机系统与 PKI 系统的连接应被认证,认证方法包括计算机地址、访问时间、拥有的密钥等。PKI 系统应定义网络访问控制策略。**PKI 系统的诊断分析端口是重要的受控访问端口,开发者应对其访问进行严格的安全控制,能够检测并记录对这些端口的访问请求。PKI 系统内部网络和外部网络之间应设置安全控制,并设置网关、网闸、防火墙等保护措施。**

按照 PKI 系统的访问控制策略,应限制用户可用的服务,对于不合理的服务请求应进行限制和过滤。路由控制应保证计算机连接和信息流不违背系统的访问控制策略,对不合理的信息流和网络连接

应进行限制和过滤。PKI系统所有网络服务的安全属性要求在PKI文档中有相关说明。

5.3.4.3 操作系统访问控制

PKI系统的访问应使用安全的登录过程，自动登录等应被严格限制。每个用户只有唯一的ID，以便在PKI系统的操作能够被记录追踪。

系统的口令管理应提供有效的、交互式的工具以确保生成高质量的口令。对系统工具的使用应进行严格的控制。

当系统用户正在访问PKI服务系统，中途长期离开用户终端时，PKI系统应能检测出这些终端经过了指定时间的不活动状态，并自动进入保护状态，采取锁屏、断开连接等措施，防止未授权用户访问。对高风险的应用应限制连接次数以提供额外的保护，对短时间内超过限制次数以上的连接应进行可配置的操作并记录。

5.3.4.4 应用程序访问控制

应根据访问控制策略，严格限制对信息和应用系统功能访问。无关的应用程序应进行删除，不适当的应用程序调用应检查权限并记录。系统应采取病毒防治、漏洞扫描、入侵检测等安全防护措施。

5.3.5 标识与鉴别

标识与鉴别包括建立每一个用户所声称的身份，和验证每一个用户确实是他所声称的用户。确保用户与正确的安全属性相关联。

5.3.5.1 用户属性定义

PKI系统应维护每个用户的安全属性。

安全属性包括但不限于身份、组、角色、许可、安全和完整性等级。

5.3.5.2 用户鉴别

当进行鉴别时，PKI系统的安全功能应仅仅将最少的反馈提供给用户（如打入的字符数、鉴别的成功或失败），不应给用户更多的信息。

PKI系统的安全功能应预先设定PKI系统代表用户执行的、与安全功能无关的动作，在用户身份被鉴别之前，允许PKI系统执行这些预设动作，包括：

a) 响应查询公开信息（如：在线证书状态查询等）；

b) 接收用户发来的数据，但直到系统用户批准之后才处理。

管理员应对鉴别数据进行管理。

PKI系统应定义所支持的用户鉴别机制的类型。

PKI系统安全功能应提供一个以上的鉴别机制，对不同身份的用户使用不同的鉴别机制，并对一个用户使用多个鉴别过程。

当进行鉴别时，PKI系统的安全功能应避免提供给用户的反馈泄露用户的鉴别数据，口令字符输入时，应只显示星号，而不显示原始字符。

5.3.5.3 用户标识

PKI系统的安全功能应预先设定PKI系统代表用户执行的、与安全功能无关的动作，在用户被标识之前，允许PKI系统执行这些预设动作，包括：

a) 响应查询公开信息（如：在线证书状态查询等）；

b) 接收用户发来的数据，但直到系统用户批准之后才处理。

5.3.5.4 用户主体绑定

在PKI系统安全功能控制范围之内，对一个已标识与鉴别的用户，为了完成某个任务，需要激活另一个主体，这时，应通过用户-主体绑定将该用户与该主体相关联，从而将用户的身份与该用户的所有可审计行为相关联，使用户对自己的行为负责。

5.3.5.5 鉴别失败处理

当用户自从上次鉴别成功以来不成功的鉴别尝试的次数达到或超过了定义的界限时，PKI系统的安全功能应能检测到。这个界限是管理员可配置的。管理员可配置的参数包括但不限于,失败的鉴别次数和时间门限值。

鉴别不成功尝试的次数不必连续,但应与鉴别事件相关。

当用户自从上次鉴别成功以来不成功的鉴别尝试的次数达到或超过了定义的界限时,PKI 系统应采取应对措施,例如:

a) **使终端失效一段随次数增加的时间;**

b) **使一个用户帐号失效一段时间或失效,直到管理员解除;**

c) **向管理员报警;**

d) **重新允许用户会话建立过程。**

为了防止拒绝服务,至少保证有一个用户帐号不应失效。

5.3.5.6 秘密的规范

当用来对用户身份鉴别的口令、密钥等秘密信息由终端用户自己产生时,PKI 系统应对可接受的秘密信息的质量作出要求,并检查。秘密信息质量包括字母数字结构或者密钥长度等。秘密信息质量量度由管理员制定。

当用来对用户身份鉴别的口令、密钥等秘密信息由 PKI 系统产生时,PKI 系统应可生成符合秘密信息质量要求的秘密信息。秘密信息质量包括字母数字结构或者密钥长度等。当使用伪随机生成器时,应能提供具有高度不可预见性的随机数。秘密信息质量量度由管理员制定。

终端用户口令应是字母和数字的组合,不少于 6 个字符。系统用户口令和系统部件密钥解密口令应是字母和数字的组合,不少于 8 个字符。口令不应采用有特殊意义的数字和组合,如姓名、生日、电话号码等。

5.3.6 审计

5.3.6.1 审计数据产生

审计功能部件应对下列事件产生审计记录:

a) 审计功能的启动和结束;

b) 表 8 中的事件。

表 8 可审计事件

功能	事件	附加信息
安全审计	所有对审计变量(如:时间间隔、审计事件的类型)的改变	
	所有删除审计记录的企图	
	对审计日志签名	审计日志记录中应保存数字签名、Hash 结果或认证码。
本地数据输入	所有的安全相关数据输入系统	若输入的数据与其他数据相关则应验证用户访问相关数据的权限。
远程数据输入	所有被系统所接受的安全相关信息	
数据输出	所有对关键的或安全相关的信息进行输出的请求	
密钥生成	PKI 系统生成密钥的要求(用作一次性会话密钥的对称密钥生成除外)	审计日志记录中应保存非对称密钥对的公钥部分。
私钥载入	部件私钥的载入	
私钥的存储	对为密钥恢复而保存的证书主体私钥的读取	

表 8(续)

功　　能	事　　件	附加信息
可信公钥的输入、删除和存储	所有对于可信公钥的改变(如:添加、删除)	审计日志记录中应包括公钥和与公钥相关的信息。
私钥和对称密钥的输出	私钥和对称密钥(包括一次性会话密钥)的输出	
证书注册	所有的证书请求	若成功,保存证书的拷贝在日志中; 若拒绝,保存原因在日志中。
证书状态变更的审批	所有更改证书状态的请求	在日志中保存请求结果(成功或失败)。
PKI 系统部件的配置	所有的与安全相关的对于 PKI 系统安全功能的配置	
证书轮廓管理	所有的对于证书轮廓的更改	在日志记录中保存对轮廓更改的内容。
撤销轮廓管理	所有的对于撤销轮廓的更改	在日志记录中保存对轮廓更改的内容。
证书撤销列表轮廓管理	所有的对于证书撤销列表轮廓的更改	在日志记录中保存对轮廓更改的内容。
在线证书状态协议轮廓管理	所有的对于 OCSP 轮廓的更改	在日志记录中保存对轮廓更改的内容。

对于每一个事件,其审计记录应包括:事件的日期和时间、用户、事件类型、事件是否成功,以及表 8 中附加信息栏中要求的内容。

日志记录中不应出现明文形式的私钥、对称密钥和其他安全相关的参数。

审计功能部件应能将可审计事件与发起该事件的用户身份相关联。

5.3.6.2 审计查阅

审计功能部件应为审计员提供查看日志所有信息的能力。

审计功能部件应以适于阅读和解释的方式向阅读者提供日志信息。

5.3.6.3 选择性审计

审计功能部件应可根据下列属性选择或排除审计事件集中的可审计事件:

用户标识、事件类型、主体标识、客体标识等。

5.3.6.4 审计事件存储

审计功能部件应具有以下能力:

a) 受保护的审计踪迹存储,能防止对审计记录的非授权修改,并可检测对审计记录的修改;
b) 防止审计数据丢失,要求当审计踪迹存储已满时,**审计功能部件应能够阻止除由审计员发起的以外的所有审计事件的发生。**

5.3.6.5 审计日志签名

审计功能部件应定期对审计日志做数字签名、Keyed Hash、认证码等完整性保护运算。

完整性保护运算的对象是从上次签名后加入的所有审计日志条目以及上次签名的结果。

对审计日志签名的时间周期应是可配置的。

对审计日志签名的事件应写入审计日志中,审计日志签名结果应包含在其中。

5.3.7 数据输入输出

5.3.7.1 TOE 内部用户数据传送

在 PKI 系统的物理分隔部件间传递用户数据时,PKI 系统应执行访问控制策略,以防止对安全相关的用户数据的篡改。

在 PKI 系统的物理分隔部件间传递用户数据时,PKI 系统应执行访问控制策略,以防止机密性用户数据的泄露。

5.3.7.2 **TSF 间用户数据传送的保密性**

当用户数据通过外部信道在 PKI 系统之间或 PKI 系统用户之间传递时，PKI 系统应执行访问控制策略，使得能以某种防止未授权泄露的方式传送用户数据。

5.3.7.3 **输出 TSF 数据的保密性**

在 TSF 数据从 TSF 到远程可信 IT 产品的传送过程中，应保护机密数据不被未授权泄露。

这些机密数据可以是 TSF 的关键数据，如口令、密钥、审计数据或 TSF 的可执行代码。

5.3.7.4 **TOE 内 TSF 数据的传送**

PKI 系统应保护安全相关的 TSF 数据在分离的 PKI 部件间传送时不被篡改；

PKI 系统应保护机密性 TSF 数据在分离的 PKI 部件间传送时不被泄露。

5.3.7.5 **原发抗抵赖**

要求 PKI 系统在任何时候都应对证书状态信息和其他安全相关信息强制产生原发证据。PKI 系统应能使信息原发者的身份等属性，与证据适用信息的安全相关部分相关联。

PKI 系统应能为所有安全相关的信息提供验证信息原发证据的能力，按正规的程序来进行验证。

5.3.8 **备份与恢复**

PKI 系统应具有备份和恢复功能，并可在需要时调用备份功能，使在系统失败或者其他严重错误的情况下能够重建系统。执行备份的频率取决于系统或者应用的重要性。在系统备份数据中应保存足够的信息使系统能够重建备份时的系统状态。系统应**通过数字签名、Hash 等方式防止备份数据受到未授权的修改。关键安全参数和其他机密信息应以加密形式存储。**

备份方案取决于应用环境，但至少应满足以下基本要求：

a) **备份要在不中断数据库使用的前提下实施；**

b) **备份方案应符合国家有关信息数据备份的标准要求；**

c) **备份方案应提供人工和自动备份功能；**

d) **备份方案应提供实时和定期备份功能；**

e) **备份方案应提供增量备份功能；**

f) **备份方案应提供日志记录功能。**

5.3.9 **密钥管理**

5.3.9.1 **密钥生成**

5.3.9.1.1 **PKI 系统密钥生成**

PKI 系统部件密钥和系统用户密钥生成应由相应级别的 CA 或 RA 等机构进行，**应使用硬件密码设备产生。进行密钥生成时，PKI 系统应在安全可信的环境中生成。**

CA 签名公私钥对应采用国家密码行政管理部门认可的方法生成，**应使用硬件密码设备产生。**进行密钥生成时，应检查用户角色，并设置为只有管理员才能启动 CA 密钥生成过程，**且应有多于一个管理员同时在场。**

密钥生成过程应满足以下要求：

a) **如果在密码模块内部产生密钥，密码模块应使用国家密码行政管理部门认可的算法或安全函数、按国家密码行政管理部门认可的密钥生成方法生成密钥；**

b) **如果密钥生成方法需要从随机数发生器输入随机数，那么随机数的生成应采用国家密码行政管理部门认可的方法；**

c) **如果在密钥生成过程中加入随机种子，随机种子导入应符合国家密码行政管理部门的规定；**

d) **猜测一个初始化确定性随机数发生器的随机种子值等危及密钥产生方法安全的难度，应至少和断定产生的密钥的值的难度一样大；**

e) **CA 签名公私密钥对生成应在可信的、安全的环境中产生，用于密钥对生成的随机数发生器产**

生的随机数要符合统计规律；

f） PKI 系统的文档中应明确规定系统密钥生成方法。

5.3.9.1.2 终端用户密钥生成

终端用户的密钥可由用户自己生成，也可委托 CA、RA 等 PKI 系统的服务机构生成。

终端用户密钥可用软件方法产生，生成算法和密钥长度等应符合国家密码行政管理部门的规定。

PKI 系统的文档中应明确规定终端用户密钥生成方法。

5.3.9.2 密钥传送与分发

5.3.9.2.1 PKI 系统密钥传送与分发

PKI 系统部件密钥的传送与分发应以加密形式直接发送到 PKI 系统部件中，加密算法等应符合国家密码行政管理部门的规定。

系统用户密钥的传送与分发应以加密形式直接发送到系统用户证书载体中，加密算法等应符合国家密码行政管理部门的规定。

CA 公钥分发方法应适当、切实可行，如提供根证书和 CA 证书下载、或与终端用户证书一起下载等，应符合国家密码行政管理部门对密钥分发的相关规定。CA 公钥分发还应保证 CA 公钥的完整性，可通过嵌入应用软件、SSL、手工等方法分发。

PKI 系统的文档中应明确说明 CA 公钥分发方法。

5.3.9.2.2 终端用户密钥传送与分发

如果终端用户自己生成密钥对，把公钥传送给 CA 是证书注册过程的一部分。终端用户应将公钥安全地提交给 CA，如使用证书载体等方法进行面对面传送。

如果终端用户委托 CA 生成密钥对，则不需要签发前的终端用户公钥传送。CA 向用户传送与分发私钥应以加密形式进行，加密算法等应符合国家密码行政管理部门的规定。

PKI 系统的文档中应明确规定用户密钥传送方法。

5.3.9.3 密钥有效期

PKI 系统应提供密钥有效期设置功能，并根据以下几点进行设置：

a） 密钥长度；

b） 加密算法的攻击难度；

c） 加密对象的价值；

d） 合同或者法律等外部环境的需求；

e） 密钥有效期的设定应符合国家密码行政管理部门规定。

5.3.9.4 密钥存储

5.3.9.4.1 PKI 系统密钥存储

PKI 系统部件密钥和系统用户密钥应存储于国家密码行政管理部门规定的密码模块中或由硬件密码设备加密后存储。CA 签名公私钥对应以加密的形式存储于国家密码行政管理部门认可的硬件密码设备中。

PKI 系统的文档中应明确规定系统密钥存储方法。

5.3.9.4.2 终端用户密钥存储

如果终端用户的密钥在 PKI 系统服务部件中存储，可用软件加密后存储在数据库中，加密算法应符合国家密码行政管理部门的规定。

如果终端用户的密钥由用户自行存储，则由用户选择存储方式。

PKI 系统的文档中应明确规定终端用户密钥存储方法。

5.3.9.5 密钥备份

5.3.9.5.1 PKI 系统密钥备份

对 PKI 系统部件密钥和系统用户密钥备份，应由国家密码行政管理部门认可的硬件密码设备加密后存储。

对于 CA 签名私钥备份，应以加密的形式备份于国家密码行政管理部门认可的硬件密码设备中，并进行访问控制，只有特定权限的人才能访问私钥信息存放部件。

PKI 系统密钥备份可采用热备份、冷备份和异地备份等措施。

PKI 系统的文档中应明确规定系统密钥备份方法。

5.3.9.5.2 终端用户密钥备份

用户签名私钥可由用户自行备份。用户用于机密性目的的密钥可由 PKI 服务机构提供备份服务或由用户自行备份。

如果由 PKI 系统备份，可用软件加密后存储在数据库中。如果用户自行备份，应用软件加密后存储。加密算法应符合国家密码行政管理部门的规定。

终端用户密钥备份可采用热备份、冷备份和异地备份等措施。

PKI 系统的文档中应明确规定终端用户密钥备份方法。

5.3.9.6 密钥导入导出

密钥被导出到 PKI 系统之外可能基于以下的原因：密钥备份、复制，以及将 PKI 系统部件产生的密钥传送到用户手中。

密钥导入或导出 PKI 系统时，应采用国家密码行政管理部门认可的加密算法或加密设备。

私钥不应以明文形式导入导出 PKI 系统，PKI 系统用户密钥和系统部件密钥应由国家密码行政管理部门认可的硬件密码设备加密，终端用户密钥可使用软件加密，CA 签名私钥应使用硬件密码设备加密。

PKI 系统应提供合适的方法把导入或导出 PKI 系统的对称密钥、私有密钥或公有密钥与正确实体相关联，并赋予相应的权限，其中实体可能是一个人、一个组或一个过程。

PKI 系统的文档中应明确规定密钥导入导出方法。

5.3.9.7 密钥更新

5.3.9.7.1 PKI 系统密钥更新

当 CA 签名密钥过期，或者 CA 签名私钥的安全性受到威胁时，带来了 CA 密钥和证书更新的问题。PKI 系统应提供有效的 CA 私钥及证书更新方式。要求：

a) 新密钥对的产生应符合 5.3.9.1 中的规定。
b) 新的 CA 公钥的分发应符合 5.3.9.2 中的规定。
c) 旧的 CA 公钥的归档应符合 5.3.9.9 中的规定。
d) 旧的 CA 私钥的销毁应符合 5.3.9.10 中的规定。
e) PKI 系统应采取明确的方法更新 CA 密钥及证书。在更新过程中应采取安全措施保证 PKI 系统服务的安全性和连续性，防止例如替换 CA 私钥和证书等的各种攻击行为。
f) PKI 系统的文档中，应说明 CA 密钥及证书的更新方法；并确保 CA 密钥及证书更新时，严格按照文档中规定的方法操作。

5.3.9.7.2 用户密钥更新

用户密钥对过期或者私钥的安全性受到威胁时应更新密钥。用户密钥可由 PKI 系统自动更新，也可手工更新。要求：

a) 新密钥对的产生应符合 5.3.9.1 中的规定。
b) 新的用户公钥的分发应符合 5.3.9.2 中的规定。
c) 旧的用户公钥的归档应符合 5.3.9.9 中的规定。
d) 旧的用户私钥的销毁应符合 5.3.9.10 中的规定。
e) 如果用户密钥由 PKI 系统自动更新，则 PKI 系统应采取明确的方法更新用户密钥及证书。在更新过程中应采取安全措施保证用户密钥和证书的安全，防止例如替换用户私钥和证书等的各种攻击行为。

f) 如果用户密钥由 PKI 系统自动更新，则 PKI 系统的文档中，应说明用户密钥及证书的更新方法；并确保用户密钥及证书更新时，严格按照文档中规定的方法操作。

5.3.9.8 密钥恢复

5.3.9.8.1 PKI 系统密钥恢复

对因密钥备份或密钥归档等不同原因存储在 PKI 系统中的密钥，在恢复时，应有不同的条件。对于备份的密钥，应仅由密钥所有者恢复；对于归档的密钥，则根据法律、规章或合同规定，由执法机关或管理部门恢复。PKI 系统应在恢复密钥前验证申请者的身份。

PKI 系统密钥恢复应保证密钥不被未授权地泄露或修改，恢复过程中密钥应以加密形式存在。

CA 签名私钥恢复需要特定权限的用户使用存有密钥信息的部件，在安全可信的环境中恢复，恢复过程不应危及密钥信息的安全性，不应暴露签名私钥。

PKI 系统的文档中应明确规定系统密钥恢复方法。

5.3.9.8.2 用户密钥恢复

用户密钥恢复应保证密钥不被未授权地泄露或修改，恢复过程中密钥应以加密形式存在。

PKI 系统的文档中应明确规定用户密钥恢复方法。

5.3.9.9 密钥归档

5.3.9.9.1 私钥归档

私钥归档中区分用于签名的私钥和用于解密数据的私钥。

签名私钥不允许被归档，用于解密数据的私钥允许被归档。

私钥归档如备份一样也保存一份私钥的拷贝，但用于不同的目的。备份用于系统运作的连续性，以防意外事故造成的私钥损坏、丢失、删除等。而归档用于长期的、将来为解密历史数据提供服务。

PKI 系统的文档中应明确规定私钥归档方法。

5.3.9.9.2 公钥归档

CA、RA、终端用户或其他系统部件的公钥都应归档，归档公钥为数字证书从目录中移除后验证数字签名提供了便利。

PKI 系统的文档中应明确规定公钥归档方法。

5.3.9.10 密钥销毁

5.3.9.10.1 PKI 系统密钥销毁

PKI 系统的密钥销毁应设置为只有特定权限的人才能执行销毁程序，并保证销毁过程应是不可逆的。PKI 系统提供的销毁程序可包括：用随机数据覆盖存储密钥的媒介、存储体，销毁存储密钥的媒介等。PKI 系统密钥销毁应符合国家密码行政管理部门对密钥销毁的相关规定。

PKI 系统的文档中应明确规定系统密钥销毁方法。

5.3.9.10.2 用户密钥销毁

终端用户密钥的销毁一般由用户自己执行销毁程序，并保证销毁过程应是不可逆的。用户可执行的销毁程序包括：用随机数据覆盖存储密钥的媒介、存储体，销毁存储密钥的媒介等。

PKI 系统的文档中应明确规定用户密钥销毁方法。

5.3.10 轮廓管理

5.3.10.1 证书轮廓管理

证书轮廓定义证书中的字段和扩展可能的值，这些字段和扩展应与 GB/T 20518—2006 相一致。证书轮廓包括的信息有：

a) 与密钥绑定的用户的标识符；

b) 主体的公私密钥对可使用的加密算法；

c) 证书发布者的标识符；

d) 证书有效时间的限定；

e) 证书包括的附加信息；

f) 证书的主体是否是 CA；

g) 与证书相对应的私钥可执行的操作；

h) 证书发布所使用的策略。

PKI 系统应具备证书轮廓，并保证发布的证书与证书轮廓中的描述一致。PKI 系统管理员应为以下字段和扩展指定可能的值：

a) 密钥所有者的标识符；

b) 公私密钥对主体的算法标识符；

c) 证书发布者的标识符；

d) 证书的有效期。

PKI 系统管理员还应为以下的字段和扩展指定可能的取值：

a) keyUsage；

b) basicConstraints；

c) certificatePolicies。

管理员还应为证书扩展指定可能的值。

5.3.10.2 证书撤销列表轮廓管理

证书撤销列表轮廓用于定义 CRL 中字段和扩展中可接受的值，这些字段和扩展应与 GB/T 20518—2006 相一致。CRL 轮廓可能要定义的值包括：

a) CRL 可能或者必须包括的扩展和每一扩展的可能的值；

b) CRL 的发布者；

c) CRL 的下次更新日期。

若 PKI 系统发布 CRL，则应具备证书撤销列表轮廓，并保证发布的 CRL 与该轮廓中的规定相一致。PKI 系统管理员应规定以下字段和扩展的可能的取值：

a) issuer；

b) issuerAltName；

c) NextUpdate。

若 PKI 系统发布 CRL，管理员还应指定 CRL 和 CRL 扩展可接受的值。

5.3.10.3 在线证书状态协议轮廓管理

在线证书状态协议轮廓用于定义一系列在 OCSP 响应中可接受的值。OCSP 轮廓应规定 PKI 系统可能产生的 OCSP 响应的类型和这些类型可接受的值。

a) 若 PKI 系统发布 OCSP 响应，PKI 系统应具备 OCSP 轮廓并保证 OCSP 响应与轮廓一致；

b) 若 PKI 系统发布 OCSP 响应，PKI 系统应要求管理员为 responseType 字段指定可接受的值；

c) 若 PKI 系统允许使用基本响应类型(basic response type)的 OCSP 响应，则 PKI 系统管理员应为 ResponderID 指定可接受的值。

5.3.11 证书管理

5.3.11.1 证书注册

PKI 系统所签发的公钥证书应与 GB/T 20518—2006 相一致。任何证书所包含的字段或扩展应被 PKI 系统根据 GB/T 20518—2006 生成或经由颁发机构验证以保证其与标准的一致性。

输入证书字段和扩展中的数据应被批准。证书字段或扩展的值可有以下 4 种方式获得批准：

a) 数据被操作员手工批准；

b) 自动过程检查和批准数据；

c) 字段或扩展的值由 PKI 系统自动生成；

d） 字段或扩展的值从证书轮廓中获得。

进行证书生成时，

a） 应仅产生与 GB/T 20518—2006 中规定的证书格式相同的证书；

b） 应仅生成与现行证书轮廓中定义相符的证书；

c） PKI 系统应验证预期的证书主体拥有与证书中包含的公钥相对应的私钥，除非公私密钥对是由 PKI 系统所产生的；

d） PKI 系统应保证：

1） version 字段应为 0,1,2；

2） 若包含 issuerUniqueID 或 subjectUniqueID 字段，则 version 字段应为 1 或 2；

3） 若证书包含 extensions，那么 version 字段应为 2；

4） serialNumber 字段对 CA 应是唯一的；

5） validity 字段应说明不早于当时时间的 notBefore 值和不早于 notBefore 时间的 notAfter 值；

6） 若 issuer 字段为空，证书应包括一个 issuerAltName 的关键性扩展；

7） 若 subject 字段为空，证书应包括一个 subjectAltName 的关键性扩展；

8） subjectPublicKeyInfo 字段中的 signature 字段和 algorithm 字段应包含国家密码行政管理部门许可的或推荐的算法的 OID。

5.3.11.2 证书撤销

5.3.11.2.1 证书撤销列表审核

发布 CRL 的 PKI 系统应验证所有强制性字段的值符合 GB/T 20518—2006。至少以下字段应被审核：

a） 若包含 version 字段，应为 1；

b） 若 CRL 包含关键性的扩展，version 字段应出现且为 1；

c） 若 issuer 字段为空，CRL 应包含一个 issuerAltName 的关键性扩展；

d） signature 和 signatureAlgorithm 字段应为许可的数字签名算法的 OID；

e） thisUpdate 应包含本次 CRL 的发布时间；

f） nextUpdate 字段的时间不应早于 thisUpdate 字段的时间。

5.3.11.2.2 OCSP 基本响应的审核

发布 OCSP 响应的 PKI 系统应验证所有强制性字段的值符合 GB/T 19713—2005。至少应审核以下字段：

a） version 字段应为 0；

b） 若 issuer 字段为空，响应中应包含一个 issuerAltName 的关键性扩展；

c） signatureAlgorithm 字段应为许可的数字签名算法的 OID；

d） thisUpdate 字段应指出证书状态正确的时间；

e） producedAt 字段应指出 OCSP 响应者发出响应的时间；

f） nextUpdate 字段的时间不应早于 thisUpdate 字段的时间。

5.3.12 配置管理

应按 **GB/T** 20271—2006 中 6.3.5.1 的要求，从以下方面实现 PKI 系统的配置管理：

a） **在配置管理自动化方面要求部分的配置管理自动化；**

b） 在配置管理能力方面应实现对版本号、**配置项**、**授权控制**等方面的要求；

c） 在 PKI 系统的配置管理范围方面，应将 PKI 系统的实现表示、设计文档、测试文档、用户文档、管理员文档以及配置管理文档等置于配置管理之下，**要求实现对配置管理范围内的问题跟踪，特别是安全缺陷问题进行跟踪；**

d) 在系统的整个生存期，即在它的开发、测试和维护期间，应有一个软件配置管理系统处于保持对改变源码和文件的控制状态。只有被授权的代码和代码修改才允许被加进已交付的源码的基本部分。所有改变应被记载和检查，以确保未危及系统的安全。在软件配置管理系统中，应包含从源码产生出系统新版本、鉴定新生成的系统版本和保护源码免遭未授权修改的工具和规程。通过技术、物理和保安规章三方面的结合，可充分保护生成系统所用到的源码免遭未授权的修改和毁坏。

5.3.13 分发和操作

应按 **GB/T** 20271—2006 中 6.3.5.2 的要求，从以下方面实现 PKI 系统的分发和操作：

a) 以文档形式提供对 PKI 系统安全地进行分发的过程，并对安装、生成、启动和修改检测的过程进行说明，最终生成安全的配置。文档中所描述的内容应包括：
   1) 提供分发的过程；
   2) 安全启动和操作的过程；
   3) 建立日志的过程；
   4) 修改内容的检测；
   5) 对任何安全加强功能在启动、正常操作维护时能被撤销或修改的阐述；
   6) 在故障或硬件、软件出错后恢复系统至安全状态的规程；
   7) 对含有加强安全性的硬件部件，应说明用户或自动的诊断测试的操作环境和使用方法；
   8) 所有诊断测试过程中，为加强安全性的硬件部件所提供例证的结果；
   9) 在启动和操作时产生审计踪迹输出的例证。
b) 对系统的未授权修改的风险，应在交付时控制到最低限度。在包装及安全分送和安装过程中，这种控制应采取软件控制系统的方式，确认安全性会由最终用户考虑，所有安全机制都应以功能状态交付。
c) 所有软件应提供安全安装默认值，在客户不做选择时，默认值应使安全机制有效地发挥作用。
d) 随同系统交付的全部默认用户标识码，应在交付时处于非激活状态，并在使用前由管理员激活。
e) 指导性文档应同交付的系统软件一起包装，并应有一套规程确保当前送给用户的系统软件是严格按最新的系统版本来制作的。
f) 以安全方式开发并交付系统后，仍应提供对产品的长期维护和评估的支持，包括产品中的安全漏洞和现场问题的解决。
g) 应采用书面说明的方式向客户通告新的安全问题。
h) 对可能受到威胁的所有的安全问题，均应描述其特点，并作为主要的问题对待，直到它被解决。
i) 为了支持已交付的软件的每个版本，对所有已有的安全漏洞都应有文档书面说明，并且客户能在限制的基础上得到该文档。
j) 对安全漏洞的修改不必等到系统升级到下一个版本。安全功能的增加和改进应独立于系统版本的升级，也就是说，应存在适应性独立于系统其他功能的改进。
k) 只有经过客户授权，才允许在生产性运行的系统上进行新特性和简易原型的开发、测试和安装。
l) 新的版本应避免违反最初的安全策略和设想，也应避免在维护、增加或功能升级中引入安全漏洞，所有功能的改变和安全结构设置的默认值都应作记录。在新版本交付给客户使用前，客户应能得到相应的文档。

5.3.14 开发

应按 **GB/T** 20271—2006 中 6.3.5.3 的要求，从以下方面进行 PKI 系统的开发：

a) 按非形式化安全策略模型、完全定义的外部接口、**安全加强的高层设计**、**TSF 完全实现**、TSF 内部结构层次化、描述性低层设计和非形式化对应性说明的要求，进行 PKI 系统的开发；
b) 系统的设计和开发应保护数据的完整性，例如，检查数据更新的规则，返回状态的检查，中间结果的检查，合理值输入检查等；
c) 在内部代码检查时，应解决潜在的安全缺陷，关闭或取消所有的后门；
d) 所有交付的软件和文档，应进行关于安全缺陷的定期的和书面的检查，并将检查结果告知客户；
e) 系统控制数据，如口令和密钥，不应在未受保护的程序或文档中以明文形式储存，并以书面形式向客户提供关于软件所有权法律保护的指南；
f) **在 PKI 系统开发的敏感阶段，应保持一个安全环境，该安全环境要求：**
   1) **描述 PKI 系统开发所使用的计算机系统的安全使用和维护情况的安全策略和措施应有书面记载，并可供检查；**
   2) **系统开发过程中使用的所有计算机系统应接受定期的和有书面记载的内部安全审计，描述审计过程的文件和真实的审计报告应可供检查；**
   3) **除授权的分发机构外，不应在开发环境外部复制或分发内部文档；**
   4) **开发环境的计算机系统使用的所有软件应合法地从确定的渠道获得；**
   5) **开发者个人独自开发的软件，应在被开发管理者审核后才能用于开发的系统。**

5.3.15 指导性文档

应按 **GB/T** 20271—2006 中 6.3.5.4 的要求，从以下方面编制 PKI 系统的指导性文档：

a) **应通过提供指导性文档，将如何安全使用和维护 PKI 系统的信息交付给系统的终端用户和系统用户。对文档的总体要求是：**
   1) **应对所有的安全访问和相关过程、特权、功能等适当的管理加以阐述；**
   2) **应阐述安全管理和安全服务的交互，并提供指导；**
   3) **应详细给出每种审计事件的审计记录的结构，以便考察和维护审计文件和进程；**
   4) **应提供一个准则集用于保证附加的说明的一致性不受破坏。**
b) **系统用户文档应提供系统用户了解如何用安全的方式管理系统，除了给出一般的安全忠告，还应明确：**
   1) **在系统用安全的方法设置时，围绕管理员、操作员、审计员和安全员、主体和客体的属性等，应如何安装或终止安装；**
   2) **在系统的生命周期内如何用安全的方法维护系统，包括为了防止系统被破坏而进行的每天、每周、每月的安全常规备份等；**
   3) **如何用安全的方法重建 PKI 系统的方法；**
   4) **说明审计跟踪机制，使系统用户可有效地使用审计跟踪来执行本地的安全策略；**
   5) **必要时，如何调整系统的安全默认配置。**
c) 终端用户文档应提供关于不同用户的可见的安全机制以及如何利用它们的信息，描述没有明示用户的保护结构，并解释它们的用途和提供有关它们使用的指南。
d) 系统用户文档应提供有关如何设置、维护和分析系统安全的详细指导，包括当运行一个安全设备时，需要控制的有关功能和特权的警告，以及与安全有关的管理员功能的详细描述，包括增加和删除一个用户、改变用户的安全特征等。
e) 文档中不应提供任何一旦泄露将会危及系统安全的信息。有关安全的指令和文档应划分等级分别提供给终端用户和系统用户。这些文档应为独立的文档，或作为独立的章节插入到终端用户指南和系统用户指南中。文档也可为硬拷贝、电子文档或联机文档。如果是联机文档，应控制对其的访问。

f) 应提供关于所有审计工具的文档，包括为检查和保持审计文件所推荐的过程、针对每种审计事件的详细审计记录文件、为周期性备份和删除审计记录所推荐的过程等。

g) 应提供如何进行系统自我评估的章节(带有网络管理、口令要求、意外事故计划的安全报告)和为灾害恢复计划所做的建议，以及描述普通侵入技术和其他威胁，并查出和阻止入侵的方法。

5.3.16 生命周期支持

应按 **GB/T** 20271—2006 中 6.3.5.5 的要求，从以下方面实现 PKI 系统的生命周期支持：

a) 按标准的生命周期模型和明确定义开发工具的要求进行开发，并提供开发过程中的安全措施说明；

b) 操作文档应详细阐述安全启动和操作的过程，详细说明安全功能在启动、正常操作维护时是否能被撤销或修改，说明在故障或系统出错时如何恢复系统至安全状态；

c) 如果系统含有加强安全性的硬件，那么管理员、其他用户或自动的诊断测试，应能在各自的操作环境中运行它并详细说明操作过程。

5.3.17 测试

应按 **GB/T** 20271—2006 中 6.3.5.6 的要求，从以下方面对 PKI 系统进行测试：

a) 应通过测试范围的证据、测试的范围分析、高层设计的测试、低层设计测试、顺序的功能测试、相符独立性测试和抽样性独立测试等，确认 PKI 系统的功能与所要求的功能相一致。

b) 所有系统的安全特性，应被全面测试，包括查找漏洞，如违反系统访问控制要求、违反资源访问控制要求、拒绝服务、对审计或验证数据进行未授权访问等。所有发现的漏洞应被改正、消除或使其无效，并在消除漏洞后重新测试，以证实它们已被消除，且没有引出新的漏洞。

c) 应提供测试文档，详细描述测试计划、测试过程、测试结果。

5.3.18 脆弱性评定

应按 **GB/T** 20271—2006 中 6.3.5.7 的要求，从以下方面对所开发的 PKI 系统进行脆弱性评定：

a) 分析确认以防止误用；

b) PKI 系统安全功能强度评估；

c) 开发者脆弱性分析；

d) 独立脆弱性分析。

5.4 第四级

5.4.1 概述

第四级的 PKI 系统，所保护的资产价值很高，面临的安全威胁很大，适用于安全要求很高的运营级 PKI 系统。PKI 系统面临的风险，应按照 GB/T 20984—2007 进行评估。结构设计上，PKI 系统的 CA、RA 和证书资料库都应独立设计，并采用终端用户证书分为签名证书和加密证书的双证书机制，建设包括证书认证中心和密钥管理中心的双中心系统。证书认证中心和密钥管理中心的基本功能要求、建设要求和运行管理要求等相关安全技术要求应符合国家相关标准的规定。第四级 PKI 系统的安全要素要求列表见附录 A。

5.4.2 物理安全

5.4.2.1 核心部件物理安全

进行 PKI 系统硬件设备、相关环境和系统安全的设计时，应按照 **GB/T** 21052—2007 **第** 7 **章**所描述的要求。

5.4.2.2 RA 物理安全

RA 可全部托管在 CA 系统，也可部分托管在 CA 系统，部分建在远端。

RA 应设置专门的区域来接待日常业务，只有被授权者才能接触 RA 工作站和相关敏感数据、设备。

RA 应妥善保管私钥，在 RA 设备不使用时应锁存私钥。

RA 设备应有安全人员和电子监控设备保护防盗。

所有的活动都应被授权人员或安全人员监控。

RA 对外服务的时间应被严格限制在指定的时间。

维修和服务人员在工作区域应受监控。

5.4.3 角色与责任

开发者应提供 PKI 系统管理员、操作员、审计员和**安全员**的角色定义。

管理员：安装、配置、维护系统；建立和管理用户账户；配置轮廓和审计参数；生成部件密钥。**本级 PKI 系统新增安全员角色，与备份恢复相关的权限只应分配给安全员。**

操作员：签发和撤销证书。

审计员：查看和维护审计日志。

安全员：执行系统的备份和恢复。

系统应具备使主体与角色相关联的能力，并保证一个主体不应同时具备多个角色的权限。一个人不应同时拥有多个角色，开发者应在系统设计时对角色的管理进行相关限制。

角色的安全功能管理应按表 9 中的配置对授权的角色修改安全功能的能力进行限制。

表 9　授权的角色对于安全功能的管理

功　能	授权角色
安全审计	配置审计参数的权限应仅授予管理员； 变更审计日志签名时间间隔的权限应仅授予管理员。 **变更时间戳事件时间间隔和时间戳来源的权限仅授予管理员。**
备份与恢复	配置备份参数的权限应仅授予管理员； 初始化备份或恢复功能的权限应仅授予**安全员**。
证书注册	验证证书字段或扩展字段内容正确性的权限应授权给操作员； 若使用自动过程验证证书字段和扩展字段，那么，配置自动过程的权限应授权给操作员。
数据输入和输出	**PKI 系统私钥的输出应得到至少两个管理员的认可，或一个管理员和一个操作员、审计员或安全员的认可。**
证书状态变更的许可	只有操作员可以配置用于撤销证书的自动过程和相关信息； 只有操作员可以配置用于证书挂起的自动过程和相关信息。
PKI 系统配置	对于 PKI 系统功能的任何配置权应仅授予管理员。（除了在本标准中其他地方所定义的分配给其他角色的 TSF 功能，这一要求应用于所有的配置变量）
证书轮廓管理	更改证书轮廓的权限应仅授予管理员。
撤销轮廓管理	更改撤销轮廓的权限应仅授予管理员。
证书撤销列表轮廓管理	更改证书撤销列表轮廓的权限应仅授予管理员。
在线证书状态查询轮廓管理	更改在线证书状态查询轮廓的权限应仅授予管理员。

5.4.4 访问控制

5.4.4.1 系统用户访问控制

注册和注销能够访问 PKI 系统信息和服务的用户应按正规的程序执行。分配或者使用系统特权时，应进行严格的限制和控制。进行口令分配时，应通过正规的程序控制。应定期审核系统用户的访问权限，检查不应有的权限分配。选取和使用口令时系统用户应按已定义的策略和程序进行。系统用户账号和终端用户账号应严格分类管理。对无人值守的设备应有适当的保护措施，用户登录时应严格控制和记录。

PKI 系统文档中，应有访问控制的相关文档，访问控制文档中的访问控制策略应包含如下几个方面：

a) 角色及其相应的访问权限

角色及其相应的访问权限的分配见表 10。

表 10 角色及其相应的访问权限

功 能	事 件
证书请求数据的远程和本地输入	证书请求数据的输入操作应仅由操作员和申请证书的主体所完成。
证书撤销请求数据的远程和本地输入	证书撤销请求数据的输入操作应仅由操作员和申请撤销证书的主体所完成。
数据输出	仅系统用户可以请求导出关键和安全相关数据。
密钥生成	仅管理员可以请求生成部件密钥(在多次连接或消息中用于保护数据)；
私钥载入	仅管理员可以请求向加密模块载入部件私钥。
私钥存储	仅操作员可以提出对证书私钥的请求； PKI 系统安全功能不应提供解密证书私钥以用来进行数字签名的能力； 至少应有两个人才可请求解密证书私钥，这两个人中一个是操作员，另一个是操作员、管理员、审计员和安全员中的一人。
可信公钥的输入、删除和存储	仅管理员有权更改(增加、修改、删除)信任公钥。
对称密钥存储	仅管理员有权产生将 PKI 系统对称密钥载入加密模块的请求。
私钥和对称密钥销毁	仅管理员、审计员、操作员有权将 PKI 系统的私钥和对称密钥销毁。
私钥和对称密钥的输出	仅管理员有权输出部件私钥； 仅操作员有权输出证书私钥； 输出证书私钥至少应获得两个人的同意，这两个人中一个是操作员，另一个是操作员、管理员、审计员和安全员中的一人。
证书状态更改许可	仅操作员和证书主体有权申请使证书进入挂起状态； 仅操作员有权解除证书的挂起状态； 仅操作员有权批准证书进入挂起状态； 仅操作员和证书主体有权申请撤销证书； 仅操作员有权批准撤销证书和所有被撤销信息。

b) 标识与鉴别系统用户的过程

应符合 5.4.5 的要求。

c) 角色的职能分割

应符合 5.4.3 的要求。

d) 进行 PKI 系统的特定操作时需要的最小系统用户人数最少应满足以下要求：

CA 私钥和关键部件密钥的生成、备份、更新、导入导出、密钥恢复、密钥销毁等操作要求有多个系统用户同时在场，并符合表 10 的要求。

5.4.4.2 网络访问控制

进行远程访问时，PKI 系统应提供访问控制。远程用户只有被认证通过后，PKI 系统才允许访问，并只对授权用户提供被授权使用的服务。系统开发者应提供对远程用户终端到 PKI 系统服务的路径进行控制的方法，并采取防火墙、入侵检测等安全保护措施。对远程计算机系统与 PKI 系统的连接应被认证,认证方法包括计算机地址、访问时间、拥有的密钥等。PKI 系统应定义网络访问控制策略。PKI 系统的诊断分析端口是重要的受控访问端口,开发者应对其访问进行严格的安全控制,能够检测并记录对这些端口的访问请求。PKI 系统内部网络和外部网络之间应设置安全控制,并设置网关、网闸、防火墙等保护措施。

按照 PKI 系统的访问控制策略,应限制用户可用的服务,对于不合理的服务请求应进行限制和过滤。路由控制应保证计算机连接和信息流不违背系统的访问控制策略,对不合理的信息流和网络连接应进行限制和过滤。PKI 系统所有网络服务的安全属性要求在 PKI 文档中有相关说明。

5.4.4.3 操作系统访问控制

PKI 系统的访问应使用安全的登录过程,自动登录等应被严格限制。每个用户只有唯一的 ID,以便在 PKI 系统的操作能够被记录追踪。

系统的口令管理应提供有效的、交互式的工具以确保生成高质量的口令。对系统工具的使用应进行严格的控制。

当系统用户正在访问 PKI 服务系统,中途长期离开用户终端时,PKI 系统应能检测出这些终端经过了指定时间的不活动状态,并自动进入保护状态,采取锁屏、断开连接等措施,防止未授权用户访问。对高风险的应用应限制连接次数以提供额外的保护,对短时间内超过限制次数以上的连接应进行可配置的操作并记录。

5.4.4.4 应用程序访问控制

应根据访问控制策略,严格限制对信息和应用系统功能访问。无关的应用程序应进行删除,不适当的应用程序调用应检查权限并记录。系统应采取病毒防治、漏洞扫描、入侵检测等安全防护措施。

5.4.5 标识与鉴别

标识与鉴别包括建立每一个用户所声称的身份,和验证每一个用户确实是他所声称的用户。确保用户与正确的安全属性相关联。

5.4.5.1 用户属性定义

PKI 系统应维护每个用户的安全属性。

安全属性包括但不限于身份、组、角色、许可、安全和完整性等级。

5.4.5.2 用户鉴别

当进行鉴别时,PKI 系统的安全功能应仅仅将最少的反馈提供给用户(如打入的字符数、鉴别的成功或失败),不应给用户更多的信息。

在用户被成功鉴别之前,PKI 系统不允许执行代表该用户的任何行动。

管理员应对鉴别数据进行管理。

PKI 系统应定义所支持的用户鉴别机制的类型。

PKI 系统安全功能应提供一个以上的鉴别机制,对不同身份的用户使用不同的鉴别机制,并对一个用户使用多个鉴别过程。

当进行鉴别时,PKI 系统的安全功能应避免提供给用户的反馈泄露用户的鉴别数据,口令字符输入时,应只显示星号,而不显示原始字符。

PKI 系统应定义鉴别机制如何提供鉴别以及每一种鉴别机制将在何时使用。

5.4.5.3 用户标识

在标识用户的身份之前,PKI 系统不允许执行代表该用户的任何行动。

5.4.5.4 用户主体绑定

在 PKI 系统安全功能控制范围之内,对一个已标识与鉴别的用户,为了完成某个任务,需要激活另一个主体,这时,应通过用户-主体绑定将该用户与该主体相关联,从而将用户的身份与该用户的所有可审计行为相关联,使用户对自己的行为负责。

5.4.5.5 **鉴别失败处理**

当用户自从上次鉴别成功以来不成功的鉴别尝试的次数达到或超过了定义的界限时，PKI 系统的安全功能应能检测到。这个界限是管理员可配置的。管理员可配置的参数包括但不限于，失败的鉴别次数和时间门限值。

鉴别不成功尝试的次数不必连续，但应与鉴别事件相关。

当用户自从上次鉴别成功以来不成功的鉴别尝试的次数达到或超过了定义的界限时，PKI 系统应采取应对措施，例如：

a） 使终端失效一段随次数增加的时间；

b） 使一个用户帐号失效一段时间或失效，直到管理员解除；

c） 向管理员报警；

d） 重新允许用户会话建立过程。

为了防止拒绝服务，至少保证有一个用户帐号不应失效。

5.4.5.6 **秘密的规范**

当用来对用户身份鉴别的口令、密钥等秘密信息由终端用户自己产生时，PKI 系统应对可接受的秘密信息的质量作出要求，并检查。秘密信息质量包括字母数字结构或者密钥长度等。秘密信息质量量度由管理员制定。

当用来对用户身份鉴别的口令、密钥等秘密信息由 PKI 系统产生时，PKI 系统应可生成符合秘密信息质量要求的秘密信息。秘密信息质量包括字母数字结构或者密钥长度等。当使用伪随机生成器时，应能提供具有高度不可预见性的随机数。秘密信息质量量度由管理员制定。

终端用户口令应是字母和数字的组合，不少于 6 个字符。**系统用户口令和系统部件密钥解密口令应是字母、数字以及特殊字符的组合，不少于 10 个字符**。口令不应采用有特殊意义的数字和组合，如姓名、生日、电话号码等。

5.4.6 **审计**

5.4.6.1 **审计数据产生**

审计功能部件应对下列事件产生审计记录：

a） 审计功能的启动和结束；

b） 表 11 中的事件。

表 11 可审计事件

功 能	事 件	附加信息
安全审计	所有对审计变量（如：时间间隔、审计事件的类型）的改变	
	所有删除审计记录的企图	
	对审计日志签名	审计日志记录中应保存数字签名、Hash 结果或认证码。
本地数据输入	所有的安全相关数据输入系统	若输入的数据与其他数据相关则应验证用户访问相关数据的权限。
远程数据输入	所有被系统所接受的安全相关信息	
数据输出	所有对关键的或安全相关的信息进行输出的请求	
密钥生成	PKI 系统生成密钥的要求（用作一次性会话密钥的对称密钥生成除外）	审计日志记录中应保存非对称密钥对的公钥部分。
私钥载入	部件私钥的载入	

表 11(续)

功 能	事 件	附加信息
私钥的存储	对为密钥恢复而保存的证书主体私钥的读取	
对称密钥存储	手工导入用于认证的对称密钥	
可信公钥的输入、删除和存储	所有对于可信公钥的改变(如:添加、删除)	审计日志记录中应包括公钥和与公钥相关的信息。
私钥和对称密钥的输出	私钥和对称密钥(包括一次性会话密钥)的输出	
证书注册	所有的证书请求	若成功,保存证书的拷贝在日志中; 若拒绝,保存原因在日志中。
证书状态变更的审批	所有更改证书状态的请求	在日志中保存请求结果(成功或失败)。
PKI 系统部件的配置	所有的与安全相关的对于 PKI 系统安全功能的配置	
证书轮廓管理	所有的对于证书轮廓的更改	在日志记录中保存对轮廓更改的内容。
撤销轮廓管理	所有的对于撤销轮廓的更改	在日志记录中保存对轮廓更改的内容。
证书撤销列表轮廓管理	所有的对于证书撤销列表轮廓的更改	在日志记录中保存对轮廓更改的内容。
在线证书状态协议轮廓管理	所有的对于 OCSP 轮廓的更改	在日志记录中保存对轮廓更改的内容。

对于每一个事件,其审计记录应包括:事件的日期和时间、用户、事件类型、事件是否成功,以及表 11 中附加信息栏中要求的内容。

日志记录中不应出现明文形式的私钥、对称密钥和其他安全相关的参数。

审计功能部件应能将可审计事件与发起该事件的用户身份相关联。

5.4.6.2 审计查阅

审计功能部件应为审计员提供查看日志所有信息的能力。

审计功能部件应以适于阅读和解释的方式向阅读者提供日志信息。

5.4.6.3 选择性审计

审计功能部件应可根据下列属性选择或排除审计事件集中的可审计事件:

用户标识、事件类型、主体标识、客体标识等。

5.4.6.4 审计事件存储

审计功能部件应具有以下能力:

a) 受保护的审计踪迹存储,能防止对审计记录的非授权修改,并可检测对审计记录的修改;

b) 防止审计数据丢失,要求当审计踪迹存储已满时,审计功能部件应能够阻止除由审计员发起的以外的所有审计事件的发生。

5.4.6.5 可信的时间戳

PKI 系统应获得可信的时间戳功能供审计部件使用。

5.4.6.6 审计日志签名

审计功能部件应定期从第三方获得数字签名的时间戳。时间戳不应由审计功能部件签名。

数字签名时间戳签名的对象是从上次生成时间戳后加入的所有审计日志条目以及上次签名的时间戳的值。

对审计日志签名的时间周期应是可配置的。

对审计日志做时间戳的事件应写入日志中，时间戳应包含在其中。

5.4.7 数据输入输出

5.4.7.1 TOE 内部用户数据传送

在 PKI 系统的物理分隔部件间传递用户数据时，PKI 系统应执行访问控制策略，以防止对安全相关的用户数据的篡改。

在 PKI 系统的物理分隔部件间传递用户数据时，PKI 系统应执行访问控制策略，以防止机密性用户数据的泄露。

在 PKI 系统的物理分隔部件间传递用户数据时，PKI 系统应执行访问控制策略，以检测是否有用户数据的修改、替换、重排、删除等完整性错误出现。

检测到完整性错误时，PKI 系统应进行诸如重新请求数据、提醒管理员、记录发现的错误等处理。

5.4.7.2 TSF 间用户数据传送的保密性

当用户数据通过外部信道在 PKI 系统之间或 PKI 系统用户之间传递时，PKI 系统应执行访问控制策略，使得能以某种防止未授权泄露的方式传送用户数据。

5.4.7.3 TSF 间用户数据传送的完整性

当用户数据通过外部信道在 PKI 系统之间或 PKI 系统用户之间传递时，PKI 系统应执行访问控制策略，使得能以某种方式传送和接收用户数据时，保护数据以避免出现篡改、删除、插入、重用错误。

5.4.7.4 输出 TSF 数据的保密性

在 TSF 数据从 TSF 到远程可信 IT 产品的传送过程中，应保护机密数据不被未授权泄露。

这些机密数据可以是 TSF 的关键数据，如口令、密钥、审计数据或 TSF 的可执行代码。

5.4.7.5 输出 TSF 数据的完整性

PKI 系统应提供检测与远程可信 IT 产品间传送的所有 TSF 数据是否被修改的能力。

这些数据可以是 TSF 的关键数据，如口令、密钥、审计数据或 TSF 的可执行代码。

检测到完整性错误时，PKI 系统应进行诸如重新请求数据、提醒管理员、记录发现的错误等处理。

5.4.7.6 TOE 内 TSF 数据的传送

PKI 系统应保护安全相关的 TSF 数据在分离的 PKI 部件间传送时不被篡改；

PKI 系统应保护机密性 TSF 数据在分离的 PKI 部件间传送时不被泄露。

PKI 系统应能够检测在系统物理分离部件间传送的 TSF 数据的修改、替换、重排、删除等完整性错误出现。

检测到完整性错误时，PKI 系统应进行诸如重新请求数据、提醒管理员、记录发现的错误等处理。

5.4.7.7 原发抗抵赖

要求 PKI 系统在任何时候都应对证书状态信息和其他安全相关信息强制产生原发证据。PKI 系统应能使信息原发者的身份等属性，与证据适用信息的安全相关部分相关联。

PKI 系统应能为所有安全相关的信息提供验证信息原发证据的能力，按照正规的程序来进行验证。

对初始化证书注册消息，PKI 系统只接受经过认证码、Keyed Hash 或者数字签名算法保护的。

对所有其他安全相关信息，PKI 系统只接受经过数字签名算法保护的。

5.4.8 备份与恢复

PKI 系统应具有备份和恢复功能，并可在需要时调用备份功能，使在系统失败或者其他严重错误的情况下能够重建系统。执行备份的频率取决于系统或者应用的重要性。在系统备份数据中应保存足够的信息使系统能够重建备份时的系统状态。**这些数据应以稳定可靠的方式存储，例如磁盘或者磁带，使其在掉电的情况下仍然能够保存。**系统应通过数字签名、Hash 等方式防止备份数据受到未授权的修改。关键安全参数和其他机密信息应以加密形式存储。

备份方案取决于应用环境，但至少应满足以下基本要求：

a) 备份要在不中断数据库使用的前提下实施；

b） 备份方案应符合国家有关信息数据备份的标准要求；

c） 备份方案应提供人工和自动备份功能；

d） 备份方案应提供实时和定期备份功能；

e） 备份方案应提供增量备份功能；

f） 备份方案应提供日志记录功能。

5.4.9 密钥管理

5.4.9.1 密钥生成

5.4.9.1.1 **PKI 系统密钥生成**

PKI 系统部件密钥和系统用户密钥生成应由相应级别的 CA 或 RA 等机构进行，应使用硬件密码设备产生。进行密钥生成时，PKI 系统应在安全可信的环境中生成。

CA 签名公私钥对应采用国家密码行政管理部门认可的方法生成，应使用硬件密码设备产生。进行密钥生成时，应检查用户角色，并设置为只有管理员才能启动 CA 密钥生成过程，且应有多于一个管理员同时在场。

密钥生成过程应满足以下要求：

a） 如果在密码模块内部产生密钥，密码模块应使用国家密码行政管理部门认可的算法或安全函数，按国家密码行政管理部门认可的密钥生成方法生成密钥。

b） 如果密钥生成方法需要从随机数发生器输入随机数，那么随机数的生成应采用国家密码行政管理部门认可的方法。

c） 如果在密钥生成过程中加入随机种子，随机种子导入应符合国家密码行政管理部门的规定。

d） 猜测一个初始化确定性随机数发生器的随机种子值等危及密钥产生方法安全的难度，应至少和断定产生的密钥的值的难度一样大。

e） CA 签名公私密钥对生成应在可信的、安全的环境中产生，用于密钥对生成的随机数发生器产生的随机数要符合统计规律。

f） **应采用分割知识或其他分布式生成方法，每个管理员只能持有以加密形式存有一部分私钥信息的硬件密码设备。除非采用特殊的设备，私钥信息不应导出硬件密码设备。**

g） **在私钥产生过程中不应暴露私钥信息。CA 签名密钥生成后，产生过程中使用的而签名过程中不再需要的密钥参数应销毁。**

h） PKI 系统的文档中应明确规定系统密钥生成方法。

5.4.9.1.2 终端用户密钥生成

终端用户签名私钥只能由其自己生成；终端用户加密密钥可由用户自己生成，也可委托 CA、RA 等 PKI 系统的服务机构生成。

用户自己生成密钥时，应采用国家密码行政管理部门认可的硬件设备。

PKI 系统的文档中应明确规定终端用户密钥生成方法。

5.4.9.2 密钥传送与分发

5.4.9.2.1 **PKI 系统密钥传送与分发**

PKI 系统部件密钥的传送与分发应以加密形式直接发送到 PKI 系统部件中，加密算法等应符合国家密码行政管理部门的规定。

系统用户密钥的传送与分发应以加密形式直接发送到系统用户证书载体中，加密算法等应符合国家密码行政管理部门的规定。

CA 公钥分发方法应适当、切实可行，如提供根证书和 CA 证书下载，或与终端用户证书一起下载等，应符合国家密码行政管理部门对密钥分发的相关规定。CA 公钥分发还应保证 CA 公钥的完整性，可通过嵌入应用软件、SSL、手工等方法分发。

PKI 系统的文档中应明确说明 CA 公钥分发方法。

5.4.9.2.2 终端用户密钥传送与分发

如果终端用户自己生成密钥对,把公钥传送给CA是证书注册过程的一部分。终端用户应将公钥安全地提交给CA,如使用证书载体等方法进行面对面传送。

如果终端用户委托CA生成密钥对,则不需要签发前的终端用户公钥传送。CA向用户传送与分发私钥应以加密形式进行,加密算法等应符合国家密码行政管理部门的规定。

PKI系统的文档中应明确规定用户密钥传送方法。

5.4.9.3 密钥有效期

PKI系统应提供密钥有效期设置功能,并根据以下几点进行设置:

a) 密钥长度;

b) 加密算法的攻击难度;

c) 加密对象的价值;

d) 合同或者法律等外部环境的需求;

e) 密钥有效期的设定应符合国家密码行政管理部门规定。

5.4.9.4 密钥存储

5.4.9.4.1 PKI系统密钥存储

PKI系统用户密钥应存储于国家密码行政管理部门规定的密码模块中或由硬件密码设备加密后存储。PKI系统部件密钥应以加密的形式存储于国家密码行政管理部门认可的硬件密码设备中。CA签名公私钥对应采用分割知识方法或其他分布存储方案以密文的形式存储于专门的硬件密码模块中,且各模块应分散存放。

PKI系统的文档中应明确规定系统密钥存储方法。

5.4.9.4.2 终端用户密钥存储

如果终端用户的密钥在PKI系统服务部件中存储,可用软件加密后存储在数据库中,加密算法应符合国家密码行政管理部门的规定。

如果用户的密钥由用户自行存储,则由用户选择存储方式。

PKI系统的文档中应明确规定终端用户密钥存储方法。

5.4.9.5 密钥备份

5.4.9.5.1 PKI系统密钥备份

对PKI系统部件密钥和系统用户密钥备份,应由国家密码行政管理部门认可的硬件密码设备加密后存储。

对于CA签名私钥备份,应以加密的形式**采用分割知识等方法分布备份于国家密码行政管理部门认可的硬件密码设备中,且各部件应分散存放于安全可信的环境中,**并进行访问控制,只有特定权限的人才能访问私钥信息存放部件。**只有在必要时,多个特定权限的人采用多个部件同时使用备份私钥信息恢复CA签名私钥。**

PKI系统密钥备份应采用热备份、冷备份和异地备份等措施。

PKI系统的文档中应明确规定系统密钥备份方法。

5.4.9.5.2 终端用户用户密钥备份

用户签名私钥可由用户自行备份。用户用于机密性目的的密钥可由PKI服务机构提供备份服务或由用户自行备份。

如果由PKI系统备份,可用软件加密后存储在数据库中。如果用户自行备份,应用软件加密后存储。加密算法应符合国家密码行政管理部门的规定。

终端用户密钥备份可采用热备份、冷备份和异地备份等措施。

PKI系统的文档中应明确规定终端用户密钥备份方法。

5.4.9.6 密钥导入导出

密钥被导出到 PKI 系统之外可能基于以下的原因:密钥备份、复制,以及将 PKI 系统部件产生的密钥传送到用户手中。

密钥导入或导出 PKI 系统时,应采用国家密码行政管理部门认可的加密算法或加密设备。

私钥不应以明文形式导入导出 PKI 系统,PKI 系统用户密钥和系统部件密钥应由国家密码行政管理部门认可的硬件密码设备加密,终端用户密钥可使用软件加密,**CA 签名私钥应使用硬件密码设备加密并进行知识分割**。

PKI 系统应提供合适的方法把导入或导出 PKI 系统的对称密钥、私有密钥或公有密钥与正确实体相关联,并赋予相应的权限,其中实体可能是一个人、一个组或一个过程。

PKI 系统的文档中应明确规定密钥导入导出方法。

5.4.9.7 密钥更新

5.4.9.7.1 **PKI 系统密钥更新**

当 CA 签名密钥过期,或者 CA 签名私钥的安全性受到威胁时,带来了 CA 密钥和证书更新的问题。PKI 系统应提供有效的 CA 私钥及证书更新方式。要求:

a) **新密钥对的产生应符合 5.4.9.1 中的规定。**

b) **新的 CA 公钥的分发应符合 5.4.9.2 中的规定。**

c) **旧的 CA 公钥的归档应符合 5.4.9.9 中的规定。**

d) **旧的 CA 私钥的销毁应符合 5.4.9.10 中的规定。**

e) PKI 系统应采取明确的方法更新 CA 密钥及证书。在更新过程中应采取安全措施保证 PKI 系统服务的安全性和连续性,防止例如替换 CA 私钥和证书等的各种攻击行为。

f) PKI 系统的文档中,应说明 CA 密钥及证书的更新方法;并确保 CA 密钥及证书更新时,严格按照文档中规定的方法操作。

5.4.9.7.2 **用户密钥更新**

用户密钥对过期或者私钥的安全性受到威胁时应更新密钥。用户密钥可由 PKI 系统自动更新,也可手工更新。要求:

a) **新密钥对的产生应符合 5.4.9.1 中的规定。**

b) **新的用户公钥的分发应符合 5.4.9.2 中的规定。**

c) **旧的用户公钥的归档应符合 5.4.9.9 中的规定。**

d) **旧的用户私钥的销毁应符合 5.4.9.10 中的规定。**

e) 如果用户密钥由 PKI 系统自动更新,则 PKI 系统应采取明确的方法更新用户密钥及证书。在更新过程中应采取安全措施保证用户密钥和证书的安全,防止例如替换用户私钥和证书等的各种攻击行为。

f) 如果用户密钥由 PKI 系统自动更新,则 PKI 系统的文档中,应说明用户密钥及证书的更新方法;并确保用户密钥及证书更新时,严格按照文档中规定的方法操作。

5.4.9.8 密钥恢复

5.4.9.8.1 **PKI 系统密钥恢复**

对因密钥备份或密钥归档等不同原因存储在 PKI 系统中的密钥,在恢复时,应有不同的条件。对于备份的密钥,应仅由密钥所有者恢复;对于归档的密钥,则根据法律、规章或合同规定,由执法机关或管理部门恢复。PKI 系统应在恢复密钥前验证申请者的身份。

PKI 系统密钥恢复应保证密钥不被未授权地泄露或修改,恢复过程中密钥应以加密形式存在。

CA 签名私钥恢复**需要多个被授权的人同时使用存有密钥信息的部件,在安全可信的环境中恢复,恢复后私钥仍然采用分割知识程序或其他分布式方案存放**,恢复过程不应危及密钥信息的安全性,不应暴露签名私钥。

PKI 系统的文档中应明确规定系统密钥恢复方法。

5.4.9.8.2 **终端用户密钥恢复**

用户密钥恢复应保证密钥不被未授权地泄露或修改，恢复过程中密钥应以加密形式存在。

PKI 系统的文档中应明确规定用户密钥恢复方法。

5.4.9.9 **密钥归档**

5.4.9.9.1 **私钥归档**

私钥归档中区分用于签名的私钥和用于解密数据的私钥。

签名私钥是不允许被归档的，用于解密数据的私钥允许被归档。

私钥归档如备份一样也保存一份私钥的拷贝，但用于不同的目的。备份用于系统运作的连续性，以防意外事故造成的私钥损坏、丢失、删除等。而归档用于长期的、将来为解密历史数据提供服务。

PKI 系统的文档中应明确规定私钥归档方法。

5.4.9.9.2 **公钥归档**

CA、RA、终端用户或其他系统部件的公钥都应归档，归档公钥为数字证书从目录中移除后验证数字签名提供了便利。

PKI 系统的文档中应明确规定公钥归档方法。

5.4.9.10 **密钥销毁**

5.4.9.10.1 **PKI 系统密钥销毁**

PKI 系统的密钥销毁应设置为只有特定权限的人才能执行销毁程序，并保证销毁过程应是不可逆的。**CA 签名私钥的密钥销毁应设置为需要多个管理员同时在场，执行多道销毁程序**。PKI 系统提供的销毁程序可包括：用随机数据覆盖存储密钥的媒介、存储体，销毁存储密钥的媒介等。PKI 系统密钥销毁应符合国家密码行政管理部门对密钥销毁的相关规定。

PKI 系统的文档中应明确规定系统密钥销毁方法。

5.4.9.10.2 **用户密钥销毁**

终端用户密钥的销毁一般由用户自已执行销毁程序，并保证销毁过程应是不可逆的。用户可执行的销毁程序包括：用随机数据覆盖存储密钥的媒介、存储体，销毁存储密钥的媒介等。

PKI 系统的文档中应明确规定用户密钥销毁方法。

5.4.10 **轮廓管理**

5.4.10.1 **证书轮廓管理**

证书轮廓定义证书中的字段和扩展可能的值，这些字段和扩展应与 GB/T 20518—2006 相一致。证书轮廓包括的信息有：

a) 与密钥绑定的用户的标识符；
b) 主体的公私密钥对可使用的加密算法；
c) 证书发布者的标识符；
d) 证书有效时间的限定；
e) 证书包括的附加信息；
f) 证书的主体是否是 CA；
g) 与证书相对应的私钥可执行的操作；
h) 证书发布所使用的策略。

PKI 系统应具备证书轮廓，并保证发布的证书与证书轮廓中的描述一致。PKI 系统管理员应为以下字段和扩展指定可能的值：

a) 密钥所有者的标识符；
b) 公私密钥对主体的算法标识符；
c) 证书发布者的标识符；

d) 证书的有效期。

PKI 系统管理员还应为以下的字段和扩展指定可能的取值：

a) keyUsage；

b) basicConstraints；

c) certificatePolicies。

管理员还应为证书扩展指定可能的值。

5.4.10.2 证书撤销列表轮廓管理

证书撤销列表轮廓用于定义 CRL 中字段和扩展中可接受的值，这些字段和扩展应与 GB/T 20518—2006 相一致。CRL 轮廓可能要定义的值包括：

a) CRL 可能或者必须包括的扩展和每一扩展的可能的值；

b) CRL 的发布者；

c) CRL 的下次更新日期。

若 PKI 系统发布 CRL，则应具备证书撤销列表轮廓，并保证发布的 CRL 与该轮廓中的规定相一致。PKI 系统管理员应规定以下字段和扩展的可能的取值：

a) issuer；

b) issuerAltName；

c) NextUpdate。

若 PKI 系统发布 CRL，管理员还应指定 CRL 和 CRL 扩展可接受的值。

5.4.10.3 在线证书状态协议轮廓管理

在线证书状态协议轮廓用于定义一系列在 OCSP 响应中可接受的值。OCSP 轮廓应规定 PKI 系统可能产生的 OCSP 响应的类型和这些类型可接受的值。

a) 若 PKI 系统发布 OCSP 响应，PKI 系统应具备 OCSP 轮廓并保证 OCSP 响应与轮廓一致；

b) 若 PKI 系统发布 OCSP 响应，PKI 系统应要求管理员为 responseType 字段指定可接受的值；

c) 若 PKI 系统允许使用基本响应类型(basic response type)的 OCSP 响应，则 PKI 系统管理员应为 ResponderID 指定可接受的值。

5.4.11 证书管理

5.4.11.1 证书注册

PKI 系统所签发的公钥证书应与 GB/T 20518—2006 相一致。任何证书所包含的字段或扩展应被 PKI 系统根据 GB/T 20518—2006 生成或经由颁发机构验证以保证其与标准的一致性。

输入证书字段和扩展中的数据应被批准。证书字段或扩展的值可有以下 4 种方式获得批准：

a) 数据被操作员手工批准；

b) 自动过程检查和批准数据；

c) 字段或扩展的值由 PKI 系统自动生成；

d) 字段或扩展的值从证书轮廓中获得。

进行证书生成时，

a) 应仅产生与 GB/T 20518—2006 中规定的证书格式相同的证书；

b) 应仅生成与现行证书轮廓中定义相符的证书；

c) PKI 系统应验证预期的证书主体拥有与证书中包含的公钥相对应的私钥，除非公私密钥对是由 PKI 系统所产生的；

d) PKI 系统应保证：

 1) version 字段应为 0,1,2；

 2) 若包含 issuerUniqueID 或 subjectUniqueID 字段，则 version 字段应为 1 或 2；

 3) 若证书包含 extensions，那么 version 字段应为 2；

4） serialNumber 字段对 CA 应是唯一的；

5） validity 字段应说明不早于当时时间的 notBefore 值和不早于 notBefore 时间的 notAfter 值；

6） 若 issuer 字段为空，证书应包括一个 issuerAltName 的关键性扩展；

7） 若 subject 字段为空，证书应包括一个 subjectAltName 的关键性扩展；

8） subjectPublicKeyInfo 字段中的 signature 字段和 algorithm 字段应包含国家密码行政管理部门许可的或推荐的算法的 OID。

5.4.11.2 **证书撤销**

5.4.11.2.1 **证书撤销列表审核**

发布 CRL 的 PKI 系统应验证所有强制性字段的值符合 GB/T 20518—2006。至少以下字段应被审核：

a） 若包含 version 字段，应为 1；

b） 若 CRL 包含关键性的扩展，version 字段应出现且为 1；

c） 若 issuer 字段为空，CRL 应包含一个 issuerAltName 的关键性扩展；

d） signature 和 signatureAlgorithm 字段应为许可的数字签名算法的 OID；

e） thisUpdate 应包含本次 CRL 的发布时间；

f） nextUpdate 字段的时间不应早于 thisUpdate 字段的时间。

5.4.11.2.2 **OCSP 基本响应的审核**

发布 OCSP 响应的 PKI 系统应验证所有强制性字段的值符合 GB/T 19713—2005。至少应审核以下字段：

a） version 字段应为 0；

b） 若 issuer 字段为空，响应中应包含一个 issuerAltName 的关键性扩展；

c） signatureAlgorithm 字段应为许可的数字签名算法的 OID；

d） thisUpdate 字段应指出证书状态正确的时间；

e） producedAt 字段应指出 OCSP 响应者发出响应的时间；

f） nextUpdate 字段的时间不应早于 thisUpdate 字段的时间。

5.4.12 **配置管理**

应按 **GB/T** 20271—2006 中 6.4.5.1 的要求，从以下方面实现 PKI 系统的配置管理：

a） 在配置管理自动化方面要求部分的配置管理自动化；

b） 在配置管理能力方面应实现**生成支持和验收过程**的要求；

c） 在 PKI 系统的配置管理范围方面，应将 PKI 系统的实现表示、设计文档、测试文档、用户文档、管理员文档以及配置管理文档等置于配置管理之下，要求实现对**开发工具配置管理范围的管理**；

d） 在系统的整个生存期，即在它的开发、测试和维护期间，应有一个软件配置管理系统处于保持对改变源码和文件的控制状态。只有被授权的代码和代码修改才允许被加进已交付的源码的基本部分。所有改变应被记载和检查，以确保未危及系统的安全。在软件配置管理系统中，应包含从源码产生出系统新版本、鉴定新生成的系统版本和保护源码免遭未授权修改的工具和规程。通过技术、物理和保安规章三方面的结合，可充分保护生成系统所用到的源码免遭未授权的修改和毁坏。

5.4.13 **分发和操作**

应按 **GB/T** 20271—2006 中 6.4.5.2 的要求，从以下方面实现 PKI 系统的分发和操作：

a） 以文档形式提供对 PKI 系统安全地进行分发的过程，并对安装、生成、启动和修改检测的过程进行说明，最终生成安全的配置。文档中所描述的内容应包括：

1）提供分发的过程；
2）安全启动和操作的过程；
3）建立日志的过程；
4）修改内容的检测；
5）对任何安全加强功能在启动、正常操作维护时能被撤销或修改的阐述；
6）在故障或硬件、软件出错后恢复系统至安全状态的规程；
7）对含有加强安全性的硬件部件，应说明用户或自动的诊断测试的操作环境和使用方法；
8）所有诊断测试过程中，为加强安全性的硬件部件所提供例证的结果；
9）在启动和操作时产生审计踪迹输出的例证。

b）对系统的未授权修改的风险，应在交付时控制到最低限度。在包装及安全分送和安装过程中，这种控制应采取软件控制系统的方式，确认安全性会由最终用户考虑，所有安全机制都应以功能状态交付。

c）所有软件应提供安全安装默认值，在客户不做选择时，默认值应使安全机制有效地发挥作用。

d）随同系统交付的全部默认用户标识码，应在交付时处于非激活状态，并在使用前由管理员激活。

e）指导性文档应同交付的系统软件一起包装，并应有一套规程确保当前送给用户的系统软件是严格按最新的系统版本来制作的。

f）以安全方式开发并交付系统后，仍应提供对产品的长期维护和评估的支持，包括产品中的安全漏洞和现场问题的解决。

g）应采用书面说明的方式向客户通告新的安全问题。

h）对可能受到威胁的所有的安全问题，均应描述其特点，并作为主要的问题对待，直到它被解决。

i）为了支持已交付的软件的每个版本，对所有已有的安全漏洞都应有文档书面说明，并且客户能在限制的基础上得到该文档。

j）对安全漏洞的修改不必等到系统升级到下一个版本。安全功能的增加和改进应独立于系统版本的升级，也就是说，应存在适应性独立于系统其他功能的改进。

k）只有经过客户授权，才允许在生产性运行的系统上进行新特性和简易原型的开发、测试和安装。

l）新的版本应避免违反最初的安全策略和设想，也应避免在维护、增加或功能升级中引入安全漏洞，所有功能的改变和安全结构设置的默认值都应作记录。在新版本交付给客户使用前，客户应能得到相应的文档。

5.4.14 开发

应按 **GB/T 20271—2006 中 6.4.5.3** 的要求，从以下方面进行 PKI 系统的开发：

a）**按半形式化功能说明、半形式化高层设计、TSF 的结构化实现、TSF 内部结构复杂度最小化、半形式化低层设计、半形式化对应性说明**的要求，进行 PKI 系统的开发；

b）系统的设计和开发应保护数据的完整性，例如，检查数据更新的规则，返回状态的检查，中间结果的检查，合理值输入检查等；

c）在内部代码检查时，应解决潜在的安全缺陷，关闭或取消所有的后门；

d）所有交付的软件和文档，应进行关于安全缺陷的定期的和书面的检查，并将检查结果告知客户；

e）系统控制数据，如口令和密钥，不应在未受保护的程序或文档中以明文形式储存，并以书面形式向客户提供关于软件所有权法律保护的指南；

f）在 PKI 系统开发的敏感阶段，应保持一个安全环境，该安全环境要求：

1) 描述 PKI 系统开发所使用的计算机系统的安全使用和维护情况的安全策略和措施应有书面记载，并可供检查；
2) 系统开发过程中使用的所有计算机系统应接受定期的和有书面记载的内部安全审计，描述审计过程的文件和真实的审计报告应可供检查；
3) 除授权的分发机构外，不应在开发环境外部复制或分发内部文档；
4) 开发环境的计算机系统使用的所有软件应合法地从确定的渠道获得；
5) 开发者个人独自开发的软件，应在被开发管理者审核后才能用于开发的系统。

5.4.15 指导性文档

应按 **GB/T** 20271—2006 **中** 6.4.5.4 的要求，从以下方面编制 PKI 系统的指导性文档：

a) 应通过提供指导性文档，将如何安全使用和维护 PKI 系统的信息交付给系统的终端用户和系统用户。对文档的总体要求是：
   1) 应对所有的安全访问和相关过程、特权、功能等适当的管理加以阐述；
   2) 应阐述安全管理和安全服务的交互，并提供指导；
   3) 应详细给出每种审计事件的审计记录的结构，以便考察和维护审计文件和进程；
   4) 应提供一个准则集用于保证附加的说明的一致性不受破坏。
b) 系统用户文档应提供系统用户了解如何用安全的方式管理系统，除了给出一般的安全忠告，还应明确：
   1) 在系统用安全的方法设置时，围绕管理员、操作员、审计员和安全员、主体和客体的属性等，应如何安装或终止安装；
   2) 在系统的生命周期内如何用安全的方法维护系统，包括为了防止系统被破坏而进行的每天、每周、每月的安全常规备份等；
   3) 如何用安全的方法重建 PKI 系统的方法；
   4) 说明审计跟踪机制，使系统用户可有效地使用审计跟踪来执行本地的安全策略；
   5) 必要时，如何调整系统的安全默认配置。
c) 终端用户文档应提供关于不同用户的可见的安全机制以及如何利用它们的信息，描述没有明示用户的保护结构，并解释它们的用途和提供有关它们使用的指南。
d) 系统用户文档应提供有关如何设置、维护和分析系统安全的详细指导，包括当运行一个安全设备时，需要控制的有关功能和特权的警告，以及与安全有关的管理员功能的详细描述，包括增加和删除一个用户、改变用户的安全特征等。
e) 文档中不应提供任何一旦泄露将会危及系统安全的信息。有关安全的指令和文档应划分等级分别提供给终端用户和系统用户。这些文档应为独立的文档，或作为独立的章节插入到终端用户指南和系统用户指南中。文档也可为硬拷贝、电子文档或联机文档。如果是联机文档，应控制对其的访问。
f) 应提供关于所有审计工具的文档，包括为检查和保持审计文件所推荐的过程、针对每种审计事件的详细审计记录文件、为周期性备份和删除审计记录所推荐的过程等。
g) 应提供如何进行系统自我评估的章节（带有网络管理、口令要求、意外事故计划的安全报告）和为灾害恢复计划所做的建议，以及描述普通侵入技术和其他威胁，并查出和阻止入侵的方法。

5.4.16 生命周期支持

应按 **GB/T** 20271—2006 **中** 6.4.5.5 的要求，从以下方面实现 PKI 系统的生命周期支持：

a) 按标准的生命周期模型和**遵照实现标准-应用部分的工具和技术的要求**进行开发，并**提供充分的安全措施**；
b) 操作文档应详细阐述安全启动和操作的过程，详细说明安全功能在启动、正常操作维护时是

否能被撤销或修改,说明在故障或系统出错时如何恢复系统至安全状态;

c) 如果系统含有加强安全性的硬件,那么管理员、其他用户或自动的诊断测试,应能在各自的操作环境中运行它并详细说明操作过程。

5.4.17 测试

应按 **GB/T** 20271—2006 中 6.4.5.6 的要求,从以下方面对 PKI 系统进行测试:

a) 应通过测试范围证据和**严格的范围分析**、高层设计测试、低层设计测试和**实现表示测试**、顺序的功能测试、相符性独立测试和抽样性独立测试等,确认 PKI 系统的功能与所要求的功能相一致。

b) 所有系统的安全特性,应被全面测试,包括查找漏洞,如违反系统访问控制要求、违反资源访问控制要求、拒绝服务、对审计或验证数据进行未授权访问等。所有发现的漏洞应被改正、消除或使其无效,并在消除漏洞后重新测试,以证实它们已被消除,且没有引出新的漏洞。

c) 应提供测试文档,详细描述测试计划、测试过程、测试结果。

5.4.18 脆弱性评定

应按 **GB/T** 20271—2006 中 6.4.5.7 的要求,从以下方面对所开发的 PKI 系统进行脆弱性评定:

a) **一般性的隐蔽信道分析**;

b) **安全状态的检查和分析**;

c) PKI 系统安全功能强度评估;

d) 开发者脆弱性分析;

e) 独立脆弱性分析;

f) **中级抵抗力分析**。

5.5 第五级

5.5.1 概述

第五级的 PKI 系统,所保护的资产价值极高,面临的安全威胁极大,适用于安全要求极高的运营级 PKI 系统,是安全的理想状态。PKI 系统面临的风险,应按照 GB/T 20984—2007 进行评估。结构设计上,PKI 系统的 CA、RA 和证书资料库都应独立设计,并采用终端用户证书分为签名证书和加密证书的双证书机制,建设包括证书认证中心和密钥管理中心的双中心系统。证书认证中心和密钥管理中心的基本功能要求、建设要求和运行管理要求等相关安全技术要求应符合国家相关标准的规定。第五级 PKI 系统的安全要素要求列表见附录 A。

5.5.2 物理安全

5.5.2.1 核心部件物理安全

进行 PKI 系统硬件设备、相关环境和系统安全的设计时,应按照 **GB/T 21052—2007 第 8 章**所描述的要求。

5.5.2.2 RA 物理安全

RA 可全部托管在 CA 系统,也可部分托管在 CA 系统,部分建在远端。

RA 应设置专门的区域来接待日常业务,只有被授权者才能接触 RA 工作站和相关敏感数据、设备。

RA 应妥善保管私钥,在 RA 设备不使用时应锁存私钥。

RA 设备应有安全人员和电子监控设备保护防盗。

所有的活动都应被授权人员或安全人员监控。

RA 对外服务的时间应被严格限制在指定的时间。

维修和服务人员在工作区域应受监控。

5.5.3 角色与责任

开发者应提供 PKI 系统管理员、操作员、审计员和安全员的角色定义。

管理员：安装、配置、维护系统；建立和管理用户账户；配置轮廓和审计参数；生成部件密钥。

操作员：签发和撤销证书。

审计员：查看和维护审计日志。

安全员：执行系统的备份和恢复。

系统应具备使主体与角色相关联的能力，并保证一个主体不应同时具备多个角色的权限。一个人不应同时拥有多个角色，开发者应在系统设计时对角色的管理进行相关限制。

系统应具备防范系统用户危害 PKI 系统安全的能力，应使用分割知识程序等措施限制单个主体的权限。

角色的安全功能管理应按表 12 中的配置对授权的角色修改安全功能的能力进行限制。

表 12 授权的角色对于安全功能的管理

功 能	授权角色
安全审计	配置审计参数的权限应仅授予管理员； 变更审计日志签名时间间隔的权限应仅授予管理员； 变更时间戳事件时间间隔和时间戳来源的权限仅授予管理员。
备份与恢复	配置备份参数的权限应仅授予管理员； 初始化备份或恢复功能的权限应仅授予安全员。
证书注册	验证证书字段或扩展字段内容正确性的权限应授权给操作员； 若使用自动过程验证证书字段和扩展字段，那么，配置自动过程的权限应授权给操作员。
数据输入和输出	PKI 系统私钥的输出应得到至少两个管理员的认可，或一个管理员和一个操作员，审计员或安全员的认可。
证书状态变更的许可	只有操作员可以配置用于撤销证书的自动过程和相关信息； 只有操作员可以配置用于证书挂起的自动过程和相关信息。
PKI 系统配置	对于 PKI 系统功能的任何配置权应仅授予管理员。（除了在本标准中其他地方所定义的分配给其他角色的 TSF 功能，这一要求应用于所有的配置变量。）
证书轮廓管理	更改证书轮廓的权限应仅授予管理员。
撤销轮廓管理	更改撤销轮廓的权限应仅授予管理员。
证书撤销列表轮廓管理	更改证书撤销列表轮廓的权限应仅授予管理员。
在线证书状态查询轮廓管理	更改在线证书状态查询轮廓的权限应仅授予管理员。

5.5.4 访问控制

5.5.4.1 系统用户访问控制

注册和注销能够访问 PKI 系统信息和服务的用户应按正规的程序执行。分配或者使用系统特权时，应进行严格的限制和控制。进行口令分配时，应通过正规的程序控制。应定期审核系统用户的访问权限，检查不应有的权限分配。选取和使用口令时系统用户应按已定义的策略和程序进行。系统用户账号和终端用户账号应严格分类管理。对无人值守的设备应有适当的保护措施，用户登录时应严格控制和记录。

PKI 系统文档中，应有访问控制的相关文档，访问控制文档中的访问控制策略应包含如下几个方面：

a) 角色及其相应的访问权限

角色及其相应的访问权限的分配见表 13。

表 13　角色及其相应的访问权限

功　能	事　件
证书请求数据的远程和本地输入	证书请求数据的输入操作应仅由操作员和申请证书的主体所完成。
证书撤销请求数据的远程和本地输入	证书撤销请求数据的输入操作应仅由操作员和申请撤销证书的主体所完成。
数据输出	仅系统用户可以请求导出关键和安全相关数据。
密钥生成	仅管理员可以请求生成部件密钥(在多次连接或消息中用于保护数据)。
私钥载入	仅管理员可以请求向加密模块载入部件私钥。
私钥存储	仅操作员可以提出对证书私钥的请求； PKI 系统安全功能不应提供解密证书私钥以用来进行数字签名的能力； 至少应有两个人才可请求解密证书私钥，这两个人中一个是操作员，另一个是操作员、管理员、审计员和安全员中的一人。
可信公钥的输入、删除和存储	仅管理员有权更改(增加、修改、删除)信任公钥。
对称密钥存储	仅管理员有权产生将 PKI 系统对称密钥载入加密模块请求。
私钥和对称密钥销毁	仅管理员、审计员、操作员有权将 PKI 系统的私钥和对称密钥销毁。
私钥和对称密钥的输出	仅管理员有权输出部件私钥； 仅操作员有权输出证书私钥； 输出证书私钥至少应获得两个人的同意，这两个人中一个是操作员，另一个是操作员、管理员、审计员和安全员中的一人。
证书状态更改许可	仅操作员和证书主体有权申请使证书进入挂起状态； 仅操作员有权解除证书的挂起状态； 仅操作员有权批准证书进入挂起状态； 仅操作员和证书主体有权申请撤销证书； 仅操作员有权批准撤销证书和所有被撤销信息。

b)　标识与鉴别系统用户的过程

应符合 5.5.5 的要求。

c)　角色的职能分割

应符合 5.5.3 的要求。

d)　进行 PKI 系统的特定操作时需要的最小系统用户人数最少应满足以下要求：

CA 私钥和关键部件密钥的生成、备份、更新、导入导出、密钥恢复、密钥销毁等操作应有多个系统用户同时在场，并符合表 13 的要求。

5.5.4.2　网络访问控制

进行远程访问时，PKI 系统应提供访问控制。远程用户只有被认证通过后，PKI 系统才允许访问，并只对授权用户提供被授权使用的服务。系统开发者应提供对远程用户终端到 PKI 系统服务的路径进行控制的方法，并采取防火墙、入侵检测等安全保护措施。对远程计算机系统与 PKI 系统的连接应被认证，认证方法包括计算机地址、访问时间、拥有的密钥等。PKI 系统应定义网络访问控制策略。PKI 系统的诊断分析端口是重要的受控访问端口，开发者应对其访问进行严格的安全控制，能够检测并记录对这些端口的访问请求。PKI 系统内部网络和外部网络之间应设置安全控制，并设置网关、网闸、防火墙等保护措施。

按照 PKI 系统的访问控制策略，应限制用户可用的服务，对于不合理的服务请求应进行限制和过滤。路由控制应保证计算机连接和信息流不违背系统的访问控制策略，对不合理的信息流和网络连接应进行限制和过滤。PKI 系统所有网络服务的安全属性要求在 PKI 文档中有相关说明。

5.5.4.3 **操作系统访问控制**

PKI 系统的访问应使用安全的登录过程，自动登录等应被严格限制。**对连接到特定位置或移动设备的认证应使用自动终端标识过程**。每个用户只有唯一的 ID，以便在 PKI 系统的操作能够被记录追踪。

系统的口令管理应提供有效的、交互式的工具以确保生成高质量的口令。对系统工具的使用应进行严格的控制。

当系统用户正在访问 PKI 服务系统，中途长期离开用户终端时，PKI 系统应能检测出这些终端经过了指定时间的不活动状态，并自动进入保护状态，采取锁屏、断开连接等措施，防止未授权用户访问。对高风险的应用应限制连接次数以提供额外的保护，对短时间内超过限制次数以上的连接应进行可配置的操作并记录。

5.5.4.4 **应用程序访问控制**

应根据访问控制策略，严格限制对信息和应用系统功能访问。无关的应用程序应进行删除，不适当的应用程序调用应检查权限并记录。系统应采取病毒防治、漏洞扫描、入侵检测等安全防护措施。**敏感系统要求有独立的计算环境，不应与其他应用程序共享计算环境**。

5.5.5 **标识与鉴别**

标识与鉴别包括建立每一个用户所声称的身份，和验证每一个用户确实是他所声称的用户。确保用户与正确的安全属性相关联。

5.5.5.1 **用户属性定义**

PKI 系统应维护每个用户的安全属性。

安全属性包括但不限于身份、组、角色、许可、安全和完整性等级。

5.5.5.2 **用户鉴别**

当进行鉴别时，PKI 系统的安全功能应仅仅将最少的反馈提供给用户（如打入的字符数、鉴别的成功或失败），不应给用户更多的信息。

在用户被成功鉴别之前，PKI 系统不允许执行代表该用户的任何行动。

管理员应对鉴别数据进行管理。

PKI 系统应定义所支持的用户鉴别机制的类型。

PKI 系统安全功能应提供一个以上的鉴别机制，对不同身份的用户使用不同的鉴别机制，并对一个用户使用多个鉴别过程。

当进行鉴别时，PKI 系统的安全功能应避免提供给用户的反馈泄露用户的鉴别数据，口令字符输入时，应只显示星号，而不显示原始字符。

PKI 系统应定义鉴别机制如何提供鉴别以及每一种鉴别机制将在何时使用。

5.5.5.3 **用户标识**

在标识用户的身份之前，PKI 系统不允许执行代表该用户的任何行动。

5.5.5.4 **用户主体绑定**

在 PKI 系统安全功能控制范围之内，对一个已标识与鉴别的用户，为了完成某个任务，需要激活另一个主体，这时，应通过用户-主体绑定将该用户与该主体相关联，从而将用户的身份与该用户的所有可审计行为相关联，使用户对自己的行为负责。

5.5.5.5 **鉴别失败处理**

当用户自从上次鉴别成功以来不成功的鉴别尝试的次数达到或超过了定义的界限时，PKI 系统的安全功能应能检测到。这个界限是管理员可配置的。管理员可配置的参数包括但不限于，失败的鉴别次数和时间门限值。

鉴别不成功尝试的次数不必连续，但应与鉴别事件相关。

当用户自从上次鉴别成功以来不成功的鉴别尝试的次数达到或超过了定义的界限时，PKI系统应采取应对措施，例如：

a） 使终端失效一段随次数增加的时间；

b） 使一个用户帐号失效一段时间或失效，直到管理员解除；

c） 向管理员报警；

d） 重新允许用户会话建立过程。

为了防止拒绝服务，至少保证有一个用户帐号不应失效。

5.5.5.6 秘密的规范

当用来对用户身份鉴别的口令、密钥等秘密信息由终端用户自己产生时，PKI系统应对可接受的秘密信息的质量作出要求，并检查。秘密信息质量包括字母数字结构或者密钥长度等。秘密信息质量量度由管理员制定。

当用来对用户身份鉴别的口令、密钥等秘密信息由PKI系统产生时，PKI系统应可生成符合秘密信息质量要求的秘密信息。秘密信息质量包括字母数字结构或者密钥长度等。当使用伪随机生成器时，应能提供具有高度不可预见性的随机数。秘密信息质量量度由管理员制定。

终端用户口令应是字母和数字的组合，不少于6个字符。系统用户口令和系统部件密钥解密口令应是字母、数字以及特殊字符的组合，不少于10个字符。口令不应采用有特殊意义的数字和组合，如姓名、生日、电话号码等。

5.5.6 审计

5.5.6.1 审计数据产生

审计功能部件应对下列事件产生审计记录：

a） 审计功能的启动和结束；

b） 表14中的事件。

表14 可审计事件

功 能	事 件	附加信息
安全审计	所有对审计变量（如：时间间隔、审计事件的类型）的改变	
	所有删除审计记录的企图	
	对审计日志签名	审计日志记录中应保存数字签名、Hash结果或认证码。
	获得第三方时间戳	**第三方数字签名的时间戳应包括在审计日志中。**
本地数据输入	所有的安全相关数据输入系统	若输入的数据与其他数据相关则应验证用户访问相关数据的权限。
远程数据输入	所有被系统所接受的安全相关信息	
数据输出	所有对关键的或安全相关的信息进行输出的请求	
密钥生成	PKI系统生成密钥的要求（用作一次性会话密钥的对称密钥生成除外）	审计日志记录中应保存非对称密钥对的公钥部分。
私钥载入	部件私钥的载入	
私钥的存储	对为密钥恢复而保存的证书主体私钥的读取	

表 14(续)

功　能	事　　件	附加信息
对称密钥存储	手工导入用于认证的对称密钥	
可信公钥的输入、删除和存储	所有对于可信公钥的改变(如:添加、删除)	审计日志记录中应包括公钥和与公钥相关的信息。
私钥和对称密钥的输出	私钥和对称密钥(包括一次性会话密钥)的输出	
证书注册	所有的证书请求	若成功,保存证书的拷贝在日志中; 若拒绝,保存原因在日志中。
证书状态变更的审批	所有更改证书状态的请求	在日志中保存请求结果(成功或失败)。
PKI 系统部件的配置	所有的与安全相关的对于 PKI 系统安全功能的配置	
证书轮廓管理	所有的对于证书轮廓的更改	在日志记录中保存对轮廓更改的内容。
撤销轮廓管理	所有的对于撤销轮廓的更改	在日志记录中保存对轮廓更改的内容。
证书撤销列表轮廓管理	所有的对于证书撤销列表轮廓的更改	在日志记录中保存对轮廓更改的内容。
在线证书状态协议轮廓管理	所有的对于 OCSP 轮廓的更改	在日志记录中保存对轮廓更改的内容。

对于每一个事件,其审计记录应包括:事件的日期和时间、用户、事件类型、事件是否成功,以及表14中附加信息栏中要求的内容。

日志记录中不应出现明文形式的私钥、对称密钥和其他安全相关的参数。

审计功能部件应能将可审计事件与发起该事件的用户身份相关联。

5.5.6.2　审计查阅

审计功能部件应为审计员提供查看日志所有信息的能力。

审计功能部件应以适于阅读和解释的方式向阅读者提供日志信息。

5.5.6.3　选择性审计

审计功能部件应可根据下列属性选择或排除审计事件集中的可审计事件:

用户标识、事件类型、主体标识、客体标识等。

5.5.6.4　审计事件存储

审计功能部件应具有以下能力:

a)　受保护的审计踪迹存储,能防止对审计记录的非授权修改,并可检测对审计记录的修改;

b)　防止审计数据丢失,要求当审计踪迹存储已满时,审计功能部件应能够阻止除由审计员发起的以外的所有审计事件的发生。

5.5.6.5　可信的时间戳

PKI 系统应提供可信的时间戳功能供审计部件使用。

5.5.6.6　审计日志签名

审计功能部件应定期从第三方获得数字签名的时间戳。时间戳不应由审计功能部件签名。

数字签名时间戳签名的对象是从上次生成时间戳后加入的所有审计日志条目以及上次签名的时间戳的值。

对审计日志签名的时间周期应是可配置的。

对审计日志做时间戳的事件应写入日志中,时间戳应包含在其中。

5.5.7 数据输入输出

5.5.7.1 **TOE 内部用户数据传送**

在 PKI 系统的物理分隔部件间传递用户数据时,PKI 系统应执行访问控制策略,以防止对安全相关的用户数据的篡改。

在 PKI 系统的物理分隔部件间传递用户数据时,PKI 系统应执行访问控制策略,以防止机密性用户数据的泄露。

在 PKI 系统的物理分隔部件间传递用户数据时,PKI 系统应执行访问控制策略,以检测是否有用户数据的修改、替换、重排、删除等完整性错误出现。

检测到完整性错误时,PKI 系统应进行诸如重新请求数据、提醒管理员、记录发现的错误等处理。

5.5.7.2 **TSF 间用户数据传送的保密性**

当用户数据通过外部信道在 PKI 系统与其他 PKI 系统或 PKI 系统用户之间传递时,PKI 系统应执行访问控制策略,使得能以某种防止未授权泄露的方式传送用户数据。

5.5.7.3 **TSF 间用户数据传送的完整性**

当用户数据通过外部信道在 PKI 系统与其他 PKI 系统或 PKI 系统用户之间传递时,PKI 系统应执行访问控制策略,使得能以某种方式传送和接收用户数据时,保护数据以避免出现篡改、删除、插入、重用错误。

5.5.7.4 **输出 TSF 数据的保密性**

在 TSF 数据从 TSF 到远程可信 IT 产品的传送过程中,应保护机密数据不被未授权泄露。

这些机密数据可以是 TSF 的关键数据,如口令、密钥、审计数据或 TSF 的可执行代码。

5.5.7.5 **输出 TSF 数据的完整性**

PKI 系统应提供检测与远程可信 IT 产品间传送的所有 TSF 数据是否被修改的能力。

这些数据可以是 TSF 的关键数据,如口令、密钥、审计数据或 TSF 的可执行代码。

检测到完整性错误时,PKI 系统应进行诸如重新请求数据、提醒管理员、记录发现的错误等处理。

对于 PKI 系统与远程可信 IT 产品间传送的所有 TSF 数据,如被修改,PKI 系统应提供改正的能力。

5.5.7.6 **TOE 内 TSF 数据的传送**

PKI 系统应保护安全相关的 TSF 数据在分离的 PKI 部件间传送时不被篡改;

PKI 系统应保护机密性 TSF 数据在分离的 PKI 部件间传送时不被泄露。

PKI 系统应能检测在系统物理分离部件间传送的 TSF 数据的修改、替换、重排、删除等完整性错误出现。

检测到完整性错误时,PKI 系统应进行诸如重新请求数据、提醒管理员、记录发现的错误等处理。

5.5.7.7 **原发抗抵赖**

要求 PKI 系统在任何时候都应对证书状态信息和其他安全相关信息强制产生原发证据。

PKI 系统应能使信息原发者的身份等属性,与证据适用信息的安全相关部分相关联。

PKI 系统应能为所有安全相关的信息提供验证信息原发证据的能力,按照正规的程序来进行验证。

对初始化证书注册消息,PKI 系统只接受经过认证码、Keyed Hash 或者数字签名算法保护的。

对所有其他安全相关信息,PKI 系统只接受经过数字签名算法保护的。

5.5.8 备份与恢复

PKI 系统应具有备份和恢复功能,并可在需要时调用备份功能,使在系统失败或者其他严重错误的情况下能够重建系统。执行备份的频率取决于系统或者应用的重要性。**在系统备份数据中应保存足够的信息使系统能够重建上一次完整事务完成后的系统状态**。这些数据应以稳定可靠的方式存储,例如磁盘或者磁带,使其在掉电的情况下仍然能够保存。系统应通过数字签名、Hash 等方式防止备份数据受到未授权的修改。关键安全参数和其他机密信息应以加密形式存储。

备份方案取决于应用环境，但至少应满足以下基本要求：

a) 备份要在不中断数据库使用的前提下实施；

b) 备份方案应符合国家有关信息数据备份的标准要求；

c) 备份方案应提供人工和自动备份功能；

d) 备份方案应提供实时和定期备份功能；

e) 备份方案应提供增量备份功能；

f) 备份方案应提供日志记录功能。

5.5.9 密钥管理

5.5.9.1 密钥生成

5.5.9.1.1 PKI 系统密钥生成

PKI 系统部件密钥和系统用户密钥生成应由相应级别的 CA 或 RA 等机构进行，应使用硬件密码设备产生。进行密钥生成时，PKI 系统应在安全可信的环境中生成。

CA 签名公私钥对应采用国家密码行政管理部门认可的方法生成，应使用硬件密码设备产生。进行密钥生成时，应检查用户角色，并设置为只有管理员才能启动 CA 密钥生成过程，且应有多于一个管理员同时在场。

密钥生成过程应满足以下要求：

a) 如果在密码模块内部产生密钥，密码模块应使用国家密码行政管理部门认可的算法或安全函数、按国家密码行政管理部门认可的密钥生成方法生成密钥。

b) 如果密钥生成方法需要从随机数发生器输入随机数，那么随机数的生成应采用国家密码行政管理部门认可的方法。

c) 如果在密钥生成过程中加入随机种子，随机种子导入应符合国家密码行政管理部门的规定。

d) 猜测一个初始化确定性随机数发生器的随机种子值等危及密钥产生方法安全的难度，应至少和断定产生的密钥的值的难度一样大。

e) CA 签名公私密钥对生成应在可信的、安全的环境中产生，用于密钥对生成的随机数发生器产生的随机数要符合统计规律。

f) 应采用分割知识或其他分布生成方法，在私钥产生过程中不应暴露私钥信息，每个管理员只能持有以加密形式存有一部分私钥信息的硬件密码设备。除非采用特殊的设备，私钥信息不应导出硬件密码设备。

g) 在私钥产生过程中不应暴露私钥信息。CA 签名密钥生成后，产生过程中使用的而签名过程中不再需要的密钥参数应销毁。

h) PKI 系统的文档中应明确规定系统密钥生成方法。

5.5.9.1.2 终端用户密钥生成

终端用户签名私钥只能由其自己生成；终端用户加密密钥可由用户自己生成，也可委托 CA、RA 等 PKI 系统的服务机构生成。

用户自己生成密钥时，应采用国家密码行政管理部门认可的硬件设备。

PKI 系统的文档中应明确规定终端用户密钥生成方法。

5.5.9.2 密钥传送与分发

5.5.9.2.1 PKI 系统密钥传送与分发

PKI 系统部件密钥的传送与分发应以加密形式直接发送到 PKI 系统部件中，加密算法等应符合国家密码行政管理部门的规定。

系统用户密钥的传送与分发应以加密形式直接发送到系统用户证书载体中，加密算法等应符合国家密码行政管理部门的规定。

CA 公钥分发方法应适当、切实可行，如提供根证书和 CA 证书下载、或与终端用户证书一起下载等，应符合国家密码行政管理部门对密钥分发的相关规定。CA 公钥分发还应保证 CA 公钥的完整性，可通过嵌入应用软件、SSL、手工等方法分发。

PKI 系统的文档中应明确说明 CA 公钥分发方法。

5.5.9.2.2 终端用户公钥传送与分发

如果终端用户自己生成密钥对，把公钥传送给 CA 是证书注册过程的一部分。终端用户应将公钥安全地提交给 CA，如使用证书载体等方法进行面对面传送。

如果终端用户委托 CA 生成密钥对，则不需要签发前的终端用户公钥传送。CA 向用户传送与分发私钥应以加密形式进行，加密算法等应符合国家密码行政管理部门的规定。

PKI 系统的文档中应明确规定用户密钥传送方法。

5.5.9.3 密钥有效期

PKI 系统应提供密钥有效期设置功能，并根据以下几点进行设置：

a) 密钥长度；

b) 加密算法的攻击难度；

c) 加密对象的价值；

d) 合同或者法律等外部环境的需求；

e) 密钥有效期的设定应符合国家密码行政管理部门规定。

5.5.9.4 密钥存储

5.5.9.4.1 PKI 系统密钥存储

PKI 系统部件密钥和系统用户密钥应以加密的形式存储于国家密码行政管理部门认可的硬件密码设备中。CA 签名公私钥对应采用分割知识方法或其他分布存储方案以密文的形式存储于专门的硬件密码模块中，且各模块应分散存放。

PKI 系统的文档中应明确规定系统密钥存储方法。

5.5.9.4.2 终端用户密钥存储

如果终端用户的密钥在 PKI 系统服务部件中存储，应由国家密码行政管理部门认可的硬件密码设备加密后存储。

如果终端用户的密钥由用户自行存储，则用户应以加密的形式存储于国家密码行政管理部门认可的硬件密码设备中。

PKI 系统的文档中应明确规定终端用户密钥存储方法。

5.5.9.5 密钥备份

5.5.9.5.1 PKI 系统密钥备份

对 PKI 系统部件密钥和系统用户密钥备份，应以加密的形式存储于国家密码行政管理部门认可的硬件密码设备中。

对于 CA 签名私钥备份，应以加密的形式采用分割知识等方法分布备份于国家密码行政管理部门认可的硬件密码设备中，且各部件应分散存放于安全可信的环境中，并进行访问控制，只有特定权限的人才能访问私钥信息存放部件。只有在必要时，多个特定权限的人采用多个部件同时使用备份私钥信息恢复 CA 签名私钥。

PKI 系统密钥备份应采用热备份、冷备份和异地备份等措施。

PKI 系统的文档中应明确规定系统密钥备份方法。

5.5.9.5.2 终端用户密钥备份

用户签名私钥可由用户自行备份。用户用于机密性目的的密钥可由 PKI 服务机构提供备份服务或由用户自行备份。

如果由 PKI 系统备份，应由国家密码行政管理部门认可的硬件密码设备加密后备份。如果用户自行备份，应以加密的形式备份于国家密码行政管理部门认可的硬件密码设备中。

终端用户密钥备份应采用热备份、冷备份和异地备份等措施。

PKI系统的文档中应明确规定终端用户密钥备份方法。

5.5.9.6 **密钥导入导出**

密钥被导出到PKI系统之外可能基于以下的原因：密钥备份、复制，以及将PKI系统部件产生的密钥传送到用户手中。

密钥导入或导出PKI系统时，应采用国家密码行政管理部门认可的加密算法或加密设备。

私钥不应以明文形式导入导出PKI系统，**PKI系统用户密钥、系统部件密钥和终端用户密钥应由国家密码行政管理部门认可的硬件密码设备加密**，CA签名私钥应使用硬件密码设备加密并进行知识分割。

PKI系统应提供合适的方法把导入或导出PKI系统的对称密钥、私有密钥或公有密钥与正确实体相关联，并赋予相应的权限，其中实体可能是一个人、一个组或一个过程。

PKI系统的文档中应明确规定密钥导入导出方法。

5.5.9.7 **密钥更新**

5.5.9.7.1 **PKI系统密钥更新**

当CA签名密钥过期，或者CA签名私钥的安全性受到威胁时，带来了CA密钥和证书更新的问题。PKI系统应提供有效的CA私钥及证书更新方式。要求：

a) **新密钥对的产生应符合5.5.9.1中的规定。**

b) **新的CA公钥的分发应符合5.5.9.2中的规定。**

c) **旧的CA公钥的归档应符合5.5.9.9中的规定。**

d) **旧的CA私钥的销毁应符合5.5.9.10中的规定。**

e) PKI系统应采取明确的方法更新CA密钥及证书。在更新过程中应采取安全措施保证PKI系统服务的安全性和连续性，防止例如替换CA私钥和证书等的各种攻击行为。

f) PKI系统的文档中，应说明CA密钥及证书的更新方法；并确保CA密钥及证书更新时，严格按照文档中规定的方法操作。

5.5.9.7.2 **用户密钥更新**

用户密钥对过期或者私钥的安全性受到威胁时应更新密钥。用户密钥可由PKI系统自动更新，也可手工更新。要求：

a) **新密钥对的产生应符合5.5.9.1中的规定。**

b) **新的用户公钥的分发应符合5.5.9.2中的规定。**

c) **旧的用户公钥的归档应符合5.5.9.9中的规定。**

d) **旧的用户私钥的销毁应符合5.5.9.10中的规定。**

e) 如果用户密钥由PKI系统自动更新，则PKI系统应采取明确的方法更新用户密钥及证书。在更新过程中应采取安全措施保证用户密钥和证书的安全，防止例如替换用户私钥和证书等的各种攻击行为。

f) 如果用户密钥由PKI系统自动更新，则PKI系统的文档中，应说明用户密钥及证书的更新方法；并确保用户密钥及证书更新时，严格按照文档中规定的方法操作。

5.5.9.8 **密钥恢复**

5.5.9.8.1 **PKI系统密钥恢复**

对因密钥备份或密钥归档等不同原因存储在PKI系统中的密钥，在恢复时，应有不同的条件。对于备份的密钥，应仅由密钥所有者恢复；对于归档的密钥，则根据法律、规章或合同规定，由执法机关或管理部门恢复。PKI系统应在恢复密钥前验证申请者的身份。

PKI系统密钥恢复应保证密钥不被未授权地泄露或修改，恢复过程中密钥应以加密形式存在。

CA签名私钥恢复需要多个被授权的人同时使用存有密钥信息的部件，在安全可信的环境中恢复，在恢复过程中不应在任何一点出现CA签名私钥的完整形式，恢复后私钥仍然采用分割知识程序或其他分布式方案存放，恢复过程不应危及密钥信息的安全性，不应暴露签名私钥。

PKI系统的文档中应明确规定系统密钥恢复方法。

5.5.9.8.2 终端用户密钥恢复

终端用户密钥恢复应保证密钥不被未授权地泄露或修改，恢复过程中密钥应以加密形式存在。

PKI系统的文档中应明确规定终端用户密钥恢复方法。

5.5.9.9 密钥归档

5.5.9.9.1 私钥归档

私钥归档中区分用于签名的私钥和用于解密数据的私钥。

签名私钥是不允许被归档的，用于解密数据的私钥允许被归档。

私钥归档如备份一样也保存一份私钥的拷贝，但用于不同的目的。备份用于系统运作的连续性，以防意外事故造成的私钥损坏、丢失、删除等。而归档用于长期的、将来为解密历史数据提供服务。

PKI系统的文档中应明确规定私钥归档方法。

5.5.9.9.2 公钥归档

CA、RA、终端用户或其他系统部件的公钥都应归档，归档公钥为数字证书从目录中移除后验证数字签名提供了便利。

PKI系统的文档中应明确规定公钥归档方法。

5.5.9.10 密钥销毁

5.5.9.10.1 PKI系统密钥销毁

PKI系统的密钥销毁应设置为只有特定权限的人才能执行销毁程序，并保证销毁过程应是不可逆的。CA签名私钥的密钥销毁应设置为需要多个管理员同时在场，执行多道销毁程序。PKI系统提供的销毁程序可包括：用随机数据覆盖存储密钥的媒介、存储体，销毁存储密钥的媒介等。PKI系统密钥销毁应符合国家密码行政管理部门对密钥销毁的相关规定。

PKI系统的文档中应明确规定系统密钥销毁方法。

5.5.9.10.2 用户密钥销毁

终端用户密钥的销毁由用户自己执行多道销毁程序，并保证销毁过程应是不可逆的。用户可执行的销毁程序包括：用随机数据覆盖存储密钥的媒介、存储体，销毁存储密钥的媒介等。

PKI系统的文档中应明确规定用户密钥销毁方法。

5.5.10 轮廓管理

5.5.10.1 证书轮廓管理

证书轮廓定义证书中的字段和扩展可能的值，这些字段和扩展应与GB/T 20518—2006相一致。证书轮廓包括的信息有：

a) 与密钥绑定的用户的标识符；

b) 主体的公私密钥对可使用的加密算法；

c) 证书发布者的标识符；

d) 证书有效时间的限定；

e) 证书包括的附加信息；

f) 证书的主体是否是CA；

g) 与证书相对应的私钥可执行的操作；

h) 证书发布所使用的策略。

PKI系统应具备证书轮廓，并保证发布的证书与证书轮廓中的描述一致。PKI系统管理员应为以下字段和扩展指定可能的值：

a) 密钥所有者的标识符；

b） 公私密钥对主体的算法标识符；

c） 证书发布者的标识符；

d） 证书的有效期。

PKI 系统管理员还应为以下的字段和扩展指定可能的取值：

a） keyUsage；

b） basicConstraints；

c） certificatePolicies。

管理员还应为证书扩展指定可能的值。

5.5.10.2 证书撤销列表轮廓管理

证书撤销列表轮廓用于定义 CRL 中字段和扩展中可接受的值，这些字段和扩展应与 GB/T 20518—2006 相一致。CRL 轮廓可能要定义的值包括：

a） CRL 可能或者必须包括的扩展和每一扩展的可能的值；

b） CRL 的发布者；

c） CRL 的下次更新日期。

若 PKI 系统发布 CRL，则应具备证书撤销列表轮廓，并保证发布的 CRL 与该轮廓中的规定相一致。PKI 系统管理员应规定以下字段和扩展的可能的取值：

a） issuer；

b） issuerAltName；

c） NextUpdate。

若 PKI 系统发布 CRL，管理员还应指定 CRL 和 CRL 扩展可接受的值。

5.5.10.3 在线证书状态协议轮廓管理

在线证书状态协议轮廓用于定义一系列在 OCSP 响应中可接受的值。OCSP 轮廓应规定 PKI 系统可能产生的 OCSP 响应的类型和这些类型可接受的值。

a） 若 PKI 系统发布 OCSP 响应，PKI 系统应具备 OCSP 轮廓并保证 OCSP 响应与轮廓一致；

b） 若 PKI 系统发布 OCSP 响应，PKI 系统应要求管理员为 responseType 字段指定可接受的值；

c） 若 PKI 系统允许使用基本响应类型(basic response type)的 OCSP 响应，则 PKI 系统管理员应为 ResponderID 指定可接受的值。

5.5.11 证书管理

5.5.11.1 证书注册

PKI 系统所签发的公钥证书应与 GB/T 20518—2006 相一致。任何证书所包含的字段或扩展应被 PKI 系统根据 GB/T 20518—2006 生成或经由颁发机构验证以保证其与标准的一致性。

输入证书字段和扩展中的数据应被批准。证书字段或扩展的值可有以下 4 种方式获得批准：

a） 数据被操作员手工批准；

b） 自动过程检查和批准数据；

c） 字段或扩展的值由 PKI 系统自动生成；

d） 字段或扩展的值从证书轮廓中获得。

进行证书生成时，

a） 应仅产生与 GB/T 20518—2006 中规定的证书格式相同的证书；

b） 应仅生成与现行证书轮廓中定义相符的证书；

c） PKI 系统应验证预期的证书主体拥有与证书中包含的公钥相对应的私钥，除非公私密钥对是由 PKI 系统所产生的；

d） PKI 系统应保证：

1） version 字段应为 0，1，2；

2) 若包含 issuerUniqueID 或 subjectUniqueID 字段，则 version 字段应为 1 或 2；
3) 若证书包含 extensions，那么 version 字段应为 2；
4) serialNumber 字段对 CA 应是唯一的；
5) validity 字段应说明不早于当时时间的 notBefore 值和不早于 notBefore 时间的 notAfter 值；
6) 若 issuer 字段为空，证书应包括一个 issuerAltName 的关键性扩展；
7) 若 subject 字段为空，证书应包括一个 subjectAltName 的关键性扩展；
8) subjectPublicKeyInfo 字段中的 signature 字段和 algorithm 字段应包含国家密码行政管理部门许可的或推荐的算法的 OID。

5.5.11.2 证书撤销

5.5.11.2.1 证书撤销列表审核

发布 CRL 的 PKI 系统应验证所有强制性字段的值符合 GB/T 20518—2006。至少以下字段应被审核：

a) 若包含 version 字段，应为 1；
b) 若 CRL 包含关键性的扩展，version 字段应出现且为 1；
c) 若 issuer 字段为空，CRL 应包含一个 issuerAltName 的关键性扩展；
d) signature 和 signatureAlgorithm 字段应为许可的数字签名算法的 OID；
e) thisUpdate 应包含本次 CRL 的发布时间；
f) nextUpdate 字段的时间不应早于 thisUpdate 字段的时间。

5.5.11.2.2 OCSP 基本响应的审核

发布 OCSP 响应的 PKI 系统应验证所有强制性字段的值符合 GB/T 19713—2005。至少应审核以下字段：

a) version 字段应为 0；
b) 若 issuer 字段为空，响应中应包含一个 issuerAltName 的关键性扩展；
c) signatureAlgorithm 字段应为许可的数字签名算法的 OID；
d) thisUpdate 字段应指出证书状态正确的时间；
e) producedAt 字段应指出 OCSP 响应者发出响应的时间；
f) nextUpdate 字段的时间不应早于 thisUpdate 字段的时间。

5.5.12 配置管理

应按 **GB/T 20271—2006** 中 6.5.5.1 的要求，从以下方面实现 PKI 系统的配置管理：

a) 在配置管理自动化方面要求**完全的配置管理自动化**；
b) 在配置管理能力方面应实现生成支持和验收过程的要求；
c) 在 PKI 系统的配置管理范围方面，应将 PKI 系统的实现表示、设计文档、测试文档、用户文档、管理员文档以及配置管理文档等置于配置管理之下，要求实现对开发工具配置管理范围的管理；
d) 在系统的整个生存期，即在它的开发、测试和维护期间，应有一个软件配置管理系统处于保持对改变源码和文件的控制状态。只有被授权的代码和代码修改才允许被加进已交付的源码的基本部分。所有改变应被记载和检查，以确保未危及系统的安全。在软件配置管理系统中，应包含从源码产生出系统新版本、鉴定新生成的系统版本和保护源码免遭未授权修改的工具和规程。通过技术、物理和保安规章三方面的结合，可充分保护生成系统所用到的源码免遭未授权的修改和毁坏。

5.5.13 分发和操作

应按 **GB/T 20271—2006** 中 6.5.5.2 的要求，从以下方面实现 PKI 系统的分发和操作：

a) 以文档形式提供对 PKI 系统安全地进行分发的过程，并对安装、生成、启动和修改检测的过程进行说明，最终生成安全的配置。文档中所描述的内容应包括：
   1) 提供分发的过程；
   2) 安全启动和操作的过程；
   3) 建立日志的过程；
   4) 修改内容的检测；
   5) 对任何安全加强功能在启动、正常操作维护时能被撤销或修改的阐述；
   6) 在故障或硬件、软件出错后恢复系统至安全状态的规程；
   7) 对含有加强安全性的硬件部件，应说明用户或自动的诊断测试的操作环境和使用方法；
   8) 所有诊断测试过程中，为加强安全性的硬件部件所提供例证的结果；
   9) 在启动和操作时产生审计踪迹输出的例证。
b) 对系统的未授权修改的风险，应在交付时控制到最低限度。在包装及安全分送和安装过程中，这种控制应采取软件控制系统的方式，确认安全性会由最终用户考虑，所有安全机制都应以功能状态交付。
c) 所有软件应提供安全安装默认值，在客户不做选择时，默认值应使安全机制有效地发挥作用。
d) 随同系统交付的全部默认用户标识码，应在交付时处于非激活状态，并在使用前由管理员激活。
e) 指导性文档应同交付的系统软件一起包装，并应有一套规程确保当前送给用户的系统软件是严格按最新的系统版本来制作的。
f) 以安全方式开发并交付系统后，仍应提供对产品的长期维护和评估的支持，包括产品中的安全漏洞和现场问题的解决。
g) 应采用书面说明的方式向客户通告新的安全问题。
h) 对可能受到威胁的所有的安全问题，均应描述其特点，并作为主要的问题对待，直到它被解决。
i) 为了支持已交付的软件的每个版本，对所有已有的安全漏洞都应有文档书面说明，并且客户能在限制的基础上得到该文档。
j) 对安全漏洞的修改不必等到系统升级到下一个版本。安全功能的增加和改进应独立于系统版本的升级，也就是说，应存在适应性独立于系统其他功能的改进。
k) 只有经过客户授权，才允许在生产性运行的系统上进行新特性和简易原型的开发、测试和安装。
l) 新的版本应避免违反最初的安全策略和设想，也应避免在维护、增加或功能升级中引入安全漏洞，所有功能的改变和安全结构设置的默认值都应作记录。在新版本交付给客户使用前，客户应能得到相应的文档。

5.5.14 开发

应按 **GB/T** 20271—2006 中 6.5.5.3 的要求，从以下方面进行 PKI 系统的开发：

a) 按**形式化的 TCB 安全策略模型**、**形式化功能说明**、**形式化高层设计**、TSF 的结构化实现、TSF 内部结构复杂度最小化、**形式化低层设计**、**形式化对应性说明**的要求，进行 PKI 系统的开发；
b) 系统的设计和开发应保护数据的完整性，例如，检查数据更新的规则，返回状态的检查，中间结果的检查，合理值输入检查等；
c) 在内部代码检查时，应解决潜在的安全缺陷，关闭或取消所有的后门；
d) 所有交付的软件和文档，应进行关于安全缺陷的定期的和书面的检查，并将检查结果告知客户；
e) 系统控制数据，如口令和密钥，不应在未受保护的程序或文档中以明文形式储存，并以书面形式向客户提供关于软件所有权法律保护的指南；

f) 在 PKI 系统开发的敏感阶段，应保持一个安全环境，该安全环境要求：

1) 描述 PKI 系统开发所使用的计算机系统的安全使用和维护情况的安全策略和措施应有书面记载，并可供检查；

2) 系统开发过程中使用的所有计算机系统应接受定期的和有书面记载的内部安全审计，描述审计过程的文件和真实的审计报告应可供检查；

3) 除授权的分发机构外，不应在开发环境外部复制或分发内部文档；

4) 开发环境的计算机系统使用的所有软件应合法地从确定的渠道获得；

5) 开发者个人独自开发的软件，应在被开发管理者审核后才能用于开发的系统。

5.5.15 指导性文档

应按 GB/T 20271—2006 中 6.5.5.4 的要求，从以下方面编制 PKI 系统的指导性文档：

a) 应通过提供指导性文档，将如何安全使用和维护 PKI 系统的信息交付给系统的终端用户和系统用户。对文档的总体要求是：

1) 应对所有的安全访问和相关过程、特权、功能等适当的管理加以阐述；

2) 应阐述安全管理和安全服务的交互，并提供指导；

3) 应详细给出每种审计事件的审计记录的结构，以便考察和维护审计文件和进程；

4) 应提供一个准则集用于保证附加的说明的一致性不受破坏。

b) 系统用户文档应提供系统用户了解如何用安全的方式管理系统，除了给出一般的安全忠告，还要明确：

1) 在系统用安全的方法设置时，围绕管理员、操作员、审计员和安全员、主体和客体的属性等，应如何安装或终止安装；

2) 在系统的生命周期内如何用安全的方法维护系统，包括为了防止系统被破坏而进行的每天、每周、每月的安全常规备份等；

3) 如何用安全的方法重建 PKI 系统的方法；

4) 说明审计跟踪机制，使系统用户可有效地使用审计跟踪来执行本地的安全策略；

5) 必要时，如何调整系统的安全默认配置。

c) 终端用户文档应提供关于不同用户的可见的安全机制以及如何利用它们的信息，描述没有明示用户的保护结构，并解释它们的用途和提供有关它们使用的指南。

d) 系统用户文档应提供有关如何设置、维护和分析系统安全的详细指导，包括当运行一个安全设备时，需要控制的有关功能和特权的警告，以及与安全有关的管理员功能的详细描述，包括增加和删除一个用户、改变用户的安全特征等。

e) 文档中不应提供任何一旦泄露将会危及系统安全的信息。有关安全的指令和文档应划分等级分别提供给终端用户和系统用户。这些文档应为独立的文档，或作为独立的章节插入到终端用户指南和系统用户指南中。文档也可为硬拷贝、电子文档或联机文档。如果是联机文档，应控制对其的访问。

f) 应提供关于所有审计工具的文档，包括为检查和保持审计文件所推荐的过程、针对每种审计事件的详细审计记录文件、为周期性备份和删除审计记录所推荐的过程等。

g) 应提供如何进行系统自我评估的章节（带有网络管理、口令要求、意外事故计划的安全报告）和为灾害恢复计划所做的建议，以及描述普通侵入技术和其他威胁，并查出和阻止入侵的方法。

5.5.16 生命周期支持

应按 GB/T 20271—2006 中 6.5.5.5 的要求，从以下方面实现 PKI 系统的生命周期支持：

a) 按可测量的生命周期模型和遵照实现标准-所有部分的工具和技术的要求进行开发，并提供充分的安全措施；

b) 操作文档应详细阐述安全启动和操作的过程，详细说明安全功能在启动、正常操作维护时是否能被撤销或修改，说明在故障或系统出错时如何恢复系统至安全状态；

c) 如果系统含有加强安全性的硬件，那么管理员、其他用户或自动的诊断测试，应能在各自的操作环境中运行它并详细说明操作过程。

5.5.17 测试

应按 **GB/T 20271—2006 中** 6.5.5.6 的要求，从以下方面对 PKI 系统进行测试：

a) 应通过测试范围证据和严格的范围分析、高层设计测试、低层设计测试和实现表示测试、顺序的功能测试、相符性独立测试、抽样性独立测试和**完全独立性测试**等，确认 PKI 系统的功能与所要求的功能相一致；

b) 所有系统的安全特性，应被全面测试，包括查找漏洞，如违反系统访问控制要求、违反资源访问控制要求、拒绝服务、对审计或验证数据进行未授权访问等。所有发现的漏洞应被改正、消除或使其无效，并在消除漏洞后重新测试，以证实它们已被消除，且没有引出新的漏洞；

c) 应提供测试文档，详细描述测试计划、测试过程、测试结果。

5.5.18 脆弱性评定

应按 **GB/T 20271—2006 中** 6.5.5.7 的要求，从以下方面对所开发的 PKI 系统进行脆弱性评定：

a) **系统化的隐蔽信道分析**；

b) 安全状态的检查和分析；

c) PKI 系统安全功能强度评估；

d) 开发者脆弱性分析；

e) 独立脆弱性分析；

f) **高级抵抗力分析**。

附 录 A
（规范性附录）
安全要素要求级别划分

本附录给出的表 A.1 对安全要素要求的级别划分进行了总结。

表 A.1 安全要素要求级别划分

安全要素	第一级	第二级	第三级	第四级	第五级
物理安全	＋	＋＋	＋＋＋	＋＋＋＋	＋＋＋＋＋
角色	＋	＋＋	＋＋＋	＋＋＋＋	＋＋＋＋＋
访问控制	＋	＋＋	＋＋＋	＋＋＋	＋＋＋＋
标识与鉴别	＋	＋＋	＋＋＋	＋＋＋＋	＋＋＋＋
审计		＋	＋＋	＋＋＋	＋＋＋
数据输入输出	＋	＋＋	＋＋＋	＋＋＋＋	＋＋＋＋＋
备份与恢复		＋	＋＋	＋＋＋	＋＋＋＋
密钥管理	＋	＋＋	＋＋＋	＋＋＋＋	＋＋＋＋＋
轮廓管理	＋	＋＋	＋＋	＋＋	＋＋
证书管理	＋	＋	＋	＋	＋
配置管理	＋	＋＋	＋＋＋	＋＋＋＋	＋＋＋＋＋
分发和操作	＋	＋＋	＋＋＋	＋＋＋＋	＋＋＋＋＋
开发	＋	＋＋	＋＋＋	＋＋＋＋	＋＋＋＋＋
指导性文档	＋	＋＋	＋＋＋	＋＋＋＋	＋＋＋＋＋
生命周期支持	＋	＋＋	＋＋＋	＋＋＋＋	＋＋＋＋＋
测试	＋	＋＋	＋＋＋	＋＋＋＋	＋＋＋＋＋
脆弱性评定		＋	＋＋	＋＋＋	＋＋＋＋

注：“＋”表示对安全要素的要求，“＋”数量的增加表示安全要素要求的提高。

参 考 文 献

[1] ISO/IEC 15408-1:1999 Information technology—Security techniques—Evaluation Criteria for IT Security Part 1:Introduction and general model,Version 2.0
[2] ISO/IEC 15408-2:1999 Information technology—Security techniques—Evaluation Criteria for IT Security Part 2:Security functional requirements,Version 2.0
[3] ISO/IEC 15408-3:1999 Information technology—Security techniques—Evaluation Criteria for IT Security Part 3:Security assurance requirements,Version 2.0
[4] PKI Assessment Guidelines—PAG v3.0 Public Draft for Comment

ICS 35.020
L 80

中华人民共和国国家标准

GB/T 21054—2007

信息安全技术 公钥基础设施 PKI系统安全等级保护评估准则

Information security techniques—Public key infrastructure—Evaluation criteria for security classification protection of PKI system

2007-08-23 发布

2008-01-01 实施

中华人民共和国国家质量监督检验检疫总局
中国国家标准化管理委员会 发布

前　言

本标准的附录A为规范性附录。

本标准由全国信息安全标准化技术委员会提出并归口。

本标准起草单位：中国科学院软件研究所、中国电子技术标准化研究所。

本标准主要起草人：张凡、冯登国、张立武、路晓明、庄涌、王延鸣。

引　言

公开密钥基础设施(PKI)是集机构、系统(硬件和软件)、人员、程序、策略和协议为一体,利用公钥概念和技术来实施和提供安全服务的、具有普适性的安全基础设施。PKI 系统是通过颁发与管理公钥证书的方式为终端用户提供服务的系统,包括 CA、RA、资料库等基本逻辑部件和 OCSP 等可选服务部件以及所依赖的运行环境。

《PKI 系统安全等级保护评估准则》按五级划分的原则,制定 PKI 系统安全等级保护评估准则,详细说明了参照 GB 17859 所提出的安全等级保护对 PKI 系统的评估要素。第一级为最低级别,第五级为最高级别,随着等级的提高,PKI 系统安全等级保护的评估要素也随之递增。正文中字体为黑体加粗的内容为本级新增部分的要求。本标准用以指导评估者如何对 PKI 系统的安全保护等级进行评估,主要从对 PKI 系统的安全保护等级进行划分的角度来说明其评估内容。评估者可以根据各级别的具体要求,对评估对象进行评估,确定评估对象的安全保护级别。对于实现本标准中规定的评估内容的安全技术与采取的安全保证措施,应参照 GB/T 21053—2007 中的规定进行设计和开发。

信息安全技术 公钥基础设施 PKI 系统安全等级保护评估准则

1 范围

本标准参照 GB 17859—1999 的五个安全保护等级的划分，对 PKI 系统安全保护进行等级划分，规定了不同等级 PKI 系统所需要满足的评估内容。

本标准适用于 PKI 系统的安全保护等级的评估，对于 PKI 系统安全功能的研制、开发、测试和产品采购亦可参照使用。

2 规范性引用文件

下列文件中的条款通过本标准的引用而成为本标准的条款。凡是注日期的引用文件，其随后所有的修改单(不包括勘误的内容)或修订版均不适用于本标准，然而，鼓励根据本标准达成协议的各方研究是否可使用这些文件的最新版本。凡是不注日期的引用文件，其最新版本适用于本标准。

GB 17859—1999 计算机信息系统安全保护等级划分准则

GB/T 19713—2005 信息技术 安全技术 公钥基础设施 在线证书状态协议

GB/T 20518—2006 信息安全技术 公钥基础设施 数字证书格式

GB/T 21053—2007 信息安全技术 公钥基础设施 PKI 系统安全等级保护技术要求

GB/T 21052—2007 信息安全技术 信息系统物理安全技术要求

3 术语和定义

下列术语和定义适用于本标准。

3.1

公开密钥基础设施 public key infrastructure；PKI

支持公钥管理体制的基础设施，提供鉴别、加密、完整性和不可否认性服务。

3.2

PKI 系统 PKI system

通过颁发与管理公钥证书的方式为终端用户提供服务的系统，包括 CA、RA、资料库等基本逻辑部件和 OCSP 等可选服务部件以及所依赖的运行环境。

3.3

安全级别 security level

分层的安全等级与表示对象的敏感度或个人的安全许可的安全种类的组合。

3.4

分割知识 split knowledge

两个或两个以上实体分别保存密钥的一部分，密钥的每个部分都不应泄露密钥的明文有效信息，而当这些部分在加密模块中合在一起时可以得到密钥的全部信息，这种方法就叫分割知识。

3.5

分割知识程序 split knowledge procedure

用来实现分割知识的程序。

3.6

系统用户 system user

对PKI系统进行管理、操作、审计、备份、恢复的工作人员,系统用户一般在PKI系统中被赋予了指定的角色。

3.7

终端用户 terminate user

使用PKI系统所提供服务的远程普通用户。

4 缩略语

以下缩略语在本标准各部分通用:

CA	认证机构 Certification Authority
CPS	认证惯例陈述 Certification Practice Statement
CRL	证书撤销列表 Certificate Revocation List
OCSP	在线证书状态协议 Online Certificate Status Protocol
PP	保护轮廓 Protection Profile
RA	注册机构 Registration Authority
SF	安全功能 Security Function
ST	安全目标 Security Target
TOE	评估对象 Target of Evaluation
TSF	TOE安全功能 TOE Security Function

5 评估内容

5.1 第一级

5.1.1 概述

第一级的PKI系统,由用户自主保护,所保护的资产价值很低,面临的安全威胁很小。结构上,PKI系统的CA、RA、证书资料库可没有明确的分化。第一级PKI系统的安全要素要求列表见附录A。

5.1.2 物理安全

应按照GB/T 21052—2007第4章所描述的要求,对PKI系统硬件及相关环境进行评估。

5.1.3 角色与责任

PKI系统应对系统用户提供管理员和操作员的角色定义。

管理员角色:负责安装、配置、维护系统;建立和管理用户账户;配置轮廓;生成部件密钥。

操作员角色:负责签发和撤销证书。

系统用户应按照角色的安全功能管理进行权限限制。

5.1.4 访问控制

5.1.4.1 系统用户访问控制

PKI系统文档中,应有访问控制的相关文档,访问控制文档中的访问控制策略应包含如下几个方面:

a) 角色及其相应的访问权限;

b) 标识与鉴别系统用户的过程;

c) 角色的职能分割。

5.1.4.2 网络访问控制

用户可以且只能直接访问被授权使用的服务。远程用户只有被认证后,PKI系统才允许访问。连接到远程计算机系统应被认证。

5.1.5 标识与鉴别

5.1.5.1 用户属性定义

PKI 系统应维护每个用户的安全属性。

5.1.5.2 用户鉴别

在用户身份被鉴别之前，PKI 系统可执行与安全功能无关的动作。在执行其他的安全功能引起的动作之前，用户应成功鉴别自己。

5.1.5.3 用户标识

在用户标识自己身份之前，PKI 系统可代表用户执行与安全功能无关的动作。用户在成功标识自己之后，才能执行其他的安全功能引起的操作动作。

5.1.5.4 用户主体绑定

PKI 系统应通过用户主体绑定建立和维护用户与用户主体之间的关联，使用户的身份与该用户的所有可审计行为相关联。

5.1.6 数据输入输出

5.1.6.1 TSF 间用户数据传送的保密性

当用户数据通过外部信道在 PKI 系统之间或 PKI 系统用户之间传递时，PKI 系统应执行访问控制策略，使得能以某种防止未授权泄露的方式传送用户数据。

5.1.6.2 输出 TSF 数据的保密性

在 TSF 数据从 TSF 到远程可信 IT 产品的传送过程中，应保护机密数据不被未授权泄露。

5.1.7 密钥管理

5.1.7.1 密钥生成

PKI 系统的系统用户密钥应由相应级别的 CA 或 RA 等机构生成。在密钥生成时应采取安全控制。

CA 签名公私钥对应采用国家密码行政管理部门认可的方法生成。在密钥生成时应采取安全控制，只有管理员才能启动 CA 密钥生成过程。

终端用户密钥可由用户生成，也可委托 CA、RA 等 PKI 系统的服务机构生成。生成方法应符合国家密码行政管理部门的规定。

5.1.7.2 密钥传送与分发

PKI 系统的系统用户密钥的传送与分发应当以加密形式安全进行。CA 公钥分发方法应当切实可行。

如果终端用户自己生成密钥对，终端用户应将公钥安全地提交给 PKI 系统。

如果终端用户委托 CA 生成密钥对，那么不需要签发前的公钥传送，CA 向用户传送与分发私钥应当以加密形式安全进行。

5.1.7.3 密钥存储

PKI 系统的系统用户密钥与 CA 签名私钥应存储于国家密码行政管理部门规定的密码模块中或以加密的形式存储，终端用户密钥由用户自行存储。

5.1.8 轮廓管理

5.1.8.1 证书轮廓管理

PKI 系统应具备证书轮廓，并保证发行的证书与证书轮廓中的描述一致。

5.1.8.2 证书撤销列表轮廓管理

若 PKI 系统发布 CRL，TSF 应具备证书撤销列表轮廓，并保证发行的 CRL 与该轮廓中的规定相一致。

5.1.8.3 在线证书状态协议轮廓管理

OCSP 轮廓应规定 PKI 系统可能产生的字段类型和字段类型可接受的变量值。

5.1.9 证书管理

5.1.9.1 证书注册

PKI 系统所签发的公钥证书应与 GB/T 20518—2006 相一致。任何证书所包含的字段或扩展应由 PKI 系统根据 GB/T 20518—2006 生成，或经由证书颁发机构验证以保证其与标准的一致性。

a) 应仅产生与 GB/T 20518—2006 中规定的证书格式相同的证书；

b) 应仅生成与现行证书轮廓中定义相符的证书；

c) PKI 系统应验证预期的证书主体拥有与证书中包含的公钥相对应的私钥，除非公私密钥对是由 PKI 系统所产生的；

d) 评估者应检查 PKI 系统产生的证书是否满足实际要求。

5.1.9.2 证书撤销

5.1.9.2.1 证书撤销列表审核

发布 CRL 的 PKI 系统应验证所有强制性字段的值符合 GB/T 20518—2006。

5.1.9.2.2 OCSP 基本回应的审核

发布 OCSP 响应的 PKI 系统应验证所有强制性字段的值符合 GB/T 19713—2005。

5.2 第二级

5.2.1 概述

第二级的 PKI 系统，应提供审计能力，所保护的资产价值低，面临的安全威胁小。结构上，PKI 系统的 CA、RA 可不进行明确的分化，证书资料库应独立设计。第二级 PKI 系统的安全要素要求列表见附录 A。

5.2.2 物理安全

应按照 GB/T 21052—2005 第 5 章所描述的要求，对 PKI 系统硬件及相关环境进行评估。

5.2.3 角色与责任

PKI 系统应对系统用户提供管理员和操作员的角色定义。

管理员角色：负责安装、配置、维护系统；建立和管理用户账户；配置轮廓和审计参数；生成部件密钥；查看和维护审计日志；执行系统的备份和恢复。

操作员角色：负责签发和撤销证书。

系统用户应按照角色的安全功能管理进行权限限制。

系统应具备使主体与角色相关联的能力，并保证一个身份不应同时具备多个角色的权限。

5.2.4 访问控制

5.2.4.1 系统用户访问控制

注册和注销能够访问 PKI 系统信息和服务的用户应按正规的程序执行。分配或者使用系统特权时，应进行严格的限制和控制。进行口令分配时，应通过正规的程序控制。选取和使用口令时系统用户应按照已定义的策略和程序进行。

PKI 系统文档中，应有访问控制的相关文档，访问控制文档中的访问控制策略应包含如下几个方面：

a) 角色及其相应的访问权限；

b) 标识与鉴别系统用户的过程；

c) 角色的职能分割。

5.2.4.2 网络访问控制

用户可以且只能直接访问被授权使用的服务。用户终端到 PKI 系统服务的路径应是受控的。远程用户只有被认证后，PKI 系统才允许访问。连接到远程计算机系统应被认证。对 PKI 系统诊断分析端口的访问应进行安全控制。

5.2.4.3 操作系统访问控制

每个用户只有唯一的 ID，以便在 PKI 系统的操作能够被记录追踪。

经过指定时间的不活动状态，正在访问 PKI 服务系统的终端应超时进入保护状态，以防未授权用户访问。对高风险的应用应限制连接次数以提供额外的保护。

5.2.5 标识与鉴别

5.2.5.1 用户属性定义

PKI 系统应维护每个用户的安全属性。

5.2.5.2 用户鉴别

在用户身份被鉴别之前，PKI 系统可执行与安全功能无关的动作。在执行其他的安全功能引起的动作之前，用户应成功鉴别自己。

5.2.5.3 用户标识

在用户标识自己身份之前，PKI 系统可代表用户执行与安全功能无关的动作。用户在成功标识自己之后，才能执行其他的安全功能引起的操作动作。

5.2.5.4 用户主体绑定

PKI 系统应通过用户主体绑定建立和维护用户与用户主体之间的关联，使用户的身份与该用户的所有可审计行为相关联。

5.2.5.5 鉴别失败处理

PKI 系统的安全功能应能检测到与鉴别事件相关的不成功的鉴别尝试。

5.2.6 审计

5.2.6.1 审计数据产生

PKI 系统安全功能应能为系统的可审计事件生成一个审计记录，并在每一个审计记录中记录基本信息。

PKI 系统安全功能应能维护系统的可审计事件。

5.2.6.2 审计查阅

PKI 系统安全功能应为管理员提供从审计记录中读取一定类型的审计信息的能力。

5.2.6.3 选择性审计

审计功能部件应可根据基本属性选择或排除审计事件中的可审计事件。

5.2.6.4 审计事件存储

审计功能部件应能够防止对审计记录的非授权修改，并可检测对审计记录的修改；当审计踪迹存储已满时，审计功能部件应能够阻止除由管理员发起的以外的所有审计事件的发生。

5.2.7 数据输入输出

5.2.7.1 TOE 内部用户数据传送

在 PKI 系统的物理分隔部件间传递用户数据时，PKI 系统应执行访问控制策略，以防止安全相关的用户数据被篡改以及机密性用户数据的泄露。

5.2.7.2 TSF 间用户数据传送的保密性

当用户数据通过外部信道在 PKI 系统之间或 PKI 系统用户之间传递时，PKI 系统应执行访问控制策略，使得能以某种防止未授权泄露的方式传送用户数据。

5.2.7.3 输出 TSF 数据的保密性

在 TSF 数据从 TSF 到远程可信 IT 产品的传送过程中，应保护机密数据不被未授权泄露。

5.2.7.4 TOE 内 TSF 数据的传送

PKI 系统应保护安全相关的 TSF 数据在分离的 PKI 部件间传送时不被篡改，保护机密性 TSF 数据在分离的 PKI 部件间传送时不被泄露。

5.2.8 备份与恢复

PKI 系统应具有备份和恢复功能,并可在需要时调用备份功能。在系统备份数据中应保存足够的信息使系统能够重建备份时的系统状态。

5.2.9 密钥管理

5.2.9.1 密钥生成

PKI 系统的部件密钥和系统用户密钥应由相应级别的 CA 或 RA 等机构生成。在密钥生成时应采取安全控制。

CA 签名公私钥对应采用国家密码行政管理部门认可的方法生成。在密钥生成时应采取安全控制,只有管理员才能启动 CA 密钥生成过程。

终端用户密钥可由用户生成,也可委托 CA、RA 等 PKI 系统的服务机构生成。生成方法应符合国家密码行政管理部门的规定。

5.2.9.2 密钥传送与分发

PKI 系统的**部件密钥**和系统用户密钥的传送与分发应当以加密形式安全进行。CA 公钥分发方法应当切实可行,**并应当保证 CA 公钥的完整性。**

如果终端用户自己生成密钥对,终端用户应将公钥安全地提交给 PKI 系统。

如果终端用户委托 CA 生成密钥对,那么不需要签发前的公钥传送,CA 向用户传送与分发私钥应当以加密形式安全进行。

5.2.9.3 密钥存储

PKI 系统的**部件密钥**、系统用户密钥与 CA 签名私钥应存储于国家密码行政管理部门规定的密码模块中或以加密的形式存储,终端用户密钥由用户自行存储。

5.2.9.4 密钥导入导出

所有密钥导入导出 PKI 系统,应采用国家密码行政管理部门认可的加密算法或加密设备。私钥不应以明文形式导入导出 PKI 系统。PKI 系统应把导入导出的密钥与正确实体相关联,并赋予相应的权限。

5.2.9.5 密钥销毁

PKI 系统应提供销毁明文对称密钥和私有密钥的方法。

5.2.10 轮廓管理

5.2.10.1 证书轮廓管理

5.2.10.1.1 基本证书轮廓管理

PKI 系统应具备证书轮廓,并保证发行的证书与证书轮廓中的描述一致。

5.2.10.1.2 扩展的证书轮廓管理

管理员应为证书扩展指定可能的值。

5.2.10.2 证书撤销列表轮廓管理

5.2.10.2.1 基本证书撤销列表轮廓

若 PKI 系统发布 CRL,TSF 应具备证书撤销列表轮廓,并保证发行的 CRL 与该轮廓中的规定相一致。

5.2.10.2.2 扩展的证书撤销列表轮廓

若 PKI 系统发布 CRL,管理员应指定 CRL 和 CRL 扩展可接受的值。

5.2.10.3 在线证书状态协议轮廓管理

OCSP 轮廓应规定 PKI 系统可能产生的字段类型和字段类型可接受的变量值。

5.2.11 证书管理

5.2.11.1 证书注册

PKI 系统所签发的公钥证书应与 GB/T 20518—2006 相一致。任何证书所包含的字段或扩展应由

PKI 系统根据 GB/T 20518—2006 生成，或经由证书颁发机构验证以保证其与标准的一致性。

a） 应仅产生与 GB/T 20518—2006 中规定的证书格式相同的证书；

b） 应仅生成与现行证书轮廓中定义相符的证书；

c） PKI 系统应验证预期的证书主体拥有与证书中包含的公钥相对应的私钥，除非公私密钥对是由 PKI 系统所产生的；

d） 评估者应检查 PKI 系统产生的证书是否满足实际要求。

5.2.11.2 证书撤销

5.2.11.2.1 证书撤销列表审核

发布 CRL 的 PKI 系统应验证所有强制性字段的值符合 GB/T 20518—2006。

5.2.11.2.2 OCSP 基本回应的审核

发布 OCSP 响应的 PKI 系统应验证所有强制性字段的值符合 GB/T 19713—2005。

5.3 第三级

5.3.1 概述

第三级的 PKI 系统，所保护的资产价值较高，面临的安全威胁较大，应提供全面的安全保护。结构上，PKI 系统的 CA、RA、证书资料库应独立设计，并采用双证书（签名证书和加密证书）机制，建设双中心（证书认证中心和密钥管理中心）。第三级 PKI 系统的安全要素要求列表见附录 A。

5.3.2 物理安全

5.3.2.1 核心部件物理安全

应按照 **GB/T 21052—2007 第 6 章**所描述的要求，对 PKI 系统硬件及相关环境进行评估。

5.3.2.2 RA 物理安全

RA 可有多种建设方式。

RA 应设置专门的区域来接待日常业务。

RA 应妥善保管私钥。

RA 设备应有安全人员和电子监控设备保护防盗。

所有的活动都应被授权人员或安全人员监控。

RA 对外服务的时间应被严格限制。

维修和服务人员在工作区域应受监控。

5.3.3 角色与责任

PKI 系统应对系统用户提供**管理员、操作员和审计员的角色定义。**

管理员角色：负责安装、配置、维护系统；建立和管理用户账户；配置轮廓和审计参数；生成部件密钥；执行系统的备份和恢复。

操作员角色：负责签发和撤销证书。

审计员角色：负责查看和维护审计日志。

系统应具备使主体与角色相关联的能力，并保证一个身份不应同时具备多个角色的权限。

系统用户应按照角色的安全功能管理进行权限限制。

5.3.4 访问控制

5.3.4.1 系统用户访问控制

注册和注销能够访问 PKI 系统信息和服务的用户应按正规的程序执行。分配或者使用系统特权时，应进行严格的限制和控制。进行口令分配时，应通过正规的程序控制。**应定期审核系统用户的访问权限。**选取和使用口令时系统用户应按照已定义的策略和程序进行。**对无人值守的设备应有适当的保护措施。**

PKI 系统文档中，应有访问控制的相关文档，访问控制文档中的访问控制策略应包含如下几个方面：

a) 角色及其相应的访问权限；

b) 标识与鉴别系统用户的过程；

c) 角色的职能分割；

d) 进行 PKI 系统的特定操作时需要的最小系统用户人数。

5.3.4.2 网络访问控制

用户可以且只能直接访问被授权使用的服务。用户终端到 PKI 系统服务的路径应是受控的。远程用户只有被认证后，PKI 系统才允许访问。连接到远程计算机系统应被认证。对 PKI 系统诊断分析端口的访问应进行安全控制。PKI 系统内部网络和外部网络之间应设置安全控制。

按照 PKI 系统的访问控制策略，应限制用户可用的服务。路由控制应保证计算机连接和信息流不违背系统的访问控制策略。PKI 系统所有网络服务的安全属性要求在 PKI 系统文档中有相关说明。

5.3.4.3 操作系统访问控制

PKI 系统的访问应使用安全的登录过程。每个用户只有唯一的 ID，以便在 PKI 系统的操作能够被记录追踪。系统的口令管理应提供工具确保生成高质量的口令。对系统工具的使用应进行严格的控制。经过指定时间的不活动状态，正在访问 PKI 服务系统的终端应超时进入保护状态，以防未授权用户访问。对高风险的应用应限制连接次数以提供额外的保护。

5.3.4.4 应用访问控制

应根据访问控制策略，严格限制对信息和应用系统功能访问。

5.3.5 标识与鉴别

5.3.5.1 用户属性定义

PKI 系统应维护每个用户的安全属性。

5.3.5.2 用户鉴别

在用户身份被鉴别之前，PKI 系统可执行与安全功能无关的动作。在执行其他的安全功能引起的动作之前，用户应成功鉴别自己。

PKI 系统应提供多鉴别机制，对不同身份的用户使用不同的鉴别机制。

当进行鉴别时，PKI 系统的安全功能应避免提供给用户的反馈泄露用户的鉴别数据。

5.3.5.3 用户标识

在用户标识自己身份之前，PKI 系统可代表用户执行与安全功能无关的动作。用户在成功标识自己之后，才能执行其他的安全功能引起的操作动作。

5.3.5.4 用户主体绑定

PKI 系统应通过用户主体绑定建立和维护用户与用户主体之间的关联，使用户的身份与该用户的所有可审计行为相关联。

5.3.5.5 鉴别失败处理

PKI 系统的安全功能应能检测到与鉴别事件相关的不成功的鉴别尝试。

当用户自从上次鉴别成功以来不成功的鉴别尝试的次数达到或超过了定义的界限时，PKI 系统应采取应对措施。

5.3.5.6 秘密的规范

当用来对用户身份鉴别的口令、密钥等秘密信息由用户产生时，PKI 系统应对可接受的秘密信息的质量做出要求，并检查。秘密信息质量量度由管理员制定。

当用来对用户身份鉴别的口令、密钥等秘密信息由 PKI 系统产生时，PKI 系统应可生成符合秘密信息质量要求的秘密信息。秘密信息质量量度由管理员制定。

5.3.6 审计

5.3.6.1 审计数据产生

PKI 系统安全功能应能为系统的可审计事件生成一个审计记录，并在每一个审计记录中至少记录基本信息。

PKI 系统安全功能应能维护系统的可审计事件。

5.3.6.2 审计查阅

PKI 系统安全功能应为审计员提供从审计记录中读取一定类型的审计信息的能力。

5.3.6.3 选择性审计

审计功能部件应可根据基本属性选择或排除审计事件中的可审计事件。

5.3.6.4 审计事件存储

审计功能部件应能够防止对审计记录的非授权修改,并可检测对审计记录的修改;当审计踪迹存储已满时,**审计功能部件应能够阻止除由审计员发起的以外的所有审计事件的发生。**

5.3.6.5 审计日志签名

审计功能部件应定期对审计日志做完整性保护。

对审计日志签名的时间周期应是可配置的。

对审计日志签名的事件应写入审计日志中,签名结果应包含在其中。

5.3.7 数据输入输出

5.3.7.1 TOE 内部用户数据传送

在 PKI 系统的物理分隔部件间传递用户数据时,PKI 系统应执行访问控制策略,以防止安全相关的用户数据被篡改以及机密性用户数据的泄露。

5.3.7.2 TSF 间用户数据传送的保密性

当用户数据通过外部信道在 PKI 系统之间或 PKI 系统用户之间传递时,PKI 系统应执行访问控制策略,使得能以某种防止未授权泄露的方式传送用户数据。

5.3.7.3 输出 TSF 数据的保密性

在 TSF 数据从 TSF 到远程可信 IT 产品的传送过程中,应保护机密数据不被未授权泄露。

5.3.7.4 TOE 内 TSF 数据的传送

PKI 系统应保护安全相关的 TSF 数据在分离的 PKI 部件间传送时不被篡改,保护机密性 TSF 数据在分离的 PKI 部件间传送时不被泄露。

5.3.7.5 原发抗抵赖

PKI 系统在任何时候都应对证书状态信息和其他安全相关信息强制产生原发证据。

PKI 系统应能为所有安全相关的信息提供验证信息原发证据的能力。

5.3.8 备份与恢复

PKI 系统应具有备份和恢复功能,并可在需要时调用备份功能。在系统备份数据中应保存足够的信息使系统能够重建备份时的系统状态。**并通过完整性保护措施防止备份数据受到未授权的修改。关键安全参数和其他机密信息应以加密形式存储。**

5.3.9 密钥管理

5.3.9.1 密钥生成

PKI 系统部件密钥和系统用户密钥应由相应级别的 CA 或 RA 等机构生成。在密钥生成时应采取安全控制。

CA 签名公私钥对应采用国家密码行政管理部门认可的方法生成。在密钥生成时应采取安全控制,只有管理员才能启动 CA 密钥生成过程,**而且生成过程中应有多个管理员同时在场。**

终端用户密钥可由用户生成,也可委托 CA、RA 等 PKI 系统的服务机构生成。生成方法应符合国家密码行政管理部门的规定。

PKI 系统的文档中应明确规定密钥生成方法。

5.3.9.2 密钥传送与分发

PKI 系统的部件密钥和系统用户密钥的传送与分发应当以加密形式安全进行。CA 公钥分发方法应当切实可行，并应当保证 CA 公钥的完整性。

PKI 系统的文档中应明确说明 CA 公钥分发方法。

如果终端用户自己生成密钥对，终端用户应将公钥安全地提交给 PKI 系统。

如果终端用户委托 CA 生成密钥对，那么不需要签发前的公钥传送，CA 向用户传送与分发私钥应当以加密形式安全进行。

PKI 系统的文档中应明确规定用户公钥传送方法。

5.3.9.3 密钥存储

PKI 系统部件密钥和系统用户密钥应存储于国家密码行政管理部门规定的密码模块中或以加密的形式存储，CA 签名公私钥对应以加密的形式存储于硬件密码设备中。

如果终端用户密钥在 PKI 系统服务部件中存储，则应以加密的形式存储。如果终端用户密钥由用户自行存储，则由其选择存储方式。

PKI 系统的文档中应明确规定密钥存储方法。

5.3.9.4 密钥备份

对 PKI 系统部件密钥和系统用户密钥备份，应以加密形式进行。

对于 CA 签名私钥备份，应以加密的形式进行，且只有特定权限的人才能访问私钥信息存放部件。

用户签名私钥由用户自行备份。用户用于机密性目的的密钥由 PKI 系统备份时，应以加密形式进行。

PKI 系统的文档中应明确规定密钥备份方法。

5.3.9.5 密钥导入导出

所有密钥导入导出 PKI 系统，应采用国家密码行政管理部门认可的加密算法或加密设备。私钥不应以明文形式导入导出密码模块。PKI 系统应把导入导出的密钥与正确实体相关联，并赋予相应的权限。

PKI 系统的文档中应明确规定密钥导入导出方法。

5.3.9.6 密钥更新

PKI 系统应采取明确的方法更新 CA 密钥及证书。在更新过程中应采取安全措施保证 PKI 系统服务的安全性和连续性。CA 新密钥对的产生、新公钥的分发、旧公钥归档以及旧私钥的销毁应符合本级别中各自的相关规定。

用户密钥由 PKI 系统自动更新时，PKI 系统应采取明确的方法更新用户密钥及证书，在更新过程中应采取安全措施保证用户密钥和证书的安全。新密钥对的产生、新公钥的分发、旧公钥的归档、旧的用户私钥的销毁应符合 5.3.9 中的相关规定。

PKI 系统的文档中应明确规定密钥更新方法。

5.3.9.7 密钥恢复

对于备份的密钥，应仅由密钥所有者恢复；对于归档的密钥，则根据法律、规章或合同规定，由执法机关或管理部门恢复。PKI 系统应在恢复密钥前验证申请者的身份。

密钥恢复应保证密钥不被未授权地泄露或修改。其中 CA 签名私钥恢复需要特定权限的人在安全可信的环境中恢复。

PKI 系统的文档中应明确规定密钥恢复方法。

5.3.9.8 密钥归档

签名私钥不应被归档，用于解密数据的私钥应被归档。

CA、RA、终端用户或其他系统部件的公钥都应归档。

PKI 系统的文档中应明确规定密钥归档方法。

5.3.9.9 密钥销毁

PKI 系统密钥销毁需要特定权限的人执行密钥销毁程序，并应符合国家密码行政管理部门对密钥

销毁的相关规定。

终端用户密钥的销毁一般由用户自己执行销毁程序。

PKI 系统的文档中应明确规定密钥销毁方法。

5.3.10 轮廓管理

5.3.10.1 证书轮廓管理

5.3.10.1.1 基本证书轮廓管理

PKI 系统应具备证书轮廓，并保证发行的证书与证书轮廓中的描述一致。

5.3.10.1.2 扩展的证书轮廓管理

管理员应为证书扩展指定可能的值。

5.3.10.2 证书撤销列表轮廓管理

5.3.10.2.1 基本证书撤销列表轮廓

若 PKI 系统发布 CRL，TSF 应具备证书撤销列表轮廓，并保证发行的 CRL 与该轮廓中的规定相一致。

5.3.10.2.2 扩展的证书撤销列表轮廓

若 PKI 系统发布 CRL，管理员应指定 CRL 和 CRL 扩展可接受的值。

5.3.10.3 在线证书状态协议轮廓管理

OCSP 轮廓应规定 PKI 系统可能产生的字段类型和字段类型可接受的变量值。

5.3.11 证书管理

5.3.11.1 证书注册

PKI 系统所签发的公钥证书应与 GB/T 20518—2006 相一致。任何证书所包含的字段或扩展应由 PKI 系统根据 GB/T 20518—2006 生成，或经由证书颁发机构验证以保证其与标准的一致性。

a) 应仅产生与 GB/T 20518—2006 中规定的证书格式相同的证书；
b) 应仅生成与现行证书轮廓中定义相符的证书；
c) PKI 系统应验证预期的证书主体拥有与证书中包含的公钥相对应的私钥，除非公私密钥对是由 PKI 系统所产生的；
d) 评估者应检查 PKI 系统产生的证书是否满足基本要求。

5.3.11.2 证书撤销

5.3.11.2.1 证书撤销列表审核

发布 CRL 的 PKI 系统应验证所有强制性字段的值符合 GB/T 20518—2006。

5.3.11.2.2 OCSP 基本回应的审核

发布 OCSP 响应的 PKI 系统应验证所有强制性字段的值符合 GB/T 19713—2005。

5.4 第四级

5.4.1 概述

第四级的 PKI 系统，所保护的资产价值很高，面临的安全威胁很大。结构上，PKI 系统的 CA、RA、证书资料库应独立设计，并采用双证书（签名证书和加密证书）机制，建设双中心（证书认证中心和密钥管理中心）。第四级 PKI 系统的安全要素要求列表见附录 A。

5.4.2 物理安全

5.4.2.1 核心部件物理安全

应按照 **GB/T 21052—2007** 第 7 章所描述的要求，对 PKI 系统硬件及相关环境进行评估。

5.4.2.2 RA 物理安全

RA 可有多种建设方式。

RA 应设置专门的区域来接待日常业务。

RA 应妥善保管私钥。

RA 设备应有安全人员和电子监控设备保护防盗。

所有的活动都应被授权人员或安全人员监控。

RA 对外服务的时间应被严格限制。

维修和服务人员在工作区域应受监控。

5.4.3 角色与责任

开发者应提供 PKI 系统管理员、操作员、审计员和**安全员**的角色定义。

管理员角色：负责安装、配置、维护系统；建立和管理用户账户；配置轮廓和审计参数；生成部件密钥。

操作员角色：负责签发和撤销证书。

审计员角色：负责查看和维护审计日志。

安全员角色：负责执行系统的备份和恢复。

系统应具备使主体与角色相关联的能力，并保证一个身份不应同时具备多个角色的权限。

系统用户应按照角色的安全功能管理进行权限限制。

5.4.4 访问控制

5.4.4.1 系统用户访问控制

注册和注销能够访问 PKI 系统信息和服务的用户应按正规的程序执行。分配或者使用系统特权时，应进行严格的限制和控制。进行口令分配时，应通过正规的程序控制。应定期审核系统用户的访问权限。选取和使用口令时系统用户，应按照已定义的策略和程序进行。对无人值守的设备应有适当的保护措施。

PKI 系统文档中，应有访问控制的相关文档，访问控制文档中的访问控制策略应包含如下几个方面：

a) 角色及其相应的访问权限；

b) 标识与鉴别系统用户的过程；

c) 角色的职能分割；

d) 进行 PKI 系统的特定操作时需要的最小系统用户人数。

5.4.4.2 网络访问控制

用户可以且只能直接访问被授权使用的服务。用户终端到 PKI 系统服务的路径应是受控的。远程用户只有被认证后，PKI 系统才允许访问。连接到远程计算机系统应被认证。对 PKI 系统诊断分析端口的访问应进行安全控制。PKI 系统内部网络和外部网络之间应设置安全控制。

按照 PKI 系统的访问控制策略，应限制用户可用的服务。路由控制应保证计算机连接和信息流不违背系统的访问控制策略。PKI 系统所有网络服务的安全属性要求在 PKI 系统文档中有相关说明。

5.4.4.3 操作系统访问控制

PKI 系统的访问应使用安全的登录过程。每个用户只有唯一的 ID，以便在 PKI 系统的操作能够被记录追踪。系统的口令管理应提供工具确保生成高质量的口令。对系统工具的使用应进行严格的控制。经过指定时间的不活动状态，正在访问 PKI 服务系统的终端应超时进入保护状态，以防未授权用户访问。对高风险的应用应限制连接次数以提供额外的保护。

5.4.4.4 应用访问控制

应根据访问控制策略，严格限制对信息和应用系统功能访问。

5.4.5 标识与鉴别

5.4.5.1 用户属性定义

PKI 系统应维护每个用户的安全属性。

5.4.5.2 用户鉴别

当进行鉴别时，PKI 系统的安全功能应避免提供给用户的反馈泄露用户的鉴别数据。

在用户身份被鉴别之前，PKI 系统不允许执行代表该用户的任何行动。

PKI 系统应提供多鉴别机制，对不同身份的用户使用不同的鉴别机制。

PKI 系统应定义鉴别机制如何提供鉴别以及每一种鉴别机制将在何时使用。

5.4.5.3 用户标识

在用户被标识之前，PKI 系统不允许执行代表该用户的任何行动。

5.4.5.4 用户主体绑定

PKI 系统应通过用户主体绑定建立和维护用户与用户主体之间的关联，使用户的身份与该用户的所有可审计行为相关联。

5.4.5.5 鉴别失败处理

PKI 系统的安全功能应能检测到与鉴别事件相关的不成功的鉴别尝试。

当用户自从上次鉴别成功以来不成功的鉴别尝试的次数达到或超过了定义的界限时，PKI 系统应采取应对措施。

5.4.5.6 秘密的规范

当用来对用户身份鉴别的口令、密钥等秘密信息由用户产生时，PKI 系统应对可接受的秘密信息的质量做出要求，并检查。秘密信息质量量度由管理员制定。

当用来对用户身份鉴别的口令、密钥等秘密信息由 PKI 系统产生时，PKI 系统应可生成符合秘密信息质量要求的秘密信息。秘密信息质量量度由管理员制定。

5.4.6 审计

5.4.6.1 审计数据产生

PKI 系统安全功能应能为系统的可审计事件生成一个审计记录，并在每一个审计记录中至少记录基本信息。

PKI 系统安全功能应能维护系统的可审计事件。

5.4.6.2 审计查阅

PKI 系统安全功能应为审计员提供从审计记录中读取一定类型的审计信息的能力。

5.4.6.3 选择性审计

审计功能部件应可根据基本属性选择或排除审计事件中的可审计事件。

5.4.6.4 审计事件存储

审计功能部件应能够防止对审计记录的非授权修改，并可检测对审计记录的修改；当审计踪迹存储已满时，审计功能部件应能够阻止除由审计员发起的以外的所有审计事件的发生。

5.4.6.5 可信的时间戳

PKI 系统应获得可信的时间戳功能供审计部件使用。

5.4.6.6 审计日志签名

审计功能部件应定期从第三方获得数字签名的时间戳。时间戳不应由审计功能部件签名。

审计功能部件获得时间戳的时间周期应是可配置的。

对审计日志做时间戳的事件应写入日志中，时间戳应包含在其中。

5.4.7 数据输入输出

5.4.7.1 TOE 内部用户数据传送

在 PKI 系统的物理分隔部件间传递用户数据时，PKI 系统应执行访问控制策略，以防止安全相关的用户数据被篡改以及机密性用户数据的泄露。

在 PKI 系统的物理分隔部件间传递用户数据时，PKI 系统应执行访问控制策略，以检测是否有用户数据的完整性错误出现。检测到完整性错误时，PKI 系统应采取行动进行处理。

5.4.7.2 TSF 间用户数据传送的保密性

当用户数据通过外部信道在 PKI 系统之间或 PKI 系统用户之间传递时，PKI 系统应执行访问控制策略,使得能以某种防止未授权泄露的方式传送用户数据。

5.4.7.3 **TSF 间用户数据传送的完整性**

当用户数据通过外部信道在 PKI 系统之间或 PKI 系统用户之间传递时,PKI 系统应执行访问控制策略,使得能以某种方式传送和接收用户数据时,保护数据以避免完整性错误。

5.4.7.4 输出 TSF 数据的保密性

在 TSF 数据从 TSF 到远程可信 IT 产品的传送过程中,应保护机密数据不被未授权泄露。

5.4.7.5 输出 TSF 数据的完整性

PKI 系统应提供检测与远程可信 IT 产品间传送的所有 TSF 数据是否被修改的能力。检测到完整性错误时,PKI 系统应采取行动进行处理。

5.4.7.6 **TOE 内 TSF 数据的传送**

PKI 系统应保护安全相关的 TSF 数据在分离的 PKI 部件间传送时不被篡改,保护机密性 TSF 数据在分离的 PKI 部件间传送时不被泄露。

PKI 系统能检测在系统分离部件间传送的 TSF 数据的完整性错误出现。检测到完整性错误时,PKI 系统应采取行动进行处理。

5.4.7.7 原发抗抵赖

PKI 系统在任何时候都应对证书状态信息和其他安全相关信息强制产生原发证据。

PKI 系统应能为所有安全相关的信息提供验证信息原发证据的能力。

对初始化证书注册消息,PKI 系统只接受经过完整性算法保护的。

对所有其他安全相关信息,PKI 系统只接受经过数字签名算法保护的。

5.4.8 备份与恢复

PKI 系统应具有备份和恢复功能,并可在需要时调用备份功能。在系统备份数据中应保存足够的信息使系统能够重建备份时的系统状态。**这些数据应以稳定可靠的方式存储,使其在掉电的情况下仍然能够保存**。并通过完整性措施防止备份数据受到未授权的修改。关键安全参数和其他机密信息应以加密形式存储。

5.4.9 密钥管理

5.4.9.1 密钥生成

PKI 系统部件密钥和系统用户密钥应由相应级别的 CA 或 RA 等机构生成。在密钥生成时应采取安全控制。

CA 签名公私钥对应采用国家密码行政管理部门认可的方法生成。在密钥生成时应采取安全控制,只有管理员才能启动 CA 密钥生成过程,而且生成过程中应有多个管理员同时在场,**使用知识分割或其他分布式生成方法生成。**

终端用户签名私钥只能由其自己生成;终端用户加密密钥可由用户生成,也可委托 CA、RA 等 PKI 系统的服务机构生成。生成方法应符合国家密码行政管理部门的规定。

PKI 系统的文档中应明确规定密钥生成方法。

5.4.9.2 密钥传送与分发

PKI 系统的部件密钥和系统用户密钥的传送与分发应当以加密形式安全进行。CA 公钥分发方法应当切实可行,并应当保证 CA 公钥的完整性。

PKI 系统的文档中应明确说明 CA 公钥分发方法。

如果终端用户自己生成密钥对,终端用户应将公钥安全地提交给 PKI 系统。

如果终端用户委托 CA 生成密钥对,那么不需要签发前的公钥传送,CA 向用户传送与分发私钥应当以加密形式安全进行。

PKI 系统的文档中应明确规定用户公钥传送方法。

5.4.9.3 **密钥存储**

PKI系统部件密钥和系统用户密钥应存储于国家密码行政管理部门规定的密码模块中或以加密的形式存储，**其中CA签名私钥应采用分割知识方法或其他分布存储方案。**

如果终端用户密钥在PKI系统服务部件中存储，则应以加密的形式存储。如果终端用户密钥由用户自行存储，则由其选择存储方式。

PKI系统的文档中应明确规定密钥存储方法。

5.4.9.4 **密钥备份**

对PKI系统部件密钥和系统用户密钥备份，应以加密形式进行。

对于CA签名私钥备份，应以加密的形式**采用分割知识等方法分布存储于硬件密码设备中**，且只有特定权限的人才能访问私钥信息存放部件。

用户签名私钥由用户自行备份。用户用于机密性目的的密钥由PKI系统备份时，应以加密形式进行。

PKI系统的文档中应明确规定密钥备份方法。

5.4.9.5 **密钥导入导出**

所有密钥导入导出PKI系统，应采用国家密码行政管理部门认可的加密算法或加密设备。私钥不应以明文形式导入导出PKI系统。**对关键的密钥导入导出，应采用分割知识的方法进行。**PKI系统应把导入导出的密钥与正确实体相关联，并赋予相应的权限。

PKI系统的文档中应明确规定密钥导入导出方法。

5.4.9.6 **密钥更新**

PKI系统应采取明确的方法更新CA密钥及证书。在更新过程中应采取安全措施保证PKI系统服务的安全性和连续性。CA新密钥对的产生、新公钥的分发、旧公钥归档以及旧私钥的销毁应符合本级别中各自的相关规定。

用户密钥由PKI系统自动更新时，PKI系统应采取明确的方法更新用户密钥及证书，在更新过程中应采取安全措施保证用户密钥和证书的安全。**新密钥对的产生、新公钥的分发、旧公钥的归档、旧的用户私钥的销毁应符合5.4.9中的相关规定。**

5.4.9.7 **密钥恢复**

对于备份的密钥，应仅由密钥所有者恢复；对于归档的密钥，则根据法律、规章或合同规定，由执法机关或管理部门恢复。PKI系统应在恢复密钥前验证申请者的身份。

密钥恢复应保证密钥不被未授权地泄露或修改。其中CA签名私钥恢复**需要多个特定权限的人同时使用存有密钥信息的部件在安全可信的环境中进行，恢复后私钥仍然采用分割知识程序或其他分布式方案存放。**

PKI系统的文档中应明确规定密钥恢复方法。

5.4.9.8 **密钥归档**

签名私钥不应被归档，用于解密数据的私钥应被归档。

CA、RA、终端用户或其他系统部件的公钥都应归档。

PKI系统的文档中应明确规定密钥归档方法。

5.4.9.9 **密钥销毁**

PKI系统密钥销毁需要特定权限的人执行密钥销毁程序，**CA签名私钥销毁需要多个管理员同时在场执行多道销毁程序**，并应符合国家密码行政管理部门对密钥销毁的相关规定。

终端用户密钥的销毁一般由用户自己执行销毁程序。

PKI 系统的文档中应明确规定密钥销毁方法。

5.4.10 轮廓管理

5.4.10.1 证书轮廓管理

5.4.10.1.1 基本证书轮廓管理

PKI 系统应具备证书轮廓,并保证发行的证书与证书轮廓中的描述一致。

5.4.10.1.2 扩展的证书轮廓管理

管理员应为证书扩展指定可能的值。

5.4.10.2 证书撤销列表轮廓管理

5.4.10.2.1 基本证书撤销列表轮廓

若 PKI 系统发布 CRL,TSF 应具备证书撤销列表轮廓,并保证发行的 CRL 与该轮廓中的规定相一致。

5.4.10.2.2 扩展的证书撤销列表轮廓

若 PKI 系统发布 CRL,管理员应指定 CRL 和 CRL 扩展可接受的值。

5.4.10.3 在线证书状态协议轮廓管理

OCSP 轮廓应规定 PKI 系统可能产生的字段类型和字段类型可接受的变量值。

5.4.11 证书管理

5.4.11.1 证书注册

PKI 系统所签发的公钥证书应与 GB/T 20518—2006 相一致。任何证书所包含的字段或扩展应由 PKI 系统根据 GB/T 20518—2006 生成,或经由证书颁发机构验证以保证其与标准的一致性。

a) 应仅产生与 GB/T 20518—2006 中规定的证书格式相同的证书;
b) 应仅生成与现行证书轮廓中定义相符的证书;
c) PKI 系统应验证预期的证书主体拥有与证书中包含的公钥相对应的私钥,除非公私密钥对是由 PKI 系统所产生的;
d) 评估者应检查 PKI 系统产生的证书是否满足基本要求。

5.4.11.2 证书撤销

5.4.11.2.1 证书撤销列表审核

发布 CRL 的 PKI 系统应验证所有强制性字段的值符合 GB/T 20518—2006。

5.4.11.2.2 **OCSP** 基本回应的审核

发布 OCSP 响应的 PKI 系统应验证所有强制性字段的值符合 GB/T 19713—2005。

5.5 第五级

5.5.1 概述

第五级的 PKI 系统,所保护的资产价值极高,面临的安全威胁极大。本标准中规定了最基本的安全要求,实际运营的 PKI 系统应满足并不限于本标准中的规定。结构上,PKI 系统的 CA、RA、证书资料库应独立设计,并采用双证书(签名证书和加密证书)机制,建设双中心(证书认证中心和密钥管理中心)。第五级 PKI 系统的安全要素要求列表见附录 A。

5.5.2 物理安全

5.5.2.1 核心部件物理安全

应按照 **GB/T 21052—2007** 第 8 章所描述的要求,对 PKI 系统硬件及相关环境进行评估。

5.5.2.2 **RA** 物理安全

RA 可有多种建设方式。

RA 应设置专门的区域来接待日常业务。

RA 应妥善保管私钥。

RA 设备应有安全人员和电子监控设备保护防盗。

所有的活动都应被授权人员或安全人员监控。

RA 对外服务的时间应被严格限制。

维修和服务人员在工作区域应受监控。

5.5.3 角色与责任

PKI 系统应对系统用户提供管理员、操作员、审计员和安全员的角色定义。

管理员角色：负责安装、配置、维护系统；建立和管理用户账户；配置轮廓和审计参数；生成部件密钥。

操作员角色：负责签发和撤销证书。

审计员角色：负责查看和维护审计日志。

安全员角色：负责执行系统的备份和恢复。

系统应具备使主体与角色相关联的能力，并保证一个身份不应同时具备多个角色的权限。

系统应具备防范特权主体危害 PKI 系统安全的能力，每个角色的行为都应受到限制，使各个角色都无法越权完成任何非法操作，也不能对系统进行任何恶意活动。

系统用户应按照角色的安全功能管理进行权限限制。

5.5.4 访问控制

5.5.4.1 系统用户访问控制

注册和注销能够访问 PKI 系统信息和服务的用户应按正规的程序执行。分配或者使用系统特权时，应进行严格的限制和控制。进行口令分配时，应通过正规的程序控制。应定期审核系统用户的访问权限。选取和使用口令时系统用户应按照已定义的策略和程序进行。对无人值守的设备应有适当的保护措施。

PKI 系统文档中，应有访问控制的相关文档，访问控制文档中的访问控制策略应包含如下几个方面：

a) 角色及其相应的访问权限；

b) 标识与鉴别系统用户的过程；

c) 角色的职能分割；

d) 进行 PKI 系统的特定操作时需要的最小系统用户人数。

5.5.4.2 网络访问控制

用户可以且只能直接访问被授权使用的服务。用户终端到 PKI 系统服务的路径应是受控的。远程用户只有被认证后，PKI 系统才允许访问。连接到远程计算机系统应被认证。对 PKI 系统诊断分析端口的访问应进行安全控制。PKI 系统内部网络和外部网络之间应设置安全控制。

按照 PKI 系统的访问控制策略，应限制用户可用的服务。路由控制应保证计算机连接和信息流不违背系统的访问控制策略。PKI 系统所有网络服务的安全属性要求在 PKI 文档中有相关说明。

5.5.4.3 操作系统访问控制

对连接到特定位置或移动设备的认证应当使用自动终端标识过程。PKI 系统的访问应使用安全的登录过程。每个用户只有唯一的 ID，以便在 PKI 系统的操作能够被记录追踪。系统的口令管理应提供工具以确保生成高质量的口令。对系统工具的使用应进行严格的控制。

经过指定时间的不活动状态，正在访问 PKI 服务系统的终端应超时进入保护状态，以防未授权用户访问。对高风险的应用应限制连接次数以提供额外的保护。

5.5.4.4 应用访问控制

应根据访问控制策略，严格限制对信息和应用系统功能访问。**敏感系统应有独立的计算环境。**

5.5.5 标识与鉴别

5.5.5.1 用户属性定义

PKI 系统应维护每个用户的安全属性。

5.5.5.2 用户鉴别

当进行鉴别时,PKI 系统的安全功能应避免提供给用户的反馈泄露用户的鉴别数据。

在用户身份被鉴别之前,PKI 系统不允许执行代表该用户的任何行动。

PKI 系统应提供多鉴别机制,对不同身份的用户使用不同的鉴别机制。

PKI 系统应定义鉴别机制如何提供鉴别以及每一种鉴别机制将在何时使用。

5.5.5.3 用户标识

在用户被标识之前,PKI 系统不允许执行代表该用户的任何行动。

5.5.5.4 用户主体绑定

PKI 系统应通过用户主体绑定建立和维护用户与用户主体之间的关联,使用户的身份与该用户的所有可审计行为相关联。

5.5.5.5 鉴别失败处理

PKI 系统的安全功能应能检测到与鉴别事件相关的不成功的鉴别尝试。

当用户自从上次鉴别成功以来不成功的鉴别尝试的次数达到或超过了定义的界限时,PKI 系统应采取应对措施。

5.5.5.6 秘密的规范

当用来对用户身份鉴别的口令、密钥等秘密信息由用户产生时,PKI 系统应对可接受的秘密信息的质量做出要求,并检查。秘密信息质量量度由管理员制定。

当用来对用户身份鉴别的口令、密钥等秘密信息由 PKI 系统产生时,PKI 系统应可生成符合秘密信息质量要求的秘密信息。秘密信息质量量度由管理员制定。

5.5.6 审计

5.5.6.1 审计数据产生

PKI 系统安全功能应能为系统的可审计事件生成一个审计记录,并在每一个审计记录中至少记录基本信息。

PKI 系统安全功能应能维护系统的可审计事件。

5.5.6.2 审计查阅

PKI 系统安全功能应为审计员提供从审计记录中读取一定类型的审计信息的能力。

5.5.6.3 选择性审计

审计功能部件应可根据基本属性选择或排除审计事件中的可审计事件。

5.5.6.4 审计事件存储

审计功能部件应能够防止对审计记录的非授权修改,并可检测对审计记录的修改;当审计踪迹存储已满时,审计功能部件应能够阻止除由审计员发起的以外的所有审计事件的发生。

5.5.6.5 可信的时间戳

PKI 系统应获得可信的时间戳功能供审计部件使用。

5.5.6.6 审计日志签名

审计功能部件应定期从第三方获得数字签名的时间戳。

时间戳不应由审计功能部件签名。

审计功能部件获得时间戳的时间周期应是可配置的。

对审计日志做时间戳的事件应写入日志中,时间戳应包含在其中。

5.5.7 数据输入输出

5.5.7.1 TOE 内部用户数据传送

在 PKI 系统的物理分隔部件间传递用户数据时,PKI 系统应执行访问控制策略,以防止安全相关的用户数据被篡改以及机密性用户数据的泄露。

在 PKI 系统的物理分隔部件间传递用户数据时,PKI 系统应执行访问控制策略,以检测是否有用户数据的完整性错误出现。检测到完整性错误时，PKI 系统应采取行动进行处理。

5.5.7.2 **TSF 间用户数据传送的保密性**

当用户数据通过外部信道在 PKI 系统之间或 PKI 系统用户之间传递时，PKI 系统应执行访问控制策略，使得能以某种防止未授权泄露的方式传送用户数据。

5.5.7.3 **TSF 间用户数据传送的完整性**

当用户数据通过外部信道在 PKI 系统之间或 PKI 系统用户之间传递时，PKI 系统应执行访问控制策略，使得能以某种方式传送和接收用户数据时，保护数据以避免完整性错误。

5.5.7.4 **输出 TSF 数据的保密性**

在 TSF 数据从 TSF 到远程可信 IT 产品的传送过程中，应保护机密数据不被未授权泄露。

5.5.7.5 **输出 TSF 数据的完整性**

PKI 系统应提供检测与远程可信 IT 产品间传送的所有 TSF 数据是否被修改的能力。检测到完整性错误时，PKI 系统应采取行动进行处理。

对于 PKI 系统与远程可信 IT 产品间传送的所有 TSF 数据，如被修改，PKI 系统应提供改正的能力。

5.5.7.6 **TOE 内 TSF 数据的传送**

PKI 系统应保护安全相关的 TSF 数据在分离的 PKI 部件间传送时不被篡改，保护机密性 TSF 数据在分离的 PKI 部件间传送时不被泄露。

PKI 系统能检测在系统分离部件间传送的 TSF 数据的完整性错误出现。检测到完整性错误时，PKI 系统应采取行动进行处理。

5.5.7.7 **原发抗抵赖**

PKI 系统在任何时候都应对证书状态信息和其他安全相关信息强制产生原发证据。

PKI 系统应能为所有安全相关的信息提供验证信息原发证据的能力。

对初始化证书注册消息，PKI 系统只接受经过完整性算法保护的。

对所有其他安全相关信息，PKI 系统只接受经过数字签名算法保护的。

5.5.8 **备份与恢复**

PKI 系统应具有备份和恢复功能，并可在需要时调用备份功能。**在系统备份数据中应保存足够的信息使系统能够重建上一次完整事务完成后的系统状态**。这些数据应以稳定可靠的方式存储，使其在掉电的情况下仍然能够保存。并通过完整性措施防止备份数据受到未授权的修改，关键安全参数和其他机密信息应以加密形式存储。

5.5.9 **密钥管理**

5.5.9.1 **密钥生成**

PKI 系统部件密钥和系统用户密钥应由相应级别的 CA 或 RA 等机构生成。在密钥生成时应采取安全控制。

CA 签名公私钥对应采用国家密码行政管理部门认可的方法生成。在密钥生成时应采取安全控制，只有管理员才能启动 CA 密钥生成过程，而且生成过程中应有多个管理员同时在场，使用知识分割或其他分布式生成方法生成。

终端用户签名私钥只能由其自己生成；终端用户加密密钥可由用户生成，也可委托 CA、RA 等 PKI 系统的服务机构生成。生成方法应符合国家密码行政管理部门的规定。

PKI 系统的文档中应明确规定密钥生成方法。

5.5.9.2 **密钥传送与分发**

PKI 系统的部件密钥和系统用户密钥的传送与分发应当以加密形式安全进行。CA 公钥分发方法应当切实可行，并应当保证 CA 公钥的完整性。

PKI 系统的文档中应明确说明 CA 公钥分发方法。

如果终端用户自己生成密钥对,终端用户应将公钥安全地提交给 PKI 系统。

如果终端用户委托 CA 生成密钥对,那么不需要签发前的公钥传送,CA 向用户传送与分发私钥应当以加密形式安全进行。

PKI 系统的文档中应明确规定用户公钥传送方法。

5.5.9.3 密钥存储

PKI 系统部件密钥和系统用户密钥应以加密的形式存储于硬件密码设备中,CA 签名私钥应采用分割知识方法或其他分布存储方案。

如果终端用户密钥在 PKI 系统服务部件中存储,则应由硬件密码设备加密后存储。如果终端用户密钥由用户自行存储,则应以加密的形式存储于硬件密码设备中。

PKI 系统的文档中应明确规定密钥存储方法。

5.5.9.4 密钥备份

对 PKI 系统部件密钥和系统用户密钥备份,应以加密的形式存储于硬件密码设备中。

对于 CA 签名私钥备份,应以加密的形式采用分割知识等方法分布存储于硬件密码设备中,且只有特定权限的人才能访问私钥信息存放部件。

用户签名私钥由用户自行备份,以加密的形式存储于硬件密码设备中。用户用于机密性目的的密钥由 PKI 系统备份时,应由硬件密码设备加密后备份。

PKI 系统的文档中应明确规定密钥备份方法。

5.5.9.5 密钥导入导出

所有密钥导入导出 PKI 系统,应采用国家密码行政管理部门认可的加密算法或加密设备。私钥不应以明文形式导入导出 PKI 系统。对关键的密钥导入导出,应采用分割知识的方法进行。PKI 系统应把导入导出的密钥与正确实体相关联,并赋予相应的权限。

PKI 系统的文档中应明确规定密钥导入导出方法。

5.5.9.6 密钥更新

PKI 系统应采取明确的方法更新 CA 密钥及证书。在更新过程中应采取安全措施保证 PKI 系统服务的安全性和连续性。CA 新密钥对的产生、新公钥的分发、旧公钥归档以及旧私钥的销毁应符合本级别中各自的相关规定。

用户密钥由 PKI 系统自动更新时,PKI 系统应采取明确的方法更新用户密钥及证书,在更新过程中应采取安全措施保证用户密钥和证书的安全。**新密钥对的产生、新公钥的分发、旧公钥的归档、旧的用户私钥的销毁应符合 5.5.9 中的相关规定。**

5.5.9.7 密钥恢复

对于备份的密钥,应仅由密钥所有者恢复;对于归档的密钥,则根据法律、规章或合同规定,由执法机关或管理部门恢复。PKI 系统应在恢复密钥前验证申请者的身份。

密钥恢复应保证密钥不被未授权地泄露或修改。其中 CA 签名私钥恢复需要多个特定权限的人同时使用存有密钥信息的部件在安全可信的环境中进行,**在恢复过程中不应在任何一点出现 CA 签名私钥的完整形式,**恢复后私钥仍然采用分割知识程序或其他分布式方案存放。

PKI 系统的文档中应明确规定密钥恢复方法。

5.5.9.8 密钥归档

签名私钥不应被归档,用于解密数据的私钥应被归档。

CA、RA、终端用户或其他系统部件的公钥都应归档。

PKI 系统的文档中应明确规定密钥归档方法。

5.5.9.9 密钥销毁

PKI 系统密钥销毁需要特定权限的人执行密钥销毁程序,CA 签名私钥销毁需要多个管理员同时在场执行多道销毁程序,并应符合国家密码行政管理部门对密钥销毁的相关规定。

终端用户密钥的销毁由用户自己执行多道销毁程序。

PKI 系统的文档中应明确规定密钥销毁方法。

5.5.10 轮廓管理

5.5.10.1 证书轮廓管理

5.5.10.1.1 基本证书轮廓管理

PKI 系统应具备证书轮廓,并保证发行的证书与证书轮廓中的描述一致。

5.5.10.1.2 扩展的证书轮廓管理

管理员应为证书扩展指定可能的值。

5.5.10.2 证书撤销列表轮廓管理

5.5.10.2.1 基本证书撤销列表轮廓

若 PKI 系统发布 CRL,TSF 应具备证书撤销列表轮廓,并保证发行的 CRL 与该轮廓中的规定相一致。

5.5.10.2.2 扩展的证书撤销列表轮廓

若 PKI 系统发布 CRL,管理员应指定 CRL 和 CRL 扩展可接受的值。

5.5.10.3 在线证书状态协议轮廓管理

OCSP 轮廓应规定 PKI 系统可能产生的字段类型和字段类型可接受的变量值。

5.5.11 证书管理

5.5.11.1 证书注册

PKI 系统所签发的公钥证书应与 GB/T 20518—2006 相一致。任何证书所包含的字段或扩展应由 PKI 系统根据 GB/T 20518—2006 生成,或经由证书颁发机构验证以保证其与标准的一致性。

a) 应仅产生与 GB/T 20518—2006 中规定的证书格式相同的证书;

b) 应仅生成与现行证书轮廓中定义相符的证书;

c) PKI 系统应验证预期的证书主体拥有与证书中包含的公钥相对应的私钥,除非公私密钥对是由 PKI 系统所产生的;

d) 评估者应检查 PKI 系统产生的证书是否满足基本要求。

5.5.11.2 证书撤销

5.5.11.2.1 证书撤销列表审核

发布 CRL 的 PKI 系统应验证所有强制性字段的值符合 GB/T 20518—2006。

5.5.11.2.2 OCSP 基本回应的审核

发布 OCSP 响应的 PKI 系统应验证所有强制性字段的值符合 GB/T 19713—2005。

附 录 A
（规范性附录）
安全要素要求级别划分

本附录给出的表 A.1 对安全要素要求的级别划分进行了总结。

表 A.1 安全功能要求级别划分

安全要素	第一级	第二级	第三级	第四级	第五级
物理安全	＋	＋＋	＋＋＋	＋＋＋＋	＋＋＋＋＋
角色	＋	＋＋	＋＋＋	＋＋＋＋	＋＋＋＋＋
访问控制	＋	＋＋	＋＋＋	＋＋＋	＋＋＋＋
标识与鉴别	＋	＋＋	＋＋＋	＋＋＋＋	＋＋＋＋
审计		＋	＋＋	＋＋＋	＋＋＋
数据输入输出	＋	＋＋	＋＋＋	＋＋＋＋	＋＋＋＋＋
备份与恢复		＋	＋＋	＋＋＋	＋＋＋＋
密钥管理	＋	＋＋	＋＋＋	＋＋＋＋	＋＋＋＋＋
轮廓管理	＋	＋＋	＋＋	＋＋	＋＋
证书管理	＋	＋	＋	＋	＋
表中“＋”表示对安全要素的要求，“＋”数量的增加表示安全要素要求的提高。					

参考文献

[1] ISO/IEC 15408-1:1999 Information technology—Security techniques—Evaluation Criteria for IT Security—Part 1:Introduction and general model,Version 2.0
[2] ISO/IEC 15408-2:1999 Information technology—Security techniques—Evaluation Criteria for IT Security—Part 2:Security functional requirements,Version 2.0
[3] ISO/IEC 15408-3:1999 Information technology—Security techniques—Evaluation Criteria for IT Security—Part 3:Security assurance requirements,Version 2.0
[4] PKI Assessment Guidelines—PAG v3.0 Public Draft for Comment

ICS 43.040.70
T 23

中华人民共和国国家标准

GB/T 21055—2007

肢体残疾人驾驶汽车的操纵辅助装置

Assistive devices of car manipulation for persons with physical disabilities

2007-08-13 发布　　2008-03-01 实施

中华人民共和国国家质量监督检验检疫总局
中国国家标准化管理委员会　发布

前 言

本标准参考了美国 SAEJ1903/1997《汽车适应残疾人驾驶员控制件手册》，德国 DIN 13249《适合残疾人的小汽车》和日本、意大利及中国台湾、香港等国家和地区的资料，并根据我国实际情况制定。

本标准的附录 A 为资料性附录。

本标准由中华人民共和国国家发展和改革委员会提出。

本标准由全国汽车标准化技术委员会归口。

本标准负责起草单位：中国汽车技术研究中心、国家康复器械质量监督检验中心。

本标准参加起草单位：国家康复辅具研究中心、中国残疾人联合会。

本标准主要起草人：耿磊、王保华、郭淼、马凤领、曲京仓、张东旺。

本标准为首次发布。

肢体残疾人驾驶汽车的操纵辅助装置

1 范围

本标准规定了用于肢体残疾人驾驶汽车的操纵辅助装置的分类、型号、通用技术要求、试验方法、检验规则、标志、包装、运输、贮存等。

本标准适用于加装在装备自动变速器的乘用车上，以供肢体残疾人(两肢体以上功能健全，其中至少含一上肢)驾驶汽车使用的操纵辅助装置。

2 规范性引用文件

下列文件中的条款通过本标准的引用而成为本标准的条款。凡是注日期的引用文件，其随后所有的修改单(不包括勘误的内容)或修订版均不适用于本标准，然而，鼓励根据本标准达成协议的各方研究是否可使用这些文件的最新版本。凡是不注日期的引用文件，其最新版本适用于本标准。

GB/T 191　包装储运图示标志(GB/T 191—2000,eqv ISO 780:1997)

GB 4094　汽车操纵件、指示器及信号装置的标志

GB 7258　机动车安全运行技术条件

GB 9969.1　工业产品使用说明书　总则

3 术语和定义

下列术语和定义适用于本标准。

肢体残疾人驾驶汽车的操纵辅助装置　assistive devices of car manipulation for persons with physical disabilities

加装在汽车上，辅助肢体残疾人驾驶汽车使用的操作装置或汽车电器控制件的迁延开关。

注：为叙述方便以下简称：辅助装置。

4 型号

4.1 分类

根据辅助装置的功能类型，加装在自动变速的乘用车上的辅助装置的分类见表1。

表1　辅助装置分类表

辅助装置类别	辅助装置名称	控制方式	代号	功能
转向辅助装置	方向盘控制辅助手柄	单手	Ⅰ	控制车辆的转向机构
制动和加速辅助装置	制动和加速迁延控制手柄	单手	Ⅱ1	控制车辆的制动踏板及加速踏板
	制动和加速迁延踏板	左脚	Ⅱ2	
转向信号辅助装置	转向信号迁延开关	单手	Ⅲ	控制车辆的转向灯
驻车制动辅助装置	驻车制动辅助手柄	单手	Ⅳ	操纵驻车制动装置

4.2 型号编制方法

4.2.1　辅助装置型号由企业或商标代号、适合肢体残疾的类型代号、设计序号组成，其组成形式如下：

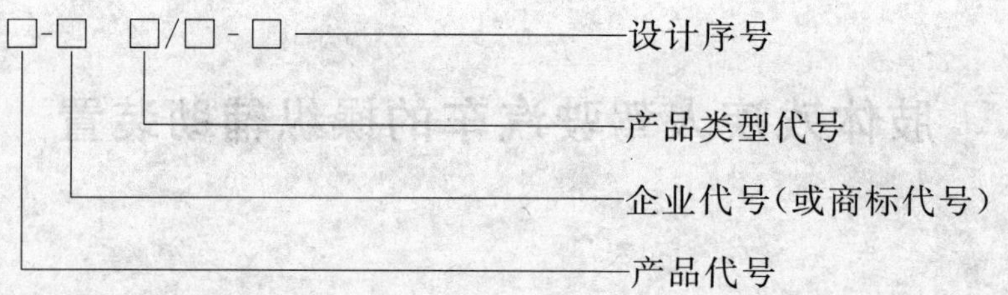

4.2.2 型号的编写规则

4.2.2.1 各代号分别选用具有代表意义的汉语拼音首位大写字母表示。

4.2.2.2 产品代号用“残、汽、辅”3个汉字的汉语拼音首位大写字母C、Q、F表示。

4.2.2.3 企业或商标代号

用企业或商标名称中两个或3个汉字的汉语拼音首位大写字母及数字表示。

4.2.2.4 产品类型代号

用辅助装置用功能分类代码表示，如用“I”表示方向盘控制辅助手柄。由不同类别的辅助装置组成的能够实现多种功能的辅助装置组合应标明所有辅助装置的代码，中间用“/”隔开。

4.2.2.5 设计序号

当同一生产企业的产品、商标、类型代号相同，但辅助装置的基本结构不同时，应用设计序号予以区别，用1、2、3……依次表示设计的顺序。

4.2.2.6 型号编号示例

例1：××牌，单手方向盘控制辅助手柄，第一次设计制造。

CQF-××Ⅰ-1

例2：××牌，制动和加速迁延踏板与转向信号迁延开关组合辅助装置，第二次设计制造。

CQF-××Ⅱ2/Ⅲ-2

5 要求

5.1 基本要求

5.1.1 辅助装置要求

5.1.1.1 辅助装置操纵应灵活、无松动或卡滞等现象，并复位可靠。辅助装置的工作行程覆盖原操纵件的行程范围，并保留适当的空行程(间隙)。

5.1.1.2 各操纵件的辅助装置应有明显的文字或符号标志，符号标志应符合GB 4094的规定。

5.1.1.3 具有调整和锁止功能辅助装置应调控方便，锁定可靠。

5.1.2 辅助装置安装要求

5.1.2.1 辅助装置加装后，不应改变原车结构的完整性和安全性，不影响原车操纵件的电器功能、机械性能。

5.1.2.2 辅助装置加装后，应能够方便地从原车操纵件和控制件上拆下(车辆事故损伤时除外)。

5.1.2.3 辅助装置加装后，不应使驾驶员驾驶时受到视野内产品部件的反光炫目。

5.1.2.4 辅助装置加装后，整车安全性能应符合GB 7258的要求。

5.1.2.5 应根据残疾类型选择辅助装置(参照附录A)，安装在适宜操纵的位置，与车辆的其他操纵指示系统不冲突、无妨碍。

5.2 方向盘控制辅助手柄

5.2.1 方向盘控制辅助手柄应旋转灵活，形状应适合手的握持。

5.2.2 方向盘辅助手柄应安装牢固、可靠、间隙适当，操纵灵活、方便，无阻滞现象。

5.3 制动和加速辅助装置

5.3.1 制动和加速迁延控制手柄的操作方向、操作方式应有明显区别(如前后相反的方向)。

5.3.2 制动和加速迁延控制手柄能由上肢单肢操作，分别实现控制加速踏板和制动踏板的功能。

5.3.3 制动和加速迁延控制手柄传动到制动踏板表面的正压力达到500 N时，控制手柄表面的正压力应不超过300 N。

5.3.4 制动和加速迁延踏板的迁延应是刚性连接，与原装置联动。

5.3.5 制动和加速迁延踏板应互不干扰，且可各自独立操作。

5.3.6 加装的制动和加速辅助装置，应连接牢固可靠，活动自由不松旷，保证制动灵活、轻便，不得发生失效现象。

5.4 转向信号辅助装置及驻车制动辅助装置

5.4.1 转向信号迁延开关及驻车制动辅助手柄应刚性固定。

5.4.2 转向信号迁延开关的布置不得影响原车仪器仪表、其他电器件、操纵件的观察使用。

5.4.3 转向信号迁延开关应开关自如，功能正常、可靠，不得因振动和其他外力条件而自行开关。

5.4.4 驻车制动辅助手柄应操纵轻便、锁止可靠，操纵力不超过200 N。

5.5 机械强度

5.5.1 方向盘控制辅助手柄经6.3.1.1静载试验后，任何部件应无裂缝、断裂和明显变形等损坏。

5.5.2 方向盘控制辅助手柄经6.3.1.2疲劳试验后，任何部件应无裂缝、断裂和明显变形等损坏。

5.5.3 制动和加速辅助装置经6.3.2.1静载荷试验后，控制总成应无明显的部件变形或损坏。

5.5.4 制动和加速辅助装置经6.3.2.2疲劳试验后，控制总成应能继续满足初始要求，无明显部件变形或机械磨损超出调整限度允许的公差。

5.5.5 整套辅助装置经6.3.3振动试验后，按说明书要求安装，应能持续完成既定功能，无任何部件的缺损，电气功能无损坏。

5.6 外观要求

5.6.1 机械加工

5.6.1.1 金属材料零件、冲压件或高强度塑料件不应有裂缝，加工用管材应采用非金属管材、无缝钢管或者类似材料。

5.6.1.2 焊缝表面波纹应均匀，高低之间的差值应不大于1 mm。

5.6.1.3 焊接处应无夹渣、气孔、焊瘤、焊丝头、咬边、飞溅、脱焊、虚焊、焊穿等缺陷。

5.6.1.4 铆接处应无漏铆、脱铆，铆钉应端正圆滑，无明显锤印。

5.6.1.5 在接触人体的表面部位不得有毛刺、刃口、棱角或其他有害使用者的缺陷。

5.6.1.6 塑料件不应有明显的飞边、凹凸、划伤和毛刺等。

5.6.2 表面处理

5.6.2.1 应将所有金属部件作防腐蚀处理。

5.6.2.2 涂(镀)层应无剥落、返锈。

5.6.2.3 电镀层外露部位不得有烧焦、起泡、露底、针孔、裂纹、麻点、明显划痕和毛刺。

5.6.2.4 金属件涂层不得有露底、夹渣、流挂、皱皮、缩孔。

6 试验方法

6.1 除特别说明外，全部试验应在5℃～35℃、相对湿度10%～95%的环境中进行。

6.2 对装配、结构、外观要求及无数据要求的项目，采用目测、手感、试驾、观察控制运动等方法确定。

6.3 机械强度检验

6.3.1 方向盘控制辅助手柄

6.3.1.1 静载荷试验

将方向盘控制辅助手柄固定在支架上，沿手柄运动方向对其施加120 N±10 N静载荷，保持30 s，试验完毕后目测检查符合5.5.1。

6.3.1.2 疲劳试验

将方向盘控制辅助手柄固定在支架上，沿手柄运动方向在相同速率下从左到向右，对其施加 50 N ±5 N 循环载荷，频率不超过 1 Hz，循环 250 000 次，试验完毕后目测检查符合 5.5.2。

6.3.2 制动和加速辅助装置

6.3.2.1 静载荷试验

将制动和加速辅助装置总成按加装要求，装配固定在一支架上，按操作说明书描述的方向，对加速和制动控制手柄分别加载，制动控制施加 720 N±50 N 静载荷，加速控制施加 150 N±15 N 静载荷，保持 30 s，试验完毕后目测检查符合 5.5.3。

6.3.2.2 疲劳试验

将制动和加速辅助装置总成按加装要求，装配固定在支架上，按操作说明书描述的方向，对加速和制动控制手柄分别加载，制动控制施加 250 N±25 N 循环载荷，加速控制施加 50 N±5 N 循环载荷，频率不超过 1 Hz，循环 250 000 次，试验完毕后目测检查符合 5.5.4。

6.3.3 辅助装置振动试验

将辅助装置固定在合适的钢架上，并装在振动试验机上，振动按水平和垂直两个方向进行，水平振动和垂直振动各运行 2 h，振动频率 30 Hz，振幅 1.2 mm。如果试验中部件松动、连接脱开，试验终止。试验后的所有部件经检查符合 5.5.5 条。

6.4 外观检验

应在自然光或光照度在 300 lx～600 lx 范围内的近似自然光线（例如 40 W 白炽灯）下，用目测、手感方法检查应符合 5.6 的要求。

7 检验规则

7.1 出厂检验

7.1.1 每件产品出厂前必须进行出厂检验。

7.1.2 产品须经检验合格并签发合格证后方能出厂。

7.1.3 出厂检验应按有关技术文件的规定进行。

7.1.4 出厂检验项目按表 2 规定进行。

表 2 辅助装置出厂检验项目

检验项目	适用条款
基本要求	5.1.1
方向盘控制辅助装置	5.2.1、5.2.2
制动和加速辅助装置	5.3.1、5.3.2、5.3.4、5.3.5、5.3.6
转向信号辅助装置	5.4.1、5.4.2、5.4.3
外观	5.6.1、5.6.2
标志、包装	8

7.2 型式检验

7.2.1 有下列情况之一时，应进行型式检验：

a) 新产品的试制定型、老产品的改进定型鉴定；

b) 正常生产下，产品质量的定期检查时；

c) 出厂检验结果与型式检验有较大差异时；

d) 产品停产一年及以上而恢复生产时；

e) 政府主管部门或国家质量监督机构提出型式检验要求时。

7.2.2 当为7.2.1 a)时,型式检验按第5章及第6章进行全性能试验,全部检验项目合格时,产品为合格。

7.2.3 对于7.2.1 b)~7.2.1e)各项根据提出部门的要求进行选择。

7.3 抽样和判定规则

7.3.1 样本从出厂检验合格品中随机抽取。

7.3.2 做产品型式检验的样件和产品质量定期检验的样件不得少于3件。检验用的样本按年产量50件检验3件的比例抽取,年产量低于50件按3件抽取。

7.3.3 进行检验的3件样本中,如有1件不合格,应在原批产品中加倍抽取样本进行试验,仍出现不合格则抽查批检验不合格。

7.3.4 进行检验的3件样本中,如有2件不合格,则抽查批检验不合格。

8 标志、包装

8.1 标志

每台辅助装置外壳部位应有生产企业的标志及铭牌。铭牌上至少应有下列内容:

a) 产品名称;

b) 产品型号;

c) 产品编号;

d) 出厂日期;

e) 制造企业名称或商标等。

8.2 包装

8.2.1 辅助装置应将产品安装、使用说明书、出厂检验合格证、保修单、装箱单等一起装箱,按有关规定执行。

8.2.2 产品包装箱上应至少有以下内容:

a) 制造商名称及地址、电话;

b) 装箱日期;

c) 产品名称、型号、数量;

d) 总质量;

e) 包装箱外廓尺寸。

8.3 产品说明书

8.3.1 产品说明书应符合GB 9969.1的规定。至少应阐述下列内容:

a) 一般操作要求;

b) 控制原理、方式、功能;

c) 应避免的动作及其可能导致的结果;

d) 可能出现的失效信号;

e) 产品出故障时应采取的措施;

f) 要求使用者应具备的肢体功能;

g) 维护保养的内容;

h) 产品所采用的标准;

i) 安装要求和使用注意事项;

j) 适用的肢体类型。

9 运输与贮存

9.1 产品运输途中不应受雨、霜、雾的直接影响,外包装的各类警示标志应符合GB/T 191的规定。

9.2 贮存产品的仓库应清洁、干燥、通风性好、防雨、防晒,且空气中不应含有腐蚀性有害气体。

附 录 A
（资料性附录）
肢体残疾人员选装辅助装置适配表

A.1 各类肢体残疾人员应根据残疾的情况，选择适合的辅助装置安装在其驾驶的自动变速的乘用车上。

A.2 肢体残疾人员选装辅助装置适配表见表A.1。

表A.1 各类肢体残疾人员驾驶自动变速的乘用车需加装辅助装置类型适配表

肢体残疾类型		适用的辅助装置	选装的辅助装置	说明
单肢残疾	左下肢残疾	—	Ⅰ	可不加装辅助装置
	右下肢残疾	Ⅱ1或Ⅱ2	Ⅰ	
	左上肢残疾	Ⅰ，Ⅲ		
	右上肢残疾	Ⅰ，Ⅳ		
多肢残疾	左上肢和左下肢残疾	Ⅰ，Ⅲ		
	右上肢和左下肢残疾	Ⅰ，Ⅳ		
	左上肢和右下肢残疾	Ⅰ，Ⅲ，Ⅱ1或Ⅱ2		
	右上肢和右下肢残疾	Ⅰ，Ⅳ，Ⅱ1或Ⅱ2		
	双下肢残疾	Ⅰ，Ⅱ1，Ⅲ或Ⅳ		
	双上肢残疾	—		不适用于本标准

ICS 27.010
F 01

中华人民共和国国家标准

GB/T 21056—2007

风机、泵类负载变频调速节电传动系统及其应用技术条件

Specification for adjustable speed drive systems of electricity conservation with VF for fans and pumps

2007-08-13 发布　　2008-02-01 实施

中华人民共和国国家质量监督检验检疫总局
中国国家标准化管理委员会　发布

前 言

本标准由全国能源基础与管理标准化技术委员会提出。

本标准由全国能源基础与管理标准化技术委员会合理用电分技术委员会归口。

本标准起草单位：北京节能环保中心、中国标准化研究院、清华大学、中国电子技术标准化研究所、北京乐普四方科技发展有限公司、山东金洲科瑞节能科技有限公司、金博尔节能环保科技(北京)有限公司、北京国电康能科技有限公司。

本标准主要起草人：陶毅、赵跃进、李正、翟克俊、周明宝、李先瑞、辛定国、邓宏芬、刘英洲、毛文剑、李钢、韩庆军、李志宏。

风机、泵类负载变频调速节电传动系统及其应用技术条件

1 范围

本标准规定了风机、泵类负载变频调速节电传动系统的应用条件、技术要求、试验方法及判别与评价。

本标准适用于660 V及以下电压，50 Hz三相交流电源供电，电动机额定功率315 kW及以下的风机、泵类负载变频调速节电传动系统。

2 规范性引用文件

下列文件中的条款通过本标准的引用而成为本标准的条款。凡是注日期的引用文件，其随后所有的修改单(不包括勘误的内容)或修订版均不适用于本标准，然而，鼓励根据本标准达成协议的各方研究是否可使用这些文件的最新版本。凡是不注日期的引用文件，其最新版本适用于本标准。

GB/T 2423.1—2001 电工电子产品环境试验 第2部分：试验方法 试验A：低温(idt IEC 60068-2-1：1990)

GB/T 2423.2—2001 电工电子产品环境试验 第2部分：试验方法 试验B：高温(idt IEC 60068-2-2：1974)

GB/T 2423.3 电工电子产品环境试验 第2部分：试验方法 试验Cab：恒定湿热试验(GB/T 2423.3—2006，IEC 60068-2-78：2001，IDT)

GB/T 2423.21 电工电子产品基本环境试验规程 试验M：低气压试验方法(GB/T 2423.21—1991，neq IEC 60068-2-13：1983)

GB/T 3797 电气控制设备

GB 4943—2001 信息技术设备的安全(idt IEC 60950：1999)

GB/T 5080.7 设备可靠性试验 恒定失效率假设下的失效率与平均无故障时间的验证试验方案(GB/T 5080.7—1986，idt IEC 60605-7：1978)

GB/T 12668.2 调速电气传动系统 第2部分：一般要求 低压交流变频电气传动系统额定值的规定(GB/T 12668.2—2002，IEC 61800-2：1998，IDT)

GB/T 13466 交流电气传动风机(泵类、空气压缩机)系统经济运行通则

GB/Z 17625.6—2003 电磁兼容 限值 对额定电流大于16 A的设备在低压供电系统中产生的谐波电流的限制(IEC TR 61000-3-4：1998，IDT)

GB/T 17626.4—1998 电磁兼容 试验和测量技术 电快速瞬变脉冲群抗扰度试验(idt IEC 61000-4-4：1995)

3 术语和定义

下列术语和定义适用于本标准。

3.1

风机、泵类负载变频调速节电传动系统 the adjustable speed drive system of electricity conservation with VF for fans and pumps

应用变频调速技术和微型计算机控制技术与新的控制理论相结合，根据系统的实际运行工况，跟踪

检测系统的负载，对交流电动机的运行进行实时优化控制，在满足终端需要的前提下，提高运行效率降低能耗的系统。

3.2

变频调速装置　speed control assembly with adjustable frequency

以改变输出频率和输出电压控制交流电动机转速的由变频装置供电的调速控制装置。

3.3

节电率　electricity conservation rate

在规定的相同运行周期内，在满足终端需要时，环境条件相近、运行工况相同的情况下，应用变频调速传动系统节约的用电量与未应用变频调速装置系统的用电量之比的百分数。

4　应用条件

4.1　风机、泵类的运行工况点偏离高效区。

4.2　压力、流量变化幅度较大，运行时间长的系统。

4.2.1　中低流量变化类型的风机、泵类负载及全流量间歇类型的风机、泵类负载运行工况应符合下列要求：

a)　流量变化幅度≥30%、变化工况时间率≥40%、年总运行时间≥3 000 h；

b)　流量变化幅度≥20%、变化工况时间率≥30%、年总运行时间≥4 000 h；

c)　流量变化幅度≥10%、变化工况时间率≥30%、年总运行时间≥5 000 h。

4.2.2　流量在额定流量的90%以上变化时，风机、泵类负载不宜用变频调速装置。

4.3　使用挡风板、阀门截流以及旁路分流等方法调节流量的系统。

4.4　风机、泵类负载变频调速节电传动系统运行状态，应符合GB/T 13466的要求。

5　技术要求

5.1　技术性能

5.1.1　输出额定容量

在规定的电源条件下，输出额定电流和额定频率时，变频调速装置输出容量应不低于输出额定容量(kVA)。

5.1.2　输出电压的不对称度

正常使用条件下，在整个输出频率调节范围内，各相负载对称情况下，输出三相电压的不对称度应不大于5%。

5.1.3　调节范围内的输出能力

在频率调节范围内，被控电动机均能保持稳定的运行。在最高输出频率时，应不超过额定电流或额定功率的+10%。

5.1.4　过载能力

变频调速装置的过载能力应符合GB/T 12668.2规定的要求。

5.1.5　设定功能

变频调速装置应具有频率范围设定功能。

5.1.6　保护功能

变频调速装置应具有以下保护功能：

a)　负载电流超过设定值，应能自动限制或切断输出电源；

b)　输出短路，应能自动切断输出电源；

c)　输入缺相，应能自动切断输出电源；

d)　输入欠压(低于额定电压的80%)，应能自动切断输出电源；

e） 输入过压（高于额定电压的115%），应能自动切断输出电源。

5.1.7 监控功能

变频调速装置应具有监控功能，根据运行工况要求可选择：

a） 装置具有工业现场总线的网络接口；

b） 网络监视功能；

c） 网络控制功能；

d） 网络预警功能。

5.2 电源适应性

变频调速装置在电源额定电压变化±10%、额定频率变化±1 Hz范围内应正常工作。

5.3 环境适应性

除另有规定外，变频调速装置应能在环境温度－25℃～55℃，相对湿度93%（40℃），大气压55 kPa～106 kPa条件下正常工作，无变形、无结构和机械损伤。特殊环境条件应在产品说明书中给出。

5.4 可靠性

变频调速装置的平均无故障时间（MTBF）中的不可接受平均无故障时间（ml）值不低于8 000 h。

5.5 安全

5.5.1 接地连续性

具有保护接地的变频调速装置应符合GB 4943—2001中2.6.3.3的要求，保护连接导体电阻不应超过0.1 Ω。

5.5.2 接触电流

变频调速装置的接触电流值应符合GB 4943—2001中5.1的要求，Ⅰ类设备不超过3.5 mA，Ⅱ类设备不超过0.25 mA。

5.5.3 抗电强度

变频调速装置的抗电强度值应符合GB 4943—2001中5.2的要求，人可触及的部位与地应承受1 500 V交流有效值或2 121 V直流值，人可触及的部位与次级应承受3 000 V交流有效值或4 242 V直流值。试验期间，绝缘不应击穿。

5.6 电磁兼容性

5.6.1 谐波电流发射

变频调速装置谐波电流发射限制应满足GB/Z 17625.6—2003中5.1的要求。

5.6.2 电快速瞬变脉冲群抗扰度

变频调速装置的电快速瞬变脉冲群抗扰度应满足GB/T 17626.4—1998中等级3的要求，性能判据B。

5.7 年平均节电率

风机、泵类负载变频调速节电传动系统年平均节电率宜≥15%。

6 试验方法

6.1 试验室环境条件

除另有规定外本标准中的试验应在如下的环境条件下进行：

——温度15℃～35℃；

——相对湿度35%～75%；

——大气压86 kPa～106 kPa。

6.2 输出额定容量试验

输出电流为100%的额定输出电流，输出频率为额定输出频率，当输入在额定电压±10%范围内变化时，分别测出输出容量，并应满足5.1.1的要求。

6.3 输出电压不对称度试验

输出电压不对称度的试验按 GB/T 3797 有关规定进行。

6.4 保护功能和故障显示试验

6.4.1 过载电流

试验时迅速调节负载电流，超过额定输出电流 150%时，变频调速装置应自动停机，切断输出电源，显示故障信号。

6.4.2 输出短路

变频调速装置输出端短路，变频调速装置应不能启动，显示故障信号。

6.4.3 输入缺相

变频调速装置输入端(其中一相)开路，变频调速装置应不能启动，显示故障信号。

6.4.4 输入欠压

变频调速装置电源输入电压由额定值降至低于 80%额定电压时，变频调速装置应能自动停机，切断输出电源，显示故障信号。

6.4.5 输入过压

变频调速装置电源输入电压由额定值升至高于 115%额定电压时，变频调速装置应能自动停机，切断输出电源，显示故障信号。

6.5 系统工况物理参数测量

当系统运行至稳定状态时，测量工况物理参数，如：流量、压力、温度等，其值应在设定参数范围之内。

6.6 电源适应性试验

变频调速装置应接一额定负载(电动机或等效的模拟负载)，按 5.2 规定的电源电压下连续运行的时间不小于 20 min，此时装置应能输出额定电压、额定电流和额定频率。

6.7 环境试验

6.7.1 工作温度下限

按 GB/T 2423.1—2001“试验 Ad”进行。受试样品先进行初始检查，将试验样品放入试验箱，受试样品在环境温度为－25℃条件下通电工作 4 h，试验中样品应工作正常。试验后恢复 2 h，受试样品应能满足 5.3 的要求。

6.7.2 工作温度上限

按 GB/T 2423.2—2001“试验 Bd”进行。受试样品先进行初始检查，将试验样品放入试验箱，受试样品在环境温度为＋55℃条件下通电工作 4 h，试验中样品应工作正常。试验后恢复 2 h，受试样品应能满足 5.3 的要求。

6.7.3 恒定湿热试验

按 GB/T 2423.3 的要求进行。受试样品先进行初始检查，将试验样品放入试验箱，受试样品在相对湿度为 93%(40℃)条件下正常工作 48 h，试验期间和试验后受试样品应能满足 5.3 的要求。

6.7.4 低气压试验

按 GB/T 2423.21 的要求进行。受试样品先进行初始检查，然后放入低气压试验箱，在环境温度为 35℃、55 kPa 条件下工作 4 h，试验期间和试验后受试样品应能满足 5.3 的要求。

6.8 可靠性试验

按 GB/T 5080.7 的规定进行，试验过程中，产品应保持正常工作状态，输入电压时间分配为额定电压占 50%，上限、下限电压各占 25%，试验温度为工作上限温度或厂家规定的温度。

6.9 安全试验

按 GB 4943 的有关规定进行。

6.10 电磁兼容试验

6.10.1 谐波电流试验

按 GB/Z 17625.6—2003 的规定进行。

6.10.2 电快速瞬变脉冲群抗扰度试验

按 GB/T 17626.4 的规定进行。

6.11 年平均节电率测算

年平均节电率测算，要求节能设备具有数据存储功能，且存储数据应大于1年；节能设备具有记录功能，以提供统计依据，供检测和使用单位随时监督。

$$R_E = \frac{E_G - E_V}{E_G} \times 100\%$$

式中：

R_E——年平均节电率；

E_G——工频运行用电量，单位为千瓦时(kW·h)；

E_V——变频运行用电量，单位为千瓦时(kW·h)。

7 判别与评价

7.1 年平均节电率≥30%，则认定系统运行效率最佳。

7.2 年平均节电率≥20%，则认定系统运行效率佳。

7.3 年平均节电率≥15%，则认定系统运行效率较好。

ICS 71.060.01
G 10

GB

中华人民共和国国家标准

GB/T 21057—2007

无机化工产品中氟含量测定的通用方法 离子选择性电极法

Inorganic chemicals for industrial use—General method for determination of fluorine content—Ion selective electrode method

2007-08-13 发布　　2008-02-01 实施

中华人民共和国国家质量监督检验检疫总局
中国国家标准化管理委员会　发布

前言

本标准的附录B为规范性附录，附录A、附录C为资料性附录。

本标准由中国石油和化学工业协会提出。

本标准由全国化学标准化技术委员会无机化工分会(SAC/TC 63/SC 1)归口。

本标准主要起草单位：天津出入境检验检疫局、天津化工研究设计院。

本标准主要起草人：刘绍从、孙书军、刘军、吕刚、陆思伟。

本标准为首次发布。

无机化工产品中氟含量测定的通用方法 离子选择性电极法

1 范围

本标准规定了无机化工产品中氟含量测定的通用方法——离子选择性电极法。

本标准适用于无机化工产品中氟含量的测定。标准中规定了氟含量的测定方法，在制备试验溶液时，应参考与所分析产品有关标准对本标准进行必要的修改，使其适合产品的测定。本标准适用于所取试验溶液中氟离子质量浓度为 0.04 μg/mL～40 μg/mL。

2 规范性引用文件

下列文件中的条款通过本标准的引用而成为本标准的条款。凡是注日期的引用文件，其随后所有的修改单(不包括勘误的内容)或修订版均不适用于本标准，然而，鼓励根据本标准达成协议的各方研究是否可使用这些文件的最新版本。凡是不注日期的引用文件，其最新版本适用于本标准。

GB/T 6682—1992 分析实验室用水规格和试验方法(neq ISO 3696:1987)

HG/T 3696.3 无机化工产品化学分析用制剂及制品的制备

3 试验方法

3.1 安全提示

本试验方法中使用的部分试剂具有毒性或腐蚀性，操作者须小心谨慎！如溅到皮肤上应立即用水冲洗，严重者应立即治疗。

3.2 一般规定

本标准所用试剂和水，在没有注明其他要求时，均指分析纯试剂和 GB/T 6682—1992 规定的三级水。

试验中所需制剂和制品，在没有注明其他要求时均按 HG/T 3696.3 之规定制备。

3.3 原理

以氟离子选择电极作指示电极，饱和甘汞电极为参比电极组成化学电池，用离子计测量电动势，工作曲线法定量。测量溶液的酸度为 pH=6，用总离子强度调节剂消除 Fe、Al 等离子的干扰及酸度的影响，干扰及消除方法参见附录 A。

3.4 试剂

3.4.1 氢氧化钠溶液：40 g/L。

3.4.2 氢氧化钠溶液：250 g/L。

3.4.3 硝酸溶液：1+5。

3.4.4 硝酸溶液：1+15。

3.4.5 总离子强度调节剂(TISAB)：配制方法见附录 B。

3.4.6 溴甲蒸酚绿指示液：1 g/L。

3.4.7 氟标准溶液Ⅰ：1 mL 溶液含氟(F)1 000 μg。

称取 2.211 g 在 120℃干燥 2 h 的氟化钠，以水溶解，移入 1 000 mL 容量瓶中，用水稀释至刻度，摇匀，转入塑料瓶中保存。

3.4.8 氟标准溶液Ⅱ:1 mL 溶液含氟(F)100 μg。

移取10 mL 氟标准溶液Ⅰ(3.4.7)置于100 mL 容量瓶中,用水稀释至刻度,摇匀,转入塑料瓶中保存。

3.4.9 氟标准溶液Ⅲ:1 mL 溶液含氟(F)10 μg。

移取10 mL 氟标准溶液Ⅱ(3.4.8)置于100 mL 容量瓶中,用水稀释至刻度,摇匀,转入塑料瓶中保存。

3.4.10 氟标准溶液Ⅳ:1 mL 溶液含氟(F)1 μg。

移取10 mL 氟标准溶液Ⅲ(3.4.9)置于100 mL 容量瓶中,用水稀释至刻度,摇匀。该溶液使用前配制。

3.5 仪器、设备

3.5.1 氟离子选择电极:要求氟浓度在 10^{-1} mol/L～10^{-6} mol/L 内,电极使用说明参见附录C。

3.5.2 饱和甘汞电极。

3.5.3 电位计或离子计:精度0.1 mV。

3.5.4 电磁搅拌器:配有外层为聚乙烯或聚四氟乙烯的搅拌棒。

3.6 分析步骤

3.6.1 称样和试液的制备

称取试样的量和制备试液的方法在有关的产品标准中另行规定。

3.6.2 空白试验溶液的制备

在测定试液的同时,用制备试液的全部试剂和同样用量制备空白试验溶液,稀释至同体积。移取与测定中同体积的空白试验溶液进行空白试验。

3.6.3 工作曲线法

3.6.3.1 校准标准溶液的配制

根据试验溶液中预计的氟离子质量浓度,按照表1给出的范围在一系列50 mL 容量瓶中,分别加入给定体积的氟标准溶液。加入2滴溴甲萘酚绿指示液,用氢氧化钠溶液(3.4.1或3.4.2)或硝酸溶液(3.4.3或3.4.4)调节至溶液恰呈黄色,加入10 mL 总离子强度剂,用水稀释至刻度,摇匀。

表1 校准标准溶液的配制表

试验溶液中预计的氟离子质量浓度/(μg/mL)			
0.005～2.00		1.00～40.00	
氟标准溶液的用量	对应的氟离子质量浓度/(μg/mL)	氟标准溶液的用量	对应的氟离子质量浓度/(μg/mL)
2 mL 氟标准溶液Ⅳ	0.04	5 mL 氟标准溶液Ⅲ	1.00
5 mL 氟标准溶液Ⅳ	0.10	1.5 mL 氟标准溶液Ⅱ	3.00
1.5 mL 氟标准溶液Ⅲ	0.30	2.5 mL 氟标准溶液Ⅱ	5.00
2.5 mL 氟标准溶液Ⅲ	0.50	5 mL 氟标准溶液Ⅱ	10.00
5 mL 氟标准溶液Ⅲ	1.00	1 mL 氟标准溶液Ⅰ	20.00
1 mL 氟标准溶液Ⅱ	2.00	2 mL 氟标准溶液Ⅰ	40.00

3.6.3.2 工作曲线的绘制

按氟离子质量浓度从低到高,将溶液倒入干燥的100 mL 烧杯中,放入搅拌棒,置于电磁搅拌器上,插入氟离子选择性电极和饱和甘汞电极。连接电位计或离子计,连续搅拌溶液,调整电位计或离子计至零点,当电位值达到平衡时停止搅拌(电位变化在5 min 内不大于0.5 mV),停止搅拌,15 s后记录电位值 E_x。以氟离子质量浓度 C_F 的对数为横坐标,相应的电位值为纵坐标,绘制 E_x(mV)-logC_F(μg/mL)工作曲线。

注:测量每个溶液时,电极插入的深度、搅拌速度、溶液温度应保持一致。

3.6.3.3 样品测定

用移液管分别吸取 10 mL 试验溶液(3.6.1)和空白试验溶液(3.6.2),置于 50 mL 容量瓶中,以下按 3.6.3.1 从"加入 2 滴溴甲萘酚绿指示液,……"开始进行操作,测量其电位值。

3.6.3.4 试验溶液中氟离子质量浓度的计算

由测得的相应的电位值,从工作曲线(3.6.3.2)上查出所测试验溶液和空白试验溶液中的氟离子质量浓度。

3.6.4 一次标准加入法

3.6.4.1 校准标准溶液的配制

分别移取 0.5 mL、1.5 mL、2.5 mL、3.5 mL、5.0 mL 氟标准溶液Ⅱ(3.4.8)置于 50 mL 容量瓶中,以下按 3.6.3.1 从"加入 2 滴溴甲萘酚绿指示液,"开始进行操作,测量其电位值。

3.6.4.2 质量浓度电位曲线斜率的测定

按 3.6.3.2 从"按氟离子质量浓度从低到高,……"开始,至"15 s 后记录电位值 E_x"为止,进行操作。以氟离子质量浓度 C_F 的对数为横坐标,相应的电位值为纵坐标,绘制 E_x(mV)-$\log C_F$(mg/L)工作曲线。根据工作曲线上 $\log C=0$ 和 $\log C=1$ 两点所对应的相应电位之差,求出该电极的实际斜率。

3.6.4.3 样品测定

先按 3.6.3.3 所述测定试验溶液的电位值 E_1,然后向溶液中加入一定量的氟标准溶液,加入量与试验溶液中的氟含量相近。不断搅拌,记录平衡时的电位值 E_2(电位变化在 5 min 内不大于 0.5 mV),E_1 与 E_2 的毫伏值以相差 30 mV～40 mV 为宜。

3.6.4.4 试验溶液中氟离子质量浓度的计算

试验溶液中氟离子质量浓度以 C_x 计,数值以 μg/mL 表示,按式(1)计算:

$$C_x = \frac{C_s\left(\frac{V_s}{V_x - V_s}\right)}{10^{(E_2-E_1)/S} - \left(\frac{V_x}{V_x - V_s}\right)} \qquad (1)$$

式中:

C_x——待测定试验溶液中氟离子的质量浓度,单位为微克每毫升(μg/mL);

C_s——加入标准溶液中氟离子的质量浓度,单位为微克每毫升(μg/mL);

V_x——测定时所取试验溶液的体积,单位为毫升(mL);

V_s——加入标准溶液的体积,单位为毫升(mL);

E_1——测得的试验溶液的电位值单位为毫伏(mV);

E_2——试验溶液中加入氟标准溶液后测得的电位值,单位为毫伏(mV);

S——电极的实际斜率。

3.7 结果计算

根据 3.6.3.4 或 3.6.4.3 所测得的试验溶液和空白试验溶液的氟离子质量浓度,按照与被测试样相关标准中的计算公式进行计算。

取平行测定结果的算术平均值为测定结果,两次平行测定结果的绝对差值在有关产品标准中规定。

3.8 重复性和再现性

九个实验室对三种氟含量水平的三氯化铁、硝酸镁、硝酸进行比对实验,统计结果见表 2。

表 2 重复性和再现性

项 目	三氯化铁			硝酸镁			硝酸		
平均值/(μg/mL)	1.12	16.81	133.25	1.04	15.63	118.75	1.27	14.69	108.76
重复性(r)	0.12	1.28	9.57	0.12	1.37	9.17	0.13	1.11	8.41
再现性(R)	0.34	2.71	19.71	0.33	2.44	17.21	0.41	2.34	17.43
注：重复性=(标准偏差/平均值)×100。									

附 录 A
（资料性附录）
干扰及消除方法

A.1 在碱性溶液中若氢氧根离子的浓度在 6 mol/L～10 mol/L 时，氢氧根离子会干扰电极的响应。控制被测溶液的 pH 值为 5～7。

A.2 Al^{3+} 的干扰最严重，Zr^{4+}、Sc^{3+}、Th^{4+}、Ce^{4+} 等次之，高浓度的 Mg^{2+}、Fe^{3+}、Ca^{2+}、Ti^{4+} 也干扰，加入适当的总离子强度调节剂（TISAB B 或 TISAB C）可消除。加入柠檬酸钠或者环己烷二胺四乙酸可优先络合质量浓度为 5.0 mg/L 的 Al^{3+}，钛铁试剂优先络合质量浓度为 10 mg/L 以下的 Al^{3+}，并释放出氟离子。

A.3 柠檬酸盐的存在能防止不溶磷酸盐的生成。

A.4 高浓度的钠离子可与氟离子络合，从而使检测下限升高，所以在测定低氟含量的样品时，建议使用含钾盐的总离子强度调节剂（TISAB A）。

A.5 如果试样中含有氟硼酸盐或者成分复杂，则应先进行蒸馏，常用的水蒸气蒸馏的方法如下：

A.5.1 试剂和溶液

A.5.1.1 高氯酸：70%～72%。

A.5.1.2 氢氧化钠溶液：40 g/L。

A.5.2 氟化物的水蒸气蒸馏装置，见图 A.1。

1——圆底烧瓶：3 000 mL；
2——玻璃管：直径约 6 mm；
3——蒸馏瓶：250 mL 三口圆底烧瓶；
4——温度计：0℃～200℃；
5——放空阀；
6——加热套；
7——冷凝器：有效长约 400 mm；
8——接收器：200 mL 容量瓶；
9——导液管。

图 A.1 氟化物的水蒸气蒸馏装置图

A.5.3　蒸馏

称取适量试样，精确到 0.2 mg，置于蒸馏瓶中，加 20 mL 水。在不断摇动下加入 15 mL 高氯酸(A.5.1.1)，在接收器中加 20 mL 水，1 mL 氢氧化钠溶液(A.5.1.2)。按图 A.1 连接好装置，加热。待蒸馏瓶内温度达到 130℃时，开始通入水蒸气，并维持温度在 140℃±5℃。控制蒸馏速度在 5 mL/min～6 mL/min。待接收馏出液体积达到 150 mL 时，停止蒸馏，并用水稀释馏出液至 200 mL，摇匀，供测定用。

附 录 B
（规范性附录）
常用总离子强度调节剂和缓冲溶液的配置方法

B.1 常用总离子强度调节剂

B.1.1 硝酸钾-柠檬酸三钠溶液(TISAB A):称取 294 g 柠檬酸三钠和 20 g 硝酸钾溶解于 800 mL 水中,用硝酸溶液(1+5)调节 pH 为 6,用水稀释至 1 000 mL,摇匀。

B.1.2 氯化钠-环己烷二胺四乙酸(CDTA)缓冲溶液(TISAB B):量取 500 mL 水于 1 000 mL 烧杯内,加入 57 mL 冰乙酸,58 g 氯化钠和 4.0 g 环己烷二胺四乙酸(CDTA),搅拌溶解。置烧杯于冷水浴中,用氢氧化钠溶液(250 g/L)调节 pH 为 5.0～5.5,用水稀释至 1 000mL,摇匀。

B.1.3 六次甲基四胺-硝酸钾-钛铁试剂缓冲溶液(TISAB C):称取 42 g 六次甲基四胺和 85 g 硝酸钾,9.97 g 钛铁试剂加水溶解,调节 pH 为 5.0～6.0,用水稀释至 1 000 mL,摇匀。

B.1.4 硝酸钠-柠檬酸三钠溶液(TISAB D):称取 58.8 g 柠檬酸三钠和 85 g 硝酸钠,溶解于 800 mL 水中,用硝酸调节 pH 为 5.0～6.0,用水稀释至 1 000 mL,摇匀。

B.2 缓冲溶液

柠檬酸-柠檬酸三钠缓冲溶液:pH 为 5.5～6.0。称取 270 g 柠檬酸三钠和 24 g 柠檬酸,用水溶解,稀释至 1 000 mL,摇匀。

附　录　C
（资料性附录）
电极使用说明

C.1　饱和甘汞电极：使用时电极上端小孔的橡皮塞必须拔出，以防止产生扩散电位，影响测定结果。电极内氯化钾溶液中不能有气泡，以防止断路。溶液内应保持有少许氯化钾晶体，以保证氯化钾溶液的饱和。注意电极液络部不被沾污或堵塞，并保证液络部有适当的渗出流速。

C.2　氟离子选择性电极：是测定溶液中氟离子浓度或间接测定能与氟离子形成稳定络合物的离子浓度的指示电极（以下简称氟电极）。

C.2.1　测量范围：10^{-1} mol/dm^3～10^{-6} mol/dm^3。

C.2.2　溶液温度：5℃～45℃。

C.2.3　绝缘电阻：≥1×10^{11} Ω。

C.2.4　电极内阻：≤1 MΩ。

C.2.5　零电位：0～1 pF（由氟电极与饱和甘汞电极组成电极对）。

C.2.6　氟电极在测定试样与标准溶液时，应用磁力搅拌器搅拌，并使试样与标准溶液搅拌速度保持相同。

C.2.7　氟电极使用时在去离子水中与饱和甘汞电极组成电极对，电位值达－370 mV后才能正常使用。

C.2.8　氟电极在测定时，试样和标准溶液应保持在同一温度。

C.2.9　在测量时，氟电极用蒸馏水清洗后，应用滤纸擦干后进行测试，以防止引起测量误差。

C.2.10　在测量试样较多浓度相差较大时，建议用二支氟电极，以免引起误差。

C.2.11　氟电极在用毕后建议用去离子水清洗至－370 mV后干放，这样可以延长氟电极使用寿命，并且可以不影响下一次测量。

ICS 71.060.01
G 10

中华人民共和国国家标准

GB/T 21058—2007

无机化工产品中汞含量测定的通用方法 无火焰原子吸收光谱法

Inorganic chemicals for industrial use—General method for mercury content—Flameless atomic absorption spectrometric method

2007-08-13 发布　　2008-02-01 实施

中华人民共和国国家质量监督检验检疫总局
中国国家标准化管理委员会　发布

前　言

本标准的附录A和附录B为资料性附录。

本标准由中国石油和化学工业协会提出。

本标准由全国化学标准化技术委员会无机化工分会(SAC/TC 63/SC 1)归口。

本标准主要起草单位:天津出入境检验检疫局、天津化工研究设计院。

本标准主要起草人:刘绍从、孙书军、刘军、吕刚、陆思伟。

本标准为首次发布。

无机化工产品中汞含量测定的通用方法 无火焰原子吸收光谱法

1 范围

本标准规定了测定无机化工产品中汞含量的通用方法——无火焰原子吸收光谱法。

本标准适用于无机化工产品中汞含量的测定。

在制备试验溶液时，应参考与所分析产品有关的标准对本标准进行必要的修改使其适合产品的测定。本标准适用于所取试验溶液中汞离子质量浓度为 0.04 μg/mL～40 μg/mL。

2 规范性引用文件

下列文件中的条款通过本标准的引用而成为本标准的条款。凡是注日期的引用文件，其随后所有的修改单(不包括勘误的内容)或修订版均不适用于本标准，然而，鼓励根据本标准达成协议的各方研究是否可使用这些文件的最新版本。凡是不注日期的引用文件，其最新版本适用于本标准。

GB/T 6682—1992 分析实验室用水规格和试验方法(neq ISO 3696:1987)

HG/T 3696.3 无机化工产品化学分析用制剂及制品的制备

3 试验方法

3.1 安全提示

本试验方法中使用的部分试剂具有毒性或腐蚀性，操作者须小心谨慎！如溅到皮肤上应立即用水冲洗，严重者应立即治疗。

3.2 一般规定

本标准所用试剂和水，在没有注明其他要求时，均指分析纯试剂和 GB/T 6682—1992 规定的二级水。

试验中所需制剂和制品，在没有注明其他要求时均按 HG/T 3696.3 之规定制备。

3.3 原理

样品溶解在酸性溶液中所含的汞化合物成离子状态存在，加入还原剂还原成原子态(元素汞蒸气)。通过气流带出汞，进入石英管内在波长为 253.7 nm 处测定汞，在一定浓度范围其吸收值与汞含量成正比，在工作曲线上查得汞含量。

3.4 试剂和溶液

3.4.1 硝酸：优级纯。

3.4.2 重铬酸钾：优级纯。

3.4.3 硝酸-重铬酸钾溶液。

称取 5.0 g 重铬酸钾(3.4.2)溶于水中，加入 5 mL 硝酸(3.4.1)，用水稀释至 100 mL。

3.4.4 氯化亚锡溶液：100 g/L。

3.4.5 汞标准储备溶液Ⅰ：1 mL 溶液含汞(Hg)1.0 mg。

称取 0.135 4 g 预先经硫酸干燥器中干燥 24 h 的氯化汞，置于 100 mL 烧杯中，用硝酸-重铬酸钾溶液(3.4.3)溶解，全部转移至 100 mL 容量瓶中，用硝酸-重铬酸钾溶液稀释至刻度，摇匀。置于冰箱内保存，有效期一年。

3.4.6 汞标准储备溶液Ⅱ：1 mL 溶液含汞(Hg)10 μg。

用移液管移取10 mL汞标准储备溶液Ⅰ(3.4.5)置于1 000 mL容量瓶中,用硝酸-重铬酸钾溶液稀释至刻度,摇匀。置于冰箱内保存,有效期一个月。

3.4.7 汞标准溶液Ⅰ:1 mL溶液含汞(Hg)1 μg。

用移液管移取10 mL汞标准储备溶液Ⅱ(3.4.6)置于100 mL容量瓶中,用硝酸-重铬酸钾溶液稀释至刻度,摇匀。此溶液应在使用当天配置。

3.4.8 汞标准溶液Ⅱ:1 mL溶液含汞(Hg)0.1 μg。

用移液管移取1 mL汞标准储备溶液Ⅱ(3.4.6)置于100 mL容量瓶中,用硝酸-重铬酸钾溶液稀释至刻度,摇匀。此溶液应在使用当天配置。

3.4.9 汞标准溶液Ⅲ:1 mL溶液含汞(Hg)0.01 μg。

用移液管移取10 mL汞标准溶液Ⅱ(3.4.8)置于100 mL容量瓶中,用硝酸-重铬酸钾溶液稀释至刻度,摇匀。此溶液应在使用当天配置。

3.5 仪器、设备

测汞仪或原子吸收分光光度计:配有汞空心阴极灯、冷原子蒸气发生装置、消解器(聚四氟乙烯材质)。测汞仪工作条件参见附录A。

3.6 分析步骤

3.6.1 测定环境条件

由于实验室环境中的苯、甲苯、氨水、丙酮、氮氧化物对波长253.7 nm有吸收,达到一定浓度时,测汞仪就会有响应。因此,在进行冷原子吸收法测汞时应避免同时使用以上试剂。试验溶液中碘有明显的干扰,应采取措施加以消除,干扰及消除方法参见附录B。

3.6.2 称样和试验溶液的制备

称样量和制备试验溶液的方法按有关产品标准中的规定。

3.6.3 空白试验溶液的制备

制备试验溶液的同时,以同样试剂、同样用量和同一方法制备空白试验溶液,稀释至同体积。用移液管移取与测定试验溶液同体积的空白试验溶液进行空白试验。

3.6.4 工作曲线的绘制

3.6.4.1 系列汞标准工作溶液的配制

在每一次测定之前,用汞标准溶液Ⅰ、汞标准溶液Ⅱ和汞标准溶液Ⅲ,配制5个汞标准工作溶液,其质量浓度范围应覆盖待测试验溶液中汞的质量浓度。

3.6.4.2 光谱测量

打开仪器,并将仪器性能调至最佳状态,用移液管分别移取系列汞标准工作溶液(3.6.4.1)各5 mL,置于仪器的汞蒸气发生器的还原瓶中,分别加入1 mL氯化亚锡溶液,并立即盖紧还原瓶,通入载气,从仪器读数显示的最高点测得其吸收值。

3.6.4.3 工作曲线绘制

从每个标准参比液的吸收值中减去空白试验溶液的吸收值,以汞质量为横坐标,吸收值为纵坐标,绘制工作曲线。

3.6.5 试样测定

用移液管分别移取试验溶液(3.6.2)和空白试验溶液(3.6.3)各5 mL,置于仪器的汞蒸气发生器的还原瓶中,以下按3.6.4.2,从"分别加入1 mL氯化亚锡溶液,……"开始进行操作,测得其吸收值。

注:每次测定以后用水彻底清洗粘在石英管上的$SnCl_2$,必要时可用$K_2Cr_2O_7$溶液(5 g/L)清洗一次石英管,再用水洗净。

3.7 结果计算

从3.6.4.3工作曲线上查出所测试液和试剂空白溶液的汞含量,按照与被测试样有关的计算公式进行计算。

取平行测定结果的算术平均值为测定结果，两次平行测定结果的绝对差值在有关产品标准中规定。

3.8 重复性和再现性

九个实验室对三种汞含量水平的氯化钡、氢氧化钠、亚硝酸钠进行比对实验，统计结果见表1。

表1 重复性和再现性

项目	氯化钡			氢氧化钠			亚硝酸钠		
平均值/(ng/mL)	2.06	17.54	44.66	1.46	20.56	42.64	2.88	22.26	45.22
重复性(r)	0.28	1.77	3.82	0.20	2.27	3.53	0.38	2.21	3.67
再现性(R)	0.51	3.42	8.58	0.40	3.99	8.50	0.68	4.73	9.38
注：重复性=(标准偏差/平均值)×100。									

附　录　A
（资料性附录）
测汞仪工作条件

表 A.1 给出了测汞仪的工作条件。

表 A.1　测汞仪工作条件一览表

项目	要求	项目	要求
波长	253.7 nm	灯电流	5 mA
狭缝高度和宽度	2.5 mm/0.5 mm	燃烧器高度	6 mm
载气	高纯氩气或氮气	载气流量	5.5 mL/min
积分时间	0.1 s	反应时间	75 s
注：目前使用无火焰原子吸收光谱法测定汞含量的仪器差别很大，无法建立一个在所有仪器上均能获得满意结果的全面方法，应参考所用仪器有关说明对本标准进行必要的修改使其适合所用仪器。			

附　录　B
（资料性附录）
干扰及消除方法

碘离子浓度大于3.0 mg/L时明显影响测定结果的精密度和回收率，可通过稀释试验溶液降低碘离子浓度消除干扰。

ICS 83.080.20
G 32

中华人民共和国国家标准

GB/T 21059—2007/ISO 3219:1993

塑料 液态或乳液态或分散体系聚合物/树脂 用旋转黏度计在规定剪切速率下黏度的测定

Plastics—Polymers/resins in the liquid state or as emulsions or dispersions—Determination of viscosity using a rotational viscometer with defined shear rate

(ISO 3219:1993,IDT)

2007-08-13 发布 2008-02-01 实施

中华人民共和国国家质量监督检验检疫总局
中国国家标准化管理委员会 发布

前　言

本标准等同采用ISO 3219:1993《塑料　液态或乳液态或分散体系聚合物/树脂　用旋转黏度计在规定剪切速率下黏度的测定》(英文版)(2004年9月6日确认)。

为便于使用,本标准作了下列编辑性修改:

a) "本国际标准"一词改为"本标准";

b) 用小数点"."代替作为小数点的逗号",";

c) 删除了国际标准的前言。

本标准的附录A和附录B为规范性附录。

本标准由中国石油和化学工业协会提出。

本标准由全国塑料标准化技术委员会聚氯乙烯树脂产品分会(SAC/TC 15/SC 7)归口。

本标准起草单位:锦西化工研究院。

本标准主要起草人:孙丽娟、郝晶、陈沛云。

请注意本标准的某些内容有可能涉及专利,本标准的发布机构不应承担识别这些专利的责任。

塑料　液态或乳液态或分散体系聚合物/树脂　用旋转黏度计在规定剪切速率下黏度的测定

1　范围

本标准规定了液态、乳液态或悬浮态聚合物和树脂，包括聚合物分散体系，采用具有标准几何结构的旋转黏度计在规定的剪切速率下黏度测定的一般原则。

依据本标准进行的黏度测定是由确定剪切力和剪切速率之间的关系构成的。根据本标准采用不同仪器测定得到的结果是可比的，并且既可以调节测试仪器也可以控制剪切力。

2　规范性引用文件

下列文件中的条款通过本标准的引用而成为本标准的条款。凡是注日期的引用文件，其随后所有的修改单(不包括勘误的内容)或修订版均不适用于本标准，然而，鼓励根据本标准达成协议的各方研究是否可使用这些文件的最新版本。凡是不注日期的引用文件，其最新版本适用于本标准。

GB/T 2918—1998　塑料试样状态调节和试验的标准环境(idt ISO 291:1997)

3　原理

用规定特性的旋转黏度计测量液态样品的黏度，可同时测量所用剪切速率和应用的剪切应力。

黏度 η 用下式定义：

$$\eta = \tau/\dot{\gamma}$$

式中：

τ——剪切力；

$\dot{\gamma}$——剪切速率。

根据国际单位制(SI)，黏度的单位为帕斯卡秒(Pa·s)

$$1\ \mathrm{Pa\cdot s} = 1\ \mathrm{N\cdot s/m^2}$$

注1：符号与 GB 3102.3 一致。

注2：如果黏度依赖于测定所用剪切速率，即 $\eta = f(\dot{\gamma})$，液体被称为呈非牛顿性。液体所具有的黏度与剪切速率无关则称为呈牛顿性。

4　仪器

4.1　旋转黏度计

4.1.1　测量系统

测量系统应包括两个刚性对称的同轴表面，其间放入待测黏度的流体。其中一个表面在一恒定角速度下旋转，而另一表面则保持静止，测量系统应能确定每次测量的剪切速率。

扭矩测量装置应与其中一个表面连接，这样可以测定为克服流体的黏滞阻力所需的扭矩。

适宜的测量系统为同轴圆筒系统和锥板系统，及其他类型。

测量系统的尺寸应满足附录 A 和附录 B 规定的条件，其被设计成可保证对所有测量类型和所有通用型号基础仪器形体相似的流动区域。

4.1.2 基础仪器

基础仪器应设计成能安装可供选择的转子和定子,以形成一系列规定的旋转频率(逐步地或连续地变化),并且能测定与之对应的扭矩,反之亦然(即:产生一个规定的扭矩并测量与之对应的旋转频率)。

仪器的扭矩测定精度应在满刻度计数的2%以内,在仪器的正常工作范围内,仪器的旋转频率精度应在测定值的2%以内。黏度测定的重复性应在±2%。

注:就所使用的不同测量系统和旋转频率来说,大多数商品仪器都有一个黏度测量范围,其最低限度为$(10^{-2}\sim 10^{3})$Pa·s。

不同仪器的剪切速率的范围差别很大,应根据所需测量的黏度和剪切速率的范围来选择一个特定的基础仪器和适合的测量系统。

4.2 温度控制装置

液体循环浴的温度或电加热器的温度在(0～50)℃范围内时,应能保持恒定在±0.2℃,在超过这个温度范围时,应能保持恒定在±0.5℃。

更精确的测量则需要更高的准确度(如±0.1℃)。

4.3 温度计

温度计的准确度应为±0.05℃。

5 取样

取样方法,包括样品的任何特殊制备和导入黏度计的方法应在所测产品的试验标准中规定。

样品不应含有任何可见杂质和气泡。

如样品易吸潮或含有任何挥发性成分,应密闭样品容器以使对黏度的任何影响减至最低程度。

6 试验条件

6.1 校准

黏度计应定期校准,例如通过测量扭矩参数或采用已知黏度的标准流体(牛顿型流体)。如果在方法的精确度范围内连接标准流体的测定点的最佳直线不通过坐标系的原点,应根据制造商的说明书更彻底地检查操作步骤和仪器。

用于校准的标准流体的黏度应在待测样品的黏度范围内。

6.2 试验温度

由于黏度与温度相关,用于比较目的的测定应在相同的温度下进行。如果需要在室温进行测定,测定温度应选择(23.0±0.2)℃。

更详细的情况应在所测产品的测试标准中规定。

注:在测量期间热被释放到样品中。牛顿型流体在绝热试验条件下,热分散速率由$\eta\cdot\dot{\gamma}^{2}$(单位 W/m³)给出,并且可能引起样品温度升高。

6.3 剪切速率的选择

剪切速率应在所测产品的测试标准中规定。

对于所有牛顿型产品是有利的,而在非牛顿型产品的情况下,推荐根据所使用的基础仪器允许的旋转频率(或者固定剪切力仪器的情况下的扭矩)的设置和程序,采用尽可能多的剪切速率(至少4个)和较宽的剪切速率范围来进行测量,以便于绘出黏度对剪切速率的综合标绘图。

为了能比较由不同仪器测定的黏度,推荐从以下数据组成的系列中选择剪切速率。

1.00 s^{-1}　2.50 s^{-1}　6.30 s^{-1}　16.0 s^{-1}　40.0 s^{-1}　100 s^{-1}　250 s^{-1}

或

1.00 s^{-1}　2.50 s^{-1}　5.00 s^{-1}　10.0 s^{-1}　25.0 s^{-1}　50.0 s^{-1}　100 s^{-1}

及以这些值乘以或除以100的数据。

如果给定的基础仪器不容许选择这些值，则应从黏度曲线上选择剪切速率值。

对于非牛顿型流体，测定应从剪切速率逐渐增加开始，即增加速度直至达到最大速度，然后降低速度，再于降低的剪切速率下进一步测定。

注：以这种方式可以确定触变性和震凝性，虽然只是定性的。

对触变性和震凝性流体，测定条件应在所测产品的标准中规定。

测定前，在黏度计中的试料应有足够的时间恢复任何触变性结构，这个时间依特定样品的性质而定。

如果在增加和降低剪切速率下的读数只呈无规则变化，可以取两个读数的平均值。如果观察到稳定的变化，对于触变性体系，两个值应都记录。

6.4 步骤

除非所测产品的测试标准另有规定，应根据附录 A 或附录 B 进行三次测定，每次应用同一样品的新试料。

对于测定黏度的计算，见附录 A 和附录 B。

如果特殊产品的黏度需要在不同温度下测定，只要所选的测量系统的尺寸适宜，应使用样品的同一试料在每个温度下测定黏度曲线(事实上，黏度随温度的变化意味着可能需要改变测量系统)。

对于每次重复测定，可能的话应采用新试料，并且按由高温至低温的温度顺序来测定黏度。

测定前，黏度计中的试料应有充分的时间以达到所需温度。

7 结果表示

使用仪器附带的操作手册或明细表或计算图给出的关系计算黏度 η，以 Pa·s 表示。计算三次测定结果的算术平均值。

当表述黏度值时，在括号内给出黏度测定所用的温度和剪切速率，例如：

$$\eta(23\ ℃, 1\,600\ s^{-1}) = 4.25\ Pa\cdot s$$

当采用不同温度和剪切速率测定黏度时，用坐标曲线表示这些关系。

8 试验报告

试验报告应包含以下信息：

a) 本标准号和公布日期；

b) 所测样品的必要标识；

c) 取样日期；

d) 测试的温度；

e) 样品制备说明；

f) 所用黏度计测量系统的描述；

g) 由所有的以帕斯卡(Pa)表示的剪切力 τ 和以秒的倒数表示的剪切速率 $\dot{\gamma}$ 的对应值绘制的黏度曲线；

h) 在单点测量情况下的黏度(包括进行测定时的温度和剪切速率)(见第 7 章)；

i) 在触变性和震凝性流体的情况下的条件(如斜坡时间和总剪切力)；

j) 测量时间(即达到所需剪切力后并在连续读数之前的时间段)；

k) 每个单独的黏度测定结果，以 Pa·s 或 mPa·s 表示，及这些结果的算术平均值；

l) 任何采用本标准但与本标准有区别的试验条件，例如使用了不同尺寸的测量系统；

m) 测试日期。

附 录 A
（规范性附录）
同轴圆筒黏度计

A.1 系统特性

测量系统包括一个杯（即封底的外筒）和一个悬锤（即如图 A.1 所示的带轴的内筒），悬锤可以作为转子，而杯作为定子，反之亦可。

A.2 计算方法

剪切力 τ 和剪切速率 $\dot{\gamma}$ 在同轴圆筒旋转黏度计的环状截面上不是常数，而是从里到外降低（Searle 型）或与之相反（Conette 型）。此外，$\dot{\gamma}$ 的变化也依赖于测试材料的流变性。

作为"表观"值计算 τ 和 $\dot{\gamma}$ 是非常方便的。表观值不会发生在测量系统本身的表面（即：在外半径 r_e 或内半径 r_i），而是发生在一定距离的环形区域内。其表现为（理论和经验两者）以式（A.2）和式（A.3）叙述计算的表观值 τ_{rep} 和 $\dot{\gamma}_{rep}$。其非常近似的描述了局限幂律指数（local power law index）范围为 0.3～2的流体的流动特性。

剪切力以 Pa 表示，根据在内筒（即在半径 r_i）或外筒（即在半径 r_e）测量的扭矩 M 采用式（A.1）和式（A.2）计算。这两个半径以米表示：

$$\tau_i = \frac{M}{2\pi L r_i^2 C_L} \quad \tau_e = \frac{M}{2\pi L r_e^2 C_L} \qquad \cdots\cdots(A.1)$$

$$\tau_{req} = \frac{\tau_i + \tau_e}{2} = \frac{1+\delta^2}{2\delta^2} \times \tau_i = \frac{1+\delta^2}{2} \times \tau_e = \frac{1+\delta^2}{2\delta^2} \times \frac{M}{2\pi L r_i^2 C_L} \qquad \cdots\cdots(A.2)$$

式中：

M——扭矩，单位为牛顿米（N·m）；

δ——外筒与内筒半径之比；

L——内筒长度，单位为米（m）；

C_L——用于计算测量系统底表面扭矩效应的底部效应校正系数（该校正系数依赖于测量系统的几何结构和流体的流变性，而且对于每一个测量系统的几何结构类型都必须进行实验测定）。

表观剪切速率以弧度每秒表示，按式（A.3）计算：

$$\dot{\gamma}_{rep} = \omega \times \frac{1+\delta^2}{\delta^2 - 1} \qquad \cdots\cdots(A.3)$$

式中：

ω——角速度，单位为弧度每秒（rad/s）。

如果旋转频率 n 以转每分表示则：

$$\omega = \frac{2\pi n}{60} = 0.104\,7\, n$$

A.3 标准几何结构（见图 A.1）

与一个给定黏度计配套的测量系统类型的尺寸应根据以下比值，以保证对所有的操作和基础仪器形体相似的流动区域：

$$\delta = \frac{r_e}{r_i} = 1.084\,7 \qquad \frac{L}{r_i} = 3 \qquad \frac{L'}{r_i} = 1$$

$$\frac{L''}{r_i} = 1 \qquad \frac{r_s}{r_i} = 0.3 \qquad \alpha = 120°$$

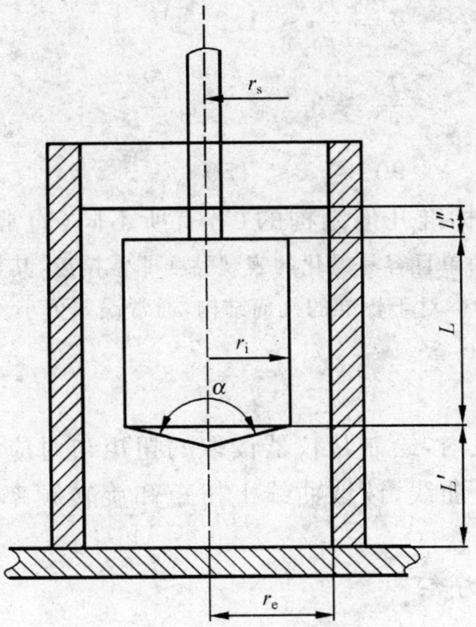

δ——外筒与内筒半径之比；

L——内筒长度；

L'——内筒的底边与外筒底部的距离；

L''——轴插入部分的长度；

r_i——内筒半径；

r_e——外筒半径；

r_s——轴半径；

α——内筒底部圆锥顶角。

注 1：内筒底部的圆锥应能轻易插入装满待测液体的杯筒中，并且不能形成气泡。

注 2：同轴圆筒系统需要精确地调整内外筒的轴线。

图 A.1 同轴圆筒系统标准几何结构

样品的体积只与半径 r_i 有关，由式(A.4)给出：

$$V = 8.17 r_i^3 \qquad \cdots\cdots\cdots\cdots(A.4)$$

对于具有这种标准几何结构的测量系统，底部效应校正系数 C_L 与半径 r_i 无关，对牛顿型流体：

$$G_L = 1.10$$

可作为一个经验值。对于非牛顿型流体，C_L 不是常数，但与剪切速率 $\dot{\gamma}$ 和流体的流变性有关。

注：对于细薄流体的剪切，在一定剪切速率下 C_L 可以达到 1.2。对于黏塑性流体存在一个塑变值，在低剪切速率下 C_L 值可达 1.28。

采用 $C_L=1.10$(牛顿型流体)，$\delta^2=1.176\ 57$ 和 $\tau_{rep}=0.925\ \tau_i=1.086\tau_e$，如果表观剪切力 τ_{rep} 以帕斯卡表示，扭矩 M 以牛顿米表示，表观剪切速率 $\dot{\gamma}_{rep}$ 和角速度 ω 以弧度每秒表示，内径 r_i 以米表示，而旋转频率以分的倒数表示，则得到数学关系式(A.5)和式(A.6)：

$$\tau_{rep} = 0.044\ 6 \times \frac{M}{r_i^3} \qquad \cdots\cdots\cdots\cdots(A.5)$$

$$\dot{\gamma}_{rep} = 12.33\omega = 1.291n \qquad \cdots\cdots\cdots\cdots(A.6)$$

A.4 其他几何结构

如果由于任何原因导致无法使用标准几何结构，也可以选择其他尺寸的测量系统。为了使用 A.2 给出的计算方法，应满足以下要求：

$$\delta = \frac{r_e}{r_i} \leqslant 1.2$$

$$\frac{L}{r_i} \geqslant 3 \qquad \frac{L'}{r_i} \geqslant 1$$

$$90^\circ \leqslant \alpha \leqslant 150^\circ$$

底部效应校正系数 C_L 与具有标准几何结构的 C_L 有所不同(通常较高)。

注：选择窄环(如 $\delta \leqslant 1.2$),可保证简单且容易量化的表观黏度非常接近,其显示为在对应的剪切速率下表观黏度值与真值仅有微小差异($\leqslant 3.5\%$)。对于标准的几何结构,通常误差更小。

A.5 结果的处理

在具有线性刻度的矩形坐标系内,绘制从仪器读取的扭矩与对应的旋转频率 n 的平面图。

绘出一条经过坐标原点的光滑曲线,读取曲线上扭矩和旋转频率值并且用以下公式将它们转化为对应的剪切力和剪切速率值:

式(A.2)或式(A.5)用于剪切力 τ;

式(A.3)或式(A.6)用于剪切速率 $\dot{\gamma}$。

如有可能,选择这些 τ 或 $\dot{\gamma}$ 值以形成一个几何级数,这些量对应为曲线 $\tau = f(\dot{\gamma})$。

如果该曲线为通过原点的直线,黏度可以表示为由斜率给出的单值,即任意一对值 $(\tau, \dot{\gamma})$ 的比率 $\tau/\dot{\gamma}$。

如果曲线为非线性,可以读取 τ 和 $\dot{\gamma}$ 的对应值,并且将比值 $\tau/\dot{\gamma}$ 绘成对应 τ 和 $\dot{\gamma}$ 的剪切力-黏度或剪切速率-黏度[黏度函数 $\eta(\tau)$ 或 $\eta(\dot{\gamma})$]曲线。

所有测量值和计算值修约至三位有效数字,如

$$\dot{\gamma} = 42.8\ \mathrm{s^{-1}}$$

$$\eta = 0.318\ \mathrm{Pa \cdot s} \quad \tau = 13.6\ \mathrm{Pa} \quad \theta = 23.0℃$$

附　录　B
（规范性附录）
锥板系统

B.1　系统特性

测量系统包括一个转动圆锥和轴及一个固定平板(见图 B.1)

圆锥与平板间的角度 α 应尽可能小,最好不超过 1°,并且在任何情况下也不能大于 4°。当角度大于 1°时,应记录在试验报告中。锥板系统的优越性是在这种小角度的情况下,通过圆锥形间隙的剪切速率可以视为常数。

B.2　计算方法

如果 $\alpha \leqslant 0.05$ rad(即 $\alpha \leqslant 3°$),用式(B.1)、式(B.2)计算剪切力 τ 和剪切速率 $\dot{\gamma}$。

$$\tau = \frac{3M}{2\pi r^3} \qquad \cdots\cdots(B.1)$$

$$\dot{\gamma} = \frac{\omega}{\alpha} \qquad \cdots\cdots(B.2)$$

式中:

M——扭矩,单位为牛顿米(N·m);

r——圆锥半径,单位为米(m);

α——圆锥与平面之间的角度,单位为弧度(rad)(1 rad=180°/π);

ω——角速度,单位为弧度每秒(rad/s)。

为避免圆锥与平面之间接触引起摩擦,可以使用截锥体。这种结构也可以用于含有固体粒子的待测流体。

锥板系统需要精确调整使圆锥轴线垂直于平板,而且也要求精确定位圆锥顶端与平板之间的接触点(或在使用截锥体的情况下精确调节间隙)。

精确填充圆锥与平板间隙,也是同样重要的(不要过充或欠充)。

注:事实上间隙宽度随温度的变化也不能不考虑。

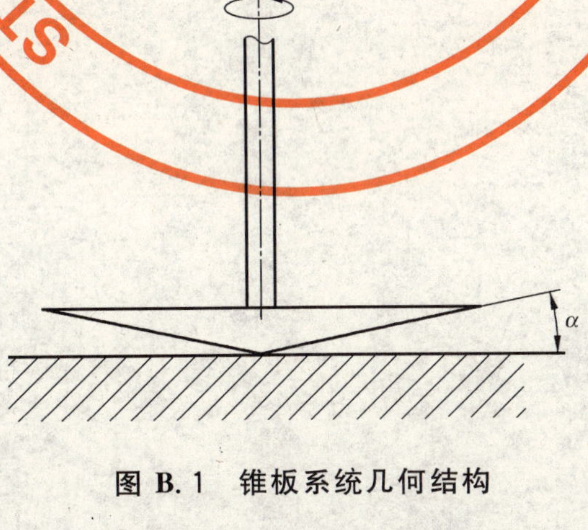

图 B.1　锥板系统几何结构

参 考 文 献

[1] GB 3102.3 力学的量和单位(eqv ISO 31-3:1992).

ICS 83.080.20
G 32

中华人民共和国国家标准

GB/T 21060—2007/ISO 6186:1998

塑料　流动性的测定

Plastics—Determination of pourability

(ISO 6186:1998,IDT)

2007-08-13 发布　　2008-02-01 实施

中华人民共和国国家质量监督检验检疫总局
中国国家标准化管理委员会　发布

前　言

本标准等同采用 ISO 6186:1998《塑料　流动性的测定》(英文版)(2003 年 10 月 3 日确认)。

为便于使用,本标准作了下列编辑性修改:

a) “本国际标准”一词改为“本标准”;

b) 用小数点“.”代替作为小数点的逗号“,”;

c) 删除了国际标准的前言。

本标准由中国石油和化学工业协会提出。

本标准由全国塑料标准化技术委员会聚氯乙烯树脂产品分会(SAC/TC15/SC7)归口。

本标准起草单位:锦西化工研究院、云南盐化股份有限公司、内蒙古三联化工股份有限公司、青岛海晶化工集团有限公司、南通江山农药化工股份有限公司。

本标准主要起草人:陈沛云、孙丽娟、郝晶、张英民、姚锦余、胡云波、裴登泰。

本标准为首次发布。

请注意本标准的某些内容有可能涉及专利,本标准的发布机构不应承担识别这些专利的责任。

塑料　流动性的测定

1　范围

本标准规定了两种方法，即方法 A 和方法 B。是通过测量粉末或粒状塑料流出漏斗的时间来测定其流动性。

由方法 A 可获得与加工性能相关的信息，而方法 B 则是专为生产期间过程控制而设计的。

注：描述的方法不适用于所有粉末和粒状塑料。

2　规范性引用文件

下列文件中的条款通过本标准的引用而成为本标准的条款。凡是注日期的引用文件，其随后所有的修改单(不包括勘误的内容)或修订版均不适用于本标准，然而，鼓励根据本标准达成协议的各方研究是否可使用这些文件的最新版本。凡是不注日期的引用文件，其最新版本适用于本标准。

GB/T 2918—1998　塑料试样状态调节和试验的标准环境(idt ISO 291:1997)

3　术语和定义

下列术语和定义适用于本标准。

3.1

流出时间　flow time

一定质量或体积的试料流出规定尺寸的漏斗所用的时间，以秒表示。

4　原理

测量一定质量或体积的试料流出规定尺寸漏斗所用的时间。

5　仪器

5.1　漏斗，漏斗的形状和尺寸列于图 1 和表 1 中，可使用普通的试验漏斗或带有可转换接口的试验漏斗，漏斗应由金属制成(如不锈钢)，内表面应细致抛光，应装配可关闭出口的装置(例如一个金属片)，漏斗应接地线以消除静电。

5.2　漏斗支架，用以保持漏斗的轴线垂直，例如一个安装在垂直支架上的金属环。

5.3　秒表，准确至 0.1 s，或者选择具有同样准确度的其他测量时间的方法。

5.4　天平，准确至 0.1 g。

6　状态调节

除非另有规定，收到样品后，应在室温环境下进行测试。如果试验环境可能影响测试结果，应根据 GB/T 2918—1998 规定，在(23±1)℃、相对湿度(50±5)%条件下调节 24 h，并在同样的环境下测试。

7　步骤

7.1　通则

根据方法 A 或方法 B 进行操作时，首先使用 $d=10$ mm 漏斗，如果试料没有完全流出或根本不流出，根据需要用 $d=15$ mm 或 $d=25$ mm 的漏斗重新测试。

单位为毫米

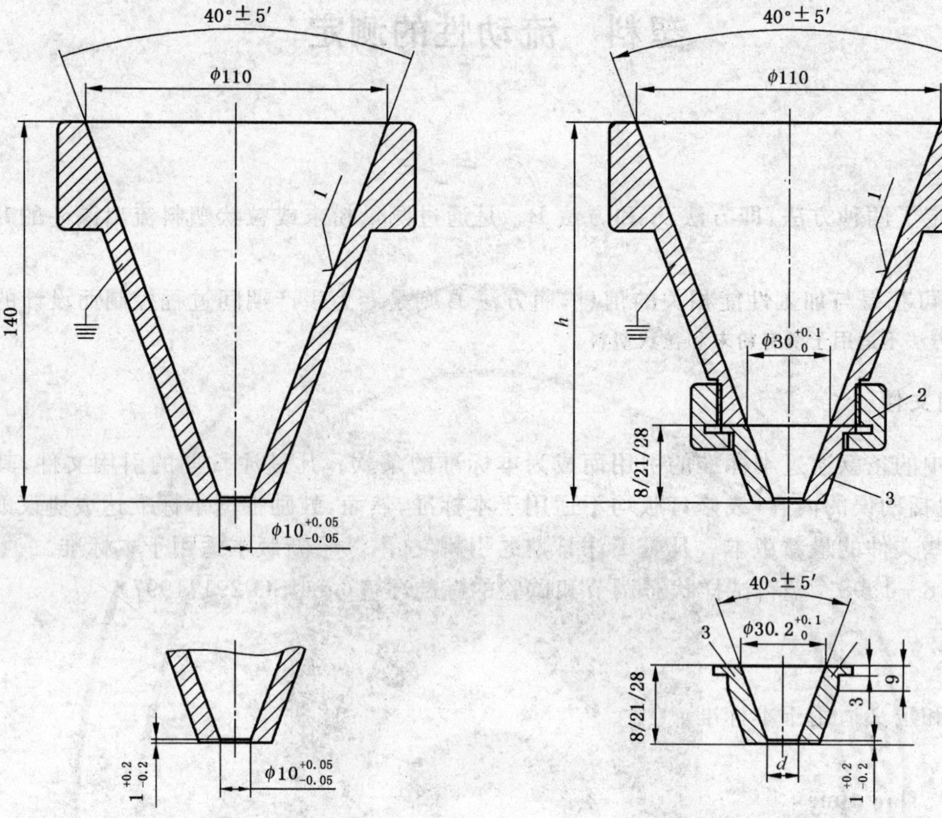

a） 简单的试验漏斗　　　　b） 带可转换接口的试验漏斗

1——经抛光；

2——连接螺套；

3——接口。

图 1　试验漏斗

表 1　漏斗的尺寸

出口直径(*d*)/mm	漏斗高(*h*)/mm
10.00±0.05	140
15.00±0.05	133
25.00±0.05	120

7.2　方法 A

用关闭装置封闭漏斗出口，向漏斗内倒入(150±1) g 试料，试料应沿漏斗内壁倒入，以防压实。

迅速打开关闭装置，但不要引起振动，同时开始计时，当漏斗空了的时候，即从漏斗的顶部一看到漏斗的出口就停止计时，读取流出时间，精确至 0.1 s。

在同样条件下用新试料做三次测定，每次测定后，清除漏斗内表面粘附的残余树脂。

如果由于静电原因使材料不能流出，应加入经相关方认可的适量的抗静电剂重新进行测试，并在测试报告中记录。

7.3　方法 B

用关闭装置封闭漏斗出口，倒入试料，直至漏斗加满为止，然后用直尺刮平，试料应沿漏斗内壁倒入，以防止压实。

迅速打开关闭装置，但不要引起振动，同时开始计时，当漏斗空了的时候，即从漏斗的顶部一看到漏斗的出口就停止计时,读取流出时间,精确至0.1 s。

在同样条件下用新试料做三次测定,每次测定后,清除漏斗内表面粘附的残余树脂。

如果由于静电原因使材料不能流出,应加入经相关方认可的适量的抗静电剂重新进行测试,并在测试报告中记录。

8 结果表述

计算三次测定的平均值,取整数,表示流经时间 t,按下列方式表述:

$$t_{A10} = 22\ \mathrm{s} \text{ 或 } t_{B15} = 22\ \mathrm{s}$$

式中:

A——方法A;

B——方法B;

10——10 mm 出口;

15——15 mm 出口。

使用以下术语表示材料流出的方式:

——均匀流出;

——间断流出;

——在试验条件下不流出。

9 精密度

测试方法A的精密度是通过室间测试建立的,数据如下:

一般的悬浮PVC树脂的 t_{A10}:

同一实验室:变异系数3.5%;

不同实验室:变异系数5.0%。

一般的乳液PVC树脂的 t_{A15}:

同一实验室:变异系数2.5%;

不同实验室:变异系数11.5%。

一般的乳液PVC树脂的 t_{A25}:

同一实验室:变异系数4.0%;

不同实验室:变异系数25%。

基于操作过程在原理上与方法A相同且使用同样的设备,方法B的精密度应与之相似。

10 试验报告

a) 采用本标准方法A或方法B;

b) 试验材料的完整标识;

c) 单独结果和它们的平均值,材料流出方式和漏斗出口直径;

d) 如果使用了抗静电剂,应记录其类型和加入数量;

e) 试验日期。

ICS 35.240.01
L 67

中华人民共和国国家标准

GB/T 21061—2007

国家电子政务网络技术和运行管理规范

The specification of electronic government network technology and using management

2007-09-10 发布　　2008-03-01 实施

中华人民共和国国家质量监督检验检疫总局
中国国家标准化管理委员会　发布

前　言

本标准由国务院信息化工作办公室提出。

本标准由全国信息技术标准化技术委员会归口。

本标准主要起草单位：北京市太极肯思捷信息系统咨询有限公司、中国电子技术标准化研究所、大唐电信科技产业集团、信息产业部电信研究院、中国网通集团、北京邮电大学、中国电信集团、浙江建达科技有限公司。

本标准主要起草人：李朝举、戈利、王智萍、王增学、孙军涛、白利强、徐一军、刘述、徐全平、卓兰、付强、邱雪松、牛莹、马少武、张保栋、马英铠、徐俊杰、何珺、牟清。

引　言

《国家信息化领导小组关于推进国家电子政务网络建设的意见》(中办发[2006]18号)提出,国家电子政务网络由基于国家电子政务传输网的政务内网和政务外网组成。政务内网由党委、人大、政府、政协、法院、检察院的业务网络互联互通形成,主要满足各级政务部门内部办公、管理、协调、监督和决策的需要,同时满足副省级以上政务部门的特殊办公需要;政务外网主要满足各级政务部门社会管理、公共服务等面向社会服务的需要。根据以上要求,为了规范国家电子政务网络建设,特制定本标准。

国家电子政务网络技术和运行管理规范

1 范围

本标准给出了国家电子政务网络总体结构，规定了国家电子政务网络的技术总体要求和运行管理要求。

本标准适用于国家电子政务网络建设和管理。

2 规范性引用文件

下列文件中的条款通过本标准的引用而成为本标准的条款。凡是注日期的引用文件，其随后所有的修改单（不包括勘误的内容）或修订版均不适用于本标准，然而，鼓励根据本标准达成协议的各方研究是否可使用这些文件的最新版本。凡是不注日期的引用文件，其最新版本适用于本标准。

GB/T 1988—1998 信息技术 信息交换用七位编码字符集（eqv ISO/IEC 646:1991）

GB/T 2260 中华人民共和国行政区划代码

GB/T 7611—2001 数字网系列比特率电接口特性

GB/T 9361—1988 计算站场地安全要求

GB/T 15941 同步数字体系（SDH）光缆线路系统进网要求（GB/T 15941—1995，neq ITU TG.958）

GB/T 15629.3 信息处理系统 局域网 第3部分：带碰撞检测的载波侦听多址访问（CSMA/CD）的访问方法和物理层规范（GB/T 15629.3—1995，idt ISO/IEC 8802-3:1990）

GB 18030—2005 信息技术 中文编码字符集

YDN 026—1997 SDH数字通道和复用段的投入业务和维护性能限值

YDN 099—1998 光同步传送网技术体制（暂行规定）

YD/T 748—1995 PDH数字通道差错性能的维护限值

YD/T 1078—2000 SDH传输网技术要求 网络保护结构间的互通

YD/T 1167—2001 STM-64分插复用（ADM）设备技术要求

YD/T 1170—2001 IP网络技术要求 网络总体

YD/T 1171—2001 IP网络技术要求 网络性能参数与指标

YD/T 1238—2002 基于SDH的多业务传送节点技术要求

YD/T 1267—2003 基于SDH传送网的同步网技术要求

YD/T 1289.2—2003 同步数字体系（SDH）传送网网络管理技术要求 第2部分：EMS系统功能部分

YD/T 1299—2004 同步数字体系（SDH）网络性能技术要求 抖动和漂移

YD/T 1345—2005 基于SDH的多业务传送节点（MSTP）技术要求——内嵌RPR功能部分

YD/T 1420—2005 基于2 048 kbit/s系列的数字网抖动和漂移技术要求

BMB 5—2006 涉密信息设备使用现场的电磁泄漏发射防护要求

BMB 17—2006 涉及国家秘密的信息系统分级保护技术要求

ITU-T G.114 单向传输时间

ITU-T G.7042/Y.1305 虚级联信号的链路容量调整方案

ITU-T Q.811 Q3接口的下三层规范（包括1996年修改/增补稿）

ITU-T Q.812 Q3接口的上四层规范

RFC 1213 基于TCP/IP的互联网的网络管理的管理信息库：MIB-Ⅱ

RFC 1901　介绍基于社团的 SNMPv2

RFC 1910　SNMPv2 的基于用户的安全模型

RFC 2574　SNMPv3 的基于用户的安全模型

RFC 2578　管理信息结构版本 2 (SMIv2)

RFC 3418　简单网络管理协议(SNMP)的管理信息库(MIB)

3 缩略语

BGP-4　边界网关协议版本 4 (Border Gateway Protocol-4)

IPER　IP 包差错率(IP Packet Error Ratio)

IPDV　IP 包时延变化(IP Packet Delay Variation)

IPLR　IP 包丢失率(IP Packet Loss Ratio)

IPTD　IP 包传输时延(IP Packet Transfer Delay)

IP-VPN　IP 虚拟专用网(IP-Virtual Private Network)

IS-IS　中间系统-中间系统协议(Intermediate System-to-Intermediate System)

MSTP　多业务传送平台(Multi-Services Transfer Platform)

MPLS　多协议标记交换(Multi-Protocol Label Switching)

OSPFv2　开放的最短通路优先版本 2(Open Shortest Path First v2)

PDH　准同步数字体系(Plesiochronous Digital Hierarchy)

RPR　弹性分组环(Resilient Packet Ring)

SDH　同步数字体系(Synchronous Digital Hierarchy)

STM　同步传送模块 (Synchronous Transport Module)

VC　虚容器 (Virtual Container)

VLAN　虚拟局域网(Virtual Local Area Network)

4 网络结构

国家电子政务网络由基于国家电子政务传输网的政务内网和政务外网组成。统一的国家电子政务传输骨干网由各级电子政务传输骨干网共同形成。政务内网和政务外网都是电子政务的业务网络。政务内网与政务外网之间不连接,政务内网与互联网之间不连接;政务外网是电子政务的专用业务网络,政务外网可与互联网之间安全连接。

5 国家电子政务网络基本要求

5.1 传输骨干网基本要求

a) 由城域传输网和广域传输网构成;

b) 为政务内网和政务外网提供专用传输的网络;

c) 宜采用基于 SDH 的 MSTP 技术构建传输骨干网;

d) 城域传输网宜采用核心层、汇聚层、接入层的结构;

e) 支持政务内网与互联网之间不连接,支持政务内网和政务外网不连接,支持不同业务网络间的相互独立;

f) 广域传输网的电路宜采用线性复用段保护方式,对于自愈环保护方式,跨环业务采用双节点互连的方式;

g) 广域传输网宜采用物理路由分离的两条电路来提供 1+1 全网保护方式,两条电路在技术要求和性能等要求方面应保持一致;

h) 广域传输网的电路应符合传输距离较短、转接次数较少和经过传输节点较少等要求;

i) 应具有多业务承载能力，提供多种业务类型接口和丰富的传输颗粒；

j) 应具有高可靠性、快速网络自愈能力和设备级的保护能力；

k) 应具有可扩展性，在不影响原有承载业务的前提下，能够进行平滑方便的升级和扩容。

5.2 业务网络基本要求

a) 业务网络基于国家电子政务传输骨干网构建；

b) 应基于 TCP/IP 技术组建业务网络，宜采用 IP 网络和 MPLS 网络技术实现；

c) 业务网络为分层的网络结构，其网络结构利于路由聚合；

d) 可提供语音、数据、流媒体等应用的承载能力，同时提供相应的服务质量保障；

e) 应保证不同应用的业务网络间相互独立，可采用 VC、VLAN、IP-VPN 等方式实现隔离；

f) 应具有高可靠性、快速网络自愈能力、冗余保护能力；

g) 应具有可管理性，支持分级管理；

h) 应具有可扩展性。

6 网络互通

6.1 传输骨干网间互通

6.1.1 基本要求

基于 SDH 的 MSTP 网络技术组建的传输骨干网之间实现互通时，两个互通节点的传输设备间可直接通过指定接口实现互通。两个互通节点的传输设备间也可采用分别与指定数据设备连接的方式实现互通。

6.1.2 技术要求

传输骨干网间的互通应采用 PDH(E1)、SDH 接口(STM-N，N＝1/4/16/64)和以太网接口(10 Mbit/s、100 Mbit/s 和 1 000 Mbit/s)接口。

PDH 接口应遵循 GB/T 7611—2001 第 6 章中规定的速率序列和接口标准；SDH 接口应遵循 YDN 099—1998第 9 章和 YD/T 1167—2001 第 7 章中规定的速率序列和接口标准，VC 级联方式和以太网帧映射方式应满足 YD/T 1238—2002 第 5 章的要求；以太网接口应遵循 GB/T 15629.3 中规定的速率序列和接口标准。

6.2 业务网络互通

6.2.1 基本要求

a) 网络层的互通，要求路由可达；

b) 应保证可扩展性、可靠性和安全性；

c) 根据不同应用可提供不同 QoS 保障及路由策略。

6.2.2 技术要求

a) 业务网络互通的技术要求符合 YD/T 1170—2001；

b) 各系统业务网络宜设置成独立自治域；

c) 业务网络间宜采用外部路由协议 BGP-4；

d) 业务网络内宜采用内部路由协议 OSPF 或 IS-IS。

6.2.3 业务网络与传输骨干网连接要求

传输骨干网与业务网络间的连接包括广域传输网与业务网络、城域传输网与业务网络间的连接。对于与广域传输网连接的业务网络，宜采用不同的物理接口与具有 1+1 保护方式的广域传输网的传输设备实现连接。

业务网络设备(如路由器)与传输骨干网设备间(如 MSTP 设备)应采用 PDH(E1)、SDH 接口(STM-N，N＝1/4/16/64)和以太网接口(10 Mbit/s、100 Mbit/s 和 1 000 Mbit/s)连接。

PDH 接口应遵循 GB/T 7611—2001 第 6 章中规定的速率序列和接口标准；SDH 接口应遵循

YDN 099—1998第9章和YD/T 1167—2001第7章中规定的速率序列和接口标准,VC级联方式和以太网帧映射方式应满足YD/T 1238—2002第5章的要求;以太网接口应遵循GB/T 15629.3中规定的速率序列和接口标准。

7 服务质量

7.1 传输骨干网服务质量

7.1.1 网络服务质量要求

a) 网络监控及故障受理

系指利用网管系统对传输骨干网进行实时监控,接受并处理故障工单。

应提供7×24 h(每周7天,每天24 h)的网络监控及故障受理。

b) 传输骨干网业务开通时限

系指在确认用户网络结构或组网方案后,在资源具备(两端用户配合、两端用户的接入完成且两端用户MSTP设备安装调测完毕,并完成到用户网络设备的连接)的情况下,从派发工单开始至电路完成开通的时间。

业务开通时限应小于或等于3个工作日。

c) 业务变更时限

在资源具备(两端用户配合、两端用户的接入完成且两端用户MSTP设备安装调测完毕,并完成到用户网络设备的连接)的情况下,从派发工单开始至完成业务变更的时间。

业务变更时限应小于或等于10个工作日。

d) 故障申告受理确认回复时间

系指从接到用户故障申告,至用户收到确认回复的时间。

故障申告受理确认回复时间应小于或等于15 min。

e) 故障响应率

系指统计周期内(故障响应回复次数/故障申告次数)×100%,统计周期为1年。

故障响应率应达到100%。

f) 节点故障的抢修恢复时间

系指在有维护人员值守的节点,在传输设备板卡发生硬件故障并有备品备件的情况下,从节点故障发现至恢复的时间。

节点故障的抢修恢复时间应小于或等于4 h。

g) 光缆故障的业务恢复时间

系指从发现干线光缆故障至用户电路恢复的时间。

光缆故障的业务恢复时间应小于或等于4 h。

h) 故障恢复及时率

系指针对节点故障和光缆故障,统计周期内及时恢复的故障次数/故障总次数×100%,统计周期为一年。

故障恢复及时率应达到95%。

i) 故障恢复率

系指统计周期内(恢复的故障次数/故障总次数)×100%,统计周期为1年。

故障恢复率应达到100%。

7.1.2 网络性能要求

a) 误码性能

PDH通道的投入业务误码性能、性能降质限值、性能不可接受限值的要求应满足YD/T 748—1995中的相关规定;SDH通道的投入业务误码性能、性能降质限值、性能不可接受限值的要求应满足 YDN 026—1997 中的相关规定；SDH 复用段的投入业务误码性能、性能降质限值、性能不可接受限值的要求应满足 YDN 026—1997 中的相关规定。

b) 抖动性能

STM-N(N＝1/4/16/64) 和 PDH(E1) 网络接口的输出抖动限值和输入抖动容限应满足 YD/T 1299—2004和 YD/T 1420—2005 中的相关规定。

c) 网同步性能

网络的频率准确度、输出接口漂移的网络限值、网同步性能降质和不可用要求应满足 YD/T 1267—2003 的要求。

d) 传输时延

单向传输时延要求应满足 ITU-T G.114 中的相关规定。

e) 电路可用性

电路可用性是指在一年内，用户电路实际可用时间的占比，具体计算公式如下：

$$用户电路可用性=\frac{60\times 24\times 统计周期的天数\times 用户电路数量-\sum(不可用分钟数)}{60\times 24\times 统计周期的天数\times 用户电路数量}\times 100\%$$

其中，不可用分钟数是指发现用户电路中断或接到用户申告电路中断开始，到电路恢复的时间。中央级传输骨干网的电路可用性应达到 99.99%。电路不可用不包括以下情况：

1) 用户原因导致的电路不可用，如用户自有设备以及线路不可用；

2) 进行必要的网络割接、测试导致的不可用。

7.2 业务网络服务质量

7.2.1 网络服务质量要求

a) 业务网络监控及故障受理

系指利用网管系统对业务网络进行实时监控，接受并处理故障工单。

应提供 7×24 h(每周 7 天，每天 24 h)的网络监控及故障受理。

b) 业务网络业务开通时限

系指在确认用户网络结构或组网方案后，在资源具备(两端用户配合、两端用户的接入完成且两端用户数据设备接入调测完毕，并完成到用户数据设备的连接)的情况下，从派发工单开始至电路完成开通的时间。

业务开通时限应小于等于 3 个工作日。

c) 业务网络业务变更时限

在资源具备(两端用户配合、两端用户的接入完成且两端用户数据设备接入调测完毕，并完成到用户数据设备的连接)的情况下，从派发工单开始至完成业务变更的时间。

业务变更时限应小于等于 3 个工作日。

d) 故障申告受理确认回复时间

系指从接到用户故障申告，至向用户回复确认收到故障申告的时间。

故障申告受理确认回复时间应小于等于 15 min。

e) 故障响应率

系指统计周期内(故障响应回复次数/故障申告次数)×100%，统计周期为 1 年。

故障响应率应达到 100%。

f) 节点故障的抢修恢复时间

系指在有维护人员值守的节点，在数据设备板卡发生硬件故障并有备品备件的情况下，从节点故障发现至恢复的时间。

节点故障的抢修恢复时间应小于等于 4 h。

g) 故障恢复及时率

系指针对节点故障，统计周期内（及时恢复的故障次数/故障总次数）×100％，统计周期为1年。

故障恢复及时率应达到95％。

h) 故障恢复率

系指统计周期内（恢复的故障次数/故障总次数）×100％，统计周期为1年。

故障恢复率应达到100％。

7.2.2 网络性能要求

a) IP包传输时延

IP包传输时延是指网上两个用户/网络接口间（不包括两边的用户内部网络）IP包传输的性能指标，由传输时延和插入时间组成。具体要求见YD/T 1171—2001第7章、第8章。

b) IP包时延变化

两点间IP包时延变化指在一段较短的测量时间间隔内，最大IPTD与最小IPTD的差值。具体要求见YD/T 1171—2001第7章。

c) IP包误差率

IP包误差率是错误IP包传送结果与成功IP包传送结果加错误IP包传送之和的比值。IP包误差率具体要求见YD/T 1171—2001第7章。

d) IP包丢失率

IP包丢失率是丢失的IP包传送结果与所有IP包的比值。具体要求见YD/T 1171—2001第7章。

e) 虚假IP包率

一个出口MP（测量点）的虚假IP包率指在一个特定时间间隔内在该MP上观测到的虚假IP包数量除以该时间间隔。具体要求见YD/T 1171—2001第7章。

8 网络管理

8.1 传输骨干网网络管理

8.1.1 网络监控系统管理功能

网络监控系统应满足YD/T 1238—2002、YD/T 1289.2—2003、YD/T 1345—2005的要求，应具备以下管理功能：

a) 配置管理：对传输电路的指配和网络配置管理。电路指配即指电路的建立、修改、查询和删除。

b) 性能管理：对传输骨干网设备和电路的各种性能数据进行采集、存储和分析，并给出分析结果。

c) 故障管理：对电路的运行情况进行监视，对电路出现的故障进行处理，包括告警的监视与显示、告警过滤、告警信息定位、告警信息存储等功能。

d) 资源管理：对传输骨干网电路等资源数据进行管理。

e) 安全管理：包括用户管理、权限控制和登录日志管理等。

8.1.2 网络监视系统管理功能

若需要，应提供传输骨干网网络监视系统，对传输骨干网所用的特定设备、电路和系统进行集中监视。网络监视系统应满足YD/T 1238—2002、YD/T 1289.2—2003、YD/T 1345—2005的要求，应具备以下管理功能：

a) 告警实时监视、告警收集与显示、告警查询与统计、告警显示过滤和告警同步功能；

b) 性能监视、性能数据上报和性能数据查询；

c) 拓扑视图、网络浏览、网络监视和拓扑编辑功能；

d） 业务配置信息上报和查询、业务保护倒换状态查询；

e） 安全管理：用户管理、权限控制和登录日志管理。

8.1.3 网络管理接口

MSTP设备之间及MSTP设备与网管系统之间的通信接口采用ITU-T Q.811和Q.812规定的无连接模式协议栈或TCP/IP协议栈。

8.1.4 网络管理性能要求

网络管理性能要求如下：

a） 应提供网管数据的备份功能，包括自动和手工备份，需要时可将备份数据恢复；

b） 应对未授权操作人员进行限制；

c） 应保证网管与被管网络数据的一致性；

d） 网络设备运行正常情况下，告警平均响应时间（指从网元发生告警到显示告警）不大于20 s。在系统满负荷情况下，告警响应时间应不大于以上指标的150%；

e） 各种日志文件应至少能保存12个月的事件；

f） 采集到的原始告警信息保存时间不小于1个月；原始性能信息保存时间不小于3个月；处理后的告警数据、性能数据保存时间不小于3个月；各类统计分析结果数据保存时间不小于6个月；

g） 时间戳的精度为1 s。

8.2 业务网络网络管理

8.2.1 网络管理功能

a） 配置管理

包括对路由器、IP-VPN等IP网络设备和业务的配置管理。至少应包括以下内容：

1） 根据用户需求查询、修改路由器设备的系统信息、路由信息及接口信息，并对已配置完毕的信息进行备份；

2） 查询、修改IP-VPN业务信息，并对已配置完毕的信息进行备份。

b） 性能管理

性能管理至少应包括如下内容：

1） 性能监控：包括定时/非定时采集线路和路由器的流量、延迟、丢包率、CPU利用率、内存余量等性能参数，并生成性能报告；

2） 设置性能监视门限值：当性能参数越过一定的门限值时，发出告警通知；

3） 性能分析：对性能数据进行分析、统计，计算性能指标。

c） 故障管理

故障管理至少应包括如下内容：

1） 故障信息采集：采集网元设备的告警信息，包括设备故障告警、链路故障告警、各种门限告警、设备/端口/链路状态变化告警等；

2） 故障监视：对网元和网络路由进行监视，出现故障时进行显示；

3） 故障处理过程管理：记录排错行为，包括故障产生、变化、消除过程；

4） 故障信息的查询与统计。

8.2.2 网络管理接口

8.2.2.1 IP网网元网络管理接口

IP网网元应提供基于SNMP协议的网络管理接口，应符合RFC 1213、RFC 1901、RFC 1910、RFC 2574、RFC 2578、RFC 3418等规范。

8.2.2.2 业务网络管理间的接口

业务网络网络管理系统之间存在接口，能够根据要求进行网管信息的交互，包括配置、故障和性能数据。

该接口可选择开放的国际协议标准，如CORBA、Web Services等标准接口。

8.2.3 网络管理性能要求

业务网络与传输骨干网的网络管理性能要求相同，具体见8.1.4。

8.3 网管网络安全要求

网管网络信息通道可采用带内或带外方式，安全要求如下：

a) 应保证网管系统数据安全、可靠；

b) 应确保网管系统与设备之间、网管系统之间的管理信息通信的畅通（例如采用双网关接入、ECC冗余路由）；

c) 网管网络应与公共数据网隔离，确保网管数据的安全[例如采用专门的数据通信网(DCN)]。

9 IP地址和域名

9.1 IP地址划分

9.1.1 原则

a) 国家电子政务网络地址统一规划，中央和地方分级管理，支持各部门、各地方网络的互联互通；

b) IP地址的分配应具有层次性、连续性，以提高IP地址利用率、减少路由表表项。

9.1.2 政务内网地址

政务内网网络地址分为三类：系统地址、共享地址和互联地址。各部门内部网络使用系统地址，部门间、系统间网络互通使用共享地址或互联地址。

a) 系统地址：是指部门内部网络的设备地址和接入政务内网所需使用的地址，包括个人主机地址、部门网络设备地址、部门应用服务器地址等。

b) 共享地址：是指用于政务内网中提供信息服务的主机地址。

c) 互联地址：包括链路地址（网络设备间的点对点互联地址）和设备管理地址。对未使用本规划地址的网络设备，在连接政务内网进行设备地址转换时，采用互联地址。互联地址分配到用户接入设备的上连（网络侧）端口，不包含用户内部网络接入政务内网所使用的地址。

9.1.3 政务外网地址

政务外网的网络地址包括用户地址和互联共享地址。各部门内部网络使用用户地址，部门间、系统间网络互通使用互联共享地址。

a) 用户地址：是指部门内部网络的设备地址和接入政务外网所需使用的地址，包括个人主机地址、部门网络设备地址、部门应用服务器地址等。此地址作为政务外网内部地址专用，不使用于互联网。

b) 互联共享地址：是指政务外网中提供信息服务的主机地址，该地址能够在整个政务外网范围内被访问。互联共享地址包括链路地址（网络设备间的点对点互联地址）和设备管理地址，互联共享地址分配到用户接入设备的上连（网络侧）端口。

9.2 域名管理

9.2.1 原则

a) 国家电子政务网络的域名系统统筹规划，中央和地方分级管理。

b) 域名命名主要采用中文域名，辅以英文域名。中文域名的命名应符合中文书写的特点。

c) 政务内网域名系统采用三级域名管理，政务外网域名系统可采用多级域名管理。

9.2.2 中文域名

9.2.2.1 使用原则

a) 不使用含有“China”、“Chinese”、“CN”、“National”、“中国”、“中华”字样的名称；

b) 不应使用其他国家或地区名称、国外地名、国际组织名称；

c) 不应使用行业名称或商品名称；

d) 不应使用他人已在中国注册过的企业名称或者商标名称；

e) 不应使用对国家、社会或者公共利益有损害的名称。

9.2.2.2 语法

中文域名语法规则如下：

域::=〈子域〉

〈子域〉::=〈顶级域〉|〈子域〉〈分隔符〉〈标记〉

〈分隔符〉::=.|。

〈顶级域〉::=〈汉字串〉

〈汉字串〉::=〈汉字〉|〈汉字串〉〈汉字〉

〈标记〉::=〈字符〉|〈标记〉〈字符〉

〈字符〉::=〈汉字〉|〈字母〉|〈数字〉|〈连字符〉

〈字母〉::=[A..Z]|[a..z]

〈数字〉::=[0..9]

〈连字符〉::=-

在中文域名中，不区分英文字母大小写，即A和a在域名中是等同的。域名必须以汉字或字母或数字开始，以汉字或字母或数字结束，内部可以使用汉字、字母、数字和连字符。域名字段必须小于64个字节。

字母、数字、“.”和连字符是指GB/T 1988—1998中规定的字符，汉字和“。”是指GB 18030－2005中规定的字符。

为了区分中文域名和英文域名，所输入的中文域名应当至少出现一个非GB/T 1988—1998的字符。

9.2.3 结构

中文域名采用三级结构。其中地方名称按照GB/T 2260的规定命名。

9.2.4 英文域名

英文域名使用原则同中文域名使用原则，见9.2.2.1。

10 网络安全

10.1 环境和设备安全

国家电子政务网络的各类机房的供配电系统、空调系统、防静电、防雷、消防、防水等方面建设符合GB/T 9361—1988，并应达到GB/T 9361—1988的A类或B类要求。

对电子政务网络中的设备应实施设备的防盗、防毁、防电磁辐射泄漏、抗电磁干扰及电源保护等。承载涉密信息系统的设备的电磁泄漏发射防护应依据BMB 5—2000进行。

10.2 传输骨干网网络安全

传输骨干网应具有网络保护功能，可选用的网络保护功能包括：

a) 线性复用段保护倒换功能；

b) 复用段共享保护环保护倒换功能；

c) 通道保护环的倒换功能；

d) 线性通道保护倒换功能；

e) 子网连接保护(SNCP)的保护倒换功能；

f) 基于链路容量调整机制(LCAS)的保护倒换功能。

网络保护的实现机制、保护目标、倒换准则、倒换命令、保护倒换协议和保护倒换时间应符合GB/T 15941的要求。

两个或两个以上的SDH网络保护结构间进行互通时,应支持双节点互连结构,并保证端到端的业务可用性和具有抵抗各种失效事件的能力。互通的结构和准则应满足YD/T 1078—2000的规范。

LCAS的基本方法、控制包定义、基本操作过程、性能要求以及管理要求等应满足ITU-T G.7042/Y.1305。

10.3 业务网络网络安全

10.3.1 概述

业务网络应具备结构安全、网络访问控制、网络安全审计、边界完整性检查、网络入侵防范、恶意代码防范以及网络设备防护的能力,并根据承载信息系统安全等级要求进行网络传输数据的保密性和完整性保护。

10.3.2 分级分域保护

业务网络应根据连接范围的不同和承载信息系统的安全等级的不同,划分不同的安全区域,并根据等级保护要求,实施不同强度的安全保护。

10.3.3 网络边界防护

业务网络不同安全域的边界应划分明确,并应采用与安全等级相匹配的网络边界安全防护措施进行防护。可选用的安全措施包括网络隔离、VPN网关、防火墙、入侵检测、安全监控、安全审计、防病毒网关等。

政务外网与互联网的接口应建立安全隔离区,可采用防火墙、信息过滤、入侵检测、入侵监控、安全审计、防病毒网关等安全措施防范来自互联网的安全威胁和防止内部敏感信息的外泄。

10.3.4 其他

承载涉密信息系统的业务网络应按照BMB 17—2006执行。

业务网络中密码的配备、使用和管理等,应执行国家密码管理的有关规定。

11 运行管理

11.1 概述

国家电子政务网络的运行管理组织应向各类网络用户提供服务,包括服务受理、网络监控、变更管理、故障处理、资源管理、性能管理和报告管理。

11.2 运行管理组织职责

a) 服务受理
   1) 受理用户提出的服务请求;
   2) 记录服务请求信息和用户的意见;
   3) 对职责内的服务请求进行处理;
   4) 跟踪或监控服务请求处理过程并向用户反馈;
   5) 与用户确认并关闭服务请求;
   6) 提供故障统计等信息。

b) 网络监控
   1) 负责对网络运行情况进行实时监控;
   2) 负责发现和报告网络故障;
   3) 负责任务单的资源配置并组织完成;
   4) 负责网管系统技术资料的收集、整理和归档工作。

c) 技术支持
   1) 负责网络的维护、安全运行和支撑工作;
   2) 对网络故障进行诊断和排查;
   3) 组织实施业务变更;

4） 制定维护作业计划并落实；
5） 负责网络资源动态维护管理；
6） 形成网络运行分析报告；
7） 负责网络的评估，提出升级、改造方案并组织实施；
8） 制定网络应急保障预案并进行演练、实施；
9） 负责收集、整理下一级上报的数据，形成报告，并上报上一级；
10）负责技术资料的收集、整理和归档工作。

11.3 服务内容

11.3.1 服务受理

a） 受理用户的所有服务请求，如业务咨询、业务变更和故障申告等；
b） 应答用户提出的业务咨询；
c） 对于用户提出的网络业务申请和故障申告，启动变更管理和故障管理服务，并跟踪服务过程，及时向用户反馈处理状态和结果；
d） 记录服务请求的各种信息。

11.3.2 网络监控

a） 对电子政务网络进行实时监视，及时发现故障并组织处理和跟踪反馈。
b） 实时监控各项网络运行性能指标。
c） 当出现网络设备告警或性能劣化告警时，应记录告警发生时间、告警类型、告警信息、告警发现人等信息，并初步判断告警是否影响电子政务网络的使用。必要时启动故障管理服务。

11.3.3 变更管理

运行管理组织应对变更申请进行处理，变更包括网络接入、业务开通、业务关闭和业务变更：

a） 网络接入
受理用户网络接入申请，并进行网络接入操作，更新资源管理信息库，并向用户反馈网络接入操作完成信息。

b） 业务开通
受理用户提出业务开通申请，并进行业务开通操作，更新资源管理信息库，并反馈用户。

c） 业务关闭
受理用户业务关闭申请，并进行业务关闭操作，更新资源管理信息库，并反馈用户。

d） 业务变更
受理用户业务变更申请，并进行业务变更操作，更新资源管理信息库，并反馈用户。

11.3.4 故障管理

11.3.4.1 故障处理

各级运行管理组织受理本级的故障申告。故障处理流程如下：

a） 接到故障申告后，应记录故障信息，并生成故障单。故障单的内容至少包括：电子政务网络用户标识码、业务类型、电路代号、用户名称、业务通达方向，故障发生时间，故障现象描述，申告人或联系人等信息。
b） 对故障进行预处理。
c） 对于重大故障，应启动应急预案，并及时分析总结故障处理情况。
d） 应及时向故障申告人反馈故障进程。
e） 故障解决后，进行记录并与故障申告人确认故障解决。

11.3.4.2 故障处理升级

各级运行管理组织应制定故障升级制度。故障升级原则以故障对用户业务的影响程度为依据，在同级内升级。如有必要，应向上一级运行管理组织提交升级报告，并对故障升级情况进行记录。故障升级记录中应包括：故障的上报人、升级时间、升级对象、通报内容、升级反馈时间及修复时间等。故障报告内容应包括：严重影响用户通信的网络故障、故障处理超时、疑难故障处理不当等信息。

需升级的电子政务骨干传输网重大故障分为四类：

a) Ⅰ类：电子政务网络重大通信故障，网间通信故障，各种自然灾害、突发事件等导致大量业务受阻的故障；

b) Ⅱ类：由于网络资源提供者的原因造成电子政务网络业务全阻或部分阻断；

c) Ⅲ类：重要电路在通信保障期间发生的故障；

d) Ⅳ类：由于网络资源提供者的原因造成的超时故障。

需升级的业务网络重大故障分为四类：

a) Ⅰ类：网络完全拥塞；

b) Ⅱ类：网络处理能力及用户的业务运作有严重影响；

c) Ⅲ类：网络故障对重要的用户业务运作造成影响；

d) Ⅳ类：网络故障对多数用户业务运作造成影响。

11.3.4.3 故障报告

故障处理完成后，应以多种形式（例如书面形式）提供统一格式的故障处理报告和网络质量运行报告，并由运行管理组织提供给用户。故障处理报告应至少包括：用户名称、用户编码、故障申告时间、业务恢复时间、故障历时、故障处理过程、故障原因、处理结果及改进措施或建议。网络质量运行报告应至少包括电子政务网络整体运行情况、租用电路运行报表、用户故障申告报表、重点故障原因分析、措施及建议。

下级运行管理组织应定期汇总上述报告并上报上级运行管理组织。

11.3.5 资源管理

11.3.5.1 各级运行管理组织应建立资源管理信息库，对电子政务网络资源进行记录和统一管理。资源管理信息库记录的信息应至少包括：系统配置、网络拓扑结构、网络 IP 地址使用情况、设备型号、端口资源、板卡型号、编码信息、软件配置、位置信息。

11.3.5.2 运行管理组织在向用户提供服务的过程中，应及时更新资源信息管理库，并保留修改记录。

11.3.5.3 运行管理组织应每季度向相关用户提供资源管理报告。资源管理报告应至少包括：资源清单、资源变更情况。下级运行管理组织应定期向上级运行管理组织提供本级的资源管理报告。

11.3.6 性能管理

11.3.6.1 运行管理组织应提供相关网络的性能分析报告和性能优化建议报告。

11.3.6.2 运行管理组织应向用户提交性能分析报告和性能优化建议报告。

11.3.6.3 针对性能优化建议报告与用户进行充分的沟通，由用户确定是否实施。如需实施，则协调共同完成实施操作并由用户验收。

11.3.7 报告管理

运行管理组织应提供定期和不定期两种报告。其中：

a) 定期报告

1) 季度运行报告：包括每季度内电子政务网络和设备的整体性能，各项服务执行情况，下个季度服务改进计划和性能优化建议。季度运行报告应在每季度初提交。

2) 年度运行报告：包括上一年度电子政务网络和设备的年度整体性能，整体服务情况总结，下一年度服务改进计划和性能优化建议。每年一月份提供上一年度运行报告。

3) SLA 报告：根据 SLA 协议，按期（按月或年度）向用户/运行管理组织提供 SLA 报告，主要包括：实际完成的 SLA 情况及测算方法；实际完成情况和 SLA KPI 指标的对比；服务提升措施。

b) 不定期报告

1) 故障管理、变更管理、资源管理服务过程中提交的报告。包括故障处理报告、变更管理报告、资源管理报告等。

2) 用户应及时反馈各种交付报告的意见和建议。

3) 各级运行管理组织将该级及下一级的上述报告进行搜集整理后，向上一级运行管理组织上报。

4) 各级运行管理组织应对重要信息进行保存。这些信息包括：网络运行报告、统计分析数据、重大故障记录、网络资源数据。

11.4 服务质量管理控制

运行管理组织应通过书面、电子化等手段，对所有与服务相关的信息、服务数据进行记录和保存。

各级运行管理组织应制定各种规范和制度。这些规范和制度包括：各种操作规范、行为规范、语言规范、人员管理制度、考核管理制度、文档管理制度、保密管理制度等。

11.5 运行信息化支撑系统

各级运行管理组织宜建设运行信息化支撑系统，实现网络/服务数据的实时展现和服务过程管理的电子化管理。

运行信息化支撑系统分为以下几个功能模块：

a) 交互接口

提供给用户和运行管理组织的一个交互界面，用户可通过 web 门户提交服务请求，查询服务请求处理状态，并可定制、下载各种服务报告。

b) 服务管理

实现服务流程管理功能，包括服务台和值班管理、用户信息管理、故障管理、变更管理、资源管理、报告管理、服务级别管理、知识库等功能。

c) 监控

实现网络展现和监控功能，并能实现监控和故障管理的联动。

d) 接入

实现各种网管监控系统接入运行支撑系统的安全通道。

运行信息化支撑系统需预留与其他运行管理组织的运行管理支撑系统的接口、网管监控系统及售后服务系统的接口。运行信息化支撑系统由建设该系统的运行管理组织负责日常维护和管理。

ICS 35.240.01
L 67

中华人民共和国国家标准

GB/T 21062.1—2007

政务信息资源交换体系
第1部分：总体框架

Government information resource interchange system—Part 1: Framework

2007-09-10 发布　　　　2008-03-01 实施

中华人民共和国国家质量监督检验检疫总局
中国国家标准化管理委员会　发布

前　言

GB/T 21062《政务信息资源交换体系》目前分为以下四个部分：

——第 1 部分：总体框架；

——第 2 部分：技术要求；

——第 3 部分：数据接口规范；

——第 4 部分：技术管理要求。

本部分为 GB/T 21062 的第 1 部分。

本部分由国务院信息化工作办公室提出。

本部分由全国信息技术标准化委员会归口。

本部分的主要起草单位：北京航空航天大学、中国电子技术标准化研究所、大唐电信科技产业集团、浙江建达科技有限公司、易达讯网络科技有限公司。

本部分主要起草人：怀进鹏、马殿富、林宁、邓洁霖、吴志刚、高栋、吴焱、牟清、徐俊杰、方志江、康宁。

政务信息资源交换体系
第1部分:总体框架

1 范围

GB/T 21062的本部分提出了政务信息资源交换体系的总体技术架构,规定了政务信息资源交换体系技术支撑环境的组成。

本部分适用于规划和设计政务信息资源交换体系。

2 术语和定义

下列术语和定义适用于本部分。

2.1

交换 interchange

政务部门间通过政务信息资源交换体系技术支撑环境实现政务信息资源在线传送的过程。

3 概述

国家电子政务总体框架由服务与应用系统、信息资源、基础设施、法律法规与标准化体系、管理体制等部分组成。政务信息资源目录体系与交换体系是国家电子政务总体框架中的重要组成部分,是电子政务的基础设施之一。政务信息资源目录体系与交换体系在支持电子政务应用时是一个有机整体,都是以政务信息资源为基础,依托国家统一的电子政务网络,采用不同的技术架构分别实现不同的服务功能,提供目录服务和信息交换服务,实现部门间信息共享和业务协同的支撑,作为基础设施与电子政务的业务应用相对独立。

政务信息资源交换体系以国家统一的电子政务网络为基础,通过构建覆盖中央、省、市、县的多级政务信息资源交换体系技术总体架构,围绕跨部门的业务协同,以部门业务信息为基础,确定部门间交换信息指标及信息交换流程,实现不同部门间异构应用系统间松耦合的信息交换,形成部门间政务信息资源物理分散、逻辑集中的信息交换模式,提供部门间横向按需信息交换服务,提高各级政府行政管理效率和公共服务水平,满足各级政府履行职能的需要。

4 技术总体架构

4.1 组成

政务信息资源交换体系技术支撑环境由信息库系统和信息交换系统组成。信息库系统由若干交换信息库组成;信息交换系统由交换桥接、前置交换、交换传输、交换管理等子系统组成。

通过交换桥接子系统将部门需要交换的信息交换到前置交换信息库,在交换管理子系统的流程控制下,通过交换传输子系统、前置交换子系统,把需要交换的信息定向传输到接收部门。

4.2 信息库系统

组成信息库系统的交换信息库是政务部门为实现信息交换而建立的中间存储信息库,交换信息库中包括提供和接收的交换信息。

4.3 信息交换系统

4.3.1 前置交换子系统

由交换前置服务器、交换信息库和交换适配器等组成。前置交换子系统与部门业务应用系统之间隔离，保证部门业务信息库和业务应用系统的独立性。

4.3.2 交换桥接子系统

部门业务信息库与前置交换信息库之间的信息交换接口，以实现两个信息库之间的信息交换。

4.3.3 交换传输子系统

根据部署的交换流程，实现部门前置交换信息库之间的信息处理和稳定可靠、不间断的信息传递。

4.3.4 交换管理子系统

实现对整个信息交换过程的流程配置、部署、执行和整个信息交换系统运行进行监控、管理。

ICS 35.240.01
L 67

GB

中华人民共和国国家标准

GB/T 21062.2—2007

政务信息资源交换体系 第2部分:技术要求

Government information resource interchange system —Part 2:Technical requirements

2007-09-10 发布　　　　2008-03-01 实施

中华人民共和国国家质量监督检验检疫总局
中国国家标准化管理委员会　发布

前　言

GB/T 21062《政务信息资源交换体系》目前分为以下四个部分：

——第1部分：总体框架；

——第2部分：技术要求；

——第3部分：数据接口规范；

——第4部分：技术管理要求。

本部分为GB/T 21062的第2部分。

本部分的附录A、附录B、附录C、附录D为规范性附录。

本部分由国务院信息化工作办公室提出。

本部分由全国信息技术标准化委员会归口。

本部分的起草单位：北京航空航天大学、中国电子技术标准化研究所、易达讯网络科技有限公司、浙江建达科技有限公司、万达信息股份有限公司、北京中海纪元数字技术发展有限公司、黎明网络有限公司、东方通科技。

本部分主要起草人：马殿富、吴志刚、方志江、康宁、牟清、吴焱、张峰昌、徐俊杰、肖筱华、尧川、范小平、王华飞、朱岩、孙其民、龚智辉、李春青。

政务信息资源交换体系
第2部分:技术要求

1 范围

GB/T 21062的本部分规范了政务信息资源交换体系技术支撑环境的功能组成及要求,规定了信息交换系统间互联互通的技术要求。

本部分适用于设计与建设政务信息资源交换体系。

2 规范性引用文件

下列文件中的条款通过GB/T 21062的本部分的引用而成为本部分的条款。凡是注日期的引用文件,其随后所有的修改单(不包括勘误的内容)或修订版均不适用于本部分,然而,鼓励根据本部分达成协议的各方研究是否可使用这些文件的最新版本。凡是不注日期的引用文件,其最新版本适用于本部分。

GB/T 7408—2005 数据元和交换格式 信息交换 日期和时间表示法(ISO 8601:2000,IDT)

GB/T 19488.1—2004 电子政务数据元 第1部分:设计和管理规范

GB/T 21062.1—2007 政务信息资源交换体系 第1部分:总体框架

GB/T 21062.3—2007 政务信息资源交换体系 第3部分:数据接口规范

RFC 2616 超文本传输协议 HTTP/1.1

简单对象访问协议(SOAP)1.2 第1部分:消息框架 2003年6月

Web服务描述语言(WSDL)1.2 2003年6月

Web服务业务流程可执行语言(BPEL4WS)1.1 2003年5月

3 术语、定义和缩略语

3.1 术语和定义

GB/T 21062.1—2007和GB/T 19488.1—2004确立的术语和定义适用于GB/T 21062的本部分。

3.2 缩略语

BPEL4WS Web服务业务流程可执行语言(Business Process Execution Language for Web Services)

HTTP 超文本传输协议(Hypertext Transfer Protocol)

NCName 无冒号名称类型(non-colonized name)

QName (由本地部分和命名空间URI组成的)限定名称(Qualified Name)

SOAP 简单对象访问协议(Simple Object Access Protocol)

URI 统一资源标识符(Uniform Resource Identifier)

UUID 全局唯一标识符(Universally Unique Identifier)

WSDL Web服务描述语言(Web Services Description Language)

4 信息交换系统基本技术要求

4.1 概述

政务信息资源交换体系的信息交换系统组成见GB/T 21062.1—2007的4.3。

4.2 交换桥接子系统

4.2.1 系统结构

交换桥接子系统用来实现部门业务信息库与交换信息库的双向信息同步。交换桥接子系统的结构示意如图1所示。

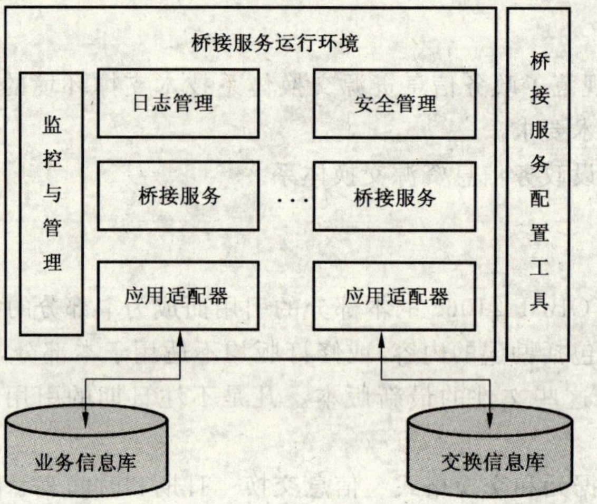

图1 信息交换桥接子系统基本结构示意图

4.2.2 组成

交换桥接子系统由桥接服务运行环境和桥接服务配置工具组成。桥接服务运行环境是桥接服务的容器,桥接服务是利用桥接服务配置工具组装应用适配器组件以完成一个数据桥接流程的服务程序。桥接服务运行环境提供日志管理、安全管理、应用适配器管理等基本功能。桥接服务配置工具提供图形化的配置系统,通过配置业务信息库与交换信息库之间桥接内容映射规则生成桥接服务描述信息。

4.2.3 技术要求

交换桥接子系统应满足以下技术要求:

a) 应支持部门业务信息库与交换信息库之间的双向信息同步。

b) 应支持各种主流操作系统。

c) 应支持国内外主流数据库。

d) 应支持结构化及非结构化文件。

e) 应采用适配器组件访问桥接对象,实现数据的获取与存储。

f) 应提供增量数据自动识别的功能。在不修改业务信息库结构的情况下,系统应能够自动识别出需要交换的信息,包括新增、被修改或被删除的信息。

g) 应提供图形化的信息交换桥接配置及管理工具,支持桥接指标定义与桥接管理等功能。

h) 应支持多个桥接任务或服务同时运行,应支持桥接服务的远程部署。

4.3 前置交换子系统

4.3.1 系统结构

前置交换子系统由网络及硬件基础设施、操作系统、交换信息库、前置交换环境、交换服务配置工具等组成。前置交换子系统的基本结构如图2所示。

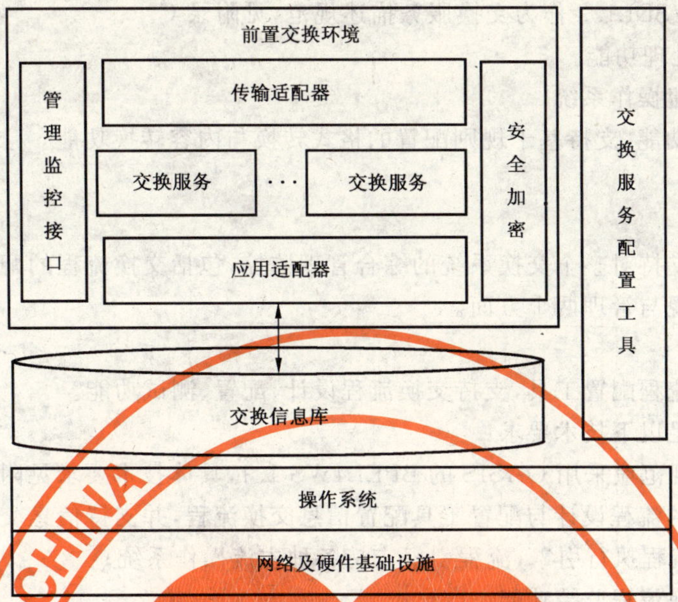

图 2　前置交换子系统基本结构示意图

4.3.2　组成

前置交换环境由传输适配器、管理监控接口、安全加密、应用适配器等部分组成，是交换服务的运行容器。安全加密服务提供基本的数据加密功能，保证信息传输过程中的安全。交换前置环境提供管理监控接口，交换管理子系统通过管理监控接口对交换前置环境进行管理。

4.3.3　技术要求

前置交换子系统应满足以下技术要求：

a)　应支持不同的交换信息库之间的双向信息交换。前置交换子系统能够从交换信息库中提取数据交给交换传输子系统传递，也能够从交换传输子系统中获取数据存储到交换信息库。

b)　应支持各种主流操作系统。

c)　应支持国内外主流数据库。

d)　应采用传输适配器接入到交换传输子系统。

e)　传输适配器应支持 RFC 2616。

f)　应采用应用适配器访问交换信息库，实现对交换信息库中数据的获取与存储。

g)　应提供图形化的交换服务配置工具，配置、测试、部署交换服务。

h)　应支持多个交换服务并发运行。

i)　应提供管理与监控接口，支持远程管理功能。

4.4　交换传输子系统

4.4.1　概述

交换传输子系统作为前置交换子系统之间的信息交换通道，实现交换信息的打包、转换、传递、路由、解包等功能。

4.4.2　技术要求

交换传输子系统应满足以下技术要求：

a)　消息传送应支持 RFC 2616。

b)　采用 W3C 的 SOAP 1.2 作为消息封装格式。

c)　提供消息寻址功能，支持信息路由功能。消息寻址协议见附录 A。

d)　提供消息确认和消息选择性重发机制以实现前置交换子系统之间安全的、可靠的信息传递功能。可靠性协议见附录 B。

e） 采用 W3C 的 WSDL1.2 作为交换服务描述规范，见附录 C。

f） 提供消息差错处理功能。

g） 应支持各种主流操作系统。

h） 提供信息转换功能，支持基于规则配置的格式转换与内容转换功能。

4.5 交换管理子系统

4.5.1 概述

交换管理子系统应支持对整个交换系统的综合管理监控，包括交换流程的配置、部署与管理以及对交换系统运行情况的监视与管理两个方面。

4.5.2 交换流程管理

提供图形化的交换流程配置工具，支持交换流程设计、配置、测试功能。

交换流程管理应满足以下技术要求：

a） 交换流程描述规范应采用 OASIS 的 BPEL4WS 1.1，具体技术要求见附录 D；

b） 应提供图形化的流程设计与配置工具配置信息交换流程，并支持信息交换流程的动态部署；

c） 应提供独立的流程执行引擎，流程引擎支持各种主流操作系统；

d） 应提供信息交换流程监控功能。

4.5.3 交换系统管理

交换管理子系统应能监视信息交换系统的状态、服务、日志、消息等信息。可以监视各前置交换子系统、交换传输子系统的运行状态、系统性能及资源占用情况、日志及系统异常情况，监视各前置交换子系统中部署的交换服务运行情况以及消息传递的情况。

交换系统管理应满足以下技术要求：

a） 交换管理子系统应能管理与监视各前置交换子系统；

b） 应提供前置交换子系统状态及交换服务运行状态查询功能；

c） 应提供交换流程与交换服务远程部署功能；

d） 应提供交换服务远程管理功能，能够远程启动、停止交换服务；

e） 应提供信息交换日志管理及日志查询的功能，能实时监视信息交换的情况。

5 信息交换系统互联互通技术要求

应通过交换管理中心之间互联互通实现不同的信息交换系统之间的信息交换，具体技术要求如下：

a） 应通过一套前置交换子系统支持多个不同的信息交换应用；

b） 应满足本部分 4.4、4.5 规定的技术要求，以实现技术层面互联互通；

c） 应采用 GB/T 21062.3—2007 中的第 5 章所规定的数据接口规范封装交换信息内容，以实现语义层互联互通。

附 录 A
（规范性附录）
消息寻址协议

A.1 命名空间

本附录规定的政务信息资源交换体系技术协议的命名空间见表 A.1。

表 A.1 政务信息资源交换体系命名空间

前缀	命名空间	说明
soap	http://www.w3.org/2003/05/soap-envelope	
S11	http://schemas.xmlsoap.org/soap/envelope	
soapenc	http://schemas.xmlsoap.org/soap/encoding/	
xs	http://www.w3.org/2001/XMLSchema	
cneg	http://www.egs.org.cn/interchange	中国电子政务资源交换寻址协议消息扩展命名空间
wsa	http://www.w3.org/2005/02/addressing	
wsrm	http://docs.oasis-open.org/wsrm/2004/06/ws-reliability-1.1.xsd	
ds	http://www.w3.org/2000/09/xmldsig#	
wsdl	http://www.w3.org/2004/08/wsdl	
bpws	http://schemas.xmlsoap.org/ws/2003/03/business-process/	

A.2 消息寻址协议

消息寻址协议包括 17 个元素，用于交换传输子系统的寻址与定位。各元素的名称及说明如下：

a） 端点引用

XML 元素名称：EndpointReference

说明：用于描述对一个 SOAP 消息处理或者发送的端点的引用信息。

b） 地址

XML 元素名称：Address

说明：用于标识端点的一个 URI，它可以是一个网络地址或者一个逻辑地址，用以表示消息来源。

c） 引用属性

XML 元素名称：ReferenceProperties

说明：QName 类型。引用属性可以包含传递的资源所需的许多属性，这些属性可以协助把消息准确地传递到消息的端点。这些属性的解释依赖于和端点进行交互的协议绑定和数据编码。

d） 引用参数

XML 元素名称：ReferenceParameters

说明：引用参数是通过元素条目来表示的，这些元素条目的名称都是 QName 类型。引用参数的使用依赖选定的传输协议和参与交互的端点的数据编码。

e） 接口名称

XML 元素名称：InterfaceName

说明:标识抽象的消息集和操作集的完整名称。

f) 服务名称

XML 元素名称:ServiceName

说明:是 QName 和 NCName 对,通过 QName 和 NCName 对可以标识服务端点集合的完整描述。QName 标识了 web 服务发布的端点的集合,NCName 标识了一个特定的端点。表示消息承载的服务的名称,可以是指定的特定服务、队列或主题名称。该元素是必需的。

g) 策略

XML 元素名称:Policies

说明:是一个指向描述端点的行为、需求、能力的策略集合的引用。策略定义可以协助消息的处理应用进行消息处理。该元素是可选的。

h) 来源

XML 元素名称:From

说明:表示消息来源。以端点引用的类型表示来源端点的属性。该元素是可选的。

i) 目的地

XML 元素名称:To

说明:表示消息目标接收节点的地址。该元素是必需的。

j) 应答目的地

XML 元素名称:ReplyTo

说明:用于标识消息应答地址的端点引用。如果消息希望有应答,那么该消息必须包含回复端点引用。在构建一条规范的应答消息时,发送者应该使用要应答的消息中的应答端点引用中的内容来构建应答消息。

k) 出错目的地

XML 元素名称:FaultTo

说明:用于标识发生错误时,错误信息接收者的端点引用。在构建一条规范的出错消息时,发送者应该使用[出错]属性的内容来构建规范的出错消息,如果没有[出错]属性,则采用回复节点中的内容构建规范的出错消息。

l) 行为

XML 元素名称:Action

说明:用于唯一标识消息所需的语义的标识。通常行为节点的值是作为与抽象的服务描述构件相对应的 URI。该元素是必需的。

m) 消息标识符

XML 元素名称:MessageID

说明:MessageId 元素用来唯一标识一条消息,其值为一个 UUID 值。

n) 关联消息

XML 元素名称:RelatesTo

说明:是一对表达当前消息如何与其他消息关联的值。关系属性的类型使用 QName 来表示,使用与相关消息的消息标识符属性相对应的 URI 来表示。

o) 时间戳

XML 元素名称:Timestamp

说明:消息发送的时间戳,格式符合 GB/T 7408—2005 的规定。

p) 优先级

XML 元素名称:Priority

说明:元素 Priority 用来描述消息的优先级,可以根据设置的优先级来处理消息,即优先级高的先处理，优先级低的后处理，如果不指定优先级，在消息中将作为普通级别的消息进行处理。消息优先级分为三级：High 代表高优先级级别；Normal 代表普通优先级级别；Low 代表低优先级级别。

q) 会话标识符

XML 元素名称：SessionId

说明：表示消息的同一次会话的 ID，在同一次会话中可以有多个消息进行一些列的操作，如果不设置，则表示此消息在一个会话中。

A.3 消息寻址协议 XML Schema

```xml
<?xml version="1.0"?>
<xs:schema targetNamespace="http://schemas.xmlsoap.org/ws/2004/08/addressing" elementFormDefault="qualified" blockDefault="#all" xmlns:wsa="http://schemas.xmlsoap.org/ws/2004/08/addressing" xmlns:xs="http://www.w3.org/2001/XMLSchema">
    <!-- ////////////////////// WS-Addressing ////////////////////// -->
    <!-- Endpoint reference -->
    <xs:element name="EndpointReference" type="wsa:EndpointReferenceType"/>
    <xs:complexType name="EndpointReferenceType">
        <xs:sequence>
            <xs:element name="Address" type="xs:anyURI"/>
            <xs:element name="ReferenceProperties" type="wsa:ReferencePropertiesType" minOccurs="0"/>
            <xs:element name="ReferenceParameters" type="wsa:ReferenceParametersType" minOccurs="0"/>
            <xs:element name="InterfaceName" type="xs:QName" minOccurs="0"/>
            <xs:element name="ServiceName" type="wsa:ServiceNameType" minOccurs="0"/>
            <xs:element name="Policies" minOccurs="0"/>
            <xs:any namespace="##other" processContents="lax" minOccurs="0" maxOccurs="unbounded">
                <xs:annotation>
                    <xs:documentation>
                    </xs:documentation>
                </xs:annotation>
            </xs:any>
        </xs:sequence>
        <xs:anyAttribute namespace="##other" processContents="lax"/>
    </xs:complexType>
    <xs:complexType name="ReferencePropertiesType">
        <xs:sequence>
            <xs:any processContents="lax" minOccurs="0" maxOccurs="unbounded"/>
        </xs:sequence>
    </xs:complexType>
    <xs:complexType name="ReferenceParametersType">
        <xs:sequence>
```

```
            <xs:any processContents="lax" minOccurs="0" maxOccurs="unbounded"/>
        </xs:sequence>
    </xs:complexType>
    <xs:complexType name="ServiceNameType">
        <xs:simpleContent>
            <xs:extension base="xs:QName">
                <xs:attribute name="EndpointName" type="xs:NCName" use="optional"/>
                <xs:anyAttribute namespace="##other" processContents="lax"/>
            </xs:extension>
        </xs:simpleContent>
    </xs:complexType>
    <!-- Message information header blocks -->
    <xs:element name="MessageID" type="wsa:AttributedURI"/>
    <xs:element name="RelatesTo" type="wsa:Relationship"/>
    <xs:element name="To" type="wsa:AttributedURI"/>
    <xs:element name="Action" type="wsa:AttributedURI"/>
    <xs:element name="Priority" type="priority. Type"/>
    <xs:element name="Timestamp" type="xs:dateTime"/>
    <xs:element name="SessionId" type="xs:anyURI"/>
  <xs:element name="From" type="wsa:EndpointReferenceType"/>
    <xs:element name="ReplyTo" type="wsa:EndpointReferenceType"/>
    <xs:element name="FaultTo" type="wsa:EndpointReferenceType"/>
    <xs:complexType name="Relationship">
        <xs:simpleContent>
            <xs:extension base="xs:anyURI">
                <xs:attribute name="RelationshipType" type="xs:QName" use="optional"/>
                <xs:anyAttribute namespace="##other" processContents="lax"/>
            </xs:extension>
        </xs:simpleContent>
    </xs:complexType>
    <xs:simpleType name="RelationshipTypeValues">
        <xs:restriction base="xs:QName">
            <xs:enumeration value="wsa:Reply"/>
        </xs:restriction>
    </xs:simpleType>
    <xs:element name="ReplyAfter"/>
    <xs:complexType name="ReplyAfterType">
        <xs:simpleContent>
            <xs:extension base="xs:nonNegativeInteger">
                <xs:anyAttribute namespace="##other"/>
            </xs:extension>
        </xs:simpleContent>
```

```
    </xs:complexType>
    <xs:simpleType name="FaultSubcodeValues">
        <xs:restriction base="xs:QName">
            <xs:enumeration value="wsa:InvalidMessageInformationHeader"/>
            <xs:enumeration value="wsa:MessageInformationHeaderRequired"/>
            <xs:enumeration value="wsa:DestinationUnreachable"/>
            <xs:enumeration value="wsa:ActionNotSupported"/>
            <xs:enumeration value="wsa:EndpointUnavailable"/>
        </xs:restriction>
    </xs:simpleType>
    <! -- Common declarations and definitions -->
    <xs:complexType name="AttributedQName">
        <xs:simpleContent>
            <xs:extension base="xs:QName">
                <xs:anyAttribute namespace="##other" processContents="lax"/>
            </xs:extension>
        </xs:simpleContent>
    </xs:complexType>
    <xs:complexType name="AttributedURI">
        <xs:simpleContent>
            <xs:extension base="xs:anyURI">
                <xs:anyAttribute namespace="##other" processContents="lax"/>
            </xs:extension>
        </xs:simpleContent>
    </xs:complexType>
    <xs:simpleType name="action.Type">
        <xs:restriction base="xs:NMTOKEN">
            <xs:enumeration value="send"/>
            <xs:enumeration value="recRequest"/>
            <xs:enumeration value="recResponse"/>
            <xs:enumeration value="ack"/>
            <xs:enumeration value="publish"/>
            <xs:enumeration value="subscribe"/>
            <xs:enumeration value="unsubscribe"/>
        </xs:restriction>
    </xs:simpleType>
    <xs:simpleType name="priority.Type">
        <xs:restriction base="xs:NMTOKEN">
            <xs:enumeration value="Low"/>
            <xs:enumeration value="Normal"/>
            <xs:enumeration value="High"/>
        </xs:restriction>
    </xs:simpleType>
</xs:schema>
```

附 录 B
（规范性附录）
可靠性协议

B.1 概述

可靠性协议规定了分布式应用系统间可靠消息传递要求，其基本目标是在应用程序产生异常、系统发生崩溃、网络出现故障时，能够实现下面的两种情况之一：如果不发生崩溃，并且故障或异常是间断出现的，需要确保发送方产生的所有消息均被传递到接收方，接收方可以将收到的所有消息的确认发送回发送方；如果故障或异常是持续出现的，或者发生崩溃，需要在异常消除、崩溃恢复、故障排除之后，确保这些情况发生之前的所有即将发送的消息，都可以被传递到接收方，接收方可以将收到的所有消息的确认发送回发送方。

分布式应用间可靠消息传递可以通过消息确认和消息选择性重发机制实现。可靠性协议规定了可靠性特征和消息确认模式。

B.2 可靠性特征

可靠性特征包括两个方面：时间特征和接收特征。时间特征是指消息从发送方发送到接收方，接收方接收到消息后返回给发送方相应的确认消息的整个时间间隔；接收特征是指接收方需要确保向上递交其所接收到发送方发送的同一条消息的数目，具体分为以下四种情况：

a） 情况 A（至少一次递交）：发送方发送的消息，接收方至少递交一次；

b） 情况 B（至多一次递交）：发送方发送的消息，接收方至多递交一次；

c） 情况 C（有且仅有一次递交）：发送方发送的消息，接收方递交且仅递交一次，它是情况 A 和 B 的交集；

d） 情况 D（按照次序递交消息）：在情况 C 的基础上，接收方对接收的消息按照 ID 序号递增（ID1，ID2，…，IDK，…）的顺序排序后递交给上层应用程序。

可靠性特征通过协议定义的 XML 元素及其属性来表示。时间特征用 XML 元素“ExpiryTime”、“groupExpiryTime”和“groupMaxIdleDuration”来表示；接收特征用 XML 元素“AckRequested”表示情况 A，“DuplicateElimination”表示情况 B 和“MessageOrder”表示情况 D，而如果同时出现 XML 元素“AckRequested”和“DuplicateElimination”，就等于满足了情况 C。

一个可靠消息是属于一个组的，一个组可以有一个或多个消息：当一个组中只有一个消息时，属性“groupID”是全局唯一的组标识符，可以单独作为消息标识符，这个时候不需要 XML 元素“SequenceNum”；当一个组中有多个消息时，消息通过“groupID”和 XML 元素“SequenceNum”共同定义。

一个组中的所有消息具有相同的接收特征 “groupExpiryTime”和“groupMaxIdleDuration”。

B.3 消息确认模式

消息确认模式包括同步响应、异步回调和轮询三种模式。

a） 同步响应模式：接收方收到消息后，通过发送方发送消息的消息传送连接（如 HTTP 连接）向发送方发送对该消息的确认消息。

b） 异步回调模式：接收方收到消息后，建立一个消息传送连接，并通过该连接向发送方发送对该消息的确认消息。

c） 轮询模式又可分为同步轮询和异步轮询两种模式：

1）同步轮询模式：发送方在向接收方发送一定数目的消息后，对其发送的所有消息发送一个确认请求消息给接收方，接收方接收到这个确认请求后，查询已经收到的消息，查找其中是否有满足确认请求消息中包括的ID值的消息，并在这个确认请求消息所在的连接上，返回查询的确认结果。

2）异步轮询模式：发送方在向接收方发送一定数目的消息后，对其发送的所有消息提出一个确认请求消息，接收方接收到这个确认请求后，轮询自己已经收到的消息，查找其中是否满足有满足确认请求消息中包括的ID值的消息，新建一个连接，将查询的结果发送给发送方。

B.4 元素描述

可靠性协议元素名称及含义描述如下。

a） 请求

XML元素名称：Request

说明：Soap Header的直接子元素，表示可靠消息的确认请求。

b） 消息标识符

XML元素名称：MessageId

说明：每个消息带有的唯一标识符。

属性名称：groupId

说明：组标识符，全局唯一，用于区分消息所在的组。

c） 序列号

XML元素名称：SequenceNum

说明：用于表示消息标识符的次序。

属性名称：groupExpiryTime

说明：组期满时间，用于一个组的生命周期管理。

属性名称：groupMaxIdleDuration

说明：组最大等待时间，表示一个组的最大空闲时间。

属性名称：number

说明：表示一个消息在组中的序号，用于消息的排序。

属性名称：last

说明：表示这是一个组的最后一条消息。

d） 消息过期时间

XML元素名称：ExpiryTime

说明：用于判断一个消息的终止时间。

e） 消息确认模式

XML元素名称：ReplyPattern

说明：用于判断消息的确认模式，其子元素“Value”的值用于表示消息确认的模式“Response”，“Callback”和“Poll”，如果值为“Callback”，则必须把XML元素“ReplyTo”作为它的子元素，其他模式不用添加“ReplyTo”元素，“ReplyTo”元素中的属性“reference-scheme”和子XML元素“BareURI”都规定了ReplyTo的子元素使用的Schema，二者不可同时出现。

f） 请求确认

XML元素名称：AckRequested

说明：指明消息的接收特征是“至少一次递交”。

g） 重复消除

XML元素名称：DuplicateElimination

说明:指明消息的接收特征是“至多一次递交”。

h) 消息次序

XML 元素名称:MessageOrder

说明:指明消息的接收特征是“按照次序递交”。

i) 轮询请求

XML 元素名称:PollRequest

说明:Soap Header 的直接子元素,表示可靠消息的轮询确认请求,如果是异步轮询,则必须把 XML 元素“ReplyTo”作为它的子元素,同步轮询则不用添加“ReplyTo”元素,“ReplyTo”元素中的属性“reference-scheme”和子 XML 元素“BareURI”二者不可同时出现。

j) 引用消息范围

XML 元素名称:RefToMessageIds

说明:表示需要轮询确认的消息的序号范围。

属性名称:groupId

说明:组标识符,全局唯一,用于区分消息所在的组。

k) 序列号范围

XML 元素名称:SequenceNumRange

说明:表示需要轮询确认的消息的序号范围。

属性名称:from

说明:序号范围的下限。

属性名称:to

说明:序号范围的上限。

l) 回应

XML 元素名称:Response

说明:Soap Header 的直接子元素,表示可靠消息的确认响应。

m) 非序列回应

XML 元素名称:NonSequenceReply

说明:对于请求中不带有 XML 元素“SequenceNum”的消息确认响应。

属性名称:groupId

说明:组标识符,全局唯一,用于区分消息所在的组。

属性名称:fault

说明:表示消息的“错误”类型确认响应。

n) 序列回应

XML 元素名称:SequenceReplies

说明:对于请求不带有 XML 元素“SequenceNum”的消息确认响应。

属性名称:groupId

说明:组标识符,全局唯一,用于区分消息所在的组。

o) 应答范围

XML 元素名称:ReplyRange

说明:需要提供确认响应的消息范围。

属性名称:from

说明:序号范围的下限。

属性名称:to

说明:序号范围的上限。

属性名称:fault

说明:表示消息的"错误"类型确认响应。

B.5 可靠性协议 XML Schema

```
<? xml version="1.0" encoding="UTF-8"? >
<xsd:schema targetNamespace="http://docs.oasis-open.org/wsrm/2004/06/ws-reliability-1.1.xsd" elementFormDefault="qualified" attributeFormDefault="unqualified" version="1.1" xmlns:wsrm="http://docs.oasis-open.org/wsrm/2004/06/ws-reliability-1.1.xsd" xmlns:ref="http://docs.oasis-open.org/wsrm/2004/06/reference-1.1.xsd" xmlns:xsd="http://www.w3.org/2001/XMLSchema">
    <xsd:import namespace="http://docs.oasis-open.org/wsrm/2004/06/reference-1.1.xsd" schemaLocation="http://docs.oasis-open.org/wsrm/2004/06/reference-1.1.xsd"/>
    <! -- WSRM Headers -->
    <xsd:element name="Request" type="wsrm:RequestType"/>
    <xsd:element name="Response" type="wsrm:ResponseType"/>
    <xsd:element name="PollRequest" type="wsrm:PollRequestType"/>
    <! -- global BareURI element definition -->
    <xsd:element name="BareURI" type="wsrm:BareURIType"/>
    <! -- Describe the BaseTypes -->
    <xsd:complexType name="HeaderBaseType">
        <xsd:sequence>
            <xsd:any namespace="##other" processContents="lax" minOccurs="0" maxOccurs="unbounded"/>
        </xsd:sequence>
        <xsd:anyAttribute namespace="##other" processContents="lax"/>
        <! --
        <xsd:attribute ref="soap11:mustUnderstand" use="required" fixed="1"/>
          OR
         <xsd:attribute ref="soap12:mustUnderstand" use="required" fixed="1"/>
                but not both
        -->
    </xsd:complexType>
    <xsd:complexType name="EmptyType">
        <xsd:sequence/>
    </xsd:complexType>
    <xsd:complexType name="ExtensibleType">
        <xsd:sequence>
            <xsd:any namespace="##other" processContents="lax" minOccurs="0" maxOccurs="unbounded"/>
        </xsd:sequence>
        <xsd:anyAttribute namespace="##other" processContents="lax"/>
    </xsd:complexType>
    <! -- The request header Type and its elements-->
```

```
<xsd:complexType name="RequestType">
    <xsd:complexContent>
        <xsd:extension base="wsrm:HeaderBaseType">
            <xsd:sequence>
                <xsd:element name="MessageId" type="wsrm:MessageIdType"/>
                <xsd:element name="ExpiryTime" type="xsd:dateTime"/>
                <xsd:element name="ReplyPattern" type="wsrm:ReplyPatternType"/>
                <xsd:element name="AckRequested" type="wsrm:EmptyType" minOccurs=
"0"/>
                <xsd:element name="DuplicateElimination" type="wsrm:EmptyType"
minOccurs="0"/>
                <xsd:element name="MessageOrder" type="wsrm:EmptyType" mi-
nOccurs="0"/>
            </xsd:sequence>
        </xsd:extension>
    </xsd:complexContent>
</xsd:complexType>
<xsd:complexType name="ReplyPatternType">
    <xsd:sequence>
        <xsd:element name="Value" type="wsrm:ReplyPatterTypeValues"/>
        <xsd:element name="ReplyTo" type="ref:ServiceRefType" minOccurs="0"/>
    </xsd:sequence>
</xsd:complexType>
<xsd:simpleType name="ReplyPatternTypeValues">
    <xsd:restriction base="xsd:string">
        <xsd:enumeration value="Response"/>
        <xsd:enumeration value="Callback"/>
        <xsd:enumeration value="Poll"/>
    </xsd:restriction>
</xsd:simpleType>
<xsd:complexType name="MessageIdType">
    <xsd:complexContent>
        <xsd:extension base="wsrm:EmptyType">
            <xsd:sequence>
                <xsd:element name="SequenceNum" type="wsrm:SequenceNumType"
minOccurs="0"/>
            </xsd:sequence>
                <xsd:attribute name="groupId" type="wsrm:MIDType" use="
required"/>
        </xsd:extension>
    </xsd:complexContent>
</xsd:complexType>
<xsd:simpleType name="MIDType">
```

```
            <xsd:restriction base="xsd:anyURI"/>
        </xsd:simpleType>
        <xsd:complexType name="SequenceNumType">
            <xsd:complexContent>
                <xsd:extension base="wsrm:EmptyType">
                    <xsd:attribute name="number" type="xsd:unsignedLong" use="re-
quired"/>
                    <xsd:attribute name="last" type="xsd:boolean" use="optional" default="
false"/>
                    <xsd:attribute name="groupExpiryTime" type="xsd:dateTime" use="op-
tional"/>
                    <xsd:attribute name="groupMaxIdleDuration" type="xsd:duration" use="
optional"/>
                </xsd:extension>
            </xsd:complexContent>
        </xsd:complexType>
        <!-- Response Header Type and its elements -->
        <xsd:complexType name="ResponseType">
            <xsd:complexContent>
                <xsd:extension base="wsrm:HeaderBaseType">
                    <xsd:choice maxOccurs="unbounded">
                        <xsd:element name="NonSequenceReply" type="wsrm:NonSequenceReply-
Type"/>
                        <xsd:element name="SequenceReplies" type="wsrm:SequenceReplies-
Type"/>
                    </xsd:choice>
                </xsd:extension>
            </xsd:complexContent>
        </xsd:complexType>
        <xsd:complexType name="NonSequenceReplyType">
            <xsd:complexContent>
                <xsd:extension base="wsrm:ExtensibleType">
                    <xsd:attribute name="groupId" type="wsrm:MIDType" use="requir-
ed"/>
                    <xsd:attribute name="fault" type="wsrm:FaultCodeEnum" use="option-
al"/>
                </xsd:extension>
            </xsd:complexContent>
        </xsd:complexType>
        <xsd:complexType name="SequenceRepliesType">
            <xsd:complexContent>
                <xsd:extension base="wsrm:ExtensibleType">
                    <xsd:sequence>
```

```
                    <xsd:element name="ReplyRange" type="wsrm:ReplyRangeType" maxOccurs="unbounded"/>
                    <!-- one or more replies each for one or more messages in group -->
                </xsd:sequence>
                    <xsd:attribute name="groupId" type="wsrm:MIDType" use="required"/>
            </xsd:extension>
        </xsd:complexContent>
    </xsd:complexType>
    <xsd:complexType name="ReplyRangeType">
        <xsd:complexContent>
            <xsd:extension base="wsrm:ExtensibleType">
                    <xsd:attribute name="from" type="xsd:unsignedLong" use="required"/>
                    <xsd:attribute name="to" type="xsd:unsignedLong" use="required"/>
                    <xsd:attribute name="fault" type="wsrm:FaultCodeEnum" use="optional"/>
            </xsd:extension>
        </xsd:complexContent>
    </xsd:complexType>
    <xsd:complexType name="RefToMessageIdsType">
        <xsd:complexContent>
            <xsd:extension base="wsrm:EmptyType">
                <xsd:sequence>
                    <xsd:element name="SequenceNumRange" type="wsrm:SequenceNumRangeType" minOccurs="0" maxOccurs="unbounded"/>
                </xsd:sequence>
                <xsd:attribute name="groupId" type="wsrm:MIDType" use="required"/>
            </xsd:extension>
        </xsd:complexContent>
    </xsd:complexType>
    <xsd:complexType name="SequenceNumRangeType">
        <xsd:complexContent>
            <xsd:extension base="wsrm:EmptyType">
                <xsd:attribute name="from" type="xsd:unsignedLong" use="required"/>
                <xsd:attribute name="to" type="xsd:unsignedLong" use="required"/>
            </xsd:extension>
        </xsd:complexContent>
    </xsd:complexType>
    <!-- Poll Request Header Type -->
```

```
<xsd:complexType name="PollRequestType">
    <xsd:complexContent>
        <xsd:extension base="wsrm:HeaderBaseType">
            <xsd:sequence>
                <xsd:element name="RefToMessageIds" type="wsrm:RefToMessage-
IdsType" maxOccurs="unbounded"/>
                <xsd:element name="ReplyTo" type="ref:ServiceRefType" minOccurs
="0"/>
            </xsd:sequence>
        </xsd:extension>
    </xsd:complexContent>
</xsd:complexType>
<!-- Fault Codes Allowed-->
<xsd:simpleType name="FaultCodeEnum">
    <xsd:restriction base="xsd:QName">
        <xsd:enumeration value="wsrm:InvalidMessageId"/>
        <xsd:enumeration value="wsrm:InvalidMessageParameters"/>
        <xsd:enumeration value="wsrm:InvalidPollRequest"/>
        <xsd:enumeration value="wsrm:InvalidRequest"/>
        <xsd:enumeration value="wsrm:InvalidExpiryTime"/>
        <xsd:enumeration value="wsrm:InvalidReplyPattern"/>
        <xsd:enumeration value="wsrm:FeatureNotSupported"/>
        <xsd:enumeration value="wsrm:PermanentProcessingFailure"/>
        <xsd:enumeration value="wsrm:MessageProcessingFailure"/>
        <xsd:enumeration value="wsrm:GroupAborted"/>
    </xsd:restriction>
</xsd:simpleType>
<!-- default reference scheme -->
<xsd:simpleType name="BareURIType">
    <xsd:restriction base="xsd:anyURI"/>
</xsd:simpleType>
</xsd:schema>
```

附　录　C
（规范性附录）
服务描述规范

C.1　概述

业务服务描述是对业务系统提供的业务服务的描述，采用 W3C 的 WSDL1.2 作为描述语言。WSDL1.2 提供了一种模型，通过这种模型，采用 XML 格式来描述 Web 服务。WSDL1.2 使得业务服务提供的抽象功能描述和业务服务描述的具体细节相分离。

C.2　绑定协议

本附录规定使用 WSDL 时应绑定 RF2616 传输协议和 W3C 的 SOAP1.2 消息格式：

C.3　WSDL 组件模型

本附录规定 WSDL 文件在 Web 服务的定义元素中使用下列元素：

a）类型元素：数据类型定义的容器，一般使用 XML Schema 中的类型系统来定义数据类型；
b）消息元素：消息的数据结构的抽象类型化定义，使用类型元素所定义的类型来定义；
c）接口元素：对于某个访问入口点所支持的操作的抽象集合；
d）操作元素：对服务中所支持的操作的抽象描述；
e）绑定元素：特定端口类型的具体协议和数据格式规范的绑定；
f）服务元素：相关服务访问点的集合；
g）端点元素：定义为协议/数据格式绑定与具体 Web 访问地址组合的单个服务访问点；
h）包含元素：定义被本 WSDL 文件包含的其他独立的 WSDL 文档，被包含的 WSDL 文档中的元素与主 WSDL 文档中的元素具有相同的命名空间。

C.4　WSDL 绑定样式

本附录规定使用 WSDL 可支持下列四种绑定样式：

a）RPC/encoded；
b）RPC/literal；
c）Document/encoded；
d）Document/literal。

C.5　WSDL XML Schema

```
<? xml version="1.0" encoding="utf-8"? >
<! DOCTYPE xs:schema PUBLIC "-//W3C//DTD XMLSCHEMA 200102//EN" "http://www.w3.org/2001/XMLSchema.dtd">
<xs:schema xmlns:xs="http://www.w3.org/2001/XMLSchema" xmlns:wsdl="http://www.w3.org/2004/08/wsdl" targetNamespace="http://www.w3.org/2004/08/wsdl" elementFormDefault="qualified" finalDefault="" blockDefault="" attributeFormDefault="unqualified">

    <xs:complexType name="DocumentationType" mixed="true">
    <xs:sequence>
```

```
        <xs:any processContents="lax" minOccurs="0" maxOccurs="unbounded" namespace
="##any"/>
      </xs:sequence>
    </xs:complexType>

    <xs:complexType name="DocumentedType" mixed="false">
      <xs:annotation>
        <xs:documentation>
        This type is extended by component types to allow them to be documented.
        </xs:documentation>
      </xs:annotation>
      <xs:sequence>
        <xs:element name="documentation" type="wsdl:DocumentationType" minOccurs=
"0"/>
      </xs:sequence>
    </xs:complexType>

    <xs:complexType name="ExtensibleDocumentedType" abstract="true" mixed="false">
      <xs:annotation>
        <xs:documentation>
        This type is extended by component types to allow
        attributes from other namespaces to be added.
        </xs:documentation>
      </xs:annotation>
      <xs:complexContent>
        <xs:extension base="wsdl:DocumentedType">
          <xs:anyAttribute namespace="##other" processContents="lax"/>
        </xs:extension>
      </xs:complexContent>
    </xs:complexType>

    <!-- definitions element decl and type def -->
    <xs:element name="definitions" type="wsdl:DefinitionsType">
      <xs:unique name="interface">
        <xs:selector xpath="wsdl:interface"/>
        <xs:field xpath="@name"/>
      </xs:unique>
      <xs:unique name="binding">
        <xs:selector xpath="wsdl:binding"/>
        <xs:field xpath="@name"/>
      </xs:unique>
      <xs:unique name="service">
        <xs:selector xpath="wsdl:service"/>
```

```
        <xs:field xpath="@name"/>
      </xs:unique>
    </xs:element>

    <xs:complexType name="DefinitionsType" mixed="false">
      <xs:annotation>
        <xs:documentation>
          Please refer to the WSDL 2.0 specification for
      additional constraints on the contents of this type.
        </xs:documentation>
      </xs:annotation>
      <xs:complexContent>
        <xs:extension base="wsdl:ExtensibleDocumentedType">
          <xs:choice minOccurs="0" maxOccurs="unbounded">
            <xs:element ref="wsdl:import"/>
            <xs:element ref="wsdl:include"/>
            <xs:element ref="wsdl:types"/>
            <xs:element ref="wsdl:interface"/>
        <xs:element ref="wsdl:binding"/>
        <xs:element ref="wsdl:service"/>
            <xs:any namespace="##other" processContents="lax" minOccurs="1" maxOc-
curs="1"/>
          </xs:choice>
      <xs:attribute name="targetNamespace" type="xs:anyURI" use="required"/>
        </xs:extension>
      </xs:complexContent>
    </xs:complexType>

    <!-- types for import and include elements -->
    <xs:element name="import" type="wsdl:ImportType"/>
    <xs:complexType name="ImportType" mixed="false">
      <xs:complexContent>
        <xs:extension base="wsdl:ExtensibleDocumentedType">
          <xs:attribute name="namespace" type="xs:anyURI" use="required"/>
          <xs:attribute name="location" type="xs:anyURI" use="optional"/>
        </xs:extension>
      </xs:complexContent>
    </xs:complexType>

    <xs:element name="include" type="wsdl:IncludeType"/>
    <xs:complexType name="IncludeType" mixed="false">
      <xs:complexContent>
        <xs:extension base="wsdl:ExtensibleDocumentedType">
```

```
          <xs:attribute name="location" type="xs:anyURI" use="required"/>
        </xs:extension>
      </xs:complexContent>
    </xs:complexType>

    <xs:element name="types" type="wsdl:TypesType"/>
    <xs:complexType name="TypesType" mixed="false">
      <xs:complexContent>
        <xs:extension base="wsdl:ExtensibleDocumentedType">
          <xs:sequence>
            <xs:any namespace="##other" minOccurs="0" maxOccurs="unbounded" processContents="strict"/>
          </xs:sequence>
        </xs:extension>
      </xs:complexContent>
    </xs:complexType>

    <!-- parts related to wsdl:interface -->
    <xs:element name="interface" type="wsdl:InterfaceType">
      <xs:unique name="operation">
        <xs:selector xpath="wsdl:operation"/>
        <xs:field xpath="@name"/>
      </xs:unique>
      <xs:unique name="fault">
        <xs:selector xpath="wsdl:fault"/>
        <xs:field xpath="@name"/>
      </xs:unique>
    </xs:element>
    <xs:complexType name="InterfaceType" mixed="false">
      <xs:complexContent>
        <xs:extension base="wsdl:ExtensibleDocumentedType">
          <xs:choice minOccurs="0" maxOccurs="unbounded">
            <xs:element name="operation" type="wsdl:InterfaceOperationType"/>
            <xs:element name="fault" type="wsdl:InterfaceFaultType"/>
            <xs:element name="feature" type="wsdl:FeatureType"/>
            <xs:element name="property" type="wsdl:PropertyType"/>
            <xs:any namespace="##other" processContents="lax" minOccurs="1" maxOccurs="1"/>
          </xs:choice>
          <xs:attribute name="name" type="xs:NCName" use="required"/>
          <xs:attribute name="extends" use="optional">
            <xs:simpleType>
              <xs:list itemType="xs:QName"/>
```

```
            </xs:simpleType>
        </xs:attribute>
            <xs:attribute name="styleDefault" use="optional">
                <xs:simpleType>
                    <xs:list itemType="xs:anyURI"/>
                </xs:simpleType>
        </xs:attribute>
            </xs:extension>
        </xs:complexContent>
    </xs:complexType>

    <xs:complexType name="InterfaceOperationType" mixed="false">
        <xs:complexContent>
            <xs:extension base="wsdl:ExtensibleDocumentedType">
                <xs:choice minOccurs="0" maxOccurs="unbounded">
                    <xs:element name="input" type="wsdl:MessageRefType"/>
                    <xs:element name="output" type="wsdl:MessageRefType"/>
                    <xs:element name="infault" type="wsdl:MessageRefFaultType"/>
                    <xs:element name="outfault" type="wsdl:MessageRefFaultType"/>
                    <xs:element name="feature" type="wsdl:FeatureType"/>
                    <xs:element name="property" type="wsdl:PropertyType"/>
                    <xs:any namespace="##other" processContents="lax" minOccurs="1" maxOc-
curs="1"/>
                </xs:choice>
                <xs:attribute name="name" type="xs:NCName" use="required"/>
                <xs:attribute name="pattern" type="xs:anyURI" use="required"/>
                <xs:attribute name="style" type="xs:anyURI" use="optional"/>
            </xs:extension>
        </xs:complexContent>
    </xs:complexType>

    <xs:complexType name="MessageRefType" mixed="false">
        <xs:complexContent>
            <xs:extension base="wsdl:ExtensibleDocumentedType">
                <xs:choice minOccurs="0" maxOccurs="unbounded">
                    <xs:element name="feature" type="wsdl:FeatureType"/>
                    <xs:element name="property" type="wsdl:PropertyType"/>
                    <xs:any namespace="##other" processContents="lax" minOccurs="1" maxOc-
curs="1"/>
                </xs:choice>
                <xs:attribute name="messageLabel" type="xs:NCName" use="optional"/>
                <xs:attribute name="element" type="wsdl:ElementReferenceType" use="option-
al"/>
```

```
      </xs:extension>
    </xs:complexContent>
  </xs:complexType>

  <xs:simpleType name="ElementReferenceType">
    <xs:union memberTypes="xs:QName">
      <xs:simpleType>
        <xs:restriction base="xs:token">
          <xs:enumeration value="#any"/>
          <xs:enumeration value="#none"/>
        </xs:restriction>
      </xs:simpleType>
    </xs:union>
  </xs:simpleType>

  <xs:complexType name="MessageRefFaultType" mixed="false">
    <xs:complexContent>
      <xs:extension base="wsdl:ExtensibleDocumentedType">
        <xs:choice minOccurs="0" maxOccurs="unbounded">
          <xs:element name="feature" type="wsdl:FeatureType"/>
          <xs:element name="property" type="wsdl:PropertyType"/>
          <xs:any namespace="##other" processContents="lax" minOccurs="1" maxOc-
curs="1"/>
        </xs:choice>
        <xs:attribute name="ref" type="xs:QName" use="required"/>
        <xs:attribute name="messageLabel" type="xs:NCName" use="optional"/>
      </xs:extension>
    </xs:complexContent>
  </xs:complexType>

  <xs:complexType name="InterfaceFaultType" mixed="false">
    <xs:complexContent>
      <xs:extension base="wsdl:ExtensibleDocumentedType">
        <xs:choice minOccurs="0" maxOccurs="unbounded">
          <xs:element name="feature" type="wsdl:FeatureType"/>
          <xs:element name="property" type="wsdl:PropertyType"/>
          <xs:any namespace="##other" processContents="lax" minOccurs="1" maxOc-
curs="1"/>
        </xs:choice>
        <xs:attribute name="name" type="xs:NCName" use="required"/>
        <xs:attribute name="element" type="xs:QName" use="optional"/>
      </xs:extension>
    </xs:complexContent>
```

```
    </xs:complexType>

    <xs:element name="feature" type="wsdl:FeatureType"/>
    <xs:complexType name="FeatureType" mixed="false">
      <xs:complexContent>
        <xs:extension base="wsdl:ExtensibleDocumentedType">
          <xs:choice minOccurs="0" maxOccurs="unbounded">
            <xs:any namespace="##other" processContents="lax" minOccurs="1" maxOccurs="1"/>
          </xs:choice>
          <xs:attribute name="uri" type="xs:QName" use="required"/>
          <xs:attribute name="required" type="xs:boolean" use="optional"/>
        </xs:extension>
      </xs:complexContent>
    </xs:complexType>

    <xs:element name="property" type="wsdl:PropertyType"/>
    <xs:complexType name="PropertyType" mixed="false">
      <xs:complexContent>
        <xs:extension base="wsdl:ExtensibleDocumentedType">
          <xs:sequence>
            <xs:choice minOccurs="0">
              <xs:element name="value" type="xs:anyType"/>
              <xs:element name="constraint" type="xs:QName"/>
            </xs:choice>
            <xs:any namespace="##other" processContents="lax" minOccurs="0" maxOccurs="unbounded"/>
          </xs:sequence>
          <xs:attribute name="uri" type="xs:QName" use="required"/>
          <xs:attribute name="required" type="xs:boolean" use="optional"/>
        </xs:extension>
      </xs:complexContent>
    </xs:complexType>

    <!-- types related to wsdl:binding -->
    <xs:element name="binding" type="wsdl:BindingType"/>
    <xs:complexType name="BindingType" mixed="false">
      <xs:complexContent>
        <xs:extension base="wsdl:ExtensibleDocumentedType">
          <xs:choice minOccurs="0" maxOccurs="unbounded">
            <xs:element name="operation" type="wsdl:BindingOperationType"/>
            <xs:element name="fault" type="wsdl:BindingFaultType"/>
            <xs:element name="feature" type="wsdl:FeatureType"/>
```

```
          <xs:element name="property" type="wsdl:PropertyType"/>
          <xs:any namespace="##other" processContents="lax" minOccurs="1" maxOc-
curs="1"/>
        </xs:choice>
        <xs:attribute name="name" type="xs:NCName" use="required"/>
        <xs:attribute name="interface" type="xs:QName" use="optional"/>
      </xs:extension>
    </xs:complexContent>
  </xs:complexType>

  <xs:complexType name="BindingOperationType" mixed="false">
    <xs:complexContent>
      <xs:extension base="wsdl:ExtensibleDocumentedType">
        <xs:choice minOccurs="0" maxOccurs="unbounded">
          <xs:element name="input" type="wsdl:BindingOperationMessageType"/>
          <xs:element name="output" type="wsdl:BindingOperationMessageType"/>
          <xs:element name="feature" type="wsdl:FeatureType"/>
          <xs:element name="property" type="wsdl:PropertyType"/>
          <xs:any namespace="##other" processContents="lax" minOccurs="1" maxOc-
curs="1"/>
        </xs:choice>
        <xs:attribute name="ref" type="xs:QName" use="required"/>
      </xs:extension>
    </xs:complexContent>
  </xs:complexType>

  <xs:complexType name="BindingOperationMessageType" mixed="false">
    <xs:complexContent>
      <xs:extension base="wsdl:ExtensibleDocumentedType">
        <xs:choice minOccurs="0" maxOccurs="unbounded">
          <xs:element name="feature" type="wsdl:FeatureType"/>
          <xs:element name="property" type="wsdl:PropertyType"/>
          <xs:any namespace="##other" processContents="lax" minOccurs="1" maxOc-
curs="1"/>
        </xs:choice>
        <xs:attribute name="messageLabel" type="xs:NCName" use="optional"/>
      </xs:extension>
    </xs:complexContent>
  </xs:complexType>

  <xs:complexType name="BindingFaultType" mixed="false">
    <xs:complexContent>
      <xs:extension base="wsdl:ExtensibleDocumentedType">
```

```
            <xs:choice minOccurs="0" maxOccurs="unbounded">
              <xs:element name="feature" type="wsdl:FeatureType"/>
              <xs:element name="property" type="wsdl:PropertyType"/>
              <xs:any namespace="##other" processContents="lax" minOccurs="1" maxOccurs="1"/>
            </xs:choice>
            <xs:attribute name="ref" type="xs:QName" use="required"/>
          </xs:extension>
        </xs:complexContent>
      </xs:complexType>

      <!-- types related to service -->
      <xs:element name="service" type="wsdl:ServiceType">
        <xs:unique name="endpoint">
          <xs:selector xpath="wsdl:endpoint"/>
          <xs:field xpath="@name"/>
        </xs:unique>
      </xs:element>
      <xs:complexType name="ServiceType" mixed="false">
        <xs:complexContent>
          <xs:extension base="wsdl:ExtensibleDocumentedType">
            <xs:choice minOccurs="1" maxOccurs="unbounded">
              <xs:element name="endpoint" type="wsdl:EndpointType"/>
              <xs:element name="feature" type="wsdl:FeatureType"/>
              <xs:element name="property" type="wsdl:PropertyType"/>
              <xs:any namespace="##other" processContents="lax" minOccurs="1" maxOccurs="1"/>
            </xs:choice>
            <xs:attribute name="name" type="xs:NCName" use="optional"/>
            <xs:attribute name="interface" type="xs:QName" use="required"/>
          </xs:extension>
        </xs:complexContent>
      </xs:complexType>

      <xs:complexType name="EndpointType" mixed="false">
        <xs:complexContent>
          <xs:extension base="wsdl:ExtensibleDocumentedType">
            <xs:choice minOccurs="0" maxOccurs="unbounded">
              <xs:element name="feature" type="wsdl:FeatureType"/>
              <xs:element name="property" type="wsdl:PropertyType"/>
              <xs:any namespace="##other" processContents="lax" minOccurs="1" maxOccurs="1"/>
            </xs:choice>
```

```
        <xs:attribute name="name" type="xs:NCName" use="required"/>
        <xs:attribute name="binding" type="xs:QName" use="required"/>
      </xs:extension>
    </xs:complexContent>
  </xs:complexType>

  <xs:attribute name="required" type="xs:boolean"/>

  <xs:complexType name="ExtensibilityElement" abstract="true" mixed="false">
    <xs:annotation>
      <xs:documentation>
      This abstract type is intended to serve as the base type for
      extensibility elements. It includes the wsdl:required attribute
      which it is anticipated will be used by most extension elements
      </xs:documentation>
    </xs:annotation>
    <xs:attribute ref="wsdl:required" use="optional"/>
  </xs:complexType>
</xs:schema>
```

附 录 D
（规范性附录）
流程描述规范

D.1 业务流程描述模型

业务流程描述模型包括伙伴、变量、相关集、故障处理程序、补偿处理程序、事件处理、活动标记等元素。

D.2 主要元素描述

用于流程描述元素的名称和说明如下。

a) 程序

XML 元素名称：process

说明：流程协议顶层的元素名称，所有的其他元素都定义在此元素之下。

属性名称：queryLanguage

说明：指定了在赋值、属性定义和其他使用中用于选择节点的 XML 查询语言。这个属性的缺省值是 XPath1.0，其代表是 XPath1.0 规范的 URI：http://www.w3.org/TR/1999/REC-xpath-19991116。

属性名称：expressionLanguage

说明：指定了在流程中使用的表达式语言。这个属性的缺省值是 XPath 1.0，其代表是 XPath 1.0 规范的 URI：http://www.w3.org/TR/1999/REC-xpath-19991116。

属性名称：suppressJoinFailure

说明：决定是否抑制流程中的所有活动的 joinFailure 故障。这个属性的缺省值是“no”。

属性名称：enableInstanceCompensation

说明：决定流程实例是否可被作为整体由特定于平台的方式来补偿。这个属性的缺省值是“no”。

属性名称：abstractProcess

说明：指定所定义的流程是抽象的还是可执行的。这个属性的缺省值是“no”。

b) 伙伴

XML 元素名称：partners

说明：与业务流程交互的服务被模拟成伙伴，指定了流程将在它的行为中使用的关系，可被设置为业务流程部署的一部分。

c) 变数

XML 元素名称：variable

说明：定义了流程使用的数据变量，用 WSDL 消息类型来提供它们的定义。变量使流程可以根据被交换的消息保存状态数据和过程数据。

d) 相关集

XML 元素名称：correlationSet

说明：相关集是对属性组的命名，共同定义了在业务协议实例中识别应用程序级对话的方法。

e) 故障处理程序

XML 元素名称：faultHandlers

说明：定义了在对调用评估和批准服务所产生的故障作出响应时必须执行的活动，所产生的故障由限定名称来标识。

f) 补偿处理程序

XML 元素名称：compensationHandler

说明：补偿处理程序仅仅是补偿活动的包装。在许多情况下，补偿处理程序需要接收有关事件的当前状态的资料并返回关于补偿结果的数据。

g) 事件处理程序

XML 元素名称：eventHandler

说明：相应的事件发生时所关联的事件处理程序。

h) 接收

XML 元素名称：receive

说明：允许业务流程阻塞等待匹配消息的到达。

i) 应答

XML 元素名称：reply

说明：允许业务流程发送消息以回复通过接收元素接收到的消息。一个接收和一个应答组合为流程构成了在 WSDL 埠上的请求-回应操作。

j) 调用

XML 元素名称：invoke

说明：允许业务流程调用由伙伴在 WSDL 埠上提供的单向或请求-回应操作。

k) 指派

XML 元素名称：assign

说明：用新的数据来更新容器的值。一个指派构造可以包括任意数量的基本赋值。

l) 故障抛出

XML 元素名称：throw

说明：从业务流程中生成故障。

m) 终止

XML 元素名称：terminate

说明：能够使业务流程立即终止。

n) 等待

XML 元素名称：wait

说明：允许等待一段给定的时间或等到某一时刻。必须指定其中一个到期条件。

o) 空指令

XML 元素名称：empty

说明：允许在业务流程中插入"no-op"指令。例如，这个构造可被用于并行活动的同步。

p) 序列

XML 元素名称：sequence

说明：允许定义一组按词法顺序先后被执行的活动。

q) 条件

XML 元素名称：switch

说明：允许从一组分支中只选择一个执行分支。

r) 循环

XML 元素名称：while

说明:允许指定反复执行一个活动,直到某个成功条件被满足。

s) 挑选

XML 元素名称:pick

说明:允许阻塞等待某一个合适的消息的到达或超时警报响起。当其中一个触发器触发后,相关的活动被执行,挑选活动完成。

t) 流程

XML 元素名称:flow

说明:允许指定一个或多个被并行地执行的活动。可以在并行的活动中使用链接。

u) 作用域

XML 元素名称:scope

说明:允许定义嵌套活动,这个嵌套活动有和自己关联的故障处理程序和补偿处理程序。

D.3 BPEL4WS 1.1 XML Schema

```
<?xml version='1.0' encoding="UTF-8"?>
<schema xmlns="http://www.w3.org/2001/XMLSchema"
        xmlns:wsdl="http://schemas.xmlsoap.org/wsdl/"
        xmlns:bpws="http://schemas.xmlsoap.org/ws/2003/03/business-process/"
    targetNamespace="http://schemas.xmlsoap.org/ws/2003/03/business-process/"
        elementFormDefault="qualified">
    <import namespace="http://schemas.xmlsoap.org/wsdl/"
                    schemaLocation="http://schemas.xmlsoap.org/wsdl/"/>
    <complexType name="tExtensibleElements">
        <annotation>
            <documentation>
                This type is extended by other component types
                to allow elements and attributes from
                other namespaces to be added.
            </documentation>
        </annotation>
        <sequence>
            <any namespace="##other" minOccurs="0" maxOccurs="unbounded"
                processContents="lax"/>
        </sequence>
        <anyAttribute namespace="##other" processContents="lax"/>
    </complexType>
    <element name="process" type="bpws:tProcess"/>
    <complexType name="tProcess">
        <complexContent>
            <extension base="bpws:tExtensibleElements">
                <sequence>
                    <element name="partners" type="bpws:tPartners"
                             minOccurs="0"/>
                    <element name="variables"
```

```
                    type="bpws:tVariables"
                    minOccurs="0"/>
               <element name="correlationSets"
                    type="bpws:tCorrelationSets" minOccurs="0"/>
               <element name="faultHandlers" type="bpws:tFaultHandlers"
                    minOccurs="0"/>
               <element name="compensationHandler"
                    type="bpws:tCompensationHandler" minOccurs="0"/>
               <element name="eventHandlers"
                    type="bpws:tEventHandlers" minOccurs="0"/>
               <group ref="bpws:activity"/>
            </sequence>
            <attribute name="name" type="NCName"
                 use="required"/>
            <attribute name="targetNamespace" type="anyURI"
                 use="required"/>
            <attribute name="queryLanguage" type="anyURI"
               default="http://www.w3.org/TR/1999/REC-xpath-19991116"/>
            <attribute name="expressionLanguage" type="anyURI"
               default="http://www.w3.org/TR/1999/REC-xpath-19991116"/>
            <attribute name="suppressJoinFailure" type="bpws:tBoolean"
                 default="no"/>
            <attribute name="enableInstanceCompensation"
                 type="bpws:tBoolean" default="no"/>
            <attribute name="abstractProcess" type="bpws:tBoolean"
                 default="no"/>
         </extension>
      </complexContent>
   </complexType>
   <group name="activity">
      <choice>
         <element name="empty" type="bpws:tEmpty"/>
         <element name="invoke" type="bpws:tInvoke"/>
         <element name="receive" type="bpws:tReceive"/>
         <element name="reply" type="bpws:tReply"/>
         <element name="assign" type="bpws:tAssign"/>
         <element name="wait" type="bpws:tWait"/>
         <element name="throw" type="bpws:tThrow"/>
         <element name="terminate" type="bpws:tTerminate"/>
         <element name="flow" type="bpws:tFlow"/>
         <element name="switch" type="bpws:tSwitch"/>
         <element name="while" type="bpws:tWhile"/>
         <element name="sequence" type="bpws:tSequence"/>
```

```
                <element name="pick" type="bpws:tPick"/>
                <element name="scope" type="bpws:tScope"/>
            </choice>
        </group>
        <complexType name="tPartners">
            <complexContent>
                <extension base="bpws:tExtensibleElements">
                    <sequence>
                        <element name="partner" type="bpws:tPartner"
                                minOccurs="1" maxOccurs="unbounded"/>
                    </sequence>
                </extension>
            </complexContent>
        </complexType>
        <complexType name="tPartner">
            <complexContent>
                <extension base="bpws:tExtensibleElements">
                    <attribute name="name" type="NCName" use="required"/>
                    <attribute name="serviceLinkType" type="QName"
                              use="required"/>
                    <attribute name="myRole" type="NCName"/>
                    <attribute name="partnerRole" type="NCName"/>
                </extension>
            </complexContent>
        </complexType>
        <complexType name="tFaultHandlers">
            <complexContent>
                <extension base="bpws:tExtensibleElements">
                    <sequence>
                        <element name="catch" type="bpws:tCatch"
                                minOccurs="0" maxOccurs="unbounded"/>
                        <element name="catchAll" type="bpws:tActivityOrCompensateCon-
tainer"  minOccurs="0"/>
                    </sequence>
                </extension>
            </complexContent>
        </complexType>
        <complexType name="tCatch">
            <complexContent>
                <extension base="bpws:tActivityOrCompensateContainer">
                    <attribute name="faultName" type="QName"/>
                    <attribute name="faultVariable" type="NCName"/>
```

```
        </extension>
    </complexContent>
</complexType>

<complexType name="tActivityContainer">
    <complexContent>
        <extension base="bpws:tExtensibleElements">
            <sequence>
                <group ref="bpws:activity"/>
            </sequence>
        </extension>
    </complexContent>
</complexType>
<complexType name="tActivityOrCompensateContainer">
    <complexContent>
        <extension base="bpws:tExtensibleElements">
            <choice>
                <group ref="bpws:activity"/>
                <element name="compensate" type="bpws:tCompensate"/>
            </choice>
        </extension>
    </complexContent>
</complexType>

<complexType name="tEventHandlers">
    <complexContent>
        <extension base="bpws:tExtensibleElements">
            <sequence>
                <element name="onMessage" type="bpws:tOnMessage"
                         minOccurs="0" maxOccurs="unbounded"/>
                <element name="onAlarm" type="bpws:tOnAlarm"
                         minOccurs="0" maxOccurs="unbounded"/>
            </sequence>
        </extension>
    </complexContent>
</complexType>

<complexType name="tOnMessage">
    <complexContent>
        <extension base="bpws:tExtensibleElements">
            <sequence>
                <element name="correlations" type="bpws:tCorrelations"
                         minOccurs="0"/>
```

```
                <group ref="bpws:activity"/>
            </sequence>
            <attribute name="partner" type="NCName" use="required"/>
            <attribute name="portType" type="QName" use="required"/>
            <attribute name="operation" type="NCName" use="required"/>
            <attribute name="variable" type="NCName"
                 use="required"/>
        </extension>
    </complexContent>

</complexType>

<complexType name="tOnAlarm">
    <complexContent>
        <extension base="bpws:tActivityContainer">
            <attribute name="for" type="bpws:tDuration-expr"/>
            <attribute name="until" type="bpws:tDeadline-expr"/>
        </extension>
    </complexContent>
</complexType>

<complexType name="tCompensationHandler">
    <complexContent>
        <extension base="bpws:tActivityOrCompensateContainer"/>
    </complexContent>
</complexType>

<complexType name="tVariables">
    <complexContent>
        <extension base="bpws:tExtensibleElements">
            <sequence>
                <element name="variable"
                         type="bpws:tVariable"
                         maxOccurs="unbounded"/>
            </sequence>
        </extension>
    </complexContent>

</complexType>

<complexType name="tVariable">

    <! -- variable does not allow extensibility elements
```

```
because otherwise its content model would be non-deterministic -->
            <sequence>
                <element name="message" type="wsdl:tMessage"
                        minOccurs="0">
                    <unique name="part">
                        <selector xpath="wsdl:part"/>
                        <field xpath="@name"/>
                    </unique>
                </element>
            </sequence>
            <attribute name="name" type="NCName" use="required"/>
            <attribute name="messageType" type="QName"/>
            <anyAttribute namespace="##other" processContents="lax"/>

    </complexType>

    <complexType name="tCorrelationSets">
        <complexContent>
            <extension base="bpws:tExtensibleElements">
                <sequence>
                    <element name="correlationSet"
                            type="bpws:tCorrelationSet"
                            maxOccurs="unbounded"/>
                </sequence>
            </extension>
        </complexContent>

    </complexType>

    <complexType name="tCorrelationSet">
        <complexContent>
            <extension base="bpws:tExtensibleElements">
                <attribute name="properties" use="required">
                    <simpleType>
                        <list itemType="QName"/>
                    </simpleType>
                </attribute>
                <attribute name="name" type="NCName" use="required"/>
            </extension>
        </complexContent>

    </complexType>
```

```
<complexType name="tActivity">
    <complexContent>
        <extension base="bpws:tExtensibleElements">
            <sequence>
                <element name="target" type="bpws:tTarget"
                        minOccurs="0" maxOccurs="unbounded"/>
                <element name="source" type="bpws:tSource"
                        minOccurs="0" maxOccurs="unbounded"/>
            </sequence>
            <attribute name="name" type="NCName"/>
            <attribute name="joinCondition"
                    type="bpws:tBoolean-expr"/>
            <attribute name="suppressJoinFailure"
                    type="bpws:tBoolean" default="no"/>
        </extension>
    </complexContent>

</complexType>

<complexType name="tSource">
    <complexContent>
        <extension base="bpws:tExtensibleElements">
            <attribute name="linkName" type="NCName" use="required"/>
            <attribute name="transitionCondition"
                    type="bpws:tBoolean-expr"/>
        </extension>
    </complexContent>

</complexType>

<complexType name="tTarget">
    <complexContent>
        <extension base="bpws:tExtensibleElements">
            <attribute name="linkName" type="NCName" use="required"/>
        </extension>
    </complexContent>

</complexType>

<complexType name="tEmpty">
    <complexContent>
        <extension base="bpws:tActivity"/>
    </complexContent>
```

```
</complexType>

<complexType name="tCorrelations">
    <complexContent>
        <extension base="bpws:tExtensibleElements">
          <sequence>
          <element name="correlation" type="bpws:tCorrelation"
                             minOccurs="1" maxOccurs="unbounded" />
       </sequence>
    </extension>
  </complexContent>
</complexType>

<complexType name="tCorrelation">
  <complexContent>
    <extension base="bpws:tExtensibleElements">
            <attribute name="set" type="NCName" use="required"/>
            <attribute name="initiate" type="bpws:tBoolean"
                         default="no"/>

       </extension>
  </complexContent>
</complexType>

  <complexType name="tCorrelationsWithPattern">
     <complexContent>
         <extension base="bpws:tExtensibleElements">
            <sequence>
                  <element name="correlation"
                           type="bpws:tCorrelationWithPattern"
                           minOccurs="1"
                           maxOccurs="unbounded"/>
            </sequence>
         </extension>
     </complexContent>
  </complexType>

  <complexType name="tCorrelationWithPattern">
     <complexContent>
         <extension base="bpws:tCorrelation">
            <attribute name="pattern">
          <simpleType>
            <restriction base="string">
```

```
                <enumeration value="in" />
                <enumeration value="out" />
                <enumeration value="out-in" />
            </restriction>
          </simpleType>
        </attribute>
      </extension>
    </complexContent>
</complexType>

<complexType name="tInvoke">
    <complexContent>
      <extension base="bpws:tActivity">
        <sequence>
            <element name="correlations"
                    type="bpws:tCorrelationsWithPattern"
                    minOccurs="0" maxOccurs="1"/>
            <element name="catch" type="bpws:tCatch"
                    minOccurs="0" maxOccurs="unbounded"/>
            <element name="catchAll"
                    type="bpws:tActivityOrCompensateContainer"
                    minOccurs="0"/>
            <element name="compensationHandler"
                    type="bpws:tCompensationHandler" minOccurs="0"/>
        </sequence>
        <attribute name="partner" type="NCName" use="required"/>
        <attribute name="portType" type="QName" use="required"/>
        <attribute name="operation" type="NCName" use="required"/>
        <attribute name="inputVariable"
                type="NCName" use="required"/>
        <attribute name="outputVariable" type="NCName"/>
      </extension>
    </complexContent>
</complexType>

<complexType name="tReceive">
    <complexContent>
      <extension base="bpws:tActivity">
        <sequence>
            <element name="correlations"
                    type="bpws:tCorrelations" minOccurs="0"/>
        </sequence>
        <attribute name="partner" type="NCName" use="required"/>
```

```
        <attribute name="portType" type="QName" use="required"/>
        <attribute name="operation" type="NCName" use="required"/>
        <attribute name="variable" type="NCName" use="required"/>
        <attribute name="createInstance" type="bpws:tBoolean"
                default="no"/>
      </extension>
    </complexContent>
</complexType>

<complexType name="tReply">
    <complexContent>
      <extension base="bpws:tActivity">
        <sequence>
          <element name="correlations"
                type="bpws:tCorrelations" minOccurs="0"/>
        </sequence>
        <attribute name="partner" type="NCName" use="required"/>
        <attribute name="portType" type="QName" use="required"/>
        <attribute name="operation" type="NCName" use="required"/>
        <attribute name="variable" type="NCName"
                use="required"/>
        <attribute name="faultName" type="QName"/>
      </extension>
    </complexContent>
</complexType>

<complexType name="tAssign">
    <complexContent>
      <extension base="bpws:tActivity">
        <sequence>
          <element name="copy" type="bpws:tCopy"
                minOccurs="1" maxOccurs="unbounded"/>
        </sequence>
      </extension>
    </complexContent>
</complexType>

<complexType name="tCopy">
    <complexContent>
      <extension base="bpws:tExtensibleElements">
        <sequence>
          <element ref="bpws:from"/>
          <element ref="bpws:to"/>
```

```
            </sequence>
        </extension>
    </complexContent>
</complexType>

<element name="from" type="bpws:tFrom"/>
<complexType name="tFrom">
    <complexContent>
        <extension base="bpws:tExtensibleElements">
            <attribute name="variable" type="NCName"/>
            <attribute name="part" type="NCName"/>
            <attribute name="query" type="string"/>
            <attribute name="property" type="QName"/>
            <attribute name="partner" type="NCName"/>
            <attribute name="serviceReference" type="bpws:tRoles"/>
            <attribute name="expression" type="string"/>
            <attribute name="opaque" type="bpws:tBoolean"/>
        </extension>
    </complexContent>
</complexType>

<element name="to">
    <complexType>
        <complexContent>
            <restriction base="bpws:tFrom">
                <attribute name="expression" type="string"
                           use="prohibited"/>
                <attribute name="opaque" type="bpws:tBoolean"
                           use="prohibited"/>
                <attribute name="serviceReference" type="bpws:tRoles"
                           use="prohibited"/>
            </restriction>
        </complexContent>
    </complexType>
</element>

<complexType name="tWait">
    <complexContent>
        <extension base="bpws:tActivity">
            <attribute name="for"
                       type="bpws:tDuration-expr"/>
            <attribute name="until"
                       type="bpws:tDeadline-expr"/>
```

```
        </extension>
    </complexContent>
</complexType>

<complexType name="tThrow">
    <complexContent>
        <extension base="bpws:tActivity">
            <attribute name="faultName" type="QName" use="required"/>
            <attribute name="faultVariable" type="NCName"/>
        </extension>
    </complexContent>
</complexType>

<complexType name="tCompensate">
    <complexContent>
        <extension base="bpws:tActivity">
            <attribute name="scope" type="NCName"/>
        </extension>
    </complexContent>
</complexType>

<complexType name="tTerminate">
    <complexContent>
        <extension base="bpws:tActivity"/>
    </complexContent>
</complexType>

<complexType name="tFlow">
    <complexContent>
        <extension base="bpws:tActivity">
            <sequence>
                <element name="links" type="bpws:tLinks" minOccurs="0"/>
                <group ref="bpws:activity" maxOccurs="unbounded"/>
            </sequence>
        </extension>
    </complexContent>
</complexType>

<complexType name="tLinks">
    <complexContent>
        <extension base="bpws:tExtensibleElements">
            <sequence>
                <element name="link"
```

```
                        type="bpws:tLink"
                        maxOccurs="unbounded"/>
                </sequence>
            </extension>
        </complexContent>
    </complexType>

    <complexType name="tLink">
        <complexContent>
            <extension base="bpws:tExtensibleElements">
                <attribute name="name" type="NCName" use="required"/>
            </extension>
        </complexContent>
    </complexType>

    <complexType name="tSwitch">
        <complexContent>
            <extension base="bpws:tActivity">
                <sequence>
                    <element name="case" maxOccurs="unbounded">
                        <complexType>
                            <complexContent>
                                <extension base="bpws:tActivityContainer">
                                    <attribute name="condition"
                                               type="bpws:tBoolean-expr"
                                               use="required"/>
                                </extension>
                            </complexContent>
                        </complexType>
                    </element>
                    <element name="otherwise"
                        type="bpws:tActivityContainer"
                        minOccurs="0"/>
                </sequence>
            </extension>
        </complexContent>
    </complexType>

    <complexType name="tWhile">
        <complexContent>
            <extension base="bpws:tActivity">
                <sequence>
                    <group ref="bpws:activity"/>
```

```
            </sequence>
            <attribute name="condition"
                    type="bpws:tBoolean-expr"
                    use="required"/>
        </extension>
    </complexContent>
</complexType>

<complexType name="tSequence">
    <complexContent>
        <extension base="bpws:tActivity">
            <sequence>
                <group ref="bpws:activity" maxOccurs="unbounded"/>
            </sequence>
        </extension>
    </complexContent>
</complexType>

<complexType name="tPick">
    <complexContent>
        <extension base="bpws:tActivity">
            <sequence>
                <element name="onMessage"
                        type="bpws:tOnMessage"
                        maxOccurs="unbounded"/>
                <element name="onAlarm"
                        type="bpws:tOnAlarm" minOccurs="0"
                        maxOccurs="unbounded"/>
            </sequence>
            <attribute name="createInstance"
                    type="bpws:tBoolean" default="no"/>
        </extension>
    </complexContent>
</complexType>

<complexType name="tScope">
    <complexContent>
        <extension base="bpws:tActivity">
            <sequence>
                <element name="variables"
                        type="bpws:tVariables"
                        minOccurs="0"/>
                <element name="correlationSets"
```

```
                        type="bpws:tCorrelationSets"
                        minOccurs="0"/>
                <element name="faultHandlers"
                        type="bpws:tFaultHandlers"
                        minOccurs="0"/>
                <element name="compensationHandler"
                        type="bpws:tCompensationHandler"
                        minOccurs="0"/>
                <element name="eventHandlers"
                        type="bpws:tEventHandlers"
                        minOccurs="0"/>
                <group ref="bpws:activity"/>
            </sequence>
            <attribute name="variableAccessSerializable"
                    type="bpws:tBoolean"
                    default="no"/>
        </extension>
    </complexContent>
</complexType>

<simpleType name="tBoolean-expr">
    <restriction base="string"/>
</simpleType>

<simpleType name="tDuration-expr">
    <restriction base="string"/>
</simpleType>

<simpleType name="tDeadline-expr">
    <restriction base="string"/>
</simpleType>

<simpleType name="tBoolean">
    <restriction base="string">
        <enumeration value="yes"/>
        <enumeration value="no"/>
    </restriction>
</simpleType>

<simpleType name="tRoles">
    <restriction base="string">
```

```
        <enumeration value="myRole"/>
        <enumeration value="partnerRole"/>
      </restriction>
    </simpleType>
</schema>
```

ICS 35.240.01
L 67

GB

中华人民共和国国家标准

GB/T 21062.3—2007

政务信息资源交换体系 第3部分:数据接口规范

Government information resource interchange system—
Part 3:Data interface specification

2007-09-10 发布 2008-03-01 实施

中华人民共和国国家质量监督检验检疫总局
中国国家标准化管理委员会 发布

前　言

GB/T 21062《政务信息资源交换体系》目前分为以下四个部分：

——第1部分：总体框架；

——第2部分：技术要求；

——第3部分：数据接口规范；

——第4部分：技术管理要求。

本部分为GB/T 21062的第3部分。

本部分的附录A、附录B为规范性附录，附录C为资料性附录。

本部分由国务院信息化工作办公室提出。

本部分由全国信息技术标准化委员会归口。

本标准主要起草单位：中国电子技术标准化研究所、大唐电信科技产业集团、北京航空航天大学、浙江建达科技有限公司、北京市信息化工作办公室、山西省晋城市人民政府信息化管理办公室、北京中海纪元数字技术发展有限公司、华迪计算机有限公司、万达信息股份有限公司、易达讯网络科技有限公司。

本标准主要起草人：林宁、吴志刚、邓洁霖、马殿富、高栋、吴焱、张巧英、王煜坤、牟清、肖菁、林绍福、张泽根、郭宗泽、柳进军、张英霞、张权、张峰昌、肖筱华、方志江、李晶、孙斗、支俊辉、林向阳、徐俊杰、林菁、石雯雯。

政务信息资源交换体系
第3部分:数据接口规范

1 范围

GB/T 21062的本部分规定了在信息交换时封装业务数据采用的数据接口规范,提出了交换指标项。

本部分适用于政务信息资源交换体系设计与建设。

2 规范性引用文件

下列文件中的条款通过GB/T 21062的本部分的引用而成为本部分的条款。凡是注日期的引用文件,其随后所有的修改单(不包括勘误的内容)或修订版均不适用于本部分,然而,鼓励根据本部分达成协议的各方研究是否可使用这些文件的最新版本。凡是不注日期的引用文件,其最新版本适用于本部分。

GB/T 18391.1—2002 信息技术 数据元的规范与标准化 第1部分:数据元的规范与标准化框架(ISO/IEC 11179-1:1999,IDT)

GB/T 21062.1—2007 政务信息资源交换体系 第1部分:总体框架

3 术语和定义

GB/T 21062.1—2007和GB/T 18391.1—2002确立的以及下列术语和定义适用于GB/T 21062的本部分。

3.1

数据 data

对事实、概念或指令的一种形式化表示,适用于以人工或自动方式进行通信、解释或处理。

3.2

表示 representation

值域和数据类型的组合,必要时也包括计量单位或字符集。

3.3

实体 entity

任何具体或抽象的事物,包括事物间的关系。

4 交换指标项

4.1 概述

本部分规定的交换指标项用于在不同系统间进行信息交换确定所交换数据内容的含义及表示格式。

4.2 交换指标项描述方法

描述一个交换指标项的属性包括标识符、名称、说明、表示格式和备注。

a) 标识符:指标项的内部唯一标识,其格式4位数字,每个数字从0至9进行顺序排列;

b) 名称:指标项的中文名称;

c) 说明:指标项内容的描述与解释;

d） 指标项内容的表示格式，如表1所示：

表 1 交换指标项表示格式

字　符	含　义
C	通过字符形式表达的值的类型。C后加自然数表示定长字符串，如C6表示6个定长字符(一个汉字相当于两个字符)
N	通过可计算的十进制形式表达的值的类型。N后加自然数表示定长数值，如N4表示4位定长数字
D	日期型，通过CCYYMMDD的形式表达的值的类型，符合GB/T 7408。用D后加4、6、8，分别表示不同数据格式的日期型数据元素。D4表示CCYY；D6表示CCYYMM；D8表示CCYYMMDD
..UL	表示长度不定的文本
..	从最小长度到最大长度，前面附加最小长度，后面附加最大长度(也可以只附加最大长度)。如C..6表示最多6个字符；N2..7表示最少2位数字最多7位数字

e） 备注：与该指标项相关的其他说明，包括指标项的取值范围、遵循的标准规范要求等。

4.3 交换指标项内容

交换指标具体内容见附录A。

5 数据接口模型

5.1 概述

本部分规定的数据接口模型用于在不同系统间进行信息交换时封装交换信息内容，可支持结构化数据、非结构化数据的封装。

数据接口模型由数据结构、数据集、附件集组成，如图1所示。数据结构是可选元素，元素名称是DataStructure，用来描述交换信息内容的结构信息。数据集是可选元素，元素名称是DataSet，用来封装结构化数据。附件集是可选元素，元素名称是Attachments，用来表示非结构化数据。数据集和附件集可以同时出现，也可以单独出现。

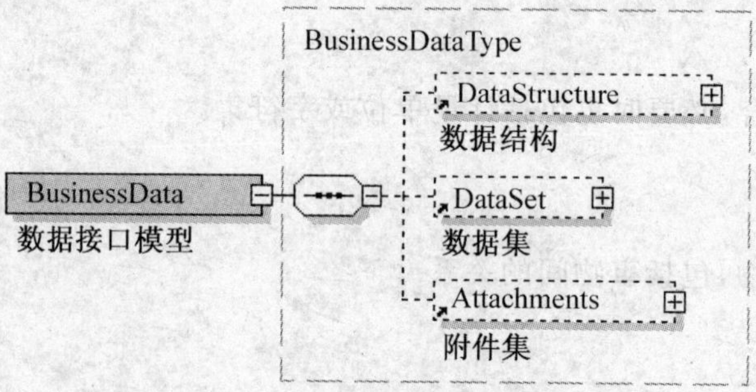

图1 数据接口模型示意图

数据接口模型的XML Schame见附录B，数据接口模型封装交换指标项的XML文件示例见附录C。

5.2 数据结构

数据结构由信息资源标识、信息资源显示名称、说明性注释、数据项、扩展属性5个元素组成，其结构如图2所示。

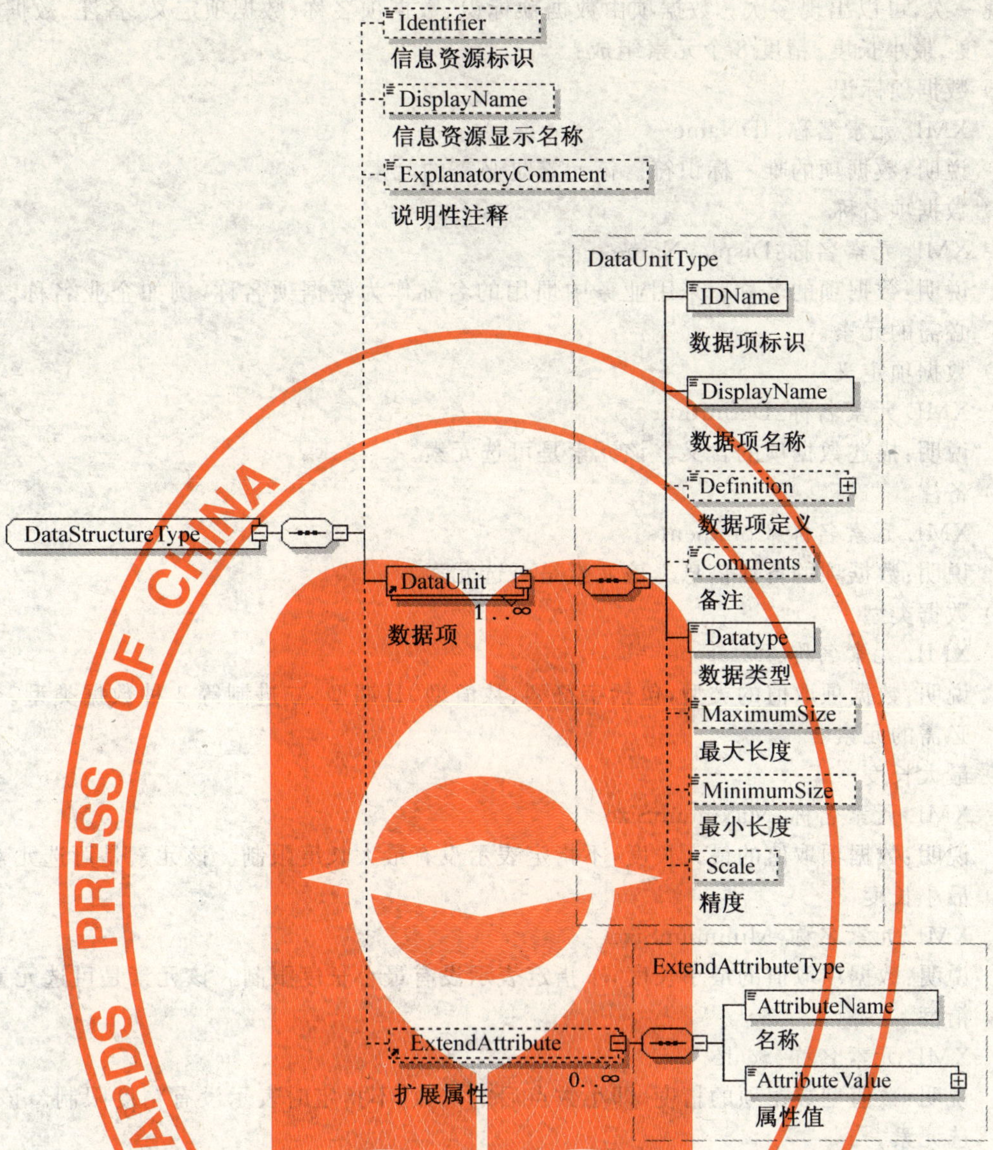

图 2 数据结构示意图

a) 信息资源标识

XML 元素名称：Identifier

说明：交换信息的标识符，采用 GB/T 18391.1—2002 中对标识符的相关规定。该元素为必需的元素。

b) 信息资源显示名称

XML 元素名称：DisplayName

说明：信息资源用于显示的名称，可以采用政务信息资源的常用名称，例如：自然人基本信息、法人基本信息等。该元素为必需的元素。

c) 说明性注释

XML 元素名称：ExplanatoryComment

说明：对信息资源的解释性描述，用于对信息资源进行补充性、提示性说明。该元素是可选元素。

d) 数据项

XML 元素名称：DataUnit

说明：构成数据结构的最小数据单位，一个 DataUnit 描述一个指标项的结构。该元素至少出现一次，可以出现多次。数据项由数据项标识、数据项名称、数据项定义、备注、数据类型、最大长度、最小长度、精度 8 个元素组成：

1）数据项标识

XML 元素名称：IDName

说明：数据项的唯一标识符。该元素是必需的元素。

2）数据项名称

XML 元素名称：DisplayName

说明：数据项的名称。采用业务中惯用的名称作为数据项名称，例如企业名称。该元素是必需的元素。

3）数据项定义

XML 元素名称：Definition

说明：描述数据项的含义。该元素是可选元素。

4）备注

XML 元素名称：Comments

说明：数据项的备注信息。该元素是可选元素。

5）数据类型

XML 元素名称：Datatype

说明：数据项取值的类型，包括字符型、数值型、日期型、二进制等 4 种数据类型。该元素是必需的元素。

6）最大长度

XML 元素名称：MaximumSize

说明：数据项取值的最大长度，不指定表示没有最大长度限制。该元素是可选元素。

7）最小长度

XML 元素名称：MinimumSize

说明：数据项取值的最小长度，不指定表示没有最小长度限制。该元素是可选元素。

8）精度

XML 元素名称：Scale

说明：数值型数据项的精度，即小数点后的位数，不指定时表示没有精度限制。该元素是可选元素。

e）数据项扩展属性

XML 元素名称：ExtendAttribute

说明：描述数据项的扩展信息，扩展属性由扩展属性名称和扩展属性值 2 个元素组成。该元素是可选元素。

5.3 数据集

数据集用来封装结构化数据。数据集由一个或多个数据记录组成，如图 3 所示。

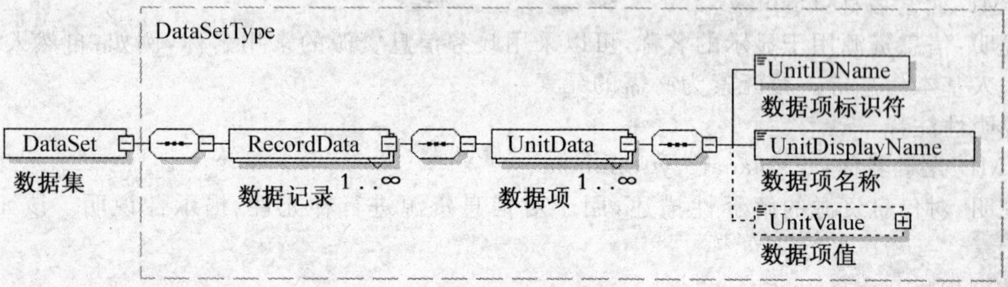

图 3　数据集示意图

a) 数据记录

XML 元素名称:RecordData

说明:组成数据集的基本单位,表示一条记录。例如,关系数据库表的一行,或电子表格的一行等。数据记录由一个或多个数据项组成。

b) 数据项

XML 元素名称:UnitData

说明:组成数据记录的基本单位。例如,关系数据库表中的某个字段,或电子表格中的某个单元格。数据项由数据项标识符、数据项名称和数据项值 3 个元素组成:

1) 数据项标识符

XML 元素名称:UnitIDName

说明:数据项的标识符。与数据结构中的某个数据项对应。

2) 数据项名称

XML 元素名称:UnitDisplayName

说明:数据项的名称。

3) 数据项值

XML 元素名称:UnitValue

说明:数据项的值。对于二进制类型的数值应首先采用 BASE64 编码。

5.4 附件集

附件集用来封装非结构化数据,如文本、图像、音频、视频文件等。附件由一个或多个附件构成。如图 4 所示。

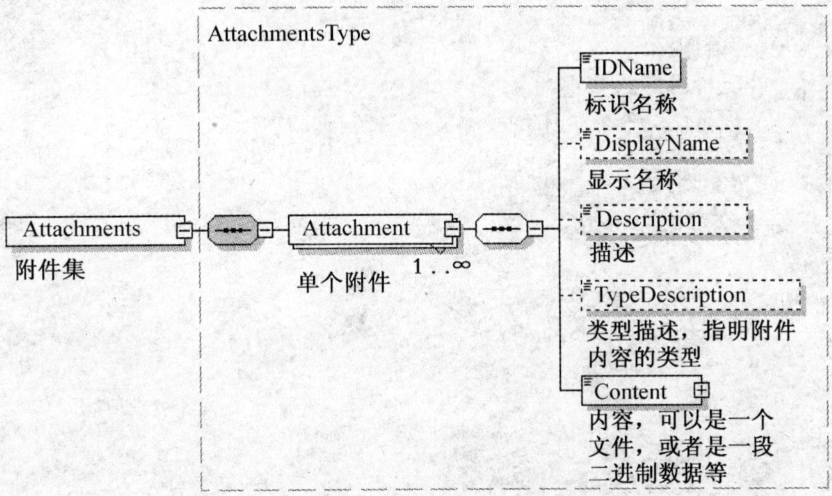

图 4 附件集示意图

a) 标识名称

XML 元素名称:IDName

说明:用于在该业务资料包中唯一标识该附件的标识符。

b) 显示名称

XML 元素名称:DisplayName

说明:该附件用于显示的名称。

c) 描述

XML 元素名称:Description

说明:对该附件的解释性信息。

d) 类型描述

XML 元素名称:TypeDescription

说明:描述该附件的类型。常见的附件类型包括二进制文件、文本文件、多媒体文件等。

e) 内容

XML 元素名称:Content

说明:表示附件的内容。附件的内容可以通过多种方式被描述,包括文件名称、URL、文件内容。

附 录 A
（规范性附录）
交换指标项

交换指标项见表 A.1。

表 A.1 交换指标项列表

标识符	名称	说明	表示格式	备注
0001	公民身份号码	国家为每个公民从出生之日起编订的唯一、终身不变的身份代码	C15 或 C18	公民身份号码编制按照 GB 11643—1999的规定
0002	姓名	人的中文姓名全称	C..30	
0003	性别	人的性别	C..12	性别编制按照 GB/T 2261.1—2003 的规定
0004	民族	人所属的、经国家认定的民族名称	C..20	GB/T 3304—1991 中的民族名称
0005	出生日期	人出生的日期	D8	
0006	常住户口所在地住址	户口簿登记的住址	C..200	
0007	证件的有效期	证件的有效年限	N2	
0008	签发机关	签发公民身份证的机关名称	C..60	
0009	签发日期	签发公民身份证的日期	D8	
0010	出生地点	出生的具体地点	C..200	
0011	接生机构名称	负责接生的机构的名称	C..60	
0012	新生儿户口登记日期	新生儿户口的登记日期	D8	
0013	新生儿户口登记地点	登记的具体地点	C..200	
0014	新生儿户口登记机构	负责登记的机构名称	C..60	
0015	学校名称	接受教育的学校的名称	C..60	
0016	毕业时间	学生毕业的时间	D8	
0017	毕业证发证日期	证件、许可等发放的日期	D8	
0018	专业	参加学习的专业名称	..UL	
0019	学位	获得的学位名称	..UL	
0020	授予学位日期	得到学位的日期	D8	
0021	婚姻登记证编号	证件、许可的标识号码	..UL	
0022	配偶公民身份号码	登记的配偶的公民身份号码	C15 或 C18	
0023	配偶姓名	登记的配偶姓名	C..30	
0024	婚姻状态	登记的婚姻状态	..UL	
0025	婚姻登记证发证单位	发放证件、许可等的单位名称	C..60	

表 A.1(续)

标识符	名　　称	说　　明	表示格式	备　　注
0026	婚姻登记证发证日期	证件、许可等的发放日期	D8	
0027	专业技术职称	专业技术人员的职称	..UL	
0028	专业技术职称批准单位	批准该职称的单位名称	C..60	
0030	死亡时间	自然人死亡的时间	D8	
0031	死亡原因	死亡的具体原因	..UL	
0032	死亡地点	死亡的具体地点	C..200	
0033	户籍注销地点	因死亡而注销户籍的地点	C..200	
0034	户籍注销机构	注销死亡人口的机构名称	C..60	
0035	暂住证编号	证件、许可的标识号码	..UL	
0036	暂住证发证单位	发放证件、许可等的单位名称	C..60	
0037	暂住证发证日期	证件、许可等的发放日期	D8	
0038	暂住证有效期	证件、许可等的有效期限	N	
0039	暂住地址	暂住人口居住的地址	C..200	
0040	机动车驾驶证编号	证件、许可的标识号码	..UL	
0041	准驾车型	准许驾驶员驾驶的车辆类型	..UL	
0042	机动车驾驶证发证单位	发放证件、许可等的单位名称	C..60	
0043	机动车驾驶证发证日期	证件、许可等的发放日期	D8	
0044	机动车驾驶证有效期	证件、许可等的有效期限	N	
0045	机动车驾驶证注销日期	证件、许可等注销的日期	D8	
0046	因私护照编号	证件、许可的标识号码	..UL	
0047	因私护照有效期	证件、许可等的有效期限	N	
0048	因私护照发证单位	发放证件、许可等的单位名称	C..60	
0049	因私护照发证日期	证件、许可等的发放日期	D8	
0050	因私护照签发地	签发护照的地址	C..200	
0051	社会保险登记证证号	社会保险登记证的证件编号	..UL	
0052	社会保险险种	社会保险的种类	..UL	
0053	社会保险登记证发证单位	发放证件、许可等的单位名称	C..60	
0054	社会保险登记证发证日期	证件、许可等的发放日期	D8	
0055	社会保险登记证注销日期	证件、许可等注销的日期	D8	
0056	医疗保险号	医疗保险编号	..UL	
0057	医疗保险参保日期	参加医疗保险的日期	D8	

表 A.1(续)

标识符	名　称	说　明	表示格式	备　注
0058	医疗保险参保的类型	参加医疗保险的类型	..UL	
0059	工伤保险待遇类别	工伤保险的待遇类别	..UL	
0061	工伤保险登记日期	登记工伤的日期	D8	
0062	失业保险证编号	证件、许可的标识号码	..UL	
0063	失业保险待遇类别	失业保险的待遇类别	..UL	
0064	失业保险登记单位	登记的单位名称	C..60	
0065	失业保险登记日期	登记失业保险的日期	D8	
0066	养老保险登记单位	登记养老保险的单位	C..60	
0067	养老保险登记日期	登记养老保险的日期	D8	
0068	生育保险待遇类别	生育保险的待遇类别	..UL	
0069	生育保险登记单位	生育保险的登记单位	C..60	
0070	生育保险登记日期	生育保险的登记日期	D8	
0071	独生子女证编号	证件、许可的标识号码	..UL	
0072	独生子女证发证单位	发放证件、许可等的单位名称	C..60	
0073	独生子女证发证日期	证件、许可等的发放日期	D8	
0074	准生证编号	证件、许可的标识号码	..UL	
0075	准生证发证单位	发放证件、许可等的单位名称	C..60	
0076	准生证发证日期	证件、许可等的发放日期	D8	
0077	房屋产权登记证产权证号	房屋产权登记证的编号	..UL	
0078	房屋产权类型	房屋产权的类型	..UL	
0079	房屋所有权人	房屋所有权人的名称	C..60	
0080	土地证号	房屋产权相关的土地证编号	..UL	
0081	房屋使用年限	房屋已经使用的年限	N	
0082	房屋产权登记证发证单位	发放证件、许可等的单位名称	C..60	
0083	房屋产权登记证发证日期	证件、许可等的发放日期	D8	
0084	住房公积金账号	个人住房公积金账号	..UL	
0085	就业证编号	证件、许可的标识号码	..UL	
0086	就业单位名称	就业单位的名称	C..60	
0087	用工形式	就业的用工形式	..UL	
0088	就业证发证单位	发放证件、许可等的单位名称	C..60	
0089	就业证发证日期	证件、许可等的发放日期	D8	

表 A.1(续)

标识符	名　称	说　明	表示格式	备　注
0090	就业证注销日期	证件、许可等注销的日期	D8	
0091	失业证编号	失业证的具体编号	..UL	
0092	失业类型	失业的类型	..UL	
0093	失业状态	正处在失业的状态	..UL	
0094	失业证发证单位	发放证件、许可等的单位名称	C..60	
0096	失业证注销日期	证件、许可等注销的日期	D8	
0097	再就业优惠证编号	证件、许可的标识号码	..UL	
0098	再就业优惠证发证单位	发放证件、许可等的单位名称	C..60	
0099	再就业优惠证发证日期	证件、许可等的发放日期	D8	
0100	再就业优惠证注销日期	证件、许可等注销的日期	D8	
0101	离退休时间	离退休的具体时间	D8	
0102	离退休类别	离退休的类型	..UL	
0103	革命残疾军人证号码	证件的编号	..UL	
0104	革命残疾军人伤残等级	革命伤残军人的伤残等级	..UL	
0105	革命残疾军人伤残性质	革命伤残军人的伤残性质	..UL	
0106	革命残疾军人证发证单位	发放证件、许可等的单位名称	C..60	
0107	革命残疾军人证发证日期	证件、许可等的发放日期	D8	
0108	优抚对象类别	优抚对象的类别	..UL	
0109	享受优抚待遇开始日期	享受优抚待遇的开始时间	D8	
0110	享受优抚待遇结束日期	享受优抚待遇的结束时间	D8	
0111	社会救助类别	社会救助的类别	..UL	
0112	残疾人证号码	残疾人证的编号	..UL	
0113	监护人公民身份号码	监护人的公民身份号码	C15 或 C18	
0114	残疾等级	残疾人的残疾等级	..UL	
0115	残疾类别	残疾人的残疾类别	..UL	
0116	致残日期	残疾人的致残日期	D8	
0117	评残日期	残疾人的官方评残日期	D8	
0118	农用机动车辆登记日期	农用机动车的登记日期	D8	
0119	农用机动车辆号牌号码	农用机动车的牌照号码	..UL	
0120	基层法律服务工作者执业资格证编号	证件、许可的标识号码	..UL	
0121	基层法律服务工作者执业资格证发证单位	发放证件、许可等的单位名称	C..60	

表 A.1（续）

标识符	名　称	说　明	表示格式	备　注
0122	基层法律服务工作者执业资格证发证日期	证件、许可等的发放日期	D8	
0123	公证员执业证书编号	证件、许可的标识号码	..UL	
0124	公证员执业证书发证单位	发放证件、许可等的单位名称	C..60	
0126	司法鉴定人执业证编号	证件、许可的标识号码	..UL	
0127	司法鉴定人执业证发证单位	发放证件、许可等的单位名称	C..60	
0128	司法鉴定人执业证发证日期	证件、许可等的发放日期	D8	
0129	律师资格证编号	资格证证件的标识号码	..UL	
0130	律师资格证发证单位	资格证发放证件的单位名称	C..60	
0131	律师资格证发证日期	资格证证件的发放日期	D8	
0132	律师执业证编号	执业证证件的标识号码	..UL	
0133	律师执业证发证单位	执业证发放证件的单位名称	C..60	
0134	律师执业证发证日期	执业证证件的发放日期	D8	
0135	会计从业资格证编号	证件、许可的标识号码	..UL	
0136	会计从业资格证发证日期	证件、许可等的发放日期	D8	
0137	会计从业资格证发证单位	发放证件、许可等的单位名称	C..60	
0138	教师资格许可证编号	证件、许可的标识号码	..UL	
0139	教师资格许可证资格种类	教师资格许可证的种类	..UL	
0140	教师资格许可证等级	教师资格许可证的等级	..UL	
0141	教师资格许可证发证单位	发放证件、许可等的单位名称	C..60	
0142	教师资格许可证发证日期	证件、许可等的发放日期	D8	
0143	教师职务任职资格证证号	教师资格许可证的编号	..UL	
0144	任职时间	教师参加工作任职的时间	D8	
0145	教师职称	教师的职称	..UL	
0146	保险经纪人资格证编号	证件、许可的标识号码	..UL	
0147	保险经纪人资格证有效期	证件、许可等的有效期限	N	
0148	保险经纪人资格证发证单位	发放证件、许可等的单位名称	C..60	
0149	保险经纪人资格证发证日期	证件、许可等的发放日期	D8	
0150	导游资格证编号	证件、许可的标识号码	..UL	

表 A.1(续)

标识符	名　　称	说　　明	表示格式	备　　注
0151	导游资格证发证单位	发放证件、许可等的单位名称	C..60	
0153	税务登记证号码	税务登记证号码	..UL	
0154	税务登记证发证单位	发放证件、许可等的单位名称	C..60	
0155	税务登记证发证日期	证件、许可等的发放日期	D8	
0156	税务登记证有效期	证件、许可等的有效期限	N	
0157	企业法定代表人证书注册号	法人证书注册号码	C..30	
0158	企业法人登记证件类型	登记法定代表人的证件类型	C1	
0159	企业法人登记证件号码	登记法定代表人的证件号码	C..40	
0160	单位名称	法定代表人的单位名称	C..100	
0161	企业注册号	法定代表人所注册的企业注册号码	..UL	
0162	个体工商户名称	个体工商户的名称	C..60	
0163	个体工商户执照号码	个体工商户的执照号码	..UL	
0164	个体工商户执照发照时间	个体工商户的执照发照时间	D8	
0165	个体工商户经营期限自	个体工商户的经营起始期限	D8	
0166	个体工商户执照经营期限至	个体工商户的经营终止期限	D8	
0167	个体工商户执照经营场所	个体工商户注册经营场所的地址	C..200	
0168	城市出租汽车经营许可证编号	证件的编号	C..20	
0169	城市出租汽车车辆牌照	车辆的牌照号码	C..7	
0170	城市出租汽车经营许可证发证单位	颁发证件的行政单位	C..30	
0171	城市公共客运经营许可证发证单位	颁发证件的行政单位	C..30	
0172	城市公共客运车辆营运证发证单位	颁发证件的行政单位	C..30	
0173	城市出租汽车驾驶员服务资格证发证单位	颁发证件的行政单位	C..20	
0174	运营驾驶员从业资格证发证单位	颁发证件的行政单位	C..30	
0175	兽医资格证发证编号	证件的编号	C..20	
0176	兽医资格证发证单位	颁发证件的行政单位	C..30	

表 A.1(续)

标识符	名　称	说　明	表示格式	备　注
0177	执业药师证编号	证件的编号	C..20	
0178	执业药师证发证单位	颁发证件的行政单位	C..30	
0179	护士执业资格证编码	证件的编号	C..20	
0181	医生执业资格证编码	证件的编号	C..20	
0182	医生执业资格证发证单位	颁发证件的行政单位	C..30	
0183	计划生育技术服务人员合格证发证单位	颁发证件的行政单位	C..30	
0184	木材运输许可证发证单位	颁发证件的行政单位	C..30	
0185	木材经营加工许可证发证单位	颁发证件的行政单位	C..30	
0186	林木种子生产许可证编号	证件的编号	C..20	
0187	林木种子生产许可证发证单位	颁发证件的行政单位	C..30	
0188	林木种子经营许可证编号	证件的编号	C..20	
0189	林木种子经营许可证发证单位	颁发证件的行政单位	C..30	
0190	林木采伐许可证编号	证件的编号	C..20	
0191	林木采伐许可证发证单位	颁发证件的行政单位	C..30	
0192	野生动物经营利用许可编号	证件的编号	C..20	
0193	野生动物经营利用许可发证单位	颁发证件的行政单位	C..30	
0194	国有土地使用许可证编号	证件的编号	C..20	
0195	国有土地使用权类型	土地使用权的类型	..UL	
0196	国有土地使用许可证发证单位	颁发证件的行政单位	C..30	
0197	组织机构代码	由全国组织机构代码管理中心为在中华人民共和国境内依法成立的机关、企业、事业单位、社会团体和民办非企业单位等机构赋予的一个全国范围内唯一的、始终不变的法定代码标识	N9	组织机构代码的编制规则见国家标准 GB/T16987—2002
0198	单位名称	依法成立的机关、企业、事业单位、社会团体和民办非企业单位的中文名称	C..60	
0199	单位所在地行政区划	我国县以上行政区划名称	..UL	

表 A.1(续)

标识符	名　　称	说　　明	表示格式	备　　注
0200	地址	单位所在详细地址	..UL	
0202	注册类型	按不同资本(资金来源和资本组合方式划分经济组织和其他组织机构的类别	..UL	注册类型标准按照 GB/T 12402—2000
0203	开业(成立)时间	企业初始的成立日期	D8	
0204	经营状态	企业经营的状态信息	..UL	停业、在业、歇业等
0205	单位类型	单位的机关、企业、事业单位、社会团体和民办非企业单位等类型	C..30	
0206	组织机构代码证发证单位	发放组织机构代码证的各级单位	..UL	
0207	批准学校设立的批准文号		..UL	
0208	学校的性质	学校的办学性质	..UL	公办、民办等
0209	批准学校设立的机关		..UL	
0210	事业单位登记证编号		..UL	
0211	事业单位登记证发证单位		..UL	
0212	事业单位设立主体		..UL	
0213	民办非企业单位登记证编号		C..50	
0214	民办非企业单位业务范围		..UL	
0215	民办非企业单位登记证发证单位		C..60	
0216	民办非企业单位登记证发证日期		D8	
0217	社会福利企业证书编号		C..11	
0218	社会福利企业证书发证单位		C..60	
0219	社会福利机构证书编号		C..50	
0220	社会福利机构证书类型		C..30	
0221	社会福利机构证书性质		C..30	
0222	社会福利机构服务项目		..UL	
0223	社会福利机构证书发证单位		C..60	
0224	司法鉴定许可证编号		C..50	
0225	司法鉴定机构名称		C..60	
0226	司法鉴定业务范围		..UL	
0227	司法鉴定许可证颁证机关		C..60	
0228	律师事务所执业证书编号		C..50	

表 A.1(续)

标识符	名　　称	说　　明	表示格式	备　　注
0229	律师事务所性质		..UL	
0230	律师事务所执业证书发证机关		C..60	
0232	基层法律服务所执业证书发证单位		C..60	
0233	行政事业单位收费许可证编号		C..50	
0234	行政事业单位收费项目名称		C..60	
0235	行政事业单位收费许可证发证单位		C..60	
0236	高新技术企业证书编号		C..50	
0237	高新技术企业级别		C50	
0238	高新技术企业证书发证单位		C..60	
0239	采矿许可证编号		C50	
0240	采矿许可证发证单位		C..60	
0241	项目备案号	投资项目、重点建设等项目的备案号	C50	
0242	项目名称	投资项目、重点建设等项目的名称	C..60	
0243	批准文号		C50	
0244	酒类批发许可证编号		C50	
0245	酒类批发许可证发证单位		C..60	
0246	人才中介服务机构许可证编号		C50	
0247	人才中介服务机构许可证发证单位		C..60	
0248	特种行业许可证编号	典当业、旅馆业、公章刻制业特种行业许可证的编号	C50	
0249	特种行业经营范围		C..60	
0250	特种行业许可证发证单位		C..60	
0251	燃气燃烧器具安装维修企业资质证书编号		C50	
0252	燃气燃烧器具安装维修企业资质证书发证单位		C..60	
0253	燃气供气许可证编号		C50	

表 A.1(续)

标识符	名　称	说　明	表示格式	备　注
0254	燃气供气许可证发证单位		C..60	
0255	城市排水许可证编号		C50	
0256	城市排水许可证发证单位		C..60	
0257	城市排水许可证发证日期		D8	
0258	房地产开发企业资质证编号		C50	
0260	房地产开发企业资质证发证单位		C..60	
0261	房地产开发企业资质证有效期		C..6	
0262	房地产估价机构资质证编号		C50	
0263	房地产估价机构资质证资质等级		C50	
0264	房地产估价机构资质证发证单位		C..60	
0265	物业管理企业资质证编号		C50	
0266	物业管理企业资质证资质等级		C50	
0267	物业管理企业资质证发证机关		C..60	
0268	农药经营许可证编号		C50	
0269	农药经营许可证发证单位		C..60	
0270	农药经营许可证发证日期		D8	
0271	农作物种子生产经营许可证编号		C50	
0272	农作物种子生产经营许可证发证单位		C..60	
0273	农作物种子生产经营许可证有效期		C..6	
0274	开户许可证核准号		C50	
0275	开户许可证编号		C50	
0276	开户许可证核准号		C50	
0277	开户许可证发证单位		C..60	
0278	广告经营登记证号			
0279	广告经营期限自		D8	
0280	广告经营期限至		D8	

表 A.1(续)

标识符	名称	说明	表示格式	备注
0281	广告经营范围		C..60	
0282	全国工业产品生产许可证编号		C50	
0283	工业产品生产地点		C..60	
0284	全国工业产品生产许可证有效期		C..6	
0285	全国工业产品生产许可证发证单位		C..60	
0286	全国工业产品生产许可证发证日期		D8	
0287	食品生产许可证编号		C50	
0288	食品生产许可证有效期至		C..6	
0290	食品生产许可证发证日期		D8	
0291	食品名称		C50	
0292	药品经营许可证编号		C50	
0293	药品经营许可证有效期		C..6	
0294	药品经营许可证发证单位		C..60	
0295	药品经营范围		D8	
0296	建设用地规划许可证编号		C50	
0297	建设用地项目批复书		C..60	
0298	建设用地项目名称		C..60	
0299	建设用地规划许可证发证单位		C..60	
0300	建设用地规划许可证发证日期		D8	
0301	建设工程规划许可证编号	发证单位赋予许可证的唯一号码	..UL	
0302	土地使用证编号	土地使用证的唯一号码	..UL	
0303	建设项目名称		C..60	
0304	建设位置	项目规划建设的地点	C..200	
0305	建设工程规划许可证发证机关	许可证的颁发机关名称	C..60	
0306	建设工程规划许可证发证日期	许可证的颁发年月日	D8	

表 A.1(续)

标识符	名　　称	说　　明	表示格式	备　　注
0307	兽药经营许可证编号	发证单位赋予许可证的唯一号码	C18	
0308	兽药经营范围		..UL	
0309	兽药经营许可证有效期	许可证允许使用的时间	D8	
0310	兽药经营许可证发证单位	许可证的颁发机关名称	C..60	
0311	种畜禽生产经营许可证编号	发证单位赋予许可证的唯一号码	..UL	
0312	种畜禽生产经营范围		..UL	
0313	种畜禽生产经营许可证发证单位	许可证的颁发机关名称	C..60	
0314	种畜禽生产经营许可证发证日期	许可证的颁发年月日	D8	
0315	种畜禽生产经营许可证注销日期	许可证的废止年月日	D8	
0316	饲料添加剂生产许可证编号	发证单位赋予许可证的唯一号码	C50	
0317	饲料添加剂生产产品名称		..UL	
0319	动物诊疗许可证发证单位	许可证的颁发机关名称	C..60	
0320	动物诊疗许可证发证日期	许可证的颁发年月日	D8	
0321	城市园林绿化企业资质证书编号	发证单位赋予许可证的唯一号码	..UL	
0322	城市园林绿化企业资质等级		C10	
0323	城市园林绿化企业资质证书发证单位	许可证的颁发机关名称	C..60	
0324	城市园林绿化企业资质证书发证日期	许可证的颁发年月日	D8	
0325	取水许可证编号	发证单位赋予许可证的唯一号码	..UL	
0326	年取水总量		N	
0327	取水许可证发证单位	许可证的颁发机关名称	C..60	
0328	取水许可证发证日期	许可证的颁发年月日	D8	
0329	测绘资质证编号	发证单位赋予资质证的唯一号码	..UL	
0330	测绘资质等级		C10	
0331	测绘资质证发证单位	资质证的颁发机关名称	C..60	

表 A.1(续)

标识符	名　　称	说　　明	表示格式	备　　注
0332	测绘资质证发证日期	资质证的颁发年月日	D8	
0333	排放污染物许可证编号	发证单位赋予许可证的唯一号码	..UL	
0334	排放污染物名称	排放的污染物名称	C..60	
0335	排放污染物许可证发证单位	许可证的颁发机关名称	C..60	
0336	排放污染物许可证发证日期	许可证的颁发年月日	D8	
0337	文化经营许可证编号	发证单位赋予许可证的唯一号码	..UL	
0338	文化经营许可证发证单位	许可证的颁发机关名称	C..60	
0339	文化经营许可证发证日期	许可证的颁发年月日	D8	
0340	音像制品经营许可证编号	发证单位赋予许可证的唯一号码	..UL	
0341	音像制品经营范围		..UL	
0342	音像制品经营许可证发证单位	许可证的颁发机关名称	C..60	
0343	音像制品经营许可证发证日期	许可证的颁发年月日	D8	
0344	出版物经营许可证编号	发证单位赋予许可证的唯一号码	..UL	
0345	印刷经营范围		..UL	
0347	印刷经营许可证发证日期	许可证的颁发年月日	D8	
0348	医疗机构执业许可证编号	发证单位赋予许可证的唯一号码	C22	WS 218—2002 卫生机构(组织)分类与代码
0349	医疗机构执业许可证发证单位	许可证的颁发机关名称	C..60	
0350	医疗机构执业许可证发证日期	许可证的颁发年月日	D8	
0351	食品卫生许可证编号	发证单位赋予许可证的唯一号码	..UL	
0352	食品卫生许可证发证单位	许可证的颁发机关名称	C..60	
0353	食品卫生许可证发证日期	许可证的颁发年月日	D8	
0354	公共场所卫生许可证编号	发证单位赋予许可证的唯一号码	..UL	
0355	公共场所卫生许可证许可项目	进行许可的事项名称	C..60	

表 A.1(续)

标识符	名　　称	说　　明	表示格式	备　　注
0356	公共场所卫生许可证发证单位	许可证的颁发机关名称	C..60	
0357	公共场所卫生许可证发证日期	许可证的颁发年月日	D8	
0358	生活饮用水卫生许可证编号	发证单位赋予许可证的唯一号码	..UL	
0359	生活饮用水卫生许可证许可项目	进行许可的事项名称	C..60	
0360	生活饮用水卫生许可证发证单位	许可证的颁发机关名称	C..60	
0361	生活饮用水卫生许可证发证日期	许可证的颁发年月日	D8	
0362	国内旅行社业务经营许可证编号	发证单位赋予许可证的唯一号码	C12	
0363	旅行社业务许可经营范围	批准开展的服务事项名称	C..60	
0364	国内旅行社业务经营许可证发证单位	资格证的颁发机关名称	C..60	
0365	国内旅行社业务经营许可证发证日期	资格证的颁发年月日	D8	
0366	机动车登记证编号		..UL	
0367	机动车登记证发证单位		C..60	
0368	机动车登记证发证日期		D8	

附　录　B
（规范性附录）
数据接口规范 XML Schame

```
<? xml version="1.0" encoding="GB18030"? >
<xs:schema xmlns:xs="http://www.w3.org/2001/XMLSchema" xmlns="http://www.egs.org.cn/businessdata" targetNamespace="http://www.egs.org.cn/businessdata" elementFormDefault="qualified" attributeFormDefault="unqualified">
    <xs:element name="BusinessData" type="BusinessDataType">
    </xs:element>
    <xs:complexType name="BusinessDataType">
        <xs:sequence>
            <xs:element ref="DataStructure" minOccurs="0"/>
            <xs:element ref="DataSet" minOccurs="0"/>
            <xs:element ref="Attachments" minOccurs="0"/>
        </xs:sequence>
    </xs:complexType>
    <xs:element name="DataStructure" type="DataStructureType">
    </xs:element>
    <xs:complexType name="DataStructureType">
        <xs:sequence>
            <xs:element name="Identifier" type="xs:string" minOccurs="0">
            </xs:element>
            <xs:element name="DisplayName" type="xs:string" minOccurs="0">
            </xs:element>
            <xs:element name="ExplanatoryComment" type="xs:string" minOccurs="0">
            </xs:element>
            <xs:element ref="DataUnit" maxOccurs="unbounded"/>
            <xs:element ref="ExtendAttribute" minOccurs="0" maxOccurs="unbounded"/>
        </xs:sequence>
    </xs:complexType>
    <xs:element name="DataUnit" type="DataUnitType">
    </xs:element>
    <xs:complexType name="DataUnitType">
        <xs:sequence>
            <xs:element name="IDName" type="xs:string">
            </xs:element>
            <xs:element name="DisplayName" type="xs:string">
            </xs:element>
            <xs:element name="Definition" type="xs:anyType" minOccurs="0">
            </xs:element>
```

```
        <xs:element name="Comments" type="xs:string" minOccurs="0">
        </xs:element>
        <xs:element name="Datatype" type="xs:string">
        </xs:element>
        <xs:element name="MaximumSize" type="xs:int" minOccurs="0">
        </xs:element>
        <xs:element name="MinimumSize" type="xs:int" minOccurs="0">
        </xs:element>
        <xs:element name="Scale" type="xs:int" minOccurs="0">
        </xs:element>
    </xs:sequence>
</xs:complexType>
<xs:element name="ExtendAttribute" type="ExtendAttributeType">
</xs:element>
<xs:complexType name="ExtendAttributeType">
    <xs:sequence>
        <xs:element name="AttributeName" type="xs:string">
        </xs:element>
        <xs:element name="AttributeValue" type="xs:anyType">
        </xs:element>
    </xs:sequence>
</xs:complexType>
<xs:element name="DataSet" type="DataSetType">
</xs:element>
<xs:complexType name="DataSetType">
    <xs:sequence>
        <xs:element name="RecordData" maxOccurs="unbounded">
            <xs:complexType>
                <xs:sequence>
                    <xs:element name="UnitData" maxOccurs="unbounded">
                        <xs:complexType>
                            <xs:sequence>
                                <xs:element name="UnitIDName" type="xs:string">
                                </xs:element>
                                <xs:element name="UnitDisplayName" type="xs:string">
                                </xs:element>
                                <xs:element name="UnitValue" type="xs:anyType">
                                </xs:element>
                            </xs:sequence>
                        </xs:complexType>
                    </xs:element>
                </xs:sequence>
            </xs:complexType>
```

```
            </xs:element>
        </xs:sequence>
    </xs:complexType>
    <xs:element name="Attachments" type="AttachmentsType">
    </xs:element>
    <xs:complexType name="AttachmentsType">
        <xs:sequence>
            <xs:element name="Attachment" maxOccurs="unbounded">
                <xs:complexType>
                    <xs:sequence>
                        <xs:element name="IDName" type="xs:string">
                        </xs:element>
                        <xs:element name="DisplayName" type="xs:string" minOccurs=
"0">
                        </xs:element>
                        <xs:element name="Description" type="xs:string" minOccurs="0">
                        </xs:element>
                        <xs:element name="TypeDescription" type="xs:string" minOccurs=
"0">
                        </xs:element>
                        <xs:element name="Content" type="xs:anyType">
                        </xs:element>
                    </xs:sequence>
                </xs:complexType>
            </xs:element>
        </xs:sequence>
    </xs:complexType>
</xs:schema>
```

附　录　C
（资料性附录）
数 据 样 例

<? xml version="1.0" encoding="GB18030"? >
<BusinessData xmlns="http://www.egs.org.cn/businessdata" xmlns:xsi="http://www.w3.org/2001/XMLSchema-instance" xsi:schemaLocation="http://www.egs.org.cn/businessdata.xsd">
<DataStructure>
<Identifier>renkoujibenxinxi</Identifier>
<DisplayName>自然人交换指标项</DisplayName>
<ExplanatoryComment>自然人交换指标项</ExplanatoryComment>
<DataUnit>
<IDName>0001</IDName>
<DisplayName>公民身份号码</DisplayName>
<Definition>GB 11643—1999</Definition>
<Comments>国家为每个公民从出生之日起编订的唯一、终身不变的身份代码。</Comments>
<Datatype>字符型</Datatype>
</DataUnit>
<DataUnit>
<IDName>0002</IDName>
<DisplayName>姓名</DisplayName>
<Comments>人的中文姓名全称。</Comments>
<Datatype>字符型</Datatype>
<MaximumSize>30</MaximumSize>
<MinimumSize>1</MinimumSize>
</DataUnit>
<DataUnit>
<IDName>0003</IDName>
<DisplayName>性别</DisplayName>
<Definition>GB/T 2261.1—2003</Definition>
<Comments>人的性别</Comments>
<Datatype>字符型</Datatype>
<MaximumSize>12</MaximumSize>
<MinimumSize>1</MinimumSize>
</DataUnit>
<DataUnit>
<IDName>0004</IDName>
<DisplayName>民族</DisplayName>
<Definition>GB/T 3304—1991 中的民族名称</Definition>
<Comments>人所属的、经国家认定的民族名称</Comments>

<Datatype>字符型</Datatype>
<MaximumSize>20</MaximumSize>
<MinimumSize>1</MinimumSize>
</DataUnit>
<DataUnit>
<IDName>0005</IDName>
<DisplayName>出生日期</DisplayName>
<Comments>人出生的日期</Comments>
<Datatype>日期型</Datatype>
</DataUnit>
<DataUnit>
<IDName>0006</IDName>
<DisplayName>常住户口所在地住址</DisplayName>
<Comments>户口簿登记的住址</Comments>
<Datatype>字符型</Datatype>
<MaximumSize>200</MaximumSize>
<MinimumSize>1</MinimumSize>
</DataUnit>
<DataUnit>
<IDName>0007</IDName>
<DisplayName>证件的有效期</DisplayName>
<Comments>证件的有效年限</Comments>
<Datatype>数值型</Datatype>
<MaximumSize>2</MaximumSize>
<MinimumSize>1</MinimumSize>
</DataUnit>
<DataUnit>
<IDName>0008</IDName>
<DisplayName>签发机关</DisplayName>
<Comments>签发证件的机关名称</Comments>
<Datatype>字符型</Datatype>
<MaximumSize>60</MaximumSize>
<MinimumSize>1</MinimumSize>
</DataUnit>
<DataUnit>
<IDName>0009</IDName>
<DisplayName>签发日期</DisplayName>
<Comments>签发证件的日期</Comments>
<Datatype>日期型</Datatype>
</DataUnit>
</DataStructure>
<DataSet>
<RecordData>

```
<UnitData>
<UnitIDName>公民身份号码</UnitIDName>
<UnitDisplayName>公民身份号码</UnitDisplayName>
<UnitValue>110110197503231463</UnitValue>
</UnitData>
<UnitData>
<UnitIDName>姓名</UnitIDName>
<UnitDisplayName>姓名</UnitDisplayName>
<UnitValue>张三</UnitValue>
</UnitData>
<UnitData>
<UnitIDName>性别</UnitIDName>
<UnitDisplayName>性别</UnitDisplayName>
<UnitValue>男</UnitValue>
</UnitData>
<UnitData>
<UnitIDName>民族</UnitIDName>
<UnitDisplayName>民族</UnitDisplayName>
<UnitValue>汉</UnitValue>
</UnitData>
<UnitData>
<UnitIDName>出生日期</UnitIDName>
<UnitDisplayName>出生日期</UnitDisplayName>
<UnitValue>19750323</UnitValue>
</UnitData>
<UnitData>
<UnitIDName>常住户口所在地住址</UnitIDName>
<UnitDisplayName>常住户口所在地住址</UnitDisplayName>
<UnitValue>北京市朝阳区 XX 小区 XX 号</UnitValue>
</UnitData>
<UnitData>
<UnitIDName>证件的有效期</UnitIDName>
<UnitDisplayName>证件的有效期</UnitDisplayName>
<UnitValue>20</UnitValue>
</UnitData>
<UnitData>
<UnitIDName>签发机关</UnitIDName>
<UnitDisplayName>签发机关</UnitDisplayName>
<UnitValue> 北京市朝阳区公安分局</UnitValue>
</UnitData>
<UnitData>
<UnitIDName>签发日期</UnitIDName>
<UnitDisplayName>签发日期</UnitDisplayName>
```

<UnitValue>19750402</UnitValue>
</UnitData>
</RecordData>
<RecordData>
<UnitData>
<UnitIDName>公民身份号码</UnitIDName>
<UnitDisplayName>公民身份号码</UnitDisplayName>
<UnitValue>110110197503231464</UnitValue>
</UnitData>
<UnitData>
<UnitIDName>姓名</UnitIDName>
<UnitDisplayName>姓名</UnitDisplayName>
<UnitValue>李四</UnitValue>
</UnitData>
<UnitData>
<UnitIDName>性别</UnitIDName>
<UnitDisplayName>性别</UnitDisplayName>
<UnitValue>女</UnitValue>
</UnitData>
<UnitData>
<UnitIDName>民族</UnitIDName>
<UnitDisplayName>民族</UnitDisplayName>
<UnitValue>汉</UnitValue>
</UnitData>
<UnitData>
<UnitIDName>出生日期</UnitIDName>
<UnitDisplayName>出生日期</UnitDisplayName>
<UnitValue>19750323</UnitValue>
</UnitData>
<UnitData>
<UnitIDName>常住户口所在地住址</UnitIDName>
<UnitDisplayName>常住户口所在地住址</UnitDisplayName>
<UnitValue>北京市朝阳区 XX 小区 XX 号</UnitValue>
</UnitData>
<UnitData>
<UnitIDName>证件的有效期</UnitIDName>
<UnitDisplayName>证件的有效期</UnitDisplayName>
<UnitValue>20</UnitValue>
</UnitData>
<UnitData>
<UnitIDName>签发机关</UnitIDName>
<UnitDisplayName>签发机关</UnitDisplayName>
<UnitValue> 北京市朝阳区公安分局</UnitValue>

</UnitData>
<UnitData>
<UnitIDName>签发日期</UnitIDName>
<UnitDisplayName>签发日期</UnitDisplayName>
<UnitValue>19750402</UnitValue>
</UnitData>
</RecordData>
</DataSet>
</BusinessData>

ICS 35.240.01
L 67

中华人民共和国国家标准

GB/T 21062.4—2007

政务信息资源交换体系
第4部分：技术管理要求

Government information resource interchange system—
Part 4: Technical management requirements

2007-09-10 发布

2008-03-01 实施

中华人民共和国国家质量监督检验检疫总局
中国国家标准化管理委员会
发布

前　言

GB/T 21062《政务信息资源交换体系》目前分为以下四个部分：

——第 1 部分：总体框架；

——第 2 部分：技术要求；

——第 3 部分：数据接口规范；

——第 4 部分：技术管理要求。

本部分为 GB/T 21062 的第 4 部分。

本部分由国务院信息化工作办公室提出。

本部分由全国信息技术标准化委员会归口。

本部分起草单位：中国电子口岸数据中心、北京市信息资源管理中心、中国电子技术标准化研究所、易达迅网络科技有限公司、浙江建达科技有限公司。

本部分主要起草人：丁宁、吴焱、冯天飞、戚天龙、穆勇、王薇、高栋、方志江、康宁、牟清、徐俊杰。

政务信息资源交换体系
第4部分:技术管理要求

1 范围

GB/T 21062的本部分规定了政务信息资源交换体系的技术管理总体架构、管理角色的职责、交换体系各环节的技术管理要求。

本部分适用于政务信息资源交换体系的建立和管理工作。

2 规范性引用文件

下列文件中的条款通过GB/T 21062的本部分的引用而成为本部分的条款。凡是注日期的引用文件,其随后所有的修改单(不包括勘误的内容)或修订版均不适用于本部分,然而,鼓励根据本部分达成协议的各方研究是否可使用这些文件的最新版本。凡是不注日期的引用文件,其最新版本适用于本部分。

GB/T 21062.1—2007　政务信息资源交换体系　第1部分:总体框架

GB/T 21062.2—2007　政务信息资源交换体系　第2部分:技术要求

3 术语和定义

GB/T 21062.1—2007确立的术语和定义适用于GB/T 21062的本部分。

4 技术管理架构

政务信息资源交换体系技术管理架构包括政务信息资源交换体系使用和管理的三个角色和六个环节。三个角色是提供者、管理者、使用者。六个环节包括交换桥接、前置交换、交换部署、交换传输、交换管理、运行使用。如图1所示。

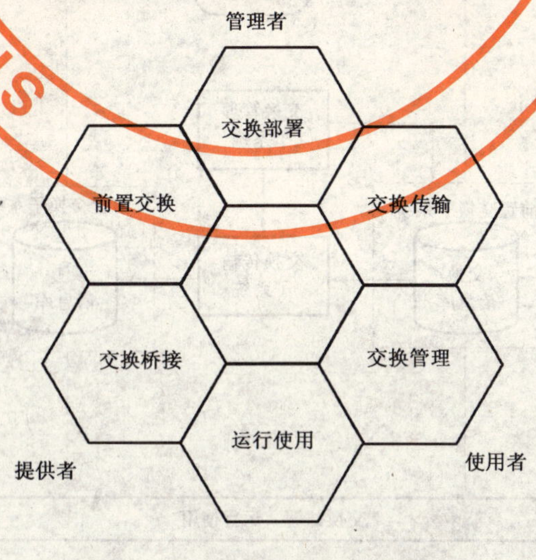

图1　交换体系技术管理架构

5 职责

5.1 提供者

提供者的职责包括：

a） 负责本部门用于交换的政务信息资源的组织与管理，并负责信息更新；

b） 负责对部门业务信息库及部门前置交换子系统的管理维护；

c） 负责与使用者、管理者协商并确定信息的交换内容、交换模式、更新周期；

d） 对本部门的政务信息资源交换内容设置相应的使用授权。

5.2 管理者

管理者的职责包括：

a） 负责交换域中各前置交换子系统的管理维护；

b） 负责对信息交换流程进行规划、配置及部署；

c） 负责对信息交换流程实施日常管理及监控维护；

d） 负责对各前置交换子系统的交换内容设置及管理进行授权；

e） 负责保证信息交换系统的安全，确保交换信息在授权的范围内交换共享。

5.3 使用者

使用者的职责包括：

a） 根据需要提出政务信息资源共享交换需求；

b） 与提供者、管理者协商并确定交换内容、交换模式、更新周期；

c） 对部门业务应用系统及部门前置交换子系统硬件与系统软件、共享信息库进行管理维护；

d） 对于交换与共享获得的信息内容在授权范围内进行使用。

6 管理环节

6.1 概述

对于一个具体的信息交换流程，可被分解为一个或多个从提供者到使用者的单向信息传递过程，在这个过程中，政务信息资源交换体系管理环节与角色职责的关系如图2所示。

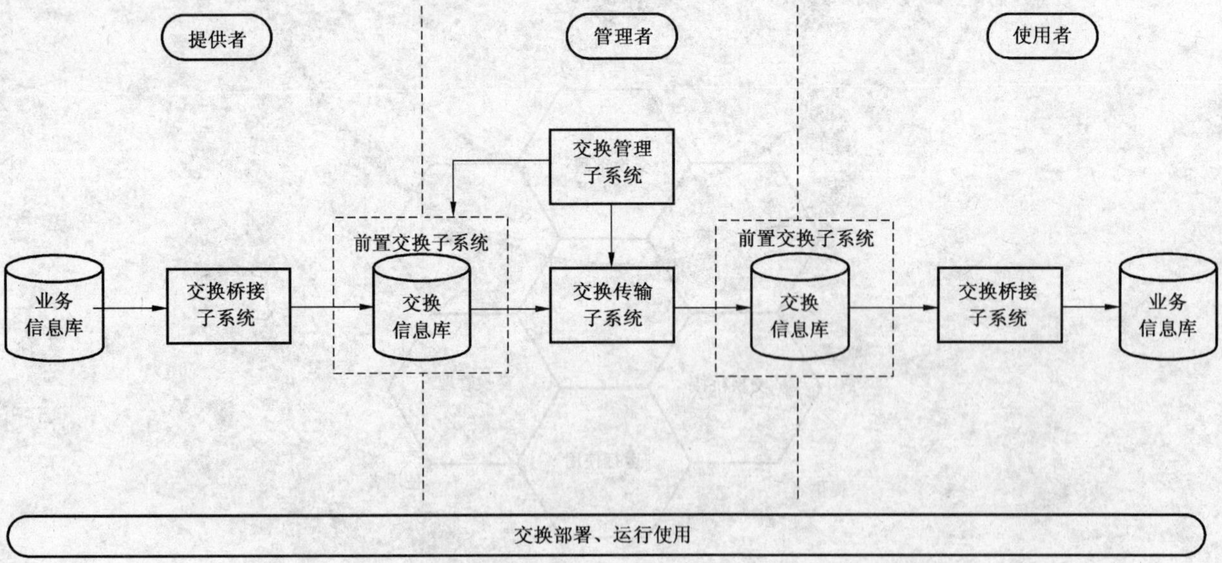

图2 政务信息资源交换体系管理环节与角色职责示意图

6.2 交换桥接子系统管理

6.2.1 角色

交换桥接子系统管理涉及的管理角色有提供者与使用者。提供者利用交换桥接子系统将部门业务信息库中需要对外交换的信息发布到本部门的交换信息库的指定信息接口表中。使用者利用交换桥接子系统将本部门交换信息库指定接收信息表中的信息交换到部门业务信息库中。

6.2.2 提供者管理要求

提供者对交换桥接子系统的管理要点应包括：

a) 提供者应负责建设本部门的交换桥接子系统，或者委托信息交换系统项目牵头部门建设交换桥接子系统；

b) 提供者应根据交换信息指标规范与交换信息内容、交换信息流程等的要求，梳理部门业务信息库与交换信息库之间的数据映射关系，配置与部署桥接服务，实现部门业务信息库向交换信息库的信息同步；

c) 提供者应负责本部门交换桥接子系统的监控与维护，保证交换桥接子系统与交换服务稳定运行，对外交换的信息能够按照交换需求及时同步到交换信息库指定信息表；

d) 提供者应负责明确本部门提供的交换信息的使用范围与使用权限；

e) 提供者应负责部门业务信息库和交换信息库的安全。

6.2.3 使用者管理要求

使用者对交换桥接子系统的管理要点应包括：

a) 使用者应负责建设本部门的交换桥接子系统，或者委托信息交换系统项目牵头部门建设交换桥接子系统。

b) 使用者应根据交换信息指标规范与交换信息内容、交换信息流程的要求，梳理部门业务信息库与交换信息库之间的数据映射关系，配置与部署桥接服务，实现交换信息库向部门业务信息库或共享信息库的信息同步。

c) 使用者应负责本部门交换桥接子系统的监控与维护，保证交换桥接子系统与交换服务稳定运行，交换信息库指定信息表中信息能够及时同步到部门业务信息库或共享信息库。负责交换信息库向共享信息库同步数据时的数据校验、清洗、比对等处理工作。

d) 使用者应在约定的交换信息使用范围内使用接收到的信息，未经提供者授权，不能将信息提供给任何第三方。

e) 使用者应负责部门业务信息库或共享信息库的安全。

6.3 前置交换子系统管理

6.3.1 角色

前置交换子系统管理涉及的管理角色有提供者、使用者和管理者。提供者、使用者负责前置交换子系统的基本运行管理，管理者负责前置交换子系统前置交换环境的日常监控与管理。

6.3.2 提供者管理要求

提供者对前置交换子系统的管理要点应包括：

a) 提供者应配合管理者建设前置交换子系统；

b) 提供者应配合管理者确定交换信息指标，确定交换信息库的发送信息接口表的结构；

c) 提供者应负责前置交换子系统基本管理，负责网络与硬件环境、操作系统、交换信息库的数据库系统的稳定运行，前置交换子系统能够不间断运行；

d) 提供者应负责交换信息库的运行维护，负责交换信息库中发送接口表的数据备份与清理。

6.3.3 使用者管理要求

使用者对前置交换子系统的管理要点应包括：

a) 使用者应配合管理者建设前置交换子系统；

b) 使用者应配合管理者确定交换信息指标，确定交换信息库的接收信息接口表的结构；

c) 使用者应负责前置交换子系统基本管理，负责网络与硬件环境、操作系统、交换信息库的数据库系统的稳定运行，前置交换子系统能够不间断运行；

d) 使用者应负责交换信息库的运行维护，负责交换信息库的接收信息接口表的数据备份与清理。

6.3.4 管理者管理要求

管理者对前置交换子系统的管理要点应包括：

a) 管理者应负责建设前置交换子系统；

b) 管理者应负责协调并明确交换信息指标；

c) 管理者应根据交换信息指标规范与交换信息内容、交换信息流程的要求，配置与部署交换服务，实现交换信息库之间的信息交换；

d) 管理者应负责前置交换子系统的前置运行环境监控与管理，保证前置交换运行环境与交换服务的稳定运行，进入交换信息库发送信息接口表的信息能够按照交换流程在线实时发送到指定的信息接收方的交换信息库。

6.4 交换传输子系统管理

6.4.1 角色

交换传输子系统管理涉及的管理角色是管理者。管理者负责交换传输系统的建设与安全、可靠、稳定运行。

6.4.2 管理者管理要求

管理者对交换传输子系统的管理要点应包括：

a) 管理者应负责建设交换传输子系统；

b) 多个交换域并存情况下，管理者应按照GB/T 21062.2—2007规定的互联互通技术要求，保证实现与其他交换域交换中心的互联互通；

c) 管理者应负责交换传输子系统的管理与监控，范围包括部门的前置交换子系统的传输模块、中心交换系统的传输系统，负责系统故障的诊断与处理；

d) 管理者负责交换传输子系统所依托的网络与硬件环境的稳定运行。

6.5 交换管理子系统管理

6.5.1 角色

交换管理子系统管理涉及的管理角色是管理者。管理者利用交换管理子系统负责整个交换域的管理与监控。

6.5.2 管理者管理要求

管理者对交换管理子系统的管理要点应包括：

a) 管理者应负责建设交换管理子系统；

b) 管理者应根据信息交换需求，配置与部署交换流程，并负责流程的更新；

c) 管理者应负责前置交换系统、交换传输系统的运行监控；

d) 管理者应负责信息交换负载的监控，评估系统运行状况，负责系统优化；

e) 管理者应能根据交换日志，对交换过程进行审计，并定期提交信息交换情况报告，协调提供者与使用者的关系。

6.6 交换部署

政务信息资源交换体系交换部署包括规划与部署两个方面：

a) 编制政务信息资源交换体系建设的总体规划，在政务业务流程梳理基础上规划跨部门、跨地域的政务信息交换内容、范围、模式和实施步骤。信息资源交换体系建设要按照GB/T 21062.1—2007和GB/T 21062.2—2007进行规划设计，承担设计任务的单位可以是业务部门也可以是建设开发单位，规划及设计成果要进行评审，资料要存档。

b) 提供者、使用者与管理者根据 6.2～6.5 的管理要求与 GB/T 21062.1—2007 和 GB/T 21062.2—2007规定进行技术支撑环境部署。

6.7 运行使用

政务信息资源交换体系运行使用包括运行、维护、服务等几个方面：

a) 提供者根据政务部门业务的需要确定交换内容与范围，并对交换到政务部门内的信息要进行使用授权管理，使用者在约定的使用范围内使用接收到的信息资源。

b) 提供者、使用者负责交换桥接子系统、交换信息库的维护管理，管理者负责维护前置交换子系统、交换传输子系统、交换管理子系统。

c) 管理者负责建立求助响应、帮助、变更、培训、统计分析、技术咨询与监督管理等服务工作机制。服务工作可由管理者承担，也可通过政府服务外包的形式由信息资源交换体系建设项目开发单位或专业技术单位提供。

ICS 35.240.01
L 67

中华人民共和国国家标准

GB/T 21063.1—2007

政务信息资源目录体系
第1部分:总体框架

Government information resource catalog system—
Part 1: Framework

2007-09-10 发布　　　　2008-03-01 实施

中华人民共和国国家质量监督检验检疫总局
中国国家标准化管理委员会　发布

前　言

GB/T 21063《政务信息资源目录体系》目前分为以下六个部分：

——第1部分：总体框架；

——第2部分：技术要求；

——第3部分：核心元数据；

——第4部分：政务信息资源分类；

——第5部分：政务信息资源标识符编码规则；

——第6部分：技术管理要求。

本部分为GB/T 21063的第1部分。

本部分由国务院信息化工作办公室提出。

本部分由全国信息技术标准化委员会归口。

本部分起草单位：北京航空航天大学、国家信息中心、中国电子技术标准化研究所、大唐电信科技产业集团、清华大学、浙江建达科技有限公司。

本部分主要起草人：怀进鹏、马殿富、林宁、徐枫、吴志刚、宦茂盛、邓洁霖、高栋、吴焱、邢春晓、牟清。

政务信息资源目录体系
第1部分:总体框架

1 范围

GB/T 21063的本部分提出了政务信息资源目录体系的技术总体架构,规定了目录服务形成与提供流程,共享信息资源定位与发现流程,描述了GB/T 21063各部分之间的关系。

本部分适用于政务信息资源目录体系的规划和设计。

2 规范性引用文件

下列文件中的条款通过GB/T 21063的本部分的引用而成为本部分的条款。凡是注日期的引用文件,其随后所有的修改单(不包括勘误的内容)或修订版均不适用于本部分,然而,鼓励根据本部分达成协议的各方研究是否可使用这些文件的最新版本。凡是不注日期的引用文件,其最新版本适用于本部分。

GB/T 19710—2005 地理信息元数据

GB/T 21063.2—2007 政务信息资源目录体系 第2部分:技术要求

GB/T 21063.3—2007 政务信息资源目录体系 第3部分:核心元数据

GB/T 21063.4—2007 政务信息资源目录体系 第4部分:政务信息资源分类

GB/T 21063.5—[1] 政务信息资源目录体系 第5部分:政务信息资源标识符编码规则

GB/T 21063.6—2007 政务信息资源目录体系 第6部分:技术管理要求

3 术语和定义

GB/T 19710—2005确立的以及下列术语和定义适用于GB/T 21063的本部分。

3.1

元数据 metadata

描述政务信息资源特征的数据。

3.2

目录内容 catalog content

采用规范的元数据提取的、描述某个具体政务信息资源特征的一组信息。

4 概述

国家电子政务总体框架由服务与应用系统、信息资源、基础设施、法律法规与标准化体系、管理体制等部分组成。政务信息资源目录体系与交换体系是国家电子政务总体框架中的重要组成部分,是电子政务的基础设施之一。政务信息资源目录体系与交换体系在支持电子政务应用时是一个有机整体,都是以政务信息资源为基础,依托国家统一的电子政务网络,采用不同的技术架构分别实现不同的服务功能,提供目录服务和信息交换服务,实现部门间信息共享和业务协同的支撑,作为基础设施与电子政务的业务应用相对独立。

政务信息资源目录体系以国家统一的电子政务网络为基础,通过构建覆盖中央、省、市、县的多级政务信息资源目录体系技术总体架构,采用元数据对共享政务信息资源特征进行描述,形成统一规范的目

1) 该标准即将发布。

录内容，通过对目录内容的有效组织和管理，形成部门间政务信息资源物理分散、逻辑集中的信息共享模式，提供政务信息资源的发现定位服务，支持全国范围内跨部门、跨地区的普遍信息共享，方便用户发现、定位和共享多种形态的政务信息资源，支持政府的经济调节、市场监管、社会管理和公共服务。

5 技术总体架构

5.1 组成

政务信息资源目录体系技术总体架构包括信息库系统和目录内容服务系统。信息库系统由政务部门的共享信息库、目录内容信息库和目录服务中心的目录内容管理信息库、服务信息库组成。目录内容服务系统由共享信息服务系统、编目系统、目录传输系统、目录管理系统、目录服务系统组成。

5.2 信息库系统

5.2.1 部门共享信息库

部门共享信息库存储本部门用于部门间共享的信息资源，包括数据集、文本、图片、音频、视频等多种类型的电子化信息资源。

5.2.2 部门目录内容信息库

部门目录内容信息库存储由编目系统提取部门共享信息资源的基本特征而形成的目录内容。

5.2.3 目录内容管理信息库

目录服务中心的目录内容管理信息库存储各政务部门注册到目录服务中心的目录内容。目录服务中心使用目录内容管理信息库实现对所汇集目录内容的管理。

5.2.4 目录内容服务信息库

目录服务中心的目录内容服务信息库存储用于发布的目录内容。目录服务中心使用目录内容服务信息库提供目录查询检索服务。

5.3 目录内容服务系统

5.3.1 共享信息服务系统

共享信息服务系统由各政务部门基于统一的电子政务网络进行建设、管理和维护，其信息资源由各政务部门自身的业务信息系统提供、产生、发布并进行运行管理。共享信息服务系统基于部门共享信息库，提供信息访问服务。用户使用目录服务系统发现定位到相应的政务信息资源后，可通过共享信息服务系统获取所定位的共享信息资源。

5.3.2 编目系统

编目系统根据部门共享信息资源的内容，提取其基本特征，按照 GB/T 21063.3—2007、GB/T 21063.4—2007和 GB/T 21063.5 实现元数据赋值，形成目录内容。

5.3.3 目录传输系统

按照 GB/T 21063.2—2007，目录传输系统实现目录内容在部门目录内容信息库与目录服务中心的目录内容管理信息库之间的传输。

5.3.4 目录管理系统

目录管理系统实现对目录服务中心的目录内容和目录服务运行的管理，应提供目录内容形式审核、标识符前段码管理、目录管理信息库和目录服务信息库的基本维护等功能。

5.3.5 目录服务系统

目录服务系统基于目录内容服务信息库，向用户提供目录内容查询检索服务。目录服务系统应提供两种方式的服务：一是按照 GB/T 21063.2 —2007 中的要求发布目录内容，提供目录服务接口；二是基于目录服务接口向用户提供人机交互界面，按照多种查询方式进行目录内容查询。

5.4 互连互通

政务信息资源目录服务中心互联互通互访按照 GB/T 21063.2—2007 中 4.6 a)的规定进行。

6 流程

6.1 目录内容服务形成与提供流程

如图1所示,目录内容服务形成与提供流程包括4个环节:

a) 准备:首先由各政务部门建立共享信息库,并建立共享信息服务系统,提供共享信息的浏览、查询和下载等服务;

b) 编目:各政务部门对共享信息的内容提取特征,通过编目系统形成目录内容库;

c) 注册:由政务部门通过目录传输系统将目录内容传送到目录服务中心;

d) 发布:由目录服务中心对各政务部门的目录内容进行审核发布。

6.2 共享信息资源定位与发现流程

共享政务资源定位与发现流程包括2个环节:

a) 目录查询:用户基于浏览器等客户端查询目录服务中心目录内容,通过目录查询可以定位共享信息。

b) 信息获取:用户根据目录查询得到的定位信息,通过各政务部门的共享信息服务系统获得信息。用户可以通过网络浏览、查询、下载等各种方式从共享信息服务系统获取共享政务信息资源。

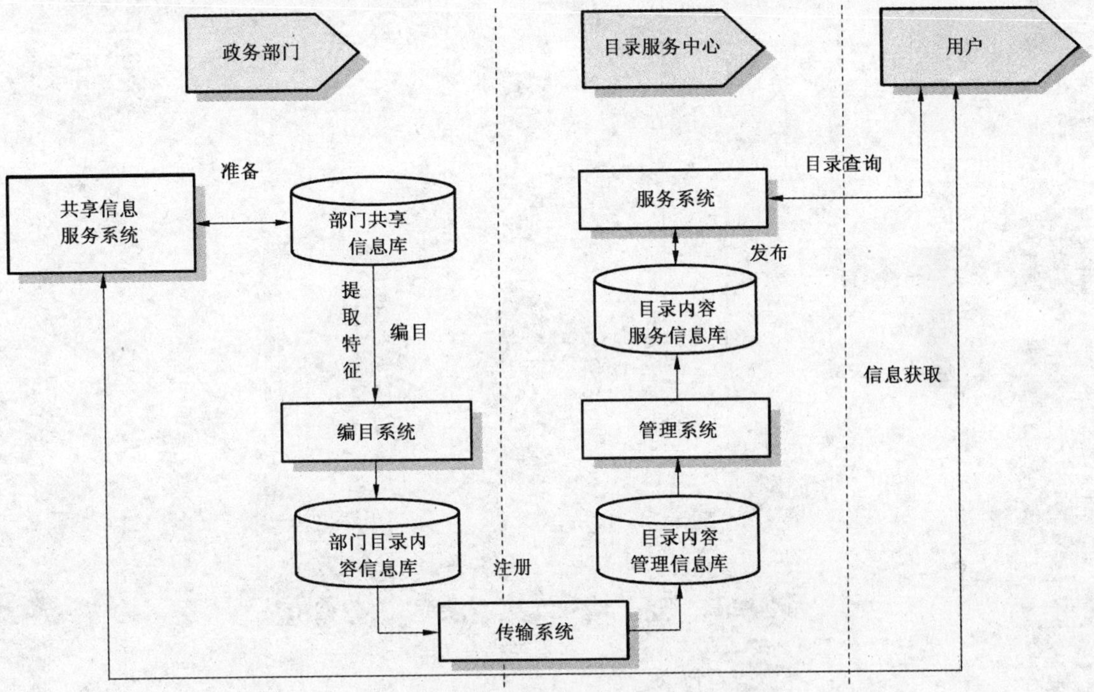

图1 目录内容服务形成与提供流程

7 本标准各部分间关系

本标准各部分作用:

第1部分 总体框架:规定了政务信息资源目录体系的体系组成;

第2部分 技术要求:规定了政务信息资源目录体系建设的基本技术要求;

第3部分 核心元数据:规定了资源元数据和服务元数据应当遵循的内容标准;

第4部分 政务信息资源分类:规定了政务信息资源的分类与编码;

第5部分 政务信息资源标识符编码规则:规定了政务信息资源的唯一标识符编码规则;

第 6 部分　技术管理要求：规定了政务信息资源目录体系技术方面的基本管理要求。

第 1 部分和第 6 部分从总体结构和管理角度对政务信息资源目录体系进行规范。第 2 部分对目录内容服务系统，包括共享信息服务系统、编目系统、目录传输系统、目录管理系统、目录服务系统，提出了具体的技术要求。第 3 部分、第 4 部分和第 5 部分对目录内容相关信息库，包括部门目录内容信息库、目录服务中心目录内容管理信息库和服务信息库进行了规范。

ICS 35.240.01
L 67

中华人民共和国国家标准

GB/T 21063.2—2007

政务信息资源目录体系 第2部分：技术要求

Government information resource catalog system—
Part 2: Technical requirement

2007-09-10 发布　　　　2008-03-01 实施

中华人民共和国国家质量监督检验检疫总局
中国国家标准化管理委员会　发布

前　言

GB/T 21063《政务信息资源目录体系》目前分为以下六个部分：

——第1部分：总体框架；

——第2部分：技术要求；

——第3部分：核心元数据；

——第4部分：政务信息资源分类；

——第5部分：政务信息资源标识符编码规则；

——第6部分：技术管理要求。

本部分为GB/T 21063的第2部分。

本部分的附录A、附录B、附录C、附录D为规范性附录，附录E、附录F为资料性附录。

本部分由国务院信息化工作办公室提出。

本部分由全国信息技术标准化委员会归口。

本部分起草单位：国家信息中心、北京航空航天大学、中国电子技术标准化研究所、大唐电信科技产业集团、南大通用数据技术有限公司、清华大学、浙江建达科技有限公司。

本部分主要起草人：徐枫、马殿富、邓洁霖、吴志刚、宦茂盛、邢春晓、武晋平、于建军、鲁俊杰、高栋、吴焱、李静、焦文涛、陈文亭、张巧英、贺炜、徐俊杰。

政务信息资源目录体系
第2部分:技术要求

1 范围

GB/T 21063的本部分规定了政务信息资源目录体系的基本技术要求和目录服务接口要求。

本部分适用于规划和建立政务信息资源目录内容服务系统。

2 规范性引用文件

下列文件中的条款通过GB/T 21063的本部分的引用而成为本部分的条款。凡是注日期的引用文件,其随后所有的修改单(不包括勘误的内容)或修订版均不适用于本部分,然而,鼓励根据本部分达成协议的各方研究是否可使用这些文件的最新版本。凡是不注日期的引用文件,其最新版本适用于本部分。

GB/T 21062.2—2007 政务信息资源交换体系 第2部分:技术要求

GB/T 21063.1—2007 政务信息资源目录体系 第1部分:总体框架

GB/T 21063.3—2007 政务信息资源目录体系 第3部分:核心元数据

GB/T 21063.4—2007 政务信息资源目录体系 第4部分:政务信息资源分类

GB/T 21063.5—[1] 政务信息资源目录体系 第5部分:政务信息资源标识符编码规则

3 术语和定义

GB/T 21063.1—2007确立的以及下列术语和定义适用于GB/T 21063的本部分。

3.1

目录服务器 catalog server

按照目录服务接口的要求,提供政务信息资源发现和目录管理的计算机服务程序。

3.2

元数据库 metadata database

存储元数据的逻辑数据库。

3.3

结果集 resultset

根据目录检索请求在服务器端建立的查询结果集合。

4 技术要求

4.1 概述

目录内容服务系统由共享信息服务系统、编目系统、目录传输系统、目录管理系统、目录服务系统组成。

4.2 共享信息服务系统

共享信息服务系统由各政务部门基于统一的电子政务网络进行建设、管理和维护,其信息资源由各政务部门自身的业务信息系统提供、产生、发布并进行运行管理。共享信息服务系统应具备的基本功能要求包括:

1) 本标准即将发布。

a) 共享信息资源生成：从各部门业务信息资源中生成本部门用于共享的信息资源；

b) 共享信息资源发布：提供基于统一的电子政务网络的共享信息资源发布系统，发布共享信息资源；

c) 共享信息资源访问：提供共享信息资源访问服务，用户可以浏览、查询、下载共享信息，并且基于统一的电子政务网络进行共享政务信息资源共享。

4.3 编目系统

编目系统根据部门共享信息资源的内容，提取其基本特征，按照 GB/T 21063.3—2007、GB/T 21063.4—2007和 GB/T 21063.5—2007 实现元数据赋值，形成目录内容。

编目系统应遵循以下技术要求：

a) 编目对象是具体的共享政务信息资源，主要内容包括数据集、档案、法律法规、文件、报告、服务等，具体的形式可以是数据库、图片、文档、音频、视频、网页、服务等，有关编目的具体粒度参见附录 E；

b) 编目系统应支持自动、机辅方式完成元数据元素的赋值；

c) 唯一标识符管理功能：按照 GB/T 21063.5—2007，支持唯一标识符的分配和赋值，包括支持后段码的自动生成和管理；

d) 标准符合性检查功能：支持政务信息资源元数据完整性和标准一致性检查，元数据完整性检查的主要目的是保证所有必选的元数据实体和元数据元素已经赋值，标准一致性检查的主要目标是保证已填写的元数据实体和元数据元素的取值符合 GB/T 21063.3—2007、GB/T 21063.4—2007和 GB/T 21063.5—2007 的规定；

e) 信息资源分类：按照 GB/T 21063.4—2007，实现对共享政务信息资源的分类。

4.4 目录传输系统

目录传输系统实现目录内容在部门目录内容信息库与目录服务中心的目录内容管理信息库之间的传输。目录传输系统应遵循以下技术要求：

a) 建立传输通道：可按照 GB/T 21062.2—2007 建立部门与目录服务中心之间的传输通道；

b) 目录内容传送：支持各个政务部门将目录内容自动提交、存储到目录中心的目录内容管理信息库；

c) 目录内容回退：未通过目录服务中心审核的数据将回退到相应部门的目录内容信息库。

4.5 目录管理系统

目录管理系统实现对汇聚的目录内容进行自动审核和其他相关的管理工作。目录管理系统应遵循以下技术要求：

a) 审核功能：按照 GB/T 21063.3、GB/T 21063.4 和 GB/T 21063.5，对目录内容进行自动形式审核，符合标准的目录内容自动进入目录内容服务信息库，按照标准要求自动发布；未通过形式审核的目录内容，自动回退到相关政务部门，经形式修正后重新审核。

b) 维护功能：对目录内容管理信息库、目录内容服务信息库中的目录内容提供维护功能。

c) 标识符前段码管理：提供前段码分配管理功能，为各政务部门分配并维护固定的前段码。

d) 目录服务地址管理：存储目录服务中心的目录服务地址，用于目录服务中心之间的互连互通。

e) 监控功能：监控系统的运行。

4.6 目录服务系统

目录服务系统基于网络实现对目录内容的发布，并向用户提供目录内容的查询。目录服务系统应遵循以下技术要求：

a) 目录内容发布：提供目录服务接口，具体的目录服务接口定义见附录 A 和附录 B，其应包含的功能如下：

1) 查询请求解析；

2） 目录内容服务信息库查询：向目录内容信息库发出目录检索查询请求；

3） 查询结果封装与返回：按照目录服务接口技术要求，封装返回的查询结果，并返回给查询请求者。

b） 目录内容查询：为了便于人机交互，需要提供基于网络的目录内容查询功能，目录内容检索涉及的检索串的示例参见附录F，应支持的查询检索方式如下：

1） 分类导航；

2） 单个检索词的检索；

3） 多个检索词的组合检索。

附 录 A
(规范性附录)
目录服务接口

A.1 概述

目录服务包括发现和管理两种基本功能:发现功能用来对元数据进行检索,管理功能实现元数据远程管理。

政务信息资源目录服务包含3种接口,即基础接口、发现接口和管理接口。其中,基础接口是将发现接口和管理接口中基础性的操作定义成一个公共接口。基础接口和发现接口是必选实现,管理接口为可选实现。这3类接口实现了政务信息资源的发现功能和管理功能。

a) 基础接口:提供会话管理功能和服务自描述功能,包含有目录服务初始化接口、目录服务终止接口和服务自描述接口。

b) 发现接口:提供元数据检索功能和元数据检索结果提取功能,包含有目录检索接口以及目录检索结果提取接口。这些接口本身并不提供资源,而是提供资源基本信息和如何去获得这些资源的元数据。

c) 管理接口:提供元数据管理的功能,包含元数据管理接口。

政务信息资源目录服务是基于超文本传输协议(HTTP)的POST方式实现,协议消息使用XML编码。目录服务各个接口操作均是通过客户端和服务器之间传递的请求/响应消息对来实现。请求消息和响应消息是一一对应的,即对每一个请求消息有且只有一个响应消息产生。目录服务的客户端和服务器通讯建立在会话的基础上,会话通过请求消息和响应消息对来完成,每一个请求消息都有相对应的响应消息。

政务信息资源目录服务支持核心元数据及其扩展内容的查询,该元数据需要符合GB/T 21063.3—2007对于政务信息资源核心元数据的要求。目录服务支持对多个元数据库的查询,元数据库一般按照描述政务信息资源的内容分别建立。

政务信息资源目录服务可以是集中式也可以是分布式的。集中式是指元数据库和目录服务在物理上都部署在一个节点。分布式指的是元数据库物理分布、目录服务逻辑集中,分布式目录服务的具体规定见附录D。

A.2 基础接口

A.2.1 目录服务初始化

A.2.1.1 描述

目录服务初始化接口用来建立客户端和服务器端之间的会话,该操作将产生唯一的标识符用来跟踪会话。

A.2.1.2 请求

目录服务初始化请求消息用来请求建立客户端和服务器端之间的会话。目录服务初始化请求的参数见表A.1:

表 A.1 初始化请求参数表

参数名称	可选/必选	参数含义
protocolVersion	必选	客户端支持的协议实现版本。由客户端在请求中指出其支持的所有版本,服务器端在响应中也同样指出其支持的所有版本。会话将以双方都支持的最高相同版本实现。如果没有相同所支持的版本,则初始化被拒绝。注:版本参数由1个正整数组成,各个正整数之间由逗号分隔,其形式为"1,2"
idAuthentication	可选	认证信息,包含用户身份标识及其密码,用于服务器端对用户身份进行验证。认证信息中的用户身份标识及其密码之间用冒号分开,其形式为"userId:password"
implementationId	可选	客户端实现标识,由目录服务实现厂商自行定义
implementationName	可选	客户端实现名称,由目录服务实现厂商自行定义
implementationVersion	可选	客户端实现版本,由目录服务实现厂商自行定义
otherInfo	可选	其他信息,用于客户端和服务器端传递自定义信息

目录服务初始化请求的组成结构,如图 A.1 所示:

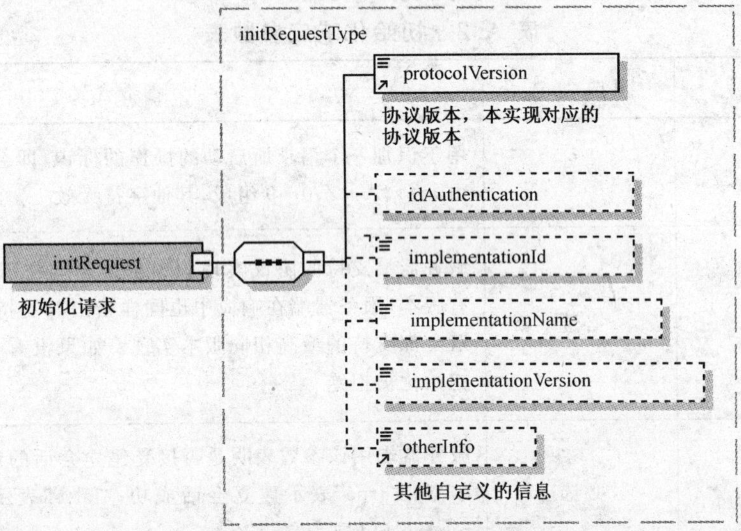

图 A.1 目录服务初始化请求的模型图

请求消息的 XML Schema 定义片段如下(完整的 XML Schema 定义见附录 B):

```
<!--类型标识符"InitRequest"的定义 -->
<xsd:element name="initRequest" type="initRequestType">
    <xsd:annotation>
        <xsd:documentation>初始化请求。</xsd:documentation>
    </xsd:annotation>
</xsd:element>
<xsd:complexType name="initRequestType">
    <xsd:annotation>
        <xsd:documentation>初始化请求的类型定义。</xsd:documentation>
```

```
    </xsd:annotation>
    <xsd:sequence>
        <xsd:element ref="protocolVersion"/>
        <xsd:element name="idAuthentication" minOccurs="0"/>
        <xsd:element name="implementationId" type="xsd:string" minOccurs="0"/>
        <xsd:element name="implementationName" type="xsd:string" minOccurs="0"/>
        <xsd:element name="implementationVersion" type="xsd:string" minOccurs="0"/>
        <xsd:element ref="otherInfo" minOccurs="0"/>
    </xsd:sequence>
</xsd:complexType>
<!--类型标识符 "ProtocolVersion" 的定义 -->
<xsd:element name="protocolVersion" type="xsd:string" default="1">
    <xsd:annotation>
        <xsd:documentation>协议版本,本实现对应的协议版本</xsd:documentation>
    </xsd:annotation>
</xsd:element>
```

A.2.1.3 响应

目录服务初始化响应消息用来确认在目录服务器和客户端间会话的建立,这个响应消息给出了唯一的会话标识。目录服务初始化响应的参数见表 A.2。

表 A.2 初始化响应参数表

参数名称	可选/必选	参数含义
referenceId	必选	用于识别一个请求所启动的操作的标识,即会话标识。会话标识是由 a~z、A~Z、0~9 组成,其他字符无效
protocolVersion	必选	服务器端支持的协议实现版本由客户端在请求中指出其支持的所有版本,服务器端在响应中也同样指出其支持的所有版本会话将以双方都支持的最高相同版本实现。如果没有相同所支持的版本,则初始化被拒绝
result	必选	服务器端用该参数表明是否接受建立会话的请求,该参数取值为布尔型。"true"表示建立会话成功;"false"表示建立会话失败,此时 referenceId 取为空
implementationId	可选	服务器端实现标识,由目录服务实现厂商自行定义
implementationName	可选	服务器端实现名称,由目录服务实现厂商自行定义
implementationVersion	可选	服务器端实现版本,由目录服务实现厂商自行定义
otherInfo	可选	其他信息,用于客户端和服务器端传递自定义信息。如发生异常,可使用本参数传递详细的异常信息给客户端

目录服务初始化响应的组成结构,如图 A.2 所示。

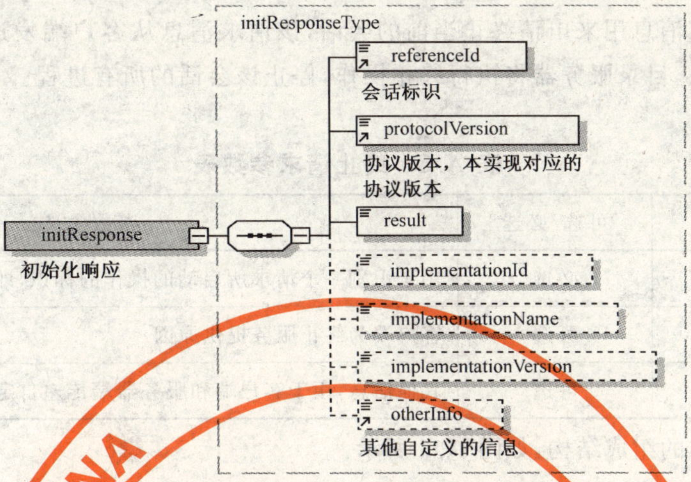

图 A.2 目录服务初始化响应的模型图

目录服务初始化响应消息的 XML Schema 定义片段如下(完整的 XML Schema 定义见附录 B)：

```
<!--类型标识符 "InitResponse" 的定义 -->
<xsd:element name="initResponse" type="initResponseType">
    <xsd:annotation>
        <xsd:documentation>初始化响应。</xsd:documentation>
    </xsd:annotation>
</xsd:element>
<xsd:complexType name="initResponseType">
    <xsd:annotation>
        <xsd:documentation>初始化响应的类型定义。</xsd:documentation>
    </xsd:annotation>
    <xsd:sequence>
        <xsd:element ref="referenceId"/>
        <!--参数 referenceId 是由 a~z、A~Z、0~9 组成，其他字符无效。 -->
        <xsd:element ref="protocolVersion"/>
        <xsd:element name="result" type="xsd:boolean"/>
        <!--参数 result 取值为布尔型。"true"表示建立会话成功；"false"表示建立会话失败，
此时 referenceId 取为空。 -->
        <xsd:element name="implementationId" type="xsd:string" minOccurs="0"/>
        <xsd:element name="implementationName" type="xsd:string" minOccurs="0"/>
        <xsd:element name="implementationVersion" type="xsd:string" minOccurs="0"/>
        <xsd:element ref="otherInfo" minOccurs="0"/>
        <!--其他信息，用于客户端和服务器端传递自定义信息。一旦发生异常，使用本参数传
递详细的异常信息给客户端。 -->
    </xsd:sequence>
</xsd:complexType>
```

A.2.2 目录服务终止

A.2.2.1 描述

目录服务终止接口用来终止当前的会话。

A.2.2.2 请求

目录服务终止请求消息用来申请终止当前的会话，该请求消息从客户端发送到目录服务器端。服务器端一旦收到该消息，目录服务器将执行终止操作，停止该会话的所有进程。目录服务终止请求的参数见表 A.3：

表 A.3 终止请求参数表

参数名称	可选/必选	参数含义
referenceId	必选	用于识别一个请求所启动的操作的标识，即会话标识
closeReason	可选	客户端为终止服务提供原因
otherInfo	可选	其他信息，用于客户端和服务器端传递自定义信息

目录服务终止请求的组成结构，如图 A.3 所示：

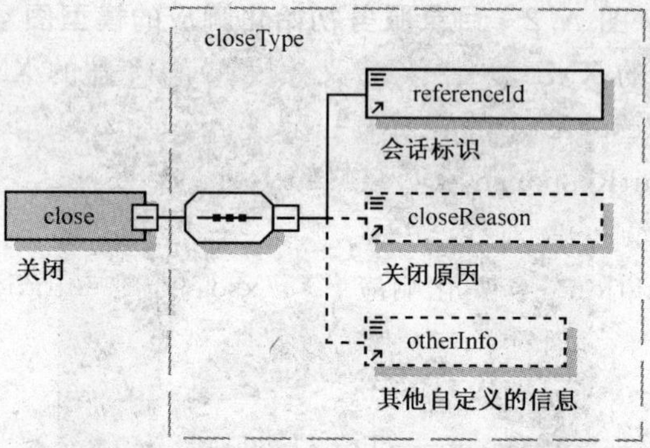

图 A.3 目录服务终止请求的模型图

请求消息的 XML Schema 定义片段如下（完整的 XML Schema 定义见附录 B）：

```
<!--类型标识符"closeRequest"的定义 -->
<xsd:element name="closeRequest" type="closeRequestType">
    <xsd:annotation>
        <xsd:documentation>关闭。</xsd:documentation>
    </xsd:annotation>
</xsd:element>
<xsd:complexType name="closeRequestType">
    <xsd:annotation>
        <xsd:documentation>关闭的定义。</xsd:documentation>
    </xsd:annotation>
    <xsd:sequence>
        <xsd:element ref="referenceId"/>
        <xsd:element name="closeReason" type="xsd:string" minOccurs="0"/>
        <xsd:element ref="otherInfo" minOccurs="0"/>
    </xsd:sequence>
</xsd:complexType>
```

A.2.2.3 响应

服务器端返回目录服务终止响应，其参数的具体说明见表 A.4：

表 A.4 终止响应参数表

参数名称	可选/必选	参数含义
closeStatus	可选	服务器端终止会话的状态。该参数取值为“success”表示关闭会话成功；“failure”表示关闭会话失败

目录服务终止响应的组成结构，如图 A.4 所示：

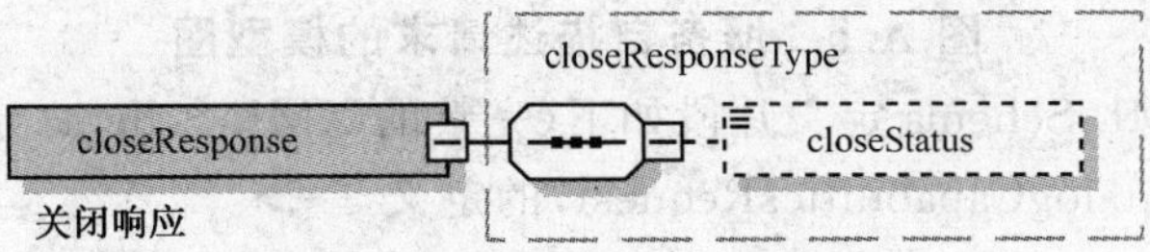

图 A.4 目录服务终止响应的模型图

请求消息的 XML Schema 定义片段如下（完整的 XML Schema 定义见附录 B）：

```
<!--类型标识符"closeResponse"的定义 -->
<xsd:element name="closeResponse" type="closeResponseType">
    <xsd:annotation>
        <xsd:documentation>关闭响应。</xsd:documentation>
    </xsd:annotation>
</xsd:element>
<xsd:complexType name="closeResponseType">
    <xsd:annotation>
        <xsd:documentation>关闭响应的定义。</xsd:documentation>
    </xsd:annotation>
    <xsd:sequence>
        <xsd:element name="closeStatus" type="xsd:string" minOccurs="0"/>
        <!--参数 closeStatus 取值为“success”表示关闭会话成功;“failure”表示关闭会话失败
    -->
    </xsd:sequence>
</xsd:complexType>
```

A.2.3 服务自描述

A.2.3.1 描述

服务自描述接口通常用来提供目录服务自身的各种描述性信息。

A.2.3.2 请求

服务自描述请求消息由客户端产生并发送到目录服务器，用来请求目录服务的相关描述信息。服务自描述请求的参数定义见表 A.5：

表 A.5 服务自描述请求参数表

参数名称	可选/必选	参数含义
referenceId	必选	用于识别一个请求所启动的操作的标识，即会话标识
otherInfo	可选	其他信息，用于客户端和服务器端传递自定义信息

服务自描述请求的组成结构，如图 A.5 所示：

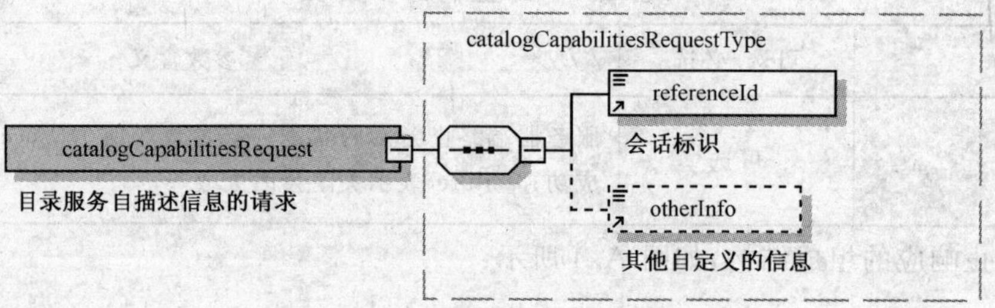

图 A.5 服务自描述请求的模型图

服务自描述请求的 XML Schema 定义片段如下(完整的 XML Schema 定义见附录 B):

```
<!--类型标识符"catalogCapabilitiesRequest"的定义 -->
<xsd:element name="catalogCapabilitiesRequest" type="catalogCapabilitiesRequestType">
    <xsd:annotation>
        <xsd:documentation>目录服务自描述信息的请求。</xsd:documentation>
    </xsd:annotation>
</xsd:element>
<xsd:complexType name="catalogCapabilitiesRequestType">
    <xsd:annotation>
        <xsd:documentation>目录服务自描述信息请求的定义。</xsd:documentation>
    </xsd:annotation>
    <xsd:sequence>
        <xsd:element ref="referenceId"/>
        <xsd:element ref="otherInfo" minOccurs="0"/>
    </xsd:sequence>
</xsd:complexType>
```

A.2.3.3 响应

接收到客户端的服务自描述请求后,服务器端产生目录服务自描述响应消息,再通过该响应返回给客户端各项目录服务自描述信息。服务自描述响应的参数定义见表 A.6:

表 A.6 服务自描述响应参数表

参数名称	可选/必选	参数含义
referenceId	必选	用于识别一个请求所启动的操作的标识,即会话标识
databaseList	必选	用来返回目录服务关联的一个或多个元数据库信息列表,详细内容见表 A.8
Options	必选	功能选项,用来描述服务所支持的各项功能,包含有目录服务初始化、目录服务终止、服务自描述、目录检索、目录检索结果提取、元数据管理功能。由客户端在请求中建议目录服务需要提供的功能,服务器端根据自身的实现情况决定提供哪些功能。该参数的取值是枚举型,可以包含一个或多个功能参数值,诸如 init、close、capabilities、search、present、metadataManage
serviceName	必选	用于说明服务名称,由目录服务实现厂商自行定义。默认取值"政务信息资源目录服务"
serviceAbstract	必选	服务内容的简单说明,由目录服务实现厂商自行定义
serviceURL	必选	用来说明服务的网络地址,由目录服务实现厂商自行定义

表 A.6（续）

参数名称	可选/必选	参数含义
serviceProvider	必选	用来说明服务的政务部门信息，由目录服务实现厂商继续扩展。参数是复合型，至少包含一个参数 serviceProviderName，表示提供服务的政务部门名称
serviceID	必选	服务的唯一标识，由注册系统统一分配。标识符须唯一，由系统自动随机产生使用字母（含下划线"_"）或数字组成
serviceType	必选	用于说明服务所属类型，由目录服务实现厂商自行定义，固定取值为"目录服务"
otherInfo	可选	其他信息，用于客户端和服务器端传递自定义信息。若发生异常，可使用本参数传递详细的异常信息给客户端

服务自描述响应的组成结构，如图 A.6 所示：

图 A.6　服务自描述响应的模型图

服务自描述响应的 XML Schema 定义片段如下（完整的 XML Schema 定义见附录 B）：

```
<!--类型标识符"catalogCapabilitiesResponse"的定义-->
<xsd:element name="catalogCapabilitiesResponse" type="catalogCapabilitiesResponseType">
    <xsd:annotation>
        <xsd:documentation>目录服务自描述信息的响应。</xsd:documentation>
    </xsd:annotation>
</xsd:element>
<xsd:complexType name="catalogCapabilitiesResponseType">
    <xsd:annotation>
        <xsd:documentation>目录服务自描述信息响应的定义。</xsd:documentation>
    </xsd:annotation>
```

```
        <xsd:sequence>
            <xsd:element ref="referenceId"/>
            <xsd:element name="databaseList" type="databaseListType"/>
            <xsd:element ref="options"/>
            <xsd:element name="serviceName" type="xsd:string" default="政务信息资源目录服务"/>
            <xsd:element name="serviceAbstract" type="xsd:string"/>
            <xsd:element name="serviceID" type="xsd:string"/>
            <xsd:element name="serviceProvider" type="serviceProviderType"
maxOccurs="unbounded"/>
            <xsd:element name="serviceURL" type="xsd:string"/>
            <xsd:element name="serviceType" type="xsd:string" fixed="目录服务"/>
            <xsd:element ref="otherInfo" minOccurs="0"/>
        </xsd:sequence>
    </xsd:complexType>
    <!--类型标识符 "Options"的定义 -->
    <xsd:element name="options" type="optionsType">
        <xsd:annotation>
            <xsd:documentation>支持的功能。</xsd:documentation>
        </xsd:annotation>
    </xsd:element>
    <xsd:simpleType name="optionsType">
        <xsd:list itemType="facilitySupportedType"/>
    </xsd:simpleType>
    <xsd:simpleType name="facilitySupportedType">
        <xsd:restriction base="xsd:string">
            <xsd:enumeration value="init"/>
            <xsd:enumeration value="close"/>
            <xsd:enumeration value="capbilities"/>
            <xsd:enumeration value="search"/>
            <xsd:enumeration value="present"/>
            <xsd:enumeration value="metadataManage"/>
        </xsd:restriction>
    </xsd:simpleType>
```

复合型参数 serviceProvider 用来说明服务的政务部门信息，包含一个参数 serviceProviderName，表示提供服务的政务部门名称。serviceProvider 的具体内容见表 A.7：

表 A.7 serviceProvider 参数表

参数名称	可选/必选	参数含义
serviceProviderName	必选	表示提供服务的政务部门名称，由目录服务实现厂商自行定义

服务自描述响应中的 serviceProvider 的组成如图 A.7 所示：

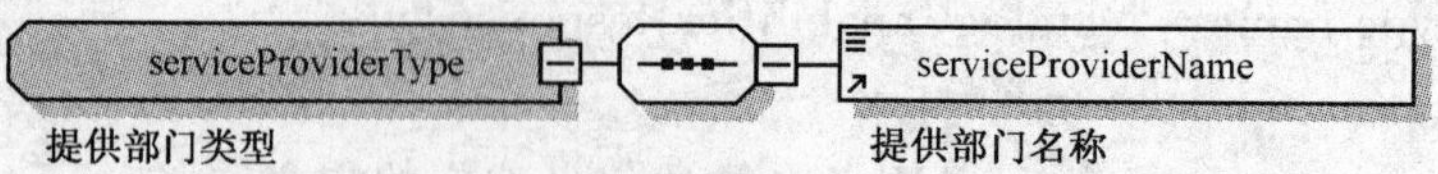

图 A.7 服务自描述响应中 serviceProvider 的模型图

服务自描述响应中的 serviceProvider 的 XML Schema 定义片段如下(完整的 XML Schema 定义见附录 B):

```
<xsd:complexType name="serviceProviderType">
    <xsd:annotation>
        <xsd:documentation>提供部门类型</xsd:documentation>
    </xsd:annotation>
    <xsd:sequence>
        <xsd:element ref="serviceProviderName"/>
    </xsd:sequence>
</xsd:complexType>
<xsd:element name="serviceProviderName" type="xsd:string">
    <xsd:annotation>
        <xsd:documentation>提供部门名称</xsd:documentation>
    </xsd:annotation>
</xsd:element>
```

复合型参数 databaseList 是用于描述目录服务支持的所有元数据库信息。参数 databaseList 的具体内容见表 A.8:

表 A.8 databaseList 参数表

参数名称	可选/必选	参数含义
databaseId	必选	用于标识一个元数据库的标识符,由元数据库政务部门定义。该标识符是由 a~z、A~Z、0~9 组成,其他字符无效
databaseName	必选	用于说明元数据的名称,由元数据库政务部门定义
databaseDescribe	必选	用于提供元数据库的基本描述信息,由元数据库政务部门定义。诸如,元数据内容、范围、用途等

服务自描述响应中的 databaseList 的组成如图 A.8 所示:

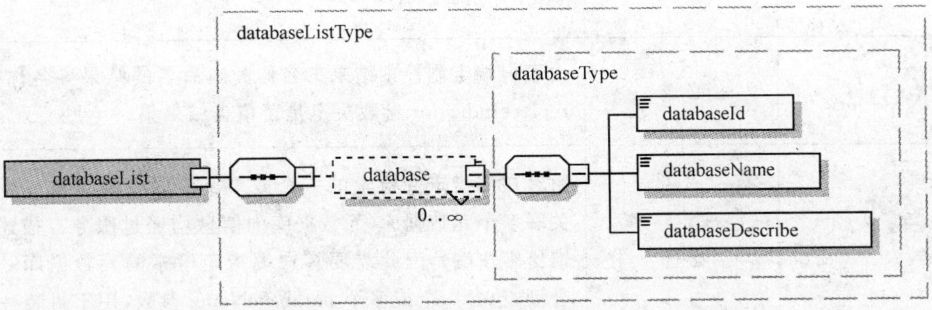

图 A.8 服务自描述响应中"元数据库列表参数"的模型图

服务自描述响应中的 databaseList 的 XML Schema 定义片段如下(完整的 XML Schema 定义见附录 B):

```
<xsd:complexType name="databaseListType">
    <xsd:sequence>
        <xsd:element name="database" type="databaseType" minOccurs="0"
maxOccurs="unbounded"/>
    </xsd:sequence>
```

```
</xsd:complexType>
<xsd:complexType name="databaseType">
    <xsd:sequence>
        <xsd:element name="databaseId" type="xsd:string"/>
        <xsd:element name="databaseName" type="xsd:string"/>
        <xsd:element name="databaseDescribe" type="xsd:string"/>
    </xsd:sequence>
</xsd:complexType>
```

A.3 发现接口

A.3.1 目录检索

A.3.1.1 描述

目录检索是目录服务器根据客户端指定的检索条件，在服务器端从元数据库中检索并标识出匹配的元数据记录，并将元数据记录保存在结果集中的过程。

每一个会话可进行多次目录检索，产生多个结果集。

A.3.1.2 请求

目录检索请求参数的详细说明见表 A.9：

表 A.9 检索请求参数表

参数名称	可选/必选	参数含义
referenceId	必选	用于识别一个请求所启动的操作的标识，即会话标识
replaceIndicator	必选	结果集覆盖标志，客户端指定的检索结果集如果已经存在，根据结果集覆盖标志，服务器端作不同的处理。该参数取值为布尔型，“true”表示允许覆盖结果集，则新产生的结果集将覆盖已经存在的结果集。“false”表示不允许覆盖已经存在的结果集。当客户端请求不是首次时，由于原结果集的存在且不允许覆盖，将导致检索操作失败
resultSetID	必选	由客户端定制检索结果集名称。当命名的结果集名称重复时，查看 replaceIndicator 参数决定是否覆盖结果集
databaseNames	必选	由客户端指定待检索的一个或多个元数据库名称。目录服务可以关联多个元数据库（元数据库的信息均通过服务自描述接口直接反馈给客户端），因此需要客户端指定检索的元数据库。该参数是复合型，包含一个或多个 databaseName 参数，用于封装一个或多个元数据库名称
Query	必选	由客户端定制的检索语句。检索串符合 Type-1 型，使用逆波兰表达式（RPN）作为检索语法
preferredRecordSyntax	可选	客户端指定检索结果的编码方式。该参数默认取值为“XML”，表示客户端指定检索结果集的编码方式采用 XML
otherInfo	可选	其他信息，用于客户端和服务器端传递自定义信息

目录检索请求的组成结构，如图 A.9 所示：

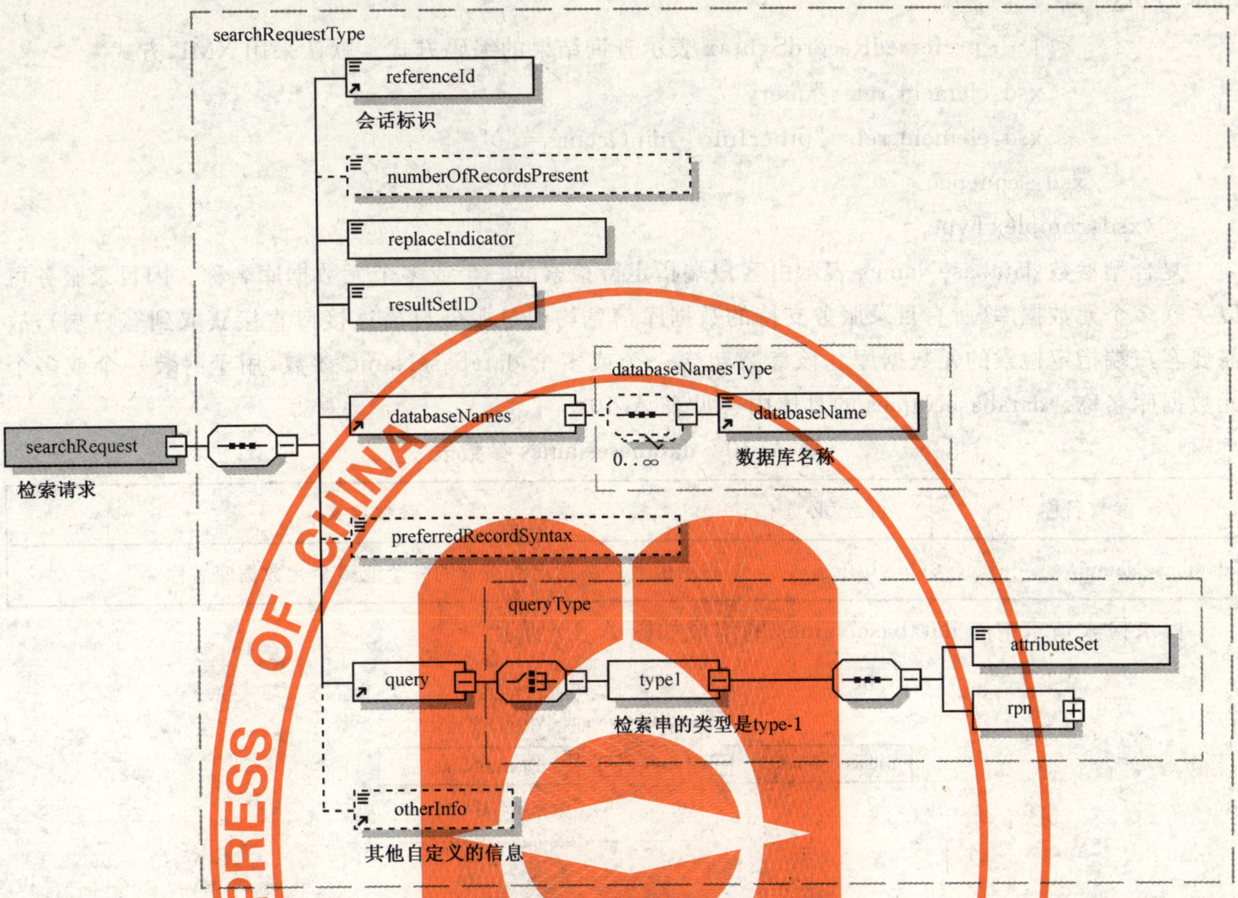

图 A.9　目录检索请求的模型图

目录检索请求的 XML Schema 定义片段如下（完整的 XML Schema 定义见附录 B）：

```
<!--类型标识符"SearchRequest"的定义 -->
<xsd:element name="searchRequest" type="searchRequestType">
    <xsd:annotation>
        <xsd:documentation>检索请求。</xsd:documentation>
    </xsd:annotation>
</xsd:element>
<xsd:complexType name="searchRequestType">
    <xsd:annotation>
        <xsd:documentation>检索请求的类型定义。</xsd:documentation>
    </xsd:annotation>
    <xsd:sequence>
        <xsd:element ref="referenceId"/>
        <xsd:element name="replaceIndicator" type="xsd:boolean"/>
        <xsd:element name="resultSetID" type="xsd:string"/>
        <xsd:element ref="databaseNames"/>
```

```
        <xsd:element name="preferredRecordSyntax" type="xsd:string" default="XML"
minOccurs="0"/>
        <!--preferredRecordSyntax 表示查询结果的编码方式。默认采用 XML 方式 -->
        <xsd:element ref="query"/>
        <xsd:element ref="otherInfo" minOccurs="0"/>
    </xsd:sequence>
</xsd:complexType>
```

复合型参数 databaseNames 表示由客户端指定待检索的一个或多个元数据库名称。因目录服务可以关联多个元数据库(所有目录服务支持的数据库信息均通过服务自描述接口直接获取到客户端),故需要客户端指定检索的元数据库。该参数包含一个或多个 databaseName 参数,用于封装一个或多个元数据库名称。databaseNames 的具体内容见表 A.10:

表 A.10　databaseNames 参数表

参数名称	可选/必选	参数含义
databaseName	必选	表示由客户端指定待检索的一个或多个元数据库名称

目录检索请求中的 databaseNames 的组成如图 A.10 所示:

图 A.10　目录检索请求中 DatabaseNames 的模型图

目录检索请求中 databaseNames 的 XML Schema 定义片段如下(完整的 XML Schema 定义见附录 B):

```
<!--类型标识符"databaseNames"的定义 -->
<xsd:element name="databaseNames" type="databaseNamesType"/>
<xsd:complexType name="databaseNamesType">
    <xsd:sequence minOccurs="0" maxOccurs="unbounded">
        <xsd:element ref="databaseName"/>
    </xsd:sequence>
</xsd:complexType>
<xsd:element name="databaseName" type="databaseNameType">
    <xsd:annotation>
        <xsd:documentation>元数据库名称。</xsd:documentation>
    </xsd:annotation>
</xsd:element>
<xsd:simpleType name="databaseNameType">
    <xsd:annotation>
        <xsd:documentation>元数据库名称的类型定义。</xsd:documentation>
    </xsd:annotation>
    <xsd:restriction base="xsd:string"/>
```

```
</xsd:simpleType>
```

复合型参数 query 在检索请求中使用，以表达客户端的检索条件。具体示例参见附录 F。

query 可使用多种类型的查询语法，如 XQuery、SQL 等，本部分采用 type-1 型查询语法，采用逆波兰表达式结构(Reverse Polish Notation)。query 的组成如图 A.11 所示：

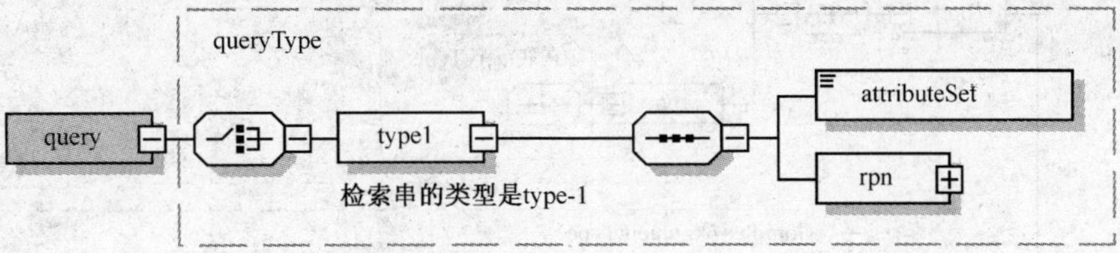

图 A.11　目录检索请求中 query 的模型图

目录检索请求中 query 的主要参数说明如下：

a）参数 rpn：表示一个采用逆波兰表达式结构”的 type-1 型检索串，包含检索操作数和检索操作符等内容；

b）参数 attributeSet：表示检索串采用的属性列表字符集名称，固定取值为“政务信息资源目录服务属性集”。

目录检索请求中 query 的 XML Schema 定义片段如下(完整的 XML Schema 定义见附录 B)：

```
<!--类型标识符"Query"的定义 -->
<xsd:element name="query" type="queryType"/>
<xsd:complexType name="queryType">
  <xsd:choice>
    <xsd:element name="type1">
      <xsd:annotation>
        <xsd:documentation>检索串的类型是 type-1</xsd:documentation>
      </xsd:annotation>
      <xsd:complexType>
        <xsd:sequence>
          <xsd:element name="attributeSet" type="xsd:string" fixed="政务信息资源目录服务属性集"/>
          <xsd:element name="rpn" type="RPNQueryType"/>
        </xsd:sequence>
      </xsd:complexType>
    </xsd:element>
  </xsd:choice>
</xsd:complexType>
```

参数 rpn 包含有一组或多组的检索操作数 operand 和检索操作符 operator。这种逆波兰表达式结构的 query 将检索操作符独立于检索操作数之外进行表示，简化了对运算表达式的解析操作。query 中的 rpn 的组成如图 A.12 所示：

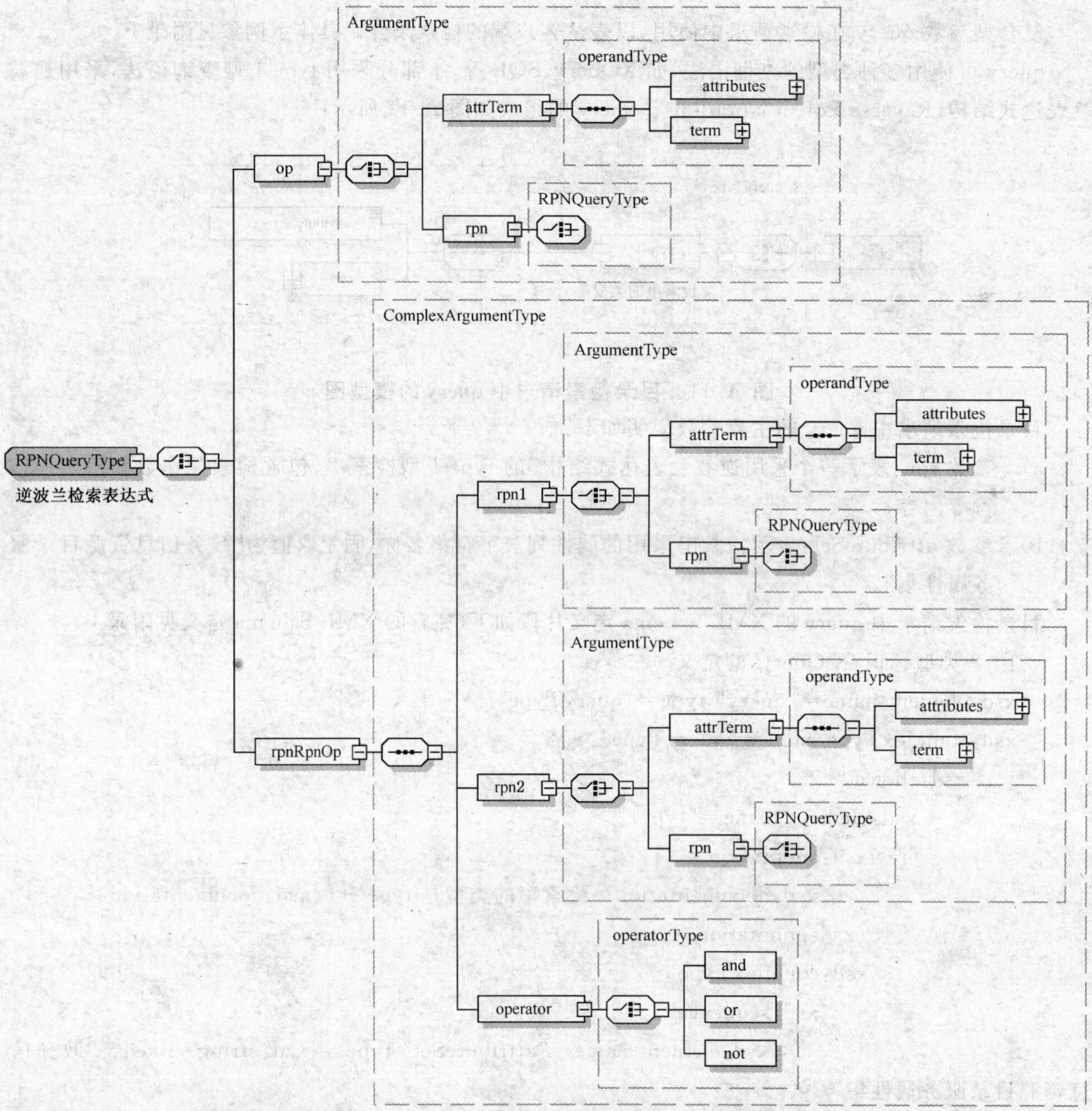

图 A.12 **query 中 rpn 的模型图**

query 的 rpn 的 XML Schema 定义片段如下(完整的 XML Schema 定义见附录 B)：

```
<! --类型标识符"RPNQueryType"的定义 -->
<xsd:complexType name="RPNQueryType">
    <xsd:annotation>
        <xsd:documentation>逆波兰检索表达式。</xsd:documentation>
    </xsd:annotation>
    <xsd:choice>
        <xsd:element name="op" type="ArgumentType"/>
        <xsd:element name="rpnRpnOp" type="ComplexArugmentType"/>
```

```
    </xsd:choice>
</xsd:complexType>
<xsd:complexType name="ArgumentType">
    <xsd:choice>
        <xsd:element name="attrTerm" type="operandType"/>
        <xsd:element name="rpn" type="RPNQueryType"/>
    </xsd:choice>
</xsd:complexType>
<xsd:complexType name="ComplexArugmentType">
    <xsd:sequence>
        <xsd:element name="rpn1" type="ArgumentType"/>
        <xsd:element name="rpn2" type="ArgumentType"/>
        <xsd:element name="operator" type="operatorType"/>
    </xsd:sequence>
</xsd:complexType>
<! --类型标识符"RPNStructure"的定义 -->
<xsd:element name="RPNStructure" type="RPNStructureType"/>
<xsd:complexType name="RPNStructureType">
    <xsd:choice>
        <xsd:element name="operand" type="operandType"/>
        <xsd:element name="rpnRpnOp">
            <xsd:complexType>
                <xsd:sequence>
                    <xsd:element name="operator" type="operatorType"/>
                </xsd:sequence>
            </xsd:complexType>
        </xsd:element>
    </xsd:choice>
</xsd:complexType>
```

参数 operand 用来表达一个单一的简单检索语句。单一的简单检索操作数包含有 term 及其对应的 attributes，该检索操作数将应用检索项与元数据库中的各个属性进行匹配。在匹配过程中，需要施加属性集所提供的约束条件。

其中，主要参数的说明：

a) attributes 是属性列表参数，用来提供具体的约束条件，指明数据库中待匹配的属性字段及其关系运算符。该参数属于复合类型 attributeList，其结构和内容见下面的“检索串中的属性列表 attributeList”说明。

b) term 是检索项参数，表示待匹配的各种属性值，如待匹配的字符串 characterString、待匹配的数值 numeric、待匹配的元数据标识符 recordId、待匹配的时间值 dateTime、待匹配的字节流 general。

query 中 operand 的结构如图 A.13 所示：

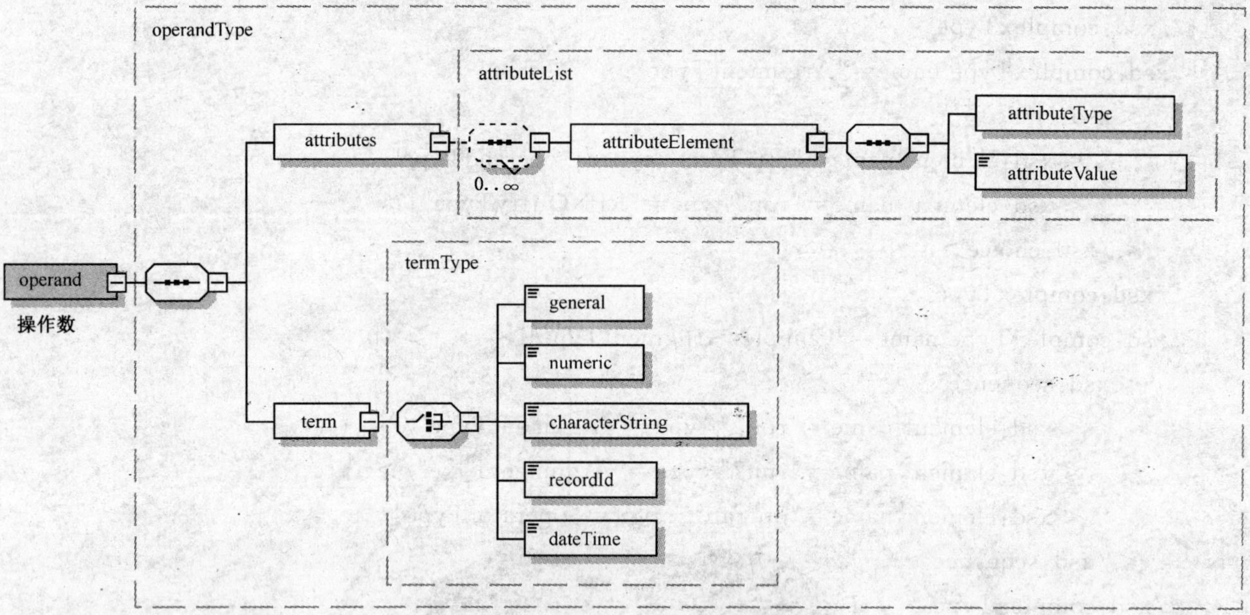

图 A.13　query 中 operand 的模型图

query 中 operand 的 XML Schema 定义片段如下(完整的 XML Schema 定义见附录 B)：

```
<! --类型标识符"Operand"的定义 -->
<xsd:element name="operand" type="operandType">
    <xsd:annotation>
        <xsd:documentation>操作数。</xsd:documentation>
    </xsd:annotation>
</xsd:element>
<xsd:complexType name="operandType">
    <xsd:annotation>
        <xsd:documentation>操作数的类型定义。</xsd:documentation>
    </xsd:annotation>
    <xsd:sequence>
        <xsd:element name="attributes" type="attributeList"/>
        <xsd:element name="term" type="termType"/>
    </xsd:sequence>
</xsd:complexType>
<! --类型标识符"attributeList"的定义 -->
<xsd:complexType name="attributeList">
    <xsd:sequence minOccurs="0" maxOccurs="unbounded">
        <xsd:element name="attributeElement">
            <xsd:complexType>
                <xsd:sequence>
                    <xsd:element name="attributeType"/>
                    <xsd:element name="attributeValue" type="xsd:string"/>
                </xsd:sequence>
            </xsd:complexType>
```

```
        </xsd:element>
    </xsd:sequence>
</xsd:complexType>
<! - -类型标识符"Term"的定义 - ->
<xsd:complexType name="termType">
    <xsd:choice>
        <xsd:element name="general" type="xsd:hexBinary"/>
        <xsd:element name="numeric" type="xsd:integer"/>
        <xsd:element name="characterString" type="xsd:string"/>
        <xsd:element name="recordId" type="xsd:string"/>
        <xsd:element name="dateTime" type="generalizedTimeType"/>
    </xsd:choice>
</xsd:complexType>
```

attributeList 用于限定检索项 term，并与其共同组成检索操作数，形成一个完整的检索语句。

attributeList 是由一个或多个 attributeElement 组成，每个 attributeElement 均包含 attributeType 和 attributeValue。

当 attributeType 取值为“1”，表示元数据的属性，用于指定元数据库中相应的属性字段，其 attributeValue的取值应符合附录 C 中表 C.1 的编码。

当 attributeType 取值为“2”，表示采用的关系运算符，用于指定该检索串的关系运算类型，其 attributeValue应符合附录 C 中表 C.2 的编码。

当 attributeType 取值为“3”，表示采用的位置运算符，用于指定该检索串的位置运算类型，其 attributeValue 应符合附录 C 中表 C.3 的编码。

检索串中“属性列表”参数的组成结构，如图 A.14 所示：

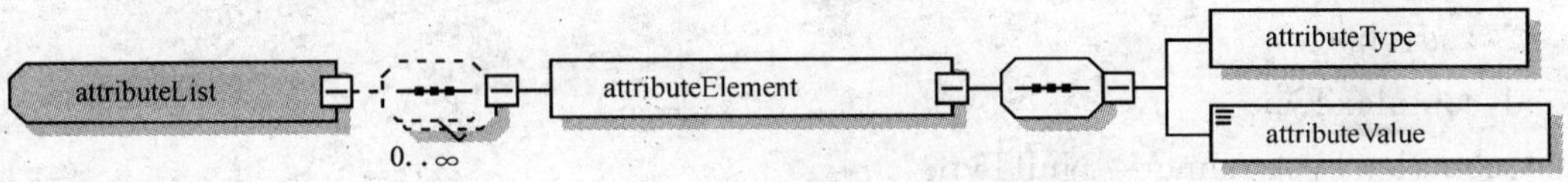

图 A.14　query 中 attributeLis 的模型图

query 中 attributeList 的 XML Schema 如下(完整的 XML Schema 定义见附录 B)：

```
<xsd:complexType name="attributeListType">
    <xsd:sequence minOccurs="0" maxOccurs="unbounded">
        <xsd:element ref="AttributeElement"/>
    </xsd:sequence>
</xsd:complexType>
<xsd:element name="AttributeElement" type="attributeElementType"/>
<xsd:complexType name="attributeElementType">
    <xsd:sequence>
        <xsd:element name="attributeType" type="xsd:integer"/>
        <xsd:element name="attributeValue" type="xsd:string"/>
    </xsd:sequence>
</xsd:complexType>
```

operator 用来限定检索操作数所产生的结果，包含有 3 种逻辑运算符：“AND”运算、“OR”运算和“NOT”运算。query 中 operator 的组成结构，如图 A.15 所示：

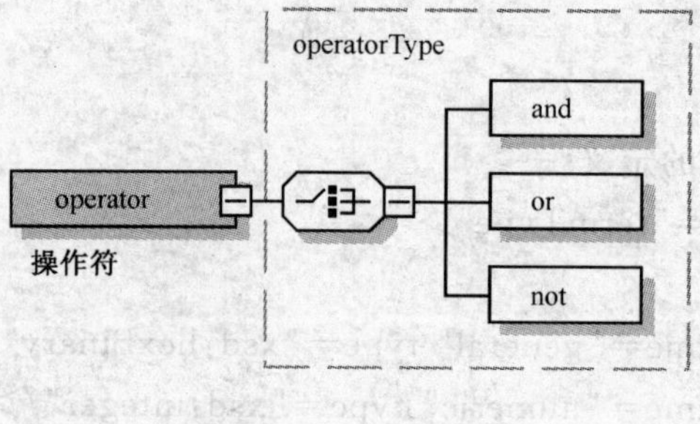

图 A.15 query 中 operator 的模型图

query 中 operator 的 XML Schema 如下(完整的 XML Schema 定义见附录 B):

```
<!--类型标识符"Operator"的定义 -->
<xsd:element name="operator" type="operatorType">
    <xsd:annotation>
        <xsd:documentation>操作符。</xsd:documentation>
    </xsd:annotation>
</xsd:element>
<xsd:complexType name="operatorType">
    <xsd:annotation>
        <xsd:documentation>操作符的类型定义。</xsd:documentation>
    </xsd:annotation>
    <xsd:choice>
        <xsd:element name="and" type=" NullType "/>
        <xsd:element name="or" type=" NullType "/>
        <xsd:element name="not" type=" NullType "/>
    </xsd:choice>
</xsd:complexType>
<xsd:complexType name="NullType">
    <xsd:annotation>
        <xsd:documentation>抽象类型。表示元素出现即可,没有取值。</xsd:documentation>
    </xsd:annotation>
</xsd:complexType>
```

A.3.1.3 响应

接收到客户端的检索请求后,目录检索响应消息被服务器用作反馈目录检索结果及操作状态给客户端。目录检索响应的参数见表 A.11:

表 A.11 检索响应参数表

参数名称	可选/必选	参数含义
referenceId	必选	用于识别一个请求所启动的操作的标识,即会话标识
resultCount	必选	服务器端执行检索操作得到的命中记录数
searchStatus	必选	服务器端返回的检索状态信息。该参数取值为"success"表示检索成功;"failure"表示检索失败
otherInfo	可选	其他信息,用于客户端和服务器端传递自定义信息。如发生异常,可使用本参数传递详细的异常信息给客户端

目录检索响应的组成结构，如图 A.16 所示：

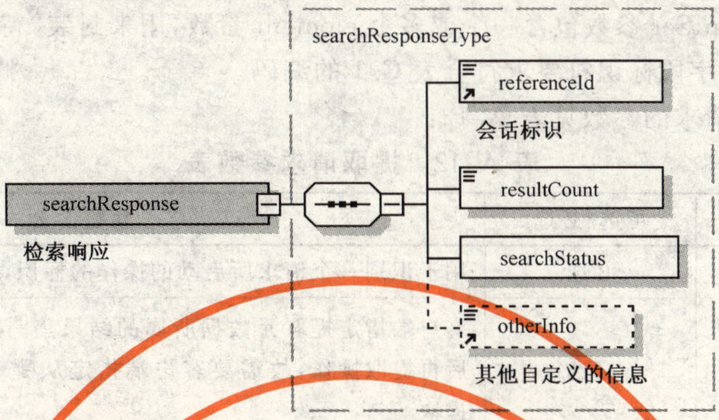

图 A.16 目录检索响应的模型图

检索响应消息的 XML Schema 定义片段如下(完整的 XML Schema 定义见附录 B)：

```
<!--类型标识符"SearchResponse"的定义 -->
<xsd:element name="searchResponse" type="searchResponseType">
    <xsd:annotation>
        <xsd:documentation>检索响应。</xsd:documentation>
    </xsd:annotation>
</xsd:element>
<xsd:complexType name="searchResponseType">
    <xsd:annotation>
        <xsd:documentation>检索响应的类型定义。</xsd:documentation>
    </xsd:annotation>
    <xsd:sequence>
        <xsd:element ref="referenceId"/>
        <xsd:element name="resultCount" type="xsd:integer"/>
        <xsd:element name="searchStatus"/>
        <!-- 参数 searchStatus 取值为"success"表示检索成功;"failure"表示检索失败 -->
        <xsd:element ref="otherInfo" minOccurs="0"/>
        <!--其他信息,用于客户端和服务器端传递自定义信息。一旦发生异常,使用本参数传
递详细的异常信息给客户端。 -->
    </xsd:sequence>
</xsd:complexType>
```

A.3.2 目录检索结果提取

A.3.2.1 描述

目录检索仅标识符合检索条件的元数据记录，目录检索结果则由服务器端从结果集中提取并返回若干元数据记录给客户端。

A.3.2.2 请求

目录检索结果提取时，有 3 种属性提取范围：

第一种是政务信息资源核心元数据的提取。通过设置参数 elementSetName 中 genericElementSetName 参数的取值为"Brief"，提取政务信息资源核心元数据。

第二种是政务信息资源全部元数据内容的提取。通过设置参数 elementSetName 中 genericElementSetName 参数的取值为“Full”或空值来表示提取全集，提取全部的政务信息资源元数据。

第三种是由客户端定制提取的元数据属性字段范围，通过设置参数 elementSetName 中的 elementSet 参数。该 elementSet 参数包含一个或多个 element 参数，用来封装“待提取的元数据属性字段标识符”。该元数据属性字段标识符要求符合表 C.1 的编码。

目录检索结果提取请求的参数见表 A.12：

表 A.12 提取请求参数表

参数名称	可选/必选	参数含义
referenceId	必选	用于识别一个请求所启动的操作的标识，即会话标识
resultSetID	必选	客户端指定提取元数据所属的结果集。因可以进行多次检索操作后再提取操作，故需要客户端指定从哪个检索中间结果集中进行提取
resultSetStartPoint	必选	客户端要求提取元数据位于结果集的位置。结果集中元数据记录的标识符是从“1”开始编号
numberOfRecordsRequested	必选	客户端指定提取的元数据记录的数目
elementSetName	必选	由客户端指定提取结果集的属性范围
preferredRecordSyntax	可选	客户端指定提取结果的编码方式。该参数默认取值为“XML”，表示客户端指定提取结果集的编码方式采用 XML
otherInfo	可选	其他信息，用于客户端和服务器端传递自定义信息

目录检索结果提取请求的组成结构，如图 A.17 所示：

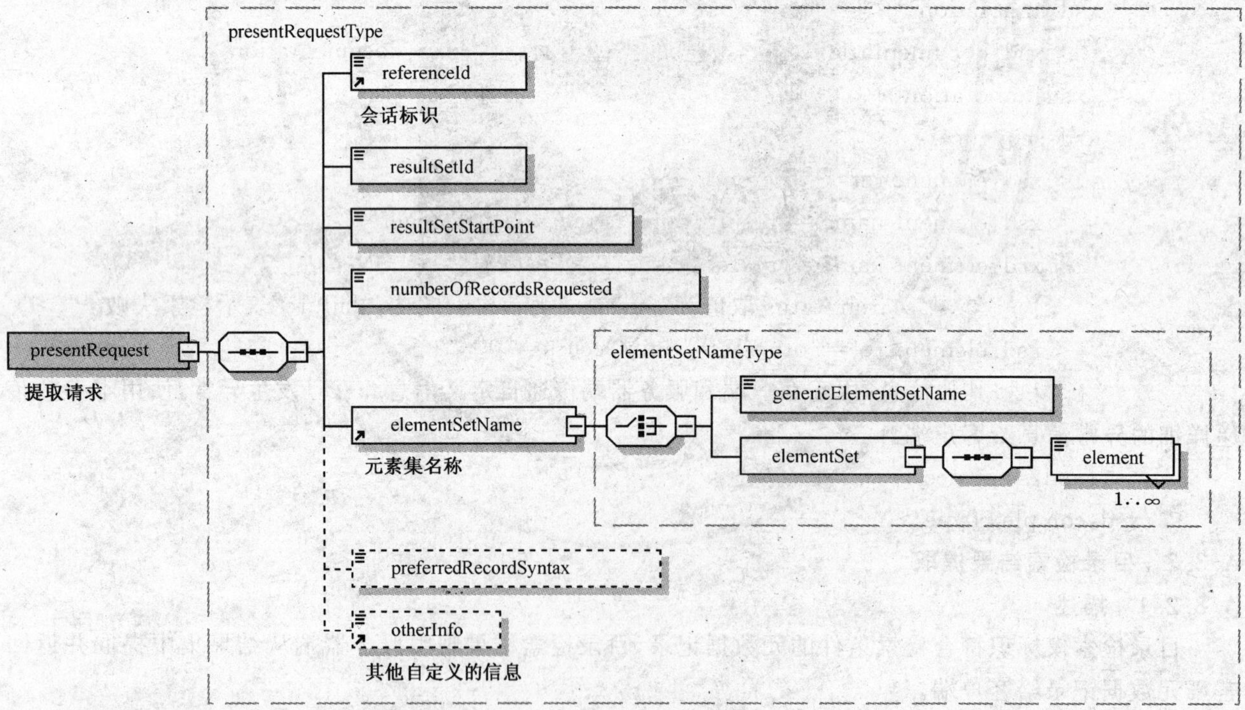

图 A.17 目录检索结果提取请求的模型图

目录检索结果提取请求消息的 XML Schema 定义片段如下(完整的 XML Schema 定义见附录 B)：

```
<! --类型标识符"PresentRequest"的定义 -->
<xsd:element name="presentRequest" type="presentRequestType">
```

```
        <xsd:annotation>
            <xsd:documentation>提取请求。</xsd:documentation>
        </xsd:annotation>
    </xsd:element>
    <xsd:complexType name="presentRequestType">
        <xsd:annotation>
            <xsd:documentation>提取请求的类型定义。</xsd:documentation>
        </xsd:annotation>
        <xsd:sequence>
            <xsd:element ref="referenceId"/>
            <xsd:element name="resultSetId" type="resultSetIdType"/>
            <xsd:element name="resultSetStartPoint" type="xsd:integer"/>
            <xsd:element name="numberOfRecordsRequested" type="xsd:integer"/>
            <xsd:element ref="elementSetName"/>
            <xsd:element name="preferredRecordSyntax" type="xsd:string" default="XML"
minOccurs="0"/>
            <!--preferredRecordSyntax 表示提取结果的编码方式。默认采用 XML 方式 -->
            <xsd:element ref="otherInfo" minOccurs="0"/>
        </xsd:sequence>
    </xsd:complexType>
    <!--类型标识符"ElementSetName"的定义 -->
    <xsd:element name="elementSetName" type="elementSetNameType">
        <xsd:annotation>
            <xsd:documentation>元素集名称。</xsd:documentation>
        </xsd:annotation>
    </xsd:element>
    <xsd:complexType name="elementSetNameType">
        <xsd:annotation>
            <xsd:documentation>元素集名称的类型定义。</xsd:documentation>
        </xsd:annotation>
        <xsd:choice>
            <xsd:element name="genericElementSetName" type="xsd:string"/>
            <xsd:element name="elementSet">
                <xsd:complexType>
                    <xsd:sequence>
                        <xsd:element name="element" type="xsd:string" maxOccurs="unbounded"/>
                    </xsd:sequence>
                </xsd:complexType>
            </xsd:element>
        </xsd:choice>
    </xsd:complexType>
```

A.3.2.3 响应

目录检索结果提取响应的参数见表 A.13:

表 A.13 提取响应参数表

参数名称	可选/必选	参数含义
referenceId	必选	用于识别一个请求所启动的操作的标识，即会话标识
numberOfRecordsReturned	必选	服务器端返回的元数据数目
presentStatus	必选	服务器端返回的提取状态。该参数取值为“success”表示提取成功；“failure”表示提取失败
records	必选	服务器端返回的结果集。该参数是复合型，详细说明见表 A.14
otherInfo	可选	其他信息，用于客户端和服务器端传递自定义信息。如发生异常，可使用本参数传递详细的异常信息给客户端

目录检索结果提取响应的组成结构，如图 A.18 所示：

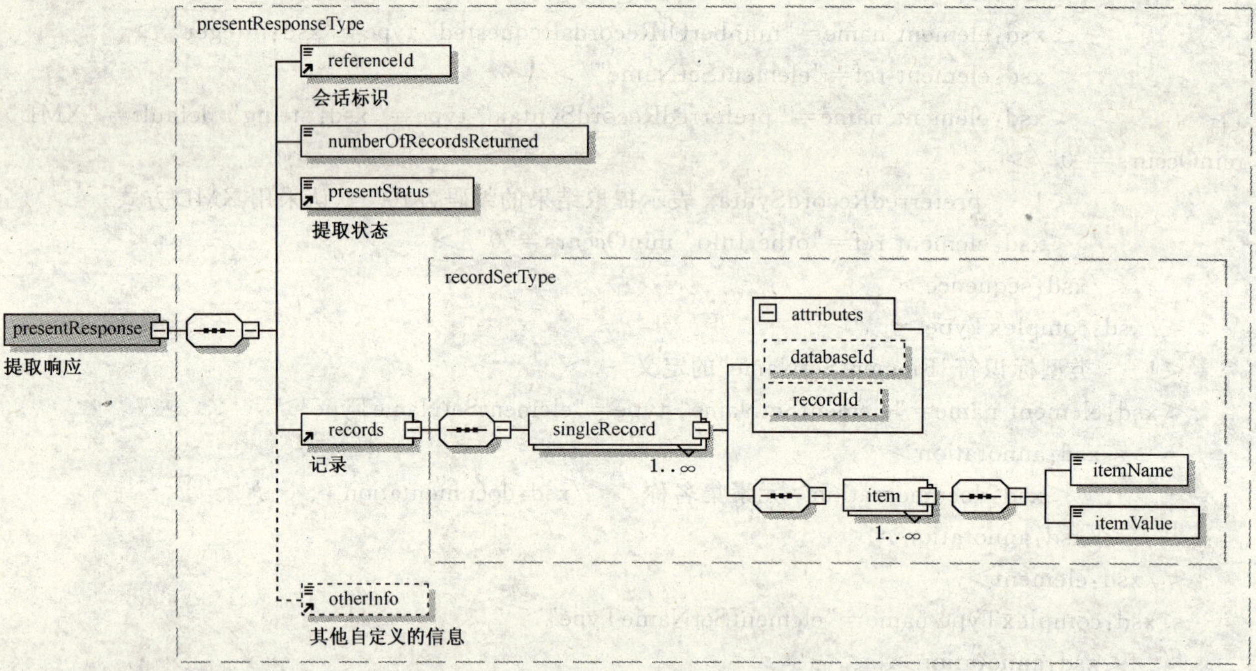

图 A.18 目录检索结果提取响应的模型图

目录检索结果提取响应的 XML Schema 定义片段如下（完整的 XML Schema 定义见附录 B）：

```
<!--类型标识符"PresentResponse"的定义 -->
<xsd:element name="presentResponse" type="presentResponseType">
    <xsd:annotation>
        <xsd:documentation>提取响应。</xsd:documentation>
    </xsd:annotation>
</xsd:element>
<xsd:complexType name="presentResponseType">
    <xsd:annotation>
        <xsd:documentation>提取响应的类型定义。</xsd:documentation>
    </xsd:annotation>
    <xsd:sequence>
        <xsd:element ref="referenceId"/>
        <xsd:element name="numberOfRecordsReturned" type="xsd:integer"/>
```

```
        <xsd:element ref="presentStatus"/>
        <!--参数 presentStatus 取值为"success"表示提取成功;"failure"表示提取失败。-->
        <xsd:element ref="records"/>
        <xsd:element ref="otherInfo" minOccurs="0"/>
        <!--其他信息,用于客户端和服务器端传递自定义信息。一旦发生异常,使用本参数
传递详细的异常信息给客户端。-->
    </xsd:sequence>
</xsd:complexType>
```

复合型参数 records 包含了一组或多组 singleRecord 参数,封装了元数据内容。目录检索结果提取响应中 singlerecords 的详细说明如表 A.14 所示:

表 A.14 singleRecord 参数表

参数名称	可选/必选	参数含义
Item	必选	结果集中的元数据记录,包含有一组或多组元数据属性参数 itemName 和元数据属性值参数 itemValue。提取的结果集是核心元数据时,参数 itemName 取值要求符合本规范中表 C.1 的编码
databaseId	可选	表明目录检索结果提取的目标元数据库名称或标识,该参数用于核对由客户端指定检索的元数据库名称
RecordId	可选	服务器端返回的元数据标识符

目录检索结果提取响应中 records 的组成结构,如图 A.19 所示:

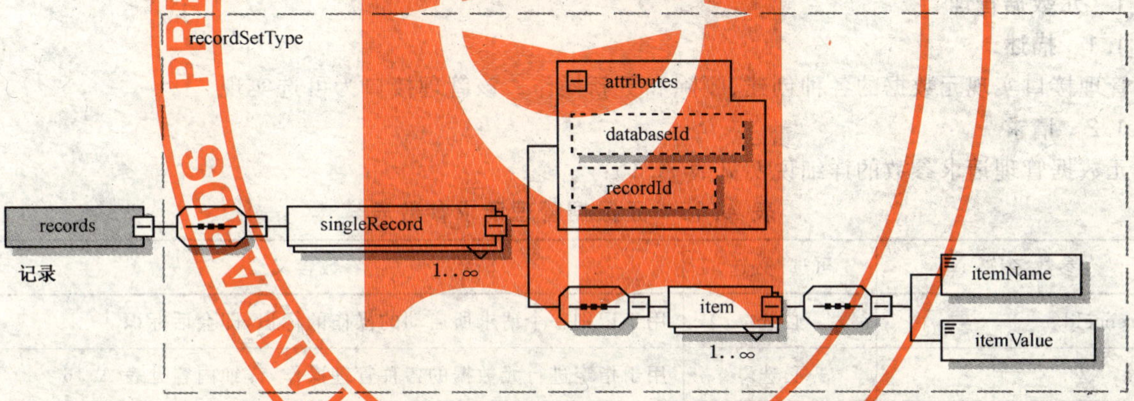

图 A.19 目录检索结果提取响应中 records 的模型图

目录检索结果提取响应中 records 的 XML Schema 定义如下:

```
<xsd:element name="recordSet" type="recordSetType">
    <xsd:annotation>
        <xsd:documentation>记录集。</xsd:documentation>
    </xsd:annotation>
</xsd:element>
<xsd:complexType name="recordSetType">
    <xsd:annotation>
        <xsd:documentation>记录集的类型定义。</xsd:documentation>
    </xsd:annotation>
    <xsd:sequence>
```

```
<xsd:element name="singleRecord" maxOccurs="unbounded">
    <xsd:complexType>
        <xsd:sequence>
            <xsd:element name="item" maxOccurs="unbounded">
                <xsd:complexType>
                    <xsd:sequence>
                        <xsd:element name="itemName" type="xsd:string"/>
                        <xsd:element name="itemValue" type="xsd:string"/>
                    </xsd:sequence>
                </xsd:complexType>
            </xsd:element>
        </xsd:sequence>
        <xsd:attribute name="databaseId" type="xsd:string" use="optional"/>
        <xsd:attribute name="recordId" type="xsd:string" use="optional"/>
    </xsd:complexType>
</xsd:element>
</xsd:sequence>
</xsd:complexType>
```

A.4 管理接口

A.4.1 元数据管理

A.4.1.1 描述

管理接口实现元数据的各种创建、删除和更新操作。该管理接口为可选实现。

A.4.1.2 请求

元数据管理请求参数的详细说明见表 A.15：

表 A.15 元数据管理请求参数表

参数名称	可选/必选	参数含义
referenceId	必选	用于识别一个请求所启动的操作的标识，即会话标识
Type	必选	用于指定进行元数据的各种管理操作，详细内容见表 A.16
databaseName	必选	由客户端指定执行元数据管理操作的目标元数据库名称
recordId	可选	待删除或待更新的元数据标识号。该元数据标识号用在元数据库中指定唯一的元数据。可以通过目录检索结果提取接口获取其响应消息，该响应中的结果集包含有唯一的元数据标识号。 注：当 type 值为 1 时，进行元数据插入操作，本参数不出现；当 type 值为 2、3 时，进行元数据删除或更新操作，本参数为必选参数
Data	可选	待创建或待更新的元数据内容，符合 XML 格式。 当 type 值为 1、3 时，进行元数据插入或更新操作，本参数为必选参数；当 type 值为 2 时，进行元数据删除操作，本参数不出现
otherInfo	可选	其他信息，用于客户端和服务器端传递自定义信息

元数据管理请求中，操作类型参数 type 的取值，如表 A.16 所示：

表 A.16 操作类型参数 type 取值列表

名称	取值	含 义
创建元数据	1	用于表示该次请求是进行元数据导入操作
删除元数据	2	用于表示该次请求是进行元数据删除操作
更新元数据	3	用于表示该次请求是进行元数据更新操作

元数据管理请求元数据的创建、删除和更新时，使用到的参数有所不同：

a) 元数据创建操作仅使用到 referenceId、type、databaseName、data 参数；

b) 元数据删除操作仅使用到 referenceId、type、databaseName、recordId 参数；

c) 元数据更新操作仅使用到 referenceId、type、databaseName、recordId、data 参数。

元数据管理请求的组成结构，如图 A.20 所示：

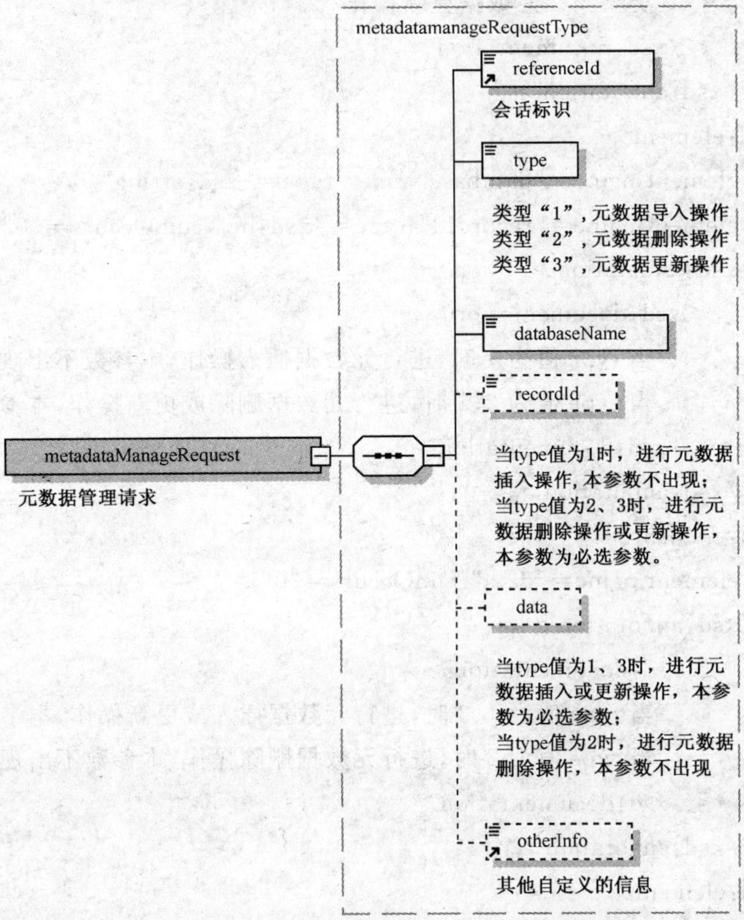

图 A.20 元数据管理请求的模型图

元数据管理请求的 XML Schema 定义片段如下(完整的 XML Schema 定义见附录 B)：

```
<!--类型标识符"metadataManageRequest"的定义 -->
<xsd:element name="metadataManageRequest" type="metadataManageRequestType">
    <xsd:annotation>
        <xsd:documentation>元数据管理请求。</xsd:documentation>
    </xsd:annotation>
</xsd:element>
```

```
<xsd:complexType name="metadataManageRequestType">
    <xsd:annotation>
        <xsd:documentation>元数据管理请求的类型定义。</xsd:documentation>
    </xsd:annotation>
    <xsd:sequence>
        <xsd:element ref="referenceId"/>
        <xsd:element name="type" type="xsd:int">
            <xsd:annotation>
                <xsd:documentation>
                    类型"1",元数据导入操作
                    类型"2",元数据删除操作
                    类型"3",元数据更新操作
                </xsd:documentation>
            </xsd:annotation>
        </xsd:element>
        <xsd:element name="databaseName" type="xsd:string"/>
        <xsd:element name="recordId" type="xsd:int" minOccurs="0">
            <xsd:annotation>
                <xsd:documentation>
                    当 type 值为 1 时,进行元数据插入操作,本参数不出现;
                    当 type 值为 2、3 时,进行元数据删除或更新操作,本参数为必选参数。
                </xsd:documentation>
            </xsd:annotation>
        </xsd:element>
        <xsd:element name="data" minOccurs="0">
            <xsd:annotation>
                <xsd:documentation>
                    当 type 值为 1、3 时,进行元数据插入或更新操作,本参数为必选参数;
                    当 type 值为 2 时,进行元数据删除操作,本参数不出现。
                </xsd:documentation>
            </xsd:annotation>
        </xsd:element>
        <xsd:element ref="otherInfo" minOccurs="0"/>
    </xsd:sequence>
</xsd:complexType>
```

A.4.1.3 响应

服务器返回该元数据管理响应消息来反馈执行元数据创建、删除、更新等操作的状态信息,将元数据的创建、删除或更新操作执行结果返回给客户端。元数据管理响应参数见表 A.17:

表 A.17　元数据管理响应参数表

参数名称	可选/必选	参数含义
referenceId	必选	用于识别一个请求所启动的操作的标识
operationState	必选	由服务器端返回的元数据管理操作执行结果状态。取值为"success",表示执行元数据管理操作成功;取值为"failure",表示执行元数据管理操作失败
operationType	可选	用来表示服务器端执行的元数据管理操作类型
otherInfo	可选	其他信息,用于客户端和服务器端传递自定义信息。如发生异常,可使用本参数传递详细的异常信息给客户端

元数据管理响应的组成结构,如图 A.21 所示:

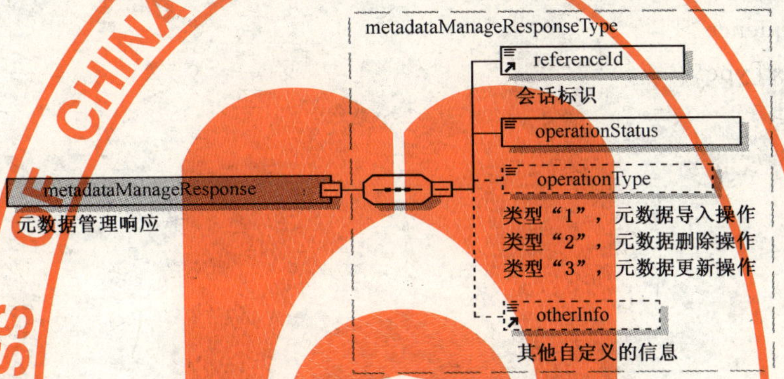

图 A.21　元数据管理响应的模型图

元数据管理响应的 XML Schema 定义片段如下(完整的 XML Schema 定义见附录 B):

```
<!--类型标识符"metadataManageResponse"的定义 -->
<xsd:element name="metadataManageResponse" type="metadataManageResponseType">
    <xsd:annotation>
        <xsd:documentation>元数据管理响应。</xsd:documentation>
    </xsd:annotation>
</xsd:element>
<xsd:complexType name="metadataManageResponseType">
    <xsd:annotation>
        <xsd:documentation>元数据管理响应的类型定义。</xsd:documentation>
    </xsd:annotation>
    <xsd:sequence>
        <xsd:element ref="referenceId"/>
        <xsd:element name="operationStatus">
            <xsd:simpleType>
                <xsd:restriction base="xsd:string">
                    <xsd:enumeration value="success"/>
                    <xsd:enumeration value="failure"/>
                </xsd:restriction>
            </xsd:simpleType>
        </xsd:element>
```

```
        <xsd:element name="operationType" type="xsd:int" minOccurs="0" >
            <xsd:annotation>
                <xsd:documentation>
                    类型“1”,元数据导入操作
                    类型“2”,元数据删除操作
                    类型“3”,元数据更新操作
                </xsd:documentation>
            </xsd:annotation>
        </xsd:element>
        <xsd:element ref="otherInfo" minOccurs="0"/>
        <!--其他信息,用于客户端和服务器端传递自定义信息。一旦发生异常,使用本参数传递详细的异常信息给客户端。-->
    </xsd:sequence>
</xsd:complexType>
```

附 录 B
（规范性附录）
目录服务接口 XML Schema 描述

```
<? xml version="1.0" encoding="GB2312"? >
<xsd:schema xmlns:xsd="http://www.w3.org/2001/XMLSchema">
    <! --类型标识符"PDU" -->
    <xsd:element name="PDU" type="PDUType">
        <xsd:annotation>
            <xsd:documentation>协议数据单元。</xsd:documentation>
        </xsd:annotation>
    </xsd:element>
    <xsd:complexType name="PDUType">
        <xsd:annotation>
            <xsd:documentation>协议数据单元的定义。</xsd:documentation>
        </xsd:annotation>
        <xsd:choice>
            <xsd:element ref="initRequest"/>
            <xsd:element ref="initResponse"/>
            <xsd:element ref="catalogCapabilitiesRequest"/>
            <xsd:element ref="catalogCapabilitiesResponse"/>
            <xsd:element ref="searchRequest"/>
            <xsd:element ref="searchResponse"/>
            <xsd:element ref="presentRequest"/>
            <xsd:element ref="presentResponse"/>
            <xsd:element ref="metadataManageRequest"/>
            <xsd:element ref="metadataManageResponse"/>
            <xsd:element ref="closeRequest"/>
            <xsd:element ref="closeResponse"/>
        </xsd:choice>
    </xsd:complexType>
    <! --类型标识符"InitRequest"的定义 -->
    <xsd:element name="initRequest" type="initRequestType">
        <xsd:annotation>
            <xsd:documentation>初始化请求。</xsd:documentation>
        </xsd:annotation>
    </xsd:element>
    <xsd:complexType name="initRequestType">
        <xsd:annotation>
            <xsd:documentation>初始化请求的类型定义。</xsd:documentation>
        </xsd:annotation>
        <xsd:sequence>
```

```
        <xsd:element ref="protocolVersion"/>
        <xsd:element name="idAuthentication" minOccurs="0"/>
        <xsd:element name="implementationId" type="xsd:string" minOccurs="0"/>
        <xsd:element name="implementationName" type="xsd:string" minOccurs="0"/>
        <xsd:element name="implementationVersion" type="xsd:string" minOccurs="0"/>
        <xsd:element ref="otherInfo" minOccurs="0"/>
    </xsd:sequence>
</xsd:complexType>
<!--类型标识符 "ProtocolVersion" 的定义 -->
<xsd:element name="protocolVersion" type="xsd:string" default="1">
    <xsd:annotation>
        <xsd:documentation>协议版本,本实现对应的协议版本</xsd:documentation>
    </xsd:annotation>
</xsd:element>
<!--类型标识符 "InitResponse" 的定义 -->
<xsd:element name="initResponse" type="initResponseType">
    <xsd:annotation>
        <xsd:documentation>初始化响应。</xsd:documentation>
    </xsd:annotation>
</xsd:element>
<xsd:complexType name="initResponseType">
    <xsd:annotation>
        <xsd:documentation>初始化响应的类型定义。</xsd:documentation>
    </xsd:annotation>
    <xsd:sequence>
        <xsd:element ref="referenceId"/>
        <!--参数 referenceId 是由 a~z、A~Z、0~9 组成,其他字符无效。-->
        <xsd:element ref="protocolVersion"/>
        <xsd:element name="result" type="xsd:boolean"/>
        <!--参数 result 取值为布尔型。"true"表示建立会话成功;"false"表示建立会话失败,
此时 referenceId 取为空。 -->
        <xsd:element name="implementationId" type="xsd:string" minOccurs="0"/>
        <xsd:element name="implementationName" type="xsd:string" minOccurs="0"/>
        <xsd:element name="implementationVersion" type="xsd:string" minOccurs="0"/>
        <xsd:element ref="otherInfo" minOccurs="0"/>
        <!--其他信息,用于客户端和服务器端传递自定义信息。一旦发生异常,使用本参数
传递详细的异常信息给客户端。 -->
    </xsd:sequence>
</xsd:complexType>
<!--类型标识符"catalogCapabilitiesRequest"的定义 -->
<xsd:element name="catalogCapabilitiesRequest" type="catalogCapabilitiesRequestType">
    <xsd:annotation>
        <xsd:documentation>目录服务自描述信息的请求。</xsd:documentation>
```

```
        </xsd:annotation>
    </xsd:element>
    <xsd:complexType name="catalogCapabilitiesRequestType">
        <xsd:annotation>
            <xsd:documentation>目录服务自描述信息请求的定义。</xsd:documentation>
        </xsd:annotation>
        <xsd:sequence>
            <xsd:element ref="referenceId"/>
            <xsd:element ref="otherInfo" minOccurs="0"/>
        </xsd:sequence>
    </xsd:complexType>
    <!--类型标识符"catalogCapabilitiesResponse"的定义-->
    <xsd:element name="catalogCapabilitiesResponse" type="catalogCapabilitiesResponseType">
        <xsd:annotation>
            <xsd:documentation>目录服务自描述信息的响应。</xsd:documentation>
        </xsd:annotation>
    </xsd:element>
    <xsd:complexType name="catalogCapabilitiesResponseType">
        <xsd:annotation>
            <xsd:documentation>目录服务自描述信息响应的定义。</xsd:documentation>
        </xsd:annotation>
        <xsd:sequence>
            <xsd:element ref="referenceId"/>
            <xsd:element name="databaseList" type="databaseListType"/>
            <xsd:element ref="options"/>
            <xsd:element name="serviceName" type="xsd:string" default="政务信息资源目录服务"/>
            <xsd:element name="serviceAbstract" type="xsd:string"/>
            <xsd:element name="serviceID" type="xsd:string"/>
            <xsd:element name="serviceProvider" type="serviceProviderType"
maxOccurs="unbounded"/>
            <xsd:element name="serviceURL" type="xsd:string"/>
            <xsd:element name="serviceType" type="xsd:string" fixed="目录服务"/>
            <xsd:element ref="otherInfo" minOccurs="0"/>
        </xsd:sequence>
    </xsd:complexType>
    <xsd:complexType name="databaseListType">
        <xsd:sequence>
            <xsd:element name="database" type="databaseType" minOccurs="0"
maxOccurs="unbounded"/>
        </xsd:sequence>
    </xsd:complexType>
    <xsd:complexType name="databaseType">
        <xsd:sequence>
```

```
            <xsd:element name="databaseId" type="xsd:string"/>
            <xsd:element name="databaseName" type="xsd:string"/>
            <xsd:element name="databaseDescribe" type="xsd:string"/>
        </xsd:sequence>
    </xsd:complexType>
    <!--类型标识符 "Options"的定义 -->
    <xsd:element name="options" type="optionsType">
        <xsd:annotation>
            <xsd:documentation>支持的功能。</xsd:documentation>
        </xsd:annotation>
    </xsd:element>
    <xsd:simpleType name="optionsType">
        <xsd:list itemType="facilitySupportedType"/>
    </xsd:simpleType>
    <xsd:simpleType name="facilitySupportedType">
        <xsd:restriction base="xsd:string">
            <xsd:enumeration value="init"/>
            <xsd:enumeration value="close"/>
            <xsd:enumeration value="capbilities"/>
            <xsd:enumeration value="search"/>
            <xsd:enumeration value="present"/>
            <xsd:enumeration value="metadataManage"/>
        </xsd:restriction>
    </xsd:simpleType>
    <xsd:complexType name="serviceProviderType">
        <xsd:annotation>
            <xsd:documentation>提供部门类型</xsd:documentation>
        </xsd:annotation>
        <xsd:sequence>
            <xsd:element ref="serviceProviderName"/>
        </xsd:sequence>
    </xsd:complexType>
    <xsd:element name="serviceProviderName" type="xsd:string">
        <xsd:annotation>
            <xsd:documentation>提供部门名称</xsd:documentation>
        </xsd:annotation>
    </xsd:element>
    <!--类型标识符"SearchRequest"的定义 -->
    <xsd:element name="searchRequest" type="searchRequestType">
        <xsd:annotation>
            <xsd:documentation>检索请求。</xsd:documentation>
        </xsd:annotation>
    </xsd:element>
```

```
<xsd:complexType name="searchRequestType">
    <xsd:annotation>
        <xsd:documentation>检索请求的类型定义。</xsd:documentation>
    </xsd:annotation>
    <xsd:sequence>
        <xsd:element ref="referenceId"/>
        <xsd:element name="replaceIndicator" type="xsd:boolean"/>
        <xsd:element name="resultSetID" type="xsd:string"/>
        <xsd:element ref="databaseNames"/>
        <xsd:element name="preferredRecordSyntax" type="xsd:string" default="XML" minOccurs="0"/>
        <!--preferredRecordSyntax 表示查询结果的编码方式。默认采用 XML 方式 -->
        <xsd:element ref="query"/>
        <xsd:element ref="otherInfo" minOccurs="0"/>
    </xsd:sequence>
</xsd:complexType>
<!--类型标识符"SearchResponse"的定义 -->
<xsd:element name="searchResponse" type="searchResponseType">
    <xsd:annotation>
        <xsd:documentation>检索响应。</xsd:documentation>
    </xsd:annotation>
</xsd:element>
<xsd:complexType name="searchResponseType">
    <xsd:annotation>
        <xsd:documentation>检索响应的类型定义。</xsd:documentation>
    </xsd:annotation>
    <xsd:sequence>
        <xsd:element ref="referenceId"/>
        <xsd:element name="resultCount" type="xsd:integer"/>
        <xsd:element name="searchStatus"/>
        <!--参数 searchStatus 取值为"success"表示检索成功;"failure"表示检索失败 -->
        <xsd:element ref="otherInfo" minOccurs="0"/>
        <!--其他信息,用于客户端和服务器端传递自定义信息。一旦发生异常,使用本参数传递详细的异常信息给客户端。 -->
    </xsd:sequence>
</xsd:complexType>
<!--类型标识符"databaseNames"的定义 -->
<xsd:element name="databaseNames" type="databaseNamesType"/>
<xsd:complexType name="databaseNamesType">
    <xsd:sequence minOccurs="0" maxOccurs="unbounded">
        <xsd:element ref="databaseName"/>
    </xsd:sequence>
</xsd:complexType>
```

```
<xsd:element name="databaseName" type="databaseNameType">
    <xsd:annotation>
        <xsd:documentation>元数据库名称。</xsd:documentation>
    </xsd:annotation>
</xsd:element>
<xsd:simpleType name="databaseNameType">
    <xsd:annotation>
        <xsd:documentation>元数据库名称的类型定义。</xsd:documentation>
    </xsd:annotation>
    <xsd:restriction base="xsd:string"/>
</xsd:simpleType>
<!--类型标识符"Query"的定义-->
<xsd:element name="query" type="queryType"/>
<xsd:complexType name="queryType">
    <xsd:choice>
        <xsd:element name="type1">
            <xsd:annotation>
                <xsd:documentation>检索串的类型是 type-1</xsd:documentation>
            </xsd:annotation>
            <xsd:complexType>
                <xsd:sequence>
                    <xsd:element name="attributeSet" type="xsd:string" fixed="政务信息资源目录服务属性集"/>
                    <xsd:element name="rpn" type="RPNQueryType"/>
                </xsd:sequence>
            </xsd:complexType>
        </xsd:element>
    </xsd:choice>
</xsd:complexType>
<!--类型标识符"RPNQueryType"的定义-->
<xsd:complexType name="RPNQueryType">
    <xsd:annotation>
        <xsd:documentation>逆波兰检索表达式。</xsd:documentation>
    </xsd:annotation>
    <xsd:choice>
        <xsd:element name="op" type="ArgumentType"/>
        <xsd:element name="rpnRpnOp" type="ComplexArugmentType"/>
    </xsd:choice>
</xsd:complexType>
<xsd:complexType name="ArgumentType">
    <xsd:choice>
        <xsd:element name="attrTerm" type="operandType"/>
        <xsd:element name="rpn" type="RPNQueryType"/>
```

```
    </xsd:choice>
</xsd:complexType>
<xsd:complexType name="ComplexArugmentType">
    <xsd:sequence>
        <xsd:element name="rpn1" type="ArgumentType"/>
        <xsd:element name="rpn2" type="ArgumentType"/>
        <xsd:element name="operator" type="operatorType"/>
    </xsd:sequence>
</xsd:complexType>
<!--类型标识符"RPNStructure"的定义 -->
<xsd:element name="RPNStructure" type="RPNStructureType"/>
<xsd:complexType name="RPNStructureType">
    <xsd:choice>
        <xsd:element name="operand" type="operandType"/>
        <xsd:element name="rpnRpnOp">
            <xsd:complexType>
                <xsd:sequence>
                    <xsd:element name="operator" type="operatorType"/>
                </xsd:sequence>
            </xsd:complexType>
        </xsd:element>
    </xsd:choice>
</xsd:complexType>
<!--类型标识符"Operand"的定义 -->
<xsd:element name="operand" type="operandType">
    <xsd:annotation>
        <xsd:documentation>操作数。</xsd:documentation>
    </xsd:annotation>
</xsd:element>
<xsd:complexType name="operandType">
    <xsd:annotation>
        <xsd:documentation>操作数的类型定义。</xsd:documentation>
    </xsd:annotation>
    <xsd:sequence>
        <xsd:element name="attributes" type="attributeList"/>
        <xsd:element name="term" type="termType"/>
    </xsd:sequence>
</xsd:complexType>
<!--类型标识符"attributeList"的定义 -->
<xsd:complexType name="attributeList">
    <xsd:sequence minOccurs="0" maxOccurs="unbounded">
        <xsd:element name="attributeElement">
            <xsd:complexType>
```

```
                <xsd:sequence>
                    <xsd:element name="attributeType"/>
                    <xsd:element name="attributeValue" type="xsd:string"/>
                </xsd:sequence>
            </xsd:complexType>
        </xsd:element>
    </xsd:sequence>
</xsd:complexType>
<!--类型标识符"Term"的定义 -->
<xsd:complexType name="termType">
    <xsd:choice>
        <xsd:element name="general" type="xsd:hexBinary"/>
        <xsd:element name="numeric" type="xsd:integer"/>
        <xsd:element name="characterString" type="xsd:string"/>
        <xsd:element name="recordId" type="xsd:string"/>
        <xsd:element name="dateTime" type="generalizedTimeType"/>
    </xsd:choice>
</xsd:complexType>
<!--类型标识符"Operator"的定义 -->
<xsd:element name="operator" type="operatorType">
    <xsd:annotation>
        <xsd:documentation>操作符。</xsd:documentation>
    </xsd:annotation>
</xsd:element>
<xsd:complexType name="operatorType">
    <xsd:annotation>
        <xsd:documentation>操作符的类型定义。</xsd:documentation>
    </xsd:annotation>
    <xsd:choice>
        <xsd:element name="and" type=" NullType "/>
        <xsd:element name="or" type=" NullType "/>
        <xsd:element name="not" type=" NullType "/>
    </xsd:choice>
</xsd:complexType>
<xsd:complexType name="NullType">
    <xsd:annotation>
        <xsd:documentation>抽象类型。表示元素出现即可,没有取值。</xsd:documentation>
    </xsd:annotation>
</xsd:complexType>
<!--类型标识符"PresentRequest"的定义 -->
<xsd:element name="presentRequest" type="presentRequestType">
    <xsd:annotation>
        <xsd:documentation>提取请求。</xsd:documentation>
```

```
        </xsd:annotation>
    </xsd:element>
    <xsd:complexType name="presentRequestType">
        <xsd:annotation>
            <xsd:documentation>提取请求的类型定义。</xsd:documentation>
        </xsd:annotation>
        <xsd:sequence>
            <xsd:element ref="referenceId"/>
            <xsd:element name="resultSetId" type="resultSetIdType"/>
            <xsd:element name="resultSetStartPoint" type="xsd:integer"/>
            <xsd:element name="numberOfRecordsRequested" type="xsd:integer"/>
            <xsd:element ref="elementSetName"/>
            <xsd:element name="preferredRecordSyntax" type="xsd:string" default="XML"
minOccurs="0"/>
            <!--preferredRecordSyntax 表示提取结果的编码方式。默认采用 XML 方式 -->
            <xsd:element ref="otherInfo" minOccurs="0"/>
        </xsd:sequence>
    </xsd:complexType>
    <!--类型标识符"ElementSetName"的定义 -->
    <xsd:element name="elementSetName" type="elementSetNameType">
        <xsd:annotation>
            <xsd:documentation>元素集名称。</xsd:documentation>
        </xsd:annotation>
    </xsd:element>
    <xsd:complexType name="elementSetNameType">
        <xsd:annotation>
            <xsd:documentation>元素集名称的类型定义。</xsd:documentation>
        </xsd:annotation>
        <xsd:choice>
            <xsd:element name="genericElementSetName" type="xsd:string"/>
            <xsd:element name="elementSet">
                <xsd:complexType>
                    <xsd:sequence>
                        <xsd:element name="element" type="xsd:string" maxOccurs="unbounded"/>
                    </xsd:sequence>
                </xsd:complexType>
            </xsd:element>
        </xsd:choice>
    </xsd:complexType>
    <!--类型标识符"PresentResponse"的定义 -->
    <xsd:element name="presentResponse" type="presentResponseType">
        <xsd:annotation>
            <xsd:documentation>提取响应。</xsd:documentation>
```

```
    </xsd:annotation>
  </xsd:element>
  <xsd:complexType name="presentResponseType">
    <xsd:annotation>
      <xsd:documentation>提取响应的类型定义。</xsd:documentation>
    </xsd:annotation>
    <xsd:sequence>
      <xsd:element ref="referenceId"/>
      <xsd:element name="numberOfRecordsReturned" type="xsd:integer"/>
      <xsd:element ref="presentStatus"/>
      <!--参数 presentStatus 取值为“success”表示提取成功;“failure”表示提取失败。-->
      <xsd:element ref="records"/>
      <xsd:element ref="otherInfo" minOccurs="0"/>
      <!--其他信息,用于客户端和服务器端传递自定义信息。一旦发生异常,使用本参数
传递详细的异常信息给客户端。-->
    </xsd:sequence>
  </xsd:complexType>
  <!--类型标识符"Records"的定义 -->
  <xsd:element name="records" type="recordSetType">
    <xsd:annotation>
      <xsd:documentation>记录。</xsd:documentation>
    </xsd:annotation>
  </xsd:element>
  <!--类型标识符"PresentStatus"的定义 -->
  <xsd:element name="presentStatus" type="presentStatusType">
    <xsd:annotation>
      <xsd:documentation>提取状态。</xsd:documentation>
    </xsd:annotation>
  </xsd:element>
  <xsd:simpleType name="presentStatusType">
    <xsd:annotation>
      <xsd:documentation>提取状态的类型定义。</xsd:documentation>
    </xsd:annotation>
    <xsd:restriction base="xsd:string">
      <xsd:enumeration value="success"/>
      <xsd:enumeration value="failure"/>
    </xsd:restriction>
  </xsd:simpleType>
  <!--类型标识符"metadataManageRequest"的定义 -->
  <xsd:element name="metadataManageRequest" type="metadataManageRequestType">
    <xsd:annotation>
      <xsd:documentation>元数据管理请求。</xsd:documentation>
    </xsd:annotation>
```

```
</xsd:element>
<xsd:complexType name="metadataManageRequestType">
    <xsd:annotation>
        <xsd:documentation>元数据管理请求的类型定义。</xsd:documentation>
    </xsd:annotation>
    <xsd:sequence>
        <xsd:element ref="referenceId"/>
        <xsd:element name="type" type="xsd:int">
            <xsd:annotation>
                <xsd:documentation>
                    类型"1",元数据导入操作
                    类型"2",元数据删除操作
                    类型"3",元数据更新操作
                </xsd:documentation>
            </xsd:annotation>
        </xsd:element>
        <xsd:element name="databaseName" type="xsd:string"/>
        <xsd:element name="recordId" type="xsd:int" minOccurs="0">
            <xsd:annotation>
                <xsd:documentation>
                    当 type 值为 1 时,进行元数据插入操作,本参数不出现;
                    当 type 值为 2、3 时,进行元数据删除操作或更新操作,本参数为必选参数。
                </xsd:documentation>
            </xsd:annotation>
        </xsd:element>
        <xsd:element name="data" minOccurs="0">
            <xsd:annotation>
                <xsd:documentation>
                    当 type 值为 1、3 时,进行元数据插入或更新操作,本参数为必选参数;
                    当 type 值为 2 时,进行元数据删除操作操作,本参数不出现。
                </xsd:documentation>
            </xsd:annotation>
        </xsd:element>
        <xsd:element ref="otherInfo" minOccurs="0"/>
    </xsd:sequence>
</xsd:complexType>
<!--类型标识符"metadataManageResponse"的定义 -->
<xsd:element name="metadataManageResponse" type="metadataManageResponseType">
    <xsd:annotation>
        <xsd:documentation>元数据管理响应。</xsd:documentation>
    </xsd:annotation>
</xsd:element>
<xsd:complexType name="metadataManageResponseType">
```

```
        <xsd:annotation>
            <xsd:documentation>元数据管理响应的类型定义。</xsd:documentation>
        </xsd:annotation>
        <xsd:sequence>
            <xsd:element ref="referenceId"/>
            <xsd:element name="operationStatus">
                <xsd:simpleType>
                    <xsd:restriction base="xsd:string">
                        <xsd:enumeration value="success"/>
                        <xsd:enumeration value="failure"/>
                    </xsd:restriction>
                </xsd:simpleType>
            </xsd:element>
            <xsd:element name="operationType" type="xsd:int" minOccurs="0">
                <xsd:annotation>
                    <xsd:documentation>
                        类型"1",元数据导入操作
                        类型"2",元数据删除操作
                        类型"3",元数据更新操作
                    </xsd:documentation>
                </xsd:annotation>
            </xsd:element>
            <xsd:element ref="otherInfo" minOccurs="0"/>
            <!--其他信息,用于客户端和服务器端传递自定义信息。一旦发生异常,使用本参数
传递详细的异常信息给客户端。-->
        </xsd:sequence>
    </xsd:complexType>
    <!--类型标识符"generalizedTimeType"的定义 -->
    <xsd:simpleType name="generalizedTimeType">
        <xsd:restriction base="xsd:string"/>
    </xsd:simpleType>
    <!--类型标识符"closeRequest"的定义 -->
    <xsd:element name="closeRequest" type="closeRequestType">
        <xsd:annotation>
            <xsd:documentation>关闭请求。</xsd:documentation>
        </xsd:annotation>
    </xsd:element>
    <xsd:complexType name="closeRequestType">
        <xsd:annotation>
            <xsd:documentation>关闭请求的定义。</xsd:documentation>
        </xsd:annotation>
        <xsd:sequence>
            <xsd:element ref="referenceId"/>
```

```
        <xsd:element name="closeReason" type="xsd:string" minOccurs="0"/>
        <xsd:element ref="otherInfo" minOccurs="0"/>
    </xsd:sequence>
</xsd:complexType>
<!--类型标识符"closeResponse"的定义-->
<xsd:element name="closeResponse" type="closeResponseType">
    <xsd:annotation>
        <xsd:documentation>关闭响应。</xsd:documentation>
    </xsd:annotation>
</xsd:element>
<xsd:complexType name="closeResponseType">
    <xsd:annotation>
        <xsd:documentation>关闭响应的定义。</xsd:documentation>
    </xsd:annotation>
    <xsd:sequence>
        <xsd:element name="closeStatus" type="xsd:string" minOccurs="0"/>
        <!--参数 closeStatus 取值为“success”表示关闭会话成功;“failure”表示关闭会话失败-->
    </xsd:sequence>
</xsd:complexType>
<!--类型标识符"ReferenceId"的定义-->
<xsd:element name="referenceId" type="referenceIdType">
    <xsd:annotation>
        <xsd:documentation>会话标识。</xsd:documentation>
    </xsd:annotation>
</xsd:element>
<xsd:simpleType name="referenceIdType">
    <xsd:annotation>
        <xsd:documentation>操作的引用 ID 的类型定义。</xsd:documentation>
    </xsd:annotation>
    <xsd:restriction base="xsd:integer"/>
</xsd:simpleType>
<!--类型标识符"ResultSetId"的定义-->
<xsd:element name="resultSet" type="resultSetIdType">
    <xsd:annotation>
        <xsd:documentation>结果集 ID。</xsd:documentation>
    </xsd:annotation>
</xsd:element>
<xsd:simpleType name="resultSetIdType">
    <xsd:annotation>
        <xsd:documentation>结果集 ID 的类型定义。</xsd:documentation>
    </xsd:annotation>
    <xsd:restriction base="xsd:string"/>
</xsd:simpleType>
<xsd:element name="external">
```

```
        <xsd:annotation>
            <xsd:documentation>外部元素。</xsd:documentation>
        </xsd:annotation>
    </xsd:element>
    <xsd:complexType name="externalType">
        <xsd:annotation>
            <xsd:documentation>外部类型。用于引入元数据检索和提取协议以外的类型。
</xsd:documentation>
        </xsd:annotation>
    </xsd:complexType>
    <xsd:element name="recordSet" type="recordSetType">
        <xsd:annotation>
            <xsd:documentation>记录集。</xsd:documentation>
        </xsd:annotation>
    </xsd:element>
    <xsd:complexType name="recordSetType">
        <xsd:annotation>
            <xsd:documentation>记录集的类型定义。</xsd:documentation>
        </xsd:annotation>
        <xsd:sequence>
            <xsd:element name="singleRecord" maxOccurs="unbounded">
                <xsd:complexType>
                    <xsd:sequence>
                        <xsd:element name="item" maxOccurs="unbounded">
                            <xsd:complexType>
                                <xsd:sequence>
                                    <xsd:element name="itemName" type="xsd:string"/>
                                    <xsd:element name="itemValue" type="xsd:string"/>
                                </xsd:sequence>
                            </xsd:complexType>
                        </xsd:element>
                    </xsd:sequence>
                    <xsd:attribute name="databaseId" type="xsd:string" use="optional"/>
                    <xsd:attribute name="recordId" type="xsd:string" use="optional"/>
                </xsd:complexType>
            </xsd:element>
        </xsd:sequence>
    </xsd:complexType>
    <xsd:element name="otherInfo" type="xsd:string">
        <xsd:annotation>
            <xsd:documentation>其他自定义的信息。</xsd:documentation>
        </xsd:annotation>
    </xsd:element>
</xsd:schema>
```

附 录 C
（规范性附录）
政务信息资源目录服务属性集

本附录定义了政务信息资源目录服务需要的完整属性集，主要用于目录服务的目录检索操作，用来规范 query 中的 operand 的 attributeList 参数取值。attributeList 是由一个或多个 attributeElement 组成，每个 attributeElement 均包含 attributeType 和 attributeValue。

a） attributeType 取值为“1”，表示元数据的属性，用于指定元数据库中相应的属性字段，具体内容见表 C.1；

b） attributeType 取值为“2”，表示采用的关系运算符，用于指定该检索串的关系运算类型，具体内容见表 C.2；

c） attributeType 取值为“3”，表示采用的位置运算符，用于指定该检索串的位置运算类型，具体内容见表 C.3。

核心元数据属性集的编码规则示意图如图 C.1 所示，其编码规则如下：

a） 第一层代码只有一位阿拉伯数字，其取值为“1”，表示核心元数据；

b） 第二层是核心元数据元素和元数据实体，采用三位阿拉伯数字递增顺序码的方法进行编码，例如“资源名称”的编码为“1.001”，“资源发布日期”的编码为“1.002”；

c） 第三层是元数据实体所包含的元数据元素，采用两位阿拉伯数字递增顺序码的方法进行编码，例如“资源提供单位”的编码为“1.004.01”。

图 C.1 核心元数据属性集的编码规则示意图

核心元数据属性集见表 C.1。

表 C.1 核心元数据属性集

编 码	中文名称	短 名
1.000	资源核心元数据全文	resMetadata
1.001	资源名称	resTitle
1.002	资源发布日期	pubCate
1.003	资源摘要	abstract
1.004	资源提供方	IdPoC
1.004.01	资源提供单位	rpOrgName
1.004.02	资源提供方地址	cntAdd
1.005	关键字说明	CescKeys
1.005.01	关键字	keyword
1.005.02	词典名称	thesaName
1.06	信息资源分类	TpCat

表 C.1（续）

编　码	中文名称	短　名
1.06.01	分类方式	cateStd
1.06.02	类目名称	cateName
1.06.03	类目编码	cateCode
1.06.04	分类标准	cateStd
1.07	在线资源链接地址	onLineSrc
1.08	资源标识符	resIC
1.09	服务信息	ServInfo
1.09.01	服务地址	servURL
1.09.02	服务类型	servType
1.10	元数据标识符	mdId
1.11	元数据维护方	MdContact
1.11.1	元数据联系单位	rpOrgName
1.11.2	元数据维护方地址	cntAdd
1.12	元数据更新日期	mdDateUpd

关系运算符属性集见表 C.2。

表 C.2　关系运算符属性集

编　码	名　　称	符　号
1	小于 less than	<
2	小于等于 less than or equal	<=
3	等于 equal	=
4	大于等于 greater or equal	>=
5	大于 greater than	>
6	不等于 not equal	！=(或<>)

位置运算符属性见表 C.3。

表 C.3　位置运算符属性集

编　码	中文名称	英文名称
3	任意位置出现	any position in field

附 录 D
（规范性附录）
分布式目录服务访问模式

分布式目录访问主要针对的是对物理上分布存储的目录内容进行检索，在逻辑上形成统一的目录服务。

基本的分布式目录服务是两层架构，由目录服务网关和目录服务器组成，如图 D.1 所示。

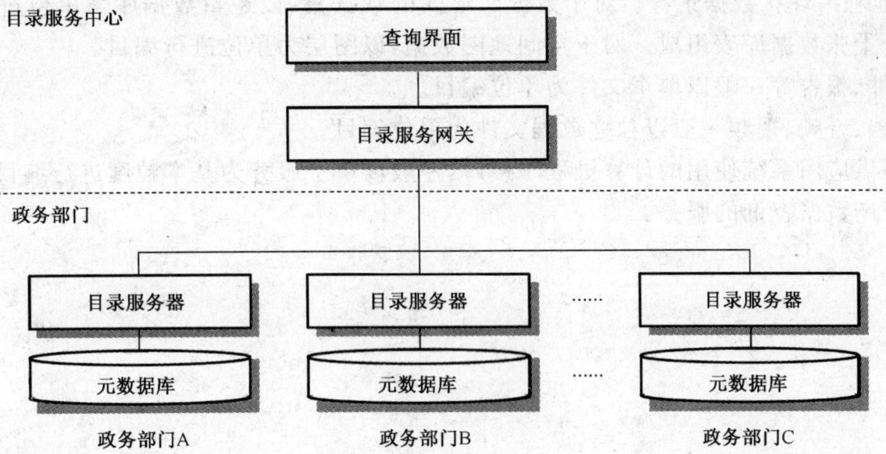

图 D.1 两级分布式目录服务结构示意

目录服务网关代理对多个节点的访问。对于查询系统来说，多个节点的目录服务网关提供的是一个统一的目录服务。

查询系统与目录服务网关、目录服务网关与目录服务器之间的通讯遵循目录服务接口的技术规定和要求。

附 录 E
（资料性附录）
资源编目粒度

共享政务信息资源的主要内容包括数据集、档案、文件、报告、服务等，具体的形式可以是数据库、图片、文档、音频、视频、服务等。

数据集是可以标识的数据集合，它能够用一个数据字典唯一描述。在数据组成上，它是由若干数据记录组成的数据集合，例如宏观经济管理中使用的国家重点企业资产数据集、国土管理中的全国1：10 000土地利用现状数据集等。对于数据库形式的数据集，以逻辑数据库为单位进行编目，逻辑数据库可以由若干张数据库表组成。对于空间地图数据，以图层为单位进行编目。

档案、文件、报告等一般以单个文件为单位编目。

图片、文档、音频、视频一般以独立数据文件为单位编目。

服务是提供应用系统使用的计算机程序接口，一般以单个服务为基本粒度进行编目。例如，提供国家重点企业资产数据查询的服务。

附　录　F
（资料性附录）
检索串示例

本附录提供了两组检索串的示例：示例1是只含有1个检索操作数的政务信息资源目录服务检索串；示例2是含有3个检索操作数的政务信息资源目录服务检索串。

示例1：表示的检索语句是在“属性字段为资源名称（**1.001**）中”，查询满足条件为“等于（**3**）字符串（**SARS**）”的所有元数据。

```
<query>
    <type1>
        <attributeSet>政务信息资源目录服务属性集</attributeSet>
        <rpn>
            <op>
                <attrTerm>
                    <attributes>
                        <attributeElement>
                            <attributeType>1</attributeType>
                            <attributeValue>
                                <numeric>1.001</numeric>
                            </attributeValue>
                        </attributeElement>
                        <attributeElement>
                            <attributeType>2</attributeType>
                            <attributeValue>3</attributeValue>
                        </attributeElement>
                    </attributes>
                    <term>
                        <characterString>SARS</characterString>
                    </term>
                </attrTerm>
            </op>
        </rpn>
    </type1>
</query>
```

示例2：表示的检索语句是在“属性字段为资源名称（**1.001**）中”，查询满足条件为“等于（**3**）字符串（**restriction：1**）”或者“属性字段为资源摘要（**1.003**）中”，查询满足条件为“等于（**3**）字符串（**restriction：2**）”的所有元数据；再限定在“属性字段为资源出版日期（**1.002**）中”，查询满足条件为“不大于（**2**）日期值为（**2002-01-01**）”的元数据。

```
<query>
    <type-1>
        <attributeSet>政务信息资源目录服务属性集</attributeSet>
        <rpn>
            <rpnRpnOp>
```

```
<rpn1>
  <rpnRpnOp>
    <rpn1>
      <op>
        <attrTerm>
          <attributes>
            <attributeElement>
              <attributeType>1</attributeType>
              <attributeValue>1.001</attributeValue>
            </attributeElement>
            <attributeElement>
              <attributeType>2</attributeType>
              <attributeValue>3</attributeValue>
            </attributeElement>
          </attributes>
          <term>
            <characterString>restriction:1</characterString>
          </term>
        </attrTerm>
      </op>
    </rpn1>
    <rpn2>
      <op>
        <attrTerm>
          <attributes>
            <attributeElement>
              <attributeType>1</attributeType>
              <attributeValue>1.003</attributeValue>
            </attributeElement>
            <attributeElement>
              <attributeType>2</attributeType>
              <attributeValue>3</attributeValue>
            </attributeElement>
          </attributes>
          <term>
            <characterString>restriction:2</characterString>
          </term>
        </attrTerm>
      </op>
    </rpn2>
    < operator >
      <OR/>
    </ operator >
  </rpnRpnOp>
```

```
</rpn1>
<rpn2>
    <op>
        <attrTerm>
            <attributes>
                <attributeElement>
                    <attributeType>1</attributeType>
                    <attributeValue>1.002</attributeValue>
                </attributeElement>
                <attributeElement>
                    <attributeType>2</attributeType>
                    <attributeValue>2</attributeValue>
                </attributeElement>
            </attributes>
            <term>
                <dateTime> 2002-01-01</dateTime>
            </term>
        </attrTerm>
    </op>
</rpn2>
< operator >
    <and/>
</ operator >
</rpnRpnOp>
</rpn>
</type-1>
</query>
```

参 考 文 献

[1] ANSI/NISO Z39.50-1995,Information Retrieval (Z39.50): Application Service Definition and Protocol specification,http://www.loD.gov/z3950/agency/document.html

[2] GB/T 18793—2002 信息技术 可扩展置标语言(XML) 1.0

ICS 35.240.01
L 67

中华人民共和国国家标准

GB/T 21063.3—2007

政务信息资源目录体系
第3部分：核心元数据

**Government information resource catalog system—
Part 3: Core metadata**

2007-09-10 发布 2008-03-01 实施

中华人民共和国国家质量监督检验检疫总局
中国国家标准化管理委员会 发布

前　言

GB/T 21063《政务信息资源目录体系》目前分为以下六个部分：

——第1部分：总体框架；

——第2部分：技术要求；

——第3部分：核心元数据；

——第4部分：政务信息资源分类；

——第5部分：政务信息资源标识符编码规则；

——第6部分：技术管理要求。

本部分为GB/T 21063的第3部分。

本部分的附录A、附录B为规范性附录，附录C为资料性附录。

本部分由国务院信息化工作办公室提出。

本部分由全国信息技术标准化委员会归口。

本部分起草单位：国家信息中心、北京航空航天大学、中国电子技术标准化研究所。

本部分主要起草人：徐枫、马殿富、宦茂盛、石雯雯、于建军、高栋、吴焱、吴志刚。

政务信息资源目录体系
第3部分：核心元数据

1 范围

GB/T 21063 的本部分规定了描述政务信息资源特征所需的核心元数据及其表示方式，给出了各核心元数据的定义和著录规则。本部分规定了6个必选的核心元数据和6个可选核心元数据，用以描述政务信息资源的标识、内容、管理等信息，并给出了核心元数据的扩展原则和方法。

本部分适用于政务信息资源目录的编目、建库、发布和查询。

2 规范性引用文件

下列文件中的条款通过 GB/T 21063 的本部分的引用而成为本部分的条款。凡是注日期的引用文件，其随后所有的修改单(不包括勘误的内容)或修订版均不适用于本部分，然而，鼓励根据本部分达成协议的各方研究是否可使用这些文件的最新版本。凡是不注日期的引用文件，其最新版本适用于本部分。

GB/T 7408—2005 数据元和交换格式 信息交换 日期和时间表示法(ISO 8601:2000,IDT)

GB/T 21063.1—2007 政务信息资源目录体系 第1部分：总体框架

GB/T 21063.4—2007 政务信息资源目录体系 第4部分：政务信息资源分类

GB/T 21063.5—[1] 政务信息资源目录体系 第5部分：政务信息资源标识符编码规则

RFC 2396 统一资源标识符：通用句法

3 术语和定义

GB/T 21063.1—2007 中确立的及下列术语和定义适用于 GB/T 21063 的本部分。

3.1

元数据元素 metadata element

元数据的基本单元，用以描述政务信息资源某个特性。

注：元数据元素在元数据实体中是唯一的。

3.2

元数据实体 metadata entity

一组说明政务信息资源相关特性的元数据元素。

注：可以包含一个或一个以上元数据实体。

4 符合性要求

需要进行元数据交换时，应符合附录A规定的格式。

需要对核心元数据进行扩展时，应遵循附录B的要求。

使用者在依据本部分对政务信息资源特征进行提取和编目时，可参考附录C。

5 符号与约定

5.1 元数据的描述方法

本部分采用摘要表示的方式定义和描述元数据，摘要内容包括以下几个属性：中文名称、定义、英文

1) 本标准即将发布。

名称、数据类型、值域、短名、注解。

5.1.1 中文名称

指元数据元素或元数据实体的中文名称，用6.2中各条的标题来表达，例如6.2.1“信息资源名称”。

5.1.2 定义

描述元数据实体或元数据元素的基本内容，给出政务信息资源某个特性的概念和说明。

5.1.3 英文名称

元数据实体或元数据元素的英文名称，是政务信息资源某个特性的英文名称，一般用英文全称。

所有组成词汇为无缝连写。元数据元素的首词汇全部采用小写字母，其余每个词汇的首字母采用大写；元数据实体的每个词汇的首字母大写。

5.1.4 数据类型

说明元数据元素的数据类型，对元数据元素的有效值域及允许的有效操作进行了规定。例如整型、实型、布尔型、字符串、日期等。

5.1.5 值域

说明元数据元素可以取值的范围。

5.1.6 短名

元数据元素的英文缩写名称，具体缩写规则见5.2。

5.1.7 注解

对元数据元素的含义的进一步解释，包括该元数据元素的约束（必选、可选）和最大出现次数。

5.1.7.1 约束

说明元数据实体或元数据元素是否必须选取的属性。包括必选、可选：

a) 必选：表明该元数据实体或元数据元素必须选择。

b) 可选：根据实际应用可以选择也可以不选的元数据实体或元数据元素。已经定义的可选元数据实体和可选元数据元素，可指导部门元数据标准制定人员充分说明其政务信息资源。

可选元数据实体可以包含必选元数据元素，但只当可选实体被选用时才成为必选。如果一个可选元数据实体未被使用，则该实体所包含的元素（包括必选元素）也不选用。

5.1.7.2 最大出现次数

说明元数据实体或元数据元素可以具有的最大实例数目。只出现一次的用“1”表示，多次重复出现的用“N”表示。允许不为1的固定出现次数用相应的数字表示，如“2”、“3”、“4”等。

5.1.8 取值示例

对于每一个元数据元素，都列举一个著录时的填写内容示例。例如信息资源提供单位的取值示例：国土资源部。

5.2 短名命名规则

本部分元数据元素的英文短名遵循以下规则：

a) 短名在本标准范围内必须唯一；

b) 对存在国际或行业领域惯用英文缩写的词汇等元数据实体或元数据元素对象，采取该英文缩写为其标识符；

c) 对于根据英文名称或其他认识自定义的标识符，在保持唯一性的前提下统一取每个单词前三个字母作为其短名缩写标识，当如此取词不能保证唯一性时应延展取词位数，通常仅增加一位，如此仍不能保证唯一性时如前继续延长取词，直至保证唯一性为止；

d) 对于元数据实体的标识短名的写法是，所有组成词汇的缩写为无缝连写，并且每个词汇缩写的首字母大写；

e) 对于元数据元素的短名标识的写法是，所有组成词汇的缩写为无缝连写，首词汇全部采用小写字母，其余每个词汇的缩写的首字母采用大写。

6 核心元数据

6.1 概述

本章给出了核心元数据的定义。

核心元数据中包含6个必选的元数据实体和元数据元素及6个可选的元数据实体和元数据元素，6个必选的元数据实体和元数据元素分别是：

a) 信息资源名称(6.2.1)；
b) 信息资源摘要(6.2.3)；
c) 信息资源提供方(6.2.4)；
d) 信息资源分类(6.2.6)；
e) 信息资源标识符(6.2.8)；
f) 元数据标识符(6.2.10)。

6.2 核心元数据描述

6.2.1 信息资源名称

定　　义：缩略描述政务信息资源内容的标题
英文名称：resourceTitle
数据类型：字符串
值　　域：自由文本
短　　名：resTitle
注　　解：必选项；最大出现次数为1
取值示例：某市矿产资源规划数据库

6.2.2 信息资源发布日期

定　　义：政务信息资源提供方发布共享政务信息资源的日期
英文名称：dateOfPublication
数据类型：日期型
值　　域：按GB/T 7408—2005执行，格式为CCYY-MM-DD
短　　名：pubDate
注　　解：可选项；最大出现次数为1
取值示例：2004-02-11

6.2.3 信息资源摘要

定　　义：对资源内容进行概要说明的文字
英文名称：abstract
数据类型：字符串
值　　域：自由文本
短　　名：abstract
注　　解：必选项；最大出现次数为1

取值示例："××市矿产资源规划数据库"包含了××市矿产资源总体规划(2000～2010年)的信息，共21个矿产资源规划专题图层、9个基础地理信息图层、4个基础地质信息图层、14个规划附表和4个规划文档，规划图件所有点、线、面图形元素都按《矿产资源规划数据库标准(试行稿)》建立了相应的属性。空间数据成果以MapGis，ArcInfo E00、Coverage、Shape格式存储，规划附表数据库为DBF、Microsoft Access、Microsoft Word格式，规划文本以Microsoft Word，HTML两种格式存储，规划附图成果图件以MapGis格式存储，规划附表成果文件以Microsoft Word格式存储。自编代码字典为DBF格式。

6.2.4 信息资源提供方

定　　义:对政务信息资源的完整性、正确性、真实性等负有责任的政务部门的名称和地址信息。

英文名称:PointOfContact

数据类型:复合型

短　　名:IdPoC

注　　解:必选项;最大出现次数为N

6.2.4.1 资源提供单位

定　　义:提供政务信息资源的单位名称

英文名称:organisationName

数据类型:字符串

值　　域:自由文本

短　　名:rpOrgName

注　　解:必选项;最大出现次数为1

取值示例:××市国土资源和房屋管理局

6.2.4.2 资源提供方地址

定　　义:资源提供单位的物理联系地址

英文名称:address

数据类型:字符串

值　　域:自由文本

短　　名:cntAdd

注　　解:可选项;最大出现次数为1

取值示例:××市××区××大街××号

6.2.5 关键字说明

定　　义:说明共享政务信息资源的关键字内容及其依据

英文名称:DescriptiveKeywords

数据类型:复合型

短　　名:DescKeys

注　　解:可选项;最大出现次数为N

6.2.5.1 关键字

定　　义:用于概括共享政务信息资源主要内容的通用词、形式化词或短语

英文名称:keyword

数据类型:字符串

值　　域:自由文本

短　　名:keyword

注　　解:必选项;最大出现次数为N

取值示例:矿产资源

6.2.5.2 词典名称

定　　义:关键字所属的专业关键字词典的名称

英文名称:thesaurusName

数据类型:字符串

值　　域:自由文本

短　　名:thesaName

注　　解:可选项;最大出现次数为1

6.2.6 信息资源分类

定　　义:说明共享政务信息资源分类方式及其相应的分类信息

英文名称:ResourceCategory

数据类型:复合型

短　　名:TpCat

注　　解:必选项;最大出现次数为 N

6.2.6.1 分类方式

定　　义:说明政务信息资源所采用的分类方式

英文名称:categoryStandard

数据类型:字符串

值　　域:见表 1 资源分类代码表的"名称(中文)"列

短　　名:cateStd

注　　解:必选项;最大出现次数为 1

取值示例:主题分类

6.2.6.2 类目名称

定　　义:给出对应某种政务信息资源分类方式中某个具体类目

英文名称:category name

数据类型:字符串

值　　域:自由文本,见 GB/T 21063.4—2007 附录中各分类类目表的"名称"列

短　　名:cateName

注　　解:必选项;最大出现次数为 1

取值示例:矿藏

6.2.6.3 类目编码

定　　义:类目名称对应的编码

英文名称:categoryCode

数据类型:字符串

值　　域:自由文本,见 GB/T 21063.4—2007 附录中各分类类目表的"代码"列

短　　名:cateCode

注　　解:必选项;最大出现次数为 1

取值示例:ZCC00

6.2.7 在线资源链接地址

定　　义:可以获取共享政务信息资源的网络地址

英文名称:online

数据类型:字符串

值　　域:自由文本,按 RFC 2396 规定

短　　名:onLineSrc

注　　解:可选项;最大出现次数为 N

取值示例:http://www.bjgtfgj.gov.cn

6.2.8 信息资源标识符

定　　义:政务信息资源的唯一不变的标识编码

英文名称:resourceID

数据类型:字符串

值　　域:自由文本,取值遵循 GB/T 21063.5—2007 中的第 5 章。

短　　名:resID

注　　解:必选项;最大出现次数为1

取值示例:11000/A00034VG345

6.2.9 服务信息

定　　义:描述政务信息资源提供者所提供的计算机服务功能接口的基本信息

英文名称:ServiceInformation

数据类型:复合型

短　　名:ServInfo

注　　解:可选项;最大出现次数为1

6.2.9.1 服务地址

定　　义:可以访问服务的网络地址

英文名称:serviceURL

数据类型:字符串

值　　域:自由文本

短　　名:servURL

注　　解:必选项;最大出现次数为1

取值示例:http:// 192.168.0.3:8080/climateservice

6.2.9.2 服务类型

定　　义:服务所属的类型

英文名称:serviceType

数据类型:字符串

值　　域:见表2

短　　名:servType

注　　解:必选项;最大出现次数为1

取值示例:目录服务

6.2.10 元数据标识符

定　　义:元数据的唯一标识

英文名称:metadataIdentifier

数据类型:字符串

值　　域:自由文本

短　　名:mdId

注　　解:必选项;最大出现次数为1;必须是第一个著录项目,标识符须唯一,由字母(含下划线(_)、短划线(-)、点(.)、斜线(/)、逗号(,)和空格( ))或数字组成,一般由系统自动随机产生

取值示例:metadata_ 9660512

6.2.11 元数据维护方

定　　义:对元数据内容负责的政务部门的名称和地址信息

英文名称:MetadataContact

数据类型:复合型

短　　名:MdContact

注　　解:可选项;最大出现次数为N

6.2.11.1 元数据联系单位

定　　义:负责单位名称

英文名称:organisationName

数据类型:字符串
值　　域:自由文本
短　　名:rpOrgName
注　　解:必选项;最大出现次数为1
取值示例:××市××局

6.2.11.2　元数据维护方地址

定　　义:与元数据联系人或联系单位联系的物理地址
英文名称:address
数据类型:字符串
值　　域:自由文本
短　　名:cntAdd
注　　解:可选项;最大出现次数为1
取值示例:中国××省××市××区××街××号

6.2.12　元数据更新日期

定　　义:更新元数据的日期
英文名称:metadatadateUpdate
数据类型:日期型
值　　域:按 GB/T 7408—2005 执行,格式为 CCYY-MM-DD
短　　名:mdDateUpd
注　　解:可选项;最大出现次数为1
取值示例:2005-05-12

6.3　核心元数据代码表

资源分类代码表示例见表1。服务类型代码表示例见表2。

表1　资源分类代码表示例

	名称(中文)	名称(英文)	域代码	定　义
1	主题分类	aTopicCategory	001	按照信息资源描述的内容对资源进行分类

表2　服务类型代码表示例

	名称(中文)	名称(英文)	域代码	定　义
1	目录服务	catalogService	001	按照 GB/T 21063.2—2007 目录服务接口要求建立的目录服务,用于资源发现与定位的服务

附　录　A
（规范性附录）
核心元数据 XML Schema

```
<? xml version="1.0" encoding="GB2312"? >
<xs:schema xmlns:xs="http://www.w3.org/2001/XMLSchema" elementFormDefault="quali-
fied" attributeFormDefault="unqualified">
  <xs:element name="metadata">
    <xs:annotation>
      <xs:documentation>核心元数据</xs:documentation>
    </xs:annotation>
    <xs:complexType>
      <xs:sequence>
        <xs:element name="resTitle" type="xs:string">
          <xs:annotation>
            <xs:documentation>信息资源名称</xs:documentation>
          </xs:annotation>
        </xs:element>
        <xs:element name="pubDate" type="xs:date" minOccurs="0">
          <xs:annotation>
            <xs:documentation>信息资源发布日期</xs:documentation>
          </xs:annotation>
        </xs:element>
        <xs:element name="abstract" type="xs:string">
          <xs:annotation>
            <xs:documentation>信息资源摘要</xs:documentation>
          </xs:annotation>
        </xs:element>
        <xs:element name="IdPoC" type="rpPartyType" maxOccurs="unbounded">
          <xs:annotation>
            <xs:documentation>信息资源提供方</xs:documentation>
          </xs:annotation>
        </xs:element>
        <xs:element name="DescKeys" minOccurs="0" maxOccurs="unbounded">
          <xs:annotation>
            <xs:documentation>关键字说明</xs:documentation>
          </xs:annotation>
          <xs:complexType>
            <xs:sequence>
              <xs:element ref="keyword" maxOccurs="unbounded"/>
              <xs:element ref="thesaName" minOccurs="0"/>
            </xs:sequence>
```

```
    </xs:complexType>
  </xs:element>
  <xs:element name="TpCat" maxOccurs="unbounded">
    <xs:annotation>
      <xs:documentation>信息资源分类</xs:documentation>
    </xs:annotation>
    <xs:complexType>
      <xs:sequence>
        <xs:element ref="cateName"/>
        <xs:element ref="cateCode"/>
        <xs:element ref="cateStd"/>
      </xs:sequence>
    </xs:complexType>
  </xs:element>
  <xs:element name="onLineSrc" type="xs:string" minOccurs="0" maxOccurs="un-
bounded">
    <xs:annotation>
      <xs:documentation>在线资源链接地址</xs:documentation>
    </xs:annotation>
  </xs:element>
  <xs:element name="resID" type="xs:string">
    <xs:annotation>
      <xs:documentation>信息资源标识符</xs:documentation>
    </xs:annotation>
  </xs:element>
  <xs:element name="ServInfo" minOccurs="0">
    <xs:annotation>
      <xs:documentation>服务信息</xs:documentation>
    </xs:annotation>
    <xs:complexType>
      <xs:sequence>
        <xs:element name="servURL" type="xs:string">
          <xs:annotation>
            <xs:documentation>服务地址</xs:documentation>
          </xs:annotation>
        </xs:element>
        <xs:element name="servType" type="servTypeCode">
          <xs:annotation>
            <xs:documentation>服务类型</xs:documentation>
          </xs:annotation>
        </xs:element>
      </xs:sequence>
    </xs:complexType>
```

```
      </xs:element>
      <xs:element name="mdId" type="xs:string">
        <xs:annotation>
          <xs:documentation>元数据标识符</xs:documentation>
        </xs:annotation>
      </xs:element>
      <xs:element name="MdContact" type="rpPartyType" minOccurs="0" maxOccurs="un-
bounded">
        <xs:annotation>
          <xs:documentation>元数据维护方</xs:documentation>
        </xs:annotation>
      </xs:element>
      <xs:element name="mdDateUpd" type="xs:date" minOccurs="0">
        <xs:annotation>
          <xs:documentation>元数据更新日期</xs:documentation>
        </xs:annotation>
      </xs:element>
    </xs:sequence>
  </xs:complexType>
</xs:element>
<xs:element name="rpOrgName" type="xs:string">
  <xs:annotation>
    <xs:documentation>资源提供单位</xs:documentation>
  </xs:annotation>
</xs:element>
<xs:element name="cntAdd" type="xs:string">
  <xs:annotation>
    <xs:documentation>资源提供方地址</xs:documentation>
  </xs:annotation>
</xs:element>
<xs:element name="keyword" type="xs:string">
  <xs:annotation>
    <xs:documentation>关键字</xs:documentation>
  </xs:annotation>
</xs:element>
<xs:element name="thesaName" type="xs:string">
  <xs:annotation>
    <xs:documentation>词典名称</xs:documentation>
  </xs:annotation>
</xs:element>
<xs:element name="begDate" type="xs:date">
  <xs:annotation>
    <xs:documentation>起始时间</xs:documentation>
```

```
    </xs:annotation>
  </xs:element>
  <xs:element name="endDate" type="xs:date">
    <xs:annotation>
      <xs:documentation>结束时间</xs:documentation>
    </xs:annotation>
  </xs:element>
  <xs:element name="cateName" type="xs:string">
    <xs:annotation>
      <xs:documentation>类目名称</xs:documentation>
    </xs:annotation>
  </xs:element>
  <xs:element name="cateCode" type="xs:string">
    <xs:annotation>
      <xs:documentation>类目编码</xs:documentation>
    </xs:annotation>
  </xs:element>
  <xs:element name="cateStd" type="ResourceCategoryCode">
    <xs:annotation>
      <xs:documentation>分类方式</xs:documentation>
    </xs:annotation>
  </xs:element>
  <xs:complexType name="rpPartyType">
    <xs:annotation>
      <xs:documentation>负责方类型</xs:documentation>
    </xs:annotation>
    <xs:sequence>
      <xs:element ref="rpOrgName"/>
      <xs:element ref="cntAdd" minOccurs="0"/>
    </xs:sequence>
  </xs:complexType>
  <xs:simpleType name="ResourceCategoryCode">
    <xs:restriction base="xs:string">
      <xs:enumeration value="主题分类"/>
    </xs:restriction>
  </xs:simpleType>
  <xs:simpleType name="servTypeCode">
    <xs:restriction base="xs:string">
      <xs:enumeration value="目录服务"/>
    </xs:restriction>
  </xs:simpleType>
</xs:schema>
```

附　录　B
（规范性附录）
核心元数据扩展原则和方法

B.1　背景

第6章和附录A提供了描述政务信息资源最主要的核心元数据。然而，随着对政务信息资源应用需求的不断增长，本部分定义的元数据可能不能满足各业务应用发展的需要。因此，要根据应用对本部分定义的元数据进行补充。本附录提供了定义和应用扩展元数据的原则和方法。

B.2　元数据扩展

对本部分定义的元数据内容进行扩展，必须包含本部分所定义的核心元数据。

B.2.1　元数据扩展的类型

允许下列扩展类型：

a）增加新的元数据元素；

b）增加新的元数据实体；

c）建立新的代码表，代替值域为“自由文本”的现有元数据元素的值域；

d）创建新的代码表元素（对值域为代码表的元数据的值域进行扩充）；

e）对现有元数据施加更严格的可选性限制；

f）对现有元数据施加更严格的最大出现次数限制；

g）缩小现有元数据的值域。

B.2.2　元数据扩展的实施

在扩展元数据之前，必须仔细地查阅本部分中现有的元数据及其属性，根据实际需求确认是否缺少适用的元数据。

对于每一个增加的元数据，应按照第5章的规定，采用摘要表示的方式，定义其中文名称、英文名称、数据类型、值域、短名、约束条件以及最大出现次数，最后给出合适的示例。

对于新建的代码表和代码表元素，应按照与6.3中的代码表和代码表元素相同的格式，说明代码表中每个值的名称、代码以及定义。

B.2.3　元数据扩展的原则

新建元数据需要遵循如下基本原则：

a）选取元数据时，既要考虑数据资源单位的数据资源特点以及工作的复杂、难易程度，又要充分满足政务信息资源的利用以及用户查询、提取数据的需要。

b）选取的元数据不但要满足当前阶段电子政务建设的标准化需求，更应该考虑将来一定时间内可能产生的标准化需求。扩展过程中，可以积极参考国内和国外先进标准。

c）新建的元数据不应与本部分定义的元数据中的现有的元数据实体、元素、代码表的名称、定义相冲突。

d）增加的元数据元素应按照本部分所确定的层次关系进行合理的组织。如果本部分现有的元数据实体无法满足新增元数据的需要，则可以新建元数据实体。

e）新建的元数据实体可以定义为复合元数据实体，即可以包含现有的和新建的元数据元素作为其组成部分。

f）允许以代码表替代值域为自由文本的现有元数据元素的值域。

g）允许增加现有代码表中值的数量，扩充后的代码表应与扩充前的代码表在逻辑上保持一致。

h) 允许对现有的元数据元素的值域进行缩小(例如,在本部分中规定的元数据元素的值域中有 7 个值,在扩展后可以规定它的值域只包含其中的 4 个值)。

i) 允许对现有的元数据的可选性和最大出现次数施以更严格的限制(例如,在本部分中定义为可选的元数据,在扩展后可以是必选的;在本部分中定义为可无限次重复出现的元数据,在扩展后可以是只能出现 1 次)。

j) 不得扩展本部分所不允许的任何内容。

B.2.4 元数据扩展的方法

对本标准定义的元数据进行扩展时,可依据本附录中规定的方法,主要分为以下 7 个步骤,如图 B.1所示。

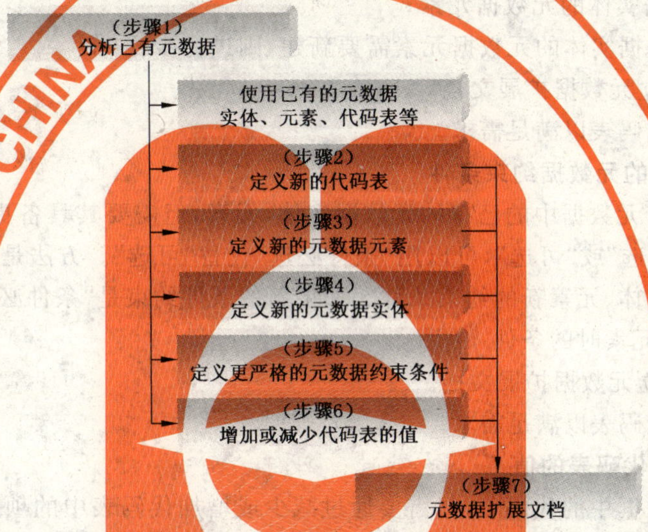

图 B.1 元数据扩展方法

步骤 1 分析已有元数据

扩展元数据的第 1 步应保证对现有的元数据进行全面的分析,这种分析不仅要针对元数据实体/元素的名称,还应分析它们的定义、数据类型、约束条件、值域和最大出现次数等属性,在不能满足需要的情况下进行扩展。分析方法如下:

a) 如果现有元数据能够满足要求,则直接采用即可,无需新建元数据;

b) 在现有元数据中的元数据代码表无法满足要求的情况下,需要通过建立新的元数据代码表以满足需要,则进行步骤 2;

c) 在现有元数据中的元数据元素无法满足要求的情况下,需要通过建立新的元数据元素以满足需要,则进行步骤 3;

d) 在现有元数据中的元数据实体无法满足要求的情况下,需要通过建立新的元数据实体以满足需要,则进行步骤 4;

e) 通过更改现有元数据中的元数据的约束条件就可以满足要求的情况下,则进行步骤 5;

f) 在现有元数据中代码表的值需要扩展的情况下,则进行步骤 6。

步骤 2 定义新的代码表

在需要一个新的代码表以满足某个元数据元素值域需要时:

a) 建立新的元数据代码表,并添加代码表中的值;

b) 进入步骤 7,建立元数据扩展文档;

c) 使用新元数据代码表以满足需求。

步骤 3　定义新的元数据元素

在需要一个新的元数据元素以满足需要时：

a）给出新元数据元素的中文名称、英文名称、定义、数据类型、值域、短名、约束、最大出现次数等属性信息；

b）如果它需要新的代码表，则进行步骤 2；

c）进入步骤 7，建立元数据扩展文档；

d）使用新元数据代码表以满足需求。

步骤 4　定义新的元数据实体

在需要一个新的元数据实体以满足需要时：

a）给出新元数据实体的中文名称、定义、英文名称、数据类型、短名、注解、示例等属性信息；

b）确定构成元数据实体的元数据元素；

c）如果构成该元数据实体的元数据元素需要新建，则进行步骤 3；

d）进入步骤 7，建立元数据扩展文档；

e）使用新元数据代码表以满足需求。

步骤 5　定义更严格的元数据约束条件

如果要选用一个现有元数据中的已有的元数据实体、元素，但需要其具备更严格的约束条件，则可以用"必选" 代替"条件必选"或"可选"，可以用"条件必选"代替"可选"。方法是：

a）定义该元数据实体、元素新的约束条件。如果新的条件约束是"条件必选"，则应给出必须使用该元数据实体、元素时的条件。

b）进入步骤 7，建立元数据扩展文档。

c）使用新元数据代码表以满足需求。

步骤 6　增加或减少代码表的值

要选用一个现有元数据中的代码表，但需要通过减少或增加代码表中的项来对原有的代码表进行特化，方法是：

a）修改该代码表，减少或增加相应的项；

b）进入步骤 7，建立元数据扩展文档；

c）使用新元数据代码表以满足需求。

步骤 7　元数据扩展文档

一旦定义了新元数据实体、元素，需要明确地记录对政务核心元数据的改变，这种改变必须按相应格式在新标准文档中记录。

附　录　C
（资料性附录）
核心元数据示例

C.1　示例概述

本附录按照6.2的要求给出了完整的核心元数据的示例，所填元数据内容仅具有示意性。

C.2　元数据示例

|------信息资源名称：××市矿产资源规划数据库
|------信息资源发布日期：2003-05-10
|------信息资源摘要：××市矿产资源规划数据库"包含了××市矿产资源总体规划（2000～2010年）的信息，共21个矿产资源规划专题图层、9个基础地理信息图层、4个基础地质信息图层、14个规划附表和4个规划文档。空间数据成果以MapGis，ArcInfo E00、Coverage、Shape格式存储，规划附表数据库为DBF、Microsoft Access、Microsoft Word格式，规划文本以Microsoft Word，HTML两种格式存储，规划附图成果图件以MapGis格式存储，规划附表成果文件以Microsoft Word格式存储。自编代码字典为DBF格式
|------信息资源提供方：
　|------资源提供单位：××市国土资源局
　|------资源提供方地址：××市××区××街××号
|------关键字说明：
　|------关键字：矿产资源规划
　|------词典名称：无
|------信息资源分类：
　|------类目名称：矿藏
　|------类目编码：ZCC00
　|------分类方式：主题分类
|------在线资源连接地址：http://xxx.xxx.xx
|------信息资源标识符：11000/A00034VG345
|------服务信息：
　|------服务地址：http://192.168.0.3:8080/climateservice
　|------服务类型：目录服务
|------元数据标识符：metadata_ 9660512
|------元数据维护方：
　|------元数据联系单位：××市××局
　|------元数据维护方地址：××市××区××街××号
|------元数据更新日期：2003-05-10

C.3　元数据XML编码示例

＜? xml version＝"1.0" encoding＝"GB2312"? ＞
＜metadata xmlns:xsi＝"http://www.w3.org/2001/XMLSchema-instance" xsi:noNamespace-

```xml
SchemaLocation＝".. \电子政务核心元数据.xsd">
    <resTitle>××市矿产资源规划数据库</resTitle>
    <pubDate>2003-05-10</pubDate>
    <abstract>"××市矿产资源规划数据库"包含了××市矿产资源总体规划(2000～2010 年)的信息,共 21 个矿产资源规划专题图层、9 个基础地理信息图层、4 个基础地质信息图层、14 个规划附表和 4 个规划文档。空间数据成果以 MapGis,ArcInfo E00、Coverage、Shape 格式存储,规划附表数据库为 DBF、Microsoft Access、Microsoft Word 格式,规划文本以 Microsoft Word,HTML 两种格式存储,规划附图成果图件以 MapGis 格式存储,规划附表成果文件以 Microsoft Word 格式存储。自编代码字典为 DBF 格式。</abstract>
    <IdPoC>
      <rpOrgName>××市国土资源局</rpOrgName>
      <cntAdd>××市××区××街××号</cntAdd>
    </IdPoC>
    <DescKeys>
      <keyword>矿产资源</keyword>
      <thesaName>无</thesaName>
    </DescKeys>
    <TpCat>
      <cateName>矿藏</cateName>
      <cateCode>ZCC00</cateCode>
      <cateStd>主题分类</cateStd>
    </TpCat>
      <onLineSrc>http://www.bjgtfgj.gov.cn</onLineSrc>
    <resID>11000/A00034VG345</resID>
    <ServInfo>
      <servURL>http://192.168.0.3:8080/climateservice </servURL>
      <servType>目录服务</servType>
    </ServInfo>
    <mdId>metadata_ 9660512</mdId>
    <MdContact>
      <rpOrgName> ××市××局</rpOrgName>
      <cntAdd>××市 259 信箱</cntAdd>
    </MdContact>
    <mdDateUpd>2003-05-10</mdDateUpd>
  </metadata>
```

参 考 文 献

[1] Dublin Core Metadata Element Set, Version 1.1: Reference Description. 2003-06-02, http://dublincore.org

[2] Version 2 of "APPLICATION PROFILE FOR THE GOVERNMENT INFORMATION LOCATOR SERVICE (GILS)"

[3] e-Government Metadata Standard Version 3.0

[4] ISO 19115 Geographic - metadata, http://www.isotc211.org

ICS 35.240.01
L 67

中华人民共和国国家标准

GB/T 21063.4—2007

政务信息资源目录体系 第4部分:政务信息资源分类

Government information resource catalog system—Part 4: Government information resource classification

2007-09-10 发布　　　　2008-03-01 实施

中华人民共和国国家质量监督检验检疫总局
中国国家标准化管理委员会　发布

前　言

GB/T 21063《政务信息资源目录体系》目前分为以下六个部分：

——第1部分：总体框架；

——第2部分：技术要求；

——第3部分：核心元数据；

——第4部分：政务信息资源分类；

——第5部分：政务信息资源标识符编码规则；

——第6部分：技术管理要求。

本部分为GB/T 21063—2007的第4部分。

本部分的附录A为规范性附录。

本部分由国务院信息化工作办公室提出。

本部分由全国信息技术标准化委员会归口。

本部分主要起草单位：中国科学技术信息研究所、大唐电信科技产业集团、中国电子技术标准化研究所、国家信息中心、北京市信息资源管理中心、中国标准化研究院、中国科学技术交流中心、北京市政府外事办公室信息中心。

本部分主要起草人：赵新力、孙钦山、钱起霖、张巧英、高栋、吴焱、宦茂盛、刘守华、王薇、李小林、陈煌、王健雄、张治平、姜维、邓洁霖、王利。

政务信息资源目录体系
第4部分:政务信息资源分类

1 范围

GB/T 21063的本部分规定了政务信息资源目录体系中政务信息资源的分类原则和方法,以及主题分类类目表。

本部分适用于在建立政务信息资源目录时提供分类依据。

2 规范性引用文件

下列文件中的条款通过GB/T 21063的本部分的引用而成为本部分的条款。凡是注日期的引用文件,其随后所有的修改单(不包括勘误的内容)或修订版均不适用于本部分,然而,鼓励根据本部分达成协议的各方研究是否可使用这些文件的最新版本。凡是不注日期的引用文件,其最新版本适用于本部分。

GB/T 7027—2002　信息分类和编码的基本原则与方法

GB/T 10113—2003　分类与编码通用术语

GB 18030—2000　信息技术　信息交换用汉字编码字符集　基本集的扩充

GB/T 21063.1—2007　政务信息资源目录体系　第1部分:总体框架

3 术语和定义

GB/T 10113—2003和GB/T 21063.1—2007中确立的术语和定义适用于GB/T 21063的本部分。

4 分类原则

本部分分类和编码的基本原则与方法遵循GB/T 7027—2002的规定,采用混合分类法。分类类目编码使用的罗马字符和阿拉伯数字遵循GB 18030—2000的规定。

5 主题分类

5.1 分类类目表

政务信息资源主题分类包括21个一级类和133个二级类,分类类目表见附录A。

5.2 代码结构

本部分采用统一的代码结构,代码编制规则如下:

a) 分类类别用1位大写罗马字符表示,"Z"代表主题分类;

b) 一级类用1位大写罗马字符表示;

c) 二级类用1位大写罗马字符及2位阿拉伯数字表示。

代码结构见图1。

在主题分类中,分别用"A"至"W"标识21个一级类,用大写罗马字符"A"至"Z"加两位阿拉伯数字"00"标识二级类。

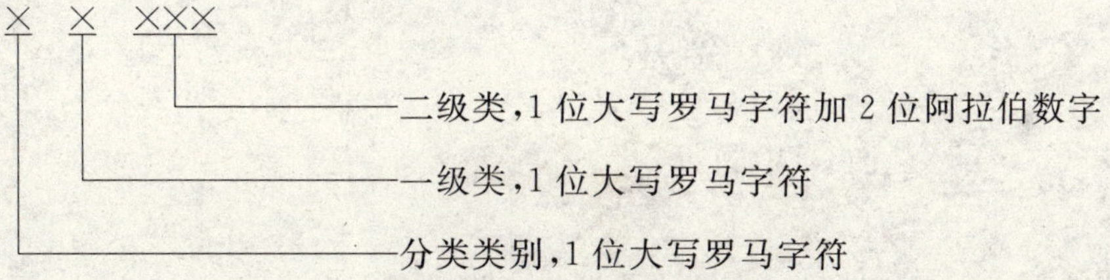

图1　分类代码结构图

5.3 扩充原则

可根据实际情况对主题分类进行类目扩充，扩充的类目应分别符合类目的设置规则，分类代码的配置应符合 5.2 中的规定，并注意助记性。

5.4 映射原则

使用中若采用了主题分类以外的其他分类，应建立这些分类的类目表与主题分类的双向映射关系。

6 分类扩展原则

在建立政务信息资源目录体系时，政务信息资源目录体系中的政务信息资源分类应采用主题分类，也可根据具体应用情况选择其他的分类方法与主题分类共同进行分类，如部门分类、服务分类、资源形态分类等。若采用的扩展分类无分类代码，则其分类代码的配置应符合 5.2 中的规定。

附 录 A
（规范性附录）
主题分类类目表

表 A.1 主题分类类目表

代码	名称	描述说明
ZA	**综合政务**	**关于政治方面的事务和国家的管理工作**
ZAA00	政务综合类	
ZAB00	方针政策	政府制订的、宏观的、指导各个领域发展的方针政策
ZAC00	中共党务	关于中国共产党的规章制度、组织机构建设和发展，以及工作职责等相关信息
ZAD00	政府工作	关于政府的规章制度、组织机构建设和发展，以及工作职责等相关信息
ZAE00	人大	关于人民代表大会的规章制度、组织机构建设和发展，以及工作职责的相关信息
ZAF00	政协	政治协商会议的规章制度、组织机构建设和发展，以及工作职责等相关信息
ZAG00	法院	法院系统的规章制度、组织机构建设和发展，以及工作职责等相关信息
ZAH00	检察院	检察院系统的规章制度、组织机构建设和发展，以及工作职责等相关信息
ZAJ00	机构编制	关于机构编制的管理、机构体系的当前概况和远景规划
ZAK00	领导人	关于领导人的简历、工作岗位、工作活动、作品等相关信息
ZAL00	会议、会务	会议产生的报告等相关信息，以及会议组织、管理的相关信息
ZAM00	重大事件	有深远影响的事件的相关信息
ZB	**经济管理**	**关于经济的管理、规划、发展概况**
ZBA00	经济管理综合类	
ZBB00	经济发展计划	关于经济的宏观的发展规划
ZBC00	经济管理	关于经济的宏观管理现状
ZBD00	经济体制改革	关于经济体制改革的管理和规划、发展情况
ZBE00	经贸管理	关于经济贸易的宏观管理和发展调查报告、统计资料
ZBF00	统计	关于统计工作的管理和发展情况
ZBG00	物价	关于物价的管理和调查报告、统计资料，以及物价体系规划
ZBH00	工商	关于市场监督管理和维护公平竞争的市场秩序
ZC	**国土资源、能源**	**土地、水、海洋、石油、天然气、矿藏、电力资源的管理、规划和发展**
ZCA00	国土资源与能源综合类	
ZCB00	土地	关于土地资源的管理、规划和开发利用情况
ZCC00	矿藏	关于矿产资源的管理、规划和开发利用情况

表 A.1（续）

代 码	名 称	描 述 说 明
ZCD00	水资源	关于水资源的管理、规划和开发利用情况
ZCE00	海洋	关于海洋资源的管理、规划和开发利用情况
ZCF00	煤炭	关于煤炭资源的管理、规划和开发利用情况
ZCG00	石油	关于石油、天然气行业生产、经营的规章制度、法律法规、规划和管理
ZCH00	燃料、燃气	关于燃料、燃气行业生产、经营的规章制度、法律法规、规划和管理
ZCJ00	电力	关于电力生产和市场经营的规章制度、法律法规、管理机构，以及设施建设和技术发展
ZD	**工业、交通**	**工业、企业、交通运输、邮政及相关领域**
ZDA00	工交综合类	
ZDB00	工业	关于工业的规章制度、法律法规、管理机构、体系结构规划和发展
ZDC00	企业	关于企业创建、经营的规章制度、法律法规、管理机构和政府对企业提供的相关服务
ZDD00	交通运输	关于交通运输业的规章制度、法律法规、管理机构、功能服务和设施建设的规划和发展情况
ZE	**信息产业**	**与信息产业内以及相关的行业领域**
ZEA00	信息产业综合类	
ZEB00	通信	与通信相关的规章制度、法律法规、设施建设、功能服务以及组织机构等入此
ZEC00	计算机	与计算机相关的研发、生产、销售相关的规章制度、法律法规、技术和标准，以及该行业的市场行情等概况
ZED00	软件	与软件业相关的规章制度、法律法规、技术标准和发展概况
ZEE00	网络	关于网络的规章制度、法律法规、设施建设规划和发展情况，以及网络的功能服务
ZEF00	信息技术、信息系统	关于信息系统建设的规划和发展情况，信息系统功能服务的开发利用，以及相关的规章制度、法律法规，信息技术的研发
ZEG00	邮政	关于邮政业的规章制度、法律法规、设施建设的规划和发展情况、功能服务的开发利用
ZF	**城乡建设、环境保护**	**关于城乡建设的规划和发展情况，以及环境的监测，环境的保护及其相关领域经济的发展情况**
ZFA00	城乡建设与环境保护综合类	
ZFB00	城乡规划	关于城乡规划方面的规章制度、法律法规、规划报告
ZFC00	城乡建设	城乡的建设发展情况，包括公共设施建设和园林建设
ZFD00	市政工程	市政建设的发展情况，包括道路、桥梁、隧道等的建设，以及供水、供气方面的建设情况
ZFE00	房地产	关于房地产行业的规章制度、法律法规，以及房地产市场和开发商的调查报告、统计资料等房地产经济方面的信息
ZFF00	环境保护、治理	包括环境保护方面的科学知识、规章制度、法律法规、当前环境概况，以及相关环保经济领域的发展情况

表 A.1(续)

代 码	名 称	描 述 说 明
ZFG00	环境污染、监测	关于环境监测的统计报告和技术标准
ZG	**农业、水利**	**关于农业、畜牧业、林业、副业、渔业、水利的规章制度、法律法规、发展规划、统计资料、科学知识、组织机构等**
ZGA00	农业水利综合类	
ZGB00	农业	关于农业的规章制度、法律法规、农产品市场、农业组织、农业科技、农业基础设施建设
ZGC00	林业	关于林业的规划、建设情况、规章制度、法律法规、科学技术、组织机构和相关领域经济情况
ZGD00	畜牧业	关于畜牧业的规章制度、法律法规、设施建设、科学技术和相关领域经济发展情况
ZGE00	副业	关于副业发展的规章制度、法律法规、设施建设、科学技术和相关领域的经济发展情况
ZGF00	渔业	关于渔业发展的规章制度、法律法规、科学技术、设施建设和相关领域的经济发展情况
ZGG00	水利	关于水利建设的规划和发展、规章制度、法律法规、科学技术和组织机构
ZH	**财政**	**财政、会计、金融、保险、税务、审计等**
ZHA00	财政综合类	
ZHB00	财政	关于财政的规章制度、法律法规、业务管理、统计资料
ZHC00	税务	关于税务的规章制度、法律法规、理论知识、税务体系建设
ZHD00	金融	关于金融的规章制度、法律法规、理论知识、组织机构、金融经济统计资料
ZHE00	保险	关于保险的规章制度、法律法规、理论知识、组织机构、保险经济统计资料
ZHF00	审计	关于审计的规章制度、法律法规、理论知识、组织机构
ZHG00	会计	关于会计的规章制度、法律法规、组织机构、理论知识和行业发展情况
ZJ	**商业、贸易**	**商业指以货币为媒介进行交换从而实现商品流通的经济活动,贸易指买卖的通称**
ZJA00	商贸综合类	
ZJB00	国内贸易	在国内进行的买卖
ZJC00	对外贸易	在国际间进行的买卖
ZJD00	物流、仓储	物资流动、仓库储备
ZJE00	海关	交纳关税和货船报关结关的地方
ZJF00	检验、检疫	检查并验证或为防止传染病蔓延,对可能成为传染源的人员、交通工具、物资等采取隔离观察、消毒等措施
ZK	**旅游、服务业**	**外出游览或为他人提供服侍、帮助的行业**
ZKA00	旅游、服务业综合类	
ZKB00	旅游	外出游览、观光
ZKC00	服务业	为他人提供服侍这一职业

表 A.1（续）

代　码	名　　称	描　述　说　明
ZL	**气象、水文、测绘、地震**	**大气现象，自然界中水的变化、运动等的各种现象，测量和地图制图，地壳的天然震动**
ZLA00	气象水文综合类	
ZLB00	气象	大气现象
ZLC00	水文	自然界中水的变化、运动等的各种现象
ZLD00	测绘	测量和地图制图
ZLE00	地震	地壳的天然震动
ZM	**对外事务**	**一个国家在国际关系方面的活动的行政事务、总务**
ZMA00	对外事务综合类	
ZMB00	外交	一个国家在国际关系方面的活动
ZMC00	外事活动	外交事务、涉外事务方面的活动
ZMD00	国际关系	一个国家与其他各国及其公民之间的关系
ZME00	国际组织	各国及其公民之间按照一定的目的、任务和形式组成的国际性团体机构
ZMF00	国际会议	各国之间共同议事，并遵循一定的议程，所举行的一种集会
ZN	**政法、监察**	**政治和法律，监督和考察**
ZNA00	政法综合类	
ZNB00	公安	社会的公共治安
ZNC00	国家安全	国家的独立、主权、统一和领土完整不受侵犯，国家的政权、政治制度、经济制度和社会秩序不被破坏，国家的荣誉和利益不遭损害
ZND00	监察	监督考察
ZNE00	司法	行使法律权力
ZP	**科技、教育**	**科技就是科学技术，教育是指培养人才、传播知识的工作**
ZPA00	科教综合类	
ZPB00	科技管理	对科学技术研究工作进行管理
ZPC00	科研工作	科学研究工作
ZPD00	知识产权	知识产权是指公民、法人或其他组织对其在科学技术和文学艺术等领域内，主要基于脑力劳动创造完成的智力成果所依法享有的专有权利
ZPE00	技术监督	对劳动生产方面的经验、知识和技巧有权进行检查管理
ZPF00	教育	培养人才、传播知识的工作，主要指学校教育
ZPG00	院校管理	对各类学院、学校进行管理
ZQ	**文化、卫生、体育**	
ZQA00	文体综合类	
ZQB00	语言文字	语言是用以表达情意的声音，是人类最重要的交际工具，它跟思想有密切关系，是人类区别于其他动物的本质特征；文字是记录语言的符号，如汉字、拉丁字母

表 A.1(续)

代 码	名 称	描 述 说 明
ZQC00	文学艺术	
ZQD00	文物、考古	文物是指历代遗留下来的具有历史、艺术价值的东西,考古是指根据古代的遗迹、遗物和文献,研究古代事物
ZQE00	新闻出版	图书、期刊、音像制品、电子出版物、网络出版物、投影片(含缩微制品)等出版业务
ZQF00	广播、电影、电视	广播是指利用无线电或电视信号对大众传播;电影是指表达一个完整主题的、具有连贯的、活动感觉的影像;电视是指利用电子设备传送活动图像的技术,是重要的广播和通信方式,即电视接收机,很多时候也指电视节目
ZQG00	医药卫生管理	对药品生产、流通、医疗器械企业进行管理
ZQH00	医疗保健	治疗人体疾病,保护和增进人体健康
ZQJ00	计划生育	通过有效的控制生育的方法来执行制订子女人数和生育间隔时间
ZQK00	体育	一种娱乐消遣活动或需体力、智慧与技巧的比赛或竞技,它要求用或多或少的体力,按照传统的形式或一组规则进行,有时还作为一种职业在户外或室内进行
ZR	**军事、国防**	**军事是指与军队或战争有关的事情** **国防是指保卫国家的主权,领土、领海和领空的完整和安全,防御外来的武装侵略和颠覆**
ZRA00	军事国防综合类	
ZRB00	国防建设	指为保卫国家的主权,领土、领海和领空的完整和安全,防御外来的武装侵略和颠覆而进行的建设活动
ZRC00	军事工作	与军队或战争有关事宜的工作
ZRD00	军队政治工作	军队政治工作就是要保证革命政党对军队的领导,使军队成为革命政党实现革命目的的工具
ZRE00	军事后勤工作	与军队或战争有关的后方对前方的一切供应工作
ZRF00	军事装备工作	与军队或战争有关的配备工作
ZRG00	军事技术	与军队或战争有关的经验、知识和技巧
ZRH00	武警	武装警察
ZS	**劳动、人事**	**劳动特指劳动就业和社会保障** **人事是指关于工作人员的录用、培养、调配、奖罚等工作**
ZSA00	劳动人事综合类	
ZSB00	人事工作	人事是指关于工作人员的录用、培养、调配、奖罚等工作
ZSC00	劳动就业	主要指就业的基本政策、措施、方针、标准、劳动关系调整的基本规则
ZSD00	社会保障	主要指社会保险
ZSE00	工资职称	付给劳动者劳动报酬和科学技术人员等级
ZSF00	福利待遇	生活上的利益和享有的权利及物质报酬
ZT	**民政、社区**	**民政指政府处理的有关人民的行政事务** **社区指同一地区人所组成的整体**

表 A.1(续)

代码	名称	描述说明
ZTA00	民政综合类	
ZTB00	民政	政府处理的有关人民的行政事务
ZTC00	社区	同一地区人所组成的整体
ZU	**文秘、行政**	**文秘指处理文书文件类秘书** **行政指企事业、各种社会团体等的内部管理**
ZUA00	文秘行政综合类	
ZUB00	文秘工作	处理文书、文件类的工作
ZUC00	文种	能概括的表明每一种公文性质、用途的统一规范称谓
ZUD00	机要、保密	重要而机密、保守秘密
ZUE00	档案	国家机构、社会组织以及个人从事政治、军事、经济、科学、技术、文化、宗教等活动直接形成的对国家和社会有保存价值的各种文字、图表、声像等不同形式的历史记录
ZUF00	信访工作	接受和处理群众通过信函或面谈方式反映问题的工作
ZUG00	行政事务	政府机关、企事业、各种社会团体等的内部执行管理的杂务
ZV	**综合党团**	**宗教、民族、侨民、党派团体、特别行政区的综合事务**
ZVA00	党团综合类	
ZVB00	党派团体	关于各党派团体的概况
ZVC00	民族事务	关于少数民族事业的发展概况
ZVD00	宗教	关于宗教事务的管理和发展情况
ZVE00	侨务工作	关于侨务工作的管理和发展概况,以及侨民概况
ZVF00	港澳台工作	关于香港、澳门、台湾的政策法规、政治、经济、科技交流往来等概况
ZW	**综合类**	

ICS 35.240.01
L 67

中华人民共和国国家标准

GB/T 21063.6—2007

政务信息资源目录体系 第6部分:技术管理要求

Government information resource catalog system—Part 6: Technical management requirements

2007-09-10 发布

2008-03-01 实施

中华人民共和国国家质量监督检验检疫总局
中国国家标准化管理委员会 发布

前 言

GB/T 21063《政务信息资源目录体系》目前分为以下六个部分：

——第1部分：总体框架；

——第2部分：技术要求；

——第3部分：核心元数据；

——第4部分：政务信息资源分类；

——第5部分：政务信息资源标识符编码规则；

——第6部分：技术管理要求。

本部分为GB/T 21063的第6部分。

本部分由国务院信息化工作办公室提出。

本部分由全国信息技术标准化委员会归口。

本部分起草单位：中国电子口岸数据中心、北京信息资源管理中心、中国电子技术标准化研究所、国家信息中心、清华大学、浙江建达科技有限公司。

本部分主要起草人：丁宁、高栋、冯天飞、戚天龙、吴焱、宦茂盛、鲁俊杰、穆勇、邢春晓、徐俊杰、贺炜、王利、吴晓敏。

政务信息资源目录体系
第6部分：技术管理要求

1 范围

GB/T 21063的本部分规定了政务信息资源目录体系的管理要求总体架构、管理角色的职责、目录体系建立活动的技术管理要求。

本部分适用于政务信息资源目录体系的建设和管理工作。

本部分使用对象为政务信息资源目录体系提供者、使用者和管理者以及其他相关人员。

2 规范性引用文件

下列文件中的条款通过GB/T 21063的本部分的引用而成为本部分的条款。凡是注明日期的引用文件，其随后所有的修改单(不包括勘误的内容)或修订版均不适用于本部分，然而，鼓励根据本部分达成协议的各方研究是否可使用这些文件的最新版本。凡是不注日期的引用文件，其最新版本适用于本部分。

GB/T 21063.1—2007　政务信息资源目录体系　第1部分：总体框架

GB/T 21063.2—2007　政务信息资源目录体系　第2部分：技术要求

3 术语和定义

GB/T 21063.1—2007中确立的术语和定义适用于GB/T 21063的本部分。

4 总体管理架构

政务信息资源目录体系管理架构包括政务信息资源目录体系使用和管理的3个角色、6项活动。3个角色是政务信息资源目录的提供者、管理者和使用者。6项活动包括规划、编目、注册、管理、服务、使用，如图1所示。

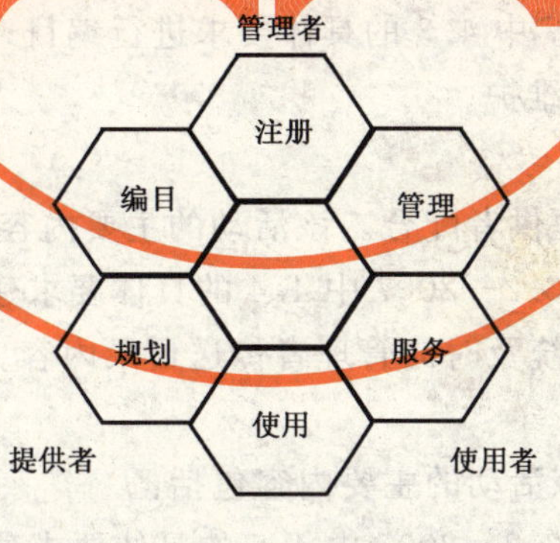

图1　政务信息资源目录体系总体管理架构

5 管理职责

5.1 提供者

提供者的管理职责包括：

a） 负责本部门政务信息资源的编目；

b） 对本部门的政务信息资源目录内容设置使用权限；

c） 向目录管理者注册目录内容并负责更新；

d） 负责提供与目录内容相关联的政务信息资源定位。

5.2 管理者

管理者的管理职责包括：

a） 申请政务信息资源标识符前段，对提供者的政务信息资源标识符的后段编码进行分配管理；

b） 负责政务信息资源目录的注册、发布与维护；

c） 提供政务信息资源目录内容的查询服务。

5.3 使用者

使用者的管理职责是对获取的信息内容在授权范围内使用。

6 管理环节

6.1 管理环节与角色关系

如图1所示，政务信息资源目录体系建设和管理各项活动所涉及的角色如下：

a） 规划：由提供者完成，管理者配合；

b） 编目：由提供者完成；

c） 注册：主要由管理者完成，提供者配合；

d） 管理：由管理者完成；

e） 服务：由管理者完成；

f） 使用：由使用者完成。

6.2 规划

规划工作主要由提供者完成，管理者配合。该活动的主要内容包括：

a） 明确共享政务信息资源的内容；

b） 按照 GB/T 21063.2—2007 中 4.2 的具体要求建立共享信息服务系统，提供共享信息的访问；

c） 负责相关共享信息资源的更新维护。

6.3 编目

编目工作主要由提供者完成，该活动的主要内容包括：

a） 按照 GB/T 21063.2—2007 中 4.3 的具体要求进行编目；

b） 负责相关目录内容的更新维护。

6.4 注册

注册工作主要由管理者完成，提供者配合。该活动的主要内容包括：

a） 由管理者按照 GB/T 21063.2—2007 中 4.4 的具体要求建立目录传输系统；

b） 由提供者通过目录传输系统及时向管理者传送目录内容。

6.5 管理

管理工作主要由管理者完成，该活动的主要内容包括：

a） 由管理者按照 GB/T 21063.2—2007 中 4.5 的具体要求建立目录管理系统并审核目录内容；

b） 通过目录管理系统，实施相关组织管理制度，保证系统持续运行和服务。

6.6 服务

服务工作主要由管理者完成。该活动的主要内容包括：

a） 由管理者按照 GB/T 21063.2—2007 中 4.6 的具体要求建立目录服务系统；

b） 由管理者对外发布目录内容。

6.7 使用

使用工作主要由使用者完成。该活动的主要内容包括：

a） 使用者通过目录服务系统查询定位共享政务信息资源；

b） 使用者通过共享信息服务系统获取共享政务信息资源。

7 组织管理制度建设

政务信息资源目录体系的持续运行必须有如下制度保障：

a） 明确管理者的具体负责机构；

b） 建立信息共享管理办法细则，明确共享信息内容；

c） 制定日常运行制度并执行，包括机房管理制度、运行日志制度、主机检查维护制度、数据备份存储制度等；

d） 监控系统的运行，制定相应应急恢复办法和操作规程，定期进行系统运行数据的统计与分析；

e） 采取技术措施，保证信息安全与系统持续安全服务。